《天然植物饲料添加剂》

编 委 会

天然植物饲料添加剂

田允波　周家容　编著

中山大学出版社

·广州·

图书在版编目（CIP）数据

天然植物饲料添加剂/田允波，周家容编著．—广州：中山大学出版社，2008.3
ISBN 978-7-306-03045-0

Ⅰ．天…　Ⅱ．①田…②周…　Ⅲ．植物—饲料添加剂　Ⅳ．S816.79

中国版本图书馆CIP数据核字（2008）第018276号

出 版 人：叶侨健
策划编辑：三　川
责任编辑：中　原　曾纪川
封面设计：曹巩华
责任校对：原　济
责任技编：黄少伟
出版发行：中山大学出版社
电　　话：编辑部 020-84111996，84113349
　　　　　发行部 020-84111998，84111981，84111160
地　　址：广州市新港西路135号
邮　　编：510275　　传　真：020-84036565
网　　址：http：//www.zsup.com.cn　E-mail：zdcbs@mail.sysu.edu.cn
印 刷 者：广州市新明光印刷有限公司
规　　格：787mm×1092mm　1/16　27.75印张　658千字
版次印次：2008年3月第1版　2008年3月第1次印刷
印　　数：1-3000册　　定　价：45.00元

内容提要

本书集天然植物饲料添加剂的研究、生产技术及生产经验于一体，系统地介绍了天然植物饲料添加剂的起源、发展和研究方法，天然植物及其有效成分的提取，天然植物饲料添加剂的组方、剂型与分类，天然植物饲料添加剂的定性和化学成分分析、产品质量标准的制定和安全性评价，天然植物饲料添加剂生产的报批，天然植物饲料添加剂常用植物和验方；内容系统、翔实，取材广泛，选取得当，条理清晰，实用性和可操作性强，适合从事动物营养、饲料生产和研发的教学、科研和管理者阅读参考，尤其适合从事天然植物饲料添加剂生产的企业家和技术人员参考使用。

本书特色：与同类的专著相比较，本书以天然植物饲料添加剂的研究、生产和应用为主线，在开展天然植物饲料添加剂研究的基础上，系统介绍了天然植物饲料添加剂的研制方法、报批程序和申报资料要求，旨在为管理者提供产品的研发依据；对天然植物饲料添加剂的组方和剂型、有效成分的提取以及定性和化学成分分析方法的介绍，为技术人员研发新产品提供了技术依据；针对目前天然植物饲料添加剂产品质量存在的不统一规范等问题，重点阐述了产品质量标准的制定和安全性评价方法；最后收载了天然植物饲料添加剂常用植物和各种动物中使用的验方，介绍方药的来源、组成、功效、药理、组方简析、用途和应用实例，让读者知其然，并知其所以然。

目　　录

绪 论

一、问题的提出

随着现代集约化养殖业的发展，动物感染各种疾病的危险性大大增加。为了预防动物疾病，促进生长发育和提高饲料利用率，大量的抗生素被用作饲料添加剂。长期、大量的使用抗生素类添加剂，其负面效应也日益显现。

一是导致细菌产生抗药性。虽然耐药性因子的传递频率只有 $1/10^6$，但由于细菌数量大、繁殖快，在这一频率下，仍造成抗药菌株的扩散、蔓延，而且可以使一种细菌产生多种耐药性。在养殖业中，一些过去并不严重或较少发生的细菌病，现已成为动物的主要传染病，这与长期滥用抗生素有直接关系。

二是导致动物机体免疫力下降。大量抗生素被摄入机体后，会随血液循环分布到各组织器官，机体的免疫能力就会被逐渐削弱。抗生素还会导致抗原质量降低，直接影响免疫过程，从而对疫苗的接种产生不良影响。

三是引起动物内源感染和外源感染。抗生素作用于病原菌的同时，也会杀死体内有益菌，导致菌群失调。体外有害菌也会趁虚而入，造成外源感染。

四是在产品和环境中造成残留。抗生素在体内的代谢途径多种多样，以肝脏代谢为主，经胆汁由粪便排出体外。一些性质稳定的抗生素被排放到环境中，造成环境药物残留。残存的药物经畜产品和环境蓄积于人体和其它植物中，最终以各种途径汇集于人体，导致人体产生大量的耐药菌株，或因大量蓄积对机体产生毒害作用。

鉴于上述，欧盟已经开始全面禁止饲料中添加促生长类抗生素，只保留了4种动物专用的抗生素类饲料添加剂。寻找抗生素替代品的难题迫切的摆在了人们的面前，天然植物提取物以其功能强、利于环保的优点，引起了广大科研人员和养殖者的广泛关注，回归自然、绿色消费已经成为时代潮流。

二、天然植物饲料添加剂的起源和发展

饲料添加剂一词20世纪才出现，但其实际应用要早得多，虽然还不能考证出它的起源年代，但据有关史料和传说，推测可能始于古人类和渔猎时期。在那个时期，古人类依水而居，渔猎而生，猎品偶经海水浸泡而干后，发现其味增滋，贮存时间亦延长，经漫长经验积累，取之自然的添加剂用物愈来愈多，并代代相传沿用至今。我国应用天然植物作为饲料添加剂具有悠久的历史，早在两千多年前就有关于用天然植物添加于饲料中以促进动物生长、增重和防治疾病的文字记载。

西汉时期（公元前206～25年）刘安（公元前179～前122年）著《淮南子·万毕术》记载有麻盐肥豚豕法："取麻子三升，捣千余杵，煮为羹，加盐一升，著中，和以

糠三斛，饲豚，则肥也。”

东汉时期（公元25～220年）所出的人畜通用的中草药专著《神农本草经》（成书于公元1～2世纪）载：“梓叶饲猪，肥大三倍，且易养”、“桐花，饲猪肥大三倍”等。

西晋时期（公元265～317年）葛洪（约公元284～364年）著《肘后备急方》记载：用大麻子饲马“治碊及毛焦大效”。

南北朝时期（公元420～589年）的东（后）魏时的贾思勰著《齐民要术》（成书于公元533～544年）记载：“取麦蘖末三升，和谷饲马”，治马中谷证（料伤）。

唐朝时期（公元618～907年）李石著《司牧安骥集药方》（成书于公元833年以前）记载有马伤料时在饲草中添加“麦蘖（微炒）”。

宋朝时期（公元960～1127年），王愈著《蕃牧纂验方》记载“四时喂马法”：“贯众、皂角，以上二味入料内，同煮熟喂马”。

明朝时期（公元1368～1644年）俞仁、喻杰著《牛经大全》（成书于1608年）记载牛的补药方：“红豆、白矾飞过”。李时珍（公元1518～1593年）著《本草纲目》中记载：“谷精草，可喂马令肥”，“乌药，猫、犬百病，并可磨服”，“蛤蚧，可为杂药及兽医方中之用”，“钩藤，入数寸于小麦中，蒸熟，喂马易肥”，“郁金，马用之，活血而补”等。

清朝时期（公元1616～1911年）赵学敏（1719～1805年）著《串雅》记载：“鸡瘦，土硫磺研细，拌食，则肥。”张宗法（公元1714～1803年）著《三农纪》记载鸡催肥法：“以油合面，捻成指尖大块，日饲数十枚；或遗便饭，用土硫磺，每次半钱许，喂数日即肥。”，“麻子和谷炒熟饲鸡，日日生蛋不伏。”又在猪催肥中记载：“一法，猪须得火麻子二升，炒捣为末，食盐一斤同煮，槽内和糠饲之，易肥。又法，买贯众三斤，苍术四两，芝麻一升，黄豆一斗，炒熟，共末，和糟糠饲，饮以新汲水。如食不快，萝卜叶食之。”傅述风著《养耕集》（成书于公元1800年）记载瘦弱牛用方之一：“乌豆炒熟，磨末，入盐，每日拌食。”李南晖（公元1709～1784年）著《活兽慈舟》记载猪“论壮膘添肉法”说：“豕性虽贪食，多有肉少膘欠者，皆因所食糟糠未能醒脾，故肉少膘欠，豢养者遇此，先以酒醋、酒曲、童便合糟槽而饲之，大能醒脾益胃，免致择食无膘。又，麻仁一升，酒曲四两，食盐半斤，陈皮一斤，砂仁一两，共为末，常与糟糠和匀喂饲。若能如此喂之，不十日而胃开膘起。”又“芝麻一升，炒黄豆三升，炒蓖麻一合去壳，同末，常与糟糠和匀喂饲，不一月而膘肥肉满矣。”

从上述记载看出，古代应用天然植物饲料添加剂多是原始的零散经验，未形成体系；应用对象以猪最多，鸡次之，其他畜禽较少；方剂类型以单方为多，复方相对较少。尽管这些应用主要来自民间经验，缺乏试验数据等，但却为近代研究奠定了基础。

三、天然植物饲料添加剂的研究与应用现状

我国饲料工业在20世纪70年代末进入发展起步阶段，天然植物饲料添加剂也随之进入快速发展的阶段。1980在承德市召开了首次全国中草药饲料添加剂学术讨论会，1995年1月，北京市饲料工业协会成立中草药天然饲料添加剂委员会，中草药饲料添

加剂的研究课题被列为国家“八五”重点攻关项目，大量的天然植物饲料添加剂著作先后出版发行，研究成果和产品层出不穷，在养殖业中的应用得到极大发展。

迄今为止，至少有200余种中草药应用于养殖业。近年来，在天然植物饲料添加剂研究、应用方面进入新的发展阶段，应用物味达数百种之多；应用范围大为拓宽，除用于马、牛、羊、鸡、犬、猪外，还用于毛皮经济动物、伴侣动物，以及蜂、蚕、鱼等；品种类型除促生长催肥和防治疾病外，还有保健、改善或提高动物产品质量等，各地还因地制宜不断开发新的产品和配方。与此同时，天然植物饲料添加剂产品逐渐进入国际市场。在《中国饲料工业1996－2020年发展战略》的饲料工业发展趋势中说：“……值得重视的是，近年来各地对中草药饲料添加剂开发、使用取得令人瞩目的成绩，应继续发掘我国中草药方面的遗产，特别是在当今世界‘回归自然’声浪日高的情况下，用中草药代替一些化学合成药物、抗生素类添加剂有着广阔前景。近年的试验证明，有些植物类中草药在改善畜禽粪便污染和畜产品质、风味方面也有一定作用。总之，中草药是一个很有发展前途的饲料添加剂，值得进一步开发。”

国外对研究和应用天然中草药也越来越重视和深入。如美国、加拿大、德国、法国、新加坡、韩国等国家也加紧了这方面的研究。国外的研究大多是提取某一有效成分或是用单一的中草药进行研究。Hamuro等（1988）报道了茯苓多糖、羟乙基茯苓多糖－3、羟乙基茯苓多糖－4、羟甲基茯苓多糖等有效活性成分的免疫功能机理。Tsinas（1999）从牛蛭属植物中提取的有效成分具有很强的抗菌、抗氧化和增进动物食欲的作用，并对仔猪腹泻有很好的治疗作用。Khanov等报道，党参根的提取物可促家兔的生长，体重增加23％。Zorikov等报道，应用刺五加浸剂饲喂母鸡，可使产蛋量和蛋重分别提高20.4％和24％。Fletcher等报道，应用万寿菊提取物及红辣椒浸提香精油，可改善蛋黄色素沉着。Clayton（1999）提出，植物性药材的背后有着更多的科学。澳大利亚科学家研制成功Steyregg、Delacon和Biotecknik等天然植物产品，具有提高动物的生产性能、促进消化、提高抗病力等作用。此外，国外还对地黄、紫菀、独活、石斛等中草药进行了研究，认为天然中草药在饲料添加剂上的应用潜力很大，前景广阔。欧盟各国开始大力提倡使用天然药物饲料添加剂，并加大了研究投入。美国食品与药物管理局（FDA）就如何管理这类产品进行了初步研究，认为中草药具有增进动物健康的作用，应属于动物保健营养品类。据统计，国外75％以上的中草药提取物检测采用了HPLC，而中国药典收载的中草药只有10.9％的产品采用。

四、天然植物饲料添加剂研究存在的问题

天然植物饲料添加剂的研究虽然取得了长足的进展，但目前在研究水平、制剂工艺、质量标准等方面仍存在着很多问题，一定程度上制约了其推广应用。

1. 研究水平不高

目前，大多数的研究还停留在临床应用方面，对于其药理、毒理和作用机理等方面的研究相对较少，且多数停留在实验室研究阶段。多数产品工艺简单、粗糙，经不起重复验证和严格的检验。在营养水平较低时效果较好，而当营养水平较高或全价时效果不

明显。应用效果好、市场知名度高、普及广泛的名牌产品还很少，从而使得它在整个饲料添加剂行业中所占的份额很低。

2．制剂工艺落后

目前，大多数的制剂工艺落后、产品粗糙，多以散剂和煎剂为主，使用剂量偏大，适口性较差，产品“粗、大、黑”，极大地阻碍了天然植物饲料添加剂的规模化生产和推广应用。

3．质量标准不健全

天然植物饲料添加剂的质量受诸多因素的影响，包括药材的产地、采收季节、药用部位、炮制方法、贮藏环境和制剂的工艺、加工设备等，加上质量控制的研究水平较低，目前还缺乏准确的质量监控指标，因此，对天然植物饲料添加剂难以进行准确的药效评定和有效的质量控制，在使用中难以制定科学、合理和经济的用法、用量。

五、天然植物饲料添加剂研究的发展方向

为加速天然植物饲料添加剂的研发和推广应用，在生产中发挥更大的效益，实现天然植物饲料添加剂现代化，针对目前存在的问题，今后应在以下几个方面加强研究。

1．研究深入化

有关天然植物饲料添加剂的研究，目前主要集中在临床应用及部分有效成分的研究上，许多天然植物及其复方饲料添加剂的有效成分及其含量、结构、提取、药代动力学、有效成分之间的相互关系、毒理学等药理学方面，还有待于深入研究。今后的重点应以方剂为主，建立科学合理的病症模型、实验方法、测试标准等，加强血清药理学、复方药代动力学以及血清药物化学、天然植物复方化学的研究，开展天然植物分子药理学、量子药理学、受体药理学以及对离子通道、酶、基因等方面的研究，从多方面、多层次深入地阐明其药效及作用机理，为其合理使用以及新产品的开发提供理论依据。

2．技术高新化

加强现代高新技术在天然植物饲料添加剂研究、生产中的应用，是实现现代化的必要条件。例如，超微粉碎技术在天然植物粉碎中的应用；超临界 CO_2流体萃取法、超滤法、大孔树脂吸附法等在天然植物提取工艺中的应用；色谱技术、指纹图谱研究等在原料药品质鉴定和天然植物饲料添加剂成品质量控制中的应用；分子生物学技术，如 DNA 遗传标记技术、限制性内切酶酶切片段长度多态性（RFLP）、DNA 随机扩增多态性（RAPD）、聚合酶链式反应（PCR）技术等在天然植物鉴定、药理研究方面的应用；信息技术在天然植物饲料添加剂开发中的应用等。这些高新技术的应用必将大大提高其研究水平，加快实现天然植物饲料添加剂的现代化。

3．质量标准化

标准化是实现天然植物饲料添加剂现代化的前提和重要保证。没有稳定的药效和可控的质量标准，就谈不上天然植物饲料添加剂的现代化。而天然植物本身的质量受药材

的种质、栽培技术、地域、采收季节、药用部位、炮制工艺、生产工艺、加工设备、药材贮藏等的影响，没有严格的质量控制标准及生产规范来制约，很难保证生产出高质量的产品。因此，有关研制、生产和质监部门应根据天然植物饲料添加剂的特点，在实施GAP、GLP、GCP、GMP等标准的基础上，依靠现代先进科学技术的方法和手段，尽快制订出完整、全面的质量标准和管理规范，对生产企业实施标准化管理和质量监控，进一步规范产品，提高质量。

4. 添加微量化

目前生产的天然植物饲料添加剂，多以原料药粉碎、搅拌后直接添加于饲料中，或是用粗制的浸提剂，添加剂量普遍较大，一般在0.5％以上，有的高5％，这不仅增加了运输成本，而且影响饲料的适口性，甚至稀释了饲料中的营养物质。要适应现代化饲料生产工艺的要求，就必须改变目前的这种粗制方法和剂型，针对复方或单方采取不同的方法分离、提纯、萃取或精制，获得其有效成分或生物活性物质，微量添加。近年来，有关天然植物有效成分的研究不断深入，其提取工艺、技术不断改进和提高，为实现微量化奠定了基础。微量化使天然植物饲料添加剂的使用更加方便，提高了应用效果，增强了应用的针对性。

5. 高效多能化

高效化是未来饲料添加剂的发展方向，特别是促生长类饲料添加剂。高效化依赖于饲料添加剂相关技术的进步和提高，在市场经济条件下，各饲料添加剂生产单位将更多地投入和关注饲料添加剂的基础研究，并不断改进现有添加剂品种和开发新品种，从而使饲料添加剂品种不断高效化，效果明显提高。随着人们生活水平的提高，对动物产品也有新的特殊要求，如动物产品的颜色、肉质、味道以及保健功能等，而这些需求大多依靠饲料添加剂的功能来满足，因此饲料添加剂的多能化也是未来发展的一大方向。

6. 剂型合理化

天然植物饲料添加剂的合理剂型，应依据该添加剂对畜禽所产生的效应来确定，以充分利用其价值，防止药效的散失。如块根、块茎类中草药，除含有特定的有效成分外，尚含有丰富的糖分、蛋白质、矿物质、维生素等，对这类中草药以原方散剂制成饲料预混剂，既可利用其特定效应，又能替代部分基础日粮。

7. 产品系列化

目前使用的天然植物饲料添加剂大多处方复杂，功用多而不强，且多集中在防病保健、增重、增蛋方面，在改善畜产品质量（如增加蛋黄的色泽、提高猪肉的瘦肉率及其他畜产品的风味）、改善饲料品质（如增稠剂、抗氧化剂、香味剂）方面以及可用于特种动物、观赏动物和伴侣动物等的产品还较少。今后，应根据动物的生理特点和需要，研制具有不同功能特点的天然植物饲料添加剂，并逐步形成系列产品。

8. 经济环保化

市场竞争使饲料添加剂的经济性得到充分体现。饲料添加剂除了要有较好的作用效果外，其经济性也相当重要，应具有较好的性价比和投入产出比，才能被广大饲料生产厂家和养殖业主所接受，才能广泛地被推广应用。随着人们环保意识的提高和可持续发展的需要，饲料添加剂的环保化将是开发的重中之重，特别是抗生素等一些副作用较大的饲料添加剂被逐步淘汰后，随着新一代产品的研制和开发，环保性将具有明显的特征。未来开发的饲料添加剂，应该能够合理地利用资源，不污染环境，对人类健康不构成威胁，无药物残留等毒副作用。

9. 发展可持续化

规模化生产需要大量的天然植物原料，而仅靠天然采集的天然植物很难满足需要，应采取多种手段扩大天然植物来源，保障天然植物饲料添加剂的可持续发展。一是在适宜中草药生长的地区建立生产基地，通过人工栽培和引种来扩大产量；二是开发新资源，积极利用低等植物、海洋植物资源。低等植物是一个极具开发潜力的药用资源，以海藻为例，其药用历史可追溯到公元前3000年，在《神农本草经》及古希腊文学中都曾提及藻类的营养和药用价值。我国有18000 km的海岸线，海洋植物资源极为丰富，因此，必须加强对海洋植物资源的研究，以获得价廉物美的植物药供应。

虽然天然植物饲料添加剂的应用目前还存在不少问题，但由于其具有来源天然、功能多样、安全可靠、经济环保等独特的优势，随着研究的不断深入，优质、高效、安全、稳定、质量可控的现代化天然植物饲料添加剂将会不断涌现，在畜牧生产中必将发挥更大的作用。

六、前景与展望

植物提取物源于天然药物，是富有生命力的，它所蕴藏的大量科技信息有待我们去揭晓。目前国内外迫切要求解决饲料中滥用抗生素、化学合成药物和激素类药品对人体健康造成的问题，这为天然植物提取物的开发利用开辟了广阔的前景。

我国中药药源广泛，资源丰富，各种均可因地制宜，就地取材，充分利用当地中药材资源的优势，在现代医药学理论的指导下，应用中兽医传统理论和现代生物工程技术，经过科学的加工处理后应用，将受到广大用户的欢迎和重视。各地应充分利用先进的科学手段，加强基础研究，弘扬祖国医药学遗产，结合国内外生产和市场实际，不断提高，精益求精，随着科学技术的进步和中兽医医药学的研究不断深入，逐步达到安全方便、少量高效，从而发挥天然植物饲料添加剂的优势。

第一章　天然植物饲料添加剂的研究方法

第一节　选题与设计

一、选题原则

新型天然植物饲料添加剂的研究，应根据生产需要，从增进动物的健康、提高动物产品的产量和质量，以及改善饲料品质等方面选题，必须坚持科学性、创新性、可行性和效益性的原则。

1．科学性

选题必须有科学依据，首先应以中兽医药理论为指导，即以中兽医药理论指导组方、设计剂型和工艺、拟订质量标准、判定药效、进行临床研究等。如在研究防病保健类天然植物饲料添加剂时，应根据中兽医整体观念和辨证论治的理论，从某些主证入手，兼顾兼证。因为中兽医的“证”往往包括西兽医的一种或几种“病”，组方时根据方剂的组方原则，以君臣佐使配伍用药，方能有效防治疾病。

中兽医的许多传统经典方剂为天然植物饲料添加剂的研究奠定了良好基础，因为这些方剂经过长期的临床实践检验证明有效，药物的配伍比较合理。可以此为基础，结合现代药理学的研究结果，进一步确认方剂的有效成分或组分，并与现代兽医学的“病”、“症”对照观察，研制出更高效、更合理的组方。研究中既不固守原方，又要兼顾剂型特点。

适宜的剂型和制备工艺是发挥方剂效果的关键。应根据临床需要和药物性质选择适宜的剂型，确定合理的制剂工艺。现代药理实验研究除了研究药物作用的机制外，同时以客观指标确定某种成分（或组分）的药效，虽然与中兽医之“证”不能完全吻合，但可以借鉴。如大黄的清热泻火、行瘀解毒功效与大黄蒽醌甙的泻下、抗菌、抗肿瘤等作用有关；黄芩的清热燥湿、泻火解毒功效与黄芩甙的抗炎、解毒、利尿等药理作用有关。若取组方中大黄、黄芩的解毒、泻下功效，则应注意保留大黄中的蒽醌甙和黄芩中的黄芩甙。

组方和工艺确定之后，还应对制剂的有效成分含量进行检测，才能保证制剂安全有效。质量控制应在原料药、半成品和成品三个环节进行。在中医药理论指导下，确定有效成分，制定和完善质量标准，也是研制的重要环节。随着现代医学实验的进一步深入，天然植物药理学研究，将为研究新产品和制定实用的定性、定量标准，提供更多的实验依据。目前，天然植物饲料添加剂的质量标准还不尽完善，尤其在未能确认有效成分的制剂中仍以指标成分为质量控制指标，不十分强调以主要有效成分为定量标准，而只需对组方中主药的某一成分进行含量测定，都是限于现代研究水平和分析手段而已。

2. 创新性

新产品的研究应该有所创新、有所发明。在组方、剂型、工艺、质量标准、药效等方面有明显的创新性，研究的结果应该是前人未曾获得过的成就。新的组方要有特色，不应抄袭仿制或对现有方药加加减减，低水平重复。应选择临床有效，既强调以中兽医药理论为指导，又注意结合古今临床经验，使组方合理新颖。此外，还应在新技术、新设备或新辅料的引用等方面开拓发展、有所创新。

3. 可行性

选择课题时，还应考虑实际情况，如人力、物力（设备、经费等）、资料等是否可保证科研的按期进行。一般的科学研究结果可以是正的，也可以是负的，科研完成后可以发表论文或申报科研成果。但这里所讨论的新产品研究有其特殊点：

(1) 规范化研究：根据《新兽药及兽药新制剂管理办法》的要求和农业部有关兽医中药研究的新规定，设计研究内容和步骤，对于要求提供的有关研究资料缺一不可；

(2) 研究结果必须是正的：研制的制剂必须是一个安全、有效、适用的产品。

4. 效益性

科研投资与预期成果的综合效益是否相当，对新产品的研发而言，其衡量标准是在生产上有无使用价值、社会效益和经济效益。选题时应注意选择动物生产上出现的主要问题，如增强动物的体质、提高生产性能、提高产品质量、改善饲料品质等方面，并因势利导、因地制宜，充分利用现有条件，以便取得较快进展。

总之，选题应注意科学性、创新性、可行性和效益性，还应加强市场信息研究，对用药对象的需求率、市场前景等进行调查研究，才能确立一个好的课题。

二、选题范围

研究要有明确的目的。应根据养殖业生产上迫切需要解决的问题，充分发挥天然植物的优势，主要从以下几方面选题。

1. 调节免疫

许多天然植物能够提高机体的免疫力，增强机体的抗病能力，提高生产性能，达到抗病促生长的目的。如将黄芪、蟾蜍和双花等经水浸、煎煮，制成浓缩液给小鼠灌服，连用5 d，小鼠脾淋巴细胞中白细胞介素 -2 活性显著提高；以黄芪、绞股蓝、蒲公英、苦参和秦皮经水煎、过滤、浓缩制成口服液，给接受鸡新城疫疫苗的鸡饮用，可以使鸡新城疫血凝抑制抗体效价、脾脏系数、法氏囊系数显著提高，并能颉颃地塞米松对鸡免疫机能的抑制作用。天然植物或其活性成分对机体免疫机能有双重作用，如雷公藤、淫羊藿、白芍、绞股蓝、黄芪、蒲黄、香菇和枸杞等对免疫系统的作用具有剂量依赖性，即小剂量或低浓度时可以促进机体的免疫机能，大剂量或高浓度时则抑制机体的免疫机能；人参、白芍、蚂蚁、鸡血藤、女贞子、地骨皮、杜仲、旱莲草、淫羊藿、香菇和北芪等具有功能性双向免疫调节作用，即可使机体紊乱的免疫机能状态恢复正常。

2．抗菌、抗病毒

除了可以调动机体的免疫功能起抗菌和抗病毒作用外，天然植物还对病原微生物有直接作用。如连翘的水提取物及醇提取物、苦参的醇提取物、白头翁的水提取物，对鸡白痢和鼠伤寒沙门氏杆菌均有较强的抑制作用；将千里光、杜仲、蒲公英、鱼腥草、皱叶酸模、凤尾草、松针、野菊花、苦参和大蒜10种天然植物单用或2种配伍使用，对金黄色葡萄球菌、大肠埃希氏杆菌和痢疾杆菌都有一定的抗菌活性，以千里光、杜仲、蒲公英和鱼腥草的抗菌活性最高。在抗病毒方面，用板蓝根、连翘、麻黄、桔梗、甘草等经提取、浓缩制成的口服液，对感染传染性支气管炎病毒的鸡胚进行抑制试验，鸡胚保护率达100％；由鱼腥草、大青叶、板蓝根等药物制成的复方制剂在胚外（将药液与IBV－M_{41}或IBV－H_{52}病毒液混合作用后接种鸡胚）、胚内（在接种IBV－M_{41}或IBV－H_{52}病毒前或同时给予药物）均能显著提高鸡胚的存活率；黄芪多糖、淫羊藿多糖和淫羊藿总黄酮，可以显著抑制鸡新城疫病毒和鸡传染性法氏囊病毒对鸡胚成纤维细胞的感染。此外，一些方剂如银翘散、小柴胡汤、玉屏风散等具有较强的抗病毒作用。

3．驱虫

一些单味天然植物或复方具有很好的驱虫效果。如槟榔、贯众、使君子、百部、硫磺、鹤虱、川楝子、雷丸、常山、鹤草芽、苦楝、鸦胆子、青蒿和南瓜子等均具有较强的驱虫作用。其中，使君子、鹤虱、槟榔、贯众、川楝子和雷丸等具有显著的驱蛔虫作用；雷丸、鹤草芽、槟榔和南瓜子等有显著的驱绦虫作用；使君子、槟榔等有明显的驱蛲虫作用；苦楝根皮煎剂、槟榔片煎剂等有驱钩虫作用；槟榔煎剂有驱鞭虫和姜片吸虫作用；南瓜子有驱血吸虫作用；常山、鹤草芽、鸦胆子等有显著的驱球虫作用；常山、青蒿、鹤草芽等有显著的抗疟原虫作用。常山对柔嫩艾美尔球虫、巨型艾美尔球虫、锥型艾美尔球虫和变位艾美尔球虫等均有较强的抑制作用，在21日龄雏鸡饲料中添加常山粉，可以抵御艾美尔球虫属的不同球虫卵囊混合感染；雏鸡存活率、增重率和抗球虫指数均显著高于感染不投药组。

4．抗应激

应激是机体受到各种致病因素的刺激时，所表现的非特异性全身反应，其特征是肾上腺皮质功能改变。动物在应激状态下，免疫功能下降，容易感染疾病。研究表明，许多天然植物具有抗应激作用，如人参、西洋参、刺五加、黄芪、绞股蓝、白术和甘草等补气类，虫草、杜仲、鹿茸和锁阳等壮阳类，天麻、酸枣仁等安神类及复方天然植物（人参配五灵脂、半夏泻心汤等）均具有抗应激作用。采用黄芪、白花蛇舌草和生地等组成的天然植物饲料添加剂，具有良好的抗蛋鸡热应激作用；以枸杞子、菟丝子、五味子、覆盆子、黄芪、益母草、车前子、当归和川芎等组成的天然植物饲料添加剂，可以延长小鼠游泳时间和耐压缺氧时间，增强耐寒性和耐热性。

5．健胃助消化

天然植物饲料添加剂能够促进动物消化液的分泌，提高消化酶的活性，增进食欲，促进消化吸收，增强物质代谢，从而提高生产性能。如山楂、神曲、麦芽、砂仁、肉桂、厚朴和枳壳等能开胃健脾，增进食欲，促进消化吸收；人参、黄芪、白术、枸杞、刺五加和补骨脂等能促进合成代谢，促进动物生长，提高生产性能。山楂中含有酒石酸、枸橼酸、柠檬酸和山楂酸等，能促进胃中酶的分泌，提高酶的活性，促进消化吸收。麦芽中含有淀粉酶、蛋白酶等，可以促进饲料养分的消化吸收。刺五加枝浸剂能使鸡肠液分泌增加 21 %，并提高肠液中碱性磷酸酶活性 27 %，脂肪酶活性 85 %，蛋白酶活性 93 %，从而提高饲料养分的消化率。

6. 调节内分泌

许多植物含激素样物质，饲喂后产生激素样作用，促进动物的生长发育，提高生产性能。花粉提取液中含孕酮、雌二醇和睾酮等性激素，将花粉提取液加工成复合饲料喂养甲鱼，能明显促进甲鱼生长，效果与使用睾酮、雌二醇静脉注射相同。由补骨脂、淫羊藿、黄芪和益母草等组成的补肾天然植物复方，对成熟小鼠和非成熟小鼠子宫均有明显的增重作用。人参有明显的促性腺激素样作用，可以使下丘脑促性腺激素释放激素（LHRH）、垂体促卵泡素（FSH）和促黄体素（LH）的释放明显增加；女贞子有机溶剂提取物中含睾酮、雌二醇；菟丝子通过提高垂体对 LHRH 的反应性及卵巢对 LH 的反应性，增强下丘脑－垂体－卵巢轴的功能；此外，淫羊藿、补骨脂、肉苁蓉、枸杞子和甘草等均有雌激素样作用。天然植物饲料添加剂可以使热应激蛋鸡的血浆 T_3 含量显著升高，甲状腺重量增加，血浆皮质醇含量极显著降低，肾上腺重量显著减轻，血浆 LH、雌二醇含量显著提高。

7. 增加饲料营养

许多天然植物富含蛋白质、糖类、脂肪、维生素和一些微量元素等，加入饲料中可以改善饲料的营养物质含量或使各营养成分的比例更加合理，从而满足机体的营养需要，提高饲料利用率。如当归中含蔗糖 4 %，铁 400 mg/kg，铜 6 mg/kg，锌 17 mg/kg 及脂肪和维生素；泡桐叶含粗蛋白 19 %，粗脂肪 6 %，钙 2 %，铁 417 mg/kg，钴 12 mg/kg，氨基酸含量达 9 % 以上；松针粉含氨基酸 6 %，维生素 C 52mg/kg，维生素 B_1 38mg/kg，维生素 B_2 17mg/kg，胡萝卜素 121mg/kg；党参茎叶中含 18 种氨基酸，氨基酸总含量达 5 %；麦芽中含有丰富的糊精、麦芽糖、葡萄糖、蛋白质、维生素，特别是胡萝卜素和核黄素。

8. 改善动物产品质量

某些芳香类天然植物能够改善肉的风味，含色素的天然植物能够增加蛋的色泽，富含碘和硒的天然植物能够增加鸡蛋中碘和硒的含量，某些补养类天然植物能够提高奶的乳脂率。

9. 调味诱食

有些天然植物饲料添加剂具有特殊的香味，能够矫正饲料的味道，改善饲料的适口性，起到调味诱食、促进畜禽生长的作用。

三、选题方法

1. 调查研究

从现实条件出发，在借鉴和综合前人研究的基础上，确定研究方向和内容，并选择难度适宜的科研课题。选题首先要进行调研，包括文献检索、市场信息咨询等。

（1）文献调研：查阅文献是贯穿整个研究过程的一项十分重要的工作，尤其在选题时，必须集中一段时间进行文献检索，准确、及时地掌握与研究领域理论、实验技术有关的研究动态。

科技图书：古代、现代中医药著作都积累了无数科研成果、生产经验。但应有针对性地查阅，特别是要学会从最新图书中查阅，一般可以得到高度浓缩的精华，然后从“参考文献”中有目的地追溯原始文献。有关现代中医药文献著作，已陆续出版了不少检索工具书，可供参考。

期刊杂志：这类文献反映了国内外最新科技动态和信息，内容新颖，代表了各国最新研究动态和水平。国内有关中医药、中兽医药学方面的期刊杂志是首选检索对象，因为无文字障碍，便于快速阅读，从而能及时掌握国内（外）研究信息。常用的国内文献如《中兽医学杂志》、《中兽医医药杂志》、《中国兽药杂志》、《中国饲料》、《饲料研究》、《兽药与饲料添加剂》、《中草药》、《中国天然药物》等。国外文献，如美国化学文摘（chemical abstract，CA）收载了世界 98 % 的化学化工文献，在生物化学类（biochemistry sections）、有机化学类（organic chemistry sections）、应用化学与化工种类（applied chemistry and chemical engineering sections）等栏，均能检索到有关药学方面的研究动态，并可以从文摘中追溯有关的原始文献。

随着现代计算机技术的发展，直接从电子计算机贮库中检索文献，是最快、最准确的检索方法。现在国内的大学和研究所的图书馆都有计算机数据库系统，如维普全文期刊数据库、美国专利数据库、欧洲专利网、中国国家知识产权局网站等都是常用的数据库。目前，有的科研课题申报时，要求提供科技查新报告，以表明项目具有创新性。

（2）市场调研：天然植物饲料添加剂的研制，还应进行市场调查，了解市场需求。

2. 选择课题

调查研究是选题的前期工作，研究者通过调研掌握了大量的参考资料，筛选出可以利用的信息。研究选题时，应注意发掘、整理和提高兽医中药学的内涵。

（1）从现有方剂中选题：从经过临床实践证明是有效的方剂中，筛选出具有市场前景的方剂作为研究基础，按《新兽药及兽药新制剂管理办法》研制成新的天然植物饲料添加剂，这是较为省力的方法之一。

法定组方：主要是指药典、部颁标准收载的组方。从这类组方中可以筛选临床疗效好、有改变剂型必要、增加新适应证的方剂，为研制天然植物饲料添加剂提供线索。

单方、验方、秘方：单方、验方和秘方中蕴藏着不少有效方，应注意发掘、整理，但必须经过文献考证，同时必须要抓住临床效果这一关键。

（2）从生产实践中选题：研制防病保健天然植物饲料添加剂，除了从现有方剂中选题外，还应注意从常见病、多发病的有效方剂着手，设立课题，这类制剂一般具有较好的市场效益和前景。虽然研究的难度大，但如果选题得当，组方合理，工艺先进，剂型适宜，往往也会达到预期效果。

（3）从中成药中选题：中成药因立方年代较久，经受了时间考验，有确切的临床疗效。对中成药的研究可从以下两方面进行：

质量标准化研究：传统中成药质量标准多不完善，可以设计出合理的质量控制方法，完善质量标准。例如，对主要药物有效成分的定性、定量分析，制定制剂稳定性检查项目等。

增加适应证：从有效的中成药中，选择增加适应证的品种，研制成五类新药，也是科研课题之一。

（4）从研究方法中选题：药理学、药效学研究是以现代兽医理论来观察分析动物体生理、病理的方法，大部分天然植物饲料添加剂往往缺乏这方面的实验指标，因此，也可从效果较好的天然植物饲料添加剂中，深入研究其药效学、药理学指标。新型天然植物饲料添加剂的研究，应该遵循中医药理论，结合现代研究手段，制定有中兽医特色的研究计划和内容，使新制剂的有效性具备科学的评价方法。

（5）从生产工艺中选题：传统天然植物饲料添加剂的加工工艺一般比较落后，如何将近年来出现的新材料、新工艺应用于生产，以提高产品的质量是天然植物饲料添加剂研究的选题之一。如将超临界萃取技术引入提取工艺，将大孔吸附树脂分离技术用于除杂，将 P－环糊精包被技术用于处理挥发油等。此外，还可以在挖掘新的药用资源、新的辅料等方面，开拓思路，设立课题。

四、课题来源

课题立项大体上分为指令性课题、基金课题和自选课题三类。

1．指令性课题

国家、省（市、自治区）或部门根据事业发展的规划要求，以行政命令方式下达的研究任务。如国家科技攻关计划、省科技攻关计划、国家“星火计划”等，现在多以招标的形式进行。根据各地区、各部门的人员、设备等研究条件，下达计划任务，这类课题主要解决国民经济和社会发展中难度大的技术问题，对国家和地区的主要产业的技术发展和结构调整起到重要的先导作用，同时通过计划的实施，造就一批科技人才，增强科研能力和技术基础。

2．基金课题

科学基金是国家对科学事业的拨款方式，其基本做法是设立专门的研究经费，按研究项目采取同行专家评议、择优支持的制度。目前，主要有国家自然科学基金、国家教委科学基金、国家青年科学基金等。国家自然科学基金面向全国，主要资助自然科学基础研究和部分应用基础研究，重点支持具有良好研究条件和研究实力的国内高校和科研机构中的研究人员，由国家自然科学基金委员会负责实施与管理。为了指导广大科技工作者了解自然科学基金的资助战略，正确选择项目研究领域和资助类别，申请科学基金的资助，开展创新性的研究工作，国家自然科学基金委员会每年均有项目申报指南，中标后需签订合同书，同时得到经费资助。此外，各省（市、自治区）也建立了自然科学基金资助地区自然科学基础研究。

3．自选课题

研究人员在教学和科研实践中自行选定的研究课题。由于市场经济的发展，出现了一些跨地区、跨部门、跨学科的合作研究项目，这种教学、科研与生产部门联合进行的课题，也称“横向联合课题”。自选课题的发展方向有两个：一是为申报课题（指令性、指导性课题）打好基础；二是与生产部门合作，研制成新型天然植物饲料添加剂，有利于成果的产业化推广应用。

五、研究设计

研究人员应采用严密的科学方法和实验设备，本着实事求是的观点，去验证或解释产品的效果，创制新产品。研究课题确定后，为指导研究工作或申报科研项目，应该设计一个完整的研究方案，将新颖的选题、明确的目标及清晰的思路充分地展现。其主要内容有：项目的科学依据和意义，预期结果，研究内容和技术路线，需要具备的工作条件、人员、设备、经费预算、工作进度等。其中，研究内容是核心，应根据不同要求写明要解决此科学问题，需从哪些方面入手、解决哪些具体问题。新型天然植物饲料添加剂的研究应遵循中兽医药理论，积极利用现代科学技术、方法和手段。

1．立项依据和预期目标

研究项目的科学依据及预期目标是研究方案是否成立的关键。

（1）立项依据：应从项目研究的必要性和理论依据着手，阐明本研究领域现状、以往研究情况、已达到的水平及尚存在的问题等，提出本研究目的，将采用什么理论和方法，说明该理论和方法的新颖性、先进性和可行性。

（2）预期目标：系指预期项目完成后可以达到的水平，预期产生的社会效益和经济效益。

项目的科学依据和预期目标显示了该课题设计者前期对文献资料的查阅、整理和综合利用，既能简要综述本研究项目的已往进展情况、前沿研究水平，又能够提出足够的科学论据，证明继续研究的必要性，提出研究方向和目标。以防病保健类天然植物饲料添加剂的研究而言，应该论述国内外对该“证”或“症”的研究现状、水平及存在的问题，如果没有理想的防治药物，则立题新颖，有创新。其次，还应该阐明本研究的学术水平，如具有天然植物特点、组方合理有效、研究内容明确并有突破点、在某学科领域属领先地位，等等。

2．研究内容和技术路线

研究内容是研究方案的核心，应阐明拟采用的理论、技术方法及其理论依据、拟解决的技术关键。技术路线是指按照研究内容所要采用的技术措施、实验方法，同时要明确总体安排和工作进度。

新型天然植物饲料添加剂的研究包括基础研究、申报临床试验、申报生产等步骤，由于需时长、难度大，故应以基础研究和临床试验作为研究方案的重点，精心设计和安排，才能保证后期工作的进行。

基础研究的内容有：制剂研究，包括组方、剂型、工艺、辅料、包装等的筛选及制订质量标准、考查稳定性；药理研究，包括主要药效学和一般药理学实验研究；安全性研究，包括急性毒性、亚慢性毒性及特殊毒性实验；临床试验，即根据项目研究内容设计预试验方案。

研究内容应重点阐述基础研究，并在实验内容或方法上有一定的创新性、先进性。可参照下列项目逐次阐明：实验内容、技术指标；设计依据、实验原理、方法和操作规范；数据的采集、记录和统计处理方法；实验对象、仪器设备、试剂及器材等；时间进度安排、完成形式。

3. 人员分工和经费预算

人力、物力和时间等是使研究内容得以实施的保证。不论是本单位内还是跨单位（地区）合作，均应对参加人员明确分工，落实任务。同时，对经费应作预算，包括科研业务费（测试费、计算费等）、仪器设备费、实验材料费、实验室改装费、协作费和管理费等。

第二节 剂量筛选

按照中兽医理论组成天然植物饲料添加剂的组方以后，还需要采用现代科技手段，经过特殊加工，制成具有一定形态和内涵的制剂，才能应用于生产。剂量研究是一个对有效物质（包括成分的种类、数量、存在形式等）选择和富集的过程，是通过特殊的造型来控制给药方法和发挥药效，在这个过程中需要选择恰当的剂型、合理的工艺、适宜的辅料和科学的包装。工艺研究应对剂型、工艺路线、工艺条件进行全面、系统的筛选，采用实验方法取得实测数据，再经统计处理，择优选定。筛选试验结果受到筛选方法、被考查因素水平、评价指标、结果判断方法等多种因素的影响。

一、动物的临床用药剂量

剂量是指使动物产生预期用药效果的一日平均量，常以添加于饲料的百分比含量来表示。理想的剂量应该达到最好的效果、最小的不良反应。在组方药物确定后，剂量是药性和药效的基础。如果少于这个量，一般就不能产生好的效果；如果加大用量到某一程度，可能会导致中毒，但绝大多数天然植物毒副作用较低，安全系数较高，有效剂量至中毒量距离较大，剂量选择灵活性较大。

动物的种类和体型大小不同，剂量大小差异悬殊。表 1－1 为不同种类动物用药剂量的比例，供参考。

表 1-1　不同种类动物用药剂量比例

动物种类	用药剂量比例
马（体重 300 kg 左右）	1
黄牛（体重 300 kg 左右）	1 ~ 1.25
水牛（体重 500 kg 左右）	1 ~ 1.5
驴（体重 150 kg 左右）	1/3 ~ 1/2
羊（体重 40 kg 左右）	1/6 ~ 1/5
猪（体重 60 kg 左右）	1/5 ~ 1/5
犬（体重 15 kg 左右）	1/16 ~ 1/10
猫（体重 4 kg 左右）	1/32 ~ 1/20
鸡（体重 1.5 kg 左右）	1/40 ~ 1/20
鱼（每 1 kg 体重）	1/30 ~ 1/10
虾蟹（每 1 kg 体重）	1/300 ~ 1/200
蚕（5 %熟蚕时，10000 只）	1/20 ~ 1/10
蜂（每 1 标准群）	1/100 ~ 1/50

二、影响剂量的主要因素

天然植物复方一般作用较缓和，毒副作用较小，可以不研究其最小治疗量、常用量、极量、中毒量等，但应着眼于能够适应不同地区、不同动物种类和不同体型大小使用的安全有效剂量。以下因素会对我们研究剂量时产生影响。

1. 药材的质量

目前，一般以药材外观性状判定其规格和等级，而并未直接与有效成分的含量挂钩。药材有效成分的含量常常与其基原、产地、采收季节、加工方法等密切相关。如槐米中芦丁的含量，河南、陕西产的最高可达 23 %，一般也有 15 % ~17 %，而四川产的只含 10 %左右；广藿香，广东石牌产的气香纯，挥发油含量较少（茎含 0.1 % ~ 0.15 %，叶含 4 %），但广藿香酮的含量却较高，而海南产的气较辛浊，挥发油含量虽高（茎含 0.5 % ~0.7 %，叶含 3 % ~6 %），但广藿香酮的含量却甚微；又如麻黄所含生物碱，春天采收的很低，夏天采收的却高。

2. 炮制方法

天然植物讲究炮制，且炮制品质量关系着饮片有效成分的种类、含量及存在形式。饮片讲究生熟、色泽、片张规格，这都与成分有关。如有人测得马钱子中士的宁的含量：生品为 1.18 %，水制品为 0.79 %，油炸品为 0.58 %，砂炮制品为 0.89 %。又如黄芩，它的主要有效成分之一是黄芩甙，经抑菌试验证明，生黄芩（原生药）、冷水浸黄芩对白喉杆菌、绿脓杆菌、溶血性链球菌、大肠杆菌等的抑制作用比“蒸”或“煮”过的黄芩或酒炒黄芩弱。当用冷水浸泡时，黄芩甙和水解酶相遇，黄芩甙和汉黄芩甙被酶水解，产生葡萄糖醛酸和2种甙元，其中黄芩甙元是一种邻位三羟基黄酮，本身不稳定，容易被氧化而变绿（所以呈绿色的黄芩饮片疗效差），蒸、煮时由于高温先使酶失活，使甙不被水解而保留在饮片中；另外，酒炒后黄芩甙脱吸附作用强，易于溶出，所以含量测定时酒黄芩、蒸黄芩、煮黄芩中黄芩甙含量都比生品及冷水浸者高。

3. 制剂加工

天然植物材中所含成分众多，作用各异，有效活性成分的相对含量偏低或甚微；再加上复方配伍，尤其是复方共煎，互相作用影响更大。因而在某一剂量时，不可能呈现全部成分的生物活性，含量多或生物活性强、生物活性阈值低的成分，可能在小剂量时就表现作用；含量少或生物活性较弱、生物活性阈值高的成分，也许只有在大剂量时才显示其特有作用。再加上某些作用有量变到质变的情况，即使同一成分，不同剂量档次也有可能显示不同药效。制剂加工对有效成分的种类、数量、存在形式以及释放、吸收、显效，都起着直接控制作用。

第三节　药理研究

一、药理试验设计

药理学研究的目的是揭示饲料添加剂有什么样的作用，为什么有这样的作用及有些什么毒副作用等。进行药理试验之前，应该明确实验的目的是什么？主要研究内容是什么？应该收集哪些数据？准备说明什么问题？以最经济的人力、物力和最短的时间完成任务为原则，周密地进行实验设计。为了达到预期目的，实验者必须本着实事求是的科学精神，在严肃的态度、严密的方法和严格的要求下进行实验研究。根据实验观察和记录，运用正确的统计分析，得出可靠的结论。

为有效地完成一项药理实验研究，首先必须进行科学合理的设计，以收到事半功倍的效果。由于具体情况各有不同，实验设计应根据实验要求灵活掌握，只有良好的实验设计、正确的实验操作，再加上合理的分析，才能达到理想的效果。因此，从整个研究过程来看，实验设计是中心环节，它虽不能改变事物发展的本质，但一个正确的实验设计有助于准确反映事物发展的内在联系。

（一）受试饲料添加剂

1. 准备

饲料添加剂是药理试验的对象，受试的饲料添加剂不符合要求，将无法获得正确结果，因此，实验用饲料添加剂的确定应慎重。

首先，添加剂应组方固定。各味药材经过品种鉴定，生产工艺基本定型，质量标准及稳定性试验基本符合要求，具有与临床用药基本相同的剂型与质量。凡是药材未经鉴定，组方、生产工艺、质量、剂型等尚未固定或有变动者，不宜用作药效学试验，其结果也不能用作有效性评价的根据。

其次，由于试验要求及给药方式的不同，受试饲料添加剂可用制剂（含有溶媒、基质的成品制剂）或提取物（不含基质、溶媒的半成品或天然植物提取物），或在试验前对饲料添加剂进行必要的预处理。例如，含有生药的制剂、以生药为主的散剂、复方制剂等，在进行注射给药或试管内给药前需要适当加工精制，使之适用于注射或试管内给药等。此外，筛选性的药理试验宜用粗制品，而深入研究宜用精制品。

2. 确定给药途径

为了准确评价新型饲料添加剂的有效性，一般采用两种给药途径，一种与临床给药途径相同，另一种以注射给药（静脉、腹腔或必要时皮下注射）为宜。但对于天然植物粗制剂，因其溶解性、粒度、酸碱度、无机离子含量以及杂质、不溶物质等原因，不适于注射给药者，可免做第二种给药途径试验。有时动物试验采用临床相同的给药途径，无法作出结果，或确有困难者，可根据具体情况采用相似的其他给药途径进行试验。凡是因特殊情况采用不同于临床用药的给药途径进行试验时，应认真分析试验结果，排除可能存在的干扰因素及假象，充分估计不同给药途径可能产生的影响，正确判断试验结果，或其结果仅供参考，不能作为有效性评价的主要根据。

3. 确定给药剂量

合理选择剂量是试验成败的关键之一。剂量偏低难于显示药效；剂量过高，甚至超过毒理试验剂量，其试验结果没有意义，甚至是中毒效应被误认为治疗作用。一般情况下，进行药效对比时宜采用中效剂量；进行协同试验时宜采用偏低剂量；进行解毒或颉颃宜采用偏高剂量。探索药效的最适剂量时，应从小动物开始，在整体动物上按2倍递增，在离体器官上可按3倍或10倍递增。如何选择合理剂量，目前尚无公认的计算方法，可参考以下方式选择给药剂量。

（1）根据临床用量估算：根据长期临床用药经验来估算动物试验剂量。

（2）根据文献估算：文献中相似饲料添加剂的用量，若组方相似，提取工艺相似，可作为参考，估算出供试药物的合理剂量范围。

（3）根据安全试验估算：一般情况下，药效试验的高剂量应低于长期毒性试验的中剂量或低剂量，不应高于毒理试验剂量；特殊情况下，药效试验剂量可以适当提高，但不应超过长期毒性试验的高剂量。

（4）根据预试验估算：通过预试验，确定合理的剂量范围，并按等比级数分为两个以上剂量组（特殊情况下，可用等差级数分组）。一般情况下，各试验至少应设两个以上给药剂量组；特殊情况下，如用奶牛、马、犬等，或试验难度很大、费用过高者，可设1~2个给药剂量组。

4. 确定给药方式

根据饲料添加剂的特点及试验要求，可以采用预防性给药方式（即先给药若干天或若干次，使之在动物体内达到有效浓度后，再造疾病模型），观察饲料添加剂的保护作用；或采用治疗性的给药方式（即先造成动物病理模型，然后给药），观察饲料添加剂的治疗作用。

有些天然植物起效较慢，作用缓和，需提前给药，多次给药，或连续数日给药，才能在动物试验显示药效，而一次性给药或造模型后给药，短时间内观察结果者经常难以获得预期结果，只能采用预防性给药进行保护试验。此外，给药次数、给药间隔、全部疗程等，也应合理规定，使之充分显示药效，有利于准确评价新药的有效性。

（二）试验动物

1. 实验动物种属的选择

动物对饲料添加剂的反应具有种属差异性，不同的动物各有不同的用处。

（1）青蛙和蟾蜍：容易获得和饲养，经济方便。其心脏在离体条件下可以有节律地搏动很久，可用来研究饲料添加剂对心脏的作用。

（2）小鼠：体形小，便于大量繁殖和饲养，是需要采用大量动物进行实验时的首选动物，如半数致死量测定和各类饲料添加剂的初筛试验等。

（3）大鼠：与小鼠相似，但其体形较大，在有些实验中使用更为方便。大鼠还是长期毒性试验的常规实验动物。

（4）豚鼠：易被抗原性物质所致敏，对组胺特别敏感，常用来观察药物的致敏作用和筛选抗过敏药。

（5）家兔：容易饲养，比较驯服，体形较大，其耳静脉又便于注射给药及采血，为药理实验中用得最多的一种动物，可以用于直接记录血压、呼吸和观察饲料添加剂的作用。家兔的体温比较稳定，故可用于解热药实验与注射液的热原检查。

（6）近交系动物：一种动物经过20代以上的兄妹或亲子交配，达到遗传基础的一致以后，称为近交系动物。近交系动物的反应个体差异性很小，所获结果的可重复性较高，可以减少实验动物的用量，提高实验的精确度。但其繁殖力低，抗病力差，对于饲养条件的要求高，这给大量供应造成了困难，所以只在某些特殊场合才使用。

2. 实验动物个体的选择

同一种动物在不同的生理条件下对饲料添加剂的反应性也会有较大差别，为了减少实验误差，除了需要注意种属选择外，还应注意个体选择。包括动物的年龄、体重、性别、生理状态和健康状况等。

（1）年龄与体重：进行药理学实验时，应根据实验的目的和内容，选用适龄的动物。动物的年龄最好是从其出生日期来推算，在不能确定年龄的情况下，经常按其体重作粗略估计。一般成年动物对饲料添加剂的反应性比较稳定，幼年动物对饲料添加剂的毒性比较敏感，因而观察饲料添加剂的各种药理作用多用刚达到性成熟的动物，进行长期毒性试验时常用幼小动物。在同一批实验中，各组动物的年龄、体重应尽可能一致（体重相差不宜超过20％），否则影响实验结果的可靠性。体重测定须在空腹时进行。

（2）性别：动物对饲料添加剂的反应性还存在性别差异，所以，在实验中应将雌雄动物平均分配于各组，雌、雄各半为宜。关于动物的性别鉴别，个体大的动物多无困难，如大鼠、小鼠主要根据肛门和生殖孔之间的距离来加以判断，距离近者为雌，距离远者为雄。

（3）生理状态：动物的生理状态，如怀孕、哺乳、冬眠等，可以显著地改变其对饲料添加剂的反应性。除了观察饲料添加剂对妊娠及胎儿的影响以外，一般都不用怀孕或哺乳期的动物，进行慢性实验时必须将雌雄动物分笼饲养。

（4）健康状况：一般健康动物对饲料添加剂的耐受量要比患病的动物大，有病的动物比较容易中毒或出现异常反应。实验动物是否健康，可以从其外观作初步判断。健康动物：发育正常，肌肉丰满，被毛浓密、有光泽、紧贴体表，眼睛明亮而灵活，无过多的分泌物，肛门周围毛色洁净，食欲良好，反应灵敏，运动活泼等。对于有特殊要求的实验，还需做进一步的功能检查。

3．实验动物的饲养与管理

搞好实验动物的饲养与管理，应做好以下三个方面的工作。

（1）房舍条件：饲养环境应达到实验动物建筑设施标准、饲养环境空气质量标准和环境噪声标准。例如，饲养普通动物的环境为开放系统，是与外界相通的，送入的新空气要经过有效滤过，传入物品要消毒。中小型动物饲养室进出口不得直接对外，应有缓冲间，要有纱门、纱窗；室内要整洁，无杂物、无污物、无尘、无昆虫等；天花板光洁，能消毒；地面、墙壁平坦光滑，能洗刷；要有自来水和封闭式下水道，要有换气装置；室温年温差应在（24±5）℃，相对湿度60％±20％；笼具、饲具等用不易生锈的材料制作，易于清洗和消毒。

（2）合理饲养：应给动物饲喂质量合格的全价饲料，不得使用霉烂、变质、虫蛀、污染的饲料。直接用作饲料的蔬菜、水果等要经过清洗消毒，并保持新鲜。要根据各种动物的特性，投喂适当饲料。如家兔是食草动物，除了投喂精饲料外，一定要投喂适量的青饲料。精饲料有大麦、麸皮、玉米皮、豆饼、豆渣等；青饲料为新鲜的蔬菜及青草等。大鼠喜欢摄食湿的蒸饼，可将精饲料按一定成分配制好，做成块状蒸饼饲喂。小鼠喜欢摄食香脆的干饼，可用精饲料烤成小方块的干饼饲喂。豚鼠不喜欢摄食粒食，应将粒食磨成粉，与精饲料按一定比例配制好，加适量水调和后饲喂。大鼠、小鼠和豚鼠也要投喂一定量的青饲料。要供给足量的饮水，一级动物的饮水应符合城市生活饮水的卫生标准，二级、三级、四级实验动物的饮水应符合城市生活饮水的卫生标准且经过灭菌处理。狗为食肉动物，要投喂一定量的肉类和谷类、蔬菜等，一般应加以烹调。每天投喂的次数，兔、豚鼠和狗等早晚各1次，大鼠和小鼠每天1次即可。

（3）加强管理：要根据各种动物的特性，安排良好的饲养环境。兔舍应保持通风、干燥、温度适宜，夏天要注意降温。大鼠宜养在铁丝笼或塑料笼内，饲养房间要安静、通风和干燥。小鼠性喜安静、光线较暗的环境，可以养在铁皮盒或瓦罐内，夏天也要注意降温。豚鼠需要一定的活动空间，可以在水泥池里饲养，池底铺垫清洁的干草，并尽量避免惊扰。狗舍要建在干燥的向阳处，使之有一个冬暖夏凉的环境。垫料应按不同等级实验动物的需要进行相应处理，达到清洁、干燥、无毒、无虫、无感染源、无污染。

此外，应及时清除排泄物。

（三）试验分组

药理实验的对象是有差异的生物样本，因此，将各实验对象在机会完全均等的条件下接受处理和分配，可以消除人为因素或其他偏性误差的影响。

1．完全随机法

把实验动物完全随机地分配到各实验组中去。此法最简单、最常用，但效率较差，一般用于单因素大样本实验。

2．配对随机法

先将动物按性别、体重、窝别或其他因素加以配对，以基本相同的两个动物为一对配成若干对，然后将每对动物随机分配于两组中，使两组的动物数、体重、性别取得均衡，以减少组间的生物差异。

3．区组随机法

这是配对随机法的扩大。将全部动物按性别、体重及其他条件等分成若干组，每组的动物数与拟划分的组数相等，各个动物的体质条件相似，再给每个组中的每一只动物编号，利用随机数表将它们分配到各组。

4．拉丁方阵随机法

凡是纵行、横行均无重复字母的方阵均称拉丁方阵，此法适用于多因素实验研究的设计。如要观察某药不同剂量的效应，要求用4种剂量，不仅1号、2号、3号、4号动物都各注射1次，而且每次注射时都必须有这4种剂量，以消除动物个体差异和用药顺序带来的影响。一般先将4个剂量编号为A、B、C、D，然后按4×4拉丁方阵排列（表1－2），每只动物纵行不受重复处置（如用量或其他条件），同一次横行也不受重复处置。如果样本是5个或6个，则可以相应采用5×5，6×6方阵。

表1－2　4×4拉丁方阵排列

剂量 / 用药次数	动物号码			
	1	2	3	4
一	A	B	C	D
二	B	C	D	A
三	C	D	B	A
四	D	A	B	C

B	C	D	A
C	D	A	B
D	A	B	C
A	B	C	D

A	D	A	B
D	A	B	C
A	B	C	D
B	C	D	A

5．正交设计

系指用正交表作为因素分析的一种高效设计法，在天然植物复方各组分对疗效影响的分析中较为方便实用。例如，某天然植物复方由甲、乙、丙、丁 4 种药组成，每种药选用大、中、小 3 个剂量，欲分析各药对复方疗效的影响，可使用“L_9（3^4）正交表”。L 是正交表的符号，9 表示做 9 次实验，3^4 表示 4 种因素（甲、乙、丙、丁 4 味天然植物）各 3 个水平（大、中、小 3 个剂量）。按理有 $3^4=81$ 种组合，即应进行 81 次实验，但用正交设计，做 9 次实验即可解决问题。具体方法请参阅有关专著。

6. 对照组

正确设计对照组是准确判断试验结果及药效的关键之一。

（1）阳性对照组：即用已知有效的饲料添加剂作对照，其目的：一是检查试验体系是否可靠，可用化学药物作阳性对照药；二是对比两药之优劣与特点，选用同类天然植物为佳。阳性对照药的选择应注意以下三点。

①可比性：其功用、主治、剂型、给药途径应与新药相似，才有可比性，便于比较新药的优劣与特点。但有时找不到符合要求的同类天然植物作阳性对照药。特殊情况下，在合理范围内可以适当灵活掌握，其功用、剂型可以有一些差异，但主治必须相同，给药途径也应相同。

②合法性：阳性对照药物应符合《中华人民共和国兽药典》或部颁标准，或新批准生产的合法饲料添加剂，否则不可作为阳性对照药。

③择优选用：有多种同类药可供选用时，应择优选用当前生产上公认有效的、有代表性的“好”药作为阳性对照药；勿选用疗效差，不良反应严重，甚至即将被淘汰的饲料添加剂。

（2）原剂型对照：原剂型对照属于《兽药注册管理办法》第九类新药的阳性对照药，应以该药的原剂型为对照药，进行药效试验，以了解新药（新剂型）在哪些方面优于原剂型。

（3）空白对照组：包括正常动物及模型动物的空白对照，可用生理盐水、蒸馏水或注射用水，并根据试验要求选用。新药若含有特殊的溶媒或基质者，应作溶媒（或基质）对照。

7. 样本数的大小

样本数加大可以提高精密度，但人力、物力、时间的消耗也随之增加，不符合经济原则；样本数过小又难以得出正确结论。如何能在少量样本的情况下获得可靠的结论，应在实验设计中加以考虑。对所需样本大小的估计应考虑下列因素。

（1）药效方面：药效作用强，样本数可小；药效作用弱，则样本数相应增加。

（2）生物差异：变异系数大，样本数应大；可信限要求小，则样本数需增加；P 值要求小，样本必须加大。一般情况下，小动物（小鼠、大鼠、鱼）每组 10 ~ 30 例，计量资料的两组对比时，每组不少于 10 例，计数资料的两组对比时则每组不少于 30 例；中等动物（兔、豚鼠）每组 8 ~ 12 例，计量资料的两组对比时，每组不少于 6 例，计数资料的两组对比时则每组不少于 20 例；大动物（牛、猪）每组 5 ~ 15 例。

按统计学原理，两组样本数相同时，实验效率最高；量反应要比质反应指标效率高；同体实验比分组实验效率高。

(四) 观测指标

建立了合理的试验方法后，选择符合要求的观测指标，才能准确无误地反映出饲料添加剂对机体的影响。指标不是“越多越好”，而是应符合一定要求。

1. 特异性

特异性指选用针对性强，专属性好，能够反映变化本质的指标。例如，治疗奶牛乳房炎的新药，应选用乳腺分泌物能否培养出病原菌和产奶量的变化作为指标，可以特异性地反应新药对乳房炎的疗效。

2. 敏感性

指标要敏感，对于饲料添加剂的作用效果能够敏感地、准确地反映出来；而敏感性差的指标，往往会遗漏某些阳性变化，造成假阴性结果。

3. 重现性

指标要稳定，重现性好，结果才可靠。若重现性差，则应检查是动物不符合要求，模型不合理，方法不可靠，还是观测指标有问题，检测记录不准确，误差太大，或是干扰因素太多等原因所致，并及时纠正。否则，重现性差的试验结果不可靠，不能作为有效性评价的依据。

4. 客观性

主观检测的指标，误差较大，不够准确。例如，肉眼观测牛奶的外观变化来判断乳腺炎症，误差较大，而用牛奶的体细胞计数法来判断乳腺的炎症则更加客观和精确。

5. 定量指标

为了准确判断饲料添加剂的作用及机体的变化，应选用可测量的定量指标（即计量指标）。形态学指标（如组织学、病理学指标）的特点是能够准确地定性、定位，但难于定量。也有的指标目前尚无计量方法，可用分级打分的办法，使之定量化。

6. 多指标综合

每种指标均有其优点，也有不足之处，一项观测指标往往很难满足上述多方面的要求。为了准确、全面地判断新药的有效性，常需多指标综合运用，以取长补短，相辅为用。如，生理指标可定性和定量，进行连续动态观察，但定位欠准，受多种因素干扰，稳定性较差；而形态学指标则可定性和定位，但难于定量，也难于进行连续的动态观测。两者各有优缺点，若生理、生化、形态等指标合理搭配，综合运用，则试验结果更为全面、准确、可靠。有些指标单一使用即可达到试验目的，满足要求，则不必采用多指标观测。应具体情况具体分析，根据试验目的与要求，优选指标，不是“越多越好”，而是“越说明问题越好”。

(五) 结果分析

对于药理试验中获得的大量信息与数据，必须经过正确的统计学处理，排除干扰因素，获取准确可靠的结果，正确分析判断，最后得出科学的结论。

首先，要回答新药是否有效，有效的范围，作用的强度，起效快慢与持续时间，其主要作用与次要作用是什么，能够解决病畜（禽）的什么问题，与同类天然植物（或原剂型）相比有哪些优缺点，有无实用价值及发展前景，并为临床试用提供合理的治疗方案（如剂型、剂量、给药途径、给药次数、间隔、疗程、配伍用药、注意事项等），得出实事求是的结论。

其次，将试验结果经过分析、归纳、综合，找出内在规律，上升到理论，用以说明中医药有关的理论及用药规律，达到古为今用、洋为中用之目的。

再次，注意排除各种因素对试验结果的影响。例如，实验设计不合理，主攻方向不明确，模型、方法及观测指标的选择不符合要求；动物的种属、性别、年龄、健康状态，环境的温度、湿度、昼夜节律，饲养条件，饲料添加剂质量、剂型、剂量、途径、给药方式，以及实验人员技术操作误差、仪器测试误差等，都可能影响试验结果。

最后，试验总结应该规范化。整理试验记录，归纳数据，进行正确的统计学处理。同时，制表绘图要规范，文字要简洁，重点要突出，结论要科学。

二、药理试验方法

药理试验分为一般药理试验和主要药效试验。

一般药理试验：用产生主要药效作用的剂量和给药途径给药（溶于水的饲料添加剂应静脉注射），观察饲料添加剂对清醒或麻醉状态下的动物在神经系统、心血管系统和呼吸系统等方面的变化。目的在于全面了解新药对机体各方面的影响，发现有意义的作用或潜在的影响，以便更合理地用药，提高疗效或扩大适应证；或是发现可能发生的副作用和对机体潜在的危害，以避免不良反应的发生。

主要药效试验：根据饲料添加剂的主要作用，选择合适的试验方法进行主要药效试验，以证实临床疗效。

以下列举一些研究中常用的药效试验方法。

（一）体外抑菌试验

本法仅用于测定细菌对天然植物的敏感性，它以最小量天然植物的抑菌或杀菌浓度为终点，一般测定的是抑菌终点，而非杀菌终点。因为在大多数感染中，一旦病原菌被充分抑制后，宿主的细胞和体液防御功能即可清除入侵的细菌，因此，仅在某些特殊的研究目的时才测定杀菌终点。

体外抑菌试验必须控制实验条件，使其尽可能标准化，以便得到可重复的结果。试验条件应尽可能调整至类似体内的情况，使实验结果有参考价值。培养基应能够使被测细菌生长良好，培养温度和 pH 应符合生理情况。细菌必须生长新鲜茂盛，细菌接种量必须定量标准化，培养时间应限制在 18 h 或 24 h，由于特殊目的可以延长培养时间，但所试样品在培养时间内不应变质。

1. 样品制备

样品可以是煎剂、部分提取物或单一成分。煎剂应注意无机离子浓度、pH、鞣质、蛋白质等对结果产生的影响；提取物或单一成分则须注意其溶解情况，尤其重要的是样品应当有一个可控制的质量标准，最好能对所含主要成分进行定量，至少应以提取物的干重作为质量指标，以原生药相当量作为质量指标太粗陋，所得结果很难有重复性。

2．菌株选择

试验所用标准菌株可以从农业部兽药监察所，或各地生物制品研究所，或防疫部门得到。临床新分离菌株须经形态、生化或特异性抗原检测加以确定，并应注意菌株纯度，不得有杂菌的污染。一般细菌可将冻干管或贮存培养物和琼脂斜面接种于适当的琼脂培养基上进行分离，将 24 h 培养生长物用生理盐水或肉汤培养基制成悬液，分装于塑料或玻璃小瓶中，加盖后迅速冻存。对于需增添营养的细菌则可一周一次移种于含血或其他营养成分的营养琼脂平板。试验用培养基应考虑细菌营养需要，但一般细菌则可以选用肉汤培养基。

3．试验方法

最常用的方法分为纸片扩散法、琼脂平板稀释法和肉汤稀释法三大类。

（1）纸片扩散法：肉汤琼脂培养基融化后倾注平皿，待其凝固，制成琼脂平板。从在琼脂平板上培养 18 ~24 h 的细菌菌落中挑选 4 ~5 个形态相似的典型菌落，转种于肉汤液体培养基中培养 4 ~6 h，视生长情况，临用前可用生理盐水稀释，用无菌棉拭浸菌液均匀划线接种于肉汤琼脂平板上，待其干燥数分钟后，用无菌镊子在琼脂表面放置蘸有定量某浓度的天然植物样品的滤纸片，轻压纸片使其与琼脂适当接触，各纸片间距要相等且不要太靠近平板边缘。37 ℃孵育 18 ~24 h 后，用尺或抑菌圈读数测量器测量每个抑菌圈的直径。若培养基透明，可以从平板背面测定；若不透明，则需揭去平皿盖直接测量。本方法简单，可以同时进行多样品的测定，但粗糙且干扰因素较多，可以作为初筛方法。一般一个直径 15 cm 的平板可以同时测定 12 ~13 个样品，9 ~10 张纸片贴于距平板外缘约 2. 5 cm 处，3 张纸片贴于中间。可以每张滤纸片蘸浸不同天然植物溶液，也可以每张滤纸片蘸浸同一天然植物的不同浓度药液。

（2）琼脂平板稀释法：将天然植物作一系列双倍稀释，至浓度达到最终所要求浓度的 10 倍为止。如一般煎剂需制备 1/10、1/20、1/40、1/80、1/160、1/320、1/640、1/1280 浓度平板，为此，可先配制 1/1、1/2、1/4、1/8、1/16、1/32、1/64、1/128 的药液，取 9 份营养琼脂熔化后加入 1 份上述药液混匀，灌注直径约 10 cm 的平皿，每只约 15 ml，冷却后即得含药营养琼脂平板。将经过标定的接种环（每环含培养液 0. 05 ml）在平皿琼脂上划线接种不同细菌的培养物，此接种量应于不含药的琼脂平板上产生融合生长菌落。37 ℃孵育 18 ~24 h 后检查平板上接种细菌部位有无细菌生长，将含有小于 3 个菌落的琼脂平板的天然植物浓度定为最低抑菌浓度（MIC）。本方法可以同时检测天然植物对多种细菌的作用，并可求得 MIC，颇为实用。

（3）肉汤稀释法：天然植物用肉汤培养基按需要作对倍系列稀释，每管 1 ml 或 2 ml，另设不含药液的肉汤作对照管，每管加入 0. 05 ~0. 1 ml 培养 6 ~8 h 的肉汤菌液。菌液浓度视细菌生长特性而定，一般细菌可作 10^{-3} 稀释，肠杆菌科细菌则可采用过夜

培养的 10^{-3} 稀释菌液，需要特殊营养而生长缓慢的细菌需采用不稀释或仅作 10^{-1} 稀释的细菌培养液，具体情况可以根据预试中对照管于18～24 h 培养后生长丰盛、浊度而调整。菌液与含药肉汤混匀后于37 ℃孵育18～24 h，以浊度为指标检查试管中有无细菌生长，以不显示浑浊、细菌未生长的那一管的药液稀释度作为MIC。如需测定最低杀菌浓度，则可将无肉眼可见细菌生长的试管中的肉汤取0.05 ml 划线接种于营养琼脂平板上，37 ℃孵育18 h 后以平板上菌落数＜10 个的天然植物浓度作为最低杀菌浓度终点。本法避免了天然植物于琼脂平板中扩散动力学的多种影响因素，天然植物分子直接与细菌菌体接触而与体内情况接近，其结果较接近临床情况。但天然植物制剂所含成分复杂，离子强度、pH、鞣质、溶解度等都对结果有重要影响，故对结果的解释宜慎重。对色泽较浓，影响结果判定的天然植物制剂，可以用葡萄糖酚红肉汤代替普通肉汤，在此培养基中，细菌生长使葡萄糖发酵产酸，使酚红变为黄色，以仍保持红色的试管的天然植物浓度判定MIC 终点。

抑菌作用的体外测定尚有许多其他方法，如平皿打洞法、挖沟灌药法、杯管法（牛津小杯法）、滤纸条法等，基本原理、操作均与上述方法相同，属此3 种方法的变法，详情可以参阅有关的微生物学专著。

试管法和平皿法均是常用的体外抑菌试验方法。试管法比较敏感，结果也较准确，但操作较烦琐，需要较严格的无菌操作。如果天然植物颜色过深，或浑浊，或不溶于培养基，会干扰结果的判定，不宜用试管法，可用平皿法。

（二）体内抗菌试验

即天然植物对感染动物的预防或保护作用研究，不仅能反映其对细菌的直接作用，还能反映它对机体反应性的影响，特别是非特异抵抗力的影响、天然植物到达感染部位的能力、机体对天然植物的灭活及代谢等，因而体内抗菌试验是最重要的抗菌作用研究方法，通常它是判定天然植物有无抗感染作用的最主要指标。

1. 实验动物

一般用小鼠，观察细菌全身性、致死性感染的死亡或存活情况。特殊的动物模型则需用其他动物，如家兔的脑膜炎、豚鼠的痢疾杆菌感染或结核杆菌感染等。此时往往还需观测特殊的病变，且有些感染往往可以自愈。在实验感染，特别是小鼠的致死性感染中，由于细菌的毒力不够强或小鼠本身对该菌不敏感，可以采用多种致敏措施。常用的方法是用3 %～5 %猪胃粘蛋白，将细菌配成悬液后腹腔注射0.5 ml/鼠，也可于感染前给实验动物注射可的松等以降低机体抵抗力，还可以因特殊研究目的采用切除双侧肾上腺、封闭网状内皮系统等措施。

2. 攻毒菌株

小鼠全身性感染模型应选用对畜禽致病力强的菌株，经实验室反复体外传代的细菌其毒力往往减弱，可以通过特殊处理，如经过动物体内传代而增强或保持其毒力，又如对于化脓性链球菌和肺炎球菌，为获得合乎要求和可重复的感染，必须对每一试验菌株测定其毒力。为此，可将该菌的肉汤过夜培养物用肉汤作系列稀释（10^{-1}，10^{-2}，

10^{-3}，10^{-4}，…），取每个稀释度的稀释液 0.5 ml 腹腔注射于小鼠。若用粘蛋白（胃膜素）增敏，则可取 1 份肉汤稀释菌液与 9 份 5 % 的粘蛋白混合，但须同时作单独胃粘蛋白对照，对照小鼠不得有死亡。记录各剂量组小鼠在 2 周内的死亡数，引起动物全部死亡的最低细菌量（稀释度）为最小致死量（MLD）。天然植物抗菌作用较弱，正式实验时菌量应低于 MLD，以选取 80 % ~90 % 小鼠死亡的细菌量感染为宜。革兰氏阳性和革兰氏阴性细菌全身感染小鼠一般于 24 ~ 72 h 死亡，但观察期限应以 2 周为宜。结核杆菌感染小鼠通常在 2 周后方才死亡。

3. 饲料添加剂准备及给药时机

天然植物粗制剂所含成分复杂，干扰因素多，一般不宜注射给药，特别是腹腔注射。剂量不足，难以达到体内的抗菌效果；剂量过大，可以引起毒性并降低机体抵抗力，反而促进动物死亡。故必须注意剂量的选择，且须同时设数个剂量组以观察药效。尽可能除去样品中的杂质或采用纯品是取得良好、可靠结果的关键。采用腹腔注射给药和腹腔感染是不恰当的，容易导致假阳性结果。通过测定天然植物灌服和注射时半数致死量（LD_{50}）的差异，可以粗略了解其活性成分在消化道的吸收情况，天然植物粗制剂一般应灌服给药，特别是那些吸收较好的样品，如果吸收情况太差，不得已时可以采用与感染不同的途径注射给药，例如，腹腔感染用颈部皮下注射乃至静脉注射给药，静脉注射感染则可以腹腔注射给药。给药时机可根据天然植物效用及实验目的而定。由于天然植物作用弱，难于在体内达到有效抗菌浓度，且它还常可能通过调动机体的非特异抗感染能力而起效，故天然植物体内抗菌作用研究一般宜预防性给药，即连续给药 1 至数日后再行感染，并连续给药至感染后数日，或至实验结束。为考察天然植物的治疗作用，可以于小鼠感染后立刻给药治疗，每日 2 次至数次连续给药。某些无明显体外抑菌作用的天然植物，应当连续给药激活机体免疫功能后，对继后的细菌攻击具有非特异的抗感染作用。

4. 实验方法及结果判定

选用 18 ~ 22 g 的小鼠，雌雄各半，每组 10 ~ 20 只，先给药，然后根据菌株毒力预试情况选取 80 % ~90% 致死量（$LD_{80\sim90}$）的细菌量腹腔注射感染小鼠，记录小鼠情况，以 2 周内死亡或存活鼠数进行 X^2 检验，以判断天然植物保护效果。如果菌株的毒力测定稳定，且均集中死于 24 ~ 72 h，而正式保护试验中感染鼠也绝大多数死于 72 h 前，也可仅观察 1 周。严格的研究应将死亡及未死亡动物心血标本均接种于琼脂平板进行培养，死亡动物心血培养应有感染菌的菌落生长，若无菌落生长而给药剂量较大，应考虑动物可能死于天然植物毒性；存活动物心血标本培养应无菌。

（三）抗病毒试验

病毒感染性疾病已成为当今畜禽最主要的感染性疾病，而有效的抗病毒天然植物则寥寥无几，因而抗病毒天然植物制剂的研制备受重视。由于病毒只能在活细胞中生长复制，因此，研究只能在活细胞存在的环境中进行。常用的研究方法，根据病毒宿主大致分为组织培养法、鸡胚法及整体动物保护试验等 3 类。用全鸡胚进行抗病毒试验发展最早，近年因组织培养法的迅速发展及其特殊优点，使得鸡胚试验少用，但在某些病毒的研究中仍有一定价值。由于病毒在活细胞中生长复制，因而细胞本身状况将对病毒复制产生影响，加之天然植物往往通过机体而发挥作用，因而整体动物保护试验是检测抗病毒作用的最重要方法。

1. 细胞培养法

绝大多数动物病毒都可以在离体培养的细胞上生长复制。较之整体动物保护试验，试验条件较易控制、方法规范、易于进行，并可以进行大规模的筛选性研究。此法能检测天然植物对病毒的直接作用，但不能检测其通过影响宿主的防御机能而产生的抗病毒作用，如诱生干扰素、增强细胞免疫等而发挥的抗病毒感染效果；也不能检测天然植物必须经过体内转化后才发挥的抗病毒作用。再者，粗制剂中众多杂质会对培养细胞或病毒产生非特异影响，干扰结论的准确性。这些在试验中都要特别注意。

（1）病毒株及检测指标：应选用对畜禽威胁较大的常见疾病的病毒，如猪瘟病毒、鸡传染性法氏囊病病毒等。为特殊目的可选用特殊病毒株、强致病病毒的减毒株或疫苗。对某些血清型较多的病毒，可以仅选择仍在流行致病的血清型进行研究。

研究天然植物于细胞培养上的抗病毒活性，主要是比较经系列浓度的天然植物处理及非天然植物处理对照组细胞的病毒感染参数。例如可以检测感染细胞的病毒产生量，病毒的致细胞病变作用，病毒的合成产物如病毒蛋白、病毒特异性 RNA 或 DNA，病毒的某些功能如血细胞凝集、血细胞吸附、细胞融合活性，病毒的特异酶如病毒 RNA 或 DNA 聚合酶，宿主细胞的变化等。

（2）细胞及天然植物样品：可用动物细胞。细胞必须于培养中生长良好，对病毒敏感。此外，合适的培养基、良好的犊牛血清、稳定的培养条件（温度、CO_2）、优质的培养器皿都应注意，要熟练掌握单层细胞培养技术。细胞是病毒的宿主，培养细胞的生理、病理变化都将明显影响病毒的生长复制和功能。因此，研究前必须首先测定天然植物对宿主细胞的影响，并选择不影响细胞生长的天然植物浓度进行抗病毒试验。

天然植物粗制剂的成分复杂，含有大量不能进入血液或组织的成分，而这些成分都将对病毒和细胞产生影响。应尽可能应用精制的纯品进行实验，若不得已采用粗制剂，则应尽量避免粗制剂对培养环境的影响，如离子强度、pH 等，并要考虑非特异性成分（如鞣酸等）对结果的影响，对实验结果作谨慎的解释。如果用给药动物的血清作为实验样品，其结果价值更大。

（3）试验方法

①抑制病毒致细胞病变（CPE）法：许多病毒可以引起感染细胞产生明显的病变，在光学显微镜下可见细胞变圆、折光增加、空泡形成、细胞融合和细胞溶解，这些变化很容易与天然植物毒性所造成的细胞损害相区别，加之快速、经济，CPE 法已成为天然植物抗病毒试验的最常用方法。缺点是须在显微镜下观察病变，有一定的主观性；如果天然植物能明显影响细胞代谢而不至于出现镜下的形态学改变时，易得出假阳性结果。

②抑制病毒空斑形成试验法：单层细胞培养物接种病毒液，并在 37 ℃令病毒于细胞吸附 1 h，然后加入含琼脂的病毒培养基覆盖细胞层，并使琼脂固化，37 ℃培养后病

毒在细胞层内生长形成空斑，计数空斑数以代表病毒增殖及致细胞病变情况。不同浓度的天然植物可以对细胞进行预处理，也可以将天然植物加在覆盖细胞的培养基上，打孔加药，或贴蘸药滤纸片。为使空斑易于计数，可以在孵育结束前一定时间于培养琼脂表面加中性红水溶液，死亡细胞不着色，活细胞则着色而显示清晰的空斑。本法精确、灵敏；如按比例缩小，则可以用显微镜计数多孔平皿中的微斑，经本法略加改变可以建立纸片琼脂扩散试验及深度平皿试验；本法较之测定病毒数量减少或琼脂纸片扩散试验，可以得出更好的剂量反应曲线，且可以通过计算机图像分析对空斑计数作自动化处理。其缺点是较复杂、费时；不适合作大数量样品的抗病毒试验；不能同时测定天然植物对细胞的毒性，对病毒种类有一定选择性，所研究的病毒必须能够产生清晰的空斑。

③血细胞吸附抑制试验法：许多带壳病毒，如粘病毒、副粘病毒等，当其感染细胞后，其表面可以特异性地吸附红细胞，吸附程度可以反映病毒的复制程度，被吸附的红细胞可于水溶解后用分光光度法测定被释放出来的血红蛋白（Hb）量，从而反映病毒生长的抑制程度。本法方便、客观、迅速，并可测定不能形成空斑的病毒，若按比例缩小而采用多孔平皿进行试验，还可以形成自动化检测系统。实验时，于培养细胞中加入不同浓度的药液，再加入能够引起血细胞吸附现象的病毒稀释液，经孵育后加入0.5 %的红细胞（如豚鼠红细胞），4 ℃吸附15 min，用4 ℃ pH 7.2的0.01 mol/L磷酸盐缓冲液（PBS）洗2次，洗去未吸附的红细胞，加入定量37 ℃去离子水，使吸附的红细胞溶解，410 nm测定Hb量，计算抑制病毒血细胞吸附作用50 %的天然植物浓度。

2. 鸡胚法

许多病毒可以在鸡胚中生长、复制，引起病变或致鸡胚死亡，观察天然植物注入鸡胚后病变、死亡的程度或时间，可以反映其抗病毒活性。天然植物可以先注入鸡胚，后感染病毒；也可以先感染病毒后给药，还可以感染、给药同时进行，或将天然植物于试管中与病毒作用一段时间后再注入鸡胚感染之。不同的给药程序，可以在一定程度上反映天然植物对病毒感染过程的不同阶段，如病毒吸附、病毒复制的影响。在鸡胚上研究天然植物的抗病毒活性是一种传统的方法，对天然植物制剂的要求同细胞培养。

3. 整体动物试验法

病毒－宿主关系对天然植物的抗病毒效果的影响远胜于抗菌作用，这是因为病毒对宿主的感染发病及其结局有比细菌感染复杂得多的影响因素，而机体对天然植物的作用、对病毒感染所发挥的影响，也较对细菌复杂得多，抗病毒天然植物的血清浓度与其对动物病毒性疾病疗效之间的关系，也未必仅是一种简单的关系。因而，抗病毒作用的研究都应当最终通过动物试验的考核，有些具有显著临床疗效的天然植物制剂，在病毒感染的动物保护试验中不能显现明显的效果。

（1）动物模型：良好的病毒感染实验动物模型是取得良好的天然植物抗病毒作用预测价值的关键。为此，应当尽可能使用本动物进行实验。模型复制中，恰当的病毒攻击量是一个值得控制的重要实验条件。

（2）药物及给药：感染动物保护试验中，天然植物样品的要求类同病毒感染，较之细胞培养试验的要求可以适当放宽，粗制剂只要非注射给药，其结果的可信程度仍高，注射给药时要注意其对宿主的毒性。天然植物往往可以通过多种途经特别是通过对宿主抗感染能力的影响而生效；并且在病毒感染中给药时机对结果有重要影响，给药过迟将明显降低保护效果，故宜采取预防性给药，可以预先给药 3～5d，再进行感染病毒，并持续给药至终，如有明显效果，再视研究目的调整给药时机。天然植物作用较弱，为获得保护效果往往采用大剂量给药，然而剂量过大经常可以影响宿主防御机制而干扰实验结果，故给药剂量应在预试验中确定，并最好给予大、中、小的不同剂量以观察之。再者，在某些病毒感染中，根据感染途径及天然植物的特点，采用特殊给药途径有可能更容易获得阳性结果。

（3）药效判断标准：不同的动物模型应相应采用恰当的药效判断标准。一般对致死性感染可以用生存率、生存期作为重要指标；特殊病变程度也常作为感染严重程度的指标，如小鼠流感病毒性肺炎时，肺重量的测定。

（四）增强免疫试验

1. T淋巴细胞功能测定

（1）T淋巴细胞转化增殖试验：T淋巴细胞在体外培养时，受到非特异性丝裂原（如植物血凝素 PHA、刀豆素 ConA）刺激后，出现细胞体积增大，代谢旺盛，蛋白质与核酸合成增加，并进行分裂增殖。T淋巴细胞转化增殖的程度，可以反映机体的细胞免疫水平。主要测定方法有：

①形态学方法：取培养细胞作涂片、染色、镜检，掌握淋巴细胞形态学标准，判断计数转化率。此法简便、易行，但重复性和客观性差。

② ^{3}H－胸腺嘧啶核苷（^{3}H－TdR）掺入法：T淋巴细胞受丝裂原 PHA 或 ConA 刺激发生增殖过程中，细胞 DNA 合成大量增加，此时若将^{3}H－TdR 加入培养液中，^{3}H－TdR 被作为合成 DNA 的原料而摄入增殖细胞内。测定细胞内掺入 DNA 中^{3}H－TdR 的放射性相对数量（以脉冲数，cpm）来表示 T淋巴细胞增殖的高低。该法结果客观、准确，重现性较好，是测定细胞免疫的常用方法，但需一定设备条件。

（2）细胞毒T细胞（CTL）杀伤功能测定：当特异的效应T淋巴细胞在体外与靶细胞接触时，无需补体参与即可破坏、溶解靶细胞，这一特性称为T淋巴细胞的细胞毒性作用。CTL 经抗原刺激后，可以特异性杀伤带抗原的靶细胞（如肿瘤细胞、病毒感染细胞、同种异体细胞等）。CTL 可以在体内诱生和体外诱生。

①体内诱生：用靶细胞来免疫动物，通常可在免疫动物的脾细胞或腹腔渗出细胞中发现 CTL。

②体外诱生：将动物的脾细胞与刺激细胞一起在体外培养，也可诱生 CTL，刺激细胞预先经丝裂霉素或 X 射线处理，使之不能增殖，仅起抗原刺激作用。CTL 测定是反映机体细胞免疫功能状态的重要指标。

目前，测定 CTL 杀伤功能的方法很多，常用方法为核素^{51}Cr 释放法，但条件要求高。空斑减少法是操作简单、敏感、结果稳定，易于推广的一种方法，其原理是MX－87 杂交瘤细胞株（H－2^d 表型）能够分泌抗绵羊红细胞（SRBC）单克隆抗体免疫球蛋白 M（IgM），每个 MX－87 细胞分泌的抗体与周围的 SRBC 结合后，在补体存在下，形成一个透明的溶血空斑。以丝裂霉素灭活的 Balb/C 小鼠脾细胞（H－2^d）作刺激细胞，体外与 C57BL/6 小鼠脾细胞（H－2^d）共同温育 5 d，可以产生特别针对 H－2^d抗原靶细胞的激活的 CTL。这种激活的 CTL 与 MX－87 细胞在体外温育 2 h，即可杀死带 H－2^d抗原的 MX－87 细胞，死细胞失去分泌抗 SRBC 抗体能力，不能形成空斑。根据空斑减少程度，可以敏感地反映 CTL 的杀伤功能。

2．B 淋巴细胞功能测定

（1）体外抗体形成细胞（PFC）测定：又称溶血空斑试验，是体外测定抗体生成细胞的一种常用方法。小鼠 PFC 测定方法经过多次改进，敏感度不断提高。PFC 试验具有特异性高，筛检力强，可直接观察等特点，可作为判断机体免疫功能及研究天然植物对机体免疫功能影响的指标。目前常用的方法有琼脂平板法、单层玻片小室法及单细胞层吸附法。其基本原理是用 SRBC 免疫小鼠，小鼠的脾细胞与一定量 SRBC 混合，PFC 释放溶血素（抗 SRBC 抗体），在补体的参与下，使 SRBC 溶解，从而在每一个 PFC 周围形成一个肉眼可见的溶血空斑，计算出 100 万个脾细胞中 PFC 的均值。

（2）定量溶血分光光度测定法：它是根据 PFC 试验原理衍化而来的另一种测定抗体形成细胞的方法，是用 SRBC 免疫后，小鼠脾细胞、SRBC 和补体在液相介质中进行反应，用分光光度计定量测定所释放的 Hb 量，以吸光度值（OD 值）表示。该方法具有简便、敏感、客观及可定量等优点。

（3）B 淋巴细胞增殖试验：常用^{3}H－TdR 掺入法。小鼠脾 B 淋巴细胞在体外受脂多糖（LPS）等刺激增殖过程中，细胞 DNA 合成大量增多，此时若将^{3}H－TdR 加入培养液中，^{3}H－TdR 被作为合成 DNA 的原料而摄入增殖细胞内 DNA 中。培养结束时，测定细胞内放射性物质相对活性（以 cpm 表示），能够客观反映 B 细胞功能。

（4）免疫球蛋白（Ig）定量测定：单向免疫扩散是 Ig G、Ig M 及 Ig A 测定最常用方法。

（5）血清溶血素抗体测定：用 SRBC 免疫动物，产生抗 SRBC 抗体－溶血素，释放至外周血。分离免疫动物血清，与 SRBC 一起温育，在补体参与下，SRBC 裂解释放 Hb，测定 Hb 量，以 SRBC 半数溶血时吸收度值（HC_{50}）表示，反映天然植物对体液免疫的影响。该方法准确、客观，省去了空斑计数的困难。

3．杀伤细胞活性测定

杀伤细胞又称 K 细胞，是一类具有杀伤作用的特殊淋巴细胞，它单独不能杀伤靶细胞，只有带抗原的靶细胞与相应的特异抗体（IgG）结合后，才能对靶细胞起到杀伤作用，即抗体依赖性细胞毒作用（antibody dependent cellular cytotoxicity，ADCC）。K 细胞能够在微量的特异抗体存在下，杀伤肿瘤细胞和病毒感染细胞，因此，体外用 ADCC 试验检测 K 细胞活性，可以作为反映机体免疫功能的一个指标。

检测 K 细胞 ADCC 活力的基本原理是：选用适当的靶细胞（如鸡红细胞、SRBC 或组织培养细胞)，加上相应的免疫血清和 K 细胞（试验动物可为脾淋巴细胞)，温育一定时间后，观察靶细胞被破坏的程度，据此判断 K 细胞的 ADCC 活力。由于观察靶细胞破坏程度的指标不同，有经典的^{51}Cr 释放法和孔雀绿比色法。

(1) ^{51}Cr 释放法：用放射性^{51}Cr 标记鸡红细胞为靶细胞，加相应的抗血清和待测淋巴细胞共同温育。淋巴细胞中的 K 细胞能够杀伤经相应抗体包被的鸡红细胞释放^{51}Cr。根据^{51}Cr 的释放量，可以测知靶细胞被破坏的程度，从而判断 K 细胞活力。

(2) 孔雀绿比色法：本法中靶细胞为 SRBC，其抗体为抗 SRBC 抗体（溶血素)，待测细胞为小鼠脾淋巴细胞，三者共同温育，效应细胞杀伤靶细胞 SRBC 释放出 Hb，用无色孔雀绿溶液定量测定其释放的 Hb，根据颜色深浅判断 K 细胞活性。本法不需用核素，操作简单，溶血素可以直接购买，十分方便。

4. 中性粒细胞功能测定

中性粒细胞在机体的防御系统中起到十分重要的作用。当病原侵入机体时，它通过吞噬和杀菌作用杀灭病原。在杀菌过程中，中性粒细胞内耗氧量剧增，产生一系列还原性杀菌物质，这一过程称为“呼吸暴发”，它是中性粒细胞杀菌机制的一个重要组成部分。中性粒细胞功能障碍，会使机体易受感染，引起严重后果。因此，通过测定中性粒细胞的吞噬和杀菌功能，能在一定程度上了解机体的非特异性免疫状况，对评价天然植物饲料添加剂对机体免疫机能的影响有重要意义。

（五）抗寄生虫试验

抗寄生虫试验有体外试验与体内试验两类。

体外试验手续简便，如果配合应用生理学和生化学的观察法，还可揭示天然植物的作用机制，但其实验条件与体内环境差距较大，多数寄生虫不能在此种情况下长期正常存活，加药试验时经常出现假阳性与假阴性，所获结果尚需用体内试验法来证实。

体内试验需要在人工接种（或自然感染）某些特殊寄生虫的动物身上进行，手续烦琐，但实验条件接近临床实际，所得结果比较可靠，历来为新药研究者重视。

（六）抗内毒素试验

内毒素具有广泛的生物学活性，任何影响内毒素的因素都会导致其生物学活性的改变或丧失。从理论上讲，内毒素的每一种生物学活性都可以作为检测抗内毒素作用的一个指标。抗内毒素作用实验方法有很多，其中一些已用于天然植物，特别是清热药作用的研究。天然植物抗内毒素作用研究的最常用方法是体外鲎试验、半体内中和内毒素试验及动物保护试验。

体外鲎试验可用定性或定量鲎试剂进行，方法简单、快速，有成套试剂供应，适用于大批样品的过筛性研究，但须注意样品本身污染内毒素，以及非特异成分对鲎细胞溶解物凝胶化酶反应过程的非特异影响。半体内中和内毒素试验是将天然植物饲料添加剂在体外与内毒素孵育一段时间后，再注射于小鼠、家兔或鸡胚，以检测内毒素毒性的变化。试验都可以测定天然植物饲料添加剂的最低抗内毒素浓度，用以研究天然植物对内毒素的直接解毒效果。体内试验时，观察天然植物饲料添加剂对内毒素所致休克死亡的影响，是检测抗内毒素作用最终效果的可靠方法。

（七）肠管运动试验

天然植物主要通过兴奋或抑制作用使失调的胃肠功能恢复正常：一是抑制胃肠运动。大多数的理气药具有解痉作用，能够降低实验动物肠管的紧张性，使收缩幅度减小，胃肠蠕动减弱。胃肠运动受植物神经支配及自体活性物质，如组胺、5-羟色胺(5-HT)、缓激肽等的调节，理气药的解痉作用机理与抗胆碱、抗组胺及拟交感作用有关，也可能是对胃肠平滑肌的直接作用。二是兴奋胃肠运动。部分理气药对胃肠平滑肌呈兴奋作用，使胃肠运动节律增加，收缩加强，促进肠内容物的推进，排出肠腔的积气和积物。理气药对胃肠运动所呈现的双向调节作用，与消化道机能状态等有关。

胃肠道平滑肌及器官运动实验方法，包括离体和在体实验两大类。

1. 离体胃肠道平滑肌实验法

可以采用动物的离体肠肌进行实验。常用离体豚鼠的回肠及兔空肠标本，亦可用十二指肠。豚鼠回肠自发活动较少，描记时有稳定的基线；兔空肠有节律性收缩活动，可以观察天然植物饲料添加剂对肠摆动运动的影响。离体平滑肌实验时，可在营养液中加入已知受体激动剂及颉颃剂，进一步分析受试物的作用机理。

离体大鼠胃底条实验可以观察理气药对胃纵行肌的作用，方法是用饥饿48 h的大鼠，处死后取出胃，剪下胃底部，沿胃小弯剪开胃腔（切断环行肌），再沿纵行肌方向平行交叉剪开5~6道，使形成较长胃底条，取2 cm长条置Hanks液（pH为7.2，EDTA的质量浓度为0.5 g/L，天花粉为致敏原，溶剂为市售4 %~5 %氢氧化铝凝胶，临时用5 mg天花粉溶于1 ml氢氧化铝凝胶溶解）中，悬吊在麦氏浴槽中，同肠肌实验法观察收缩曲线。大鼠胃底条对拟交感药和5-HT十分敏感，可用以筛选拟交感作用天然植物和5-HT颉颃药。

离体平滑肌实验应同时观察药物的量效关系，可以从低剂量至高剂量依次加入不同浓度药物（每个剂量重复2~3次），绘出对数剂量-反应曲线，并求出半效作用量ED_{50}（或半效抑制浓度IC_{50}），若受试药物对某种受体激动剂或颉颃剂有明显的浓度依赖关系，则需进一步测定亲和力指数、竞争性颉颃指数和非竞争性颉颃指数等参数，以判断药物与受体亲和力大小及药物与受体的关系。

亲和力指数是药物50 %最大效应的物质的量浓度负对数，可以反映药物作用强度；竞争性颉颃指数是激动剂量效曲线在不同浓度的颉颃剂作用下平行右移2倍所需颉颃剂物质的量浓度的负对数，其最大反应不压低，表明药物呈竞争性的颉颃作用；非竞争性颉颃指数是激动剂量效曲线“压低”50 %时的颉颃剂物质的量浓度的负对数，其量效曲线呈非平行右移，最大反应压低，表明药物呈非竞争性的颉颃作用。上述指数可用公式计算，也可用统一计算机程序计算。

离体平滑肌实验操作简便，经济易行，实验条件易控制，为常规的药物初筛方法，但如为天然植物煎剂，其中含杂质、无机离子、皂甙和鞣质等，会影响实验的可靠性，最好用水煎醇沉液，在离体实验后应进一步做在体实验。

2. 在体胃肠平滑肌运动实验法

包括肠管悬吊法、囊内压测定法、造瘘法及肠运动实验等方法，这些方法可以通过胃肠内及胃肠外多途径给药，观察天然植物饲料添加剂的作用。

（1）肠管悬吊法：本法是在整体情况下观察天然植物饲料添加剂的作用，更接近生理状态。

（2）囊内压测定法：胃肠收缩时，肌壁张力增加，腔内压升高，而舒张时降低。通过球囊水传导装置，由检压计水柱的升降观察天然植物饲料添加剂对胃肠运动的影响。由于压敏传感器的进展，可以通过换能放大装置用记录仪加以描记，反映平滑肌舒缩情况；也可以将应变片直接缝合或贴靠于胃壁或肠壁，胃肠平滑肌的舒缩直接加压于局部的传感器而反映其运动情况。此法反应灵敏，简便、易行。

（3）造瘘法：常选用犬，在麻醉下开腹手术后将胃（或肠）引出腹外，在其上剪1个小口，插入塑料导管，荷包缝合胃（肠）壁，使瘘管固定，另一端引出体外，将体积为5~10 ml球囊经瘘管插入胃内，注入温水，通过导管与描记装置相连，然后缝合腹膜、肌层及皮肤，待伤口愈合，动物恢复常态后进行实验。此法是在非麻醉状态下观察天然植物饲料添加剂对胃肠运动的作用，可以排除麻醉药的影响，并可反复多次实验，但记录常受动物活动的影响。

（4）胃肠生物电测定法：将电极缝合吸附于胃肠壁，或直接插入胃肠组织，然后采用放大器放大，用示波器或肌电仪观察记录生物电波形，以了解胃肠运动机能及天然植物饲料添加剂的作用，也可以用体表胃电测定法。

（八）抗应激试验

应激反应是机体受到各种有害刺激后产生的一种非特异性紧张反应。长期在应激状态下生活，可以导致机体免疫力下降，从而产生各种疾病。引起应激反应的刺激称应激原，骤冷或骤热、噪声、长途运输等刺激均可构成应激原，引起家畜机能紊乱，脏腑的阴阳气血失调，使机体处于应激状态。许多补益药及其复方具有抗应激作用，可以增强机体对各种有害刺激的非特异性抵抗力，使紊乱的机能恢复正常。有些补益药则表现为双向调节作用。常用的抗应激实验方法主要有：

1. 小鼠游泳实验

根据游泳时水温的不同，可分为：常温下游泳（25~29 ℃）；低温下游泳（5~15 ℃）；高温下游泳（39~45 ℃）。后两者是游泳致疲劳，外加应激。

2. 小鼠耐缺氧实验

（1）常压缺氧：常以小鼠在密闭的广口瓶内存活时间为指标，比较各组的耐缺氧时间；

（2）减压缺氧：在减压条件下，小鼠更容易缺氧，生存时间缩短；

（3）结扎或部分结扎小鼠双侧颈总动脉和迷走神经法：由于迷走神经受到强烈的刺激，心血管过度抑制而很快致死；

（4）化学物质所致缺氧实验：常用氰化钾腹腔注射10 mg/kg或亚硝酸钠腹腔注射

200～240 mg/kg，通过抑制呼吸酶或破坏 Hb 携氧能力，造成组织窒息死亡。

3. 耐低温和耐高温实验

(1) 耐低温实验：将小鼠放于 -5 ℃ 以下的低温冰箱内，观察小鼠生存时间和存活率；

(2) 耐高温实验：将小鼠放于 (45±1)℃ 的恒温箱内，观察小鼠生存时间，比较给药组和空白组小鼠的存活率。

4. 应激对神经内分泌的影响

将小鼠或大鼠每天放入低温水浴中游泳 5 min，经 1 周时间，可见小鼠免疫功能低下。在低温或高温水浴中游泳一定时间，可以引起小鼠或大鼠脑内单胺类神经递质、内分泌功能改变，补益药可以使之逆转。

5. 放射损伤法

通常采用 $^{60}Co\gamma$ 射线照射法。射线的生物效应（损伤强度）与照射总量正相关，常用照射总量为 2～8 Gy（戈瑞），即 200～800 rad（拉德）。观察指标为照射后的生存天数、生存率或骨髓造血功能、免疫功能、组织脂质过氧化效应等。补益药常在照射前后连续应用。

第四节　临床药效研究

一、临床研究的一般原则

为了减少由于主观或客观的干扰因素给临床研究造成的误差，确保结果的真实性和可靠性，在临床研究中，除严格样本外，还必须遵循对照研究、随机分配、盲法饲喂与分析的原则。在临床研究方案设计和研究方法选择时，不能忽视上述三个关键问题。

1. 对照原则

临床试验中，将研究对象分成试验组和对照组进行对比研究。通过鉴别二者的差异，确认天然植物饲料添加剂的真实效应。因为合理的均衡对照可使两组处于相同状态，尽可能的避免或减少各种干扰因素造成的误差，研究结果才比较可靠。

临床研究中常用的是分组对照，将研究对象分为对照组与试验组进行对比观察。动物的性别、年龄、发病季节、病情、病程等因素有可能对研究结果产生影响，各组情况应尽量做到一致。临床试验时，对照法比较常用。分组对照法常有以下几种方法。

(1) 空白对照：对照组不加任何试验因素。如探索饲料添加剂促生长作用的研究，可用此法。

(2) 有效对照：用已知有效药物为对照用药，与试验用的新型饲料添加剂进行对照。对照药物可从按病种、症候所收载的治疗同类病的药物中择优选用。

(3) 交叉对照：先按有效对照法进行分组对照研究，间隔一定时间后，再交换用药对比研究，使每一研究对象轮流接受2种不同的治疗。本法适用于对症治疗药物效果的对比研究。

2. 随机原则

为了避免或减少来自研究者的人为因素影响，以及可能尚未被人们察觉的某些客观因素造成的研究偏差，应采取随机分配的方法，将被研究对象分配到对照组或试验组中，以使研究的结果比较符合实际，结论比较可靠。

3. 盲法原则

为了克服来自研究者和试验结果的最终分析（评价）者的主观偏倚因素的影响，确保试验结果的客观性，临床研究中除应遵循对照原则和随机原则外，还应实行盲法试验与盲法分析。盲法试验中，研究者不知道受试动物接受的是受试药还是对照药。在临床试验结束后，对其试验结果进行分析和评价时，将试验组和对照组的结果混合编号，由没有参加该试验研究的专家进行分析和评价，即盲法分析。

二、临床效果的判定与评价

临床效果的判定是对新产品评价的关键环节，只有客观、科学地制定判定标准，才能对其作出正确的临床评价；只有对其作出正确的临床评价，才能肯定其临床效应与实用性。这也是新产品研究的最终目的。

试验之前，应确定与判定效果有关的指标。新产品的临床效应是由临床试验的具体观测指标来衡量的。判断临床效果时，应坚持综合判断的原则，既要以临床症候作判断根据，更要有理化检测指标等客观标准。同时，应尽可能地制定一些定量化或半定量化标准进行临床疗效判断，使其能够确切地反应其疗效。由于很多情况下临床症候难以量化，也难于排除研究者的主观偏倚，故注重关键性客观指标的有效性、特异性、灵敏性、可度量性及可重复性尤其重要。因为关键性指标与研究目的有本质上的联系，能够确切地反映出施加因素的效应；特异性高的指标更能够揭示事物的本质，不易受其他因素的干扰；灵敏性高的指标可以提高测试结果的阳性率；可度量性能够客观地检测、度量，使之量化，以避免观察者主观因素的影响；可重复性表示测量同一现象时多次结果一致或接近一致。

确定临床效果指标时，应遵循上述原则；而在制定临床试验效果判定标准时，还应遵守以下几项规定。

（1）凡国际、国内有统一标准者，一律按其标准执行；若无统一标准，应制定合理的疗效标准。临床疗效分为临床痊愈、临床显效、临床有效、临床无效四级。

（2）对受试的每个病例，都应严格地按照疗效标准，分别加以判定。在任何情况下都不能任意提高或降低标准。

（3）疗效评定应以临床证候（症状、体征）、客观检测指标和患病动物的最终结果为依据。

（4）为了排除研究者的个人偏见，除了临床试验中执行盲法观察外，临床疗效判断时，也应实行盲法分析与盲法评价。

三、抗微生物天然植物饲料添加剂试验

主要是抗细菌和抗病毒等新型天然植物饲料添加剂，在进行体外抑菌（MIC）试验或蚀斑数（PFU）试验的基础上进行临床试验。

1．试验动物

采用人工感染的方式获得试验动物。如采用自然感染动物，则必须进行病原鉴定，确诊为阳性者，方可用作试验。人工感染用的菌种、毒种应为国家鉴定的标准菌种、毒种，攻毒剂量应为敏感动物的最小致死量。

2．试验分组

（1）药物试验组：一般设置高、中（推荐剂量）、低3个剂量组。

（2）空白对照组：即不感染、不给药组。

（3）阳性对照组：即感染、不给药组（自然感染动物不设此组）。

（4）药物对照组：选择与试验药物有可比性的同类或同效药物，常规剂量给药。

试验动物数量必须达到规定的要求，每组动物数量：大家畜（牛、马、骡、骆驼等）不少于100头，中家畜（猪、羊、犬、鹿、貂、狐、獭等）不少于200头，小家畜或家禽（兔、鸡、鸭、鸽等）不少于500头（羽）。

3．给药途径与方式

按推荐的临床给药途径给药，一般为拌饲或饮水。

4．试验方法

给药后观察动物生理状况与发病情况，记录死亡动物数、增重情况。必要时进行生理生化指标检验，或免疫学（如抗体滴度）检查。

5．结果评价

分治愈、显效、有效、无效作统计，计算有效率（保护率），与对照组比较。

四、防病保健用天然植物饲料添加剂试验

以防治疾病为目的的新型天然植物饲料添加剂，其临床研究按以下方法进行。

1．试验动物

采用人工发病的方式获得试验动物。如用自然发病的动物，必须经临床诊断，确定为试验药物作用范围内的病畜（禽），并应逐头（羽）记录动物病历。

2．试验分组

同抗微生物天然植物饲料添加剂试验。

3．给药途径

按推荐的临床给药途径给药。

4．试验方法

治疗前后分别进行临床检查，除一般临床检查外，应进行必要的生理生化指标测定及其他检查。

5．结果评价

分治愈、显效、有效、无效进行统计，与对照组进行统计学比较。

五、抗寄生虫天然植物饲料添加剂试验

抗寄生虫天然植物饲料添加剂主要有两类：抗蠕虫药（包括驱吸虫、驱线虫、驱绦虫等）；抗原虫药（包括抗锥虫、抗梨形虫、抗球虫等）。

（一）抗蠕虫试验

抗蠕虫药的发展趋势是高效、广谱、低毒、投药方便、价格低廉、无残留和不易产生耐药性等，这也是临床研究中选用抗蠕虫药的基本原则。

1．试验动物

应采用人工感染方式，如果用自然感染动物则必须进行严格的病原鉴定，确诊为阳性者，方可用作试验。

2．试验分组

同抗微生物天然植物饲料添加剂试验。

3．给药途径

按推荐的临床给药途径给药。

4．试验方法

给药前三天均进行虫卵检查，注意观察试验动物健康状况，必要的分类、鉴定、计数；给药后注意观察试验动物反应和健康状况，检查排出的虫体或虫卵检查，并分类、鉴定、计数；试验结束时，将全部试验动物剖杀，检查残留的虫体，分类、鉴定、计数。必要时，给药前和给药后分别对试验动物进行生理生化指标检查，测定增重与饲料报酬。

5．结果评价

计算药物的粗计驱虫率、精计驱虫率和驱净率，并加以统计分析。

粗计驱虫率＝（对照组平均残留虫体数－试验组平均残留虫体数）÷对照组平均残留虫体数×100％

精计驱虫率＝（给药前虫卵数－给药后虫卵数）÷给药前虫卵数×100％

精计驱虫率＝排出虫体数÷（排出虫体数＋残留虫体数）×100％

驱净率＝驱净虫体的动物数÷全部试验动物数×100％

（二）抗球虫试验

危害畜、禽的球虫主要以艾美耳属（Eimeria）各种球虫为主，其次为等孢子属

(Isospora) 球虫。球虫病给畜牧业造成严重危害，球虫寄生于畜、禽胆管及肠道上皮细胞，能使雏禽、幼畜等下痢、便血、贫血、消瘦，甚至大批死亡；慢性感染者生长发育迟缓，增重减少，产蛋率降低。

1. 试验动物

大家畜、中家畜采用人工感染与自然感染相结合的方式，小家畜及家禽均采用人工感染方式。

2. 试验分组

同抗蠕虫药。

3. 给药途径

按推荐的临床给药途径给药。

4. 试验方法

给药后 7 ~ 8 d 记录死亡率、增重率、盲肠病变记分、盲肠卵囊数，并计算抗球虫指数（ACl)。

ACI = （增重率 + 存活率） - （病变值 + 卵囊值）

在测定 ACI 的基础上，进行药物添加剂的饲喂试验。

5. 结果评价

以 ACI 评价药效：>180 者为高效；160 ~ 180 者为中效；<160 者为低效；<120 者为无效。

六、促生长天然植物饲料添加剂饲喂试验

促生长剂是指能够促进和改善动物生长的饲料添加剂。养分是动物生长发育的物质基础，促进动物生长是饲料中各种养分综合作用的结果。

1. 试验动物

所用试验动物应健康无病，同批试验动物应品种、年龄、初始体重、遗传性相似。

2. 饲料

根据生长期的要求，所有试验动物均饲喂标准混合饲料，不得随意提高或降低营养成分。

3. 药物试验分组

(1) 试验组：一般设置高、中（推荐剂量）、低 3 个剂量组。

(2) 空白对照组：饲料中不含药物饲料添加剂。

(3) 药物对照组：选择与试验药物有可比性的同类或同效药物，常规剂量给药。

试验动物数量必须达到规定要求，每组动物数量：大家畜不少于 20 头，中家畜不少于 40 头，小家畜及家禽不少于 100 只。

4. 饲养管理

按常规方法饲养管理。试验开始前或预试期进行必要的防疫注射和驱虫，试验期间

执行严格的防疫消毒措施。

5．试验期

根据药物的推荐使用时期而定。

6．给药途径

按推荐的临床给药途径给药。

7．试验方法

试验组动物除使用试验药物外，其余各种条件均与空白对照组动物相同，药物饲料添加剂以等量递加法与饲料混均，并分期分批配制。试验时记录以下内容：

（1）体重：试验开始时及开始后，定期、定时称个体重量，计算增重率。早晨空腹称重；试验开始和结束的体重以连续 3 d 空腹称重的平均值表示；阶段称重，猪每月 1 次，肉鸡 3 周、6 周时各 1 次，蛋雏鸡和生长鸡 6 周、14 周各 1 次。

（2）饲料摄食量：每天记录各组动物采食量，根据日增重计算饲料报酬。

（3）其他观察内容：每天记录动物的健康状况、异常现象及处理方法，对死亡动物进行剖检，对淘汰动物说明原因，及时记录并立即计算饲料消耗。

8．试验周期

生长肥育家畜 2 ~4 个月，肉鸡 49 ~56 d。

9．结果评价

分别计算各组动物的阶段增重及总增重，必要时进行有关胴体指标的测定，计算饲料报酬、经济效益，进行统计学比较。

10．饲料报酬计算公式

饲料报酬 = 饲料消耗量（kg）÷增重（kg）

七、临床试验报告的撰写

为公正、科学地评价药品疗效，临床试验报告应包括如下内容：

（1）试验目的。

（2）试验时间、地点。

（3）试验动物应注明品种、品系、年龄。

（4）试验用药品需注明药品名称、生产厂家、剂量、规格、含量、产品批号、推荐剂量及用法用量。

（5）用于人工感染的菌（毒、虫）种，需注明来源、名称、菌液制备方法，攻毒方法、剂量。

（6）试验数据，应有详细的试验原始记录并进行生物学统计。

（7）归纳总结药品疗效、适应证、不良反应、防制措施、注意事项。

（8）盖试验单位公章。

第五节　稳定性研究

产品稳定性试验是评价天然植物饲料添加剂产品质量的重要指标之一，也是制定新产品使用期限（有效期）的主要依据。

天然植物饲料添加剂的主要有效成分或指标成分在贮存过程中会不断地降解，此降解和药物的浓度、温度、溶剂、催化剂、光线等有关，在复方中还与其他药物有关。当有效成分下降至一定程度时，就不适宜使用，因为含量过低会影响效果，并且分解产物也许会有毒性。天然植物饲料添加剂在怎样的含量下限就不能使用，目前尚无明确规定，应该知道制剂有效成分降解的速度及其影响因素，才可以采取预防措施和制定制剂的有效期。

研究药物的稳定性常要进行加速试验，其依据是化学动力学，根据有关的方程式计算稳定性。稳定性试验法可分为2类，即留样观察法和加速试验法。产品稳定性试验分为初步稳定性试验和稳定性试验。

一、初步稳定性试验

根据产品质量标准和剂型考核项目内容，对3批中试样品，以产品标准包装条件，于室温下（18～22 ℃）进行0～3月共4次考核（每月考核1次）。

二、稳定性试验

指在初步稳定性试验结果证明中试样品稳定的基础上，继续对3批中试样品在模拟上市销售条件下进行考核。其考核根据产品剂型的期限，因剂型不同而有所不同，但一般不超过2个月。制剂的主要有效成分或功效成分、大类化合物（总成分），在贮存过程中会不断减少（降解），当有效成分降至一定程度（规定在±50 % 的标示量时），就不能再作合格制剂产品使用和出售。常用测试方法为：

1．留样观察法

留样观察法是在接近饲料添加剂的实际贮存条件（25±2）℃进行，目的是为制订产品的有效期提供依据。供试样品3批，市售包装，在温度（25±2）℃，相对湿度60 %±5 %条件下放置12个月。每3个月取样1次，分别于0、3个月、6个月、9个月、12个月按稳定性重点考察项目进行检测。12个月的数据可用于申报，12个月以后仍需继续考察，分别于18个月、24个月、36个月取样进行检测。将结果与0个月比较以确定产品的有效期。若未取得足够数据（如只有18个月），则应进行统计分析，以确定产品的有效期。

关于有效期确定的统计分析方法，一般选择可以定量的指标进行处理，通常根据药物含量变化计算，按照长期试验测定数值，以标示量（%）对时间进行直线回归，得回归方程。

如3批统计分析结果差别较小，则取其平均值为有效期限。若差别较大，则取其最短的月数为有效期。很稳定的药品，不作统计分析。对温度特别敏感的药品，长期试验可在温度（6±2)℃的条件下放置12个月，按上述时间要求进行检测，12个月以后，仍需按规定继续考察，制订在低温贮存条件下的有效期。

此种方式确定的产品有效期，在产品标签及说明书中均应指明在什么温度下保存，不得使用“室温”之类的名词。虽然留样观察常因费时长，且不易找出出现问题的原因和规律性，但与实际条件一致，结果真实无误，是新制剂稳定性试验的常用方法。

2. 加速试验方法

新产品采用温度为37～40 ℃和相对湿度75 %的条件保存，每月考核1次，连续3个月。总结试验记录，如稳定，则相当于样品在常温下可保存2年。此方法由FDA提出，借鉴用于天然植物新制剂，尚待总结。因此，又提出“必须以常温稳定性试验为准”。

由于加速试验方法容易产生误差，天然植物新制剂除根据该剂型所规定的考核项目外，还要按照拟定的质量标准进行检验，然后根据各项目考核的结果综合分析，得出稳定性考核结论，通常以留样观察法为主，采用其他方法进行稳定性研究还须摸索经验。

此外，加速试验方法尚有：

(1) 恒温法：目前国内发表的对天然植物制剂稳定性的研究大多数采用恒温法，即将样品置于3种以上不同温度的恒温箱中，间隔一定时间取样测定含量；根据测定结果，确定反应级数，然后求出室温下的反应速度常数，计算出有效期；或用$t_{0.9}$（药物含量降低10 %所需的时间）对$1/T$（$T=t+273.15$）作图，由图求出有效期。

(2) 升温法（变温法)：如Rogers法，即按预定的升温程序缓慢升温（开始以平均升高0.2～0.25 ℃/min，近结束时，以0.05 ℃/min升温)，每隔一定时间抽取样品测定含量，然后依据有关公式计算出室温下或其他温度下的反应速度常数。其优点是仅作1次试验（1 d）就能够确定贮存期，同时，根据试验能否得到直线关系来检验分解过程的反应级数是否正确。

第二章　天然植物及其有效成分的提取

第一节　概　　述

一、天然植物

(一) 天然植物

天然植物，是指自然生成或栽培的植物。它的分类是用多种等级来表示各种植物间相似的程度及亲缘关系的远近。其等级有界（植物界）、门、纲、亚纲、目、科、属、种。种以下分类群，常设有亚种、变种、变型等分类等级。变型是植物分类等级中最小单位。天然植物分为低等植物和高等植物两大类。

1. 低等植物

包括藻类、菌类和地衣类植物。共同的特征是：结构简单，为单细胞、群体或多细胞个体；无根、茎、叶等器官的分化；生殖器官是单细胞；个体发育不经过胚的阶段，由配子结合成合子而直接发育成新的植物体。

(1) 藻类植物：它是含光合色素的自养型原始低等植物，大多数生活在水中，少数生长在潮湿土壤、岩石或树皮上。它们中有单细胞体（如小球藻）、群体（如团藻）和多细胞丝状体（如水绵）、枝状体（轮藻）及叶状体（海带）。它们因细胞内含色素不同，呈不同颜色。现已知全球藻类植物有3万余种。

(2) 菌类植物：不含叶绿素，是异养性植物，营寄生或腐生生活。其种类极多，形态结构变化较大，通常分为细菌门、粘菌门和真菌门。真菌，多由单或多细胞、分枝或不分枝的菌丝组成，称菌丝体（有些菌丝组成坚硬的块状休眠体，称菌核，如茯苓）。真菌分布广泛，全球已知有6万余种，我国约有8000种，如灵芝、虫草等。

(3) 地衣类植物：它是一类特殊的植物有机体，是真菌和藻类高度结合的共生复合体。它对空气污染尤对二氧化硫很敏感，是大气污染指示植物。全球已知地衣植物约2万种，我国约有2000种，如石耳、节松萝等。

2. 高等植物

包括苔鲜植物门、蕨类植物门、裸子植物门和被子植物门。共同的特征是：植体由多细胞构成；一般有根、茎、叶等器官；内部结构从蕨类植物开始出现微管组织；生殖器官为多细胞；经过胚阶段后发育成新的个体，故高等植物又称有胚植物。

(1) 苔藓植物门：它是结构最简单的高等植物，生于潮湿、阴暗环境中。通常见到的苔藓植物体是配子体，个体很小，绿色，扁平叶状或有茎、叶分化、无真根（仅具假根)、无维管束。有性繁殖，精子、卵子结合成合子，合子发育成胚，再发育成孢子体。全球有苔藓植物2.3万余种，我国约有2800种，如地钱、大金发藓等。

（2）蕨类植物门：它是具有维管束的孢子植物，一般为多年生草本，有根、茎、叶等器官分化；根为须根，根茎发达，有维管束；叶从根茎长出，有的有孢子叶（生孢子束的叶）和营养叶（不生孢子囊的叶）。现存蕨类植物约1.2万种，我国约有2600种，石松（伸筋草）、石韦等。

（3）裸子植物门：裸子植物是较低级的种子植物，多为常绿植物。该类植物大多数已灭绝，现存约800种，我国有500种，如银杏、三尖杉等。

（4）被子植物：它是植物界最多的一类群，包括木本、草本和藤本植物。现已知该类植物约有25万种，占全球植物总数的一半，分布广泛，我国有3万种。恩格勒将被子植物分为双子叶和单子叶植物纲，并将双子叶纲又分为古生花被亚纲（无被花、单被花或有花萼和花冠之别）和后生花被亚纲（花瓣为单瓣花冠）。

（二）天然物物性理论

我国先民在寻找食物中积累了有关物性的丰富经验，并随着生产力的提高和文字的出现而加以不断总结、归纳和提高。到商、周之际出现具有朴素唯物自然观的阴阳说和五行说，并于战国时期形成完整体系，成为我国古代自然科学的理论基础，也是世界上最早的有关天然物物性的理论。

1. 阴阳与物质的寒凉温热性

阴阳说是万物之纲纪，它将万物分为阴和阳两大类属性。凡具有温热感和促进机体功能作用的物质，其性属阳；凡具有寒凉感和降低机体功能作用的物质，其性属阴。根据这个理论，食物就有温热性和寒凉性之分。

（1）温热性物

①动物类：有狗肉、牛肉、羊肉、鸡肉、龟肉、雀肉、虾肉、白花蛇和乌稍蛇肉、羊乳等；

②菜类：有黄豆、蚕豆、刀豆、胡萝卜、葱、蒜、辣椒、韭菜、芥菜、香菜、小茴香、姜、胡椒、高良姜、党参、黄芪等；

③其它：有红糖、糯米、面粉等。

（2）寒凉性物

①动物类：有猪肉、鳖肉、鸭肉、鹅肉、兔肉、牡蛎肉、牛乳等；

②菜类：有菠菜、白菜、豆芽菜、苋菜、竹笋、黄瓜、苦瓜、冬瓜、紫菜等；

③果类：有梨、西瓜、柑、橙、柚、柿子等；

④其它：有大麦、绿豆、白糖、蜜等。

（3）平性物

①动物类：有鲤鱼、墨鱼等；

②菜类：有黑豆、四季豆、木耳、丝瓜、百合、莲子、土豆、黄花、菜花等。

2. 五行与物质的味性

五行说是关于物质组成、运动和物间关系的学说，它指出世上万物是由金、木、水、火、土五种基本元素组成的，五种元素有序的结合（滋生）和制约（相克）使万物不断产生和运动。因此，五行说既是关于物质组成的元素理论，又是关于物间相互关系的学说。五行说是世界上最早、最完整的物质组成和物间关系的理论，它优于希腊的水、空气、火、土和印度的地、水、火、风“四元素说”。

(1) 物质的五味（物味）：根据五行归类，物质的味分为辛、甘、酸、苦、咸味。物质因味不同，其作用也异。如《五味篇》载：“谷有五味，各有所宜，以溉五脏。”

①辛味：即辛辣味。如辣椒、花椒、胡椒、大蒜、姜、葱、艾叶、陈皮、松针、紫苏、荆芥、香薷等。

②甘味：即甜味。如甘草、甜茶（土常山）、甜味菊、罗汉果、大枣、蜜橘皮等。

③酸味：如山楂、乌梅、马齿苋、酸枣等。

④苦味：如苦菜、苦参、苦胆草、苦瓜、苦丁香、苦地丁、苦楝子、苦杏仁、苦豆根等。

⑤咸味：如食盐、海藻、芒硝等。

(2) 物质五味的作用：物质的五味，各有所宜，而以溉五脏。

①辛味作用：具有增进食欲、健胃作用，同时还有发散、抗菌和增重（产）等作用，但多食则会引起脏腑功能降低。

②甘味作用：具有营养作用、增进食欲和解毒作用等，但多食则引起气滞。

③酸味作用：具有提高食物适口性、增进食欲和防腐作用等，但多食则引起痉挛。

④苦味作用：具有泻燥、抗菌作用等，但多食可引起滑泻。

⑤咸味作用：具有泻下肠、胃秘结作用等，但多食会引起血浓或血凝等。

(3) 物间关系理论：根据五行说，物间有相生（滋生和协同）、相克（制约和颉颃）关系，即两物相配之后，其间会发生配合后的相互作用。概言之，其作用有两种类型：一类是两种物性相同、作用相似物相配，则产生性味和作用增强效果，如辣椒和蒜相配，其味辛、温热感等均比单用有所增强。另一类是两种物性相反、物味不同物相配，则产生性味和作用降低或抵消（颉颃），甚至产生副作用（相反）。因此，在《饮膳正要》中说：“盖食不欲杂，杂则或有所犯，知者分而避之。”如前人记有：猪肉与荞麦配食，会引起落毛发；狗肉与大蒜配食，损人元气；鸡肉与兔肉配食，引起泄泻等。物间关系理论，总结了物质相配后发生成分间作用的变化关系，更重要的是物质相配食用后对人和动物体影响的理论，一直指导着人们食物配用和动物饲养。

二、天然植物的特性

天然物，是人和动物生命必需的、最基本的和不可替代的物质。它是生命的组成物，并促进了人类的起源、发展和进步。但随着科技的发展，人类总想创造出人工物来代替天然物。但在人和动物生命密切相关的物质上，尤其是食物和药物上，均未实现人类的这个理想，并且经过一段时间后，人类自己就否认人工制造物。回眸人类科技发展史，人类有两次大的制造人工食药物的高潮。一是中国春秋战国至秦汉时期的炼丹，第二次是欧洲 15 世纪中期，瑞士帕拉塞尔苏斯（Paracelvsus）把化学合成药用于医学。结果是人类为这两项发明创造付出了沉重的代价，尤其是后者，造成了人的医源性和药源性疾病、毒副残留和“三致”（致癌、致畸、致突变）及致使细菌、寄生虫等产生抗药性、污染环境和破坏生态平衡等恶果。天然植物是自然的精华物质，它原本就是人类的食物，又经过长期的人类、动物体的尝试试验，是人体最易接受且成为组成部分的物质，具有如下优势特征。

（一）来源天然性

天然植物来源于自然界植物，保持了各种成分结构的自然状态和生物活性，同时又经过长期实践检验对人和动物有益无害，在应用之前经过科学炮制去除有害部分，保持纯净的天然性。加工炮制也采取天然法（水、火或水火法），仍未破坏其天然性，故在被利用后，其废弃物也不会形成公害和污染环境，也能回归自然，重新参与生态平衡。而化学合成物药及其生产，则对环境造成严重的污染和公害。在化工合成生产的复杂工艺流程中，其所产生的“三废”、“三气”排于环境，均不能被生物降解而泛滥成灾。据统计，“汞法制碱”生产中有 0.5 kg/t 汞流失。

天然植物的天然性，实际上是不可代替性，即现代人工合成物与同一天然物之间存在着重要的差别。例如，自然界中的维生素 E（VE）有 8 种，可分为生育酚和生育三烯酚两大类。它们各具有 α、β、γ 和 δ 生育酚 4 种异构体，其中，α－生育酚占总量的 90 %，生理活性最高。合成的 VE 是利用非食物原料用化学方法合成的，其中的 α－生育酚有 8 种不同的同分异构体，其中只有一种与天然的 α－生育酚相同，其余 7 种在自然界中不存在。因此，天然的 α－生育酚的功能比合成的要强。此外，合成的 VE 是采用 DL－α－生育酚醋酸盐或琥珀酸盐的酯化形式来保持它的稳定态，因此，在获得抗氧化活性前，必先降酯处理。而此处理需要胰腺分泌的降酯酶，但一般动物体内的酶量只能达机体平衡量。因此，服用合成 VE 后，就有未降解的 VE 吸收入体内，其结果就会出现多种不利问题。天然性这一特点为天然植物饲料添加剂的来源广泛性、经济简便性和安全可靠性奠定了基础。

（二）功能多样性

天然植物均具有营养和药物的双重作用。现代研究表明，天然植物含有多种有机成分，包括多糖、生物碱、甙类等，少则数种、数十种，多则上百种，按现代生物化学的“构效关系”理论－－一种成分结构起一种功效作用，即“一构一效”。天然植物有多种成分结构，具有功能多样性。如“山楂”现已查明的已有 70 余种成分，还有一些有待于进一步测定。就其已证实的临床功效，就有助消化吸收、利于心血管活动、对生殖影响等，有的报道还有抗肿瘤细胞生长作用。

西医药学把药物的一个化学成分作为基本元素而论药物功效，而中医药学是把每一种天然植物的整体作为基本元素而论功效。作为饲料添加剂应用时，按照中国传统医药理论进行合理组合，使物质作用相协同，产生全方位的协调作用和对机体有利因子的整体调动作用，最终达到提高动物生产性能的效果，这是化学合成物所不可比拟的。

(三) 双向（相）调节性

器官组织功能，常以兴奋（增强）、抑制（低下）两个功能相或状态来表示。西药只是单一成分，一般只有单一功能相作用，或予以兴奋或予以抑制，是一种单向作用。天然植物则不同，每一味天然植物均含有两种作用相反的成分。如当归，既有能使子宫肌肉兴奋收缩的成分，又含抑制子宫肌肉活动的成分（非挥发性物质）。在机体及脏腑不同功能状态时，它能对其不平衡的病理产生不同的作用，即对同一器官组织的不同功能相起到双向调节作用，即兴奋时起抑制作用，抑制时起兴奋作用，直至调节到正常态为止。此外，天然植物还可对 DNA 的合成和免疫功能进行双向调节。

(四) 安全可靠性

长期以来，化学药品、抗生素和激素的毒副作用和耐药性使医学专家伤透了脑筋，尤其是容易引起动物产品药物残留、污染环境，严重影响和危害人体健康，已成为一个全社会关注的问题。因此，世界各国对饲料添加剂有严格限制。如“欧共体”明令禁止在饲料中添加化学合成物、抗生素等，而提倡应用天然植物饲料添加剂。天然植物的毒副作用小，无耐药性，不易在畜产品中残留，是它的一个独特优势。这一优势，顺应了时代潮流，满足了人们回归自然、追求绿色食品的愿望。

化学合成物，大多是从石油、煤焦油等简单有机物或无机离子物合成，在合成工艺过程中又污染了铅、砷等有毒物质，一出工厂就已经带上了不可消除的毒性。化学合成物在对机体作用方面，多以改变体内酸碱度、渗透压，因而易对组织细胞的原生质造成损害。同时，由于它结构单一，多着眼于局部病变，且作用又不能与病理对应，只是通过干扰非病变的正常部位的功能而发生效应，因而会超出机体维持平衡的能力，进而产生毒副作用。如“可的松”的免疫抑制作用，是通过抑制机体的正常免疫反应而产生抗炎效果。但同时也降低了机体的免疫功能和抗病力，故易发生合并感染的副作用。再如，中枢神经抑制化学剂，它是通过抑制神经传递反应环节而发生效应，实际结果使人和动物产生呆滞、迟钝，以及抑制循环、呼吸等副作用。

化学合成物是一类在人和动物体以及环境生态中从未有过的物质，因而在有机体内和环境中就无法或不能进行生物转化和代谢循环，因为没有转化它们的酶。所以，化学合成物在机体内排除很慢，有的还与细胞中某些成分结合成螯合物，形成长久残留毒素；有的则在体内生物转化中形成更具毒性的代谢产物，如非那西丁代谢可形成大毒的氨基乙醚；巯唑嘌呤代谢转为更毒的成分等。同理，生态环境中，也没有能够降解它们的酶和生物，加之化学合成物的结构、性质稳定，不易降解，长期残存在环境中，形成危害人体健康的污染物和公害。残留于环境中的化合物，经生物富集作用，其毒残可提高数百万倍，如水中污物，经绿藻体内可高出水毒 260 倍，再经鱼虾吃绿藻，最后人类吃已污染富集的鱼虾，其毒残可高出水原毒数万至数百万倍。

近代生产使用的化学合成物有数百万种，其中有毒物不下十万种（含金属、非金属、气体、有机溶剂、农药等），它们污染环境，危害人体健康。据统计，环境化合物致癌占首位，90 %恶性肿瘤是由化学合成物引起的。

天然植物源于自然界，是人和动物最易接受的物质，也是人类环境生态系统循环的组成部分，在长期进化发展中，人和动物体内以及环境中都有能转化它们的酶。故从整体上说，天然植物不会形成毒、副残留和公害。但人们对此不甚了解，认为“是物三分毒”、“无毒不成药”。这把“毒”字局限于毒物和毒性的毒了。古代用字精练，每字均有多义，不能按现代的“毒”义解释。如“神农尝百草，一日遇七十毒。”这里的“毒”包含了食物、药物、毒物等含义，不能只认为是毒物。“三分毒”里的字“毒”，是指有效成分和毒性成分。此外，有毒和无毒是辨证的，并无严格界限。如粮食是人类的营养物质，但吃多了也可以成毒害。当然，天然植物的无毒副作用并非如此简单，应用时按物性、物味特点，经自然炮制去毒，据水体状态及严格配伍原则进行组方，使之去毒发挥整体复合作用。

1. 炮制去毒

天然植物的炮制，均采用中国传统的自然炮制法，即用水、辅料、加热、去油制霜等法，保留其原有特征和所需生物活性，以达到去毒增效等目的。如草乌、附子经水浸、煎煮和加甘草同炮制后，毒性大减；甘遂、芫花加醋制后去毒；巴豆经去油制霜后毒性大减等。

2. 配伍去毒

配伍组方是一个理论与经验相结合的技术，配伍去毒是其重要组成部分。有毒物经配伍组方后，既要去毒，又要增效。如半夏是有毒的，与生姜配伍后，既去除了半夏的毒，又增强了半夏的和胃降逆作用；附子有大毒，但附子单用与由附子组成的“四逆汤”，半致死量相差4.1倍；一定量的附子能使动物致死，但将附子、生姜、甘草分煎后取汁合用，则试验动物无一死亡。

综上所述，天然植物饲料添加剂具有无残留、无“三致”、无污染环境的优势。

（五）无抗药性

微生物的种类多、数量大、分布广、作用大，在生态平衡中起着极重要的作用。同时，它也是人和动物生命生活中不可缺少的共生者，没有微生物也就没有人和动物。但是，它们中有一类是危害人和动物健康的致病微生物，故人类从来停止对病原微生物的控制和防治，而微生物也可以迅速变异产生抗药性来反抗人类对它们的控制。人类控制微生物的进程，到20 世纪初才有新的突破。1929 年，英国弗莱明（1881 ~1953）发明了抗菌药青霉素；1933 年德国多马克发明了磺胺抗菌药 - 百浪多息，使人类能更快地控制病原微生物及其引起的疾病。

但是，在抗微生物药造福人类的同时，又带来了医药源疾病和引起微生物抗药性、耐药性，并成为世界性的严重问题。据农业上的统计，对一种或多种抗菌、杀虫药有抗药性的昆虫、螨类达5000 种（含传染人类的昆虫和蚊类等），且交叉抗药现象愈来愈严重。如链霉素与卡那霉素间，四环素族在化学结构上有相同活性核，交叉耐药性就更为严重，这给人类防治疾病和健康带来严重危害，也充分暴露了抗微生物药物的弊端。

微生物产生抗药性，是它们得以生存的本领。微生物抗药性的机制是变异，微生物是低等生物，只有随机应变才能生存。因此，它们在不利的条件或环境下，可迅速发生形态、结构、抗原性、毒力和代谢等方面的变异，并将这些变异遗传下去，成为抗菌和抗其它药物的种类。微生物的抗药性是代谢上的变异，这是对人工合成抗微生物药的作用而产生的变异机制。如磺胺抗菌，是与细菌竞争营养而发挥作用，磺胺结构与细菌生长的必需物-对位氨基苯甲酸相似，当一定浓度磺胺存在时，细菌“误取”磺胺当作营养物而亡。但经多次之后，细菌可发生变异，即由原需对位氨基苯甲酸才能生长，变成自己有合成对位氨基苯甲酸的酶，成为不需对位氨基苯甲酸的细菌，即抗磺胺药的细菌。再如，细菌改变代谢成分而产生抗药性。细菌生长中某一代谢途径是必须的，例如，需要由A物分解或合成所需C物，代谢途径必须经过B物，即A物→B物→C物。而有些抗菌药就是切断A至B，故细菌得不到所需的C物，就无法生长。但细菌可发生变异，自己产生另外的酶（K），而改变A至B途径，从K至C物，即细菌产生抗药性。此外，细菌多为单细胞或亚细胞的低等生物，有强大的变异。细菌还有抗药性基因（抗药性因子），它是存在细菌染色体之外的DNA，可复制和遗传，这也是微生物产生抗药性的一个机制。

天然植物的抗菌作用，少数是含有抗菌有效成分直接作用于菌体，如黄连的小檗碱、黄芩的黄芩醛等。大多数是激发调动机体内在的抗菌因子，如细胞吞噬、屏障、非特异性的血清杀菌素、溶酶素、备解素、补体、干扰素等的功能活性和数量，以降低细菌的毒力和消除细菌对组织细胞的破坏作用，增强非特异性免疫功能等途径，全方位地消灭病菌，使细菌无法变异而被消灭，故天然植物无抗药性。

因此，在开发筛选抗菌的天然植物时，不能单靠体外试管、平皿的抑菌实验来判定抗菌结果，更重要的是进行体内实验或攻毒实验。

（六）整体调节性

物质对动物机体的作用，分为直接和间接作用两类。化学合成物，因其结构成分单一，主要是对局部的直接作用，几乎无间接作用，更无多功能、双向（相）和整体调节作用。天然植物为有机复合物，每一种物质含有数十种成分，不仅有直接作用，而且多有间接作用和整体调节等作用。如山楂含有70余种成分，还有未知因子和生物活性成分；乌头含生物碱有数十种之多；黄芪含微量元素达14种等。这些成分除单个起应有的作用外，还有它们之间的复合作用，这是化学合成物无法比拟的。因此，天然植物每个复合体，在作用机制上是以整体调节为主，突出对动物机体的相应作用，调节平衡，其机理如下。

1. 激素样作用

激素，主要是由各种内分泌腺和非腺体组织（促胰液激素、组织胺、前列腺素等）分泌的一类微量活性物，是专对某特异的组织或细胞发挥其生理作用，而对动物整体进行调整，起平衡作用的物质。1905年，英国的斯塔林、贝利斯发现动物体内的一种无管腺体分泌物，定名为“荷尔蒙液素”。同年，日本的高峰让吉首次人工合成了肾上腺素，之后人工合成激素不断出现，并广为应用。但外源激素干扰体内正常激素的分泌和调节，对机体造成危害。如外源性甲状腺素，可使糖、蛋白质代谢紊乱；外源性雄激素，可产生体内氮、无机盐的潴留等。故许多国家明令禁止应用外源激素催肥。

早在春秋战国时代前，中国就认识了动物激素，并创造了举世闻名的阉割术（公元前11世纪~公元前5世纪）催肥。同时发现了天然植物具有激素样作用，即它们虽不是激素，但可起激素样作用，且无副作用，并可减轻或消除外源激素的毒副作用。如具有雌性激素样作用的有甘草、蛇床子、当归、补骨脂、香附等；具雄性激素样作用的有淫羊藿、虫草、人参等；具肾上腺素样作用的有吴茱萸、高良姜、五味子、附子、细辛等；具促肾上腺皮质激素样作用的有水牛角、雷公藤、穿心莲、秦艽等；具胆碱样作用的有酸枣仁、大蒜、枸杞子等。

2. 适应原样作用

适应原样作用，是指能使动物有机体在恶劣环境中出现的生理功能障碍得到调节，并使之朝着有利于机体的方向进行和不断增强适应能力的作用。如刺五加、人参等本身就含有适应原物质；黄芪、党参等有适应原样作用。这些均可用作防止应激的物质。

3. 对免疫功能的调节作用

免疫，是指机体识别和清除非自身的大分子物，保持机体的内环境稳态的生理反应，这是在20世纪初才确立的概念。而我国早在2000多年前的《内经》中就已有免疫概念相似的记载，且“免疫”一词，最早见于我国18世纪的《免疫类方》。中国传统医学中指的正气，即为现代所说的免疫功能；而正邪相争，即为免疫反应。我国人民在长期与疾病斗争、维护人体和动物健康中，发现和应用了许多与免疫有关的天然物中草药，如增强免疫作用的有黄芪、党参、大蒜、水牛角、冬瓜子、羊角、当归、淫羊藿等，抑制免疫作用的有白花蛇舌草、穿心莲、苍耳、枳壳、蒲公英、桃仁、雷公藤等，这些都是中国对人类的贡献。

天然植物通过对动物机体的整体调节，使之达到阴阳平衡，向有利于健康方向发展。如刺五加、红花、板蓝根、黄芪、党参、人参叶、何首乌、肉苁蓉、龟板、玄参、甘草等，均是效果良好的免疫调节剂。总之，天然植物的整体调节作用是多方面和多途径的，它们能够对人和动物体各平衡系统（神经、激素、免疫和代谢等）进行调节，这可能是天然植物对有机体作用的最大特点和优势。

（七）回归自然性

自然创造了人和万物，人类在自然中不断发展和进步。但人类在发展中利用特有的智慧和创造力又起到破坏自然的作用，其结果就是当今世界性的环境污染、粮食缺乏、人口膨胀和能源贫乏。其中环境污染之因，主要是人工制造的化学有毒物、气、液，而化学合成药和添加剂污染占有相当的比例，由于化学合成物大量地替代天然物，人类淡化了对自然的合理开发利用，使自然资源长期沉睡，而现代人们却居然叫喊“资源贫乏”，自然界有物种120万个以上，人类开发利用当作食用物的却不到300个，数字表明自然潜力极大。中国幅员辽阔，物产丰富，是天然植物的王国。据调查，我国中草药资源近2万种，而常用的仅600种，在利用上也只用传统的药用部分。可见，天然植物饲料添加剂的资源大有潜力。此外，即使取完药用后的余者部分，也可作添加剂用。如杜仲，药用树皮，不用叶，但杜仲叶却是优良的增鲜剂和促生长物。由此看来，天然植物饲料添加剂的开发利用，可促进“物尽其用”，充分利用自然，使人类充分享受自然的恩惠。

在人类开发利用天然植物资源时，千万不要忘记中国人类最早的产业和资源—海洋自然资源。这是我们祖先早已认识和索取的生活资源，即“渔盐之利”。海洋覆盖了地球71%面积，其中及海底蕴藏着巨大的资源，它有2万多种植物和18万种动物，而人类目前只开发利用不到1500种动植物。中国海洋辽阔、富饶，具有巨大的开发利用潜力，蓝色的海洋和绿色的种养殖业正在向我们招手。

但是，在充分开发利用自然资源的同时，要特别注重合理利用和保护并重原则，让自然永远为人类服务。只要人类尊重、爱护自然和顺其自然，也就可以享受自然。

三、天然有毒植物

中国是世界上最早认识和应用有毒天然植物的国家，历史悠久，经验丰富。早在新石器时代的父系氏族社会，就有“神农尝百草，一日遇七十毒”的传说，这虽是反映人类早期寻找食物的情况，但此说的“毒”字已包含了食物、药物和有毒天然物。在西周（公元前11世纪~公元前711年）时，出现了世界上最早的“毒”字及其应用。如《周礼·天官》载有：“聚毒药以供医事”、“五毒，五药之有毒者”。周初的《诗经》中和春秋战国时的《山海经》、《万物》中记有许多有毒天然植物如“堇”（乌头）、莽草、芨、高陆、细辛、葶葶等及其毒性作用。到宋代，宋慈的《洗冤录》（1247年）是一部法医专著，编辑了大量的有毒天然物的毒性、中毒症及其救治，成为世界上最早的法医和天然毒物学专著，它比欧洲最早的法医学要早350多年。

自从化学合成物及其毒副作用被认识后，人们把有毒天然植物的“毒”与化学物的“毒”等同。故一提毒药、毒物就惧怕，不敢应用，进而使有毒天然植物成为“冷辟”之物，长期不去问津。但是，每一种天然植物的有毒成分与无毒成分同时存在，共同组成效应的复合体，它们不仅不能截然分开和把有毒成分视为无用的成分。实际上有毒成分具有两面性，除有毒作用外，还有效应活性作用，合理应用时，可得到微量高效的效果，因而有毒天然植物有着巨大的开发应用潜力。如明代姚可成的《食物本草》中就记载了可食的小毒植物多种；《中国饲用植物志》（1987年）共载646种植物，其中有毒者10余种可当饲料。再如，钩吻在各本草中均记录为大毒，但它对动物却具有促生长的作用，尤其是在农用杀虫、杀菌等方面应用潜力更大。我们希望努力发掘有毒天然物宝贵遗产，合理开发利用，再造福于人类。

（一）概念

商代（公元前17~前11世纪）的《尚书·说命》曰：“若药弗瞑眩，厥疾弗瘳。”即，药不使人昏眩，就不可能收到治疗疾病的效果。周代的《周礼·天官》曰：“医师掌医之政令，聚毒药以供医事。”明代（1368~1644）张机说：“药，谓草本、鱼虫、禽兽之类，以能攻病，皆谓之毒”（《本草汇编》）。此外，现存世界上最早的天然植物专著《神农本草经》将有毒者列为下品应用，指出下品者“多毒不可久服”，有“除寒热邪气，破积聚愈疾”的效能。可见，有毒天然植物，是一类由我国先民在寻找食物中总结出来对人和动物体既有一定毒性，又有一定功效的天然物，并在中国物性理论指导下，可用于防治疾病和发挥特殊功效作用的天然物。

有毒天然植物与化学合成毒物及其毒、副残留物，是两个完全不同的概念。前者可在中国物性和物味以及炮制、配伍理论指导下变毒为宝；而后者是单一成分的化学物，既是有效成分，又是毒性成分，且成分具稳定性，在机体内形成残留危害，不具有可改造利用的其他成分，而只是对有机体发生不可逆的毒、副残留和“三致”作用，以及污染环境的恶果，因此，只有废、禁或不用。

（二）天然有毒植物

见表2-1、表2-2和表2-3。

表2-1　大毒植物表

名称	简介
川乌	毛茛科植物乌头母根（*Aconitum carmichaeli* Debx.）
马钱子	马钱科植物马钱的干燥成熟种子（*Strychnos nux - vomica* L.）
天仙子	茄科植物莨菪的干燥成熟种子（*Hyoscyamus niger* L.）
巴豆	大戟科植物巴豆的干燥成熟果实（*Croton tiglium* L.）
闹羊花	杜鹃花科羊踯躅的干燥花（*Rhododendron molle* G. Don.）
草乌	毛茛科植物北乌头的干块根（*Aconitum kusnezoffii* Reichb.）
牵牛子	旋花科植物裂叶牵牛或圆叶牵牛的干燥成熟种子［*Pharbitis nil*（L.）或 *Pharbitis purpurea*（L.）Voight.］
香加皮	萝藦科植物杠柳的干燥根皮（*Periploca sepium* Bge.）
洋金花	茄科植物曼陀罗的干燥花（*Datura metel* L.）
常山	虎耳草科植物常山的干燥根（*Dichroa febrifuga* Lour.）
商陆	商陆科植物商陆或取序商陆的干燥根（*Phytolacca acinosa* Roxb. 或 *Phytolacca americana* L.）
蓖麻子	大戟科植物蓖麻的干燥种子（*Ricinus communis* L.）
罂粟壳	罂粟科植物罂粟的干燥成熟果壳（*Paparer somniferum* L.）

表2-2 有毒植物表

名 称	简 介
干漆	漆树科植物漆树的树脂干燥品（*Toxicodendron vernicifluum* (Stokes) F. A. Barkl.）
土荆皮	松科植物金钱松的干燥根皮或近根树皮（*Pseudolarix amabilis* (Nelson) Rehd.）
山豆根	豆科植物越南槐的干燥根及根茎（*Sophora tonkinensis* Gapnep）
千金子	大戟科植物续随子的干燥成熟种子（*Euphorbia lathyris* L.）
天南星	天南星科天南星异叶和东北天南星的干燥块茎［*Arisaema erubescens* (Wall.) Schott 或 *Arisaema heterophyllum* BI.］
木鳖子	葫芦科植物木鳖的干燥成熟种子［*Momordica cochinchinensis* (Lour.) Spreng］
甘遂	大戟科植物甘遂的干燥块根（*Euphorbia kansui* T. N. Liou ex T. P. Wang）
仙茅	石蒜科植物仙茅的干燥根茎（*Curculigo orchioides* Gaertn.）
白果	银杏科植物银杏的干燥成熟种子（*Ginkgo biloba* L.）
半夏	南星科植物半夏的干燥块茎［*Pinellia ternate* (Thunb.) Breit.］
华山参	茄科植物漏斗泡囊草的干燥根（*Physochlaina infundibularis* Kuang.）
关木通	马兜铃科植物东北马兜铃的干燥藤茎（*Aristolochia manshuriensis* Kom.）
芫花	瑞香科植物芫花的干燥花蕾（*Daphne genkwa Sieb.* et Zucc.）
苍耳子	菊科植物苍耳的干燥成熟带总苞的果实（*Xanthium sibiricum* Parr.）
两头尖	毛茛科植物多被银莲花的干燥根茎（*Anemone raddeana* Regel.）
附子	毛茛科植物乌头的子根加工品（*Aconitum Carmichaeli* Debx.）
苦楝皮	楝科植物川楝或苦楝的干燥树皮及根皮（*Melia toosendan* Sieb. ct Zucc. 或 *Melie azedarach* L.）
京大戟	大戟科植物大戟的干燥根（*Euphorbia pekinensis* Rupr.）

（三）应用天然有毒植物的理论

有毒天然物，是中华民族经过漫长的认识，对自然界的物质作用总结得出的一类可利用的天然物。从总体本性来说，它是从属于中国物性（阴、阳、寒、凉、温、热性）和物味（酸、苦、甘、辛、咸味）理论，以及物间配伍关系规律。在应用有毒天然物时，后者尤为重要。

“五行”学说认为，物质运动和相互间有相生、相克和生克制化关系。据此，天然植物的每物间也会发生相类似关系及变化。在天然植物配伍后的作用上有相须（性能、功效相似物配伍后，可起到协同作用）、相使（某些性能相似的不同物配伍后，一物为主，另一物为辅，提高主物的功效）、相畏杀（两物配伍后，一物可减降或消除另一物的毒性或副作用）、相恶（两物相配伍后，相互间发生降低或丧失药效）、相反（两物配伍后，会使机体产生毒性反应和副作用）。而有毒天然植物的应用，我们只希望减毒能恰到好处，发挥其有益的效应作用。

表2-3　小毒植物表

名称	简　介
丁公藤	旋花科植物丁公藤或光叶丁公藤的干燥藤茎（*Erycibe obtusfolia* Benth. 或 *Erycibe Schmidtii* Craib.）
九里香	芸香科植物九里香和千里香的干燥叶和带叶嫩枝［*Murraya exotica* L. 和 *Murraya paniculata*（L.）Jack.］
川楝子	楝科植物川楝的干燥成熟果实（*Melia toosendan* Sieb. et Zucc.）
小叶莲	小檗科植物桃臼的干燥成熟果实（*Podophyllum emodi* Wall.）
艾叶	菊科植物艾的叶干燥叶（*Artemisia argyi* Levl. et Vant.）
北豆根	防已科植物蝙蝠葛的干燥根茎（*Menispermum dauricum* DC.）
地枫皮	栏科植物地枫皮的干燥树皮（*Illiciam difengpi* K. I. B. et K. I. M.）
红大戟	茜草科植物红大戟的干燥块根（*Knoxia valerianoides* Thorel. et Pitard.）
两面针	芸香科植物两面针的干燥根［*Zanthoxylum nitidum*（Roxb.）DC.］
吴茱萸	芸香科植物吴茱萸、石虎或疏毛吴朵萸的干燥近成熟果实［*Evodia rutaecarpa*（Juss.）Benth.、*Evodia rutaecarpa*（Juss.）Benth. var. *offcinalis*（Dode）Huang 或 *Evodia rutaecarpa*（Juss.）Benth var. *bodinieri*（Dode）Huang.］
苦木	苦木科植物片木的干燥枝及叶［*Picrasma quassioides*（D. Don）Benn.］
苦杏仁	蔷薇科植物山杏、西北利亚杏、东北杏或杏的干燥成熟种子［*Prunus armeniaca* L. var. ausu Maxim.、*Prunus sibirica* L.、*Prunus mandshurica*（Maxim.）Korhne 或 *Prunus armeniaca* L.］
草乌叶	毛茛科植物北乌头的干燥叶（*Aconitum kusnezoffii* Reichb.）
南鹤虱	伞形科植物野胡萝卜的干燥成熟果实（*Daucus carota* L.）
鸦胆子	苦木科植物鸦胆子的干燥成熟果实［*Brucea javanica*（L.）Merr.］
重楼	百合科植物云南重楼或七叶一枝花的干燥根茎［*Paris polyphylla* Smith var. *yunnanensis*（Franch.）Hand. Mazz. 或 *Paris polyphylla* Smith var. *chinensis*（Franch.）Hara.］
急性子	风仙花科植物凤仙花的干燥成熟种子（*Impatiens basamina* L.）
蛇床子	伞形科植物蛇床的干燥成熟果实［*Cnidium monnieri*（L.）Cuss.］
猪牙皂	豆科植物皂荚的干燥不育果实（*Gleditsia sinensis* Lam.）
绵马贯众	鳞毛蕨科植物粗茎鳞毛蕨的干燥根茎及叶柄残基（*Dryopteris crassirhizoma* Nakal.）
蒺藜	蒺藜科植物蒺藜的干燥成熟果实（*Tribulus terrestris* L.）
鹤虱	菊科植物天然精的干燥成熟果实（*Carpesium abrotanoides* L.）

1. 炮制减毒

炮制（炙）是中国创造的对天然植物独特的自然炮制法和加工技术。它源于食物加工，故有“燧人始钻木取火，炮生为熟，令人无腹疾，有异于禽兽”（礼纬·含文嘉）之论，这也为炮制雏型。关于有毒天然植物的减毒炮制，最早见于战国至秦汉时的《灵枢经·邪客》中记用秫米汤炮制半夏减毒。到汉代的《神农本草经》已记载了有毒天然植物的减毒炮制法及其机理。该书序中曰：“……若有毒宜制，可用相畏相杀者，不尔勿含用也。”之后，关于减毒炮制新法不断出现，到晋代葛洪的《肘后备急方》（成书于公元4世纪）中已有用大豆汁、甘草、生姜等解乌头、芫花、半夏减毒法。公元5世纪我国南北朝时雷学（420～479）的《雷公炮炙论》对炮制法进行了大总结，成为对世界制药极有影响的专著，其中记载了炮、煮、飞、制等各种减毒方法与技术，有许多方法至今仍在沿用。

减毒常用炮制法有净制、水泡漂、水飞、加热、加辅料、去油制霜等。这些方法可单用，也可联用。现已证明，上述炮制法不仅是确有实效，并有很深的理论。如附子为散寒止痛用药，其强心成分为消旋去甲乌头碱，而镇痛成分为乌头碱，后者无强心作用，且对心脏有毒；附子经浸漂、煎煮后，乌头碱被分解破坏，而消旋去甲乌头碱耐热而保留，因而附子煮时愈长，其强心作用愈显，毒性愈低。生半夏对动物有服后呕吐副作用，其毒为强烈刺激粘膜而引起。经炮制后，消除了对粘膜的制激性，明显减毒。此外，炮制加各种辅料（如甘草、明矾等），可与毒性成分结合而减毒。如乌头、附子加甘草炮制即可减毒。现已知甘草含葡萄糖醛酸，是一生理解毒物质；明矾可水解成氢氧化铝，在水中呈凝胶状，带负电荷，可与生物碱、甙等吸附而减毒。

2. 组方减毒

组方减毒与炮制减毒是应用有毒天然物的基础，也是一种技巧，在这方面中华民族积累了丰富的经验。例如，天南星、半夏均有大毒，若组方时配以生姜，则其毒大减；甘遂、大戟、芫花有毒，并强烈刺激胃肠引起剧泻，而配以大枣，其毒副作用减缓；常山有毒且引起呕吐，而配以草果和槟榔，则其毒副减缓；附子大毒，配以甘草，则甘草次酸与附子生物碱形成复盐，在体内逐渐分解，因而免除急速吸收生物碱产生中毒。故称甘草为“和百药，解百毒”的“国老”。可见，有毒天然植物组方减毒，是应用了物间“相畏”“相杀”的配伍。同时配以解毒物（如甘草、明矾等）和调动与保护动物体内有解毒功能之物，如黄芪、灵芝、金钱草、连钱草、茵陈、柴胡、茯苓、猪苓等。

（四）天然有毒植物的应用

根据有关资料和应用经验，从500多种有毒天然植物中，选出下列可以开发应用的有毒天然植物（表2－4）。

表 2-4　可以开发应用的有毒天然植物

作用	有毒天然植物
抗菌	一枝黄花（满山黄）、八仙花（绣球花）、八角枫（角梧桐）、八角连、三哥王、三十六荡（土细辛）、杜蘅（土细辛）、大麻、大风子（大枫子）、川楝子、马钱子、无患子皮、云实（马豆）、毛茛、毛蓼（水辣蓼）、乌桕、巴豆、玉珊瑚（刺石榴）、艾叶、石椒草（石椒）、石榴皮、龙葵（黑天天）、打破碗花花（野棉花根）、北豆根（蝙蝠葛根）、白矾、白果（佛指树）、白花丹（俊茉莉）、白饭树（白鱼眼）、白屈菜、白降丹（水火丹）、地胆（地芙蓉）、朱砂七（红药子）、羊蹄（土大黄）、含羞草、红粉（小升丹）、红大戟、芫花、苍耳子、两面针、吴茱萸、皂荚、苦木、苦杏仁、松香、松萝、斩龙草（千里光）、虎掌草（土黄芩）、罗锅底（雪胆）、金背枇杷叶（野枇杷）、肿节风（接骨木）、京大戟、泽漆（一把伞）、细辛、禹白附（白附子）、独一味、急性子（凤仙子）、祖师麻、扁青（大青、蓝铜矿石）、蚤休（七叶一枝花）、骆驼蓬（骆驼蒿、臭牡丹）、铅丹（黄丹、四氧化三铅）、黄藤（土黄连）、黄水芋（水黄连）、黄药子、蛇莓（野杨梅）、蛇床子（野胡萝卜）、猫眼草（耳叶大戟）、猕猴桃根、绿青（孔雀石矿石、硫酸盐类）、绿绒蒿（罂粟科植物）、博落回（通天大黄）、棉花子、喜树、搜山虎、紫堇（野花生）、紫背天葵（天葵子）、紫花鱼灯草（刻叶紫堇）、黑面叶（大戟科黑树叶）、鬼芋（魔芋）、蒺藜（茨）、蒙花皮（毛瑞香）、雷公藤、雌黄、醉鱼草（毒鱼藤、鱼蚤草）、鹤虱、藜芦、藤黄（海藤）、蟾酥
抗真菌	一枝黄花、丁茄（野颠茄）、八仙花、土槿皮（大蓟皮）、土荆芥、毛茛、艾叶、打破碗花花（野棉花根）、白屈菜、朱砂、全蝎、皂荚、苦楝皮、松香、松萝、细辛、轻粉（汞粉、甘汞）、圆柏（刺柏）、蛇床子、商陆、密陀僧（粗制氧化铝）、斑蝥、棉花子、雄黄、硫磺（含硫矿）、蜈蚣、黎辣根（铁色金、土黄柏）
抗病毒	石榴皮、白屈菜、吴茱萸、茅膏菜（山胡椒）、蚤休（七叶一枝花）、黄藤（土黄连）、商陆、绵马贯众、紫花鱼灯草（刻叶紫堇）。
驱虫	①抗寄生虫：土荆芥、川楝子、小贯众（鸡脑壳）、乌桕、石榴皮、吕宋楸毛（山荔枝）、吴茱萸、苦杏仁、苦楝皮、鸦胆子、猪牙皂、猕猴桃根、绵马贯众、博落回（通天大黄）、雄黄、雌黄、鹤虱、蜜蜂房（大黄蜂、马蜂窝） ②抗原虫类：土常山、白矾、半夏、鸦胆子、常山、蛇床子、博落回、棉花子、雄黄、雷公藤、腹水草、藜芦 ③杀环境虫：飞燕草（彩雀）、打破碗花花（野棉花根）、半夏、吴茱萸、皂荚、禹白附、除虫菊、狼毒、博落回（通天大黄）、棉花子、醉鱼草、藜芦、百部、露水草、锈毛鱼藤、闹羊花、石龙芮、泽漆、毛茛、蓖麻叶、桃叶、核桃叶、杨柳叶、番茄秧、辣蓼、夹竹桃、菝葜、番木瓜叶、无患子果皮、野菊花、艾叶、青蒿、茵陈蒿、天名精、辣椒桔、牡荆、桉叶、毛蓼、土烟叶、小毛蓼、威灵仙、草乌、雷公藤根、烟草、肖梵天花、白头翁

续表 2－4

作用	有毒天然植物
抗癌	北豆根、万年青根、山荷叶、千金子、川乌、天南星、瓦松、毛春花、巴豆、水仙、玉簪（小芭蕉）、石蒜（毒大蒜）、龙葵、白屈菜、瓜蒂（苦丁香、甜瓜蒂）、半夏、地不容（地胆）、夹竹桃、羊蹄（土大黄）、两面针（金椒、两面刺、入金牛）、丽江山慈姑（山慈姑、草贝母）、苦杏仁、苦豆子（草槐）、松萝、罗锅底（雪胆）、罗裙带（文兰树）、泽漆、茳草（大叶辣蓼）、相思子（红豆）、砒霜、鸦胆子、香加皮（五加皮）、独一味、蚤休（七叶一枝花）、骆驼蓬（蒿子、臭特丹）、莲生桂子草根（状元红、女金丹）、桃耳七（铜筷子、鬼臼根）、铁筷子（又铃草）、铅粉（碱式碳酸铅）、狼毒、黄水芋（水黄连）、黄药子（黄独）、卤砂（卤化物矿）、常山、蛇莓（野杨梅）、银不换、猕猴桃根、商陆、绵马贯众、绿绒蒿（罂粟科）、斑蝥、博落回、葛上亭长（豆斑蝥、红娘）、棉花子、喜树（旱莲木、黄木、南京梧桐）、蓖麻子（大麻子）、鬼芋（魔芋）、雷公藤（蟒草）、蜈蚣、蜣螂（滚屎虫）、罂粟种子、藤黄（海藤）、蟾酥、露蜂房（马蜂窝）、八角莲、了哥王（地棉根）、三面刀（金龟草）、土荆皮（土槿皮）、土常山（腊连）、大麻、大麻药（镰叶山扁豆）
免疫调节	一枝黄花、仙茅、白屈菜、瓜蒂（苦丁香）、附子、苦豆子（草槐）、松香、昆明山海棠、草乌、罗锅底（雪胆）、肿节风、草乌、独一味、桃耳七、黄根、黄水芋、商陆、望江南子、斑蝥、棉花子、雷公藤、蟾皮
激素样作用	①肾上腺样作用：卜芥（独脚莲）、麦角、白薯莨（山薯）、商陆、棉花子、镰形棘豆。 ②生殖激素样：头顶一颗珠（葱花三七）、蛇床子、藜芦、葛上亭长。 ③抗生育类：土槿皮、水蛭、甘遂、石榴皮、白花丹（俊茉莉）、半夏、吕宋揪毛（山荔枝）、芫花、昆明山海棠、相思豆、急性子（凤仙花）、蚤休（七叶一枝花）、萝芙木、雪上一枝蒿（铁棒槌）、棉花子、喜树、雷公藤、豨莶草、八角枫
调节神经系统	①兴奋神经中枢：一叶楸（叶底珠）、大麻、山梗菜、马钱子、石榴皮、白花丹、珍珠梅（山高粱）、茅膏菜（山胡椒）、香加皮（五加皮） ②催眠及中枢抑制：山莨菪、马桑叶、天南星、木天蓼、绿绒蒿、水半夏、石蒜、白屈菜、地不容、夹竹桃、朱砂、华山参（大参）、全蝎、羊角拗、冰凉花（冰里花）、八角枫、蒙花皮（毛瑞香）、吴茱萸、川乌、苦豆子（草槐）、洋金花、细辛、祖师麻、黄麻子（大麻子）、萝芙木、野决明、野烟草、野罂粟、银不换、蟾酥、蟾皮， ③拟副交感作用：丁公藤、飞燕草、白花蛇、附子、白莨菪、狗爪豆、烟草 ④抗胆碱作用：三分三（藏茄）、干漆、山莨菪、千层塔（属子草）、土连翘、石蒜、龙葵、香加皮、野漆树（紫金龙）
解毒	一枝黄花、卜芥、苦木、瓜蒂、两头尖、罗锅底（雪胆）、苦楝皮

第二节　天然植物的化学成分及其生理活性

一、天然植物的化学成分及其生理活性

国外从17世纪始提出自然植物类群具有化学成分上的相似性。直到20世纪初，格拉斯柯夫证明产生氰化合物在大枫子科的亚科中存在。之后英国植物化学家斯密奇查明了数百科、属植物的成分和科、属间的亲缘关系，从此化学特征被人们重视。随着近现代科学的发展，实验技术、设备的革新，使天然植物化学成分的分离、结构测定技术不断发展。如已用微型电脑设计提取分离方案；用高效液相色谱仪配以三维紫外检测器，可检出任何有紫外及可见光吸收的化合物。各种仪器分析法的使用，如红外光谱、质谱、X－射线解析、高磁场核磁场共振仪等，使天然植物的传统物性理论及分类（辛、甘、酸、苦、咸）得到了新的补充和更新，从而在分子水平上阐明物性和特征，同时在扩大药用植物、动物和矿物资源以及开发新药、新原料、成分方面起重要作用，为天然植物质量鉴定、有效成分含量、植材真伪及品质提供依据，在药物毒性分析、化学成分与毒性关系，以及天然植物加工炮制研究等方面均有重要意义。

对于天然植物的组方和功效作用，不能只用化学药或合成物的唯成分论等同对待。天然物的单一或组方，都是一个多种成分的复杂有机体，其功效是一复合整体作用，即是各种成分相互协同和制约的统一作用，并不是组方中每一成分的机械叠加的作用总和，也不完全是各单一成分的机械总和。故有“药有个性之特长，方有合群之妙用”一说。这种复合整体作用的理论，已被现代科技接受，如现代用指纹图谱来研究天然植物的各单一成分与整体复合作用，从而使唯成分论转向整体复合功效作用观念。

每种天然物及其组方，均由许多成分或不同化学成分组成。天然植物均含有以下成分：①生理活性成分，指对动物机体有一定生理作用的成分，它不一定代表该天然物的全部“有效成分”；②指标成分，指天然物中具一定专属性的生理活性成分，可作为某天然物及其复方中的指标或指示成分。从评价和含量测定方面讲，它不仅易确认，且更接近质控指标，如黄连、黄柏，用其所含小檗碱来评价；③大类化合物类，指按现代技术提取分离出的有效部分，即组方中各天然物中的化学性质相似的总化合物。如总生物碱、总黄酮等；④无效成分，指天然物中在该用途时，属无功效作用的成分。但它可能对浸出的有效成分及其稳定性，以及其后效有功效，或在另一用途上或在另一组方中成为有效成分；⑤组织成分，指天然物或某植物的组成物。如纤维素、栓皮等。

有效成分，是现代医学所指的具有西药（化学药物）治疗作用的“药效成分”，也是西药药理作用的评价指标和物质基础。西药或化学合成物，都是单一成分物，对它可认为是有效成分，也是毒性成分。而用单一有效成分来评价天然物组方，不一定符合天然物物性理论，但从现代研究来看，某单一成分却也能反映某天然物的部分功效，故也可从天然物中提取出某单一成分作为添加剂。

研究天然植物的成分，是为了搞清天然物的功效复合整体作用，进而阐明天然物的

作用机理，弘扬天然物物性理论及应用技术，并不是单为获得某天然物的成分而去研究。迄今，对天然物的整体及成分研究还很不深入，尤其“有效成分”更是知之不多，但对其指标成分和大类化合物类的了解较多。因此，在生产应用中能列出上述成分，也就能使产品得到人们的认识。

天然植物有数十万种，我国作为药材使用的有5000～6000种，常用的有700～800种，最常用的有400种。它们分布各门类植物科、属中，如就生物碱而言，分布于植物的50多个科、120多个属。天然植物的化学成分就更为复杂，每一种均含有数种，甚至数十种成分，如山楂所含成分多达70种；当归所含的挥发油中有十来种化学成分（酸、酯、酮、醇等）；草乌含生物碱30种之多。此外，天然植物中还有不少目前尚未搞清的“未知成分”。根据现代科技和实践，通常将天然植物所含成分分为有效成分和无效成分，前者是具一定生物活性，后者是无活性的一般物质。近年来，发现原认为无效成分中又分离出新的生物活性物质，因此，有效、无效成分是相对的，并无绝对界限。也可说，现代科学还远未进入天然植物领域，还需运用现代先进科技就天然植物的化学成分作深入研究。

植物所含化学成分很复杂，通常有糖类、氨基酸、蛋白质、油脂、蜡、酶、色素、维生素、有机酸、鞣质、无机盐、挥发油、生物碱、甙类等。其中有一部分具有明显生物活性并起治疗作用的，称为有效成分（如生物碱、甙类、挥发油、氨基酸等），另一些成分则没有什么生物活性（如色素、树脂、无机盐等）。

（一）生物碱

生物碱类是含氮的碱性有机物，多数有复杂的环状结构，有显著的生物活性，是天然植物中重要的有效成分之一（如黄连中的小檗碱－黄连素、颠茄草中的阿托品、麻黄中的麻黄碱、鸦片中的吗啡、萝芙木中的利血平、金鸡纳树中的奎宁、喜树中的喜树碱、长春花中的长春新碱等），广泛存在于植物界，尤其是双子叶植物毛茛、罂粟、防己、茜草、茄科，少数存在于单子叶的百合、石蒜等科。共有5500多个单体，其中80多个为重要药物（见表2－5）。

含生物碱的天然植物很多，如三尖杉、麻黄、黄连、乌头、延胡索、粉防已、颠茄、洋金花、萝芙木、贝母、槟榔、百部等。每种含生物碱的天然植物，常含有数种至几十种生物碱。同一科属或亲缘关系较近的科常含有同一结构或类似结构的生物碱，但同一种生物碱亦可分布在多种科中（如小檗碱在毛茛科、芸香科、小檗科的一些植物中都有存在）。生物碱具碱性，能与酸结合成盐，游离者不溶于水，而溶于醇、醚等有机溶剂；它在植物中常与植物酸结合成酒石酸、苹果酸和鸡纳酸、罂粟酸等，也有以酯、甙形式存在。

天然植物中的生物碱含量一般都较低，大多少于1%。按照生物碱的基本结构，可分为60类左右：有机胺类（麻黄碱、益母草碱、秋水仙碱）、吡咯烷类（古豆碱、千里光碱、野百合碱）、吡啶类（菸碱、槟榔碱、半边莲碱）、异喹啉类（小檗碱、吗啡、粉防已碱）、吲哚类（利血平、长春新碱、麦角新碱）、莨菪烷类（阿托品、东莨菪碱）、咪唑类（毛果芸香碱）、喹唑酮类（常山碱）、嘌呤类（咖啡碱、茶碱）、甾体类

(茄碱、浙贝母碱、澳洲茄碱)、二萜类（乌头碱、飞燕草碱)、其它类（加兰他敏、雷公藤碱)。

生物碱大多具有比较广泛而强烈的作用。如槟榔碱能驱虫，麻黄碱能平喘，常山碱抗疟疾，延胡索能镇痛，小檗碱能抗菌消炎，奎宁能解热，乌头碱有镇痛及局部麻醉作用，颠茄草中的阿托品能解除平滑肌痉挛、解有机磷中毒，钩藤碱能降低血压，喜树碱、长春新碱、美登木碱、三尖杉酯碱有抗肿瘤作用等。

表2-5　常见的生物碱

类型	名　称
杂环衍生物类	罂粟碱（白花罂粟)、厚朴碱、木防己碱、小檗碱（黄连)、巴马丁（黄藤)、槟榔碱、石榴树碱、菸碱（烟草)、毒藜碱（八角枫)、蓖麻碱、半边莲碱、苦参碱、安那吉碱（广豆根)、娃儿藤碱、一叶秋碱、莨菪碱（颠茄)、古柯碱（古柯)、白藓碱、茵芋碱（常山)、喜树碱、山豆根碱、锡藤碱、青藤碱（千金藤)、木兰碱（马兜铃)、原荷叶碱（莲中)、吗啡和可待因（白花罂粟)、莲花宁碱（千金藤)、普托品（延胡索)、白屈菜碱、两面针碱、吐根碱、石蒜碱、长春新碱、相思豆碱、大青素（松兰)、靛青甙（蓼兰)、利血平（萝芙木)、钩藤碱、吴茱萸碱、番木鳖碱（马钱子)、毒扁豆碱、麦角新碱（麦角菌)、山油柑碱、毛果芸香碱（毛果芸香)、常山碱、咖啡碱（茶叶)、香菇嘌呤、虫草素、美登木碱、三尖杉酯碱（粗榧)、雷公藤碱、川芎嗪等
萜苹衍生物类	缬草碱、肉从蓉碱、石斛碱、小叶黄杨碱（黄杨）等
甾衍生物类	α-澳洲茄碱（龙葵)、藜芦碱（白藜芦)、贝母碱等
有机胺类	秋水仙碱、秋水仙胺、益母草碱、麻黄碱等
肽类	欧鼠李碱（欧鼠李）等

(二）甙类（配糖体)

为糖或糖醛酸等与另一非糖物质通过其碳原子联接而成的化合物，非糖部分称配糖基，即甙元（Aglycone)。甙类也比较复杂，在分类上也各说不一，有：

(1）按甙元结构分为氰甙、香豆素甙、木脂素甙、蒽醌甙、黄酮甙、吲哚甙等；

(2）按在植物内状态分为原生甙（原存植物体内甙，如苦杏仁甙）和次生甙（水解后失去一部分糖)；

(3）按特殊性质分，如皂甙；

(4）按生理作用分，如强心甙；

(5）按糖的名称分，如葡萄糖甙。

甙类作用广泛，具有维生素样作用，延长肾上腺素作用，抗菌作用，止咳、平喘作用，抗辐射、抗氧化作用，强心、利尿、消肿作用，解痉和松弛肌肉作用，健胃、止泻、镇痛、抗癌等作用。

1. 黄酮甙

黄酮类化合物来自黄酮，呈黄色和具4位羰基，故名。多以甙的形式广泛分布于植物界，已知有2300种（含甙和甙元），呈酸性。大多数黄酮类化合物为淡黄色结晶粉末，熔点较高，极难溶于冷水，可溶于热水和热乙醇，易溶于碱性溶液而颜色加深，加酸后又析出沉淀。

黄酮甙广泛存在于植物的各部分，尤以植物的花、叶为多，在种子、根茎、树皮中也存在。含有黄酮甙类的中草药最常见于芸香科、兰科的植物，其次是唇形科、豆科、蓼科、菊科、伞形科、茄科、银杏科、木犀科、冬青科的植物，如陈皮、黄芩、金银花、蒲黄、枳实、芫花、甘草等。

(1) 黄酮类：常见的有芹菜素（芫花）、芹菜甙（芹菜）、刺槐素（密蒙花）、刺槐甙（菊花）、木犀草素（金银花、忍各藤）、忍冬甙（忍冬叶）、黄芩素（黄芩）、川陈皮素（橘皮）、高车前甙（车前）、南荛甙（了哥王）、大蓟（柳穿鱼甙）、芫花素（芫花）等。

(2) 黄酮醇类：含黄酮醇的天然植物有：芦丁（槐花米、桑椹子）、异槲皮甙（问荆、棉叶）、金丝桃甙（满山红叶、连翘）、山奈酚和异鼠李素（高良姜、银杏叶）、问荆甙（问荆）、杨梅素（满山红叶）、桑色素（桑枝）、高良姜素（高良姜）、人参黄酮甙（人参）、扁蓄甙（扁蓄）、葛根素（葛根）、紫檀素（广豆根）、鱼藤桐（毛鱼藤）。

黄酮甙类的药理作用是多方面的，有维生素P样作用（如芸香甙、陈皮甙、芦丁、橙皮和槲皮素），有抗辐射作用（如桑色素、橙皮素），有增强肾上腺素作用（如桑色素、槲皮素、棉子皮素），有抗氧化作用（如槲皮素、鼠李素、棉子皮素），有利尿作用（如槲皮素、木犀草素、黄芩素、水蓼素、芫花甙），有抗菌消炎作用（如黄芩素、忍冬甙、桑色素），有祛痰作用（如杜鹃素和槲皮素），有降压作用（如葛根黄酮），雌激素样作用（如大豆黄酮、刺芒柄花素）等，以及可作甜味剂（柑橘甙）。临床上，根据黄酮甙类这些作用，可以有目的的选择某些药物添加到饲料中，达到防病治病、增产节约的目的。

2. 强心甙

强心甙是一类对心脏具有显著生物活性的甾体甙类，由甾体母核与不同的糖结合而成，治心衰、节律不齐等，并有抗癌（主要是细胞毒）作用。强心甙多为白色结晶，有的为无定形粉末，有旋光性，具有甙的通性。都溶于水、醇、丙酮等极性溶剂；略溶于乙酸乙酯、含水氯仿；不溶于乙醚、苯等非极性溶剂。其溶解度随分子中所结合糖的多少以及甙元部分所含羟基的多少而不同。糖体多，含羟基多，则可增加在极性溶剂中的溶解度，反之，则增加在非极性溶剂的溶解度。

现已知有570多种强心甙，140多种甙元，广泛分布于植物中。含有强心甙的天然植物有：玄参科的毛花洋地黄、紫花洋地黄、玄参，夹竹桃科的黄花夹竹桃、毒毛旋花子、羊角拗，百合科的铃兰、葱、蒜，毛茛科的白头翁、黄连，卫茅科的鬼箭羽。此外，蟾酥中也含强心成分，但不属甙，而是蟾毒配基中的脂肪酸酯类。

强心甙对心脏有强烈的作用，应用适当剂量，能使衰弱的心脏机能改善，多用于治疗心脏功能不全以及原发性心动过速等症。大剂量应用时，容易发生中毒，小剂量则不起作用。因此，含强心甙的天然植物制剂应进行生物测定，严格控制剂量，以保证安全有效。

3. 皂甙

皂甙为植物内比较复杂的甙类化合物，味苦而辛辣，因其水溶液易起肥皂泡而得名，多为白色或类白色的不定形粉末，不易提纯，易溶于水及乙醇，不溶于醚、苯及氯仿等有机溶剂，并具溶血和与胆固醇形成复合物等特性。皂甙分为甾体皂甙（作为合成甾体激素及有关制剂的原料）和三萜皂甙（为药理活性成分）两类。

（1）甾体皂甙：由甾体皂甙元和糖组成。含此成分的天然植物有知母（洋菝葜皂甙元）、洋地黄（提果皂甙元）、剑麻（剑麻、海可皂甙元）、龙舌兰（龙舌兰皂甙元）、铃兰（铃兰皂甙A、铃兰皂甙B）、万年青（万年青皂甙元）、北重楼（门诺皂甙元）。

（2）三萜皂甙（酸性皂甙）：含有三萜皂甙的天然植物有人参、党参、甘草、柴胡、桔梗、皂荚、远志、桑寄生、木通、乳香、山楂、地榆、半夏、贝母、白头翁、猪苓、茯苓、叶麻、商陆、沙参等。

三萜皂甙具有镇静、止痛、解热、镇咳和消炎作用。皂甙有发生泡沫和乳化的性质，内服对消化道有刺激作用，能反射性引起呼吸道粘液分泌，因此有祛痰止咳作用；远志皂甙有镇静作用；桑寄生皂甙有祛风湿作用；甘草皂甙具有促肾上腺皮质激素样作用；柴胡皂甙有解热、镇静、止咳作用；人参皂甙有明显的促进血清、肝脏、骨髓、睾丸等的DNA、RNA、蛋白质、脂肪和糖等的生物合成作用，并提高机体的免疫力。因此，含皂甙类的某些药物可以作为免疫增强剂。研究发现，皂甙作为一种表面活性物质具有增溶作用，可使亲脂性的难溶成分易于分散到药液中，从而提高药液中有效成分的溶出率，甘草和桔梗作为使药，引诸药归经，可能与其所含的皂甙有关。

4. 蒽醌甙

蒽醌甙是蒽醌甙元与葡萄糖、鼠李糖等缩合而成的一类甙，多带有黄色、橙色或橙红色，少数呈紫色。分布极广，大多存在于百合科（如芦荟）、豆科（如蕃泻叶和决明子）、茜草科（如茜苹、京大戟）、蓼科（如大黄、何首乌、扁蓄）、紫草科（紫草）等植物中。生物活性有抗菌、抗癌（胡桃醌等），紫草含有多种萘酯色素，具治疗麻疹等作用。

蒽醒甙具有致泻和苦味健胃作用，水解后，泻下作用就大减。游离蒽醌无泻下作用而有抗菌作用。近年来的研究表明，某些蒽醌具有镇咳、松弛肌肉等作用。

蒽醌甙由于其甙元具有酚性羟基，故呈弱酸性，能溶于水、碱、乙醇以及碳酸氢钠溶液中，但在氯仿、醚等中溶解度较小，游离的甙元较易溶于有机溶剂而不溶于水，从药材中提取分离羟基蒽醌衍生物可利用此性质。蒽衍生物是指含醌及其不同还原程度的产物，呈酸性。已知有170多种，其中一半存在于高等植物中，余者存于真菌、地衣、动物以及菌类，如大黄、首乌、虎杖等类，是重要的天然色素。含蒽衍生物的种类复杂，茜草中就含有19 种蒽衍生物；大黄素的分布就更为广泛。其生物活性作用有泻下作用（大黄、芦荟、蕃泻叶）、抗菌作用（大黄素、芦荟大黄素、柯桠素等）、抗肿瘤作用（大黄酸、大黄素）等。

5．香豆精甙

（1）香豆素：为苯骈α－吡喃酮母核一类的化合物，具有多方面的生物活性，如抗菌、抗真菌、抗滴虫、抗凝血、抗辐射、抗癌等，游离的香豆素大多具有香气，能随水蒸汽挥发，也能升华，不溶或难溶于水，可溶于乙醇、醚等有机溶剂，它们具有内酯的通性。秦皮、白芷、独活、前胡、茵陈、补骨脂、续随子、蛇床子、北沙参、泽兰、苜蓿等含有香豆素，以游离态或与糖结合为甙。不同的香豆素有不同的生物活性作用，如东莨菪素、氧化前胡内酯、岩白菜素、柠檬内酯都有平喘、镇咳作用；拟雌内酯具有雌激素样作用；白芷素有显著扩张冠状动脉作用；瑞香素、7－羟基香豆素有抗炎和止痛作用；补骨脂香豆酯具有抗真菌作用；前胡、补骨脂的香豆精类有抗肿瘤作用；双香豆素有抗凝血和抗菌作用；补骨脂、佛手内脂、瑞香内酯等有防紫外线烧伤的作用。

（2）木脂素：因存在植物的木质部和树脂而得名，具有镇咳、保肝、抗菌等生物活性。在五味子、牛蒡子、远志、连翘、细辛、刺五加、厚朴、水飞蓟等植物中均含有木脂素。

（三）萜类和挥发油

1．萜类

萜类（Terpenes）为异戊二烯的聚合物及其衍生物的总称，具有（C_5H_8）n 通式。最常见的有月桂烯、罗勒烯、桂花烷、藤烷、金合欢烯、樟脑二萜烯等。有消热、解毒、抗菌消炎、抗疟、抗癌、止咳平喘、止痛、驱虫、利尿、降血糖和引产等作用。

萜类分为单萜（$C_{10}H_{16}$）和倍半萜（C_5H_{24}，存于挥发油中）、二萜（$C_{20}H_{32}$，形成树脂的主要成分）、三萜（由6个异戊二烯组成的化合物，以皂甙形式广泛存在，并具多种生物活性）和四萜（由8个异戊二烯组成的化合物）。萜类成分有芳香性，可作香料或调味品。含有萜类的天然植物较多，有人参、远志、柴胡、甘草、地榆、地黄、穿心莲、青蒿、芫花、冬凌草、雷公藤、艾蒿、桔叶、蛇麻（啤酒花）、马鞭草、牤牛儿苗、香茅、玫瑰、紫罗兰、薄荷、荆芥、砂仁、香附、紫苏、香薷、芫荽、茴香、鹤虱、姜、芸香草、桉叶、土荆芥、侧柏叶、松枝、桃金娘叶花、缬草、玄参、车前草、鸡矢藤、马钱子、金银花、肉苁蓉、栀子、龙胆草、山道年、金合欢花、没药、郁金、檀香、姜黄、满山红、牛蒡、苍术、甜叶菊等。

2．挥发油

挥发油（Volatile oils）又称精油（Essential oils），是存于植物中可随水蒸汽蒸馏得到的不溶于水的挥发性油状成分，多以游离状态存在于植物中，大多数有芳香气味（如薄荷油、丁香油等）。具有止咳平喘、祛痰、发汗、驱风、消炎止痛、抗菌杀虫等生物活性。挥发油是由几种至几十种化合物组成的混合物，化学结构分为脂肪族、芳香族、萜类以及其它含氧衍生物（醇、酚、醚、醛酮、羧酸、酯和内酯）。脂肪族化合物的结构较简单，如存在于当归种子中的正十四醇、松节油中的正庚烷、芸香挥发油中的甲基正壬酮等。常见的芳香族化合物有肉桂油中的肉桂醛、肉桂酸，丁香油中的丁香酚，茴香油中的茴香脑等。

含挥发油的天然植物很多，亦多具芳香气。如唇形科的藿香、薄荷、紫苏、荆芥、香薷、藿香等；菊科的艾叶、苍术、白术、木香、茵陈、青蒿、菊花、益母草等；伞形科的小茴香、当归、白芷、羌活、独活、芫荽、川芎等；芸香科的陈皮、青皮、花椒等；姜科的莪术、郁金、砂仁、益智仁、干姜、生姜、姜黄等；樟科的肉桂、乌药等，桃金娘科的丁香等；马兜铃科的细辛、马兜铃等；木兰科的厚朴、八角茴香、五味子等。此外马鞭草科、禾本科、败酱科、蔷薇科、毛茛科等的植物中也都有挥发油存在。

挥发油在植物中的存在部位各不相同，很多存在于花蕾中，如丁香、款冬、辛夷、野菊花、月季等；有的存在于果实中，如茴香、胡椒、砂仁、五味子等；有的存在于果皮之中，如陈皮、青皮等；有的存在于根和根茎之中，如羌活、独活、防风、当归、广木香、姜、莪术、苍术、川芎等；有的存在于叶子中，如松柏等；也有的存在于树皮之中，如肉桂、厚朴等；还有的全株都含有挥发油，如薄荷、细辛、香薷、艾、泽兰、藿香等。

挥发油在植物中的含量不一，即使同一科属同一品种的植物，由于其用药部位和采集季节的不同，其挥发油的含量和成分也大不相同，如樟科樟属树皮多含桂皮醛，叶中主要含丁香酚，而根则含樟脑；再如丁香在花蕾时期富含挥发油，但花开后其含量大大减少。所以要获得富含挥发油的某种植物时，一定要注意采集时间和季节，其原则是：花宜在花蕾未开时，果实则多在成熟期，一年生全草常在花前采集，多年生根茎多在冬季采掘。

挥发油大多为无色或微淡黄色的透明液体，具有特殊的气味，如茉莉花挥发油有清香气味，烟叶、茴香挥发油有刺激性的辛辣味。有些挥发油在冷却时有结晶析出，形成固体，即“脑”，如常用的薄荷脑、樟脑。挥发油不溶于水，溶于各种有机溶剂中，如乙醚、石油醚、二硫化碳，在高浓度的乙醇中可全部溶解，在低浓度的乙醇中只能溶解部分。挥发油具有旋光性和较强的折光性，它们的折光率是鉴别的重要依据。

多数挥发油对粘膜有一定的刺激作用，能促进血液循环、具有发汗解表（薄荷油等）、理气止痛（木香油等）、祛痰止咳（胡椒酮、芸香油、陈皮油、满山红挥发油、杜鹃酮等）、抗菌消炎（樟脑油、丁香油、桉叶油、薄荷油、薄荷酸等）、芳香健胃（豆蔻油、砂仁油等）、抗流感（佩兰油）、抗霉菌（茵陈油）、消毒防腐（丁香油及其丁香酚）、退热（柴胡油）等作用。有些挥发油还具有强心、利尿、镇痛（丁香油及其丁香酚）、驱虫（土荆芥油可驱蛔虫、钩虫）等功效。含挥发油的天然植物，其中有的已知成分就是有效成分，但有许多含挥发油的天然植物，其油中的已知成分与药效间的关系还不明确，有待于进一步研究。常用天然植物的挥发油已知成分见表2-6。

表 2-6 常用天然植物的挥发油已知成分

名称	部位	主要成分
薄荷	全草	薄荷醇（Merthol）70%以上、薄荷酮（Menthone）等
香薷	全草	香薷酮（Elsholteia Ketone）、倍半萜
枳实	果	柠檬烯（Limonene）、芳樟醇（Linalool）等
砂仁	种子	樟脑（Camphor）、龙脑（Borneol）、醋酸龙脑酯、芳樟醇等
乳香	油树指	α-松油二环烃（α-Pinene）、萜苹类
香附	根茎	香附子烯（Cyperene）、α-香附酮（α-Cyperone）
茵陈蒿	果、穗、全草	茵陈二烯酮（Capllone）、茵陈二炔酮（Capulin）、茵陈烯炔（Capllene）、β-松油二环烃（β-Pinene）
苍术	根茎	β-桉醇（β-Eudesmol）、苍术醇（Atractylol）、茅术醇（Eenesol）
人参	根	人参烯（Panacene）
陈皮	果皮	柠檬烃
肉桂	皮	桂皮醛、醋酸桂皮醋（Cinnamyl actate）
白菖蒲	根茎	细辛脑（Asarone）
姜	根茎	姜烯（Zingberene）姜烯酮（Shogaol）、姜辣素（Gingerol）、姜酮（Zingberone）、水芹烃（Phellandrne）、樟烯、龙脑、柠檬醛等
细辛	根	甲基丁香油酚（Methyl eugerol）、左旋β-蒎烯（β-Pinene）、左旋细辛素（L-Asorinin）等
广木香	根	α-和β-木香烃（Costene）、木香内酯（Costus lactone）、木香醇（Costol）等
紫苏	叶	紫苏醛（Perilla-alaehyde）、柠檬烯、蒎烯（Pinene）等
荆芥	全草	α-薄荷酮、DL-薄荷酮等
蛇床子	果	α-松油二环烃、樟烯（Camphene）异戊酸龙脑酯（Bornyl isovalerate）等
小茴香	果	茴香醚、小茴香酮（Fenchone）、茴香醛（Anisaldehyae）等

（四）鞣质类

鞣质类（Tannins）又称单宁、鞣酸，为多元酚类化合物，具涩味、有收敛性，因其原用于鞣制皮革而得名。其种类繁多，结构复杂，分子量 500~3000。鞣质很难提纯，一般为无定形的淡黄棕色粉末，可溶于水和乙醇而生成胶状溶液，不溶于无水乙醚、氯仿、苯、石油醚或二硫化碳，但可溶于醚和醇的混合液或乙酸乙酯中。鞣质能与蛋白质、明胶溶液、重金属盐、生物碱及其他碱性有机化合物结合生成不溶性的物质。因此，如欲从天然植物提取液中除去鞣质，可加适量的明胶溶液、石灰水或醋酸铅溶液，使鞣质沉淀后过滤除掉。

根据鞣质的结构可将鞣质分为两类：

（1）水解鞣质：具有酯式或甙式结构，大多数由没食子酸（Gallicacid）或其衍生物与葡萄糖结合而成。根据水解后的产物又分为没食子酸鞣质类（如大黄、五倍子等）

和逆没食子酸鞣质类（如诃子等）；

（2）缩合鞣质：一般由儿茶素（Catechin）组成，结构复杂，不能水解，又称鞣酐或鞣仁（如虎杖、四季青、钩藤等）。

鞣质具有明显的生物活性，常作为收敛止血、止泄、治疗烧伤、抗菌消炎之用，同时还用作生物碱、重金属的解毒剂。如，鞣质具还原性，可还原斐林等试剂，为强还原剂；能与蛋白质结合成不溶于水的沉淀，而有收敛作用（止泻、止血）；也为酶活性的抑制剂；可与生物碱、重金属结合沉淀，因而可作解毒剂；可与细菌蛋白结合形成不溶性的鞣酸蛋白，使蛋白质变性，而具抑菌作用。对机体的损伤表面，鞣质可形成一层鞣酸蛋白薄膜，能减少分泌物，促进创面结痂，起到止血、抗菌消炎作用。鞣质内服后不被吸收，故对血液没有影响，但注射剂不能含有鞣质，否则会沉淀血液中的蛋白质，形成血栓。

具有鞣质的天然植物很多，常见的有大黄、五倍子（寄生于植物昆虫的虫瘿）、诃子、地榆、石榴皮、虎杖、四季青、侧柏、扁蓄、仙鹤草、老鹤草、钩藤、槟榔、桉叶及丁香等。现将含有鞣质的常见天然植物列于表2－7。

表2－7　含鞣质较多的常用天然植物

名称	药用部分	鞣质及含量
五倍子	虫瘿	没食子酸类鞣质50%～70%
黄栌	叶	没食子酸类鞣质30%
栎树	树皮	没食子酸类鞣质16%
诃子	果实	诃子酸，诃黎勒酸及没食子酸等鞣质20%～40%
石榴皮	果皮	鞣质约30%
番石榴	叶	鞣花酸类鞣质10%
白屈菜	全草	没食子酸及鞣花酸等鞣质10%
拳参	根茎	没食子酸及儿茶素等鞣质20%
大黄	根、根茎	没食子酸及儿茶素等鞣质5%
地榆	根	没食子酸及鞣花酸等鞣质15%
仙鹤草	全草	鞣花酸鞣质6%～14%
莓叶委陵菜	根	D－儿茶素类鞣质
薯莨	块茎	儿茶素及鞣红等鞣质15%～30%
四季青	叶	儿茶素类鞣质2%～3%及原儿茶酸，原儿茶醛等
牡丹	叶	没食子酸等1%

（五）糖类

糖类是指具有多羟基醛或多羟基酮的一类化合物。在自然界中分布很广，可分为单糖、低聚糖和多糖以及它们的衍生物树胶和粘液质等。

单糖［（CH_2O）n］是指不能再水解成更小分子的多羟基醛（或酮），绝大多数天然存在的单糖（n=5～7），即五碳糖（阿拉伯糖、木糖等）、六碳糖（葡萄糖、果糖、甘露糖等）、七碳糖（景天庚糖）。单糖类多为结晶性，有甜味，易溶于水，难溶于有机溶剂，具旋光性与还原性（蔗糖除外）。

低聚糖是指由2～9个单糖分子通过糖甙键聚合而成的直糖链或支糖链的聚糖，分别称为二糖（蔗糖、麦芽糖）、三糖（甘露三糖、龙胆三糖）、四糖（木苏糖）、五糖（毛蕊草糖）等。低聚糖具有与单糖类似的性质。

多糖是指由10个分子以上的单糖脱水形成的高聚物，大多为无定形化合物，分子量较大，无甜味与还原性，难溶于水，不溶于乙醇及其他有机溶剂，水解后生成单糖或低聚糖。淀粉、菊糖、树胶、粘液、纤维素是中草药中最常见的多糖类，其中，研究最多且具有显著生物活性的是β-葡聚糖。

β-葡聚糖是由葡萄糖、阿拉伯糖、甘露糖、果糖、鼠李糖、岩藻糖、半乳糖、木糖等的一种或数种按不同摩尔比组成。分子量按聚合度不同而有很大差异，从数万到数百万之间，不同葡聚糖其单糖组成和分子量也不同。单糖之间是通过糖甙键连接的，糖甙键有α型和β型两种。α型有1，4、1，6等连接方式，β型有β-1，3、1，4、1，6等连接方式。糖甙键类型对多糖的生理活性有重要影响，只有具有β-1，3、或1，6糖甙键的多糖才具有较大的生理活性，而α型连接的多糖几乎没有生理活性。

天然植物中常见的多糖类包括菊糖、淀粉、树胶、果胶、粘液质、纤维素、甲壳质等。以往认为它们无生物活性，而且在提取有效成分和制剂制备中，往往影响质量及操作，通常视其为杂质而除去。如为水提液，加入大量乙醇，多糖即可析出。近年来，发现多糖也具生物活性。如茯苓有利水渗湿、健脾补中、宁心安神的作用，其主要成分为β-茯苓聚糖，它是一种β-（1～3）葡聚糖，无抗癌活性，如果将主链β-（1～3）连接的β-（1～6）侧链氧化除去，得到具有抗癌活性的茯苓多糖。另外其衍生物-羧甲基茯苓多糖，也具有抗癌活性和免疫促进作用；猪苓多糖（PUPS或称757）具有免疫促进作用和抗肿瘤活性，与免疫抑制剂环磷酰胺，或氟脲嘧啶等合用，能显著提高其抗肿瘤活性及降低毒副作用；黄芪多糖（APS）具有免疫促进作用，能显著增强巨噬细胞的吞噬功能，显著增加小鼠脾脏、肝脏RNA与DNA和蛋白质的含量，APS对EAC（玫瑰花环实验）的抑制作用较强；人参多糖（GPS）与APS适当比例配伍应用，可显著提高疗效，降低毒副作用；香菇多糖具抗肿瘤作用；白芨含有的粘液质，可作为代血浆的原料；海藻中含有一种多糖类物质，系由β-D-甘露糖醛酸所组成的长链大分子化合物，其钠盐可溶于水，形成高粘度的溶液，其粘度随该大分子的降解而降低，适当降解后的低聚海藻酸钠的水溶液可作为代血浆使用。在高等植物及菌类（如灵芝、蜂胶、芦荟、蜂花粉等）中发现有显著增强疫苗免疫作用的多糖。

研究证明，多糖类主要影响网状内皮系统、巨噬细胞、淋巴细胞、白细胞以及RNA、DNA、蛋白质的合成、抗体的生成，cAMP与cGMP含量，补体的生成以及对干扰素的诱生作用等。因此，多糖类是一类免疫增强剂，能增强机体的免疫功能，提高抗病能力。

（六）有机酸类

有机酸是含有羧基的化合物。在天然植物中广泛分布，如乌梅、五味子，覆盆子、柠檬、女贞、马齿苋等。常见的有脂肪族羧酸，如酒石酸、草酸、苹果酸、枸橼酸、抗坏血酸等，亦有芳香族有机酸，如苯甲酸、水杨酸、咖啡酸等。一般都与钾、钠、钙或生物碱等结合成盐，脂肪酸多与甘油结合成酯或与高级醇结合成蜡，有的有机酸是挥发油与树脂的组成成分。

一般认为脂肪族有机酸无特殊的生物活性，但有些有机酸如酒石酸、枸橼酸可作药用。有些特殊的酸是某些天然植物的有效成分，如土槿皮中的土槿皮酸有抗真菌作用；鸦胆子的油酸可抗癌；咖啡酸的衍生物有一定的生物活性，如绿原酸（Chlorogenic acid）为许多天然植物的（如茵陈）有效成分，有抗菌、利胆、升高白血球等作用；地龙的丁二酸可止咳、平喘；苯甲酸能祛痰、防腐；四季青的原儿茶酸可抗菌；水杨酸能解热镇痛；乳酸可扩冠血管；抗坏血酸能止血、降血脂；金银花的新氯原酸可抗菌；斑蝥素能抗肝癌。

马兜铃酸、斑蝥酸钠、桂皮酸及其钠盐、当归和川芎的阿魏酸、丹参的水溶性酸性成分、白花蛇舌草的羟基桂皮酸等，均有增加白细胞、提高吞噬功能，以及抗癌、抗放射等作用，是较好的免疫增强剂。

（七）氨基酸、蛋白质和酶

蛋白质是组成植物体的主要成分之一，由 20 余种氨基酸组成。酶是有机体内具有特殊催化能力的蛋白质。天然植物中含有的氨基酸多为无色结晶体，大都易溶于水；所有的 α - 氨基酸（甘氨酸除外）都有旋光性；氨基酸与酸、碱作用均可生成盐，在同一分子内部氨基也可与羧基作用形成内盐，利用这种性质，在适当条件下可测定氨基酸的等电点，并以此来提纯分离氨基酸。

含有氨基酸的天然植物很多，常见的有：使君子中的使君子氨酸（Quisqualic acid）可驱蛔虫；南瓜子氨酸（Cucurbitine）可用于抑制血吸虫、绦虫、蛲虫的生长；鹧鸪菜的海人草酸有驱虫作用；天冬、玄参、棉花根等的天门冬素，具镇咳、平喘作用；田七氨基酸具止血作用；半夏、天南星、蔓荆子的 γ - 氨基丁酸有降血压作用。

天然植物中的蛋白质大多数能溶于水，多呈胶状，有些能溶于一定浓度的乙醇中（稀醇），有些需在弱酸、弱碱性或盐类溶液中才能溶解。蛋白质都不稳定，在酸、碱、热以及某些试剂的作用下，会发生变性反应（凝固、沉淀）。以往视蛋白质为杂质而除去，但近年来发现蛋白质、多肽有生物活性，如从栝楼根（天花粉）中提得的天花粉蛋白质可用于人工引产与治疗绒毛膜上皮癌；刀豆素、蓖麻毒蛋白有抗癌作用；水蛭的水蛭素有抗凝血作用；蜂毒肽有抗辐射作用；蜂毒胺有兴奋中枢神经系统作用；半夏蛋白有抑制早期妊娠作用。

富含酶类的谷芽、麦芽、神曲等是添加剂常用物；淀粉酶能促进消化；菠萝蛋白酶可用于抗水肿与抗炎；雷丸的蛋白分解酶具治肠虫病等作用

（八）植物色素

植物色素（Phytochromes）有红、黄、蓝、紫、青绿等色，分布于植物体各个部分，其中根、茎、叶、花、果较为集中，含量较高。植物色素分为水脂溶、脂溶性两大类，前者有叶绿素、叶黄素、胡萝卜素、藏红花素、辣椒红素等；后者有黄酮类（黄色色素）、花色素（有红、蓝、紫色）和蒽醌类（呈黄色，遇碱呈红色）等。植物色素也有一定的生物活性，如胡萝卜素为VA的原体，可治VA缺乏症；叶绿素的水溶剂具一定的抗菌、消炎、促肉芽生长的作用。此外，植物色素还是无毒副作用的天然着色剂等，从万寿菊、金盏菊、苜蓿等提取的叶黄素和类胡萝卜素作为饲料添加剂可使鸡蛋蛋黄、肉鸡皮肤金黄，从而提高产品的等级和价格。

（九）其它

1. 油脂和蜡

油脂为高级脂肪酸的甘油酯组成的混合物。油（脂肪油）是指在常温下为液态的油脂；脂肪是指在常温下为固态或半固态的油脂，理化性质与蜡相似。蜡为分子量大的高级一元醇和高级脂肪酸结合的酯，为固态。

含有油脂和蜡的天然植物有：火麻仁、蓖麻子、巴豆、杏仁、薏苡仁、大枫子、鸦胆子等。油脂和蜡除用于制作软膏、注射用油外，还有泻下、祛痰、补脾胃、抗菌等生物活性。

2. 植物甾醇

植物甾醇是植物细胞的重要组成物，常与油脂共存于种子和花粒中。分为谷甾醇类（在人参、天冬、蒲黄、黄柏、黄芩、汉防已、白花蛇舌草、半枝莲、乌头、附子等中含有）和豆甾醇类（在柴胡、款冬花、鹤虱、青蒿、黄柏、延胡素、木鳖子、白花蛇舌草等中含有）。

3. 无机盐

植物中主要含有钾、钙、镁盐，以结合形式或特殊结晶形式存在，如草酸钙、二氧化硅结晶。天然植物无机盐的含量不一，有些含量很高，如夏枯草，含无机盐3.5 %（其中，KCl为68 %，K_2SO_4为23 %，余为NaCl、Fe盐等）。无机盐多数是动物体不可缺少的物质，尤其是微量元素，是维持动物生理功能的重要成分，也是抗癌、抗衰老、防病治病的物质。就天然植物来说，其某些生物活性作用与其所含的无机盐或元素密切相关，如人参的作用与其含锰有关；天仙子和颠茄的作用与其含钙、铜、锰有关；甘草和刺五加的作用与其含锰、钼、铬有关；福寿草和泽地黄的作用与其含锰、铜、铬有关；大黄的作用与其含锰、铜有关；车前的作用与其含铜、钼有关等。此外，研究发现，微量元素硒可起免疫佐剂的作用。

4. 昆虫变态激素

最初是在昆虫体内发现脱皮甾醇，具较强的蜕皮活性，称为“蜕皮激素”。其对动物有促进蛋白质合成作用。20世纪60年代发现植物中也有“蜕皮激素”物，如台湾牛膝含有羟基蜕皮甾酮，川牛膝有川牛膝甾酮，白毛夏枯草含有筋骨草甾酮 C 等。该成分具有活血化瘀、通利关节、泻火解毒、补肝肾、壮筋骨等作用。

5. 有机含硫化合物

含有机硫化合物的天然植物，以大蒜的大蒜辣素最具代表性，它具有很强的抗菌作用，并具广谱性。其十二万分之一的浓度，就可抑葡萄球菌、伤寒杆菌、副伤寒杆菌、痢疾杆菌、霍乱弧菌、大肠杆菌、白喉杆菌、肺炎双球菌、炭疽杆菌等。此外，焊菜的焊菜素也为此类化合物，具有止咳、化痰、平喘等作用。

二、天然植物及其活性成分的作用

（一）抗菌作用

1. 天然植物及其提取物的抗菌作用

许多天然植物及其提取物均具有抗菌作用，如金银花、连翘、蒲公英、紫花地丁、黄连、大蒜、金荞麦、知母、赤芍、鱼腥草等对革兰氏阳性菌（如金黄色葡萄球菌、溶血链球菌、肺炎双球菌、白喉杆菌等）、革兰氏阴性菌（如伤寒杆菌、副伤寒杆菌、大肠杆菌、变形杆菌、痢疾杆菌、结核杆菌等）都有一定的抑制作用。此外，黄连、黄柏、黄芩、蒲公英、牛蒡子、菊花、紫花地丁、银花、生地、紫草等对多种皮肤真菌（如堇色毛癣菌、许兰氏黄癣菌、铁锈色小芽孢癣菌等）也有效。抗菌的有效成分目前所知的有癸酰乙醛（鱼腥草）、β，β-二甲基丙烯酰紫草醌（紫草）、穿心莲内酯（穿心莲）、秦皮乙素（秦皮）、原白头翁素（白头翁）、小蘖碱等。

在国外，研究较多的是牛蛭属植物的抗菌作用。其主要成分是其挥发油中所含的多酚类化合物-香芹酚和百里酚。除这些多酚外，它们生物合成的前体γ-萜品烯和β-异丙甲苯的酚水平也很高，它们也有抗微生物活性。牛蛭提取物的抗微生物活性，主要是通过对细菌细胞壁结构蛋白的变性和凝固来实现的，使细胞成分渗漏，水分失去平衡，最终细菌死亡。香芹酚和百里酚也能加速肠绒毛表面腔上皮细胞的更新率，减少病原体对腔上皮细胞的感染和提高营养吸收能力。

欧洲的试验结果表明，不同植物的挥发油其抗菌特性不一样。如牛蛭和肉桂，在抑制革兰氏阳性大肠杆菌方面具有明显作用；而辣椒则主要对梭状芽胞杆菌有效，这种抗菌谱上的差异可能跟不同挥发性油的分子结构有关。没有人能肯定植物挥发油将取代抗生素，但是每一种植物特定抗菌谱的存在的确为此提供了一些可能性。在不久的将来，猪饲料中就可能会出现专门用于抵抗特定菌群的某些中草药的提取物。当然，这种提取物并不是作为一种药物，而是作为一种辅助成分添加，其主要作用在于维持肠道有益菌群的正常生长，从而排斥或抑制有害病原菌。同时，我们也可以清楚地看到各种提取物混合产品发展的优势，通过对各种不同提取物的混合，可以使它们间通过协同作用而达到比单一成分更好的使用效果。目前，牛蛭提取物已经商品化，并已进入中国市场（刘长国，2001）。

我国学者对牛蛭也进行了一些研究，如郑国华（1999）从牛蛭中提取挥发油进行了抗菌实验，结果表明，其对沙门氏菌类、大肠杆菌类、普通变形菌类等31种常见致肠炎细菌和福氏痢疾杆菌、宋内氏痢疾杆菌等，以及从临床分离的100株痢疾杆菌均有显著的杀菌和抑菌作用。将牛蛭挥发油制成冲剂用于临床治疗细菌痢疾患者200例，有效率为96.4%，治愈率为92.8%，未发现毒副作用。

多糖也可通过激活机体免疫系统发挥抗菌作用。Kernodle（1998）给豚鼠肌肉注射PGG－葡聚糖，同时感染金黄色葡萄球菌，测定中等感染剂量（ID_{50}），发现葡聚糖处理的豚鼠其ID_{50}比对照鼠高2.5倍，同时还可防止脓肿的产生。Estrada（1997）报道燕麦葡聚糖能提高金黄色葡萄球菌感染的小鼠的存活率。顾晓琪（2000）报道人参多糖能提高白念珠菌感染小鼠的存活率、平均存活天数、抑制肾内白念珠菌生长。Ronald（1996）预先给小鼠PGG－葡聚糖处理，可提高小鼠人工感染腹膜炎的存活率，并使血液中白细胞数和对细菌的清除率升高。

皂甙具有抗菌作用。如Wallace（1994）报道1000～10000 μg/kg丝兰皂甙能抑制牛链球菌和痢疾杆菌生长。Hussain（1977）发现丝兰提取物能选择性的抑制消化道微生物如细菌、酵母和原虫。萨酒皂甙具有广谱抗菌作用，对金黄色葡萄球菌、痢疾杆菌、伤寒杆菌、霍乱杆菌、大肠杆菌都有较强的抑制作用。

其它植物提取成分有抗菌作用。如童裳亮（1990）报道五种植物（牛繁缕、双花凤仙、夜来香、艾草和忍冬）提取液均有不同程度的抗鱼病菌（分属于气单孢菌属、假单孢菌属、爱德华氏菌属、耶尔森氏菌属和弧菌属）作用，其中以牛繁缕的抗菌谱最广，作用力最强。武义行等（2000）报道火绒草水提取物对金黄色葡萄球菌有很强的抑制作用。游兰英等（1996）测定了铁苋菜水煎液及其醇处理液的抗菌谱，发现它们对13种革兰氏阳性菌和革兰氏阴性杆菌（主要是肠道致病菌）都有不同程度的抑制和杀灭作用，且水煎液的抗菌作用大于醇处理液。曾莹等（1996）采用不同的提取方法提取马蹄皮中的抗菌成分，通过抑菌试验发现，用酸醇液作提取剂进行浸提制得的马蹄皮提取物是抗菌效力最强的制剂。

2. 抗菌作用的机理

（1）直接杀病菌作用：此作用可从试管抑菌试验观察出。如金银花可抑制细菌细胞壁的合成；黄柏可抑制细菌呼吸与RNA合成；大蒜可使细菌缺失半胱氨酸。

（2）激发机体吞噬细胞系统：机体吞噬细胞系统是指在免疫应答中起主要协同作用的单核吞噬细胞系统和粒细胞。

单核吞噬细胞系统，包括巨噬细胞（源于骨髓干细胞），有肝枯氏细胞、中枢神经系统的小胶质细胞、脾及淋巴结内的巨噬细胞、肺泡的巨噬细胞（尘细胞）、结缔组织的组织细胞和皮肤的朗罕氏细胞等。它们担负机体防御任务，其作用有吞噬病原菌和清除体内外异物和废物；起细胞毒作用，即被激活的巨噬细胞释放溶酶体中的酶到靶位，并进行特异性杀灭；在体液免疫中起“浓集处理，贮存抗原”作用（即起到调节和提高免疫功能的作用）；辅助活性淋巴细胞参与免疫反应等非特异性的抗菌作用。天然植物的补益类，如党参、白术、刺五加等，有增强机体单核吞噬细胞系统功能作用。

粒细胞（源于骨髓细胞、淋巴组织以及其它组织的肥大细胞），因其胞浆中有颗粒故名。粒细胞中的颗粒含有杀灭细菌的酶（过氧化氢酶、磷酸酶和溶酶体等）等抗菌物质，以及进行吞噬作用的物质。粒细胞包括：血中的白细胞与组织中的肥大细胞，其中嗜中性白细胞数量最大，占白细胞的60 %。

粒细胞除吞噬外来病菌、寄生虫和异物外，还具有处理“抗原”作用，以及促进吞噬细胞功能的作用，是机体非特异性抗菌作用的重要部分。粒细胞的吞噬作用，是当病菌侵入机体后，在病菌的多糖和抗组织蛋白酶作用下，粒细胞被激活，并立即趋向入侵病菌，并伸出伪足包围吞噬，同时用胞内颗粒中的“溶酶体”对病菌进行消化、分解而杀灭之。天然植物的补血、活血和清热类物，具有刺激造血、增加白细胞的作用（如黄精、女贞子、淫羊藿等），增加组织细胞的作用（如鸡血藤、白花蛇舌草等），增强白细胞吞噬功能作用（如鱼腥草、丹皮、大青叶、金银花等）。

（3）激发调动机体内在的抗菌因素：高等哺乳动物具有精密、灵敏的防预病原微生物的体系（抗菌体系），即“抗菌免疫体系（包括特异性、非特异性免疫体系）”。而天然植物的抗菌作用，主要是激发非特异性抗菌免疫体系（包括外屏障防御），如吞噬系统、补体系统、溶菌酶、干扰素等。

①增强防御屏障的抗菌作用：动物的防御屏障，有外屏障（皮肤、粘膜及其附属结构及分泌物、与动物体共生的菌群等）和内屏障（血脑、胎盘、血睾、血胸腺等）。

皮肤及其腺体分泌物的抗菌作用是动物体第一层外屏障抗菌防线，如汗腺分泌物中的乳酸，皮脂腺分泌物中的不饱和脂肪酸等，均有杀菌作用。粘膜及其腺体分泌物的抗菌作用，除有机械阻挡作用外，腺体分泌物中有溶菌酶、杀菌物，起到屏障作用；泪液和唾液、呼吸道、阴道、尿道、消化道等，均有不利于菌生存、附着、繁殖的因子。正常共生菌群与机体形成“协调统一”的互惠关系，成为机体生命活动的重要组成部分。正常共生菌群作为屏障，除能刺激机体免疫外，还有颉颃有害病原菌的作用。如唾液中的链球菌，能产生过氧化氢，可抑制白喉杆菌等；大肠杆菌能产生细菌素（大肠杆菌素），能抑制痢疾杆菌、葡萄球菌、白念珠菌等；乳酸菌能合成维生素等。

天然植物麻黄、柴胡、桔梗、知母、野菊花等，有增强皮、粘膜屏障作用而抗菌；健脾胃类，如马齿苋、龙胆草、山楂、乌梅等，有维护肠道正常菌群平衡作用；补肾利水物，如车前草、瞿麦、玉米须、大黄、淫羊藿，有增强泌尿生殖功能和维护正常菌群平衡作用。

②激发体液抗菌因子作用：体液抗菌因子，是一类机体内广泛分布的“天然抗菌因子”，在血液、淋巴、腺液、渗出液中均可见到，如溶菌酶、抑透明质酸酶、备解素、干扰素、补体、血清自然抗体，以及细胞崩解后释放出的“抗感染物质”，如白细胞素，吞噬素等。

溶菌酶是破坏细菌胞壁的“粘液肽化合物酶”（存在于组织、鼻、肠粘液、唾液、泪液中，也可由细胞崩解后释放出），起到抗菌、防感染作用，成为机体“非特异性抗菌”的重要组成部分。天然植物补血、滋阴类，如枸杞、黄芪等有增强激发体液抗菌因子的作用。

在病菌侵害机体时，细菌首先要分泌透明质酸酶以破坏机体细胞结构而侵入，继而扩散蔓延形成病症。机体血清对病菌侵害而产生抑透明质酸酶，能抑制病原菌如链球菌、葡萄球菌、梭菌等分泌的透明质酸酶，从而起抗菌作用。天然植物如野菊花、白屈菜、三颗针等，可增强机体血清抑透明质酸酶的作用。

补体是血清中类似酶的一组蛋白质，占血清总蛋白的 10 %，它们在肠粘膜与生殖道粘膜的上皮细胞、肝细胞及组织巨噬细胞中合成、分泌，是一类“非特异性抗菌因子”，可在“抗原－抗体复合体”等激活因子作用下激活，而产生杀菌、溶菌和补助吞噬细胞的吞噬作用，以及增强防御功能。天然植物的补益类，如黄芪、党参、附子、臭牡丹等，有增强补体分泌的作用。

备解素是血清中一种高分子蛋白成分，它参与补体结合反应。因此，可在补体协同下，杀灭病原菌和一些病毒，成为“体液”中重要的非特异性抗菌因子。天然植物中的清热类（寒性物）、鱼腥草等，可增促备解素的作用。

干扰素是一类低分子，可溶性的具多功能性的“糖蛋白”，具广谱功效，是抗病毒、细菌、原虫、立克氏体的非特异性因子，它可由机体内各类细胞产生和分泌。在“病毒”或“诱导剂”作用下，它进入机体未受感染的细胞内，发生诱导作用，使细胞产生抗病毒蛋白而抑制病毒的“复制”，并抗病毒扩散和在体内清除。此外，还有调节 T、B 淋巴细胞功能作用和“抗体”的应答作用，是体内重要的非特异抗菌因子。天然植物，如补气、滋阴类的刺五加、龙胆草、石斛、丹参等，均有诱生干扰素的作用。

（二）抗病毒作用

许多天然植物均有抗病毒作用，体外实验和临床实践都证明，金银花、连翘、鱼腥草、贯众、黄芩、大青叶、赤芍、板蓝根、黄柏、丹皮等对流感病毒有抑制作用；金银花、射干、贯众等对孤儿病毒等也有抑制作用。此外，蒲公英、鱼腥草、穿心莲、野菊花还能延缓病毒所引起的细胞病变。

许多天然植物提取物也有抗病毒作用，许兆祥等（1986）发现葫芦科蛇瓜提取物是一种强干扰素诱生剂，能增强动物的抗病毒感染能力。王志玉等（1996）发现大黄乙醇提取物在体外有明显的抗病毒作用，对单纯疱疹病毒（HSV）的有效抑制浓度为 100 μg/ml，并对 HSV 的感染有预防作用和对病毒颗粒有直接杀伤作用。黄天民等（1990）发现前腹腔注射苦瓜提取物对皮下感染乙型脑炎病毒的小鼠有显著的保护作用。金玉怀等（1989）发现茜草的甲醇提取物在体外细胞培养上对Ⅱ型单纯疱疹病毒 HSV－2 有明显的抑制作用。孟正林等（1995）发现鸡血藤提取物对单纯疱疹病毒Ⅰ型有强抑制作用，其 5 % 细胞病变抑制浓度（$CPIE_{50}$）、50 % 细胞致死浓度（CLE_{50}）和 50 % 酶活性抑制浓度（IC_{50}）分别为 46.0 μg/ml、630 μg/ml 和 0.2 μg/ml。人参叶、山楂、艾叶、紫苏叶、青蒿和刺五加等 6 种中草药的提取液，对伪狂犬病病毒和抗狐狸脑炎病毒均有抑制作用（侯世宽，1998）。Jassim 等（1998）报道从石榴皮、莱莲科植物、茶叶和枫叶中混合提取的成分，与硫酸亚铁反应后，具有杀灭病毒和真菌的作用。Ho（1993）报道从黄连、鼠尾草、忍冬等十种植物提取的有效成分，在体外具有抗 HIV 病毒作用。Xu（2000）等报道从黄芩、忍冬等中草药提取的混合成分具有抗菌、抗病毒和免疫调节活性，能增强 NK 细胞活性和 IFN 产生，从而杀灭链球菌、沙门氏杆菌、大肠杆菌、葡萄球菌和副流感病毒。

多糖在体内外都具有抗病毒作用，表现为抑制体内外病毒繁殖，保护细胞免于感染，提高感染动物的存活率。Reynold（1980）报道小鼠预先给予多糖处理，再感染登革热病毒，可显著提高其成活率。Hotta（1993）报道裂褶菌多糖能提高仙台病毒感染的小鼠的存活率，使病毒抗体能较早产生。项哨（1995）研究发现灰树花多糖抗流病毒的保护效应十分明显，使小鼠病死率显著下降。张莅峡在 L929（小鼠传代纤维母细胞）及 Hela（宫颈癌细胞株）细胞上研究发现，红毛五加多糖对水泡性口炎病毒（VSV）、单纯疱疹病毒Ⅰ型（HSV－Ⅰ）和柯萨基病毒 B3 型（CB3V）三种病毒均有明显的抑制作用，对腺病毒－Ⅱ型病毒抑制作用稍弱，仅对脊髓灰质病毒Ⅳ型无作用。Shand（1994）将体外培养的鸡成纤维细胞用 NDV 感染，然后培养液中加入芦荟多糖，测定感染细胞溶解物中的感染滴度 $TCID_{50}$，发现加入芦荟多糖使 $TCID_{50}$ 显著降低。

对于生物活性多糖抗病毒的机制，一般认为多糖能激活机体免疫系统，激活巨噬细胞、NK 细胞，使其吞噬能力增强；促进淋巴细胞分泌抗病毒干扰素以及 IL－1、IL－2 等细胞因子，激活补体活性，促进病毒抗体提前产生，从而发挥抗病毒作用。多糖还可直接与病毒结合，使病毒结构破坏，起到直接灭活作用。

（三）免疫增强作用

1．天然植物增强免疫的物质基础

（1）多糖：许多天然植物及其提取物均具有免疫增强作用，其中研究最为深入的是植物多糖。现已知天然植物中有 100 多种多糖，分别具有抗病毒、抗感染、调节免疫等作用。如香菇、淫羊藿、刺五加、黄芪、猪苓、甘草、枸杞等。其免疫调节作用主要通过以下途径实现：促进细胞因子的生成；激活 MΦ、NK 细胞和 T、B 淋巴细胞；激活补体系统；促进抗体产生等。

①促进细胞因子的产生：如刘永杰（1999）报道黄芪多糖和香菇多糖注射均可显著促进马立克病毒感染肉鸡的脾淋巴细胞分泌 IL－2。高文学（2000）报道黄芪多糖促进肉鸡巨噬细胞分泌 IL－1。陈洪亮（2002）报道芦荟多糖和牛膝多糖均可促进肉鸡脾淋巴细胞分泌 IL－2。王玲（1995）报道枸杞多糖低浓度时对 IL－2、IL－3 的产生及其受体表达有明显促进作用，高浓度时则呈不同程度的抑制效应。

②促进淋巴细胞的转化和增殖：Kim（1996）报道蘑菇多糖能促进体外 T－淋巴细胞的转化率，并增强 NK、MΦ 细胞活性。女贞子多糖对正常小鼠和阴虚小鼠的脾淋巴细胞增殖都有显著的增强作用（阮红，1999）。唐雪明（1999）和陈洪亮（2002）分别报道黄芪多糖和香菇多糖促进肉鸡脾淋巴细胞的转化。

③影响淋巴细胞数量和淋巴细胞比例：研究发现云芝多糖能刺激人外周淋巴细胞从 G_1期进入 S 期，并可使 CD^{4+} 细胞明显升高，CD^{4+}/CD^{8+} 细胞比例增加。林志彬（1992）报道灵芝多糖可通过间接激活淋巴细胞中 DNA 多聚酶而促进 DNA 合成及 T 细胞增殖，从而影响 T 细胞亚群的数量和功能，影响淋巴细胞形态和结构。肖军军等（1994）发现灵芝多糖可引起体外培养的小鼠脾细胞核 DNA、RNA 含量增加，细胞内

超微结构改变，细胞质和细胞核的平均截面积明显增加，核质比呈下降趋势。增强 MΦ 和 NK 细胞活性，免疫活性多糖能通过促进 MΦ 细胞 NO 和细胞因子的分泌增强其活性。周娅（2000）发现枸杞多糖灌胃与腹腔注射，均可明显增加小鼠腹腔 MΦ 的 NO 诱生量及胞内溶菌酶的活性。芦荟多糖促进体外培养的小鼠巨噬细胞 NO 的产生，并使 IL－6 和 TNF 产生呈剂量依赖性增加。

④促进抗体生成：免疫活性多糖可作为疫苗佐剂，促进抗体的产生。如 Obaid（1989）用葡聚糖作为佐剂，给仓鼠免疫利什曼原虫抗原，可以显著提高抗体滴度和对利什曼原虫的抵抗力。Chinnah（1992）等将芦荟多糖与 ND－IBD－IB（鸡新城疫－法式囊炎－传染性支气管炎）三联苗合用，发现芦荟多糖能显著提高 ND 抗体的滴度，IBD 抗体存留时间显著延长。

（2）甙类：甙类范围很广，包括皂甙，其对免疫的作用功效也是多方面的。如毛茛甙有杀虫抗菌的作用；淫羊藿甙、甘草甙有促进吞噬细胞功能、淋巴细胞转化、抗体和干扰素的产生等作用；又如黄芪皂甙有增强网状内皮系统的吞噬功能，以及促进抗体生成、淋巴细胞转化、抗原抗体反应等作用。

（3）生物碱：生物碱广泛分布于植物体内，自然界已分离 1000 多种生物碱，广泛用于防治疾病和调节免疫功能。如小檗碱等有抗菌、抗病毒作用；苦参碱有抗虫作用；奎宁等有抗疟作用；苦豆草总碱有增强体液免疫和细胞免疫作用，以及刺激巨噬细胞的吞噬功能和增强 T、B 淋巴细胞增殖作用等。

（4）挥发成分：天然植物中的挥发成分在动物免疫功能调节中起到多方面的作用。如关木通、马兜铃等的挥发成分能增强巨噬细胞的吞噬功能作用；桂皮中挥发成分有升高血液中白细胞数；鱼腥草素增强网状内皮系统功能和白细胞吞噬功能，以及提高血清中备解素浓度的作用。

其它许多植物及其提取物也具有免疫增强作用。如郜光远等（1998）报道由黄芪、白术、柴胡、蒲公英、连翘、木香、厚朴等复合中草药的水提取剂，能显著提高肉鸡白细胞数、HI 抗体水平、E－花环形成率等指标，并使鸡的成活率显著提高。沈海中（1994）发现银杏叶 3 种提取物能增强小鼠淋巴细胞活性和中性粒细胞吞噬功能。罗利群（1995）发现绿茶儿茶素（GTC）在小鼠体内能增强小鼠脾细胞的特异性增殖；加强特异性 CTL 的诱导，增加 IL－2 分泌和 IL－2 mRNA 表达；增强 NK 细胞活性。杨勤（1992）发现低剂量芦笋原汁在体外可促进小鼠脾淋巴细胞增殖转化；口服芦笋原汁及其多糖、甙类提取物，在体内具有提高 NK 细胞和 LAK 细胞活性，增强小鼠脾淋巴细胞增殖转化的作用，其芦笋甙类提取物的作用明显优于原汁和多糖。王玉珍（1991）发现广枣总黄酮可明显增强正常和环磷酰胺所致免疫功能抑制小鼠的细胞免疫和体液免疫功能。叶菲等（1996）发现黄蘑碱提物对 X－射线照射小鼠免疫功能的恢复有促进作用。戴远威（1997）发现添加何首乌、补骨脂提取物能增强雏鸡免疫功能。

2. 天然植物调节免疫功能作用类型

（1）促进单核巨噬细胞系统功能或增加细胞数量：有大蒜、银耳、灵芝、黄芪、白术、猪苓、当归等，主要功效成分为多糖。它们能显著提高巨噬细胞功能和外周血的中性白细胞吞噬率和指数。

（2）通过激活 T、B 淋巴细胞功能和增殖其细胞数量，增强体液免疫和细胞免疫功能：有香菇、黄精、灵芝、银耳、黄芪、何首乌、白术、金银花、女贞子、柴胡、枸杞子、丹参等。

（3）促进抗体的生成，提高抗体效价。

①促进抗体的生成：如香菇、淫羊藿、黄芪、何首乌、猪苓、补骨脂、地黄以及柴胡等；

②提高 IgA、IgG、IgM 含量及增加抗体生成细胞数和抗体效价：如枸杞子等；

③血清抗体上升且持续时间长：如淫羊藿药剂与疫苗合用等；

④补阳药（促抗体提前生成出现）或补阴药（可延长抗体在血清中的水平）。

（4）提高血清中补体量：有香菇、黄芪、人参等。

（5）激活网状内皮细胞系统，诱生多种细胞免疫因子。

①诱生干扰素，预防病毒病：如黄芪、银耳、红花、刺五加、黄芪、当归等通过“IFN－LI_2－NKC 网络，诱生干扰素；

②通过细胞因子网络、T 淋巴细胞网络、内分泌免疫网络，而增强机体免疫力；

③诱生白细胞介素－2：如五加皮、刺五加、女贞子等；

④提高血清凝集素：如黄芪、板蓝根、白术、银花、山豆根、甘草等。

（6）促进免疫器官组织的生长：如对动物免疫器官组织（脾、胸腺、淋巴结、鸡法氏囊等）作用，有蒲公英、白术、黄芪、何首乌、香菇等。

3. 天然植物对免疫的调节作用

（1）通过作用于“下丘脑－垂体－肾上腺皮质轴”调节免疫：现已知中医学中的“肾”与“下丘脑－垂体－肾上腺皮质轴”密切相关，故补肾中药可通过“神经－体液”途径调节免疫，有的中药本身就具有肾上腺皮质素样作用，如甘草、黄芪、何首乌、玉竹、附子、人参叶等。

（2）通过调整植物神经而调节免疫：中医辨证中的“脾虚证”，常有副交感神经功能偏亢、免疫功能偏低。使用补气健脾药后，可调节植物神经而达到对机体免疫功能的调节。

（3）通过作用于环核甙酸（cAMP/cGMP）系统调节免疫：机体正常细胞中 cAMP/cGMP 的比值要保持一定，否则就会出现免疫功能异常。如用人参、黄芪、大枣则可提高 cAMP 含量。中药调节机体阴阳，可达机体免疫平衡，对环核甙酸的调节，是起效速度的“快速调节”。

（4）通过调整核酸代谢调节免疫：补气药、活血药可作用于核酸。如补肾药肉桂、仙灵脾、肉苁蓉、附子等，可提高机体 DNA 合成率，而滋肾药生地、麦冬、玄参等可使亢进的 DNA 合成率降低，从而对免疫进行调节。

（5）通过提高 T 淋巴细胞的数量和功能调节免疫：如前所述的补气、补肾中药（党参、黄芪、补骨脂等），均可提高 T 淋巴细胞的数量和质量。

（6）通过中药本身的双向调节作用调节免疫：不少“扶正”的中药具有双向调节

作用，尤对免疫的双向调节作用更为显著。

第三节 天然植物有效成分的提取

自北京猿人发明用火将食物制成熟食后，中国就创造了“炮炙”技术，故“炮炙”两字均以“火”为基础（“炮”指用火烧的意思，“炙”指以火炙肉的意思）。到夏禹时代（公元前2140年）继而创造了酿酒术和用酒糟发酵制剂。之后到商代（公元前16世纪）的商汤时期，由伊尹发明了“汤剂”。这是人类提取天然植物成分的最早记录，比希腊的希波洛拉底（公元前460～前377年）和格林（公元131～201年）的汤剂要早1000多年。到西周时代（公元前11世纪～前770年）又创造了“升华术”（即炼丹术），并人工合成了世界第一种化学药品“丹剂”（见《周礼》）。此术于公元1世纪传入罗马，于公元3～5世纪传入埃及，后又由阿拉伯人传到欧洲（约于7～8世纪）。到明代，从天然植物中提取成分技术有了进一步的发展，如明代李挺著《医学入门》（1575年）载有：用发酵法从五倍子中提得“没食子酸”。此提取记载比西方被称为从天然物中提取获“酒石酸”有机化学成分（1769年）之祖的瑞典药师舍勒（1742～1786）要早两百多年；另明代洪遵《集验方》载：用提取法获“樟脑”（1711年）。与此同时，明代《本草纲目》详载了用升华法制备、纯化樟脑的技术和工艺。此术直到18世纪下半叶欧洲化学界才掌握，故美国翰松和马丁说：“物质改变的方术，源于中国的炼丹…。”

但中国创立的天然植物成分提取技术传至西方之后，就进入了闭关自守的封建社会时期，从而阻碍了科技的发展。正当此时，欧洲进入资本主义社会，生产力大为发展而促进了科技的进步（在17世纪后到19世纪），尤其是化学科学，物质成分的提取与合成技术的飞速发展。在瑞典舍勒1769年从天然物中提取分离出有机成分之后，西方药剂出现了片剂和注射剂，使药剂科学进入现代化阶段。同时，也使人类对天然植物的成分与功效，作用机理和物质结构等有更深的认识。如天然植物中的生物碱，1962年时只知千余种，而到1992年时，已知生物碱总数万种之多；物质成分的分离精制法，由原来的水提醇沉法发展到超临界流体萃取分离法。

一、天然植物中有效成分的初步确定

天然植物的化学成分十分复杂，复方更为复杂。目前对其有效成分的确定，一般是进行预试验来初步了解所含成分，然后再进行有针对性的提取和分离。

（一）有效成分的定性预试验

预试验方法的原理，是根据各成分极性的不同，先系统地分成几个不同部分，然后利用显色反应或沉淀反应，或结合纸层板、薄板层析法，定性判断各部分中可能含有的化合物类型。各类化合物的显色或沉淀反应如下：

1．蛋白质的检识

（1）茚三酮反应：用蛋白质溶液加茚三酮试剂共热，产生蓝紫色反应；

（2）双缩脲反应：含有两个或更多肽键的化合物，在浓碱液与硫酸铜试剂作用下，即产生蓝紫色反应；

（3）沉淀反应：用重金属盐类，如氯化汞、醋酸铅、硫酸铜等、无水乙醇、酸性沉淀剂，如鞣酸、磷钨酸、苦味酸等，均可使蛋白质从水溶液中沉淀析出。

2. 肽、氨基酸类检识

（1）茚三酮反应：产生紫色，但个别氨基酸会产生黄色，如脯氨酸；

（2）吲哚醌反应：不同氨基酸会产生不同颜色，此法灵敏度稍差。

3. 糖的检识

一般先测定其物理常数，如溶解度、比旋光度、相对分子量等，或测定其组成的单糖结构和比例量，即将多糖完全水解，应用纸层析法或薄层法鉴定和测定各单糖含量。

4. 有机酸的定性

（1）溴酚蓝变色反应：将有机酸溶液滴于滤纸上，再喷 0.1 % 的溴酚蓝乙醇液，可见在蓝色背景上显黄色斑点，变色区域 pH 3.0 ~4.6；

（2）异羟肟酸铁反应：有机酸的羟基能与羟胺反应生成异羟肟酸衍生物，遇高铁离子可络合，显红至紫色。

5. 生物碱定性

先使生物碱溶于 5 % 盐酸水溶液中，再加碘化汞钾试剂，则会有白色或淡黄色沉淀生成；或将试样溶液滴于滤纸上，再加滴碘化铋钾试剂或碘 - 碘化钾试剂，凡显棕色或橙色斑点者，为阳性反应。

6. 皂甙定性

（1）冰醋酸 - 浓硫酸反应：将少量皂甙溶于醋酐，沿试管壁加入浓硫酸，在两液层间出现紫红色环。甾体皂甙的颜色变化较快，最后显绿色；三萜皂甙最后显蓝色；

（2）氯仿 - 浓硫酸反应：将少量皂甙溶于氯仿，再加浓硫酸，则在氯仿层出现红或蓝色，而在硫酸层出现绿色荧光。

7. 黄酮化合物定性

（1）盐酸 - 镁粉反应：多数黄酮化合物，水溶加热后能被镁粉和盐酸还原而显色。其黄酮醇类（二氢黄酮、二氢黄酮醇类）显红或紫红色，有时也可能显蓝或绿色；黄酮类、黄酮甙类显橙黄或微红色。而查耳酮类和黄烷醇类无反应；

（2）碱性试剂显色：用黄酮乙醇溶液滴于滤纸上，再喷 1 % 氢氧化钠液或用氨气熏，则有斑点显色。其在紫外光下观察呈黄色荧光，若加酸后，则颜色变淡；

（3）与金属离子呈色反应：有羟基的黄酮类，与铝、锆、锶等金属离子形成螯合物，而呈黄至红褐色，在紫外光下显荧光。

8. 酚类定性

（1）用酚的水或酒精溶液，与 1 % 三氯化铁液反应，会产生蓝、绿、紫或红色；

（2）酚的水、酒精溶液与亚硝酸反应，先生成“对位亚硝基衍生物”，当有浓硫酸时，则与过量的酚缩合生成有色的吲哚酚衍生物。

9. 萜类的定性

(1) 与亚硝酸钠的加成：萜类加入冰醋酸和亚硝酸钠一起振摇，则生成亚氮氧化物和伪亚氮氧化物，而显特殊颜色；

(2) 与亚硝酸戊酯和浓盐酸反应：萜类加入亚硝酸戊酯和浓盐酸，在保持低温下振摇，再加入少量乙醇或冰醋酸，即生成有特殊颜色的氯化亚硝基衍生物。

10. 其它化合物的定性

(1) 甾体：先将25 %三氯醋酸的氯仿溶液喷于滤纸上，再加甾体化合物，60 ℃加热数分钟，则有红紫色的显色反应；

(2) 苦味素：用浓盐酸和苯胺混合液（1∶15 体积比）与苦味素水溶液反应，则产生黄色，继而棕色，最后变成绿色；

(3) 香豆精类：香豆精类在紫外光下有强荧光，其酒精溶液带蓝色荧光，遇碱荧光增强；另可在此类物溶液中，加入浓硫酸，即可产生橙色、粉红色、绿色反应。

(二) 有效成分的提取预试验

根据相似相溶的原理，极性大的成分，在极性溶剂中溶解度大；而极性小的成分易溶于非极性溶剂。由于水可提取极性物质，石油醚可提取非极性物质，醇能提取大部分成分，所以在天然物中草药的提取预试验中，常采用石油醚、水、95 %乙醇的三段法进行粗分。

1. 水提取物：见图2-1。

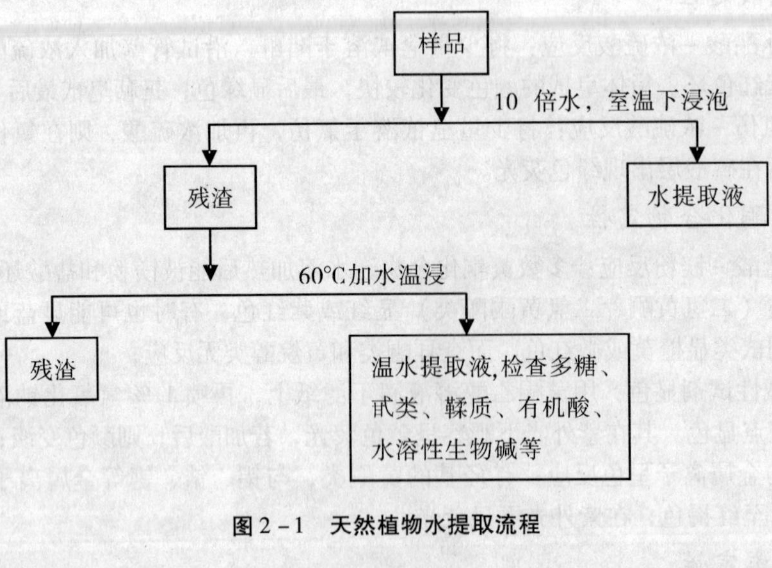

图2-1 天然植物水提取流程

2. 醇提取物：见图 2－2。

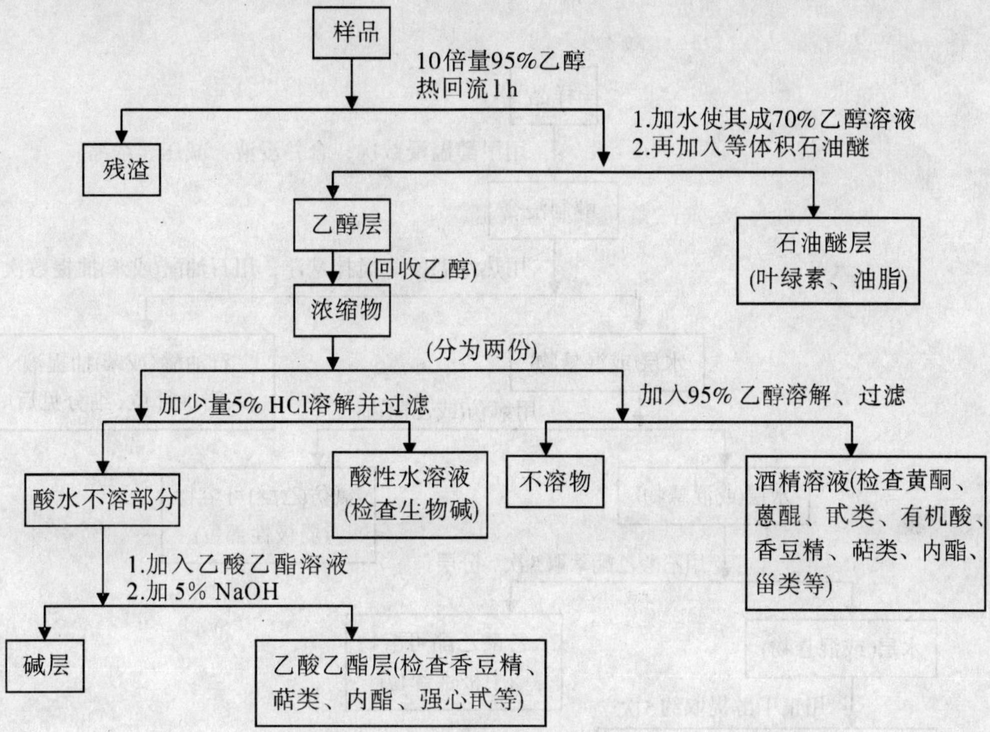

图 2－2　天然植物醇提取流程

3. 石油醚提取物：见图 2－3。

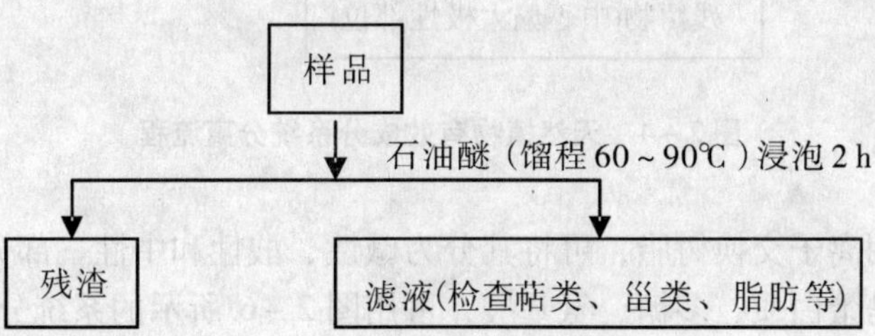

图 2－3　天然植物石油醚提取流程

（三）有效成分的系统分离

通过预试验，大体了解了试验物所含的成分类型，然后再作有效成分的系统分离，找出关键成分，以便进一步作临床、动物试验、检测等，确定其功效。系统分离包括两个阶段：

（1）粗分阶段（部位分离）：是大类物质的分离，如皂甙类、蛋白质类等；

（2）细分阶段（组分分离）：系统分离法，也利用溶剂极性大小对植物成分进行分类提取。其流程详见图2－4。

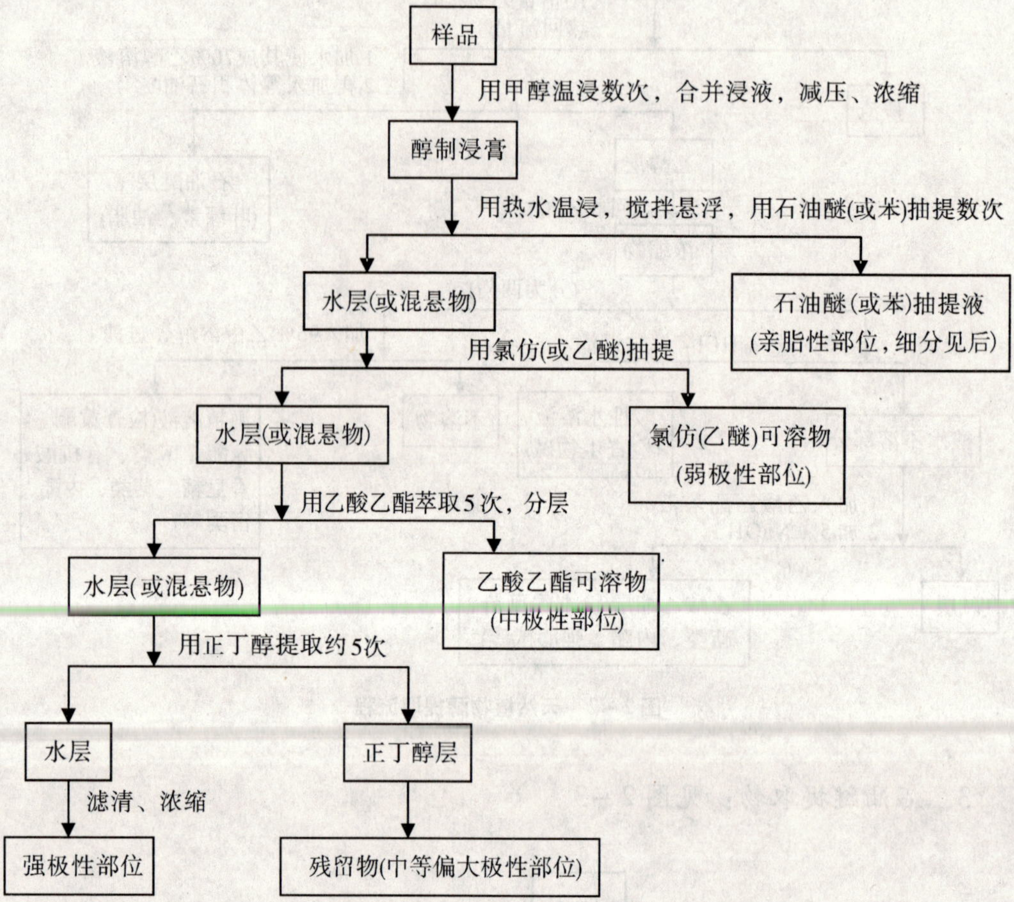

图2－4　天然植物有效成分系统分离流程

水提取液，用离子交换树脂，可将其分为碱性、酸性和中性三部分（见图2－5）。

水提取液如是蛋白质、多糖、氨基酸，可用图2－6所示的系统分离。

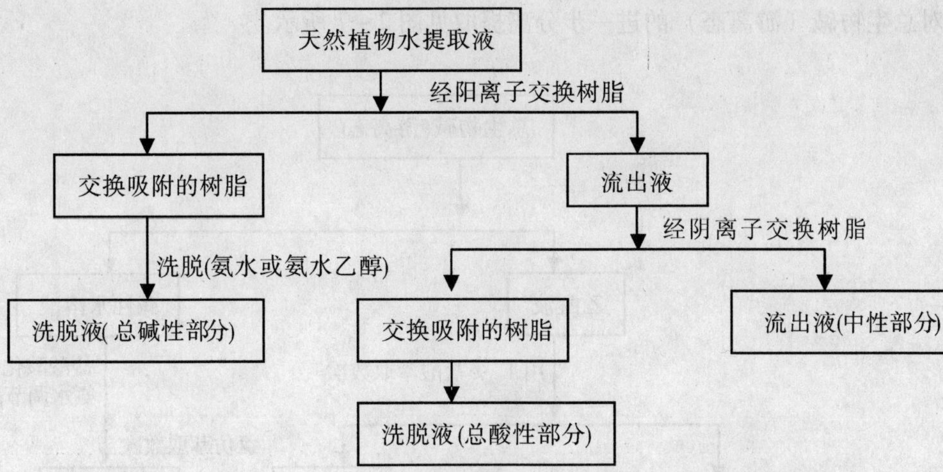

图 2-5　用离子交换树脂层析法对天然植物水提取液进一步分离提取流程

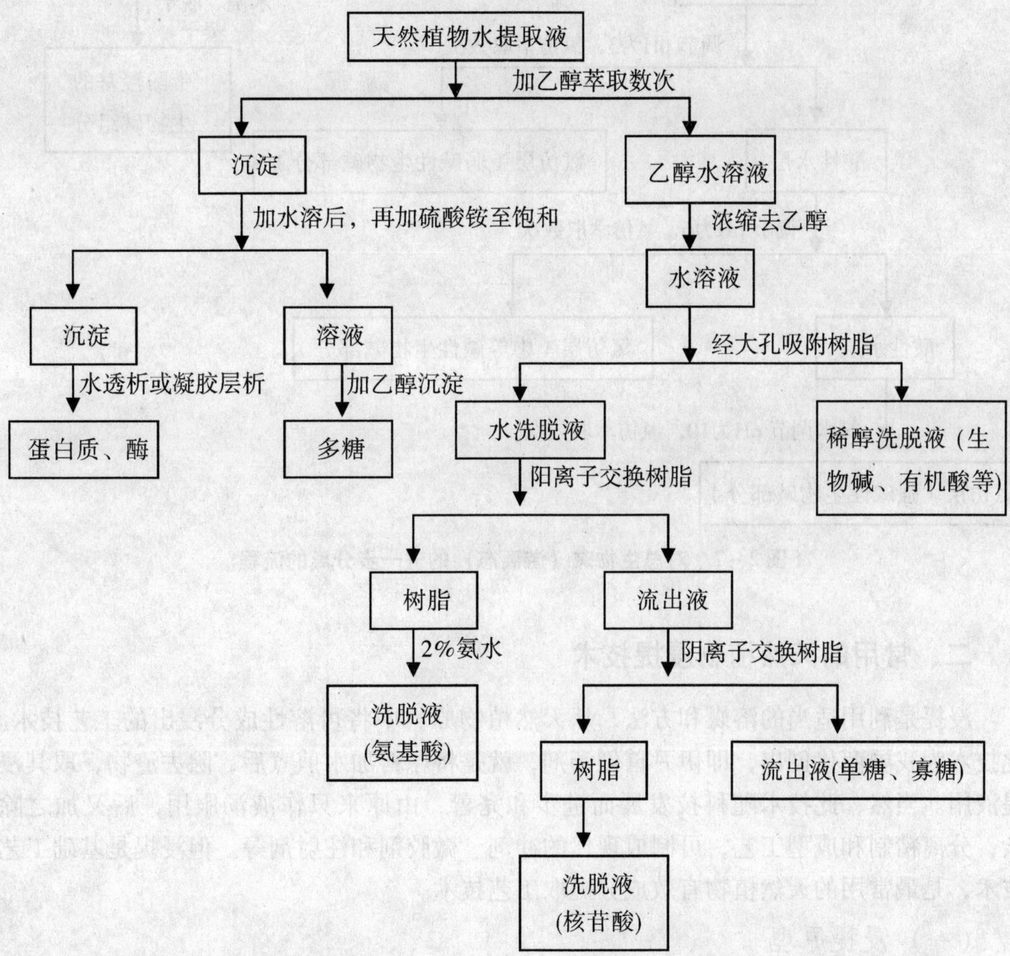

图 2-6　用凝胶层析、离子交换树脂层析法对天然植物水提取液进一步分离提取流程

对总生物碱（游离态）的进一步分离提取见图2－7所示。

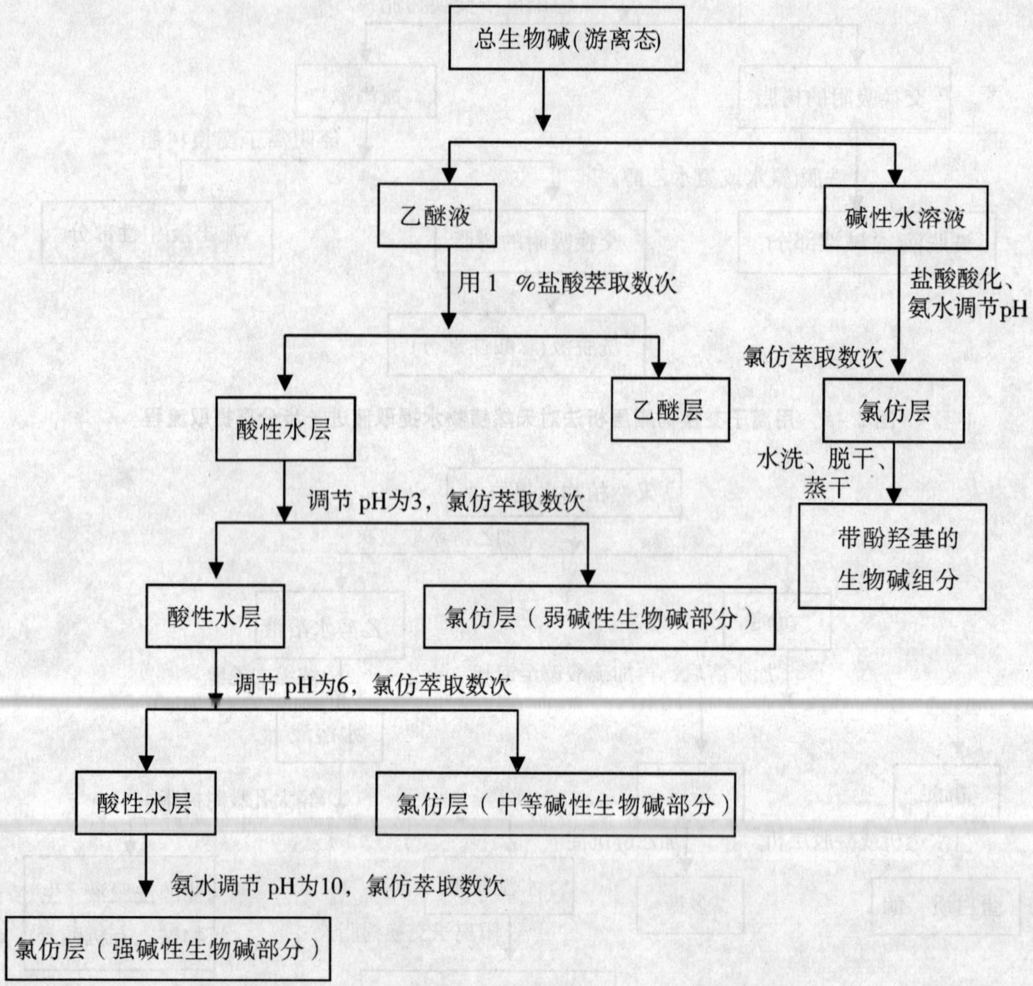

图2－7 对总生物碱（游离态）的进一步分离的流程

二、常用的天然植物浸提技术

浸提是利用适当的溶媒和方法，从天然植物原料中将可溶性成分浸出的工艺技术。此技术为我国商代创出，即伊尹首创汤剂，就是将原料加水煎煮后，除去渣物，取其浸提液用。当然，此技术随科技发展而进步和完善，由原来只作液汤服用，后又加之除杂，分离精制和成型工艺，可制成现代的冲剂、微胶剂和注射剂等。但浸提是基础工艺技术，是最常用的天然植物有效成分提取工艺技术。

（一）浸提原理

浸提过程，系指溶媒进入被浸提物料的细胞组织，溶解或分散其有效成分而变成浸出液的过程。因此，浸提过程包括物料成分被溶解、被胶溶或被分散在溶媒中三种情况。天然植物有效成分的分子，一般比无效成分的分子量小得多，浸提时要求有效成分透过植物细胞壁膜渗出，而无效成分尽量留在细胞组织中以便除去。

1. 浸润、渗透阶段

植物在刚采收时其细胞液中含有多种可溶性和不溶性成分，经干燥失水后，细胞逐渐萎缩，细胞液中的物质呈结晶或无定形沉淀于细胞中，使细胞内出现空洞。当植物料被粉碎时，有的细胞破裂，所含成分可直接被溶媒浸出而转入浸出液中；而细胞未破裂者，当与溶媒接触时，被溶媒湿润而透入细胞中。此过程取决于植物料和溶媒的性质及两者之间的界面情况。一般非极性溶媒，不易从富含水分的植物料浸出有效成分；而极性溶媒，则不易从富含油脂的植物料中浸出有效成分。

2. 解吸、溶解阶段

植物细胞中各成分间有一定的亲和力。故在植物成分溶入溶媒前，要用“解吸”作用的溶媒，如乙醇或在溶媒中加入适量的酸、碱或表面活性剂，以克服亲和力，才能使成分转入溶媒中，即“解吸作用”。

浸提溶媒通过毛细管和细胞间隙进入植物细胞后与解吸的各成分接触，使成分转入浸提溶媒中，此为溶解阶段。

3. 扩散、置换阶段

当浸提溶媒在植物细胞中溶解胞内可溶性成分后，胞内溶液浓度增高，形成渗透压差，成分向胞外扩散，继而溶媒又重新进入胞内，如此反复置换和扩散，使细胞内成分溶入浸提溶媒中。

（二）浸提溶媒（剂）

浸提溶媒的选用对浸提效果具有显著的影响。浸提溶媒，应对有效成分有较大的溶解度，而对无效成分少溶或不溶，安全无毒，价廉易得。常用的溶媒有：

1. 水

水作溶媒，极性大，溶解范围广，经济易得。但它能浸出大量无效成分，使制剂难滤过，色泽不佳，易发生霉变和不易贮藏等。

2. 乙醇

它属半极性溶媒，溶解性介于极性与非极性溶媒之间。它既可溶解“水溶性”的某些成分（生物碱及盐类、甙、糖等），又可溶解非极性溶媒能溶解的一些成分（树脂、挥发油、醇、内脂、芳烃类化合物等）和少量的脂肪。乙醇能与水以任何比例混溶，且不同浓度的乙醇分别溶解植物中不同有效成分；醇浓度越高，越能溶解挥发油，游离生物碱、树脂等。一般提取挥发油成分时用 80 % 以上的乙醇浓度；提取生物碱、甙类用 50 % ~70 % 的乙醇浓度。40 % 乙醇可延缓酯类、甙类等成分的水解，增加制剂的稳定性；20 % 乙醇的浸出液具有防腐作用。

3．丙酮

丙酮是良好的脱脂溶媒，可与水任意混溶，故又是一种脱水剂，常用于新鲜植物料的脱水或脱脂。但丙酮易于挥发和燃烧，有一定毒性，故不宜残留于制剂中。

4．脂肪油

常用的有麻油、花生油、橄榄油、棉籽油、豆油和菜籽油等。它能溶解挥发油、醇、酮或醛和树脂、油树脂。

5．甘油与丙二醇

该两种溶媒性质相似，能与水、乙醇混溶，是较好的溶媒。甘油可溶解固体的碱、盐类、鞣质和树胶、可溶性碳水化合物、淀粉等，高浓度时可防腐。丙二醇能溶解许多有机物，如性激素、维生素 A、维生素 D 等，其与水等量混合可增强制剂的稳定性。

6．乙醚

属非极性的有机溶媒，它微溶于水（1∶12），但可与乙醇及其它有机溶媒任意混溶。它溶解的选择性强，可溶解游离生物碱、挥发油、脂肪、某些甙类，大部溶于水的有效成分均不溶于乙醚。仅用于提纯和精制。

7．氯仿

属非极性溶媒，微溶于水，但与乙醇、乙醚可任意混溶。能溶解生物碱、甙类、挥发油、树脂等，不能溶解蛋白质、鞣质等。氯仿有强烈的药理作用，故在浸出液中应尽量除去。

在应用浸提溶媒时，除选用单一溶媒外，还可用混合溶媒，以及加入浸提辅助剂（增加溶解度、增强制剂稳定性和去杂的物质），如酸（促生物碱生成可溶性生物碱盐），碱（防皂甙水解）和表面活性剂（吐温－20 或吐温－80）。

此外，浸提剂的防腐应予以重视。浸提剂，尤其水为溶媒的液体剂，易被微生物污染而发霉变质，特别是含有糖类、蛋白质等营养物时，更易使微生物繁殖，不仅影响制剂质量，也对机体产生危害。因此，为使浸提剂达到卫生学标准，必须采取防腐措施。防腐剂要求用天然防腐剂，如桂皮提取物、姜、蒜提取物等。

（三）浸提方法

1．煎煮法

系指将天然植物原料加水煎煮取汁的方法。适用于能溶于水的有效成分，且对湿、热均稳定的植物料。本法简单易行，可煎出大部分有效成分，是传统常用法，也是制备固体剂、注射剂和提取某些有效成分的基本方法之一。对于有效成分不明的植物料进行剂型改进时，也常用煎煮法提取，然后再将煎液进一步精制。

取组方规定的天然植物原料，切片或粗碎，置于适宜煎煮器中，加适量水，约为植物料的 3～4 倍，浸没植物料，浸泡适宜时间后加热煮沸，或通入蒸汽加热，保持微沸一定时间，分离煎出液，植物渣依次煎出 2～3 次，收集各次煎出液，集滤液后将其冷藏 6～12 h，再取上清液滤过，将滤液以低温浓缩至规定浓度，再以此作原料制出其它制剂。以乙醇为浸出溶媒时，则全部用夹层通蒸汽方式，进行间歇加热2~3次，每次1~3 h，具体操作见设备说明书。同时应采用回流提取法回收乙醇，以保安全生产。

对于煎煮法器械，目前制剂生产中常用“敞口倾斜式夹层锅和多能式提取罐”，提取过程是在密闭的可循环系统内完成。其应用范围广，水提、酸提、提油、蒸制、回收残渣中溶媒等均能适用。

2. 浸渍法

系指将植物料用适当的溶媒（剂）在常温或温热条件下浸泡，使其所含成分浸出的浸提方法。适用于带粘性的植物料、新鲜料及易于膨胀料浸取，尤其适用于有效成分遇热易挥发或易破坏的植物料。

该法操作简便，具体为：取粉碎植物料置于有盖容器中，加入溶媒适量，密盖，适时加以搅拌或振摇，浸渍3~5 d或规定时间倾取上清液后，再于容器内加入适量溶媒，依上法再浸渍，取上清液，合并浸出液并加入溶媒至规定量后静置24 h，滤过即得。

该法根据植物料性质不同，所用浸渍温度和时间及浸渍次数也不同。传统的酒浸时间较长，常温下需浸14 d以上。热浸渍（40~60℃）一般为3~7 d。多次浸渍法可提高浸出效果，系将全部浸出溶媒分成几份，当第一次植物料浸完后，滤取植物料渣，再将此料渣以第二份溶媒浸渍，如此反复2~3次，最后将浸液合并处理而得。

（1）浸渍设备：传统用缸、坛等，现代大量生产多用装有搅拌器的浸渍器，有的在浸渍器下端装离心泵，将下部浸出液通过离心泵反复抽至浸渍器上部（端），起到搅拌作用。

（2）注意事项：

①有效成分在扩散之前，必先使其溶解并充分浸出，故要有足够量的溶媒；

②为加速扩散，要搅拌，使溶媒循环流动；

③回收浸渍液时要压榨物渣，以获得更多的浸液；

④浸渍时间长短，应根据物料特性和浸渍方法而定，原则上应以充分浸提有效成分为准。一般静置浸渍需时要长，而多次浸渍法效果为好。浸渍时间长短，可在浸渍过程中，定时取样测定浸液中的有效成分含量，待含量达到稳定不变时即可，无需延长浸渍，否则既增加浸液中的无效成分，又费时和降低工效。

3. 渗漉法

系指将物料粗粉置于渗漉器内，浸出溶媒从渗漉器上部添加，使溶媒渗过物粉，而从下部出口流出浸出液的浸出方法。该法是以溶媒渗入物料细胞中并溶解可溶性成分后，浓度增高，比重增大而向下移，使扩散能自然地进行，且提取也较完全，故浸出效果优于浸渍法，并省去了分离浸出液的操作。该法应用广泛，除非组织物料（如芦荟、松香、乳香等）于溶媒易软化成团而堵塞孔隙，使溶媒无法均匀通过，其它植物料均可用此法浸出。

（1）单渗漉法：先将物料置于容器（带盖容器）中，再加入物料量60 %~70 %的浸制溶媒，待均匀湿润后密闭放置15 min至数小时，使物料充分膨胀后备用。另取脱脂棉团沾浸出溶媒湿润后，轻铺垫于渗漉筒（生产中常用陶缸）的底部，然后将容器内已湿润的物料装入渗漉筒中，压平后（含水较多的物料宜松些，含醇量高者可压紧些），在其上面盖滤纸或纱布，再在上加重物，如玻璃、瓷块等，以防加溶媒时物料上浮。之后，先打开渗漉器下出口活塞，排出器内剩余空气，待溶液从出口流出时，关闭活塞，并将流出的溶液再倒入渗漉器内。与此同时，再添溶媒以高出物料数厘米，加盖放置24～48 h。渗漉时，溶液从下出口流出的速度，一般以1000 g物料计算，每分钟流出量1～3 ml（称慢漉），用于坚硬物料和制备高浓度剂，或难溶的生物碱如小檗碱等，每分钟流出量3～5 ml（称快漉），用于有效成分为生物碱、甙类等易于浸出扩散的物料。在大生产中的渗漉速度，每小时流出液，应相当于渗漉器被利用容积的1/48～1/24。

（2）重渗漉法：系指将渗出液重复用作溶媒，进行多次渗漉以提高渗出液浓度的方法。此法由于溶媒多次利用，故溶媒用量比“单渗漉法”要少，同时渗出液中有效成分浓度较高，不必再加热浓缩，可避免有效成分因加热分解或挥发损失，成品质量较好。但生产中操作麻烦、费时。

（3）逆流渗漉法：系指利用液柱静压，使溶媒自底向上流，渗出液由上口流出的方法。此法由于溶媒是借助于毛细管力和液柱静压由下向上移动，对物料浸润渗透比较彻底，浸出效果较好。

（4）加压渗漉法：增加物料柱长度，虽能提高渗漉效果，但也增加了溶媒通过的阻力，要克服此阻力，必须加压，加压后，可使溶媒及浸出液通过物料柱，浓浸液从下口流出，即为加压渗漉法。

4. 水蒸汽蒸馏法

系指将浸泡物料（粗粉或碎片）用直火加热蒸馏或通入水蒸汽蒸馏，物料中挥发成分随水蒸汽蒸馏而带出，经冷凝后分层，获得挥发性成分的方法。此法适用于具有挥发性，能随水蒸汽蒸馏而不被破坏、与水不发生反应，又难溶或不溶于水的成分的提取、分离，如挥发油的提取。

常用工艺方法有共水蒸馏法，即直接加热法、通水蒸汽蒸馏法和水上蒸馏法。三者均要先将天然物原料制成粗粉或打成碎片，浸泡湿润后，直火加热蒸馏或通入水蒸汽蒸馏，也可用多能式提取罐对原料边煎煮边蒸馏，具体操作见蒸馏设备说明书。一般原料蒸馏2次，即需再蒸馏一次，但蒸馏次数不宜过多，以免挥发油中成分氧化或分解。

5. 回流浸提法

常用的有回流热浸法和回流冷浸法。前者是应用乙醇等易挥发的有机溶剂进行加热提取成分时，为了减少溶剂消耗和提高浸出效率而采用回流热浸的工艺方法；后者是循环回流冷浸，即用少量溶剂，通过连续循环回流进行提取，使天然植物原料中的成分被充分提取出的浸提工艺方法，具体操作见“循环回流浸”设备说明书。

作为天然植物饲料添加剂的有效成分提取物，用浸提液经蒸发干燥再加辅料成型即可，并非一定要再行精制分离单一成分的纯品，这样可保持天然物的物性和其作用的整体复合性，也符合当前现实情况。经一定发展后，可能会出现用各种纯成分的组方。

（三）影响浸提的主要因素

1. 料粉碎度

对于物质提取，从理论上讲，原料粉碎得愈细，则与溶媒的接触面愈大，扩散面也愈大，故扩散速度愈快，浸出效果愈好。但对天然植物原料的浸出，不宜粉得过细，否则不适于成分浸出。因为植物原料的“有效成分”的分子量一般比“无效成分”小得多，而浸出要求“有效成分”透过植物细胞膜渗出，而“无效成分”仍留在组织细胞中以便除去杂质。

植物料粉碎度，应视所采用的溶媒和植物料性质而定。如以水作溶媒时，可用粗粉或切薄片或小段；若用乙醇作溶媒，可粉成5～20目；植物叶、花、草等蔬松植物料，甚至可不粉碎。坚硬的根、茎、皮类等原料，则宜较细粉（20～40目）。

2. 浸提温度

一般温度愈高，扩散速度愈快。温度升高，可使植物细胞内蛋白质凝固，酶被破坏，同时植物组织软化、膨胀，增加可溶成分的溶解和扩散速度，促进有效成分的浸出；但温度过高，使无效成分溶出，会影响制剂质量，故浸提要适度控温。

3. 浸提时间

通常浸提时间与浸提量成正比，即时间愈长，扩散值愈大，利于浸提。但当扩散达到平衡后，时间就不起作用。此外，长时浸提使杂质溶出，一些有效成分，如甙类等，易被在一起的酶所分解；用水作溶媒时长时间浸泡易霉变，影响浸提液质量。

4. 溶媒的 pH 值

浸提溶媒的 pH 值与浸提效果密切相关。一般用酸性溶媒提取生物碱，用碱性溶媒提取皂甙等。

5. 浓度差

扩散是决定浸提效果的主要因素。增加浓度差可增加扩散速度，因此，浓度差是扩散的主要动力。在浸提过程中，常用“不断搅拌”或“经常加入新鲜溶媒”（渗漉法），以提高浸提效果。此外，还有用超声波来加快浸提（生物碱）等。

6. 浸提的溶媒（剂）

对溶媒选择，首先要根据浸提物的特性和所需浸出的成分来选择，其次是要求溶媒对需浸出成分有较大的溶解度，对“无效成分”不溶或少溶，以及要求溶媒安全无毒，价廉易得。常用的溶媒，是据植物原料成分在溶媒（剂）中溶解度不同，以“相似相溶原则”选用。溶剂对物质溶解作用的大小，取决于物质的性质和溶剂的溶解作用与极性的大小。溶剂按介电常数大小分为极性溶剂、半极性溶剂和非极性溶剂。

各种化学成分亲脂性大小与提取溶剂一般是：强亲脂性部分，如挥发油、脂肪油、蜡、脂溶性色素、甾醇、某些甙元，常用的提取溶剂为石油醚、已烷；亲脂性部分，如甙元、游离生物碱、某些甙类等的提取溶剂为乙醚、氯仿；中等极性部分，如强心甙、黄酮甙、皂甙、蒽醌甙等的提取溶剂又可根据不同甙类的极性差异，分别采用氯仿－乙醇（2：1）、乙酸乙酯、正丁醇等溶剂；亲水性部分，如极性很大的甙、糖类、氨基酸、某些生物碱盐类等的提取溶剂为丙酮、乙醇、甲醇等；强亲水性部分，如蛋白质、无机盐、粘液质等可用水作为提取溶剂，参见表2－8。

表2－8　有效成分极性与提取用溶剂

有效成分类型	极性	提取用溶剂
油脂、挥发油、植物甾醇（游离态）、某些生物碱、亲脂性强的香豆精等	非极性（亲脂性）	石油醚、苯、甲苯、汽油、环己烷
树脂、内酯、黄酮类甙元、醌类、游离生物碱、醚溶性有机酸等	弱极性	乙醚、氯仿
极性较大的甙类（单糖甙、双糖甙、多糖甙）	中等极性	乙酸乙酯、正丁醇
生物碱及其盐、有机酸及其盐、甙类、氨基酸、鞣质、某些单糖	极性	丙酮、乙醇、甲醇
氨基酸、蛋白质、糖类、水溶性生物碱、胺类、鞣质、甙类、无机盐等	强极性	水

三、天然植物有效成分提取新技术

天然植物所含成分十分复杂，既有有效成分，又有无效成分和有毒成分。为了提高其使用效果，就要最大限度地提取有效成分，去除无效成分及有毒成分。因此，天然植物提取对于提高天然植物制剂的内在质量和临床疗效最为重要。但传统的浸提取方法在保留有效成分，去除无效成分方面，存在着有效成分损失大、周期长、工序多、提取率不高等缺点。近年来，在天然植物有效成分提取方面出现了许多新技术、新方法，这些新技术和方法的应用，使得天然植物提取既符合传统的中医理论，又能达到提高有效成分的得率和纯度的目的。

（一）超临界流体萃取技术

超临界流体萃取（简称SCFE）是一种以超临界流体（简称SCF）代替常规有机溶剂，对中草药有效成分进行萃取和分离的新技术，其原理是利用流体（溶剂）在临界点附近某区域（超临界区）内与待分离混合物中的溶质具有异常相平衡行为和传递性能，且对溶质的溶解能力随压力和温度的改变而在相当宽的范围内变动，利用这种SCF作溶剂，可以从多种液态或固态混合物中萃取出待分离组分。常用的SCF为CO_2，因为CO_2无毒，不易燃易爆，价廉，有较低的临界压力和温度，易于安全地从混合物中分离出来。超临界CO_2萃取与传统提取方法相比，优点是可以在近常温的条件下提取分离，几乎保留产品中全部有效成分，无有机溶剂残留，产品纯度高，操作简单，节能。

廖周坤（1998）等用不同浓度的乙醇作夹带剂，对藏药雪灵芝进行了总皂甙粗品及多糖的萃取试验，与传统溶剂萃取工艺相比较，得率分别提高至18.9倍和1.62倍。何春茂、梁忠云（1997）利用超临界CO_2萃取技术从黄花蒿中萃取所得的萃取物中杂质（蜡状物）含量低，青蒿素提纯精制简单，得率高，产品质量好。葛发欢（2000）等研究了超临界CO_2萃取柴胡挥发油和皂甙的工艺，SFE－CO_2法提取柴胡挥发油，与传统水蒸汽蒸馏法相比较，能大大提高得率，缩短提取时间，而挥发油组成一致，只是各成分含量有差异。

SCFE技术对于提取分离挥发性成分、脂溶性物质、高热敏性物质以及贵重药材的有效成分显示出独特的优点，但SCFE设备属高压设备，一次性投资较大，运行成本高，目前在工业生产中还难以普及。

（二）超声提取技术

其基本原理是利用超声波的空化作用加速植物有效成分的浸出提取，另外超声波的次级效应，如机械振动、乳化、扩散、击碎、化学效应等，也能加速欲提取成分的扩散释放并充分与溶剂混合，利于提取。与常规提取法相比，具有提取时间短、得率高、无需加热等优点。

郭孝武（1995）考察了超声提取时间和超声频率对从黄芩中提取黄芩甙提出率的影响，结果表明用20 kHz以上的超声频率提取10 min以上，其黄芩甙提出率都比煎煮法提取3 h时的高。林翠英等用超声波提取白头翁总皂甙，大大简化了操作程序，缩短了提取时间，提高了产品产量和纯度，改进了既繁琐费时又易乳化的常用提取方法。

超声提取技术能避免高温高压对有效成分的破坏，但它对容器壁的厚薄及容器放置位置要求较高，否则会影响药材浸出效果。目前都是小规模实验研究，要用于大规模生产，还有待于进一步解决生产工艺的放大问题。

（三）微波萃取技术

是利用微波能来提高萃取率的一种最新技术，其原理是在微波场中，吸收微波能力的差异使得基体物质的某些区域或萃取体系中的某些组分被选择性加热，从而使得被萃取物质分离，进入到介电常数较小、微波吸收能力相对差的萃取剂中。微波萃取具有设备简单、适用范围广、萃取效率高、重现性好、节省时间、节省试剂、污染小等特点。目前，除主要用于环境样品预处理外，还用于生化、食品、工业分析和天然产物提取等。在国内，微波萃取技术用于中草药提取的研究报道还比较少。

王威（1999）等采用微波破壁法从高山红景天根茎中提取红景天甙，该法具有快速、高效、安全、节能等优点，与传统的乙醇回流提取相比，该方法在保持较高的提取率的同时，大大缩短提取时间，显著降低提取液中杂质的含量。范志刚等（2000）研究微波技术对槐花中芸香甙浸出量的影响，对药材粒径、浸出时间及微波输出功率进行正交试验，优选槐花中芸香甙最佳浸出方案，结果表明，微波技术对槐花中芸香甙的浸出量明显优于常规煎煮方法，这一技术应用于药材浸出省时便捷，值得推广普及。与传统煎煮法相比较，它克服了药材细粉易凝聚、易焦化的弊病，提取时间极短，设备简单，投资较少。但这一技术用于中草药提取尚属起步，其萃取机理还需进一步研究。

(四) 酶法

中药制剂的杂质大多为淀粉、果胶、蛋白质等，针对杂质可选用合适的酶予以分解除去。酶反应较温和地将植物组织分解，可以较大幅度提高得率，故酶解不失为一种最大限度从植物体内提取有效成分的方法。在国内，上海中药一厂首先应用酶法成功地制备了生脉饮口服液。目前，用于中药提取方面研究较多的是纤维素酶，大部分的中药材的细胞壁是由纤维素构成，植物有效成分往往包裹在细胞壁内；纤维素则是由β-D-葡萄糖以1，4-β葡萄糖甙键连接，用纤维素酶酶解可以破坏β-D-葡萄糖键，使植物细胞壁破坏，有利于对有效成分的提取。

侯嵘峤（1994）等首先将工业纤维素酶应用于中药及药渣中，使其纤维素酶解为β-葡萄糖，变渣为药，变废为宝，这对中药制药工业是一个开源节流的创举。马田田（1994）用黄柏提取小檗碱之前经纤维素酶预处理，可提高小檗碱得率。马桔云、赵晶岩（2000）等选用黄连提取小檗碱，研究了其加酶组和未加酶组对有效成分小檗碱提取的影响，新工艺比原工艺只是多了一步向其中加入纤维素酶的酶解过程，但两种工艺提取的小檗碱含量有显著差异。

纤维素酶用于以纤维素为主的中药材提取有效成分，的确能提高有效成分的得率，但要拓宽其应用领域，还需要深入探讨酶的浓度、底物的浓度、温度、酸碱度、抑制剂和激动剂等对提取物的影响。

(五) 半仿生提取法

半仿生提取法（简称SBE法）是将整体药物研究法与分子药物研究法相结合，从生物药剂学的角度，模拟口服给药及药物经胃肠道转运的原理，为经消化道给药的中药制剂设计的一种新的提取工艺。即将药料先用一定pH的酸水提取，再以一定pH的碱水提取，提取液分别滤过、浓缩，制成制剂。

这种新提取法可以提取和保留更多的有效成分，缩短生产周期，降低成本，多种复方制剂的研究提示，“SBE法”有可能替代“WE法”，即水提取法。这种提取方法在中药饮片颗粒化的研究中，也有着广阔的应用前景。张兆旺等（2000）以阿魏酸、苦参碱、苦参总碱及干浸膏为指标，采用SBE法和WE法对当归苦参丸的提取工艺进行比较研究，经4个指标综合评价SBE法优于WE法，因此，当归苦参丸改制成其他口服制剂可选用SBE法提取。张兆旺（1999）以乌头总生物碱、酯型乌头生物碱、浸膏得率为指标，对川乌用2种提取方法进行比较，结果SBE法优于WE法。孙秀梅（1997）等对甘草“饮片颗粒化”研究，SBE提取工艺只是将WE提取工艺中pH 7.0的水分别改用pH 2.0的水作第1煎，pH 6.5的水作第2煎，pH 9.0的水作第3煎，依法制得SBE液，以甘草次酸、甘草总黄酮、浸膏量为指标，将两种方法进行比较，表明SBE法优于WE法。张学兰（1999）等以小檗碱、总生物碱、干浸膏量为指标，对黄柏作SBE法和WE法比较，结果表明黄柏5种提取液中，以SBE液明显优于WE液，黄柏饮片制备口服颗粒剂，以采用SBE法盐酸调至水为pH 1.0作第1煎，饱和氢氧化钙溶液调至水为 pH 7.0 和 pH 10.0 作第 2 煎，第 3 煎为佳。

“半仿生提取法”能体现中医临床用药的综合作用特点，符合口服给药经胃肠道转运吸收的原理。但目前这方法仍沿袭高温煎煮法，长时间高温煎煮会影响许多有效活性成分，降低药效。为此有人建议将提取温度改为近人体的温度，并引进酶催化，使药物转化成人体易吸收的综合活性混合物，这样更符合辩证施治的中医药理论。

四、主要的天然植物提取物

目前市场上天然植物提取物有上百种，可分为三类：

（1）单味中药提取物：如当归、黄芪、五味子、灵芝、蒺藜、刺五加、连翘提取物等；

（2）复方中药提取物：如补中益气方提取物；

（3）纯化提取物（包括活性部位和单体化合物）：如大豆异黄酮、人参皂甙、儿茶素等。

市场上畅销和需求量较大的提取物有：银杏提取物（银杏黄酮、银杏内酯）、穿心莲提取物（穿心莲内酯）、葛根提取物（葛根黄酮）、人参提取物（人参皂甙）、葡萄籽提取物（原花青素）、贯叶连翘提取物（金丝桃素）、生姜提取物（生姜醇）、黄芪提取物（黄芪多糖）、板蓝根提取物、当归提取物（当归内酯）、刺五加提取物（刺五加甙）、虫草提取物、水飞蓟提取物（水飞蓟素）、川芎提取物、酸枣仁提取物、五味子提取物、何首乌提取物、茶叶提取物（茶多酚、儿茶素）、山药提取物（薯蓣皂甙）、大豆（大豆异黄酮）、三七提取物（三七总皂甙）、黄柏提取物、菊花提取物、黄连提取物（Berberine）、红车轴草提取物（异黄酮）、三尖杉酯、麻黄提取物（麻黄碱）、五味子提取物（五味子素）、紫杉醇提取物（紫杉醇）、卡瓦根提取物（卡瓦根内酯）、虎仗提取物（白黎芦醇）、双花提取物（绿原酸）、胶股蓝提取物（胶股蓝皂甙）、黑升麻提取物（三萜总皂甙）、丹参提取物、万寿菊提取物（叶黄素）、芦荟提取物（芦荟多糖、芦荟大黄素）。

美国最为畅销的植物药分别是银杏、贯叶连翘、人参、大蒜、紫锥菊、锯齿棕、葡萄籽、卡瓦胡椒、月见草、大果越桔、北美黄连、缬草、芦荟。而植物药提取物的产品，销售额增长最快的分别为：贯叶连翘、绿茶、升麻、接骨水果、卡瓦胡椒、大豆、紫锥菊、银杏、锯齿棕提取物。卡瓦胡椒提取物市场已供不应求。

近年来，欧洲由于禁用或限用某些饲用抗生素，从植物中提取的天然成分被当作一种“绿色”添加剂。在猪日粮中添加这些植物提取物，不仅可以改善饲料利用率，促进猪的生长，还具有抵抗肠道有害菌的功能。现将欧洲一些主要的天然植物及有效成分列于表 2－9。

表 2-9　欧洲一些主要的饲用天然植物及有效成分

名称	部分	主要成分	刺激食欲	帮助消化	止泻	消炎	促进泌乳	滋补	防腐	抗氧化	抗菌
肉豆蔻	根	水合桧烯（sabinene）	+	+	+						
辣椒	果实	辣椒素	+	+	+	+		+	+	+	+
欧芹	叶	apiol	+	+					+		
芹菜	果实+叶	芹菜素	+	+							
胡芦巴	根	trigonelline	+								
肉桂	皮	肉桂醛	+	+					+	+	+
胡荽	叶、根	沉香醇，芳樟醇	+								
小豆蔻	种子	cineol	+	+							
孜然芹	种子	cuminaldehyde		+			+				
丁香	花	丁香子酚（eugenol）	+	+					+	+	+
丘明芹	种子	对异丙基苯醛，枯茗醛		+			+			+	
大蒜	根茎	大蒜素		+					+	+	+
生姜	根茎	姜油酮				+		+		+	+
辣根	根	异硫氰酸烯丙酯	+								
甘草	叶子+根	甘草素	+			+					+
芥子	种子	异硫氰酸烯丙酯	+						+		+
肉豆	种子	冬青油烯，美苦草甙		+	+						
牛至	叶	牛蛭油	+	+	+				+	+	+
胡椒	果实	胡椒碱	+	+							+
鼠尾草	叶	桉油酚，桉树脑	+	+					+		
月桂	叶	桉油酚，桉树脑	+	+					+		
薄荷	叶	薄荷醇	+	+	+				+	+	+
迷迭香	叶	桉油酚，桉树脑	+	+					+	+	+
百里香	整株	麝香草酚	+	+					+	+	+

第三章　天然植物饲料添加剂的组方、剂型与分类

第一节　天然植物饲料添加剂的组方

一、天然植物饲料添加剂的组方

组方是研究新产品的基础和依据。许多天然植物饲料添加剂来源于古方和验方，起源于汤剂，这种组方是根据辨证论治、立方遣药的原则，针对每个单独的病例组方，是在长期的临床实践中积累、总结经验的基础上形成的。但中兽医临床很少采用完整的原方，总是要随证加减，所以天然植物成方也存在一定的灵活性；同时，天然植物饲料添加剂往往是应用于某一个群体，适应范围广，具有普遍性。为此，应首先对组方进行筛选，以符合天然植物饲料添加剂的要求。

组方应按中国创立的物性理论和物间关系理论，并根据应用目的，选配成一个天然植物功效整体，而不能进行机械组合或提取成分的简单相加，做到组方有“合群之妙”，物有“个性之特长”。同时，组方功效说明亦应符合中国物性理论。

（一）方药的选用

天然植物饲料添加剂的完整组方应包含主要作用物、次要作用物及辅助作用物，包括辅料、赋形物，并在组方功效、作用说明中加以明确说明。

1．根据配伍关系选药

中兽医治病的基本原则是辨证论治，首先经“望、闻、问、切”，搜集患畜现有症状和病史等材料，再运用中兽医理论认识疾病，确定诊断；然后根据诊断，拟定治法，依法立方，随证遣药，进行治疗。辨证是弄清病位与病性，即病是在脏、腑、经络及卫气营血的哪个位置，属寒热虚实何种性质以及病因，方可诊断；中兽医的治法归为“汗、吐、下、和、温、补、清、消”八法，用药时按“相须、相使、相畏、相杀、相恶、相反”的原则配伍。即天然植物复方各味物间可能有以下关系：

（1）产生协同作用以增强临床疗效，这是用药时要充分利用的；

（2）相互颉颃而抵消、削弱原来的功效，这点有时是有意的，如天然植物过分苦寒，为防伤正气配以温热药以克之；

（3）相互作用而能够减轻或消除原有毒性或副作用，这在应用毒性药或剧烈药时必须考虑；

（4）一些本来单用无害的药物，却因相互作用而产生毒、副作用，这属于配伍禁

忌，原则上不用。

2. 方剂组成要精炼

组方来自中兽医临床，具有很强的针对性。但天然植物饲料添加剂则要求具有一般规律性，才能广泛应用。所以，其组方应尽量精炼、严谨，即使是古方、验方，也应该找出最基本的组分，将组方中作用雷同的、很次要的或配伍不当的药物去掉，保留其最精华的部分。因为组方的效果并不与药味的增多成正比，若组方不严谨或主药不突出，有可能发生颉颃作用而降低疗效；再者，药味过多常常给制剂研究带来困难，有些成分可能会发生化学反应而降低有效成分含量，如黄连与黄芩共煎，其小檗碱与黄芩甙反应产生沉淀，造成有效成分损失；同时，药味多则成分多、干扰大，鉴别效果差，加大了制剂质量标准研究的难度，难于制定出可行的质量控制指标。

3. 复方中各药的配比

天然植物饲料添加剂的效果与安全性，除选用恰当药味外，各药用量也十分重要。在药味相同的情况下，由于各药间相对剂量的不同，可以改变其作用性质，可见中医组方配用剂量并非小事，剂量不同，疗效也不同，故有“剂量是中医不传之秘”之说。所以，许多产品的标签与说明书上都会列出全部或大部分药味，但不标出每味药的剂量。各味药的用量是组方的重要组成部分，在某种程度上并不亚于药味的作用。

复方中各药味之间的比例尚无统一规定，总的来说有下列两种情况：

（1）依方剂的君、臣、佐、使递减：这是中兽医方剂配伍最普通的原则。李东垣主张：“为君者最多，为臣者次之，佐者又次之”。中兽医讲究辨证施治，随证加减，但若超出范围，将会引起主次颠倒，方剂的功效和主治随之变化。如小承气汤和厚朴三物汤，同是大黄、枳实、厚朴三味药物组成，小承气汤中大黄用量倍于厚朴，目的在于清热通便，用于热结便秘；厚朴三物汤中厚朴用量倍于大黄，目的在于行气除满，用于气滞腹部胀满之证。

（2）等量配比：不论古方、新方、大方、小方，皆有等量配伍的，如九分散［马钱子（调制）250 g、麻黄 250 g、乳香（制）250 g、没药（制）250 g］与三子散（诃子 200 g、川楝子 200 g、栀子 200 g），这类组方虽各药用量相等，但结构十分严谨。

4. 原料药要符合标准

不仅要精选药味，还要保证每味药材的质量。药材来源于植物，影响因素多，如基原、产地、采收季节、药用部位、加工方法、规格等，其成分及含量很不稳定。用净药材投料是传统的方法，几千年的临床实践证明，其简便有效，不足之处是难以保证产品质量的一致性，质量控制的难度较大。

5. 组方筛选注意事项

（1）注意新品种的开发利用：药材的品种来源在 1 万种以上，而迄今为止的天然植物开发主要集中在人们普遍熟悉、应用广泛、化学成分较为清楚、质量易于控制的 300 种左右。对于这些使用安全、疗效可靠的品种加以开发利用固然十分必要，但难以创新。那些尚未开发或开发利用不够的品种，同样是天然植物的宝贵资源，往往蕴藏着巨大的开发价值，应该是新产品开发的重点，如近年来对绞股蓝、松针、钩吻等品种的开发，都是成功的例子。

（2）注意潜在功效的开发利用：各种天然植物的化学成分都十分复杂，一味天然植物具有多种化学成分，其功效更是多种多样。目前，有关天然植物的专著，对常用品种功效主治的介绍都是很不完整的。对于这些药材潜在用途的开发利用，是很有必要的，实践证明也是非常可行的。例如，已经将土槿皮、射干、黄柏、白藓皮、茴香、花椒、辣椒、石榴皮、乌梅、山豆根、水天蓼枝叶、半边莲、茵陈蒿、百部、槟榔、芥子、白屈菜、青蒿、姜黄、苦参、白头翁、苍术、贯众、川楝子、藁本等用于防止饲料霉变；在蛋鸡饲料中加入胡萝卜、松针粉、黄玉米粉或槐叶粉等喂鸡，使蛋黄颜色加深；在饲料中加入柿子皮喂蛋鸡，使蛋黄、鸡皮肤黄色加深；在蛋鸡日粮中加入红辣椒粉喂鸡，使蛋黄显著增色。

（3）注意对古方的精减化：古方及近代以来的验方数以万计，从众多的药方中优选良方研制天然植物饲料添加剂，是新产品开发的重要途径。对一些配伍得当、药味不多、功用专一、疗效显著的方剂，可以直接对原方进行研究。但大量古方，包括一些著名的传统成方，在制方之初，主要是针对一种证候的，现在欲将这类方剂用以防治某一动物群体的特定病种，方中必有应当删减不用的药物。按照中兽医药理论，精减药物以成新方，不仅功专力宏，效力更佳，而且大大降低新制剂的研制难度，并可缩短时间，节约经费。

（二）组方的基本原则

组方的基本原则有增效组方和禁忌组方。

1．增效组方

是指选用物性相同，具有相似功效或具某些共性功效的天然植物及其提取物组方，以增强组方的功效。例如，麦芽与山楂均为助消化物，两者相配组方可增食进欲、消化和吸收。

2．禁忌组方

是指禁用有毒植物和两物相配组方后将产生毒性物或不良反应的组方，以及原为有效者而失去功效的组方。如，莱菔子可降减人参、党参的补益和增强免疫的功效；生姜能减黄芩的作用；有毒植物相配可增毒性；甘草和甘遂植物均无毒性，均为常用物，但它们相配组方，则可产生毒副作用和反应。上述均属禁忌组方。

此外，化学合成物与天然植物组方，在无完整实验、检验、毒理学试验测定数据和资料时，而凭臆想或偶然个别数据为据进行组方，亦列为禁忌组方。

（三）理想的天然植物提取物的配方原则

目前，对某一天然植物中的某一成分（如黄连碱）或某些同类（如总生物碱）成分，进行提取后，以该成分做“功效成分”和“功效成分的配方”添加于饲料中，作为天然植物饲料添加剂（固体或液体剂型剂）。“单行”（单一成分是天然物间相配关系之一）和按中国物性、物间理论指导组方配制的天然植物饲料添加剂，原则上可作一类方剂使用。但要求原料的成分结构明确，功效实验数据可靠，并有适合的提取方法工艺流程，产品应纯洁无污染残留，有定性和定量的产品说明书、检测方法和标准，毒理试验资料齐全等。

1. 天然植物提取物添加剂应具备的条件

(1) 低 pH 值和胆汁中稳定性好；

(2) 经加工混入饲料后室温下稳定性好；

(3) 能抑制大肠杆菌、沙门氏菌、葡萄球菌、梭状芽孢杆菌等肠道致病菌；

(4) 微量、高效（多效）；

(5) 起抗生素作用（替代）；

(6) 产生非特异性调节因子。

2. 天然植物提取物添加剂的配方原则

(1) 市场需要：市场上急需的是能替代或部分替代抗生素和化学药物，使食用动物产品更安全的添加剂；

(2) 效果确实：发挥中药的整体多效性，研制具有增加产量、减少应激、增强免疫等功能的饲料添加剂；

(3) 成本合算：一般应低于成本核算允许价位；

(4) 体现特色：不仅体现中国特色和中药特色，也要体现研究、开发和生产单位的自身特色；

(5) 配方精炼：不宜庞杂；

(6) 添加量小：一般添加量以低于 0.5 % 为宜，以防药源、运输、成本、适口性等诸多问题发生。可对中药进行适当的浓缩或提取，尽量在配方中选用总提取物、有效成分等；

(7) 精品：系列化、规范化；

(8) 其他方面：选择药源广、毒性小、稳定性好、便于质量控制、环保型中药。

(四) 剂型的确定

目前试用和生产的天然植物饲料添加剂大多数为散剂，也有颗粒剂和液体剂型。剂型选择是研究的重要内容之一，因为它是影响天然植物制剂质量稳定性、给药途径、有效成分溶出和吸收、药物显效快慢与强弱的主要因素，与饲料添加剂的效果直接相关。剂型的选择应以临床需要、药物性质、用药对象和剂量为依据：

1. 药物及其有效成分的性质

天然植物饲料添加剂大多由多味天然植物组成，每味物材所含成分众多，相当于一个小复方，复方的成分更是多而复杂，而各类成分如生物碱、黄酮、挥发油、甾体、皂甙、氨基酸、蛋白质、鞣质等，其性各异。尤其是溶解性、化学稳定性、在体内运转过程及吸收、代谢、分解、排泄等皆不相同，且剂型对复方制剂的稳定性、溶解性、体内运转过程及吸收、代谢、分解、排泄又有直接的影响，所以，不同组方、不同药物、不同有效成分应做成各自相宜的剂型。这是中兽医药学在长期实践中总结出来的经验。

《神农本草经》中记载："药有宜丸者、宜散者、宜水煎煮、宜酒渍者、宜煎膏者，亦有一物兼宜者，亦有不可入汤酒者，并随药性，不得违越。"如，雷丸主要的有效成分雷丸素为蛋白水解酶，有绦虫及蛔虫的病畜服用雷丸粉后，其蛋白水解酶被虫体吸收，虫体蛋白质被水解而破坏，使虫的头吻不能附着于肠壁而被排出体外。0.06 μg 蛋白水解酶在 10 ml 水中仍有水解蛋白的作用，所以杀虫作用很强。但雷丸素是蛋白质，60 ℃加热 10 min，其作用大多被破坏，加热至 1 h 则作用完全消失；该酶在碱性溶液中作用最强，在酸性溶液中作用消失。若将雷丸做成汤剂、合剂、液体剂型、浓缩丸、冲剂等，皆需经水煎提取，所含蛋白水解酶会被热破坏，而直接打粉做成散剂或丸、片剂，经口服至胃时也会被胃酸破坏，真正的有效成分到不了肠中。因而最好将雷丸制成肠溶制剂，如肠溶丸、片剂，虽经口服到胃道内，但不崩解，只到肠中崩解，在碱性条件下发挥药效。

汤剂是中兽医临床使用最多的剂型之一，液体剂型就是在汤剂基础上发展起来的，由于使用方便，深受基层的喜欢。但若仅仅采用一般的制备工艺，许多方药是不宜做成液体剂型的，归纳起来有以下原因。

（1）难溶性药物：方中若含石膏、寒水石、滑石、磁石、朱砂等，它们在水中溶解度小，做成液体剂型时有效成分损失很大，难于保证产品的澄清度和疗效，也给制订质量标准带来极大麻烦。

（2）含挥发油较多的方药：如川芎、白芷、羌活、细辛、防风、薄荷等含挥发性成分的药物。蒸馏所得挥发油量高，配液时若要将全部挥发油加入，需用大量增溶剂。这样，又得增加防腐剂和矫味剂的用量。另外，大量的挥发油，尤其是川芎、白芷、羌活的挥发油，会使药液非常难闻，动物不喜欢饮药，给矫臭工作带来很大困难；再加上挥发油一般对光都较敏感，易于氧化、聚合，影响药液的质量稳定性。

（3）含油脂较多的方药：若油脂为其主要有效成分，则不宜制成液体剂型。如麻仁丸［火麻仁 100 g 、苦杏仁 100 g、大黄 200 g、枳实（炒）200 g、厚朴（姜制）100 g、白芍（炒）200 g］，火麻仁系方中主药，为润肠通便之良药，它是桑科大麻属植物大麻的果实或除去果皮的种仁，脂肪油含量达 31 %，这样多的脂肪油是无法分散在液体剂型中的，若减去则影响疗效；若乳化则成乳浊液。

（4）有效成分在水中不稳定的方药：如含有易水解、易聚合、易氧化成分的药物，也不宜做成液体剂型。制备液体剂型常采取水煎煮来提取有效成分，有些药物水煎时所含有效成分之间会发生反应，甚至产生沉淀，在其后的分离工序中，这些沉淀会被除去，直接影响制剂的疗效。如方中黄连或黄柏所含的小檗碱，与黄芩所含黄芩甙在煎煮时，就会发生沉淀反应。

因此，剂型对药物有效成分的提取、稳定及药剂使用有很大影响。在研制新制剂或改变剂型时，首先应分析组方，查阅每味药的成分，选择可能的剂型，拟定设计方案，再进行预实验，最后确定适宜的剂型。切忌先主观决定剂型，后进行工艺研究。

2. 技术水平和生产条件

剂型不同，所采取工艺路线及条件、所用设备和生产环境皆不相同，不是所有厂家都能满足这些条件。固体制剂虽比液体制剂要求低一点，但也必须要有一定的条件，如颗粒剂、冲剂的制备，必须解决两个最关键的问题。一是提取、分离、浓缩问题。现在的工厂一般都配备有多功能提取罐，但其油水分离部分的结构不合理，只能提取出一些芳香水（油水混合），挥发油未充分收集，而大量的芳香水又无法妥善加入到固体制剂中。目前，分离部分的设备多不配套，上工序用多能提取罐，下工序用一般浓缩器，中间既无离心机又无板框压滤机，仅用筛网滤过，所得浓缩液又多又粘，制备冲剂十分困难。二是干燥问题。制备颗粒剂，若无喷雾干燥器、一步制粒机或真空干燥器，仅用一般的烘房、烘箱，所得浸膏板结，带焦糊味，严重影响效果。因此，在设计研究方案之前，应对工厂的生产条件进行考察，而工厂购买新设备时应了解其剂型与技术要求，能够满足者方可购买。

二、天然植物组方配伍后的变化

物质组方配伍后的变化，又称效应的配伍变化。物质合并使用后，物与物（含附加物剂等）在体内各过程中及与受体作用后产生影响，致使其效应、作用强度、副作用、毒性等均有所改变，主要有：

（1）协同作用：即效应作用增加，又可分为“相加作用”（两物作用之和）和增强作用（又称相乘作用，即大于两物相加作用之和）。如抗菌试验证明，黄连单方与黄连同黄柏、栀子组方的复方比，后者抗菌力大增；

（2）颉颃作用：两种物性和作用相反的植物同时使用，可使其中一物或整个作用减弱或消失。如人参与萝卜同用，则人参效应大减；

（3）增加毒性或副作用：如鹤草酚与植物油合用，可增加鹤草酚的毒性。

（一）组方配伍相互影响的机理

物间相配在动物机体内的变化和作用是一个极为复杂的过程，因而其相互作用机理也是多种多样的。

1. 体内物间的理化作用

物质合用后在消化道中相互结合，或形成络合物或复合物，或由于吸附以及干扰酶的活性，使吸收情况发生变化。如四环素类抗生素与多价金属离子，如 Fe^{2+}、Ca^{2+}、Mg^{2+} 等，在胃肠道中形成难溶解的螯合物而妨碍吸收，降低效应。

2. 影响物质吸收

吸收变化会影响物质作用效应，如吸收量和吸收速度。如相配物中有能改变胃肠道 pH 物质时，则会影响他物在胃肠道中的溶解度及解离度等，而影响吸收。再如，能影响胃排空速率及胃蠕动的物质，也能影响吸收；相反，能抑制胃排空的物质，如抗胆碱能物质，则有利于吸收。

3. 影响物质与血中蛋白质结合

物质吸收入血液转运时，大多可与血浆蛋白或组织蛋白疏松地结合，暂时失去效应活性，只有游离时才有效应活性。结合型可视为物质的“贮库”，它与游离型间呈动态平衡。物质与蛋白质结合不是特异性的，许多物质均能与其结合，并发生竞争。由于竞争同一蛋白质结合部位，而使一物从结合部位置换下来，作用也因而加强。尤其一些强效物被置换出来，其游离浓度猛增数倍，易发生危害，应予以注意。

4．影响酶的作用

物质代谢主要在肝脏进行，肝细胞微粒体含有多种药物代谢酶，若合用物中含有能促进或抑制肝微粒体中酶活力的成分，就会使另一物的代谢发生改变，而产生效应减弱或增强。合用物抑制药物代谢酶，使效应增强或出现毒性－酶抑作用；合用物诱导药物代谢酶，促进代谢，使物效应降低－酶促作用。很多物质能促进酶合成而使药物代谢酶增多，可加速合用物中某种物质的代谢，使其活性降低，为此，常需提高被“酶促”的某种物质的用量。

5．影响物质排泄

体内的物质可以以原形或代谢物通过肾、肝、胆系统、呼吸、皮肤、汗腺等多种途径排出体外，其中肾为主排器官。相配物相互作用，主要是影响肾小管分泌及重吸收。物质相配后的作用机理非常复杂，有些目前还不清楚，有待深入研究。

（二）组方配伍后的变化

剂型学的组方配伍后的变化，主要是指物理或化学的配伍变化，它是物质制成剂型后，未进入动物体之前发生的变化，此变化应予以重视。

1．物理的配伍变化

是指物质相配后发生分散状态或其他物理性质的改变，影响制剂的均匀性或成不合格的制剂。

（1）溶解度的改变：同一物在不同组方中，其溶解度不一样。如甘草与不同物配时，其甘草酸的含量有变化。如与黄芩、麻黄、黄连共煎，甘草酸含量下降最大，约60％。因为黄芩、麻黄物渣有吸附作用，与黄连属于成分间相互结合产生沉淀之故。

难溶性物质配伍，可使用增溶剂、助溶剂或溶媒中加入部分乙醇等增加溶解度。

溶液在条件改变时析出溶质。一般溶液在温度降低时有部分溶质析出；在改变溶媒时可有溶质析出；高分子化合物溶液中加入脱水剂（乙醇等），可使胶体破坏，而析出沉淀。以上几种情况应根据析出沉淀的原因，采取针对性措施，有的可克服，有的则不宜配伍。

（2）潮解与液化：有些物质本身易吸潮，若与受潮易分解物配伍时，可促进后者加速分解。液化常发生在共熔性固体物间配伍，如某些有机物混合后，就会发生软化或液化，而影响粉剂的配制，应予以注意。

2．化学的配伍变化

系指物间发生化学反应而引起物质成分的改变，以致影响效应或产生危害。化学配伍变化的原因，是由氧化、还原、分解、水解、取代、聚合、加成等化学变化所致。反应的结果有产生沉淀、变色、产生气体、发生爆炸等现象，或效应降低，甚至产生毒性物质等，必须注意防止。

（1）产生沉淀或浑浊：植物提取液配伍，由于化学成分相互作用而产生沉淀。黄连、黄柏生物碱与甙类（黄芩甙、大黄甙、栀子甙）之间会产生沉淀反应；黄连、黄柏与茵陈之间也产生沉淀反应；含有绿原酸等的银花提取液与含有生物碱的黄连、黄柏、延胡索、苦参等的提取液混合，也会产生浑浊或沉淀，这是由于绿原酸属酚性物质，它能与生物碱形成难溶性的盐之故。

除了由于化学成分相互作用产生沉淀外，溶液 pH 值的改变也会产生沉淀。植物中某些成分，如生物碱、有机酸、酚类等在一定 pH 值溶液中稳定，若 pH 值改变，它们的溶解度也会发生变化而析出沉淀。

（2）变色：变色是由于化学作用，主要是氧化、还原、水解、缩合、聚合。如水杨酸及其盐类或其衍生物、肾上腺素等，在金属离子催化作用下，受空气氧化，会产生有色物质，如毒扁豆碱氧化变红等；此外，变色现象可发生在粉剂的配伍，如碳酸氢钠或氧化镁能使大黄粉变成粉红色；儿茶碱与乳糖配合会变成黄色等。

变色除导致制剂外观变化外，还使效应减弱或失效。在只限于外观变色而不影响效应的，可加入微量的抗氧化剂或调整 pH 值，以延缓或防止氧化，或分别混合；若为影响效应的变色，则两物不能同时应用；产生有毒的变色，则不能配伍，予以禁忌。

（3）产生气体：物质相配合产生气体，是由化学变化产生的。当一种较强的酸与某些弱酸盐配合时，常会产生气体；许多铵的弱酸盐与碱性物配合时，能产生氨或胺类，但二氧化碳气体能改善盐类物质的恶味，刺激食欲。

（4）发生爆炸：大多是由于强氧化剂与强还原剂配伍引起，如甘油、氧化剂与葡萄糖或蔗糖、雄黄与火石膏或火硝等。

此外，还应注意某些增溶剂能降低抑菌物质的效果。如吐温类和其它聚氧乙烯衍生物，能使山梨酸等防腐剂的效果大大降低，甚至失去抑菌防腐效果。这是因为增溶剂与抑菌剂发生络合，而使抑菌剂的浓度降低所致。

（三）测定溶液中配伍变化的方法

1. 可见配伍变化的实验方法

主要是将两种溶液混合，在一定时间内，以肉眼观察有无浑浊、沉淀、结晶、变色、产生气体等现象。各方法间的差别主要是混合量比、观察时间、提取液浓度与 pH 值等不同。一般按常用量或适当比例缩小，观察时间有 2 h、4 h、24 h 等。粉剂则按说明书中指示的溶媒稀释后加入，用显微镜观察析出的微粒或结晶情况。

2. 测定 pH 值

许多配伍变化是由于 pH 值变化引起的，可用提取液变化点的 pH 值作为预报溶剂配伍参考。方法为在提取液（10 ml）中加入酸（0.1 mol/L HCl）或碱（0.1 mol/L NaOH），观察其发生的外观变化时的 pH 值、pH 值变动范围及所用的酸碱量。若无外观变化的，则不会产生配伍禁忌；而 pH 值移动范围大的或用酸碱量大的，一般不易产生可见的配伍变化；而移动小的或用酸碱量小的，就会产生外观变化；若配伍后溶液的

pH 值落入变化区的 pH 值内，则可出现配伍变化。

3. 稳定性实验

一般认为，物间配伍后在规定的时间内（如6 h、24 h），其效价或含量下降数不超过10 %，则判为稳定。方法为按实际情况，将提取液配伍后，维持在一定条件下，如温度、光照等，测定一定的时间（0，2，4，6，…小时），并记录其 pH 值与外观变化，了解稳定情况和分解失效10 %所需时间。

4. 紫外光谱、薄层层析方法

（1）紫外光谱分析：光谱可作定性和定量的测定。两个化合物相同，它的紫外吸收光谱应一致，这可鉴定沉淀物是何种成分。若混合析出沉淀，其沉淀的紫外光谱与单独的均不一致，说明配伍后产生了新的物质。

（2）薄层层析：是利用吸附剂对各种成分的吸附能力或各种成分在不同溶媒中分配系数的不同，而将其分离开来，用一定试剂进行鉴定和定量。一般配伍后或隔一定时间后，用层析法使其成分在层析板（或纸）上分离开来，若有新的斑点出现，说明产生了新物质，或者是两种成分的化合物，或是某一成分的分解产物。此法简单易行，但要选择适当的吸附剂及溶媒。

（四）配伍变化的处理原则

一般应了解应用意图，发挥制剂的应有效应，保证应用安全。在审查组方时发现疑问，应了解组方应用意图和应用条件、对象来判定，再结合组方药物的物理、化学等性质来分析，对成分用量等各方面加以审查，确定克服方法。最后按下法进行：

1. 改变贮存条件

如温度、空气、水分、光线等，并在密闭、避光条件下贮存。

2. 改变调配次序

指克服不应产生的配伍禁忌，混合次序能影响生产工序的简繁与成品质量。

3. 改变溶媒或添加助溶剂

这可防止或延缓溶剂的析出沉淀或分层。

4. 调整溶液的 pH 值

5. 改换物料组方或改变剂型

第二节　天然植物饲料添加剂的剂型

剂型，是指为发挥物质作用的最大功效，减其毒副作用，便于应用和贮运，并据物性和应用目的及方式，将物质原料加工成适宜的形式和形态。剂型是物性理论和物质应用的桥梁，是科学工艺的结晶。中国人在世界上首创了自然物质的剂型，而成为物质剂型创立国。远在夏禹年代（公元前2140 年），古人就会酿酒，使草本植物的挥发性成分的香溶入液态剂型而充分发挥作用，并在酿造中发现了米曲；之后在商代前（公元前1766年）创制出“汤液”（“伊尹……撰用神农本草以为汤液”）；到春秋战国时期成书的《黄帝内经》（公元前18世纪～前12世纪）中已记载了汤、丸、散、膏、丹、药酒等剂。这比在国外被称为药剂鼻祖的希波克拉底（公元前460～前377年）和格林（公元131～201年）的制剂剂型要早得多。到公元前1～2世纪的《神农本草经》载有：“药性有宜丸者、宜散者……亦有一物兼宜者，也有不可入汤酒者，并随药性不得违越。”这是世界上最早的关于物质应用剂型理论和概念；到宋元时期（960～1368年），天然植物药的剂型发展迅速，出现了制剂工厂（修合药所）和世界第一部中草药制剂规范－《和剂局方》；到明清时期（1368～1911年），李时珍（1518～1593）的《本草纲目》，总结了16世纪以前的应用中草药的经验，列出了40余种不同类的剂型，可谓是天然物中草药传统制剂和剂型大全。

国外，自欧洲工业革命后，机械、化工等工业迅猛发展，随之药物剂型亦大为发展。同时还对传统剂型进行改革和提高，相继出现了片剂、冲剂、微胶囊剂、微粉超微粉、纳米剂、气雾剂和吸入剂以及注射剂，使制剂剂型进入高科技时代，在进入21世纪高科技时代之际，中国对用量大、起效慢和不便贮运的粗粉剂型已提出改进，目标是使天然植物饲料添加剂达到“三化”（精化、量化、标准化）、“三效”（高效、速效、长效）、“三便”（贮、运、用）、“一小”（用量小），从而使传统的剂型与现代科技同步发展，进入国际先进剂型行列。

剂型制备基本工艺如下：

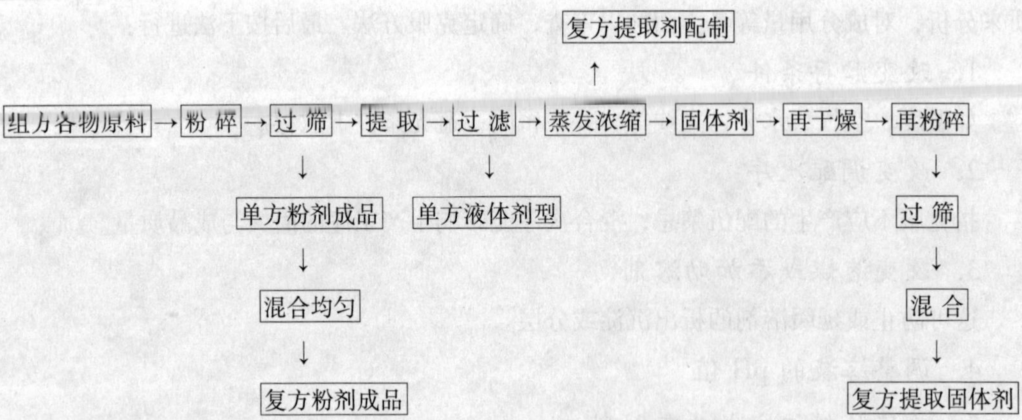

一、固体剂型

系指将天然植物组方中原料或其提取物干燥体，用机械粉碎成一定粒度的粉状物。

（一）一般粉剂型

1. 粉碎

粉碎，是借助机械力将已干燥的组方原料块片，制成适宜粒度细粉的操作过程。粉碎是制剂剂型制备的基础工艺，目的是使物质的有效成分溶出，为制备各剂型奠定基础，并增加物质的表面积，利于物质溶解与吸收，提高功效，便于贮运和使用。

（1）粉碎的基本原理：物体形成依赖于分子间的内聚力，物体因内聚力的不同，而显示不同的硬度和性能。因此，粉碎时必须借助于外力来破坏分子间的内聚力，才能把固体植物粉碎。与此同时，机械能可增加和转变为被粉物体的表面能，使其增加表面积，这个转变过程直接影响粉碎的效率。

被粉物的粉碎难易，与其本身的结构和性质有关。植物材料系由多种组织和成分组成的，性质甚为复杂，且含有一定水分（9 %～16 %）而具韧性。含水分越少，则质地越脆，利于粉碎。故一般在粉碎前应依其特性作适当的干燥，一般以较高温度急速加热使水分迅速蒸发，然后冷却，使植物组织膨胀疏松干脆。薄壁组织植物，如花、叶、部分根茎等易于粉碎；含木质及角质结构的植物，则不易粉碎；含粘性或油性较大的植物，则要经处理后，如粘性料与粉性料混合后缓和粘性，才能粉碎。

（2）粉碎方法：粉碎方法是根据植物料的性质和粉碎机械性能而选用的粉碎操作过程。由于复方植物料性质不同，其粉碎应采取不同方法。

①干法粉碎：本法系指将植物料经过适当干燥处理后，再行粉碎的方法。球磨机、锤击式粉碎机（鎯头机）要求被粉料水分在 5 %以下；万能粉碎机要求被粉料水分在 10 %以下。此外，还应根据被粉料质地、性质不同，分别采用单独或混合粉碎等。

单独粉碎：系指将一物料单独进行粉碎处理。单独粉碎又分为干法与湿法粉碎。

混合粉碎：系指组方中的各物料经过处理后（炮制药），将全部或部分料掺合在一起进行粉碎，可避免有些料单独粉碎时的困难。如各料质地相似时，可掺合其他性质物料进行粉碎，即以“串油”（组方中含大量油脂性物料，先将其他粉性料粉碎成细粉，然后再掺入油性料再粉碎的方法）或“串料”（组方中有含大量粘性料如粘液质、糖分、胶树脂等成分时，先将其他粉性料粉成粗粉，然后用此粉陆续掺入含粘性料再进行粉碎一次）方法。

②湿法粉碎：系指往物料中加入适量的水或其他液体进行研磨粉碎的方法，如中药传统的“水飞法”和西药的“加液研磨法”。选用的液相，一般是以被粉料遇湿不膨胀，两者不起变化，不妨碍功效为原则。湿法粉碎通常是对一种物料进行粉碎，故亦是单独粉碎。

此外，贵重植物料，如人参、三七等的粉碎，则先以小型粉碎机打成颗料，过 40 目粗筛，然后入球磨机研磨，过 90～110 目筛。

（3）常用粉碎机械简介：主要介绍以撞击作用为主的粉碎机，有以下几种：

①锤击式粉碎机（鎯头机）：由钢壳、钢锤、筛板及鼓风机四部分组成，多利用高速旋转的钢锤借撞击作用而粉碎物料的粉碎机。

②球磨机：系由不锈钢或瓷制成的圆筒形的圆球，球罐的轴固定在轴承上，由电动机带动旋转，在一定速度下滚动将物料粉碎的粉碎机。

③万能粉碎机（柴田式粉碎机）：此粉碎机的粉碎能力大，它对含粘软、油润、纤维及坚硬等物料均有较大的适应能力，故多被采用。其主要结构由机壳和装在动力轴上的甩盘、档板及风扇等部件组成。

④万能磨粉机：该机的粉碎作用是由撞击拌以撕裂、研磨等作用构成。主要构造系由两个带有钢齿的圆盘及环状筛组成。装于水平轴的圆盘可以转动，另一个不动的圆盘上装有较多数目的钢齿，当两盘相合时，两盘钢齿交错排列，物料在钢齿间被粉碎。此机可制备各种粒度的粉末，且粉碎与过筛同时进行。适用于粉碎各种干燥物料及干浸膏颗粒等，但不适宜粉碎含挥发油和粘性的物料。

2. 筛析

筛析是固体粉末中的粗粉与细粉分离的技术，其目的是据制备要求分离得到细度（粒度）适宜的物粉。在复方物制备时，因各物性质差异，其粉碎后的粉很难均匀一致，而经过筛（筛析）后才能得到细度一致的物粉。

（1）常用过筛机械简介：过筛机械的种类很多，可根据粉末粗细度的要求、粉末性质和量来选用。按运动方式不同，分为以下几种：

①手摇筛：系由不锈钢丝、铜丝、尼龙丝等编织的筛网，固定于圆或方形的金属圈上，按筛号大小依次叠成套。粗号筛在顶上，上面加盖，最细号筛在底下，套在接受器上，用时可取所需号数，盖好上盖，用手摇动过筛。多用于实验室或小量生产。

②振动筛粉机（筛箱）：系用偏心轮对连杆所产生的往复振动从而筛选粉末的筛析机械。

③悬挂式偏重筛粉机：筛粉机悬挂于弓形铁架上，利用偏重轮转动时的不平衡惯性而产生簸动。

④电磁簸动筛粉机：系利用高频率（高达 200 次以上）与较小幅度（其振幅在 3 mm 以内）形成簸动。此筛是按电磁原理进行装置，可连续不停地发生簸动作用，且簸动有较强的振荡性能，其过筛效率比振动筛高，适用于粘性较强的粉料，如含油或树脂的植物粉料。

（2）筛的种类及筛目：筛按其制作方法而分为冲眼筛（模压筛）和编织筛。冲眼筛是在金属板上冲出圆形的筛孔而成，其筛孔坚固，不易变动，多用于高速运转粉碎机的筛板及物粉料筛选；编织筛，是用一定机械强度的金属，如不锈钢丝、铜丝、铁丝等，或其他非金属丝，如人造丝、尼龙丝、绢丝等编织而成。

筛的分级：①以筛孔大小表示，即以筛孔内径表示大小（μm）为根据，称“筛号”；②以单位长度或面积内所含筛孔数目表示（孔/英寸），称为“目数”。各国在筛的分等规格上各异，我国现有工业筛规格、药典筛目规格、饲料筛规格，列于表 3－1，供参考。工业标准筛用“目数”表示筛号，即 1 英寸（25.4 mm）长度上的筛孔数目表示，如每英寸有 100 个孔筛，标为 100 目筛，能通过此筛的粉，称 100 目粉。

3. 粒度测定方法

（1）筛分法：为用标准筛，由粗到细（由上至下排列），即取一定量样品，于最上层筛中，振摇一定时间后，取留于每一筛上的粉末称重，并计算各粒度范围内的“微粒重量的百分数”。具体操作为：取欲测微细粉 100 g 于最上层筛目上，由 200 目开始，以下每隔 50 目下降筛目一层，直至 500 目筛层止，然后用细笔刷顺序刷微细粉 50 圈次，或自动

表 3－1　我国工业筛规格、药典筛规格和饲料筛规格

目 数	工业筛规格(孔/英寸)				2000 年版《中国药典》		饲料筛及目			其它
	锦纶纳纶	镀锌铁丝	铜丝	钢丝	筛号	内径(μm)	筛号	中国(mm)	美国(mm)	
4 目							4	工业 4 号(4.75)	4.76	
6 目							6	5.5 目(3.35)	3.36	
8 目							8	7.6 目(2.36)	2.38	
10 目	1.6	1.98	1.66		1	2000 ±70				
12 目	1.3	1.66	1.375				12	10.2 目(1.70)	1.68	
14 目	1.17	1.43	1.27				16	工业 14 目(1.18)		
16 目	1.06	1.211	1.096						1.19	1000μm
18 目	0.92	1.096	0.995				20	工业 18.8 目(0.850)		
20 目	0.52	0.954	0.614	0.96					0.84	
24 目					2	850 ±29				
25 目							30	工业 25.4 目(0.600)		
30 目	0.38	0.613	0.462	0.575					0.59	
36 目							40	工业 36 目(0.425)		
40 目	0.27	0.441	0.271						0.420	
50 目							50	工业 50.8 目(0.300)	0.297	
60 目	0.21			0.30	3	355 ±13				0.1 mm
72 目					4	250 ±9.9(工业 65 目)	70	工业 72 目(0.212)	工业 70 目 0.240	
80 目	0.51		0.172	0.21	5	180 ±7.6				0.05 mm
100 目			0.14	0.17	6	150 ±6.6	100	工业 101.2 目(0.150)	工业 101 目 0.149	
120 目			0.11	0.14	7	125 ±5.8				
140 目							120	工业 149.4 目(0.166)		100μm
150 目					8	90 ±4.6			工业 149.4 目 0.105	
200 目					9	75 ±4.1			工业 203 目 0.074	
203 目							200	0.075		
250 目										5μm
270 目										50μm
300 目							270	0.053	工业 300 目 0.053	10μm
325 目										45μm
400 目										0.1μm
500 目										0.08μm

振摇 10 min，称筛上微细粉重，并得出通过率，每隔 5 min 检查 1 次，直到最后筛层上微细粉重不超过 0.2 % 时，则为该微细粉粒度，记录各层筛上总重量。

一般 45 μm 以上的粒度测定选筛分法；而 0.2 ~ 100 μm 则用显微镜法。

（2）显微镜法：目光下可分辨 0.5 ~ 100μm 粒径（下限为 0.25 μm）。用此法测定时，先将欲测的微细粉，用适当的液体分散后，再涂片，显微镜下计数和计量。

（3）沉降法：是利用微细粉粒在液体介质中的“沉降速度”与“微细粒大小”关系，而测定其粒度的方法。

此外，还有吸管法、天平法、离心法和计数法。

比表面积，是指单位重量微粉所具有的表面积，其测定可用：①吸附法：吸附与微粒接近的气体分子或从溶液中吸“溶质分子”；②透过法：气体、液体通过微粒层的关系。

粉末直径可以直接观察，或从粉末的体积和粉末的表面积来计算。通常可根据粉末性质与大小范围，选用不同方法测定，见表 3 – 2。

表 3 – 2　粒度测定方法与粉末性质和应用范围的关系

粉末性质	测定方法	应用范围
粉末形状相似	筛分法，光学或电子显微镜法	33μm 以上或 0.2 ~ 1 ~ 100μm
粉末流体动力相似	沉降和固析法	2 ~ 50μm
粉末表面特性相似	气体吸附法	0.05　20μm

4. 混合

混合是指多种固体粉料相互交叉分散的过程，即经计量配各料后，将各物料组分搅拌混合，使之互相掺合，均匀分布的一道工序。在现代饲料添加剂生产厂中，配料混合系统，对其生产率和产品质量起着决定性作用，被誉为饲料厂的“心脏”。

（1）混合原理

①切变混合：固体粉末的不同组分在机械力作用下，在其界面间发生切变。如切变力平行于粉末的交界面时，则不相似的粉层将互相稀释而降低双层之间的分离程度；发生在其交界面垂直方向上的切变力，也可降低双层间的分离程度，而达到混合的目的。

②对流混合：固体粉末在机械力作用下，从一处转移到另一处，使粉末在对流作用下而达到混合。

③扩散混合：固体粉末在搅拌混合机内，粉末紊乱运动而改变了它们之间的相对位置时，则为扩散混合。

（2）混合工艺：混合工艺，是指将物料各组分原料，经称重配料后，混入机械内进行均匀混合的加工工艺方法和过程。在此过程中，要求对各物料的混合周期短，混合质量高，出料快，残留率低，密闭性好，无外溢粉尘。

①混合机械简介：饲料、饲料添加剂的混合机械种类较多。按作业方式分有“分

批混合机”，一混合周期即产生一个批量的料，此机械为饲料厂普遍采用；“连续混合机”，按组方连续计量，同时入混合机混合，则进出料都是连续的。按主轴布置形式可分为“立式”和“卧式”混合机。按工作部件形式可分为“螺旋式”、“浆叶式”和“转鼓式”等。目前国内大、中型饲料厂，常用“卧式螺带混合机”和“卧式双轴浆叶混合机”；而添加剂预混合，常用锥形混合机。

②对混合机的技术要求：混合机的工作质量指标有混合均匀度、混合速度或混合时间和机内物料残留率。

混合均匀度要高。现代饲料工业不允许用混合均匀度≤90 %或变异系数 CV≥10 %的不合格混合机。

混合时间要短。缩短混合周期，提高混合粉料生产线的生产率。

机内物料残留率要低，以免交叉污染。按要求添加剂及其预混合饲料混合机残留率≤0.8 %。

混合机结构合理、简单、坚固、操作方便，便于检视、取样和清理。

混合机卸料门不漏料，动作准确灵敏可靠，自控程度高。

③常用混合机

卧式螺带混合机：该机主要由机体、转子、出料门及出料控制机构、液体添加剂系统等组成。其工作过程是：各种组分的物料按组方比例，经计量后入机内，物料在带状螺旋叶片的推动下进行混合。

双轴浆叶混合机：该机是20 世纪90 年代推出的一种新型混合机。它具有混合速度快，每批混合时间为0.5～2.5 min、质量好，混合均匀度高，变异系数 CV≤5%、吨料耗电小和适用范围广等优点。

其它形式混合机：有“立式混合机”“圆锥形混合机”“V 型混合机”和“犁刀式混合机”等。

(3) 混合质量的评定

混合质量，是以混合均匀度来评定，其量化指标为混合均匀度变异系数（CV,%）。混合均匀度检查，可用以下检查法：

①肉眼检查法：取适当的已混合粉料于光滑纸上，将粉料压平，在光亮处观察，应呈均匀色泽。也可用10 倍放大镜检查，若有色斑或条纹，则判为不均匀；若有“闪烁光泽部”则为物料末完全粉碎。此法简单、易行，但带有主观误差。

②含量测定法：取不同部样品测定含量，并与规定含量比较。此法复杂，只适于大批量生产和组分含量有测定法的物料组方。

（二）微粒剂型

1. 微粉体剂粒度

(1) 传统粉体剂粒度：传统散剂的粉粒比较粗大，多为1～75 mm（20～80 目）；少数外用粉剂粉粒较细者也在75 目以下，为150～200 目。此散剂粉粒的植物原料的细胞壁有90 %未被破坏，细胞中的成分不能被释放出来。故传统粉散剂的内服用量大，且起作用较慢，从而造成资源的浪费，并因未被消化的残渣排入环境，对生态环境造成污染，此问题的影响已引起关注。

（2）微细粉体剂粒度：微细粉粒度为250～300目（中心粒径为5～10 μm），打破植物细胞壁95 %，而称细胞破壁技术。

超微细粉粒度，其尺寸进入微米级（μm），粒径≤15 μm（一般在30 μm以下），平均为10 μm，为250～300目，有的可到400～500目（半径为0.1～0.8 μm）。超微粉剂中的植物细胞壁有95 %被破坏，胞中成分可完全释放出，可被充分吸收利用，故此粉体剂又称为"细胞级或亚细胞级的粉体"。此外，该粉体是在低温下局部不产生过热的加工工艺情况下生产的，它保持了植物成分的活性，口感良好，可减少用量50 %～70 %，降低成本20 %～30 %。

（3）纳米粉体剂粒度：纳米粉体的粒度小到1～100 nm时，其量子效应与界面反应，使物质的性能发生改变，成分迅速向动物体细胞、血液中扩散、渗透而吸收和迅速起效，取得超常的应用效果，并克服原传统粉体剂的用量大和有些成分的毒副作用。故纳米粉体技术广泛用于安全饲料、安全食品和绿色药品等。

2．微粉碎机械

微细粉粒度要求在400～500目以下（0.1～0.8 μm），目前有如下机械：

（1）ACM－30气流涡提微粉机：粉粒可达300～500目（0.5～1 μm），200 kg/h，损耗为15 %～20 %。

（2）球磨机、胶磨机、气流磨机、振动磨机、冲击粉碎机、超声粉碎机等气流式、磨介式、机械式的机械设备。

机械通过对物料的冲击、碰撞、剪切、研磨，施于冲击力、剪切力或数力复合作用而粉碎物料。粉碎形式分为：

①一次粉碎：即一台微细粉机械可同时完成粉碎、筛选、分离、再粉碎过程；

②二次粉碎：即先将物料作粗粉碎，然后再进行超细粉碎。其全程包括原料→筛选→清选→干燥→粗粉碎→超细粉碎→风选分级→产品。

3．微细粉制备方法

（1）物理方法

①真空冷凝法：用真空蒸发、加热、高频感应等方法，使原料汽化或形成"等粒子体"，然后骤冷。其特点是纯度高，结晶组织好，粒度可控，但技术设备要求高；

②物理粉碎法：用机械粉碎、电火花爆炸等方法。操作简便，成本低，但纯度低；

③机械球磨法：用球磨法控制适当条件而制得，其特点同②。

（2）化学法：有气相沉淀法、沉淀法、水热合成法、流体凝胶法等。

（三）固体饲料添加剂在胃肠内的吸收

不同固体剂型在胃肠内的吸收速度和量差异很大。固体剂型吸收快慢的次序为：散剂＞胶囊剂＞片剂＞丸剂，而散剂中分散度大的微细粉剂在胃肠内不仅吸收快，而且吸收量也大。实验证明，动物胃肠对物质吸收的最佳粉体粒度为15 μm。

1．吸收过程

粉剂入胃肠后，不能立即与胃肠液接触而被吸收，而必须经以下过程：粉剂颗粒在胃肠先行崩解或分散成细小颗粒（成 μm 或 nm 粒子，即植物细胞壁已破坏），植物细胞中的成分释放出后再溶入胃肠液中，进而成分在胃肠粘膜上皮细胞膜（细胞生物膜）上进行复杂的“生物膜转运”而被吸收入胃肠粘膜上皮细胞，再经生物转运进入血液循环，最后通过血液循环分布于动物体各器官组织而发挥作用。

粉剂在胃肠吸收过程中，粉剂的颗粒粒度（粒径）愈小（μm、nm 粒度），其被吸收速度、吸收率愈大。因为粒径小到 μm、nm 级时，其粒体性质发生有利于被胃肠上皮细胞吸收的变化。如其微细粒的比表面积增大，其吸附性、附着性和溶解度增大，以及通过细胞生物膜性增大，有的还可以由水带着小于白蛋白的分子（分子质量为 100 ~ 200）直接通过胃肠上皮细胞的生物“孔道”进入细胞内（“孔道”直径：动物细胞膜为 4 Å，毛细血管内皮为 40 Å，肾小球内皮为 100 Å，在空肠为 0.75 nm，在回肠为 0.4 nm。“孔道”允许水的自由离子、一价离子和小分子通过）。此外，粉剂颗粒粒径在小于 5 μm 时，可通过肺组织细胞被吸收；小于 100 nm 可入骨髓；小于 300 nm 可入血液循环。

与此同时，在矿物、化学合成物等研究中，发现粉体粒径达 nm 级后，其吸收率和速度大为增加。如珍珠粉，传统粉吸收率在 30 % 以下，而用 2 μm 超微细粉，可全部被吸收；聚苯乙烯粉粒在 500 nm 和 50 nm 时在肝脾和淋巴结吸收都比 1 μm 快；载体粉粒达 nm 级后，可“定向给药”；nm 级疫苗被吸收后，粘膜层会发生免疫反应。

2．微粉粒与胃肠消化吸收

粉体粒度大小是粉体的基本性质，影响物质在动物胃肠内的吸收速度和数量。粉体粒度愈小，其比表面积愈大，其溶解度（溶出量）、吸附性、附着性、流动性等均优于粗粒粉体，在动物体内的吸收速度和吸收量大为增加，并迅速产生作用。

微细粉体粉粒径达 15 μm，是已将植物细胞壁打破的粉粒。破坏植物细胞壁，即可免去动物使用大量的消化液和酶，而保持动物体内的正常平衡。也减少了原来以粗粉不能完全消化吸收而从粪排出的资源浪费，可节约 50 % ~70 %，并减少对环境的污染。

此外，纳米粉粒可通过胃肠粘膜而“透膜吸收”，提高利用率。研究证实，大分子营养物制成纳米粉粒后，可穿透组织间隙和毛细血管，扩散分布于各组织。

二、液体剂型

液体剂型，是指将天然植物饲料组方中原料经提取所得的含有有效成分的液体，即物料分散在适宜的分散介质中制成的液体形态的制剂。

液体制剂通常是将物料（包括固体、液体和气体），以不同的分散方法（包括溶解、胶溶、乳化、混悬方法）和不同的分散程度（包括离子、分子、胶粒、液滴和微粒状态）分散在适宜介质中制成的液体分散体系。

液体制剂的理化性质、稳定性、功效等，均与物质粒子分散度的大小密切相关，故研制液体制剂时，必须重视制剂中物质粒子分散的程度。物质以分子状态分散在介质中，形成“均匀分散”的液体制剂，此剂处于稳定状态，如溶液剂、高分子溶液剂；物质以微粒状态分散在介质中，则形成叫“非均匀分散”的液体制剂，此剂处于物理不稳定的状态，如溶胶剂、混悬剂、乳剂。液体制剂由于制备工艺的不同，还有浸出制剂（用浸出方法制备）和注射剂（特殊制备工艺制成的灭菌制剂），天然植物液体剂型主要为浸出制剂或浸提剂。

浸出剂系指用适当的溶剂和方法，从物料中浸出有效成分所制成的液体制剂，以及以其为原料制成的其他剂型剂（粉、颗粒、片等剂）。浸出剂是一种成分复杂的制剂，除含有效成分（生物碱、甙类、挥发油等）外，还含有辅助成分（是一类本身无功效而能增加或缓和有效成分的作用，或有利于有效成分浸出或增加制剂稳定性等作用的成分，如有机酸、某些皂甙、蛋白质等）和无效成分（其本身亦无功效作用，而可能对浸出、制剂质量和稳定性等有影响的成分）以及无效杂质（如粘液、鞣质、多糖等，在精制品中一般予以除去，否则会影响质量）。但从天然植物的作用来看，它是所含各种成分的综合作用，并由各成分组成天然植物的多效性。

浸出剂，因溶剂、浸出方法和成型工艺不同，可分为以下几种：

1．水浸型

多指在一定加热条件下，物料用水浸出制成一类原浸汁液体剂。

2．醇性浸出剂

指在一定条件下，物料用适当浓度的乙醇浸提制成的制剂，如酊剂、流浸膏剂等。

3．含糖浸出剂

系指在水浸剂基础上，经浓缩处理后，加入适量蔗糖、蜂蜜或其它辅料制成的制剂，如膏剂、颗粒剂等。

4．精制浸出剂

系指用适当的溶剂浸出后，浸出液经过适当精制处理而制成的制剂，如注射剂、片剂、滴丸剂等。

第三节　天然植物饲料添加剂的分类

一、免疫增强剂

系指具有增强动物免疫功能或适应性的天然植物饲料添加剂。

（一）概述

现代免疫学始于英国爱德华·琴纳 1798 年的种痘法，当时琴纳（Jenner）把免疫看作是对微生物感染的抵抗力和对同种微生物再感染的特异性防御力。经过一个世纪的发展，现代免疫学得到完善，认为免疫是机体识别和清除非自身的大分子物，保持体内外平衡的生理反应，即机体对“非己”物质的识别、排除、消灭的过程。免疫既有对机体有利的一面，也有因免疫反应过强而引起组织细胞的破坏，造成疾病的不利一面。近20年来，现代免疫学无论是在理论和技术等方面都有迅速的发展，其应用范围大大拓宽，不仅用于传染性免疫，亦用于非传染性免疫，如变态、自身免疫和免疫缺陷等。同时在药物研究上，除研究增强免疫力的疫苗、类毒素等，如卡介苗、霍乱苗、伤寒菌苗、白喉类毒素等，作为传染病的预防用药外，还相继应用了短棒杆菌以及高分子免疫促进剂和化学合成的免疫抑制剂及细胞毒药，进一步促进了免疫学的发展。但免疫学在药物研究和应用上，按原有思路进行，愈来愈感到困难。如短棒杆菌等微生物剂，其含有共同抗原，可与宿主组织发生交叉反应，并带来不良药理副作用；高分子免疫促进剂，如转移因子、免疫核糖核酸、胸腺素、干扰素及其诱导剂等作为增强抗病力药物，在应用上受到一些限制；免疫性疾病，因其发病机理复杂，使得在用药上较为困难，目前所用的免疫抑制剂，如甾体激素药、强的松、地塞米松和细胞毒药（6－MP、环磷酰胺、依米兰等），其毒副作用大，且药效亦不满意等等。据此，迫使免疫用药的主要目标集中在探索天然药物上。近年来，天然植物用于免疫的研究有较深入的进展，并获得一些成就。尤其是近年来，对天然植物所含的多糖类、甙类等成分的增强免疫作用开展了广泛的研究，在天然植物中找到了高效的免疫增强剂，并广泛应用。

（二）增强免疫的天然植物

1. 黄芪

原植物为豆科膜荚黄芪［*Astragalus membranaceus*（Fisch.）Buge.］的干燥根。甘温入肺脾，具补中益气等功。含有黄芪多糖、硒等十几种微量元素，以及氨基酸、胡萝卜素、叶酸等成分。具有提高巨噬细胞功能、数量和代谢活性；提高淋巴细胞转化率；促T、B淋巴前体细胞的增生，增加抗体形成细胞数，增加抗体产生；促进病毒诱生干扰素；延缓细胞衰老，以及抗菌作用和抗疲劳，增强适应性和抗病力等作用。

2. 刺五加（南五加皮）

原植物为五加科刺五加（*Acanthopanax senticosus* Rupr. etMaxim.）的茎皮或根皮。辛温入肝肾，具替代人参之功。内含五加甙、多糖、秦皮定、黄酮等成分。有增强内皮系统吞噬功能、增强B细胞功能、增强对各种有害因子抵抗力、兴奋肾上腺皮质系统和有适应原样作用等，可使动物体对内外界环境保持高度的调节与适应能力。

3. 党参

原植物为桔梗科党参［*Codonopsis pilosula*（Franch.）Nannf.］的根。性味甘平，入脾肺，具补中益气、健脾胃之功。内含多糖、多种氨基酸和微量元素、植物甾醇等成分。有增强巨噬细胞的功能和数量，提高淋巴细胞转化率，促进造血功能，增加红、白细胞数，促进肾上腺皮质功能，增加血浆皮质酮量，提高机体抵抗力，有适应原样作用，增强免疫功能。

4. 商陆

原植物为商陆科商陆（*Phytolacca acinosa* Roxb.）的干燥根。性味苦寒，入肺脾肾。

具逐水消肿、解毒消痛之功。含有糖蛋白、肽类、皂甙、有丝分裂原（似多肽组成的单聚合蛋白质）等成分。药理作用有促进淋巴细胞转化，激活 T 淋巴细胞和 B 淋巴细胞分裂，可使非致敏淋巴细胞转为细胞毒性效应淋巴细胞和诱生干扰素，以及增强抗病力和适应能力。

5. 马兜铃

原植物为马兜铃科比马兜铃（*Aristolochia contorta* Bunge）的果实。性味苦寒辛，入肺大肠，具清肺降气、消痛肿之功。含有生物碱、马兜铃酸、挥发油等成分。药理作用有兴奋白细胞、巨噬细胞活性，提高血液杀菌力，提高非特异性抗体，以及提高肝、脾细胞代谢力等。

6. 甜瓜蒂

原植物为葫芦科甜瓜（*Cucumis melo* L.）带宿萼的果柄。性味苦寒，入脾胃，具催吐、泻水湿之功。有苦味质，葫芦素 B、E、D、异 B 和葫芦素葡萄糖甙等成分。药理作用有激发细胞免疫功能，提高淋巴细胞转化率和抑制“终致癌物”的形成等。

7. 当归

原植物为伞形科当归［*Anselica sinensis*（Oliv.）Diels］的根。性味甘辛温，入心肝脾，具养血滋补、活血化瘀之功。含有多糖，多种挥发油、十几种氨基酸（含数种动物体内不能合成的氨基酸）、23 种微量元素和多种维生素等成分。药理作用有显著提高巨噬细胞和单核细胞的吞噬功能，促进肝细胞合成蛋白质，促进红细胞的生成，抗抑多种细菌、微生物等作用。

8. 红花

原植物为菊科红花（*Cartharrms tinetorius* L.）的花。性味辛温，入心肝，具活血化瘀、宣毒透疹之功。含有多糖、木聚糖类、甙和醌甙等成分。有促进淋巴细胞转化率和致细胞有丝分裂，抗抑免疫抑制剂（强的松等）的毒副作用（脾萎缩）等作用，是较好的免疫促进剂和免疫调节剂。

9. 淫羊藿

原植物为小檗科箭叶淫羊藿［*Epimedium sagittatum*（Sieh. et Zucc.）Maxim.］的全草。性味辛甘温，入肝肾，具补肾、壮筋骨之功，含有多糖，淫羊藿甙 A、B、C、D、E，植物甾醇等成分。药理作用有促使脾细胞增加，脾增重，增加白细胞和淋巴细胞数，提高淋巴细胞转化率，增加巨噬细胞吞噬功能，诱生干扰素，抗抑多种细菌、微生物，以及具维生素 E 样作用等。

10. 女贞子

原植物为木犀科女贞（*Ligustrum lucidum* Ait.）的果实。性味甘微苦，入肝肾，具滋补肝肾之功。含有果酸、甙、酯醇等成分。药理作用有增加白细胞数，促进淋巴细胞转化率，保肝抗癌和抗菌等。

11. 穿心莲

原植物为爵床科穿心莲［*Andrographis paniculata*（Burm. f.）Nees］的叶或地上部分。性味苦寒，入肝肺大肠，具清热解毒、凉血止痢、消肿止痛之功。含有穿心莲甲、乙、丙、丁素、黄酮类化合物和烷、酮、醛等成分。有增强吞噬细胞的吞噬功能，增强肾上腺皮质功能，抗炎抗癌等作用，对许多感染和非感染性疾病，均有较好的疗效。

12. 白花蛇舌草

原植物为茜草科白花蛇舌草（*Hedyotis diffusa* Willd.）的全草。性味甘凉，入胃大小肠，具清热解毒、活血利湿之功。含有果酸、固醇、烷、黄酮甙、草甙和白花蛇舌草素等成分。有促进网状内皮细胞增生，增强吞噬细胞活力，增强血清的杀菌作用，增强肾上腺皮质功能和抗肿瘤作用，提高动物体非特异性免疫功能等作用。

13. 大蒜

原植物为百合科蒜（*Allum sativum* L.）的地下鳞茎。性味辛温，入脾胃肺，具理中下气、去寒湿、辟邪恶等功。含有蒜辣素、蒜硫甙、蒜硫胺素、醛、醇等成分。药理作用有激活巨噬细胞功能和增加其数量，抗抑多种细菌、真菌，抗炎和抗肿瘤等。

14. 猪苓

原植物为多孔菌科多孔菌属猪苓［*Polyporus umbelatus*（Pers）Fr.］的菌核（柞、桦、槭树根上）。性味甘平，入肾膀胱，具渗湿利水、消肿、止泻之功。含有多糖、甾醇、粘蛋白和维生素 H 等成分。药理作用有增加抗体形成，增强巨噬细胞功能，以及激发网内系统和抗肿瘤等作用。

15. 云芝

为多孔菌科云芝［*Coriolus versicolor*（n.）QuelL］性味甘平，为滋养强壮之品。含有多糖、17 种氨基酸等成分。药理作用有增加淋巴结中 T、B 细胞数，激活 B 细胞，增加抗体，增强巨噬细胞功能和识别能力，增高 IgM 的量等。

16. 其它

（1）增强免疫的天然植物还有：人参、银耳、灵芝、香菇、虫草、麝香、生黄、哈蚧、枸杞子、杜仲、沙苑子、牡蛎、龙骨、鹿茸、阿胶、虎骨、石决明、石膏、冬瓜子、刺参、羊角等。

（2）增强细胞免疫的天然植物有（除上述外）：仙茅、百合、菟丝子、锁阳、五味子、白首乌、扁豆、黄豆、赤小豆、鹿蹄草、桑椹、桑枝、桑寄生、旱莲草、鸡血藤、冬凌草、紫花地丁、蒲公英、漏芦、柴胡、山豆根、白屈菜、青黛、仙鹤草、补骨脂、薏苡仁、龟板、黄芩、酸枣仁、黄连、丹参、白芍、川芎等。

（3）促进体液免疫的天然植物有（除上述外）：甘草、猪牙皂、海宝、枸杞子、附子、生姜、玄参、丹参、臭牡丹、金银花、黄柏、青蒿、蜂房、仙茅、菟丝子、锁阳、肉桂、紫河车、麦冬、天冬、北沙参等。

（4）增强单核吞噬细胞系统吞噬功能的天然植物有（除上述外）：刺五加、白术、党参、黄芪、灵芝、云芝、银耳、猪苓、茯苓、猴头菌、牛肝菌、淫羊藿、枸杞子、马兜铃、杜仲、薜荔果、丹参、当归、白花蛇舌草、紫草、青蒿、山药、旱莲草、黄连、黄柏、山豆根、大蒜、甘草、水牛角、臭牡丹、水杨梅、牡荆、头花千金藤、栀子、肿节风等。

(5) 促进白细胞吞噬功能的天然植物有（除上述外）：野菊花、丹皮、鱼腥草、知母、大黄、金银花、大青叶、穿心莲、白毛夏枯草、一枝黄花、石榴皮、大蓟、龙胆、白术、连翘、青木香、黄连、白花蛇舌草等。

(6) 双向调节免疫功能。

①以剂量依赖性双向调节的天然植物有（小剂量促进，而大剂量则抑制）：香菇、绞股兰、黄芪、枸杞、白芍、淫羊藿、雷公藤等；

②使免疫功能恢复的功能依赖性双向调节的天然植物有：旱莲草、淫羊藿、白芍、鸡血藤、香菇、女贞子、地骨皮、杜仲、黄芪等。

(7) 增强或诱生有关免疫物质作用的天然植物。

①增加血清补体的含量：臭牡丹、附子、人参等；

②诱生干扰素：丝瓜、刺五加、黄芪、瓜蒌皮、石斛、丹参、龙胆草等；

③破坏免疫抑制因子的作用：肿节风（总黄酮甙）等；

④提高疫苗自动免疫效力：桉叶、淫羊藿等；

⑤增加血清备解素的含量：鱼腥草等；

⑥抑杀病原菌增强免疫：如白花蛇舌草（有增强血清杀菌素作用）、枸杞子（提高血清溶菌酶的活力）、甘草（降低病原菌毒素）。

二、动物产品品质改良剂

系指能改善动物性产品色泽、风味，或提高胴体品质、延长产品货架寿命的天然植物饲料添加剂。

（一）能改善动物性产品风味的天然植物饲料添加剂

风味是食物在摄入前、后刺激人和动物的所有感官而产生的各感觉的综合，包括味、嗅、触、视感官反应所引起的化学、物理、心理感觉的综合效应。人和动物对食品的感觉分为化学感［味觉（甜、苦、酸、咸）、嗅觉（香、臭、腥、辣）］、物理感［触觉（硬、粘、热）、运动感（干、滑）］、心理感［视觉（色、形）、听觉（声音）］。因此，食品的风味可以说是食品的色、香、味、形及其宣传的综合效应。

食品的风味是几种化合物起主要作用的结果。如香蕉的风味特征化合物是乙酸异戊酯，西瓜为6－氧代壬醛等。风味物质是一类非营养性物质，它们不参与体内的代谢，但有促进食欲的作用。因此，它们也是食品质量的重要标志之一。

关于该类天然植物饲料添加剂的具体种类等，参见调味、增味剂等内容。

（二）能改善动物性产品色泽的天然植物饲料添加剂

我国人类，在山顶洞人时代（距今约3万年），已用天然的赤铁矿来染串珠贝和筋绳。到奴隶社会时期，已有了用天然有色植物来染生活用品的染色技术。周朝时，设有官职掌管茜栀园（专门种植有色植物供染色用的植物园）和染色，如《周礼》载有："掌染草，掌以春秋敛染之物，以权受量之，以待时而颁之。"故出现玄冠黄裳，这种用天然有色植物染丝帛的技术和配方一直沿用至今。

自1856年英国的泊金斯发明第一个合成有机色素"苯胺紫"后，合成色素迅速发展，确有完全取代天然色素之势。但由于合成色素有害于人体健康，甚至致癌，如β-萘胺、α-氨基萘酚等，各国对合成食用色素加以禁用或限用，由原可用100多种合成色素，现只允许用数种，如美国剩7种，中国剩8种。与此同时，各国又重新重视天然色素的研发和应用，于是天然色素发展迅速。在追求食品安全的今天，应用天然植物色素改善动物性产品色泽，已成为新的发展方向。

1. 天然植物色素分类（参见表3-3）

表3-3　天然食用色素的分类

种　类	色　素
类胡萝卜素类	胭脂树橙（红木素、降红木素）、虾壳色素、甜橙色素、叶黄素、南极磷虾色素、蟹壳色素、栀子黄色素、玉米黄色素、番红花色素、天然胡萝卜素（胡萝卜胡萝卜素、红薯胡萝卜素、蓝藻胡萝卜素、棕榈油胡萝卡素）、番茄色素、辣椒色素、弗非酵母色素、苏木藻色素、金盏草色素
花色甙类	红米（黑米）色素、各种浆类色素（接骨木浆果色素、越橘色素、鹅莓色素、红莓色素、美洲大树莓色素、香莓色素、草莓色素、悬钩子色素、美洲越橘色素、黑加仑色素、黑草莓色素、乌饭树果色素、欧洲越橘色素、美洲红山莓色素、蓝靛果色素、桑葚色素、木莓色素、红加仑色素、杨梅色素、枸杞子色素）、黑豆红色素、大花美人蕉色素、黑樱桃色素、玫瑰茄色素、地埝果红色素、萝卜红色素、红球甘蓝色素、葡萄皮色素、葡萄汁色素、橡子壳色素、紫苏色素、紫玉米色素、紫山药色素、紫浆果色素、紫青芋色素
黄酮类	菊花黄色素、沙棘黄色素、柿色素、甘草色素、花生衣红色素、美洲山核桃色素、芸香甙提取物、紫檀红色素、苏木色素、生油树果色素、可可色素、罗望子色素、槐豆胚芽色素、高粱色素、洋葱色素、红花黄色素、红花红色素
醌类	茜草色素、紫草色、胭脂虫红色素、生舌草色素、紫胶色素、酸枣色素
卟啉类	叶绿素、叶绿酸、血色素、矮竹色素
双酮类	姜黄素
多酚类	板栗壳色素、苔色素、金樱子棕、多穗棕、茶黄色素
β-花色甙类	甜菜红、落葵红、天然苋菜红
炭黑类	植物炭黑色素、可可炭黑色素、骨炭黑色素、油烟色素
其他	红曲红色素、红曲黄色素、焦糖色素、鱼鳞箔、洋苏木色素、密蒙黄色素、蓝藻色素、紫菜色素、栀子蓝色素、栀子红色素、黑芝麻色素、海州常山色素、槐豆胚芽色素、枫叶黑色素、儿茶黑色素、乌贼色素、菊苣色素

2. 天然植物色素的性质（参见表3-4）

表 3－4　部分天然色素的主要性质

类别	色素名称	主要成分	稳定性						溶解度(g/100 ml)			食品中有效浓度 mg/kg	备注
			光	热	氧	微生物	酸	碱	水	植物油	乙醇		
花色甙类	葡萄皮	花葵素	差	差	差	中	好	差	易溶	不溶	易溶	0.5%～5%	①一般酸性时呈红色，中性时呈紫色，碱性时呈蓝色 ②金属离子（尤其是锡、铁、锰）呈色转蓝
	红莓	花青素	好	好	好	中	好	差	易溶	不溶	易溶		
	玫瑰茄	花翠素	可	中	好	中	好	差	易溶	不溶	易溶		
	红球甘蓝	多种	好	好	好	中	好	差	易溶	不溶	易溶		
	接骨木	甲基花青素	可	好	好	中	好	差	易溶	不溶	易溶		
	黑加仑		好	好	好	中	好	差	易溶	不溶	易溶		
	紫玉米	锦葵色素	好	极好	好	中	好	差	易溶	不溶	易溶		
	萝卜红	天然葵甙	好	好	好	中	好(橘红)	中(黄色)	易溶	不溶	易溶		
类胡萝卜素类	番茄红素	番茄红素	好	好	好	中	好	好	不溶	溶(0.1)	－		低酸时有沉淀，遇金属离子变混
	胭脂树橙	红木素	中	好(＜125℃)	极好	好	差	好	不溶	溶	溶	0.5～10	
	胭脂树橙	降红木素	中	好(＜125℃)	极好	好	差	好	溶	不溶	溶		
	β－胡萝卜素	β－胡萝卜素	中	好	差	中	好	好	不溶	微溶(0.05～0.1)	不溶	2.5～50	对 SO_2 及抗坏血酸稳定
	阿扑胡萝卜素	阿扑胡萝卜素	中	中	差	中	好	好	不溶	微溶(0.7～1.5)	微溶	1～20	
	斑蝥黄	斑蝥黄	中	好	中	中	好	好	不溶	微溶(0.005～0.02)	微溶	5～60	
	辣椒红	辣椒红素	中(油树脂)	好	差	中	好	好	不溶	溶	－	0.2～10	受 SO_2 漂泊
	番红花	藏花红酸	差	好	差	中	好	中	溶		溶		
	栀子黄	藏花素	差	好	差	中	好	中	溶		溶		对 SO_2 很稳定
	叶黄素	叶黄素	好	好	中	中	好	好	不溶	溶	溶		
黄酮类	高粱红	芹菜甙	好	好	好	好	好	好	易溶	不溶	易溶		遇铅、铁离子成黑色
	可可(壳)色素	聚酮糖甙	极好	极好	好	好	好	好	易溶	不溶	易溶		
	菊黄素	大花金鸡菊	查耳酮苷等	极好	极好	好	中	好(黄色)	可(橙黄)	易溶	不溶	易溶	
	红花黄	红花黄	好	中	中	中	好	可	易溶	不溶	微溶		

续表 3－4

类别	色素名称	主要成分	稳定性						溶解度(g/100 ml)			食品中有效浓度 mg/kg	备注
			光	热	氧	微生物	酸	碱	水	植物油	乙醇		
甜菜碱色素	甜菜红	甜菜红苷	差	差	好（粉状）中（溶液）	好（粉状）中（溶液）	好	差	溶	不溶	溶		对 SO_2 稳定，pH3.5 ～ 5.0 最稳定
奎宁类	胭脂虫红萃取液	胭脂虫红酸	好	好	好	好	好（橙色）	沉淀（紫色）	溶	不溶	溶	25～100	
	胭脂虫红色淀	胭脂虫红酸铝	极好	极好	极好	极好	pH＜3 沉淀	稳定（蓝色）	不溶	不溶	不溶		
	檀香木	檀香木 A 和 B	好	好	好	好	好（橙至红）	好（红）	不溶	–	溶		
	紫草根	紫草红	–	–	–	–	好（pH＜6）	蓝（pH＞6）	微溶	不溶	溶		
	紫胶红	紫胶酸	极好	极好	极好	好	好	中	微溶	不溶	溶		中性时染色性差
卟啉类	叶绿素	叶绿素 A 和 B	差	差	差	差	差	略优于酸性	不溶	溶	溶		
	叶绿素铜	叶绿素铜	好	好	好	好	中	好	不溶	溶	溶		
	叶绿素铜钠	叶绿素铜钠盐	好	好	好	好	可沉淀	好	溶	不溶	溶		
类黑精	酱色	–	好	好	好	好	视品种而异	视品种而异	易溶	不溶	易溶	1000～5000	
	麦芽	–	好	好	好	中	好	差	溶	不溶	溶	抽提液 0.2～60	
其它有机色素	姜黄	姜黄素	差	好	中	可	好	可（趋红色）	微溶	溶	溶	油树脂	
	核黄素	核黄素	差	好	中	可	好	差	微溶	微溶	不溶	2～640	
	植物碳黑	碳	极好	极好	极好	极好	极好	极好	不溶	不溶	不溶		
	苔色素	地衣红	好	好	好	–	好	好	不溶	不溶	溶		
	蓝靛色素	蓝靛	差	好	好	–	可	差	溶	不溶	微溶		
	红曲色素	潘红等	可	极好	好	极好	好	好	不溶	溶	溶		
无机色素	二氧化钛	二氧化钛	极好	极好	极好	极好	极好	不溶	不溶	不溶	不溶	50～5000	
	碳酸钙	碳酸钙	极好	极好	极好	极好	微溶于盐酸	微溶	不溶	不溶	不溶		

3. 天然植物色素饲料添加剂的应用（参见表3－5）

表3－5 天然植物色素饲料添加剂在蛋鸡中的应用

天然植物	色素	添加量	效果
胡萝卜	含胡萝卜素522 mg/kg 叶黄素528 mg/kg	20%～30%	蛋黄有较好的增色效果
槐叶粉	含VA、叶黄素、叶绿素等	5%～10%	蛋黄颜色加深
柿子皮	含大量的VA和胡萝卜素	10%	蛋黄、皮肤黄色加深
松针叶粉	胡萝卜素238 mg/kg	5%～8%	蛋黄增色显著
黄玉米粉	胡萝卜素8.3 mg/kg	60%～70%	蛋黄更黄
红辣椒粉	胡萝卜素1200 mg/kg	0.2%	蛋黄增色效果显著，产蛋率提高20%左右
黄麻叶粉	叶黄素约800 mg/kg	5%～10%	蛋黄颜色加深
橘皮粉	含胡萝卜素和柑橘黄素	2%～4%	蛋黄颜色加深，产蛋率提高10%
南瓜	胡萝卜素80 mg/kg	25%	蛋黄颜色加深
艾叶粉		2%	增加蛋黄色泽
紫菜粉		2%～4%	蛋黄增色显著
苦卖菜		5%～10%	产蛋率提高10%，蛋黄呈深黄色，味香，品质好
海带	胡萝卜素200 mg/kg以上，富含碘	3%～5%	增色剂，生产高碘蛋
青蒿	胡萝卜素、叶黄素	2%～4%	蛋黄颜色加深，产蛋率提高10%
甘蓝	叶黄素680 mg/kg	8%～10	有蛋黄增色效果
苋菜	胡萝卜素和叶黄素	10%～15%	蛋黄颜色呈杏黄色或橘黄色
聚合草粉		5%～10%	蛋黄颜色加深
银合欢粉	含有大量的胡萝卜素	5%～8%	蛋黄颜色加深，产蛋率提高15%
苜蓿粉	胡萝卜素500mg/kg以上	8%～12%	蛋黄颜色加深
益母草	富含叶黄素和VA	1%～2%	蛋黄色泽加深，产蛋率可以提高13%
红花		1%～2%	蛋黄色泽加深
金瓜	胡萝卜素、玉米黄素和叶黄素	鲜喂	蛋黄有明显的增色
大麦叶	含胡萝卜素300 mg/kg以上	5%～15%	蛋黄颜色加深
金盏菊	每千克金盏菊花瓣粉含叶黄素高达1000～6000 mg	适量	蛋黄橙色，鸡的皮肤呈金黄色
万寿菊		0.3%	用于家禽蛋黄、皮肤和脂肪的增色剂，增色效果极佳
孔雀草粉		0.3%	使鸡蛋的颜色从1级提高到6.5级
朝天红		1%	3～6天内有效地增加蛋黄色泽
栀子		0.5%～1%	提高产蛋率5.86%～7.29%，并能加深蛋黄色泽
胡枝子叶粉	含较多的维生素和叶黄素	12%	提高产蛋率2%左右，蛋黄呈深黄色

三、抗氧化剂

系指能延缓和防止饲料中营养成分氧化变质的天然植物饲料添加剂。该类抗氧化剂，还具有提高饲料稳定性和延长贮存时间的作用。

氧化是导致饲料品质变劣的重要因素之一，尤对油脂或含油饲料更是如此。氧化除使饲料中油脂酸败以外，还会使饲料褪色、褐变、维生素破坏，降低质量和营养价值，甚至产生有害物质，引起中毒。

1. 抗氧化的天然植物

天然植物中多含有抗氧化的成分，现已知具抗氧化作用的天然植物有红辣椒、栎树皮、荞麦秸、芝麻油、米糠油、桉叶、甘草、红茶、棕榈、柠檬等。此外，具酸的天然植物，可起到抗氧化增效作用，如柠檬酸、酒石酸、苹果酸等，它们对金属离子有封锁作用，使其失去催化氧化作用。故乌梅、山楂、苹果皮、橘皮等有较好的开发前景。

2. 抗氧化的天然植物提取物

抗氧化的天然植物提取物有：越橘叶提取物（乙醇提取）、儿茶酸（山茶、茶树枝叶，用水或乙醇提取）、杨梅提取物（黑杨梅果实、树皮或叶，用水、乙醇提取）、丁香提取物（用桃金娘科的丁香树的花蕾和叶，乙醇提取）、水芹提取物（水芹根茎，用水、乙醇提取）、美人蕉提取物（美人蕉根、茎、叶，用水或乙醇提取）、米糠酶解物（脱脂米糠经酶解后，用水提取）、桉树叶提取物、龙胆根提取物、橘皮素、甘草油性提取物、胡椒提取物、植酸（肌醇六磷酸）、栎皮酮（洋葱，乙醇提取）、菜籽油提取物、迷迭香提取物（迷迭香的花和叶，用二氧化碳或乙醇提取）、鼠尾草提取物（鼠尾草叶，用水、乙醇提取）、向日葵籽提取物、茶叶提取物、生育酚（由大豆、油菜等种籽，在食用油生产的精制中所得的馏出物，经浓缩后，精制而成）。

四、营养强化剂

系指能提供动物生长生产必需的，而在饲料加工储存中易损失或在动物生长及生产中需要强化补充的营养物质。我国允许应用的营养强化剂，主要有维生素类，包括维生素 A、B_1、D、E、C 等；氨基酸类，如赖氨酸、牛磺酸等；无机盐类。

1. 天然植物营养强化剂

（1）天然维生素：有胡萝卜素、VE（各种生育酚）、肌醇 、橘皮甙、核黄素、VA、VB_{12}；VD_2、VD_3 等。

（2）天然无机盐：有煅烧钙（活性钙）、非煅烧钙（生物碳酸钙）、海藻粉等。

（3）天然蛋白质：有玉米面筋、小麦面筋等。

（4）天然氨基酸：有异亮氨酸、亮氨酸、赖氨酸、蛋氨酸、苯丙氨酸、苏氨酸、色氨酸、缬氨酸。

（5）其他：有甜菜纤维、亚油酸、亚麻酸等。

2．天然植物营养强化剂制品

现已有的植物营养强化剂制品有：玉米面筋［为玉米制淀粉（湿磨）的副产品，主要成分为玉米醇溶蛋白和谷蛋白］、橘皮甙（柑橘类果皮、汁、种子，用有机溶剂浸提后精制而成，主要含维生素P）、肌醇（由玉米浸泡液浓缩沉淀，得粗植酸盐再水解而得）、海藻粉（由褐藻门的巨藻和掌状海带或糖海带及各种红藻磨成的粉）、亚油酸（由亚麻籽油等经水解、分馏而得）、亚麻酸（由亚麻油经水解、分馏而得）、赖氨酸（从糖类直接发酵制取、再分离精制而成）、苯丙氨酸（脱脂大豆精制而得）、核黄素（用含葡萄糖、玉米浸泡液浓缩精制而成）、VE（从富含VE植物油中精制而得）、小麦面筋（由小麦粉经水洗提取淀粉后的副产品）。

五、防腐剂

系指能防止饲料变质腐败、延长保质时间的天然植物饲料添加剂。它是具有杀死微生物或抑制其繁殖作用的物质。按其抗微生物的主要作用性质，将有杀菌作用的物质称为杀菌剂，而仅将具有抑菌作用的物质称为防腐剂。

（一）饲料腐败变质的原因

饲料败坏的原因很多，包括物理、化学及生物等方面的因素，这些因素可同时或连续发生。饲料中营养丰富，适于微生物生长繁殖，而微生物又是无处不在，故细菌、霉菌和酵母之类的微生物的侵袭是导致饲料败坏的主要因素。

1．环境对饲料的影响

（1）光照：可见光谱中，波长较短的光（450～500 nm）可起催化作用，引起饲料中各成分发生变化。光对饲料的败坏作用过程是：引起油脂氧化反应，使脂溶性维生素分解、破坏，进而使油性料变质，如引起光敏性维生素，如核黄素、胡萝卜素、硫胺素等破坏褪色，同时也可使蛋白质变性等。

（2）温度：对生物和非生物因素变质均有影响。如环境温度每升高10 ℃，则饲料腐变速度加快4～6倍。

（3）氧化：氧化反应可使饲料中养分破坏，包括油脂氧化而酸败，蛋白质氧化而变质，以及破坏维生素成分等。

（4）湿度及水分：环境中湿度高、水分大可使饲料成分腐变，或使饲料失去原有香味或结块等，降低饲料品质。

2．生物性败坏

生物性败坏，是由于微生物的作用而使饲料败坏。环境中的细菌可侵袭饲料，使饲料腐败变质，进而腐败毒（肉毒胺等）引起动物中毒或疾病。

（1）饲料中常见细菌：有肠菌科（志贺氏菌、副伤寒沙门氏菌、病原性大肠杆菌）；大肠杆菌属、肠菌属和变形杆菌属，它们是综合性腐败菌；乳酸菌，是饲料腐败的重要菌；芽孢杆菌属，为耐热性特殊菌种，能在较高温度下迅速繁殖，使饲料霉败，尤其对淀粉、蛋白类可进行较强的分解，甚至在常温下也可引起饲料腐败；梭状芽孢杆菌属，可产生二氧化硫，使饲料变黑。

(2) 饲料中常见真菌：有醇母目（有孢子酵母菌类），它们易于发酵，也能引起饲料腐败；芽孢纲的念球菌属、红酵母菌属、白念球菌等，有的导致发生真菌病；丝孢纲的曲霉属（灰绿曲霉、黄曲霉、烟曲霉及黑、棕、杂色曲霉）和镰刀霉属等。

（二）防腐的天然植物

1. 防霉的天然植物

有土槿皮、射干、黄柏、白藓皮、茴香、花椒、辣椒、石榴皮、乌梅、山豆根、水天蓼枝叶、半边莲、茵陈蒿、百部、槟榔、芥子、白屈菜、青蒿、姜黄、苦参、白头翁、苍术、贯众、川楝子、藁本等。

2. 防腐的天然植物提取物

有竹提取物（竹秆表皮醇提取）、桂皮提取物、无花果叶提取物、连翘提取物、姜提取物、辣根提取物、桑树皮提取物、芥菜子提取物、毛蒿提取物、牛蛭叶提取物等。

六、调味剂

系指用于改善饲料适口性，增进动物食欲的添加剂，包括增味剂和增香剂两类。

（一）增味剂

系指能赋予饲料甜、酸、咸、清凉等特殊味感的一类添加剂。天然增味剂是指化学结构明确的单一成分物质，或由某种天然呈味物质的提取物，天然增味剂在当今饲料添加剂中应用前景广阔。

增味剂多含有能刺激动物味蕾而兴奋食欲和增进消化的成分，包括甜、酸、清凉、咸等。但在使用时，因动物对物味的喜恶不同，应根据其味感特点选用。一般禽类味觉迟钝，对酸、咸有较大的耐受力，而雏禽喜爱甜味，厌恶咸味；猪对甜、酸味喜爱，且对辛、咸味有耐受力；反刍动物甜味觉发达，可识别 1 % 的甜度（人对此已不能感觉），并对酸、咸有喜爱。

（二）甜味剂

甜味是基本味感，甜可用于改进饲料的可口性。天然甜味剂是指从自然界植物中提取的成结晶的单糖和寡糖，具有甜味，如葡萄糖、蔗糖、乳糖、麦芽糖、棉籽糖、甘露醇、山梨醇等，还有淀粉糖浆（淀粉不完全水解糖化而成）。此外，在天然植物中也含有非糖甜味剂，如甘草甙（由甘草酸与葡萄糖醛酸结合而成，其甜度为蔗糖的200 倍，并具有增香效果）、甜叶菊甙（其甜度为蔗糖的 300 倍）、甘茶素（亦称甜茶素，为虎耳草科叶中成分，其甜度为蔗糖的 300 倍，并能防腐）等，它们均为天然、安全的甜味剂。

甜味物中有糖类和非糖类，它们是植物代谢产物，存于植物器官中。

1. 糖类

糖类常用的有蔗糖、葡萄糖、果糖、乳糖和麦芽糖等。由于现代酶技术的发展，以淀粉为原料的各种糖化产品不断增多，成为有前景和潜力的发展方向。目前能制成各种淀粉糖，除传统的葡萄糖、麦芽糖等外，已有很多品种。

2．非糖天然甜味剂

非糖甜味剂，包括糖甙、糖醇、甜味蛋白等物质，它们存在于植物的果实、叶、根中，多为提取法获得，国际上对此类甜味物已大力开展研究。

（1）糖甙类甜味植物：有甜叶菊、掌叶悬钩子、假秦艽、罗汉果、甘草、虎耳草、多穗柯等。

（2）糖醇类甜味植物：许多植物含有木糖醇或山梨醇、甘露醇、麦芽糖醇甜味物质，如野甘草。

（3）甜味蛋白类甜味植物：有水槟榔、奇异果、西非竹芋果实、神秘果实等。

3．酸味剂

酸味爽快，刺激味觉，从而增进食欲，增加纤维素、钙磷等的溶解，促进消化，并有防腐作用。天然存在的酸主要是柠檬酸、酒石酸、苹果酸等有机酸以及由食品发酵产生的乳酸、醋酸等。目前作为酸味剂的主要是有机酸，也有用发酵法制取的延胡索酸、葡萄糖酸等。天然酸味成分，分为：

（1）脂肪族有机酸类：有柠檬酸（存于柑橘、浆果的水果中）、苹果酸（存于植物果实中，尤其是红果）、酒石酸（存于植物果实中，如菠萝、葡萄等）、琥珀酸和延胡索酸（存在于未成熟的水果中）；

（2）芳香族有机酸：有苯甲酸（为植物中的游离酸，存在于李子、蔓越橘等水果中）、水杨酸（存在于莓类浆果中，如草莓等）。

（三）增香剂

系指能赋予饲料香味的天然植物添加剂。增香剂能增进食欲、促进饲料消化、提高生产性能和改善动物性产品品质或风味，而被广泛应用。中国在数千年前就已发现了芳香植物对人体有调节作用，并用于生活的各个方面，其中用于食品方面更多。从汉墓马王堆1号汉墓出土了植物芳香的根状茎（含香豆素成分），放于竹筒、陶薰炉、香囊中等。中国传统食品中沿用古代加香料植物香，如茉莉、玫瑰、桂花、薄荷、柑橘、柠檬、八角、茴香等，以改善品质，增强可食性和食欲。在国外，为满足动物性食品更香、更鲜的要求，也广泛应用增香饲料添加剂，如日本在改善牛奶品质方面，用肉桂、紫苏、苏子等。此外，一些国家在仔猪料中添加柑橘、甘草、香兰素；鱼类饲料中添加大蒜粉、杜仲叶等增肉香味等。

1．我国的香料植物资源

我国幅员辽阔，物产丰富，蕴藏着极多的香料植物资源，有香料植物60多个科500余种植物（多为野生），现已利用的仅170种。

（1）香花植物：有珠兰、白兰花、腊梅、玫瑰、九里香、树兰、沙枣、茉莉、栀子、水仙、春兰、野菊。

（2）香根植物（根含精油）：有裸子植物（如紫杉、榧树、云杉、华北冷杉、华山松、红松、云南铁杉、柏木、桧、杜松、沙地柏等），以及岩精、缬草、苍术、香附子、菖蒲等。

（3）草本香料植物（全草或地上部分含精油）：有丛生树花（属于树花科树花属的一种地衣）、黄花草木樨、黄葵、格蓬、灵香草、五肋百里香、山薮等。

（4）木本香料植物（其皮、木材、枝叶均含精油）：有裸子植物（红松、马尾松、湿地松、云南松等）、草珊瑚、香桦、红茴香、山苍子、九里香、黄栌、五加、长圆叶梾木、滇白珠、牡荆、枫香。

2．香料植物的化学成分（芳香成分）

（1）萜烯类和芳香族芳香物质

①烃类及其衍生物：有苧烯（柠檬样香气，存于柠檬、甜橙、橘子等中）、α－水芹烯（有柑橘、胡椒香气，并带薄荷香，存于茴香、斯里兰卡肉桂、胡椒、八角、莳萝等中）、β－石竹（存于丁香、酒花、众香子、黑胡椒等中）、α－蒎烯（存于迷迭香、百里香、芫荽、枯茗、橙花、柠檬等中）、1，8－桉叶油素（具清凉爽气息，存于盐蒿、香紫苏、迷迭香、月桂叶、小豆蔻、薄荷、八角、鼠尾草中）、β－伞花烃（是胡萝卜样香气，存于柠檬、芫荽子、大茴香、斯里兰卡肉桂等中）。

②萜醇和芳醇类：有芳樟醇（具清甜气息，存于柠檬、橙叶、香紫苏、桂皮、百里香、姜、白柠檬、芫荽子、肉豆蔻花等中）、薄荷醇（具清凉香气，存于薄荷类植物中）、α－松油醇（具清香气息，存于小豆蔻、甘牛蛭、甜橙、橙叶、肉豆蔻、柠檬、大茴香、缬草、百里香、香紫苏等中）、大茴香醇（具清甜气息，存于香荚豆、茴香子等中）、桂醇（具花香气息，存于肉桂叶中）、生姜醇（用萃取法制取的油树脂中含有生姜醇）。

③醛类：柠檬醛（清甜气息，存于柠檬、白柠檬、生姜、山苍子、山胡椒、丁香罗勒等中）、藏花醛（具藏红花气息，存于藏红花中）、苯甲醛（具苦杏仁芳香，存于苦杏仁、桃、李属果实等中）、香兰素（具甜清气息，存于香荚兰豆中）、桂醛（具桂皮香气，存于中国肉桂、桂叶、桂皮油等中）、莳萝醛（具辛香气，存于姬茴香、桂皮、芸香精油中）。

④酮类：甲基庚烯酮（具脂肪气、柑橘样香气，存于生姜、柠檬精油等中）、香芹酮（具留兰香气，存于留兰香、莳萝、黄蒿精油中）、圆柚酮（存于圆柚汁或柠檬、柑橘油中）、茴香酮（存于八角茴香、小茴香精油中）。

⑤酚类：丁香酚（存于众香子叶、浆果、丁香花蕾、月桂及叶、零陵香、丁香罗勒等中）、异丁香酚（具花香气，存于肉豆蔻等中）、百里香酚（存于百里香、丁香罗勒中）、香芹酚（存于百里香属植物、牛蛭属植物中）。

⑥醚类：有茴香脑（存于八角茴香、小茴香等中）、丁香酚甲醚（存于菖蒲、众香子、丁香罗勒、月桂等中）、龙蒿脑（具茴香气，存于龙蒿、八角茴香、罗勒、小茴香等中）。

⑦酯类：甲酸芳樟酯（具菠萝气，存于杏、桃、白柠朦、橙叶等中）、甲酸茴香酯（存于香荚兰果荚中）、乙酸芳樟酯（存于香柠檬、香紫苏、香柠檬、薄荷中）、乙酸丁

香酯（存于丁香花蕾、月桂叶中）、乙酸香叶酯（存于橙叶、芫荽、胡萝卜中）、乙酸松油酯（具香甜气，存于肉豆蔻中）、异戊酸甲酯（具苹果香气，存于菠萝、橙汁中）、γ－己内酯（存于菠萝、桃的挥发性香味组分中）、γ－壬内酯（具椰子香气，存于桃、杏、番茄汁中）、香豆素（具干草香气）。

（2）含硫、含氮类

①异硫氰酸烯丙酯：存于芥叶子中；

②烯丙基硫醚：具大蒜气，存于大蒜中；

③甲基丙基二硫：具洋葱气，存于葱、蒜类植物中；

④丙基二硫：存于洋葱、大蒜、炒花生中；

⑤烯丙基二硫：存于洋葱中；

⑥蒜素：具大蒜特有气；

⑦三硫化合物：存于洋葱中；

⑧N－甲基邻氨基苯甲酯：具橘子皮气，存于橘子、橙叶油中；

⑨吡咯：具醚样香气，存于柠檬树、马鞭草叶中；

⑩哌啶：具胡椒样气，存于黑胡椒和烟草中；

⑪2－甲基吡嗪：存于咖啡、榛子中；

⑫2－异丁基噻唑：具番茄气，存于番茄中。

（3）酰胺类

①胡椒碱：存于黑胡椒中；

②辣椒碱：存于各种辣椒类植物中；

③花椒碱：具辛辣性，存于成熟的花椒果实中。

增香剂多含挥发性成分，在加工上多用水蒸汽蒸馏法（水中、水上、直接蒸汽和水蒸汽蒸馏法）、浸提法（静置、逆流、搅拌浸提，浸提溶媒常用乙醇、丙醇或超临界的液体二氧化碳）、压榨法（多用于柑橘果实或果皮提取精油）和吸附法提取。

因多增香剂为挥发性成分，在加工和贮藏时应防止香气散失，在包装上要密封包装。贮藏在 5～16 ℃，并于干燥通风之处，避开热源和直射日光。

七、促生长剂

系指能促进和改善动物生长或生产性能的天然植物饲料添加剂。

促生长剂是一个笼统的提法，要达到促生长的目的，要应用营养强化剂、免疫增强剂和调味剂等综合添加。故在实际生产中，应根据动物实际情况，应用上述各类具体的添加剂。具体内容参见相关添加剂。

第四章　天然植物饲料添加剂的定性和化学成分分析

第一节　定性鉴别

天然植物饲料添加剂制剂的定性鉴别是制剂质量标准中的一项重要内容，目的是检定制剂的真实性。目前，用于定性鉴别的方法主要有显微鉴别法和理化鉴别法两大类，后者又可分为一般化学反应法、升华法、荧光法、光谱法和色谱法等。

质量标准中还有一项制剂的性状，该项目按照一定的格式，即先色泽、形态，后嗅味，对制剂的外形感观、性味进行描述，这些性状特征与定性鉴别共同体现了制剂的真实性，更有利于对制剂的真伪作出正确的判断。

一、分析化验常用的仪器设备

为保证所生产的各类天然植物添加剂及其预混料的质量和饲料安全，各类产品在出厂库之前均需进行质量标准检查化验分析。与此同时，在收接外购原料时，亦应作相应检查化验，并出示化验证明单，还不合格者，一律不许出厂和接收。此外，在发生饲料纠纷时，要凭饲料分析和化验结果，以作仲裁依据。故饲料厂的饲料分析和化检验工作十分重要。常用饲料分析和化验仪器设备见如表 4－1 所示。

二、显微定性鉴别

它是利用显微镜对植物制剂中各物的组织碎片、细胞或内容物等特征进行鉴别的一种方法。凡以物材细粉直接制成的制剂或添加有部分物材细粉的制剂都可以采用本法鉴别。本法操作简便，准确可靠，耗费少，应用范围广。

1．显微定性鉴别的特点

植物制剂进行显微鉴别比粉末的显微鉴别更为复杂。一是由于制剂味多，内容复杂，各植物原料和辅料的显微特征有可能互相影响产生干扰，二是植物原料经过炮制或制作处理制成各种剂型后，有的原料粉末可能发生变化，导致显微特征改变甚至消失。因此，植物制剂做显微鉴别时，往往不能直接采用原料粉末鉴别的显微特征，而是要在该制剂的特定条件下，对处方中各物味逐一分析比较，考虑选用能相互区别、互不干扰、能表明该物味存在的显微特征作为鉴定依据。一般每味物品选一种主要特征供镜检鉴别，该特征必须明显，易被察见，重现性好。三是有的制剂在装片镜检之前要作适当的处理，以消除某些辅料对检定的妨碍。

表 4－1　饲料分析常用的仪器设备

名　称	规　格
实验室样品粉碎机	
分样筛	40 目（孔径 0.45 mm）
分析天平	感量 0.0001 g
电热式恒温烘箱	可控温度 105 ± 2℃
干燥器	
消煮炉或电炉	
凯氏蒸馏装置	常量直接蒸馏式或半微量水蒸汽蒸馏式
定氮仪	各类型半自动、全自动蛋白测定仪
电热恒温水溶锅	室温～200℃
恒温烘箱	50～200℃
名　称	规　格
索氏脂肪提取器	带球形冷凝管，100 或 150 ml
索氏脂肪提取仪	
高温炉	有高温计，可控温度在 500～600℃ ± 20℃
抽滤装置、抽真空装置、吸滤瓶和漏斗	滤器用 200 目不锈钢或尼龙滤布
古氏甘埚	30 ml、50 ml
粗纤维测定仪	
可调温电炉	1000W
分光光度计	有 10 mm 比色器，可在 420 nm 下测定吸光度
氟离子选择电极	10^{-1}～5×10^{-7} mol/L，CSB－F－1 型
甘汞电极	232 型
酸度计	0～1400 mV，PHS－2 型
纳氏比色管	50 ml
磁力搅拌器	
高效液相色谱仪	带 UV 检测器，Φ8 × 150 mm 层析柱
微柱层析仪	微柱 Φ4 × 200 mm 柱和 Φ3 × 250 mm 柱
薄层层析仪	5 × 20 mm 或 0.25 mm 薄层板
荧光分光光度计	
双波长薄层扫描仪	
原子吸收分光光度计	
气相色谱仪	带电子捕获检测器、电动振荡器，125、250 ml 分液漏斗
电动离心机	10 万 r/min、1 万 r/min

显微鉴别法也有不足之处，如制剂投料时混入经过提取后的物渣，单靠显微鉴别法就不易被发现，此时就应与合适的理化鉴别相配合，共同作出判断。

2. 制片方法

由植物原料细粉直接做成的制剂，按粉末制片法制片。取粉末少量，置载玻片上，摊平，选用甘油醋酸试液、水合氯醛试液或其他适当的试液处理后观察。片剂可取2～3片研细后取少量样品，滴加规定的试液，搅拌均匀，使粘结的细胞、组织散离，再按粉末特征进行鉴别。

三、一般化学反应法

一般植物制剂含有多种化学成分，其中有的属于有效成分，有的属于特征成分，在鉴别处方物味组成时，这两类成分都可以考虑选择作为鉴别的对象。鉴别方法的建立要重视文献资料的研究，并结合该制剂研制过程中有关理化部分的工作，对制剂所含的成分以及理化性质有初步了解，在此基础上选择适宜的化学反应和试剂，从反应后颜色的变化、沉淀的生成等鉴别植物制剂。

一般化学反应鉴别法多在试管中用湿法反应进行，制剂样品要先制成适宜的供试液。通常用50 %～70 %乙醇回流提取制备供试液，多数化学成分均可不同程度地提取出来。如用酸性乙醇溶液回流提取，滤液一般可检验酚类、有机酸、生物碱等成分；用水提取，室温浸泡过夜，滤液可供检验氨基酸、蛋白质；60 ℃热水提取，过滤，滤液可以检验单糖、多糖、鞣质、皂甙及其它甙；用有机溶剂如乙醚提取液，滤液可以检验醌、内酯、甙元；物渣挥去乙醚后，用甲醇回流提取，滤液可以检验各种甙类。制剂中含有可升华的成分，可直接利用升华法进行提取；如含有挥发性成分，可直接用水蒸汽蒸馏法进行提取。液体制剂可以直接取样分析，也可以参照上述方法进行提取或萃取后，制成供试液。

由于制剂所含化学成分复杂，种类多，致使原本用于植物成分纯品分析用的显色反应、沉淀反应在转用于制剂鉴别时，很容易受到制剂中其他成分的干扰。如有的可能会产生相同的颜色变化或沉淀，有的可能会妨碍反应现象的观察，因而使该反应在用作制剂的鉴别反应时，可靠性下降，专一性变差。

为了提高一般化学反应法用于植物制剂鉴别的可靠性，改善其专一性，应该注意以下几点：

（1）慎重使用专属性不好的分析反应，如泡沫生成反应、三氯化铁显色反应等，因为植物中蛋白质、含酚性羟基等类似成分的存在较为普遍。

（2）在分析前对样品进行分离、精制，除去干扰分析反应的物质，借此改善鉴别方法的专一性。具体的分离精制方法要与被分析成分的性质、干扰成分的性质和分析反应对反应条件的要求相适应，其中包括对检出限量的要求等。

（3）采用阴性对照和阳性对照的方式，对拟定的鉴别方法进行反复验证，防止出现假阳性。

四、升华法

本法是在一定的温度下将升华物从制剂中分离出来，并以升华物所具有的某些理化性质作为制剂鉴定的依据。如观察所得升华物的晶形、颜色，或在紫外光灯下观察所得升华物的荧光，或与适宜的试剂作用后观察所发生的变化。制剂中若有2种以上的药味都含有升华物，且升华的温度不同，则可控制加热的温度分段收集升华物，分别进行鉴定。必要时，也可用显微熔点测定仪测定升华物熔点，或用其他分析方法作定性分析。

操作方法：取金属片安放在有直径约2 cm圆孔的石棉板上，在金属片上放一小金属圈（内径约1.5 cm，高约0.8 cm），对准石棉板上的圆孔，圈内放入预先研细成粉末的植物制剂一薄层，圈上覆盖载玻片，在石棉板下圆孔处用酒精灯缓缓加热，至粉末开始变焦，去火待冷，载玻片上有升华物凝集。将载玻片反转后，置显微镜下观察结晶形状、色泽，或取升华物加试液观察反应。

五、荧光法

有些植物材中含有能产生荧光的化学成分，这些成分有的在可见光或紫外光照射下能发出荧光，有的须经试剂处理后发出荧光，含有这类原料的植物制剂可用荧光法进行鉴别。通常的操作方法是取制剂的提取液滴在滤纸上或试纸上，置紫外光灯下（365 nm）观察，有时则是加一定的试剂后再进行观察。

六、光谱法

1. 可见－紫外分光光度法

植物中有些化学成分在可见紫外光区有选择性吸收，显示特征吸收光谱曲线。不同的植物所含的成分不同，在一定条件下吸收光谱的特征可用于鉴别植物原料。利用这一特点，可见－紫外分光光度法也可用于植物制剂的鉴别，如厚朴 $\lambda^{50\%\ EtOH}$max 292 nm，黄连 $\lambda^{50\%\ EtOH}$max 220、263、345 nm，黄柏 $\lambda^{50\%\ EtOH}$max 279、333 nm。实验证明，某些同一种植物虽然产地不同或是处在不同的生长期，其紫外吸收光谱仍有良好的一致性。

但是，植物制剂所含的化学成分比单味植物更为复杂，为多种成分的混合物，由于各自的吸收光谱相互叠加会产生干扰，因而限制了本法在植物制剂鉴定中的广泛应用。为了排除干扰，可选择适当的方法将样品纯化后测定吸收光谱。利用吸收光谱作化合物的鉴定，除了以特征吸收峰的波长作鉴别依据外，还可利用吸收系数、吸收曲线上峰－峰、峰－谷的吸收度的比值或两峰间的距离作为鉴别依据。

近几年，有学者在探讨另一种利用紫外分光光度法作植物原料和植物制剂品种鉴别、真伪鉴别的方法，该法将植物制剂或植物原料作为一个特定的整体，经用适宜的溶剂提取，提取液直接测定吸收光谱，或选择几种极性不同的溶剂按一定的次序提取，将样品分成若干个溶剂组，然后测定各组的吸收光谱，根据所得到的特征吸收光谱或导数光谱作出鉴别。应用这种方法的先决条件应该是处方和工艺固定、原料的品质恒定、具有可靠的对照物或对照图谱，否则难以说明问题。此外，所用的仪器要有较好的精度和重现性，以利于相互比较。

2．红外光谱法

红外光谱法已广泛用于合成药的鉴别，但用于植物制剂的鉴别还存在不少困难。主要是因为植物制剂所含的成分复杂，组分吸收峰的相互叠加，难以对吸收光谱的归属作出说明，专一性、重现性都不理想。

近年来的研究表明，红外光谱法在某些植物原料的真伪鉴别和掺杂检查中可以提供有价值的信息。这也为红外光谱法如何用于植物制剂的鉴别，提示新的思路。

该法的依据：①一个混合物的红外光谱，因各成分光谱的相互叠加，使光谱的特征性下降，但对不太复杂的混合体系，其图谱能表现出较好的特征性，实际上有些品种的植物原料虽然产地不同，因为所含主要成分的质和量大致相同，而且基本恒定，所得的红外光谱也呈现很好的相似性，且可重复，因而可作真伪鉴别；②如采用统一的分离提取方法，除去植物中常见的一般杂质成分，如蛋白质、多肽、碳水化合物、树脂、无机盐等，再用适当的溶剂将提取物分成亲水性和亲脂性部分，分别测定，则可获得特征性更强、重复性更好的红外图谱，用于鉴别其可靠性更高。

七、色谱法

植物制剂可以用色谱法进行鉴定，包括薄层色谱法、纸色谱法、气相色谱法和高效液相色谱法。

1．薄层色谱法

薄层色谱法广泛用于植物制剂的鉴定，它具有分离和分析双重功能，并有简便、快速等优点。使用本法鉴定植物制剂，通常是在同一块薄层板上点入样品和适宜的对照物，采用同一条件依法层析展开，经显色或用其他方法检出色谱斑点后，将样品与对照物所得的色谱图进行比较。

2．纸色谱法

纸色谱法系以纸为载体，以纸上所含水分或其他物质为固定相，用展开剂进行展开的分析色谱。供试品经展开后，可用比移值表示各组成成分的位置，但由于影响比移值的因素较多，一般采用在相同实验条件下与对照物质对比，以确定异同。

3．气相色谱法

气相色谱法的分离效能高，检测器种类多，灵敏度高，是混合物鉴别的有效方法。由于该法对样品的挥发性有一定要求，而且需要对照品，所以应用范围受到一定的限制。又因植物制剂所含成分复杂，未知成分多，实际应用时要满足上述条件的困难较大。近年来，应用气相色谱法作植物制剂鉴定的研究逐渐增多，但取得决定地位的不多。目前主要是用于含挥发油和挥发性成分的制剂分析。

4．高效液相色谱法

应用本法进行定性鉴别与气相色谱法有很多相似之处。主要是利用化合物在特定的色谱柱上，在一定条件下的保留值，将某一样品与其对照品在同一条件下，进行保留时间的直接比较作为鉴别依据。对于复杂未知成分，也可以加入对照品，观察被测峰是否增高，以初步作定性结论。为慎重起见，至少应选用两种不同的固定相和分离条件与对照品比较保留时间。对于复杂组分尚可采用联机技术，如本法与质谱联用，先分离后再作定性鉴别。

本法不受样品挥发性的限制，流动相和固定相可选择的种类多，检测手段多样，所以应用范围比气相色谱法广泛，在植物制剂鉴定中的应用也日益增多。不过，目前在植物制剂的质量标准中，一般很少单独使用本法作鉴别，而是多与含量测定结合进行。

第二节　化学成分分析

一、生物碱类

生物碱（alkaloid）是一类含氮的碱性天然有机物，大多数具有复杂的环状结构，氮原子多在环内，大多数具有光学活性，有特殊而较显著的生理活性。生物碱类成分在天然产物化学制剂研究领域占有重要的地位，不少植物含有生物碱类成分，如麻黄、黄连、黄柏、贝母等，目前很多植物制剂由含有生物碱活性成分的植物参加组方，这些生物碱已被证明是这些植物的活性成分或毒性成分。

生物碱广泛存在于植物体内，以罂粟科、防己科、茄科、小檗科、毛茛科、芸香科、夹竹桃科、马钱科及茜草科等植物中含量最多。在植物体内，生物碱往往和植物酸性成分结合成盐存在。生物碱在植物体中的含量悬殊较大，高的可达 10 % 左右，含量少的低至千万分之几。同科属植物甚至同一植物中，生物碱的有无及含量高低还受生长环境、季节的影响而不同，因此，在采收药材时要注意产地和季节。

生物碱的种类很多，按其结构大致可分为杂环衍生物类、萜烯衍生物类、甾衍生物类、有机胺类和肽生物碱类等，其中具有重要生理活性的大多数集中在杂环衍生物类，如异喹啉类生物碱、莨菪烷类生物碱等。

生物碱类成分一般为固体，多数无色，味苦而辛辣，大多数极性较小，游离状态下几乎不溶于水，能溶于氯仿、乙醚、乙醇、丙酮及苯等有机溶剂，成盐后则水溶性增加。个别生物碱溶解性能较特殊，如麻黄碱既溶于水又可溶于有机溶剂；又如小檗碱盐酸盐难溶于水。有的生物碱具季铵结构，易离子化，水溶性较大，少数生物碱尚具挥发性，如麻黄碱。因此，在提取分离植物制剂中的生物碱类成分时，需要根据不同情况区别对待。

生物碱结构中含有氮，多呈碱性，其碱性强弱与氮原子存在的状况有关，氮原子的电子云密度分布、分子空间效应及氮原子上未共用电子对的杂化形式等因素有着密切关系。以季铵碱碱性最强，仲胺、伯胺次之，酰胺结构碱性最弱。有些生物碱分子中具有酚羟基或羧基，呈现酸碱两性反应，既可溶于酸，亦可溶于碱。

植物制剂中含生物碱类成分的植物时，常选择生物碱作为制剂定性或定量的依据。

（一）定性鉴别

生物碱可以和多种试剂发生化学反应，常用的定性鉴别的反应有与生物碱产生沉淀的反应，其中多选用一些专门用于检出某种类型生物碱的特异性反应，但是植物制剂是由一味或多味植物材，按规定的处方和方法加工制成一定剂型的单方或复方制剂，其成分复杂，要注意各成分间的相互干扰。因此，在进行化学反应时，首先要制备供试样品溶液，经提取分离生物碱类成分后进行。

1. 生物碱的沉淀反应

生物碱沉淀试剂大体上可分为以下三种类型：

（1）与生物碱产生不溶性盐类：如硅钨酸、磷钨酸、磷钼酸。

（2）与生物碱形成疏松的络盐：如碘、碘化钾试剂。

（3）与生物碱的氮原子反应，产生不溶性加成物：如碘化铋钾和碘化汞钾试剂。

这类反应通常在酸性水溶液中进行，形成沉淀的颜色和形态，常因生物碱种类不同而异，由于沉淀反应影响因素较多，常出现假阳性或假阴性反应。在含有生物碱类成分的植物制剂中若未经酸、碱、有机溶剂分离、提取、净化等操作，在进行此类沉淀反应时，须注意排除非生物碱类成分的干扰，以免导致错误的结论。

2. 生物碱的显色反应

一般不在植物制剂中应用，多与纯品发生颜色易于辨识，但有时也利用一些专门检出某些生物碱的特殊反应，帮助判断生物碱的种类和结构类型。但待检样品必须经过分离、净化后进行。

3. 生物碱的色谱鉴别

常用薄层色谱法、纸色谱法、高效液相色谱法和气相色谱法鉴别。

（1）薄层色谱法：本法是考查植物制剂质量真实性简单、有效的手段之一。成分复杂的植物制剂，根据生物碱具有的通性和特性，可用薄层色谱分离鉴定技术对其真伪和某些有毒成分进行限量检查。含有生物碱类成分的植物制剂，在进行薄层色谱时，首先应考虑用适当的溶剂提取生物碱，提取液经浓缩后直接或经过必要的净化后，点在薄层板上，层析后喷洒生物碱显色剂，再根据生物碱的特性，选择特异的颜色反应或荧光，并与纯品或标准药材对照，同时须作阴性对照后确定。为了得到满意的分离、检识效果，应根据生物碱的极性大小，选择合适的吸附剂和展开剂。如用硅胶为吸附剂时，一般用碱性系统展开剂，或使生物碱的薄层分离在碱性环境下进行。

（2）纸色谱法：目前在实际应用上纸色谱法多为薄层色谱法所代替，但也不排除纸色谱用于鉴别生物碱类成分，如利用多缓冲纸色谱来快速鉴别乌头中双酯类生物碱和醇胺类生物碱有其独到之处。

（3）高效液相色谱法：在恒定的高效液相色谱条件下，各种生物碱都具有一定的保留时间，可作为定性鉴别的参数。为了提高所得数据的可信性，一般要求取得两个色谱系统的保留时间，或应用二级管阵列检测器作出鉴定，经参考有关文献，或用已知的对照品作为内标物，采取峰面积或峰高加大的方法进行鉴定。植物制剂中含有成分比较复杂，样品必须经过预处理后方可进行。

(4) 气相色谱法：适用于具挥发性、过热不分解的生物碱分离和鉴定，目前在应用上有一定的局限性。

(二) 含量测定

目前应用于生物碱定量的方法较多，早期常用酸碱滴定法、沉淀法、酸性染料比色法、雷氏盐比色法等。近年来多采用分光光度法、薄层扫描定量法、高效液相色谱法和气相色谱法等。

1. 经典化学方法

包括重量法、容量法（两相滴定法和中和法等）。

(1) 重量法：重量法测定植物制剂中生物碱多为测定其总生物碱的含量。凡碱性很弱多不宜用容量法或其他方法测定者，都可在提取后直接称重。本法可用于混合总碱、未知结构或分子量相差较大的生物碱的含量测定，计算时不要换算因数，测定时不必考虑生物碱的分子量，其缺点是挥发性生物碱不宜用此法，在蒸发提取溶剂或加热、干燥时能分解破坏以及加碱使生物碱游离时可发生水解的生物碱亦不可用此法。本法取样量大，得到的残渣在称量的准确度内方可应用。在提取操作时容易产生乳化，费时。

在应用本法时要求定量的将生物碱提取完全，并尽可能除去杂质，须要注意选择合适的提取溶剂。除提取重量方法外，也可采用使生物碱形成不溶物沉淀称重测定含量。如采用某些生物碱沉淀试剂如苦味酸、苦酮酸、硅钨酸、雷氏盐、四苯硼钠等产生沉淀，称此沉淀性盐的重量，换算出生物碱的含量，其优点是取样量小，由于采用的试剂分子量大，灵敏度高，用较少量的样品即可得到准确称量的沉淀重，缺点是操作较繁，费时，同时要考虑沉淀试剂和实验条件的选择。由于某些生物碱发生沉淀时随浓度、pH、温度等条件不同，产生的沉淀组成不同，对非生物碱成分如多肽、蛋白质的存在也能与试剂产生沉淀而影响结果，故常用于从制剂中提取出来的生物碱，纯度较高者。

(2) 容量法：常用的容量法有水溶液酸碱滴定法、双相滴定法、络合滴定法和沉淀容量法。

①酸碱滴定法：生物碱分子中含有氮原子，具有一定碱性，可用酸滴定，用指示剂或电位法指示终点。游离生物碱多不溶于水，可先将生物碱溶于过量标准酸溶液中，再用标准碱溶液回滴。游离生物碱能溶于水或水－乙醇溶液中，可直接滴定，可依据生物碱的电离常数（pKa 值）结合指示剂的变色范围进行。生物碱盐一般为弱碱强酸盐，在水或乙醇介质中，用强碱溶液滴定。在 70 %～90 %乙醇介质中用强碱滴定生物碱盐时，终点比在水中滴定明显，因此，许多生物碱盐酸盐一般使其溶于 90 %乙醇溶液中，可用标准碱乙醇液滴定，用酚酞作指示剂。

②双相滴定法：它是指在水及与水不相混溶的有机溶剂中进行滴定。被滴定的待测成分先溶于水相或有机相中，用标准溶液滴定，边滴定边剧烈振摇，使滴定产物随着滴定的进行不断地溶于有机溶剂中，当滴定过量时，所加指示剂即在水相或有机相产生颜色变化，或滴定剂本身产生颜色变化，指示已达终点。此法因边滴定边使游离生物碱溶

于有机溶剂中，不致影响终点的观察。更重要的是由于游离生物碱进入有机相，明显地增大了生物碱盐的 pKa。

③络合滴定法：利用多数生物碱在酸性溶液中形成络合物的反应，或生成难解离的可溶性盐的反应来进行容量分析的方法，称络合滴定法。重金属盐类如碘化铋钾、碘化汞钾和碘化镉钾等可使生物碱或其盐生成沉淀，将沉淀溶解，然后用络合滴定剂直接滴定沉淀中的重金属；或者滤出沉淀，滴定滤液中剩余的重金属而求得生物碱含量。本法手续繁琐，目前仅应用于原料植物材的生物碱含量测定，在植物制剂中应用较少。

④沉淀容量法：利用多数生物碱与硅钨酸、雷氏盐、四苯硼钠等试剂，生成沉淀，间接测定其含量。如生物碱或其盐类与一定量四苯硼钠溶液作用，过量的四苯硼钠用阳离子表面活性剂如氯化十六烷基吡啶或氯化烃基二甲基苄基铵溶液回滴，以溴酚蓝为指示剂，终点时多一滴以上季铵盐溶液与溴酚蓝生成鲜蓝色络合物以指示终点，此方法多用于原料植物材的生物碱含量测定。

2. *光谱法*

光谱法是利用物质对光所具的吸收性能而测定其含量的一种方法，可分为可见分光光度法和紫外分光光度法。近年来又有发展，经过数学处理后，不经分离即可消除混合物中不相关吸收的干扰，直接测定待测组分的含量，如双波长、导数光谱测定等。光谱法适合微量快速测定，也可与色谱法相结合，经分离后测定。

（1）可见分光光度法（比色法）：根据生物碱结构的特性，利用生物碱本身具有的颜色，或与氧化剂产生颜色，或因所具有功能基与试剂反应产生颜色。应用本法一般测定植物制剂中总生物碱的含量。根据生物碱的通性，与雷氏盐、酸性染料、苦味酸等结合生成有色化合物，并能溶解在有机溶剂中，浓度和吸收度有相关性而进行定量。

①雷氏盐比色法：生物碱与雷氏盐生成沉淀后，将沉淀分离，溶于丙酮，于 520 ~ 526 nm 波长处比色测定吸收度，换算生物碱的含量。也可以利用加入一定量雷氏盐溶液，沉淀生成后，测定滤液中残存的过量雷氏盐试剂，间接计算生物碱的含量。应用本法可不需要标准对照品，但需注意生物碱生成单盐或双盐，并要注意样品的净化，植物制剂中成分复杂，往往需经分离精制后方能进行。净化的方法有多种，可采用经典的微柱色谱法（液 - 固萃取法）进行精制。一般净化剂可采用三氧化二铝柱，以 70 % 乙醇洗脱总生物碱，但叶绿素和酸性色素不能被氧化铝吸附，三氧化二铝微柱可除去黄酮、鞣酸等非生物碱杂质。也可采用硅藻土、硅胶、十八碳烷基键合相硅胶等净化。

②酸性染料比色法：在一定 pH 的介质中，生物碱（B）与氢离子（H^+）结合成盐（BH^+），与某些酸性染料的阴离子（In^-）结合成有色化合物［BH^+In^-］，它能定量地被有机溶剂提取出来，此结合物碱化或酸化后，即定量放出染料可进行比色，或测定该有色的有机溶液。此法的关键和注意事项与酸性染料滴定法同，含有 1 个氮（N）原子的生物碱与酸性染料（溴酚蓝）生成分子 1∶1 的结合物，与 2 个 N 原子的生物碱生成分子 1∶2 的结合物（pH 应较低，3.0 ~ 5.8）。此外，应防止操作时混入水分，微量水分可使有机溶剂层浑浊，影响比色。同时，也须注意由于带入了水相中的过量染料而影响测定的结果。

③苦味酸盐法：凡是在弱酸或中性溶液中能与苦味酸定量发生沉淀的生物碱，都可按本法测定含量。一种方法是滤取生物碱的苦味酸盐沉淀，洗去多余的试剂，加碱使生物碱的苦味酸盐解离，然后以有机溶剂提出生物碱，将苦味酸的碱性水溶液进行比色，再换成生物碱的含量。另一种方法是在 pH 为 7 的缓冲液中，使生物碱与苦味酸结合成盐，用氯仿提取此盐，然后再以 pH 为 11 的碱性缓冲液使氯仿中的苦味酸盐解离，并将苦味酸提取到碱性水溶液中再进行比色。还有一种方法是可直接在 pH 为 4～5 的缓冲溶液中，用氯仿提取生物碱苦味酸盐，将氯仿提取液直接进行比色。

（2）紫外分光光度法及其新技术：植物制剂中所含成分复杂，应用紫外分光光度法进行测定时，往往需要经过提取、分离净化后方可测定，所以，常常使用色谱－光谱连用技术，如经薄层色谱分离某生物碱，洗脱后再进行紫外分光光度法测定，要求杂质尽可能少。最近发展了计算光谱技术，如双波长、导数光谱技术，待测样品不须经分离，只经过数字处理，便可直接测定含量。

3. 色谱法

（1）高效液相色谱：生物碱类成分进行高效液相色谱分析时，可采用正相、反相和离子对色谱，其中以反相高效液相色谱应用较多。在反相高效液相色谱中使用化学键合相硅胶为固定相，用硅烷化试剂对硅胶进行化学修饰时，硅胶表面仍存有游离的硅醇基，不同厂家生产的色谱柱中其游离硅醇基的含量也不同。即使同一厂家，不同批号的固定相填料，其游离硅醇基也不尽相同。

（2）薄层色谱法：本法对植物制剂中含有生物碱类成分的植物材真伪鉴别和含量测定具有简便、快速的优点。薄层色谱技术对生物碱类成分分离和测定，须结合生物碱的通性选择合适的提取溶剂制成供试品溶液，薄层色谱测定对样品的纯化程度要求不太高，但由于植物制剂成分复杂，且在制剂中被测成分含量少，难以检出。因此，在层析前为了提高被测成分的浓度，需要采用化学方法提取和纯化，常用液－液萃取或液－固萃取，或结合生物碱的特性进行纯化。如麻黄碱具挥发性，可进行微量升华纯化，吗啡生物碱可利用其酸碱两性液－液萃取法纯化，木苏碱是水溶性生物碱，可采用雷氏盐－氧化铝液－固萃取法进行纯化。只有分离效果好了，含量测定才可进行。如使用改良碘化铋钾等作为显色剂时，展开剂必须完全挥发干后才可喷用，否则背景深，反差小，无法测定含量。如无自动点样器，用手工点样需要熟练和准确，否则在薄层定量实验中点样误差可达 10 %。在薄层直接扫描定量时，须首先作一工作曲线，目的是考察工作曲线是否为通过原点的直线，以便决定采用外标一点法或外标两点法进行定量，其次需要找出线性范围，以便摸索样品点样量。采用薄层直接扫描定量还需要随行对照品，同时要考察稳定性，同板、异板效应和精密度等。

（3）气相色谱法：某些生物碱的游离碱和盐类都可直接进行气相色谱分析，盐类在约 325 ℃的急速加热下，可变为游离的生物碱，然后进行色谱柱分析，所以无论注入游离碱或盐都只能得到一个游离碱的色谱峰，但生物碱盐在急速加热器中产生的酸对色谱柱和检测器不利，所以一般多经提取后进柱。气相色谱法适用于有挥发性的、遇热不分解的生物碱类。

二、黄酮类

黄酮化合物是具有两个芳香环并以 $C_6-C_3-C_6$ 形式联结的一系列化合物。由于取代基团的不同，形成了结构上的差异，使得黄酮类成分的种类较多。就其基本结构类型，可分成十类，即黄酮、黄酮醇、双黄酮、异黄酮、二氢黄酮、二氢黄酮醇、查耳酮、橙酮、花青素、黄烷。存在于植物体内的黄酮类化合物除少数游离外，大多与糖结合成甙。多数为 O－甙，亦有 C－甙。C－甙糖多接在 C_8 或 C_6 位上。

黄酮类化合物在植物界分布很普遍，目前已发现的天然黄酮有 2000 多种。黄酮在藻类、菌类很少发现；苔藓植物大都含有；裸子植物中也含有，但类型较少，主要为双黄酮类化合物。黄酮类成分最集中的还是被子植物，类型最全、结构最复杂、含量也高，其中豆科、蔷薇科、芸香科、伞形科、杜鹃花科、报春花科、唇形科、玄参科、马鞭草科、菊科、蓼科、鼠李科、冬青科、桃金娘科、桑科、大戟科、鸢尾科、兰科、莎草科及姜科尤为富集。含有黄酮类化合物的常用植物有槐米、黄芩、葛根、陈皮、枳实、银杏叶、山楂、菊花、野菊花、淫羊藿、芫花、射干等。由这些植物参与配伍的植物制剂也较多见。

黄酮类化合物是植物中一类主要的有效成分，具有多方面的生理活性，主要有抗菌消炎、扩张冠状动脉、降低血压、止咳祛痰、降低胆固醇、抗肿瘤等作用。如芦丁、橙皮甙、α－儿茶素等具有防治高血压及脑溢血作用，槲皮素、山柰酚、葛根素、银杏黄酮等都有显著的扩冠作用；杜鹃素、川陈皮素、淫羊藿素、金丝桃甙、芫花素等有止咳、祛痰和扩张支气管作用；木犀草素、黄芩素、黄芩甙等有较强的抗菌消炎作用。由于这些成分多具有生物活性，所以在植物制剂中常作为药效学指标性成分进行分析研究。另外，黄酮类成分因化学结构上的特征，决定了大多数化合物在可见光下呈现颜色，或加适当显色剂后呈色，在紫外光区也有较强的吸收。因而可用多种分析方法加以分析，从经典方法到现代分析方法，只要应用恰当，一般都有可能取得较好的检测结果。鉴于此，在对植物制剂进行质量控制和制定药品标准时，如果有含黄酮类成分的植物参与配伍，多半选用这类化合物作为定性、定量分析的对象。所以在植物制剂分析中，黄酮类成分分析占有很重要的地位。

（一）定性鉴别

在植物制剂中如果鉴别黄酮类成分，一般须要经过适当的提取分离，然后选用较灵敏的鉴别方法。定性分析方法主要有化学显色反应、纸色谱法和薄层色谱法。

1．化学显色反应

黄酮类成分有许多颜色反应可供定性鉴别，较常用的有还原反应和金属盐类试剂的络合反应。

（1）还原反应：盐酸－镁粉反应是检识植物中是否含黄酮类成分最常用的方法之一，同样也是定性鉴别植物制剂中黄酮化合物的常用方法。显色反应的机理是黄酮类成分经还原反应后生成花色甙元及其二聚物。

定性鉴别的操作如下：将植物制剂用适当方法提取分离。组分较少的制剂可用有机溶剂提取，常用的溶剂有甲醇、乙醇或乙酸乙酯；取样品液5~10 ml，加入数滴盐酸，然后加入少许镁粉，如果有黄酮、黄酮醇或其二氢化合物存在，数分钟后则可产生橙色或红色。必要时，需作空白试验。

（2）与金属盐类试剂的络合反应：黄酮类成分能与金属离子如 Al^{3+}、Pb^{2+}、Mg^{2+}、Z_r^{4+}、Sr^{2+}、Be^{3+} 等形成络合物，其中有的产生荧光或颜色加深，有的产生沉淀。这些性质可用以黄酮成分的定性、定量分析。

2. 纸色谱法

黄酮类成分纸色谱的溶媒系统有酸性和中性溶剂系统。酸性溶剂系统是多种不同比例量的混合酸，用于大多数黄酮成分的分离；中性溶剂系统是用水和有机溶剂组成的，利用水对黄酮及其甙类不同溶解度，易产生化合物间分配系数的差别，同时加入有机溶剂，改善单独用水展开时的一些缺点。

3. 薄层色谱法

一般采用吸附薄层，常用吸附剂有硅胶与聚酰胺，也用纤维素、氧化镁等。

（二）定量分析

植物制剂中如含有黄酮类成分，定量分析的方法很多，主要有比色法、紫外分光光度法、薄层色谱法、高效液相色谱法，库仑滴定法、极谱法，其他分析方法也有应用。

1. 比色法

比色法一般用于植物制剂中总黄酮类成分的含量测定，应用实例比较多。由于黄酮类成分分子中多存在共轭体系或交叉共轭体系，一般都呈现出颜色，尤以黄色为多见，如黄酮、黄酮醇及其甙类多显灰黄至黄色；查耳酮类显黄色至橙黄色；二氢黄酮、二氢黄酮醇、异黄酮类因不组成交叉共轭体系或共轭链较短，故不显色或仅显微黄色；花色甙及其甙元的颜色随pH不同而变化，可为红色（$pH<7$）、紫红色（$pH=8.5$）、蓝色（$pH>8.5$）等。进行植物原料中黄酮类化合物分析时，可利用以上的颜色特征进行分析测定。植物制剂由于其他组分的颜色极可能干扰测定，故多利用黄酮类化合物能与金属盐类试剂的络合反应显色来测定，其中最常用的是与铝盐反应，试剂为三氯化铝和硝酸铝。测定总黄酮时常用芦丁作对照品。

2. 紫外分光光度法

黄酮类化合物由于均具有α-苯基色原酮的基本结构，羰基与两个芳香环形成两个较强的共轭系统，对紫外光区相应有两个区域的特征吸收。吸收带Ⅰ在较长波长（330~380 nm），是由B环的桂皮酰基所引起的；Ⅱ带在较短波长（240~280 nm），是由A环的苯甲酰基所引起的。最大吸收波长范围因各类型结构不同而异，如黄酮、黄酮醇Ⅰ带分别为330~335 nm，Ⅱ带很类似，均在250~270 nm；双氢黄酮Ⅰ带吸收弱，在310~330 nm，Ⅱ带在275~290 nm；异黄酮无Ⅰ带吸收，Ⅱ带在250~270 nm；查耳酮Ⅰ带为360~390 nm，Ⅱ带吸收较弱，在240~260 nm。一般随共轭程度和羟基数目的增加，吸收带向长波移动。黄酮类化合物的紫外吸收另一特点是在某种试剂，如三氯化铝、醋酸钠或硼酸钠溶液中因络合，或因解离度不同，引起紫外吸收峰向长波移动。在不同试剂溶液中，由于最大吸收的选择性和灵敏度有利于含量测定，鉴于植物制剂的成分复杂，一般需经过适当的提取分离后，才能进行定量分析。

3. 薄层色谱法、高效液相色谱法、极谱法与库仑滴定法（可参考相关资料）

三、醌类

植物中的醌类成分有蒽醌、萘醌、菲醌、苯醌等，以蒽醌类最为多见，包括蒽醌及其不同还原程度的产物和二聚物，如蒽酚、氧化蒽酚、蒽酮、二蒽醌、二蒽酮等，另外还有这些化合物的甙类。植物中存在的蒽醌衍生物多为羟基蒽醌和它们的甙。大多数的蒽醌甙是蒽醌的羟基与糖缩合而成，也有少数是糖与蒽醌的碳原子直接连结而成。

蒽醌类化合物主要存在于被子植物中，尤以蓼科、豆科、茜草科、鼠李科、百合科、大戟科、虎耳草科等为多，在某些真菌和地衣中亦有分布，但苔藓、蕨类与裸子植物中尚少发现。常用的含蒽醌类化合物的植物，首推大黄，此外还有芦荟、决明、茜草、虎杖、何首乌、番泻叶、萱草等。

萘醌类化合物分为1，2－萘醌和1，4－萘醌两种类型。前者较少用，仅分布于少数几个科属；而1，4－萘醌分布较广泛，最富有的是紫草科、柿树科等。常见植物有紫草、新疆紫草及含有肌松素的地下明珠。

菲醌类化合物在裸子植物中有少量分布，如落羽松中的落羽松酮、落羽松二酮；而在唇形科鼠尾草属植物中，大多数含有该类化合物，菲醌类成分可以认为是决定丹参类植物质量和颜色的标志性化合物。

醌类化合物在临床应用中较为广泛，具有泻下、抗菌、健胃、利尿、驱瘀血、抗肿瘤等作用。如蒽醌及其同系化合物多具明显的泻下作用，其中蒽甙的泻下作用强于甙元，分子中含羧基的蒽甙强于不含羧基的蒽甙，二蒽酮甙（番泻甙A、B、C、D）作用最强；蒽醌甙元和菲醌、萘醌常具有抗菌作用，如大黄酸、大黄素、紫草素和丹参色素等均有较强抗菌作用；蒽酚类化合物柯桠素有较强的抗霉菌活性；紫草素则有止血、抗炎、抗病毒作用；另外大黄素、大黄酸、萘醌类的胡桃醌和拉帕醌、菲醌类的落羽松酮等显示抗肿瘤活性。醌类化合物除在药用方面有多种活性外，它们往往呈现黄色、红色或紫色等，因此也可用作食品、化妆品等的着色剂。

含有醌类成分的植物制剂比较多见，以含大黄、何首乌、紫草、丹参的植物制剂为代表。

醌类成分的分析方法，按其化学结构及在制剂中存在状态的不同，用化学方法、分光光度法测定各种制剂中醌类成分的含量，方法已较成熟，并被许多国家药典所采用。如将蒽醌与碱或醋酸镁反应后进行比色测定；将蒽酮与对亚硝基二甲基苯胺反应生成有色的缩合物进行定性、定量分析。近代由于各种色谱技术的发展，对植物制剂中含有的醌类成分的分离测定，取得很大进展，如纸色谱法、薄层色谱法、单及双波长薄层扫描法、气相色谱法、高效液相色谱等。还有用荧光法、极谱法分析，为较准确地分析植物制剂中醌类成分的含量提供了科学依据。

(一) 定性鉴别

植物制剂中如含有蒽醌类成分，可用多种方法加以鉴别，较常用的方法有化学显色反应、薄层色谱法及分光光度法，另外，于具升华性质的蒽醌类化合物，也可采用升华后显色反应。

1. 化学显色反应

蒽醌类化合物的分子中多具有酚羟基，具有一定的酸性，能溶于碱性水溶液，并产生颜色变化。常见蒽醌类化合物与氢氧化钠溶液反应后所显现的颜色见表4-2。

表4-2 羟基蒽醌在碱液中的颜色

化合物	颜色	$\lambda^{EtOH/OH^-}_{max}$ (nm)
1-羟基-	红	500
2-羟基-	橙红	478
1，2-二羟基-	紫蓝	576
1，3-二羟基-	红	485
1，4-二羟基-	紫堇	560
1，4-二羟基-	红	496
1，8-二羟基-	红	513
1，2，3-三羟基-	绿	668
1，2，4-三羟基-	紫红	544
1，2，4-三羟基-	紫堇	561
1，4，5，8-四羟基-	蓝	630

2. 薄层色谱法

薄层色谱法是鉴别含蒽醌类成分植物制剂的最主要的定性方法。吸附剂多用硅胶，氧化铝因吸附能力太大，已很少使用。能用于蒽醌类成分的展开溶剂系统很多，综合分析可以找出以下规律：

(1) 展开剂大都是各种溶剂的混合系统，大多含有水或甲醇。水或甲醇的加入可以增大展开剂的极性以及蒽醌类成分的溶解度。

(2) 不含水或甲醇的混合溶媒，适合于蒽醌类的甙元。

(3) 乙酸乙酯-甲醇-水（100: 16.5: 13.5 或相近的配比）是用途最广的展开剂，适于分离蒽酯甙元和蒽醌甙。

(4) 正丙醇-乙酸乙酯-水（4: 4: 3）和异丙醇-乙酸乙酯-水（9: 9: 4）适于分离番泻甙和二蒽酮甙。

显色方法主要有喷碱性试剂或醋酸镁甲醇液、氨气熏及在紫外灯下观察荧光，亦可在可见光下直接观察色斑。

定性分析时的对照品可以是单体化合物，也可以是混合提取物，甚至可用标准植物原料进行对照。

含蒽醌类成分植物制剂的薄层色谱以鉴别大黄的最多，其他植物制剂中如果含蒽醌类成分的植物，如含何首乌、番泻叶、酸模等亦可用类同的薄层色谱方法鉴别。

3．升华法

游离的蒽醌及其他醌类衍生物多具有升华性。植物制剂中如这类成分含量较大，可采用升华法得到升华物，可见光下观察或加碱性试液显色定性，以含大黄的植物制剂常用此法。

（二）定量分析

蒽醌类成分的定量分析方法主要有比色法、薄层色谱法和高效液相色谱法。以及重量法、紫外分光光度法、荧光分光光度法、极谱法、容量法等。

1．比色法

蒽醌类化合物如分子中没有酚羟基时，多近无色。随着酚羟基等助色团的引入表现出一定的颜色，引入的助色团越多，则颜色越深，可为黄、橙、棕红色。这些化合物在可见光区用比色法直接进行蒽醌类成分的测定。

也可以通过显色反应后进行比色法测定，如前所述蒽醌类成分遇碱发生颜色变化。其中羟基蒽醌类化合物遇碱，其酚羟基离子化后产生红色，在 500 ~ 550 nm 处有最大吸收，可用于定量测定。所用的碱有氢氧化钠、氢氧化钾、氢氧化钠－氢氧化铵等。

测定原料的蒽醌类成分时，样品经过提取即可测定游离蒽醌；结合蒽醌甙类可水解成游离的甙元类；而蒽酮、二蒽酮类可氧化成蒽醌类，即将还原型蒽醌变成氧化型蒽醌，所以最终的测定结果是相当于游离蒽醌的量。

2．薄层色谱法、高效液相色谱法（见有关部分）。

四、皂甙类

皂甙是一类比较复杂的甙类化合物，其水溶液易引起肥皂样泡沫，具有溶血和与胆固醇形成复合物等特征。这些物理及生物学性质，构成了皂甙的经典含义。皂甙按其皂甙元结构，可分为甾体皂甙和三萜皂甙。

三萜皂甙在植物界有较广泛的分布，其中在双子叶植物中分布较为普遍。含三萜皂甙植物较多的有五加科、伞形科、夹竹桃科、萝藦科、菊科、石竹科、葫芦科、大戟科、豆科、桃金娘科、远志科、毛茛科、蔷薇科、茜草科等；单子叶植物含三萜皂甙的植物较少见，仅有禾本科少数属含有；裸子植物及低等植物也较少含有这类皂甙。许多常见的植物含有三萜皂甙，如人参、三七、甘草、地榆、刺五加、款冬花、酸枣仁、紫菀、桔梗、柴胡、远志、黄芪、威灵仙、商陆、白头翁、蒲公英、绞股蓝等。

甾体皂甙在植物中已发现数百种，含有甾体皂甙及甾体皂甙元的植物，主要分布于被子植物的15个科中。与三萜皂甙的分布状况不同，甾体皂甙大部分集中于单子叶植物，主要存在百合科、薯蓣科、龙舌兰科、延龄草科、菝葜科（后两科在有的植物分类系统中也归属于广义的百合科）中；双子叶植物仅在毛茛科、玄参科、茄科、豆科、蒺藜科、苦木科、菊科的少数种属中有分布。含有甾体皂甙的常用植物有穿心龙、绵萆薢、粉萆薢、重楼、菝葜、土茯苓、知母、麦冬、天门冬等。

皂甙类具有多方面的生物活性。如桔梗、远志、紫菀中的皂甙成分能刺激粘膜，促进分泌，常作祛痰药用；人参皂甙能促进RNA、蛋白质的生物合成、调节机体代谢、增加免疫功能、抗疲劳等；甘草皂甙有盐皮质激素样作用，并能防治肝硬化、降低血浆脂质中胆固醇、抗动脉粥样硬化、抗溃疡等；柴胡皂甙能降低血浆中胆固醇和甘油三酯的水平及镇静、止痛、解热、镇咳等；酸枣仁皂甙具镇静、催眠及降压功能；薯蓣皂甙有止咳、祛痰、脱敏、恢复病变组织等作用；还有一些皂甙类化合物有抗肿瘤活性。

皂甙类是一类化学结构比较复杂的化合物，测定的方法虽有多种，但检测难度和灵敏度明显不如其它类型的化合物，如生物碱、醌类、黄酮、香豆素等。皂甙类的显色反应多用浓度较高的酸或芳香醛。由于皂甙类除少数化合物如甘草酸、远志皂甙等外，大多无明显的紫外吸收，故直接用紫外分光光度法测定的不多，而薄层色谱法在皂甙类成分的分析中占有主导地位。另外也有高效液相色谱法、极谱法在含皂甙成分植物制剂中应用的报道。

（一）定性鉴别

定性鉴别含皂甙类植物制剂较常用的方法有泡沫反应、化学显色反应和薄层色谱法。其中薄层色谱法应用最广泛，鉴别准确率较高。

1. 泡沫反应

泡沫反应试验是检查皂甙类成分的经典方法。现以含有皂甙的植物原料为例，鉴别时取植物原料粉末约1 g，加水10 ml，煮沸10 min后过滤，将滤液于试管内强烈振摇，如产生持久性泡沫（15 min以上）即为阳性反应。所产生的泡沫多少与pH有关，取2支试管，一管加入0.1 mol/L盐酸液5 ml，另一管加入0.1mol/L氢氧化钠液5 ml，再各加入植物水溶液，使酸管的pH为1，碱管pH为13，强烈振摇，如两管所形成的泡沫高度相同，则植物中含三萜皂甙，如碱管泡沫较酸管泡沫高数倍，则植物中含甾体皂甙。如果植物制剂的皂甙类成分含量较高，也可以参考此法检查，不过要考虑适当的提取方法和其他成分的干扰，并要作空白对照。

2. 显色反应

（1）醋酐－浓硫酸反应：取含皂甙样品置试管中，加醋酐1 ml溶解后，沿试管壁加入少量浓硫酸，在两液层中间出现色环，甾体皂甙生成蓝色或蓝黑色，而三萜皂甙则出现红、粉红或紫色。

（2）三氯醋酸反应：取皂甙溶液滴在滤纸条上，滴三氯醋酸试剂，加热到60 ℃，若斑点生成红色渐变为紫色，则样品为甾体皂甙；若需加热到100 ℃才出现以上颜色变化，则样品为三萜皂甙。

(3) 氯仿－浓硫酸反应：样品溶解于氯仿，沿管壁滴加浓硫酸后，在氯仿层呈现红或蓝色，并有绿色荧光出现。

(4) 冰醋酸－乙酰氯反应：样品溶于冰醋酸中，加入乙酰氯数滴及氯化锌结晶数粒，稍加热，则呈现淡红色或紫红色。

(5) 五氯化锑反应：样品加五氯化锑的氯仿液呈紫蓝色。

以上方法在检验含有皂甙的植物原料中较为多用，但由于植物制剂的处方一般较大，干扰组分多，故实际应用此法鉴定的实例较少，仅在组成物较少的制剂中使用。

（二）定量分析

植物制剂中皂甙类成分的定量分析分为总皂甙测定、皂甙元测定和单体皂甙测定。

总皂甙的含量测定，一般需用适当的溶剂提取。由于皂甙在极性溶剂中溶解度较大，因此提取溶剂可为各种浓度的甲醇（80 %～95 %）、乙醇、异丙醇、丁醇、戊醇。提取后经分离得到总皂甙成分，分离可用有机溶剂如水饱和的正丁醇萃取，也可用大孔吸附树脂经处理后溶剂洗脱，再根据皂甙类化合物的各自特征来选择含量测定方法。最常用的测定方法是比色法，也有用重量法的。

皂甙元的含量测定时，可按上述总皂甙的提取分离方法得到总皂甙，再加酸、加热水解，得到皂甙元。也可以先将样品水解，再用有机溶剂从水解后的混合液中提取皂甙元。测定方法主要有薄层色谱法、高效液相色谱法和比色法。

单体皂甙的含量测定，主要用薄层色谱法和高效液相色谱法。

1. 比色法

皂甙类成分多无色，常无紫外吸收，故含皂甙类化合物的植物制剂在测定皂甙含量时，常利用皂甙能与某些试剂反应后产生颜色，然后于可见光区进行比色测定。如显色后能在紫外光区产生吸收，也可以用紫外分光光度法进行测定。皂甙类成分的颜色反应的专一性虽较差，但反应比较灵敏，方法简便，易行。

2. 薄层色谱法、高效液相色谱法（见有关部分）

五、挥发性成分

挥发性成分是指植物中一类具有芳香气并易挥发的成分。其化学组成很复杂，主要包括挥发油类成分和其他分子量较小、易挥发的化合物。

挥发油又称精油，是存在于植物体中一类可随水蒸汽蒸馏得到的与水不相混溶的油状液体。它们在常温下能挥发，大部分具有香气。挥发油分布极为广泛，主要存在于植物的花蕾、茎、叶及根茎中，如植物的腺毛、腺鳞、油管、油室、油腔、油细胞、分泌细胞或树脂道中。在植物中挥发油较丰富的有木兰科（如辛夷、厚朴、八角、茴香、五味子）、樟科（如肉桂、樟、乌药）、芸香科（如橙、橘、吴茱萸、降香、花椒）、伞形科（如防风、白芷、川芎、当归、独活、小茴香、前胡、柴胡、蛇床）、唇形科（如薄荷、藿香、紫苏、荆芥、广藿香、香薷）、姜科（如姜、莪术、郁金、姜黄、山柰、砂仁、豆蔻、高良姜、草豆蔻、草果）。此外，松科、杨科、马鞭草科、败酱科、禾本科、胡椒科、杜鹃花科、木犀科、瑞香料、蔷薇科等的一些植物中也富含挥发油。

挥发油的化学成分比较复杂，一种挥发油常含有几十种到一二百种成分，但其中往往以某种或数种成分占较大的分量。如阳春砂仁中乙酸龙脑酯的含量占挥发油总量的85.80％，海南砂仁中乙酸龙脑酯占61.88％；白豆蔻中1，8－桉叶素占91.26％，草果中1，8－桉叶素占55.37％；草豆蔻中金合欢醇占32.71％。按化合物结构分类，挥发油可分为脂肪族化合物、芳香族化合物和萜类化合物，其中主要为单萜、倍半萜和它们的含氧衍生物，如醇、酚、醛、酮、羧酸、酯和内酯等。

挥发油是一类具有较强生物活性的成分，在临床上具有多方面的医疗作用，例如，止咳、平喘、发汗、解表、祛痰、驱风、镇痛、杀虫、抑菌、矫味等。

其他挥发性成分还有一些小分子的化合物，如冰片、樟脑等，这些成分多为结晶性固体，同样也有一定的生物活性，如冰片有发汗、兴奋和解痉等作用；樟脑有兴奋呼吸、抗菌等作用。

对于植物制剂中衍生物的挥发油类成分，目前文献报道定量多采用气相色谱法，也有用薄层扫描法和其他方法的；定性分析有化学反应法、薄层色谱法和气相色谱法。

（一）定性鉴别

定性鉴别植物制剂中挥发油类成分的方法有化学反应法、薄层色谱法，近年来用气相色谱法定性的报道也日益增多。

1．化学反应法

主要是根据植物制剂中所含挥发油各组分的结构或功能基的化学性质进行鉴别。如萜类成分中多有双键，能与氢卤酸起加成反应；内酯类挥发油与羟胺反应转变成羟肟酸，与三氯化铁而呈现颜色反应；如挥发油中含有不饱和物，可用高锰酸钾氧化反应鉴别。但在植物制剂中干扰因素太多，检测时应充分注意。

如二妙丸、三妙丸中苍术的鉴别，就是利用苍术中不饱和挥发油成分与高锰酸钾反应褪色来实现的。二妙丸是由苍术、黄柏组成，三妙丸在此基础上增加了牛膝。鉴别时取丸剂粉末2 g，置具塞试管中，加乙醚10 ml，振摇10 min，取上清液2 ml，置具塞试管中，加高锰酸钾试液2滴，振摇1 min后，红色即消失。

2．薄层色谱法

挥发油类成分薄层色谱的条件主要是根据极性大小加以分离的。油中所含各类化合物的极性大小顺序为：烃（萜）＜醚＜酯＜醛、酮＜醇、酚＜酸。因此，可试用不同极性的展开剂在硅胶或氧化铝薄层上把各类化合物相互分开。薄层上最常用的挥发油展开剂是正己烷和石油醚，它们的极性较小，适于分离极性小的挥发油类成分。在正己烷或石油醚中加入百分之几的乙酸乙酯，增大极性后，可用以分离极性大的成分；若挥发油类成分先以石油醚为移动相展开，极性大的成分留在原点，而极性较小的单萜烃、倍半萜烃和其它烃可以分开几个斑点。

六、其他成分

(一) 有机酸类

有机酸类成分广泛分布于植物中，并参与机体的代谢，一些有机酸具有多方面的生理活性，如苏合香油是冠心苏合丸的主要组成，其中桂皮酸为其主要有效成分；阿魏酸具有抑制血小板聚集作用；齐墩果酸能防治脂肪肝，抗动脉硬化；绿原酸具有很强的抑菌作用等。市场上含有机酸类成分的植物制剂品种日益增多，对有机酸类成分的定性鉴别和含量测定亦逐渐被人们所重视。

有机酸含羧基，无论是脂肪酸、芳香酸都表现出弱酸性，或受结构中其他基团的影响产生不同的酸性，往往利用其羧基与某些显色剂产生颜色反应作鉴别和含量测定。

1. 绿原酸的分析

由茵陈为主组方配伍时，绿原酸是茵陈利胆有效成分之一。绿原酸的测定如下：

(1) 仪器：岛津 CS－930 型双波长薄层扫描仪，采用单波长锯齿扫描法；扫描最大吸收波长 λmax ＝330 nm；Sx＝3，狭缝 2 mm×2 mm；外标一点法定量。

(2) 薄层色谱条件：硅胶 G 板 105 ℃活化 1 h；厚度 0.25 mm，展开剂：二甲苯－乙酸乙酯－70 %乙醇－甲酸（3.5∶3.5∶1∶0.6）展开。

(3) 标准品溶液制备：精密称取绿原酸对照品一定量，加甲醇制成每 1 ml 含有 1 mg 的溶液。

(4) 供试品溶液制备：取样品 4 g，精密称定，加水 25 ml，放置使溶散，用滤纸过滤，滤渣于 80 ℃以下烘干，连同滤纸置烧杯中，精密加入 85 %甲醇 25 ml，加热回流提取 2 h，回流前后均称重，补加甲醇至原重量，过滤，弃去初滤液，精取续滤液 10 ml，水浴蒸干，残渣加甲醇定容于 2 ml 量瓶中，作为样品溶液。

(5) 样品测定：分别取对照品液 2 μl 与样品液 5 μl，分别点于同一薄板上，用展开剂饱和后，按上述条件进行薄层层析，展开后，取出挥干溶剂，在 365 nm 紫外灯下检视，样品与对照品相同 R_f 值处显同样蓝色荧光斑点。标准工作曲线浓度在 0.5～3.0 μg 间线性关系良好。回收率 100.38 %，BSD 为 2.21 %。

(二) 环烯醚萜类

传统植物栀子、地黄、玄参、龙胆等常作为原料，配制成各种制剂应用于临床。如黄连解毒汤、温清饮、六味地黄口服液、龙胆泻肝丸等。环烯醚萜及其甙类是植物栀子、地黄、龙胆等的主要化学成分，此类成分是由两个异戊二烯构成含 10 个碳原子的单萜类化合物，其母核都为环状，具有烯键和醚键，大多数为白色结晶，具苦味，大多数易溶于水和甲醇、对酸敏感，成甙后甙键易为酸水解断裂，甙元结构中 C_1 位的羟基和 C_2 位的氧是一个半缩醛的结构，化学性质活泼，易发生进一步氧化聚合等反应，尤其在酸碱作用下更易变化，因此从植物制剂中分离和分析这类成分难度较大，但仍可利用环烯醚萜类遇氨基酸并在加热的情况下显蓝色的性质，作初步鉴别，再进一步分离分析。金黄散外用于扭伤，敷药后皮肤呈青色，地黄、玄参在采收加工时变黑色都与此类成分有关。

（三）木脂素类

木脂素类成分较多的存在于植物的木部和树脂中，如厚朴、五味子、连翘、牛蒡子等的主要化学成分，大多数常见的木脂素多具亲脂性，游离的木脂素难溶于水，能溶于有机溶剂，若与糖结合成甙，其亲水性增强。一般不具挥发性，也不能随水蒸汽蒸馏，大多数木脂素类化合物具光学活性，遇酸、碱易发生异构化。木脂素的母核常具醇基、酚羟基、亚甲二氧基、甲氧基、羧基和内酯结构。因此，具有这些功能基的化学性质，常利用其亚甲二氧基或酚基进行鉴别反应。

（四）二萜类

二萜类成分在植物界普遍存在，如植物体分泌的乳汁、树脂等。近年在多种植物中发现许多含二萜的氧衍生物具有多方面的生理活性，如芫花、穿心莲、冬凌草等都含有二萜内酯类化合物。

第三节　液体剂型制剂的分析

一、液体制剂质量的一般要求

（一）外观性状

合剂、口服液不得有酸败、异臭、产生气体或其它变质现象，在贮存时间内允许有微量轻摇易散的沉淀。

酒剂、酊剂含有较高浓度的乙醇，不易发酵、酸败，酒剂在贮存时间允许有少量轻摇易散的沉淀。酊剂久置后有可能产生沉淀，在乙醇和有效成分含量符合该产品项下规定的情况下，可滤过除去沉淀。

（二）相对密度

合剂、口服液的相对密度与溶液中含有可溶性物质的总量有关，检查合剂的相对密度在一定程度上可以反映其质量，如玉屏风口服液的相对密度不低于1.16，生脉饮的相对密度不低于1.08。

（三）pH值

合剂的pH值与溶液的稳定性有关，同时对微生物的生长也有影响，防腐剂在合剂中的抑菌能力也与溶液的pH值有关。所以有些合剂对pH值有明确的规定，如生脉饮要求pH值为4.5～7.0。

（四）装量差异

单剂量包装的合剂（口服液）应作装量差异检查，以保证服用时剂量的准确性。检查时，取供试品5瓶，开启时注意避免损失，将内容物分别倒入经校正的干燥量筒内，在室温下检视，每瓶装量应不少于标示量，如有1瓶少于标示量时，不得超过标示量的5.0％。

（五）乙醇量

药典对酒剂、酊剂规定都要做含醇量检查，因为乙醇对植物中各种成分的溶解能力各不相同。制剂中含乙醇量的高低对于制剂中有效成分的含量、所含杂质的类型和数量以及制剂的稳定性等都有影响，如舒筋活络酒的含乙醇规定为50％～57％。这是酒剂和酊剂的一项重要质控指标。

二、液体制剂定量分析的特点

定量分析的目的是控制制剂的品质优良度。当处方中所含物味较少而且有效成分明确时，可选择主要有效成分作为控制指标，如大黄口服液中的蒽醌衍生物，银黄口服液中的绿原酸和黄芩甙，颠茄酊中的莨菪碱。对于物味较多的处方，则可选择一个或几个有代表性的成分作为质控指标，如小青龙合剂中的芍药甙，清肺灵口服液中的麻黄碱。对于处方中植物味较多，成分复杂，选择质控指标成分目前尚有困难的酒剂，可用测定药酒中含总固体量的方法控制其质量。但这样的质控方法，必须是以植物的质量合格，配方用量准确、严格遵守工艺操作规程为前提。在生产实践中发现，药酒中用糖量的增减，可以显著地影响总固体的含量。因此，在酒剂的质量检查中，尤其是对其品质做出评价时，要充分考虑这种影响。

液体植物制剂定量分析需根据被测成分的理化性质、杂质的性质，选择合理的分离、净化方法，消除其他成分或杂质的干扰，提高测定的可靠程度。制剂中所含杂质的种类和数量，除与原料植物材关系密切外，还与所用的溶剂性质有关，如制备酒剂和酊剂的溶剂都含有较高浓度的乙醇，植物中的蛋白质、粘液质、树胶等成分不易溶出，与汤剂相比，物液中含有这类杂质的数量相对减少，如颠茄酊中莨菪碱的定量测定，使用氯仿分别在酸性水溶液或碱性水溶液中反复萃取的方法，使生物碱与色素、树脂、有机酸等干扰物质分离，最后用中和法作剩余滴定，即可准确测定其中的莨菪碱含量。又如西洋参精口服液中含有大量的糖，对人参皂甙的分析干扰很大，必须先将糖除去，以提高测定的准确性。液体制剂分析时，取样要注意代表性，必要时要摇匀后再取样。设计分析方法时，要注意避免所加入的防腐剂、矫味剂等对测定的影响。

第五章 天然植物饲料添加剂产品质量标准的制定

在新型天然植物饲料添加剂的研制过程中，必须制定质量标准，以保证产品质量的可控性和稳定性。产品上市后，其他研究资料如药效研究资料、毒理研究资料、临床研究资料等已完成历史使命，可以存档备用，而质量标准将伴随产品“终身”。

制定产品质量标准的目的在于保证产品质量的可控性、重现性和稳定性。天然植物饲料添加剂的生产、销售、使用等环节，都需要用质量标准来监测和控制。因此，制定的质量标准的各项内容要切实，能充分反映出该产品所含的成分及其作用与组方的功效一致性、剂型的合理性、工艺的可行性、质量标准的针对性及其纯度和品质的优良度。

控制有效成分是控制天然植物饲料添加剂质量的关键，测试结果都要落实在化学成分上。随着科技的发展，现代测试仪器日趋精密，给天然植物饲料添加剂质量标准制定提供了先进的检测手段。但天然植物饲料添加剂绝大多由成分复杂的天然植物组成，在中医药理论指导下，通过各味药物产生的综合效能达到预期效果。天然植物品种繁多，产地不一，存在着同物异名或同名异物的情况，就是同一品种的药材往往也会因生长条件、采收时节、加工方法和贮藏条件等的不同，在质量上有所差异。天然植物饲料添加剂组成复杂，每个制剂中含有上百种成分，不但互相发生化学反应，而且化学成分含量比较低，很难用其中的一两个化学成分来作为评价指标。因此，如何建立与临床效果相一致的质量标准检测指标和项目，还有很长的路要走。

第一节 产品质量标准的主要内容和制定程序

一、产品质量标准的制定程序

标，指标志、标识；准，指允许、依照、准确。标准，指衡量事物的准则。WTO/TBT 协定中对标准的定义是：为了通用或反复使用的目的，由公认机构批准的、非强制性的文件，在 ISO/IEC 指南中定义的标准，可以是强制的，也可以是非强制的。

我国根据《中华人民共和国标准化法》将我国标准分为四个级，即：

国家标准：由国务院标准化行政主管部门－国家质量监督检验检疫总局组织制定；

行业标准：由国务院有关行业归口部门组织制定，并报国务院标准化行政主管部门备案；

地方标准：由省（自治区、直辖市）标准化行政主管部门组织制定，并报国务院标准化行政主管部门和国务院有关行政主管部门备案；

企业标准：由企业制定，并按省（自治区、直辖市）政府规定，报当地政府标准化行政主管部门和有关行政主管部门备案。

（一）质量标准的制定程序

新制剂质量标准制定目的是控制产品（制剂）的质量，因此它必须在组方（天然植物各物及用量）和原料（物名及炮制或提取物、辅料）固定、制备工艺稳定的前提下进行，即组方、原料和工艺固定后，方可进行质量研究。所研究的样品，必须是经过工艺研究（有较为合理的生产工艺）生产的中试产品（样品不少于 3 批，每批不少于 10 个组方量）。同时，在大生产条件下制备 10 批样品，用来验证、修改完善所制定的质量标准，否则其质量标准不能真正反映该制剂的内在质量以及生产实际情况。

质量标准的制定程序为：查阅资料（以组方物性为依据）→设计方案→研究方法→检查、鉴别、测定样品→制定草案→反复试验→修改完善。

（二）制定质量标准的原则

1. 同步进行原则

质量标准的各项试验，应在组方确定后与制剂工艺研究同步进行，包括：制剂用原料研究与质量控制同步、制备工艺研究与质量控制同步。

2. 样品要有代表性

（1）原料代表性：天然植物的品种、产地、应用部位、采收季节、炮制方法和贮藏条件等；

（2）所制定的指标应有代表性：所选指标、项目、限量等均应与组方功效相符；

（3）质量标准具有可控性：对制剂中的原料、制备工艺、检测方法进行监控；

（4）所用的对照物要有可靠性。

3. 对照试验原则

（1）设立对照：各试验项目，如鉴别、含量测定等，必须设阴性对照，指组方仅缺一种天然植物，并按制备工艺所得的“阴性样品”；若缺二种天然植物的样品称“双空阴性样品”和阳性对照，指与组方有效成分相同的有效成分对照品或单个对照天然植物。天然植物组方的成分复杂，为提高试验专一性和准确性，必须设阴性对照。

（2）对照的等量性：取样量、制备相等条件，即供试品与阳性对照应是量化对照，样品标示量与对照品取量要一致；同样，样品供试品与阴性供试品，也应量化对应。

4. 重复性原则

（1）研究过程中质量控制内容需有重复性；

（2）生产过程中质量控制内容需要良好的重复性；

（3）流通过程中质量控制内容需要有良好的重复性。

只有采用固定的组方、规范的原辅料、稳定的制备工艺生产产品，并始终一致地确保其质量和功效的稳定，才能保证和验证所建立的质量标准具有重复性。

二、产品质量标准的主要内容

制剂的质量标准必须在组方（物味、用量）固定、原料质量稳定、制备工艺稳定的前提下，方可制定。质量标准的内容包括：名称、汉语拼音、组方、制法、性状、鉴别、检查、浸出物、含量测定、功能与主治、用法与用量、禁忌、注意、规格、贮藏方法、使用期限等项目，依次予以说明，并起草说明书。质量标准的制订必须以试验结果为依据。

（一）名称及汉语拼音

产品命名要起到“命名效应”，要结合组方功效以及制剂剂型，加以综合考虑。力求明确、简短、科学，尽量避免用容易误解或混同的名称，以及一方多名。可采用形象比喻结合剂型命名，如促乳剂、增肉灵。

（二）组方

复方中各组分（含辅料）应符合法定标准，无法定标准的组分，要制定出标准，并按《标准附录A》组方原则组方。组方中不得有有毒植物。

1. 组方各物排列

应按主要作用物、次要作用物顺序排列，并写明各物炮制，冠以生、熟、炒、炙等。并在各物名后下角写出量数，如克（g）、千克（kg）、毫升（ml）或百分比量（%）。

提取物组方：应列出提取物原料及有效部位、提取物名称及量，并列出提取工艺及其标准。

2. 辅料及附加剂

制剂产品中使用的辅料及附加剂，一般不列入质量标准的组方中，但要在其制法中加以说明。

3. 组方中各原料

（1）野生自然生长的植物原料：要列出产地、采收季节、加工和贮藏；栽培的植物，要求用按“GAP”规范栽培的植物作原料。

（2）原料鉴别：采用经验鉴别、显微鉴别、化学试验。

①经验鉴别：包括外形、颜色、气味、口尝滋味、质地、断面情况，以及用水试、火试、水火共试等，以专门检验人员经验来初步确定。如经验鉴别不能确认者，可用显微鉴别再行确认。

②显微鉴别：是利用显微镜来观察原料的组织结构、细胞形状和内容物特征，以鉴别原料的真伪纯度质量的方法。操作时，先将原料粉细，薄涂于载玻片上，于高倍镜下观察鉴别。

③化学试验：是检查原料所含有效成分的定性、定量检查。

（3）水分测定：要求原料含水量≤10 %。

（三）制法

在质量标准的制法项下，可根据制备工艺写出简明的工艺全过程，对质量有影响的关键工艺应列出控制的技术条件。

在起草说明中，说明该制备工艺全过程的每一步骤的意义，解释关键工艺的各项技术要求的含义及关键半成品的质量标准。列出在工艺研究中各种技术条件及方法的对比数据，以及确定最终制备工艺及其技术条件的理由。

（四）性状

一种制剂的性状往往与原料质量及工艺有关。原料质量保证，工艺恒定，则成品的性状应该是基本一致的，故质量标准中规定制剂的性状，能初步反映其质量状况。

制剂的性状指成品的颜色、形态、形状、气味等。

小量研制品与中试或大量生产的成品，其色泽等可能不完全一致，故制订制剂质量标准应根据中试或大量生产的产品为依据，并至少观察3～5批样品，有的制剂在贮藏期间颜色会变深，因此可根据实际观察情况规定幅度。

（五）鉴别

指制剂的定性鉴别，以确认成品的真实性，一般包括显微鉴别、理化鉴别和色谱鉴别。采用哪种方法，多根据组方组成、剂型及原料情况而定。在鉴定复方制剂时，组方物味从2～3味到几十味不等，一般不要求逐个进行鉴别，在鉴别药物的选择上，应依据组方原则首选主要作用药物和次要作用药物进行，贵重药物量虽小，但有时起重要作用，加强对这类药物的质量监督很必要。鉴别物味的选择也应结合其本身的基础研究工作情况，如其成分不清楚，或通过试验摸索干扰成分难以排除，也可选择其它物味，但应在起草说明中写明理由。

（六）检查

主要指控制制剂中可能引入的杂质或与制剂质量有关的项目。检查项目按照《中华人民共和国兽药典》“通则”项下规定的检查项目进行检查，并列出具体的数据和结果。检查项目分为三类：

1．质量参数类型

与质量直接有关的特殊杂质项目，如大黄中检查出大黄甙的存在；人参中检出人参皂甙；川乌、草乌炮制后所含的有毒总酯型的生物碱含量，以控制质量，监测伪品的掺入、纯度和安全性等。

2．剂型所要求类型

制剂的不同剂型有不同的质量要求，如固体制剂要求测水分；酊剂、酒剂要求测含醇量、总固体物、相对密度、pH值等。

3．污染的控制类型

（1）异物污染：分为钝性异物和有害异物两类。前者如夹杂泥沙、杂草、非药用部位等，它的存在主要是影响剂量的准确；有害异物的污染则可能造成严重的质量事故，如曾发现赤芍中杂有三分三，从而出现中毒事故。在检查项下规定灰分、酸不溶性灰分及异性有机物等。

（2）昆虫及微生物污染：自20世纪60年代以来，国内外对非灭菌制剂都有一些考察，有些属严重污染。据国外报道，在一份甘草中分离出黄曲霉菌的代谢产物黄曲霉毒素 B_1 及黄曲霉毒素 B_2，有些曾检出破伤风杆菌等。

（3）化学污染：可能来自土壤、化肥、化学除草剂、农药、熏蒸剂、杀虫剂、水源等所致；污染有害金属汞、铝、镉、铬等国内也有报道；有时因水质欠佳，洗涤药物后污染了铬、钾；又如使用含砷量高的硫磺作熏蒸剂，使贝母、金银花等含砷量高。

制剂研制均应作砷与重金属检查，检出量极低的在正文中可不做规定。

制剂亦可制定浸出物量以控制质量。必须指出，在确实无法建立含量测定方法时，可暂按浸出物测定作为质量控制项目，但必须具有针对性的控制质量的意义。对含糖类等辅料比较多的制剂，如选择水、乙醇、甲醇为浸出溶剂，则浸出物测定意义不大，因难以反映内在质量，故选择溶剂时，还要考虑制剂中辅料对测定结果的影响。如组方中含挥发性成分，可以用乙醚等溶剂，测定挥发性浸出物。

（七）含量测定

天然植物含有多种化学成分，天然植物饲料添加剂又多为复方，其功效为多种成分的综合作用，有时甚至具有双向调节作用，很难确定某一化学成分是惟一有效成分。有些尚不一定能与植物功效完全吻合，或直接地比较。然而天然植物的功效必定有其物质基础，根据中医药理论，结合现代科学研究，择其具有生理活性的主要化学成分，作为有效成分或指标性成分之一，建立含量测定项目，评价内在质量，并衡量其商品质量是否达到要求及产品是否稳定，是完全必要的。

1. 含量测定选定原则

（1）项目与天然植物的选定：单方制剂所含成分必须基本清楚，如明确为生物碱类等，并搞清其中主要成分的分子式与结构式，这样既能测定其总成分，又便于以主要成分计算。复方制剂，应首选主要作用药物，建立含量测定方法。如测定黄连、黄柏，选择小檗碱是合适的，但这绝不意味着用小檗碱代替黄连、黄柏。基础研究薄弱或在测定中干扰成分多，也可选定次要作用药物等作含量测定。但须在起草说明中阐述理由。

（2）测定成分的选定：有效成分或指标性成分清楚的可进行针对性定量。成分类别清楚的，可对总成分（如总黄酮、总皂甙、总生物碱等）进行测定，但必须无干扰才可进行，所测成分应归属于某一单一物味；如含有二种以上物味具相同成分或同系物（母核相同），最好不选此指标，因无法确证某一植物原料的存在及保证所投入的数量和质量。

但如处于主要作用药物地位，或其他指标难以选择测定，也可测定其总含量，但同时须分别测定原料所含该成分的含量，并规定限度。在保证各物味质量的基础上，达到控制质量的目的。如黄连、黄柏、枳实、枳壳、川芎、当归等常同时处于同一组方中，并居主要作用药物地位，则可测定制剂中的小檗碱、橙皮甙、阿魏酸等，并同时分别控制各原料有关成分的含量。

对于因原料产地和等级不同而含量差异较大的成分，需注意检测指标的选定和产地的限定。如麻黄主含左旋麻黄碱和右旋伪麻黄碱，由于我国麻黄产地分布极广，从东北至西北的各产地麻黄中，左旋麻黄碱含量递增，而右旋伪麻黄碱含量递减，目前检测技术虽然可以同时检测数种生物碱，但在质量评价上仍以测定总碱为宜，只有在制剂中测总碱有干扰时才测定某种生物碱，如左旋麻黄碱，但需要限定取材于适宜的产地，否则难以保证质量。含量过低的成分较难真正反映制剂的内在质量，如原料所含大类成分（如总蒽醌）含量较高，但在复方制剂中由于其他成分干扰测定或工艺制备过程中的损失，含量已经降低，若改测定某一单一成分（如大黄素）时，含量仅为千万分之几，由于样品不均匀或工艺检测操作稍有误差则对含量影响极大。

检测成分应尽可能与药物作用功效的功能相近。如山楂若以消食健胃功能为主，则测定其有机酸含量；若以活血止痛为主，则测所含黄酮类成分。复方制剂中由于某些药味基础研究工作薄弱，测定干扰难以克服或含量极低，无法进行某些成分含量测定时，也可选择适宜的溶剂作浸出物测定，如含挥发性成分或脂溶性成分可作醚浸出物测定，前者还可测定挥发性醚浸出物。如含各种甙类成分物味较多，也可测正丁醇浸出物。

溶剂的选择应有针对性，一般不采用水或乙醇，因其溶出物量太大，易受原料或工艺的影响难以反映质量的差异。

2. 含量测定方法

含量测定方法很多，常用的如经典分析方法（容量法、重量法）、比色法、分光光度法、气相色谱法、高效液相色谱法、薄层色谱法，以及生物测定法等等。

3. 方法学考察

（1）提取条件的选定：优选提取条件对测定结果有直接影响，特别是对于制剂中含有原粉的，即由组织细胞中提取出有关成分，其测定结果与其实际值越接近越好，常见的提取方法有冷浸、热浸回流、索氏提取、超声波提取等，滤除残渣即得提取液。对提取液的取舍有两种方法，一种为取全量，即充分洗净残渣，并将洗涤液合并于提取液中；另一种为取一定量，即在提取前精密加入定量溶剂，称重，提取后再补充提取过程损失的溶剂，摇匀、过滤。精密吸取一定量的提取液，进行含量测定，最后结果按相当的样品量计算即得。

提取条件的确定，一般要有不同溶剂、不同提取方式、不同时间以及不同温度、pH 值等条件比较而定，可参考文献，重点对比某种条件，也可用正交试验全面优选条件，再配合回收率试验或与经典方法比较，从而估计方法的可靠性。

（2）分离纯化：说明干扰物质的排除情况，特别是色谱分析更应注意此点，以提高分析准确性并可保护色谱柱。在应用分光光度法时，如二或三波长分光光度法、导数光谱测定法，应收集不同来源的原料，其干扰成分均应具有相同的吸收曲线，并应使其非零值尽可能小。

（3）测定条件的选择：如比色法、高效液相色谱法、薄层扫描法中最大吸收波长的选择，液相色谱法中固定相、流动相、内标物的选择、薄层扫描法层析与扫描条件的选择等。

（4）空白试验：在色谱法中常用阴阳对照法，即以被测成分或原料与除去该成分或该原料的制剂作对照以考察被测成分的斑点（或峰）位置是否与干扰组分重叠，以确证测定指标（如吸收度、峰面积）是否仅为被测成分的响应，防止假阳性的误判。

紫外分光光度法或比色法中的空白对照液有有机溶剂空白和试剂空白（溶剂加显色剂）。对复方制剂也须同色谱法一样做阴性对照，以确证吸收度仅为被测成分的响应。对单一成分或大类成分测定，均需做此试验。

（5）线性关系考察：测定样品浓度与响应值如吸收度、色谱峰面积（或峰高）之间的线性关系，紫外分光光度法或比色法须制备标准曲线，用以确定取样量并计算含量。色谱法一般均采用对照品比较法、外标法或内标法测定，但也必须进行线性考察，目的是①确定样品浓度与峰面积或峰高是否呈线性关系；②确定线性范围，即适用的样品点样或进样量的确定；③直线是否通过原点，以确定是以一种或两种对照品量（即一点法或两点法）测定并计算。标准曲线相关系数（r）应在0.999以上。

（6）测定方法的稳定性实验：目的是选定最佳的测定时间。用紫外分光光度法、比色法或薄层扫描法等测定时，应对被测液或薄层色谱斑点的吸收度值的稳定性进行考察，即每隔一定时间测定1次，延续3～4 h，视其是否稳定，以确定适当的测定时间。

（7）精密度试验：如气相色谱法、液相色谱法应对同一种试液多次进样测定。薄层扫描法时应对同一薄层板及异板多个同量斑点扫描测定，考察其精密度。

（8）重现性试验：按拟定的含量测定方法，对同一批样品进行多次测定，平行试验至少5次以上（n≥5），计算相对标准偏差（RSD），一般要求低于5 %，同一人测定多次称重现性，不同人或实验测定称再现性。

（9）检测灵敏度及检测下限的测定：分析方法的灵敏度一般以工作曲线的斜率表示，其值越大，方法的灵敏度越高。色谱法的灵敏度可以用峰高（mm）/对照品量（mg）表示。最小检出量即检测下限，一般按经验法设计数个不同进样量，以目测估计最小检出量。

（10）回收率实验：含测定方法的建立，多以回收率估计分析的误差和操作过程的损失，以评价方法的可靠性。常见的回收率实验设计有以下几种：

①加样回收：即于已知被测成分含量的成品中，再精密加入一定量的被测成分纯品，依法测定。用实测值与原样品中含被测成分之差，除以加入纯品量计算回收率（公式1），此法不用制备空白对照，模拟真实性好。对单味原料药的回收率测定，因不易制备除去被测成分的原料空白对照品，只能用加样回收法，如用提净被测成分的植物渣作空白，则意义不大，因为在除去被测成分的同时，干扰成分也被除去了。

在加样回收实验中，首先须注意纯品的加入量与取样量中被测成分之和，必须在标准曲线线性关系范围之内；外加纯品的量要适当，过小则引起较大的相对误差，过大则干扰成分相对减少，真实性差。一般加入量与所取样品含量之比控制在1：1左右。

加样回收的计算方法，也有用实测值除以理论总量（样品中所含被测成分量与加入纯品量之和）计算的（公式2），但仍以前述计算方法为公认。

公式1：回收率 = ［（C－A）/B］×100%

公式2：回收率 = ［C/（A＋B）］×100%

式中：A－被测成分量；　　　　B－加入纯品量；　　　　C－实测值。

②以制剂空白，即除去欲测天然植物原料后制成的成品：精密加入被测化学成分纯品，依法测定。以加入纯品量为理论值，由实测值计算回收率，此法理论值较准确，但不足是缺少成品中被测植物原料本身的杂质干扰条件，模拟真实性差，特别是被测天然植物原料组分复杂，如人参被测成分为人参皂甙 Re，因与该成分共存的同系物或类同系物成分人参皂甙较多（如三七和绞股蓝中就含有人参皂甙 Re），其自身分离度重现性差，而只以加入纯品测定回收率，与人参皂甙 Re 的干扰情况则无从反映。故此种回收率测定只能用于被测天然植物原料成分较为单一者。

③取制剂空白，精密加入已知被测成分含量的天然植物，依法测定：以加入天然植物原料所相当的被测成分量为理论值，再由实测值除以理论值计算回收率。此法模拟真实性好，能反映被测天然植物原料中其它成分的干扰情况，但由于已知含量天然植物原料也是同样测得的平均值，故其理论值实际包括正负误差在内，有时也能掩盖系统误差。特别是单味原料制剂，仍以采用加样回收法为宜。

回收率试验至少需要进行 5 次试验（n≥5），或三组平行试验（n=6），在同一批样品中加入相同或不同的纯品量，后者可进一步验证测定方法中取样量多少更为合适。

回收率一般要求在 95 %～105 %，一些方法操作步骤繁复，可要求略低，但至少不小于 90 %。

4．质量标准起草说明

起草说明是对质量标准制定详尽的技术资料。对质量标准各项均应作说明，对名称、组方、制法、功能、用法用量等项，在申报资料中各有要求，故在起草说明中也应简要概述，不可从略，而有关检定该物真伪优劣各项均应重点详细说明。

对鉴别、含量测定、物味各测定成分的选择依据、方法原理、实验条件的选择和方法学考察资料和数量，空白试验说明杂质干扰及排除情况，附有关图谱如最大吸收波长选择图、标准曲线图，色谱图包括空白试验图、薄层色谱，附彩色照片，以显示色谱的真实性。

阐明确定检查及含量限（幅）度的意义和依据，申报生产或标准试行期满转为部颁标准前至少应有 10 批以上中试产品的测定数据。

应强调的是，应阐明其它曾经做过的试验，包括不成熟的尚待完善或失败暂未收载，或不能收载于正文的检定方法的理由，并提供详尽的实验资料，以便有关部门审查其实验设计是否合理，以确定为主观原因或客观原因，从而判定是否需要作进一步实验的要求。

起草说明的书写格式应按质量标准项目依次予以说明，但应与研究报告不同，不能以综述性讨论代替。

（八）功能

要根据研制的药理研究和试验结果，突出主要功能。

（九）用法与用量

先写用法，后写一次量及一日使用次数。

注意：包括各种禁忌。

（十）规格

规格的写法有以重量计、以装量计、以标示量计等。同一品种有多种规格时，重量小的在前，依次排列。

（十一）贮藏

根据制剂的特性，写明保存的条件和要求。

第二节　质量标准的编写与报批

一、申报资料的编制

根据《饲料添加剂和添加剂预混合饲料生产许可证管理办法》（中华人民共和国农业部2003年第26号令）和《饲料添加剂和添加剂预混合饲料产品批准文号管理办法》（中华人民共和国农业部1999年第23号令）以及《天然植物饲料添加剂通则》（下简称为“通则”）等，天然植物饲料添加剂及其预混合饲料的产品批准文号和生产许可证的申报和申请，均按中华人民共和国农业部1999年第23号令和2003年26号令执行，此外，其申报内容和格式，应按上述两个文件的相关要求，其产品质量标准及检测应按“通则”规定执行。因此，凡申报天然植物饲料添加剂及其预混合饲料的生产企业，应补报以下资料，送交省级饲料管理部门，进行审查。合格后上报农业部审批。

（一）名称（中文及汉语拼音）

（二）组方

组方中各天然植物（含辅料）名等应符合标准。无标准的要制定标准以供审查。

组方各天然植物配合，应符合物间相配理论，按照天然植物功效特性，多以增效相配，并根据应用对象、目的而组成具有天然植物饲料添加剂整体功效的组方。

天然植物饲料添加剂的完整合理组方，应包括主要作用物（起主要作用的天然植物）和次要作用物（促进主要作用物产生功效，及增效作用物）及辅助作用物（对主要作用物的副作用加以消除的作用物）。此外，还包括组方产品所有的辅料和赋型物，均应在组方说明中加以明确的说明。组方中，禁忌相配减效配合（物性味相反的配合）和配有有毒天然植物。

1．组方物在组方中的排列

要按主要作用物、次要作用物顺序排列，组方全物一并列出，并写明各物的炮制（冠以生、熟、炒、炙等），以及在各物后下角写出量数，为克（g）、千克（kg）、毫升（ml）或百分比量（%）。

2. 提取物组方

应列出提取物原料及有效部位、提取物名称和量数。

3. 保密或专利组方

组方因保密而不能将组方全物一并列出者，应具有相关部门证件证明附件及批准文附件。

（三）原料

组方中各原料，应列出：野生或栽培（要求按“GAP”规范栽培植物），并标明产地，采收季节，加工和贮藏等内容；鉴别方法及标准。

（四）制法

即制备工艺及其研究资料，要求简要表述以下内容：

（1）工艺过程；

（2）组方中各物原料处理简明工艺（路线、条件及中间体质量）；

（3）辅料和附加剂的名称及用量；

（4）关键技术，半成品标准（制备工艺中对质量有影响的关键工艺，应列出控制的技术条件及关键半成品的质量标准），如粉碎细度（列出筛目），浸膏的相对密度、乙醇浓度等；

（5）制法说明，指对制法各项的解释、阐述提出条件的根据和对比数据的理由。

（五）性状

指天然植物饲料添加剂剂型成品的颜色、外形、气味等，作依次描述。色、香、味、形是成品内在质量的外在体现，外观性状的变化常伴随着组方各物的化学成分的变化，故性状是直接关系到质量。性状描述应是对多批次中试或大生产样品（经稳定性试验后的样品）综合描述的结果。

（六）检查

按一般检查通则，对产品剂型所规定的参数，如水分、pH 值、相对密度、灰分、重量差异等，列出具体数据和测试结果，并说明规定的理由：

（1）灰分（总灰分和酸不溶性灰分）、灼烧残渣；

（2）重金属及砷盐的检查；

（3）农药残留的检测（气相色谱法、比色法、薄层色谱法和呈色反应）；

（4）有毒物质检查，包括植物内酯毒素、虫霉毒素、有机溶剂残留量等检查，并应有 10 个批次 20 个数据指标。

（七）含量测定

按组方主、次作用物，测定主要作用的单一成分或大类化合物成分（总生物碱等总成分），可据情选用高效液相色谱法、气相色谱法、薄层扫描法和分光光度法测定。

（八）稳定性试验

稳定性试验是产品质量重要评价指标之一，也是制定产品有效期的主要依据。目前采用的试验方法有：

1. 留样观察法

依照贮存条件将样品放置于正常室温下（18～20℃），每隔一定时间（每月考核1次）进行考核，考核期满时（0～3～10个月）作出质量评价，核定有效期。

2. 加速试验法

采用37～40℃和相对湿度75%的条件下保存，每月考核1次，连续3个月（相当于正常室温下保存两年）。此法由美国FDA提出，国内不常用，有待作进一步研究。

此外，还有“恒温法”，样品于不同温度恒温器中定时取样测定含量、“升温法”或变温法，即预定升温程序缓慢升温，如每分钟升0.05℃，定时取样测定含量。

二、报批标准的要求

（一）符合制修订标准程序

1. 常规程序

一般为六个阶段。

（1）列入制修订标准的计划：国家标准列入国家标准制、修订计划，此阶段成果代号为NP。

（2）起草标准：本阶段成果代号为WD。本阶段完成标准征求意见稿及附件标准草案，编制说明（初稿）由起草小组完成。

（3）征求意见：本阶段成果代号为CD。完成标准草案报批稿，附件：征求意见汇总处理表，由起草小组完成。

（4）标准审查：本阶段成果代号为DS。完成标准草案报批稿，附件：①标准编制说明；②审查会纪要（或函审结论）及会议代表名单（或函审单）；③意见汇总处理表。已组建标委会的，一定要通过标委会审查。

（5）报批标准：本阶段成果代号为FDS。报批稿连同附件经标委会（或部门）审查同意后，由计划承担单位行文报批。批准，提供标准出版稿。

（6）标准出版：本阶段成果代号为GB、GB/T、GB/Z。提供标准出版物，国家标准由中国标准出版社出版。

2. 快速程序

（1）对等同、等效采用国际标准或国外先进标准的标准制、修订项目，可直接由计划立项阶段（NP）进行征求意见（CD），省略起草阶段。

（2）对现有国家标准的修订项目，或我国其他各级标准的转化项目，可直接从计划阶段进入审查阶段，省略征求意见阶段。

（3）实行快速程序应按有关规定，在制、修订标准项目计划中表明该项目是快速程序及省略阶段。目前是由标委会或部门认可，不可由起草单位自行决定。

以上详见GB/T16733－1997及相关规定。

（二）标准的编写方法符合规定

即符合 GB/T1. 1、GB/T1. 3 等。

（三）标准的内容符合制（修）订标准的要求

1. 总的要求

技术先进、经济合理、安全可靠、协调配套。

2. 具体要求

（1）贯彻国家的有关方针、政策、法律、法规；

（2）各级标准协调配套；

（3）充分体现使用要求，保护消费者合法权益；

（4）有利于合理利用资源；

（5）有利于保障人民健康、安全，环境保护；

（6）有利于推广科技成果，积极采用国际标准和国外先进标准，有利于与国际接轨，促进国际交流与外贸；

（7）制、修订标准的依据充分，有争议问题得到妥善解决。标准的水平能反应实际情况并促进技术进步；

（8）标准内容齐全，所订内容有利于产品质量提高，有利于规范市场、公平竞争。

（四）报批材料齐全

报批标准要备齐所规定的材料。各材料备齐后装袋报批，袋外贴上材料清单。材料清单格式如下：

国家标准材料清单

标准名称		
报批材料：		
	1. 国家标准报批公文	一份
	2. 国家标准申报单	二份
	3. 国家标准报批稿	四份
	4. 编制说明及附件	二份
	5. 标准审查会议纪要或函审结论（附会议代表名单）	二份
	6. 标准送审稿及函审单	一份
	7. 征求意见稿的意见汇总处理表	二份
	8. 被采用的国际标准或国外先进标准的原文和译文	一份
	9. 标准墨线图（标准中有图时）	一份

以上均为报批标准时，按规定必备的材料，不可随意短缺。缺少的材料必须补齐方可受理。

（五）编制说明及有关附件的编写内容符合要求

起草标准要同时编写起草说明及有关附件，并在起草、审查、报批过程中逐渐完善，使之符合有关规定。

1. 编制说明及有关附件

其内容应包括：

（1）工作简况；

（2）国家标准编制原则所确定的主要内容的依据，修订标准时，新、旧标准的对比情况；

（3）主要试验（验证）的分析报告，技术、经济、安全可靠性论证，预期的经济、社会效果等；

（4）采用国际标准或国外先进标准的程度，与国际或国外标准水平对比情况或与测试的国外同类产品样品的数据对比情况；

（5）与有关现行法律、法规、强制性国家标准的协调情况；

（6）重大分歧意见的处理情况及依据；

（7）作为强制性或推荐性标准的建议；

（8）废止现行有关标准的建议；

（9）其他应予说明的事项。

从目前所申报的标准看，不少标准的编制说明写得过分简单，写工作过程多，写标准各项内容确立的依据少；写标准的检索情况多，写标准水平的对比情况少等等，应引起重视。

2. 标准审查会议的纪要

也是一份重要附件，内容主要有：

（1）与会代表所提的主要修改意见及采纳情况；

（2）所审标准通过审查与否的结论意见；

（3）上述“编制说明（2）~（9）”项内容的审查结论意见。

3. 函审结论、函审单

按下表填写：

国家（行业）标准送审稿函审结论表

<table>
<tr><td>标准名称</td><td colspan="3"></td></tr>
<tr><td>起草单位</td><td colspan="2"></td><td>组织函审单位</td></tr>
<tr><td rowspan="2">函审时间</td><td>发出日期</td><td colspan="2"></td></tr>
<tr><td>投票截止日期</td><td colspan="2"></td></tr>
<tr><td colspan="4">回函情况：
函审表决单总数：
赞成：共　　个单位
赞成，但有意见或建议：共　　个单位
不赞成，如采纳建议或意见改为赞成：共　　个单位
弃权：共　　个单位
未复函：共　　个单位</td></tr>
<tr><td colspan="4">函审结论：</td></tr>
<tr><td colspan="2">起草单位技术负责人：
（签名、盖公章）</td><td colspan="2">组织函审单位技术负责人：
（签名、盖公章）</td></tr>
<tr><td colspan="2">年　　月　　日</td><td colspan="2">年　　月　　日</td></tr>
</table>

国家（行业）标准送审稿函审单

<table>
<tr><td>标准名称</td><td colspan="3"></td></tr>
<tr><td>起草单位</td><td colspan="3"></td></tr>
<tr><td>组织函审单位</td><td colspan="3"></td></tr>
<tr><td rowspan="2">函审时间</td><td>发出日期</td><td colspan="2">年　　月　　日</td></tr>
<tr><td>投票截止日期</td><td colspan="2">年　　月　　日</td></tr>
<tr><td colspan="3">表决态度：
赞成：
赞成但有建议、意见：
不赞成，如采纳建议、意见改为赞成：
弃权：
不赞成：</td><td>
口
口
口
口
口</td></tr>
<tr><td colspan="4">建议或意见理由：</td></tr>
<tr><td colspan="3">意见提出单位（盖公章）</td><td>提意见者（签名）</td></tr>
<tr><td colspan="3">年　　月　　日</td><td>年　　月　　日</td></tr>
<tr><td colspan="4">说明：
（1）表决方式是在选定的方框内划“√”的符号，只可划一次，选划2项，以废票处理（废票不计数）；
（2）回函单位提不出意见的按赞成票计，没有回函说明的按弃权处理；
（3）回函日期以邮戳为准；
（4）建议或意见及理由栏，幅面不够可另附纸。</td></tr>
</table>

4. 对征求意见稿征求意见的处理情况，要列表说明

列表说明其内容，格式如下：

意见汇总处理表

共　页第　页

标准名称：　　　　　　　　　　　　负责起草单位：

年　月　日编写

序号	标准章条编号	意见内容	提出单位	处理意见	备注

说明：

（1）发送《征求意见稿》的单位数；

（2）回函单位数；

（3）收到《征求意见稿》后，回函并有建议或意见的单位数；

（4）没有回函的单位数；

（注：在表格的最后一页下面附上以上诸条说明）

5. 报批标准申报单

由计划执行单位填写。国家标准申报单内容、格式如下：

国家标准申报单

<table>
<tr><td rowspan="2">国家标准名称</td><td rowspan="2" colspan="2"></td><td colspan="2">计划项目编号</td><td></td></tr>
<tr><td colspan="2">国家标准分类号</td><td></td></tr>
<tr><td>国家标准性质</td><td colspan="5">（1）强制性国家标准　（2）推荐性国家标准</td></tr>
<tr><td>国家标准类别</td><td colspan="5">（1）基础　（2）安全卫生　（3）环境保护　（4）工程建设
（5）产品　（6）方法　（7）管理技术　（8）其他</td></tr>
<tr><td rowspan="2">采用国际标准或国外先进标准的程度</td><td colspan="5">（1）等同采用　（2）等效采用　（3）非等效采用</td></tr>
<tr><td colspan="5">被采用的标准号：</td></tr>
<tr><td>国家标准水平分析</td><td colspan="5">（1）国际先进　（2）国际一般　（3）国内先进</td></tr>
<tr><td>与测试的国外样品样机有关数据的对比（产品国家标准填写）</td><td colspan="5"></td></tr>
<tr><td>国家标准
提出部门</td><td></td><td>国家标准
组织审查单位</td><td></td><td>国家标准
负责起草单位</td><td></td></tr>
<tr><td>填表人</td><td></td><td>联系电话</td><td></td><td>填报日期</td><td></td></tr>
<tr><td colspan="6">填写说明：
（1）计划项目编号请填写该国家标准列入国家质量监督检验检疫总局的国家标准制修订计划中的该项目的编号；
（2）表中的第2、3、4、5栏，请在选定的内容上划“√”符号。</td></tr>
</table>

三、标准编写规则

本内容来自国家标准《标准编写规则 第4部分：化学分析方法》（GB/T 20001.4－2001）。

（一）标准的构成要素和顺序

- （1）资料性概述要素
  - ①封面
  - ②目次
  - ③前言
  - ④引言
- （2）规范性一般要素
  - ①标准名称
  - ②警告
  - ③范围
  - ④规范性引用文件
- （3）规范性技术要素
  - ①术语和定义
  - ②原理
  - ③反应式
  - ④试剂和材料
  - ⑤仪器
  - ⑥采样
  - ⑦分析步骤
  - ⑧结果计算
  - ⑨精密度
  - ⑩质量保证和控制
  - ⑪特殊情况
  - ⑫试验报告
- （4）资料性补充要素
  - 附录
    - 规范性附录
    - 资料性附录（资料文件、索引等）
  - 参考文献

（二）编写细则

1. 前言

2. 引言（可选要素）

示例 GB/T1.1－2000 的引言内容

引　言

GB/T1 已经实施近二十年，它在我国标准的制定和修订工作中起到了重要的指导作用。GB/T1 依据的主要国际文件《ISO/IEC 导则 – 第 3 部分：国际标准的结构和起草规则》于 1997 年出版了第三版。为了适应标准化工作的需要，进一步与 ISO/IEC 导则和指南体系相协调，促进贸易与交流，有必要调整 GB/T1 的结构，建立新的标准化工作导则、指南和编写规则国家标准体系。调整后的结构如前言所述。

本部分是 GB/T1 结构调整后修订完成的第一个部分，其他部分和有关标准将在今后陆续制定和修订。

3. 标准名称

引导要素：指明标准化所属的领域；

主体要素：即该标准所论述的对象；

补充要素：(1) 用以区分标准不同的部分（系列标准）；(2) 用以区分不同的技术特征。

两段命名：

(1) 包括引导要素和主体要素；示例：饲料添加剂 维生素 A 乙酸酯微粒

(2) 包括主体要素和补充要素；示例：饲料中维生素 A 的测定 高效液相色谱法

三段命名：引导要素 – 主体要素 – 补充要素

示例：水质 氯化物的测定 硝酸银滴定法

意义不确切的标准名称举例：

示例 1：《XX 饲料安全限量》

示例 2：《饲料营养成分及卫生指标分析允许误差的通用标准》

4. 警告

(1) 所分析的产品对环境和健康有危害时，写在名称与范围之间，即正文第 1 章开始前。

(2) 危害来自分析所用试剂、材料或设备时，应写在有危害的物品之后。

(3) 当危害来自分析操作过程中时，警告应写在“分析步骤”标题之后。

5. 范围

要避免同语反复，因为与标准名称反复写，写不出实质性内容。

示例：如标准《饲料中 XX 的测定》

“本标准规定了饲料中 XX 的测定方法”。

“本标准适用于饲料中 XX 的测定”。

6. 规范性引用文件（当需要引用时）

7. 术语和定义（可选）

8. 原理

9. 反应式（可选要素）

10. 试剂和材料

按以下规定的顺序编排：

（1）市售试剂；

（2）溶液和悬浮液；

（3）标准滴定溶液和标准溶液；

（4）指示剂；

（5）辅助材料（滤纸、干燥剂等）。

该章编写应注意以下问题：

①只为制备溶液所用的试剂不单独列出；

②有结晶水的试剂要列出分子式，如硫酸铜（$CuSO_4 \cdot 5H_2O$）；

③溶液一般指水溶液，不必特别指明；

④化学品的名称要用中国化学会提出的《无机化学命名原则》和《有机化学命名原则》的规定，若有俗名应写在括弧里（第一次出现）。文本中再出现时，学名、俗名都可用（尤其那些复杂的化学品），但要全文统一，不得混用，如对甲氧基苯甲醇（学名），茴香醇（俗名）；

⑤不得在文字叙述中夹杂符号，如“称取 NaOH 2 g”，“其含量 ≥5 %时”；

⑥关于溶液浓度的表示

－物质量的浓度 c：一般用在容量分析中作为标准滴定溶液和基准溶液的浓度，单位 mol/L。其表示方法：（在文字中）浓度为 c（$1/2H_2SO_4$）＝1mol/L，公式中可 $c1$、$c2$……表示，式中予以注解。但都必须指明基本单元。

－质量浓度 ρ：一般用在标准溶液、标准比对溶液或普通试验溶液，单位 g/L 或 mg/ml。

－某溶液由另外一种溶液稀释而配制成稀释液时，可表示为“稀释 V1→V2”或“V1＋V2”，而不用“V1：V2”或“V1/V2”

11．仪器

示例：“9.1 单刻线移液管，50 ml，GB 12808 A 类”

12．采样（取样）

可叙述其要求，具体方法可引用标准的规定。

13．试样的制备

14．分析步骤

（1）试料的称取（或量取）

①以规定的准确度称取确定量：表述为“称取 5 g ± 1 mg”或“称取（5 ± 0.001）g”或“称取 5 g 试样精确至 1 mg”。

②以规定的准确度称取大约量：表述“称取约 1.5 g 试样，精确至 1 mg”或“称取 1.4～1.6 g 试样，精确至 1 mg”。

（2）空白试验

（3）预试验或验证试验

（4）结果计算

①给出公式；

②说明公式中量的符号和数字的含义及其单位；

③给出计算结果表示至小数点后的位数或给出有效位数。

GB/T20001.4－2001 中给出两个示例。

示例1：以盐酸滴定某物质的碱度（KOH 含量）含量，以质量分数 mg/kg 表示。

$$\omega = \frac{VcM}{m}$$

示例2：同示例1的分析，但结果以质量分数 % 表示

$$\omega = \frac{[(V/1000)\ cM]}{m} \times 100$$

15. 精密度

示例：(ISO 5983：1999)

10 精密度

10.1 实验室间联合试验

关于该方法精密度的实验室联合试验的详尽资料汇总于附录。由这次联合试验得出的数值可能不能用于其它浓度范围和基质的样品。

10.2 重复性

在一较短的时间间隔内，由同一操作者，对同一试料，用此同样的方法，在同一实验室、用同样的仪器设备进行的两个单一测定结果间的绝对差，超过下式得出的重复性限（r）的几率应不超过5％。

$$r = 2.28\ g/kg + 0.0147\bar{\omega}\rho$$

式中：

r－重复性限，g/kg；

$\bar{\omega}\rho$－两个单独测定的粗蛋白含量的平均值，g/kg。

10.3 再现性

在不同的实验室、不同的操作者、不同的仪器设备，用此同一方法对同一试料进行的两次单独测定结果间的绝对差，超过由下式算得的重现性限（R）的几率，应不大于5％。

$$R = 12.8\ g/kg + 0.0361\bar{\omega}\rho$$

式中：

R－重现性限，g/kg；

$\bar{\omega}\rho$－两个单独测定的粗蛋白含量的平均值，g/kg。

16. 质量保证和控制（可选）

17. 特殊情况（可选）

18. 试验报告

示例：(ISO 5983；1999)

11 试验报告

试验报告应包括如下内容：

（1）识别样品所需的全部资料；

（2）取样方法（如已知）；

（3）所用的方法；

（4）试验结果，氮含量或是用换算系数（即 6.25）计算的粗蛋白含量；

（5）如果进行了重复性检验，给出最后结果；

（6）详细写明本国际标准未规定的、或是认为可任选的操作细节，以及方法运行中所发生的、可能影响试验结果的任何偶发差错。

19. 附录

20. 参考资料（可选）

（三）化学分析方法标准常见的问题

1. 术语不统一

如样品、试样、试样溶液；标准滴定溶液、基准溶液、标准溶液、标准比对溶液。

2. 量、单位和符号

物质 B 的物质的量（nB），单位为 mol，化学分析中常用的浓度（cB）单位为 mol/L，摩尔质量（MB）单位为 g/mol。

如：硫酸的浓度 $c\left(\frac{1}{2}H_2SO_4\right)=0.2\ mol/L$

高锰酸钾的浓度 $c\left(\frac{1}{5}KMnO_4\right)=0.1\ mol/L$

“cB”为某溶液物质的量浓度的符号。

$M\left(\frac{1}{2}H_2SO_4\right)=49\ g/mol$，$M\left(H_2SO_4\right)=98\ g/mol$。

MB 为某物质的摩尔质量的符号。

质量分数和体积分数可以用 mg/g、mg/kg、μg/g 和 ml/L、ml/ml 表示。

不要在单位符号上加任何附加信息，如 5 %（m/m），2 %（v/v）。要写明质量分数为 5%，体积分数为 2%。

3. 分析步骤

示例：（ISO 5983：1999）

8 分析步骤

注：关于应用 K 氏法的一般性指导见 ISO 1871 [1]。

8.1 试料

根据预期的氮含量称取一定质量的试样（准确至 1 mg），使试验部分的氮含量在 0.005 ~ 0.2 g 之间，最好大于 0.02 g。

注：均质气干样品试料的质量应在0.5～2.0 g之间。湿的和/或非均质样品的试料则应在2.5～5.0 g之间。

8.2 测定

警告：下述操作应在通风良好的通风橱或能抗硫酸腐蚀的通导系统中进行。

8.2.1 有机物的消解

将试料定量地转移到容积适当的凯氏瓶中（通常是800 ml）。

加入15 g的硫酸钾（4.1）。

如下法加适量的催化剂：0.3 g 氧化铜（4.2.1）或 0.9～1.2 g 五水硫酸铜（4.2.2）。

对于1 g干物质的试料要加25 ml硫酸（4.3），以后每增加1 g干物质多加6～12 ml。充分混合，确保试料完全润湿。

将凯氏瓶架好使其中轴线与垂直方向成30°～45°角，保持该位置于整个加热过程。

开始时要缓缓加热，防止泡沫冲进瓶颈或溢出瓶外。

注1：可加入一种防泡剂，如石蜡（4.4）。

注2：消煮块时一种适宜的消煮装置，其可稳定地加热待消煮的混合物。

缓缓加热，不时地回旋振摇，直至试样全部炭化、泡沫消失为止。然后加大火力，直至液体能稳定沸腾。

注3：如果沸腾的酸液能在凯氏瓶瓶颈中部冷凝，说明加热强度是适宜的。要避免未与液体接触的烧瓶瓶壁过热。

注4：如用明火加热，在烧瓶下放孔径小于液面水平的隔热材料做成的隔热圈，即可防止过热。

消煮液变成清澈的浅蓝绿色的液体后，继续加热2 h。

令其冷却，如消煮液开始固化，加少许水并回旋混合。

第六章　天然植物饲料添加剂的安全性评价

第一节　安全性毒理学评价程序

一、评价程序

（一）概 述

为保障人畜健康，尽可能避免人们因长期食用含有化学物质残留的动物性食品而引起一些有害反应，如过敏、致癌、致畸和致突变等，对于人畜可能接触到的各种化学物质均需进行安全性的毒理学评价，简称安全评价或毒理学评价。

根据我国具体情况，卫生部制订了“食品安全性毒理学评价程序”（试行方案），为我国食品安全性毒理学评价提供了一个统一的评价程序和各项试验方法。评价程序包括四个阶段，即急性毒性试验，蓄积毒性、致突变和代谢试验，亚急性毒性（包括繁殖、致畸）试验，慢性毒性（包括致癌）试验。

凡属我国创制的新化学物质，一般要求进行四个阶段的试验。特别是对其中化学结构提示有慢性毒性和（或）致癌作用可能者，或产量大、使用面广、摄入机会多者，必须进行全部四个阶段的试验。同时，在进行急性毒性、90 d 喂养试验和慢性毒性（包括致癌）试验时，要求用两种动物。

凡属与已知物质（指经过安全性评价并允许使用者）的化学结构基本相同的衍生物，则可根据第一、二、三阶段试验的结果，由有关专家进行评议，决定是否需要进行第四阶段试验。

凡属我国仿制的而又具有一定毒性的化学物质，如多数国家已允许使用于食品，并有安全性的证据，或世界卫生组织已公布日允许量（每人每日允许摄入量，ADI）者，同时我国的生产单位又能证明我国产品的理化性质、纯度和杂质成分及含量均与国外产品一致，则可先进行第一、二阶段试验。如试验结果与国外相同产品一致，一般不再继续进行试验，可进行评价。如评价结果允许用于食品，则制定日允许量。凡在产品质量或试验结果方面与国外资料或产品不一致，应进行第三阶段试验。

（二）食品安全性毒理学评价程序

1. 第一阶段：急性毒性试验

是指试验动物一次给予受试物或在短期内多次给予受试物所产生的毒性反应。通过急性试验可以确定试验动物对受试物的毒性反应、中毒剂量或致死剂量。致死剂量通常

LD_{50}来表示，LD_{50}（median lethal dose）即半数致死量或称致死中量，它是指受试动物经口一次或在24 h内多次染毒后，能使受试动物中有半数（50 %）死亡的剂量（mg/kg 体重）。LD_{50}是衡量化学物质急性毒性大小的基本数据，可以用它的倒数对试验条件类似的许多化学物质的毒性强弱进行比较。表示毒性的参数还有 LD_0（最大耐受量）、LD（致死量）、MID（最小致死量）和 LD_{100}（绝对致死量）等。

（1）试验目的：①测定 LD_{50}，了解受试物的毒性强度、性质和靶器官；②为以后的蓄积毒性试验和亚慢性毒性试验的剂量和毒性判定指标的选择提供依据。

（2）试验要求：可采用一种以上啮齿动物。小鼠18 ~ 24 g，大鼠180 ~ 240 g，豚鼠200 ~ 250 g，家兔1500 ~ 2000 g。通常分别用两种性别的小鼠和/或大鼠进行。若对一种受试物的毒性已有一定的了解，则应选择敏感动物进行试验。如，黄曲霉毒素试验选择雏鸭，氰化物则选择鸟类，因为它们对这些毒物的反应比大鼠、小鼠更敏感。

（3）试验方法

①霍恩氏法、概率单位法或寇氏法：测定经口 LD_{50}。如剂量达10 g/kg 体重仍不引起动物死亡，则不必测定 LD_{50}；应用寇氏法计算时，试验设计应符合以下要求：①剂量必须按等比级数（常按1.2 ~ 1.5）设计；②各组的动物数必须相等；③试验动物对受试物的反应大致符合常态分布，即要求大致有一半的组所产生的反应率在10 %与50 %之间，另一半的组所产生的反应在50 %与90 %之间，最好还含有反应率为0 %及100 %的组，所以要求预试。

②7 d 喂养试验

我国卫生部1983年提出将各物质按其对大鼠经口半数致死量的大小分为极毒、剧毒、中等毒、低毒、实际无毒、无毒六大类（见表6－1）。一般而言，对动物毒性很低的物质，对人的毒性往往也很低。

表6－1 急性毒性（LD_{50}）剂量分级

级别	大鼠口服 LD_{50}/$mg \cdot kg^{-1}$	相当于人的致死剂量	
		$mg \cdot kg^{-1}$	g·人$^{-1}$
极毒	<1	稍尝	0.05
剧毒	1 ~ 50	500 ~ 4000	0.5
中等毒	51 ~ 500	4000 ~ 30000	5
低毒	501 ~ 5000	30000 ~ 250000	50
实际无毒	5001 ~ 15000	250000 ~ 500000	500
无毒	>15000	>500000	2500

经90 d 毒性试验和7 d 毒性试验比较，7 d 毒性试验结果可用来推测90 d 的毒性。通过7 d 喂养试验可以对慢性以及亚慢性试验中的剂量作出更精确的估计，并可对受到

受试物质损害的组织、器官进行更为充分的全面观察。

7 d 喂养试验是以 7 d 向几组动物每日分别重复给予一定剂量。一般可设 3～4 个剂量组，每组有初断乳大鼠或小鼠雌雄各 5 只，需要将受试物掺入饲料中，设计剂量组时可将 LD_{50}中有中毒表现的一个组经折算后掺入饲料中作为可能有中毒表现组，然后在此剂量组上下各设 1～2 组进行喂养试验。在此试验中可以获得一最小有作用剂量（MiE_{7d}），通过公式即可估计 90 d 以至二年喂养试验的最小有作用剂量（即 MiE_{90d}和 $MiE_{2年}$），再在此剂量上下各设几个剂量组，就可以进行 90 d 或二年的毒性试验。通过动物试验，经统计数据处理，$MiE_{2年}$、MiE_{90d}与 MiE_{7d}比值（包括 95 % 试验数值）为：$MiE_{7d}/MiE_{90d}=6.2$，$MiE_{90d}/MiE_{2年}=5.7$，从而得出下面公式：

$$MiE_{90d}=MiE_{7d}/6.2\approx MiE_{7d}/6,\ MiE_{2年}=MiE_{90d}/35.3\approx MiE_{7d}/35$$

（4）结果判定

①如 LD_{50}或 7 d 喂养试验的最小有作用剂量（mg/kg · 体重）小于人的可能摄入量（mg/kg · 体重）的 10 倍者，则不再继续其他毒性试验；

②如 LD_{50}大于 10 倍者，可进入下一阶段的毒理学试验。

③为慎重起见，凡 LD_{50}在 10 倍左右时，应进行重复试验，或用另一种方法验证。

由于急性毒性试验不能作为安全评价的依据，在进行下面的遗传毒理学试验和代谢试验后，一定条件下就可对受试物作出一定评价。

2. 第二阶段：遗传毒性试验－蓄积毒性试验、致突变试验

主要是指对致突变作用进行测试的试验。以致突变试验来定性表明受试物是否有突变作用或潜在的致癌作用，可为代谢研究提供方法。遗传毒性试验的组合必须考虑原核细胞和真核细胞、生殖细胞与体细胞、体内和体外试验相结合的原则。

试验项目包括：

①细菌致突变试验。首选鼠伤寒沙门氏菌/哺乳动物微粒体酶试验（Ames），必要时可另选和加选其他试验；

②小鼠骨髓微核率测定和骨髓细胞染色体畸变分析；

③小鼠精子畸形分析和睾丸染色体畸变分析；

④其他备选遗传毒性试验。包括 V79/HGPRT 基因突变试验、显性致死试验、果蝇伴性隐性致死试验、程序外 DNA 修复合成试验；

⑤传统致畸试验；

⑥短期喂养试验，即 30 d 喂养试验，如受试物需要进行第三、四阶段毒性试验者，可不进行这项试验。

A. 蓄积毒性试验

如果一种外来化学物质经常多次进入机体，其前次进入剂量尚未完全消除，后一次剂量又已经进入，则这一化学物质在体内的总量将不断增加，此种现象称蓄积性。当有毒化学物质每次在体内蓄积一定数量后，蓄积总量超过中毒阈剂量，即超过使机体开始出现毒性反应的最低剂量时，机体就可呈现毒性作用。蓄积性的大小主要取决于化学物质进入机体的速度和体内消除速度的大小，前者主要由物质每次给予机体的间隔时间决

定，后者主要由机体状态和化学物质本身性质所决定。

蓄积分为物质蓄积、功能蓄积。物质蓄积是量的变化，化学物质进入机体后，在体内贮留的量随消除量不及进入量而逐渐增加。化学物质进入机体引起一定的功能或结构形态的变化，并逐渐积累，造成功能蓄积。

（1）试验目的：了解受试物在体内的蓄积情况。凡 $LD_{50}>10$ g/kg 体重者，则可不进行蓄积毒性试验。

（2）试验项目：通常采用蓄积系数法或 20 d 试验法。

①蓄积系数法：用两种性别的大鼠或小鼠各 20 只；将某种化学物质按一定时间间隔，分次给予动物，经过一定时间多次给予后，如果该物质全部在体内蓄积，则多次给予的总剂量与一次给予同等剂量的毒性相当；反之，如果该化学物质在体内仅有一部分蓄积，则分次给予总量的毒性作用与一次给予同等剂量的毒性作用将有一定程度的差别，蓄积性越小，相差程度越大。用蓄积系数（K）来表示一种化学物质蓄积性大小，K 等于一次给予所需的剂量 LD_{50}（1）与分次给予所需的总剂量 LD_{50}（n）之比，即 $K=LD_{50}(n)/LD_{50}(1)$。K 值越大，蓄积性越弱，K 值越小，蓄积性越强。

②20 d 试验法：是 20 d 给予药物进行试验。以成年大鼠（体重 200 g 左右）每组 10 只，雌、雄分别同时进行，设剂量分别为 LD_{50}的 1/20、1/10、1/5、1/2 的五个处理试验，另设对照，连续 20 d 每天灌胃一次。各组累积总剂量可达 1、2、4、10 LD_{50}，停药后观察 7 d。

（3）结果判定

①K 值估计蓄积性方法为：$1\leqslant K<3$ 表示强蓄积，$3\leqslant K<5$ 表示中等蓄积，$K\geqslant5$ 表示轻度蓄积。

②如 1/20 LD_{50}组有死亡，且有剂量－反应关系，则为强蓄积性；如 1/20 LD_{50}组无死亡，则为弱蓄积性。

B. **致突变试验**

突变是细胞的遗传物质发生改变所引起的一种生物学现象，可观察。发生变化的遗传物质在细胞分裂繁殖过程中可被传递到后代细胞，使后代细胞及生物具有新的特性。能引起生物细胞发生突变的物质称为致突变物。在毒性试验中，如果食物中某种物质能引起某些动物或人体细胞发生突变，不论其性质如何，均认为是一种毒性表现，应严格限制使用。

致突变试验的基本原理是将受试物与一种生物系统相接触，观察该生物系统是否发生突变。凡是使生物系统发生突变者，即为致突变物。致突变试验所用生物系统包括细菌、真菌、昆虫、细胞株和哺乳动物等。

（1）试验目的：对受试动物是否具有致癌作用的可能性进行筛选。

（2）试验项目：可根据受试物的化学结构、物化性质以及对遗传物质作用终点的不同，并兼顾体外、体内试验以及体细胞和生殖细胞的原则，在以下四类中选择三项试验进行判定。

①细菌致突变试验－Ames 试验：即微粒体间接法，亦称鼠伤寒沙门氏菌/哺乳动物

微粒体酶试验法。其基本原理是以一种突变型微生物与受试化学物质接触，并以哺乳动物肝微粒体进行受试化学物质的代谢活化，因为外来化学物质的生物转化主要由哺乳动物体内肝微粒体多功能氧化酶来进行。如受试物经多功能氧化酶代谢活化后具有致突变性，则可使突变型微生物发生回复突变而重新成为野生型微生物。一般是采用沙门氏菌的组氨酸缺陷型（His^-）的菌株，在被检物质存在下，就又回到组氨酸非缺陷型（His^+）的野生型，测定致突变物质所引起的复归突变频度，作为检出突变性。

本项试验所用指示微生物为（His^-）的几个菌株，即 TA_{1535}、TA_{1536}、TA_{1537}、TA_{1538}、TA_{97a}、TA_{98}、TA_{100}和 TA_{102}。这一组突变菌株几乎可以检出所有已知的基因突变类型。

②微核试验或骨髓细胞染色体畸变分析试验：微核（micronucleus）试验，是根据间期细胞内残留染色体断片或整个染色体组成的一种圆形或椭圆形的小体，来判断化学物质引起染色体异常作用的一种简便的哺乳动物体内试验。典型的微核呈圆形，直径相当于红细胞直径的1/20～1/5，染色与核质相同。微核出现是一种染色体异常现象，微核检出率增高，可反映染色体畸变情况。其测定方法较简便、快速可靠，是化学致突变试验中常用的一种筛检方法。

骨髓细胞染色体畸变分析试验，是在体细胞或生殖细胞内，直接观察在化学致突变物作用下，生物细胞染色体所发生的结构或数目的改变。一般以骨髓细胞或外周细胞代表体细胞，以睾丸精原细胞代表生殖细胞。染色体的数目和形态在有丝分裂中期最易观察，所以染色体畸变分析多在有丝分裂中期进行。

体内试验动物常用出生后8～15周的健康大鼠或小鼠。采取灌胃方式给予受试化学物质的次数，急性试验为一次，亚急性试验为每天一次，共5～7 d；慢性试验每日一次，可达3个月。给予最大无作用剂量或人体实际摄入量的100倍作高剂量组，以人体实际摄入量为低剂量组，可设若干中间剂量组。除阴性对照组外，还可以用一已知的致突变物为阳性对照组。从已处死动物体取出骨髓前2～5 h注射秋水仙碱，使细胞有丝分裂停留在中期，以便观察。取出骨髓后用低渗氯化钾溶液进行低渗处理，然后固定、制片、感光，最后观察畸变情况。

③睾丸生殖细胞染色体畸变分析试验和精子畸形试验：其基本原理与方法同骨髓细胞染色体畸变分析。实验结束后取出动物睾丸，用低渗氯化钾溶液处理后，固定、制片、染色，观察精原细胞染色体畸变情况。

精子畸形试验，受试化学物如能影响实验动物的精子成熟过程，则可观察到精子头部或尾部的形态变化。

④显性致死试验和DNA修复合成试验（备选遗传毒性试验）：显性致死试验是通过外来物质对哺乳动物生殖细胞染色体畸变作用进行的致突变试验。显性致死是由于双亲中某一方面的配子的染色体畸变，使受精卵在发育中途中断，或出现受精卵在着床前死亡和胚胎早期死亡。本试验的特点是以早期胚胎死亡数为观察指标，观察动物的成活情况，方法简单、明确，不需要复杂的仪器设备，但不如Ames法灵敏，只能反映雄性动物的生殖细胞染色体畸变，不能检出基因突变。

以早期胚胎死亡数来反映化学物质的致突变作用的强弱，多采用以孕雌鼠为基数来计算每一受孕雌鼠的早期死亡胚胎数，来表示致突变作用的强弱。

平均早期胚胎死亡数 = 早期胚胎死亡数/受孕雌鼠数

DNA 修复合成试验是 DNA 受化学致癌物损伤（主要有碱基损伤、链断裂、交联和嵌入等）后，在各种修复酶的参与下，通过切除修复或复制后的修复两种方法来进行修复。修复机制使生物体保持了相对稳定的遗传学特征。已经证明多数化学致癌物（有的需经代谢活化）可与修复大分子物质（DNA、RNA 及蛋白质）的亲核基因发生相互作用，并可诱发各种类型的 DNA 损伤，后者可能是致癌过程的一个启动步骤。因此，可把 DNA 损伤及其修复作为化学物质致癌性筛选。

（3）结果判定

①如其中三项试验均为阳性，则无论蓄积毒性如何，均表示受试物很可能具有致癌作用，除非它具有十分重要的价值，一般应予以放弃，不再作其他项目的毒理学试验；

②如其中两项试验为阳性，又有强蓄积性，应予以放弃；如为弱蓄积性，则由有关专家进行评议，根据受试物的重要性和可能摄入量等，综合权衡利弊再作出决定；

③如其中一项试验为阳性，则再选择备选遗传毒性试验中的两项其他致突变试验，包括体外培养淋巴细胞染色体畸变分析、显性致死试验、果蝇伴性隐性致死试验、DNA 合成抑制、姐妹染色单体互换试验等。如此两项均为阳性，则无论蓄积毒性如何，均应予以放弃；如有一项为阳性，且为强蓄积性，则予以放弃；如有一项为阳性，且为弱蓄积性，则可进入第三阶段 - 亚急性毒性试验；

④如三项试验均为阴性，则可进入亚急性毒性试验。

3. 第三阶段：亚急性毒性试验

亚慢性试验是了解试验动物在多次给以受试物时所引起的毒性作用。

（1）试验目的：

①观察受试物以不同剂量水平较长期喂养，确定动物毒性作用的性质及其靶器官，并初步确定最大无作用剂量；

②了解受试物对动物繁殖及对子代的致畸作用；

③为慢性毒性和致癌试验的剂量选择提供依据；

④为评价受试物能否应用于食品提供依据。

（2）试验项目：①90 d 喂养试验；②喂养繁殖试验；③喂养致畸试验；④传统致畸试验；⑤代谢试验。前三项试验可用同一批动物进行，一般用两种性别的大鼠。传统致畸试验用两种性别的大鼠和（或）小鼠。关于喂养致畸和传统致畸试验的选择，可根据受试物的性质而定。任何一种致畸试验的结果已能作出明确评价时，不要求作另一种致畸试验。但在结果不足以作出评价，或有关专家共同评议后认为需要时，再进行另一种致畸试验。

代谢试验是一种阐明外来化学物质进入机体后，在体内吸收、分布与排泄等生物转运过程和转变为代谢物的生物转化过程的试验。其目的是了解受试物在体内的吸收、分布和排泄速度以及蓄积性，寻找可能的靶器官，为选择慢性毒性试验的合适动物种系提供依据，并了解有无毒性代谢产物的形成。

我国“食品安全性毒理学评价程序”中要求，对于我国创制的化学物质，在作最终评价时，至少应进行以下代谢试验：①胃肠道吸收；②测定血浓度，计算生物半衰期和其他动力学指标；⑧主要器官和组织中的分布；④排泄（尿、粪、胆汁）。有条件时，可进一步进行代谢产物的分离、鉴定。对于国际上两个以上国家已批准使用和毒性评价资料比较齐全的化学物质，可暂不要求进行代谢试验。对于属于人体正常成分的物质可不进行代谢研究。

（3）结果判定：根据以上试验中任何一项的最敏感指标的最大无作用剂量（MNL，以 mg/kg 体重计）判定。

①MNL≤人的可能摄入量的 100 倍者，表示毒性较强，应予以放弃；

②100 倍＜MNL＜300 倍者，可进行慢性毒性试验；

③MNL≥300 倍者，则不必进行慢性试验，可进行安全性评价。

4. 第四阶段：慢性毒性试验，包括致癌试验

慢性试验是观察试验动物长期摄入受试物所产生的毒性反应，尤其是进行性和不可逆的毒性作用以及致癌作用，最后确定最大无作用剂量，为受试物能否用于食品的最终评价提供依据。长期是指试验动物整个生命期的大部分或终生，有时可包括几代。致癌试验是检验受试物或其代谢产物是否具有致癌或诱发肿瘤作用的慢性毒性试验方法。

（1）试验目的

①发现只有长期接触受试物后才出现的毒性作用，尤其是进行性或不可逆的毒性作用以及致癌作用；②确定最大无作用剂量，对最终评价受试物能否应用于食品提供试验依据。

（2）试验项目：用两种性别的大鼠和/或小鼠进行两年期的慢性毒性试验和致癌试验，并结合在一个动物试验中。

（3）结果判定：根据慢性毒性试验所得的 MNL 进行评价。

①MNL≤人的可能摄入量的 50 倍者，表示毒性较强，应予放弃。

②50 倍＜MNL＜＜100 倍者，需要有关专家共同评议；

③MNL≥100 倍者，则可考虑允许使用于食品，并制订日允许量。如在任何一个剂量发现有致癌作用，且有剂量－反应关系，则需由有关专家共同评议，以作出评价。

二、试验设计

饲料添加剂产品在推广应用以前，均需检验其安全性与毒性，即进行安全性的毒理学评价，只有在证明其安全有效后，才能用于畜牧业。为评定某受试物的安全性而进行的各种毒性试验称安全试验。

安全试验主要分为两类：第一类为一般毒性试验，包括急性、蓄积毒性、亚急性和慢性毒性试验；第二类为专门毒性试验，如繁殖试验、致畸试验、致癌试验、致突变试验、局部刺激试验、迟发性神经毒性试验、溶血试验和行为试验等。对那些可能引起环境污染的受试物，还必须进行鱼类及鸟类的毒性试验。

每种新产品在正式推广应用前都应有安全试验的报告。第一部分叙述用以评定受试物安全性的毒性试验的种类；第二部分详细叙述各种毒性试验，这是评定某一特定受试物所必需的专门材料。第二部分中尚需记载受试物的化学结构、赋形剂、试验动物的种类、各试验组的动物数量、生理和生化指标、病理过程等，并记录各项数据。

（一）试验动物

1. 种类

最理想的是选择相应的试验动物，即受试物在某体内的代谢过程，与最终应用或接触受试物的人或动物相同。如条件可能，可采用2~3种动物同时进行，其中一种为非啮齿类动物如狗、猴等。小鼠、大鼠和狗为最常用的试验动物，此外还可用兔、豚鼠、微型猪等。

试验设计时，根据受试物的性质选择不同种类的动物。如，研究化学毒物对实质脏器的损害作用时，可选用小鼠、家兔等；研究催吐反应，一般用猫或狗；研究对眼的刺激作用，可选用家兔；研究对皮肤的刺激作用，常选用白色豚鼠或兔；致癌试验常用小鼠和大鼠；水污染物的毒性试验可用鱼、贝、水蚤和藻类等。

2. 年龄

一般选用成年动物，其年龄一般按体重来计算。如成年小鼠的体重为12~24 g，急性试验选择的18~24 g小鼠；慢性试验时间较长，选择15~18 g小鼠。

3. 性别

雌、雄各半，因为不同性别的动物对受试物的敏感性有差异。

4. 健康和营养状况

应选择健康和营养状况良好的试验动物，营养状况不良的动物往往对毒物较敏感。

5. 饲养管理

试验前应驯养试验动物1~2周，期间每天的自然死亡率不得超过10%，用作慢性试验的动物应在试验条件下驯养。所用饲料要求营养合理、卫生，能保证动物正常生长、发育和维持健康。动物房要求通风、光线充足，地面便于冲洗和排水，室内温度和湿度适中，饲养密度不过于拥挤。

（二）试验分组

1. 分组

根据试验目的和任务确定分组。动物分组应按随机分配的原则，使每个动物都有同等机会被分配到各个试验组中去，而不附加任何选择的条件。如果不按随机分组，就会有意无意地增大各组之间的差别，给试验带来一定的偏差，影响试验结果。此外，试验结果的统计检验均需在随机分组的基础上进行，否则就不能准确地进行统计检验，必然影响结论的正确性。

在毒性试验中还需设立对照组。对照组除不给予受试物外，其他条件应尽量控制与试验组相同。对照的方法一般有两种：

①平行对照：对照组和试验组均随机抽自同一总体，两组动物数目相等，除处理条件外，其他条件尽量控制一致。这是最常用和最简便的一种对照方法。常用的有正对照和负对照。给试验组动物灌服某受试物的溶液，而对照组动物以同样方法给予等量的溶剂，即为正对照，负对照组动物则不给任何物质。

②自身对照：对照和处理试验都在同一动物体上进行。用处理前的数据作为对照，处理后的数据作为试验结果，这样可排除生物间的个体差异，效果较好。但是受时间影响的指标或需处死动物后才能测定的指标，如病理学检查，或使用动物内脏组织匀浆测定的各种指标等，无法采用自身对照法。

2．试验动物数量

在试验过程中，有时需定期处死一定数量的动物进行病理剖检，如设计不周密，在试验结束时，往往会感到组内试验动物的数量不足。如，进行为期 24 个月的慢性毒性试验，在开始试验时每组有 40 只大鼠，于 1、3、9 和 12 个月分别处死动物，进行病理剖检，如每次处死 1 ~ 2 只大鼠，则所取得的数据不足以进行统计比较；如每次处死 5 只以上，则在试验结束时，剩下的组内动物的数量少于 20 只。组内动物数量的减少会影响对轻微毒性反应观测的可靠性。因此，如需定期进行病理剖检，应在开始试验时增加试验动物的数量，到试验结束时至少每组仍有雌、雄各 10 只。此外，在设计慢性试验时应将动物的自然死亡数估计在内。

（三）受试物

用于毒性试验的受试物，化学上应尽可能纯净，并能代表今后推广的商品。若有溶媒或赋形剂，则必须是惰性的，即既不会改变受试物的化学性质，亦不与受试物结合，并且必须进行对比试验，借以证实试验过程中所观察到的变化确由受试物所引起，而不是赋形剂所致。

（四）接毒途径、频率及剂量

一般毒理试验最常用的接毒途径是内服，在进行长时间试验时，常将受试物混料饲喂。试验采用的接毒途径应与实际接毒途径一致。试验期间应连续给药，如有间隔，则会影响动物对受试物的毒性反应。接毒开始后，应每天进行观察，选择的观察指标应与实际接毒后产生的反应和变化属于同一类型。在进行亚急性、慢性及某些专门毒性试验时，受试物的剂量应选择适当，即高剂量要能引起明显的临床中毒；中等剂量能导致适度中毒；低剂量应为不引起中毒的最大量。设立低剂量组的目的，是测定对动物不引起毒性作用的耐受量。

三、饲料添加剂安全性评价注意事项

饲料中化学物质的安全评价是个复杂的毒理学问题。多数生产食品的动物，简称食品动物，由于其本身的生物学特性，营养的获取有赖于胃肠道微生物，所以化学物质的任何有害作用不仅影响动物本身，也影响与它共生的微生物。饲料中的化学物质不仅在食品动物体内代谢，在其胃肠道中的微生物体内代谢，最后还要在其消费者－人的体内代谢，形成既进行活化反应，又进行解毒反应的、复杂的物种间相互有关的代谢途径。因而对于任何一种饲料添加剂的安全评价，均需考虑以下问题：①饲料添加剂对于食品动物及其共生微生物以及对食品消费者的毒性；②畜禽产品中作为持久性残留物的添加剂及其代谢物的化学性质及数量；③畜禽产品中的残留物对人的潜在毒性：动物的哪些组织或器官中的含量高；残留物在食品中的允许残留量；是否有适宜的监测方法；④食品加工过程对饲料添加剂在食品中的残留物及其各种代谢产物的毒性是否有影响。

选择合适的试验动物、试验剂量及试验方法，对于评价化学物质对人的安全性具有相当重要的作用。

（一）试验动物

必须选择对化学物质的代谢方式与人相似的动物种类。对于饲料添加剂的安全评价，动物模型的选择更为复杂。因为动物性食品是由采食饲料添加剂的食品动物生产的，而食品中对人产生危害的化学物质残留不一定是饲料添加剂本身，很可能是它的一种或多种代谢产物。因此，必须首先对采食这种饲料添加剂的畜禽进行代谢试验，以阐明食品中残留物的化学特性。最适宜进行毒性试验的动物种类，是那些代谢饲料添加剂的方式与采食该种饲料的畜禽相类似的试验动物，只有这样才能提供与畜禽机体组织中的残留物类似的化学物质模型。此外，试验动物代谢化学物质残留的方式也必须与人的代谢方式相类似。如果在选用的一种试验动物身上，不可能同时具备这两种代谢性能时，就可在代谢方式与人类似的试验动物身上研究食品中主要残留物的毒理学。

（二）试验剂量

各种化学物质的毒性不仅由其代谢方式所决定，也取决于代谢速度以及化学物质及其代谢物在组织内的浓度，因而也由化学物质的剂量所决定。到目前为止，我们对同一种化学物质在不同种类动物体内的比较动力学的研究还较少。已有的资料多数是有关药物混合功能氧化反应的研究。通常，小的啮齿类动物对化学物质的代谢速度较犬、灵长目和人的要高，而其中羟化反应的速度似乎是决定化学物质毒性的主要因素。试验结果表明，大鼠和小鼠代谢许多化学物质的速度是人的 10～20 倍，内服相同剂量的化学物质后，大鼠和小鼠血液中的浓度比人低 10～20 倍。如果某种内服的化学物质通过生物转化，主要在体内进行解毒，则其对大鼠和小鼠的毒性较对人为低。若以每千克体重来计算，则大鼠、小鼠需要应用较大的剂量才能产生与人相当的组织浓度。因此，若用与人相同的剂量对大鼠和小鼠进行试验，将对该化学物质的毒性作出偏低的评价。相反，如果化学物质通过体内生物转化后才被活化，则其对大鼠和小鼠的毒性比对人的高，因而给大鼠和小鼠用较小的剂量，就能产生与人相当的组织浓度。若应用与人相同的剂量，则将产生错误的高指标。总之，为试验动物选择的剂量要能够在其血浆和靶器官中产生与人相应的浓度。

（三）试验方法

化学物质潜在的慢性毒性，尤其是致癌性、致突变性和对繁殖的影响，是安全评价饲料添加剂的主要问题之一。化学物质的致突变性虽可用体外微生物学方法（如 Ames 试验）测定，而且体外测定的致突变性与体内的致癌性之间具有高度的相关，但是，化学物质对细菌产生的诱变作用可否作为对人的致癌性指示，还需慎重考虑。主要原因有：一是在化学物质的活化和解毒反应上，种间差异很大；二是以致癌的可能性来说，化学药品在人体内的蓄积比在细菌上的诱变更为重要；三是体外测定的结果变异很大。许多化学物质，如 DDT、狄氏剂和氯仿以及食品添加剂糖精、环已氨基磺酸盐等，在大鼠和小鼠体内试验证明，大剂量长期服用可引起肝细胞癌、膀胱癌等，而用 Ames 试验法却产生阴性结果。与人及灵长目相比，大鼠和小鼠是具有较高的（加）单氧酶活性和极低的环氧化物水化酶活性的动物，因而对于在代谢中形成环氧化物而引起致癌作用的有毒影响，大鼠和小鼠的易感性比人高得多，所以，必须进一步研究饲料添加剂致癌试验的动物模型。有人认为各种灵长目动物较为合适。

最后，在进行化学物质安全性毒理学评价时，必须在受试物可能对人畜健康造成危害及其可能的有益作用之间进行权衡，即必须进行综合评价。安全评价的结果不仅取决于安全试验的资料，更与当时的科学水平以及社会、政治因素有关。因此，随着时间的推移，情况的不断变化和研究工作的进展，对某种化学物质评定的结论可能不同。“食品安全性毒理学评价程序”中的总则规定：对已通过评价的化学物质，如有新的不同结论的试验报告，则应组织有关专家进行重新评定。

第二节　天然植物饲料添加剂的安全性研究

天然植物饲料添加剂的安全性研究主要包括一般毒性试验和特殊毒性试验。

一、一般毒性试验

（一）急性毒性试验

急性毒性试验主要观察对实验动物一次给药后所产生的毒性症状及其程度，出现和消失的时间、死亡率，并计算出半数致死量（LD_{50}）等。由于天然植物的毒性一般较小，单次给药往往不能使动物表现明显的中毒症状，可以在 1 日内多次给药进行实验。

1．动物

选用小鼠（18 ~ 20 g/只）、大鼠（180 ~ 200 g/只）或其他敏感动物，注明动物品系。每组小鼠不少于 10 只，大鼠不少于 6 只，雌雄各半，雌性应未产无孕。

2．供试药物的配制

一般用水为溶剂，将药物配制成一定浓度的溶液。若选择其他溶剂或助溶剂，一般要求 LD_{50} > 15000 mg/kg。

3．给药方式与最大体积

急性试验宜用经口灌胃法，一次剂量直接灌入，给药前需禁食 4 ~ 8 h，但不限制饮水。一次最大灌胃量，小鼠不超过 1.0 ml/只，大鼠不超过 4.0 ml/只。若灌胃量太大，可在24 h内分成2~3次给药，但合并作为1日剂量计算。经注射时，急性毒性试验多采用腹腔注射，一次最大注射量，小鼠不超过1 ml，大鼠不超过3 ml。

4．剂量与分组

在正式试验前，首先用少量动物做预备试验，确定受试动物全部致死的最小剂量和全部不致死的最大剂量，正式试验一般分为5~7个剂量组。组间剂量呈等比级数，其比值为1.2~1.4。

5．观察指标

观察动物一般健康状况、中毒表现和死亡过程。观察时间一般为1周。对死亡动物应做大体剖检，必要时进行病理组织学检查。

6. LD_{50}计算

采用寇氏（Korbor）法或概率单位对数图解法，计算供试药的LD_{50}值及其95 %可信限范围。

7．结果评定

大鼠一次经口LD_{50}在1 mg/kg以下者为极毒，LD_{50}在1~50 mg/kg为剧毒，LD_{50}在50~500 mg/kg为中等毒，LD_{50}在500~5000 mg/kg为低毒，LD_{50}在5000 mg/kg以上者为实际无毒。

（二）亚慢性毒性试验

它是观察天然植物饲料添加剂在一定时间内反复饲喂，动物出现损害的靶组织或靶器官及剂量-效应关系等，并了解动物对天然植物饲料添加剂能够耐受的剂量范围。

1．动物

一般选用大鼠（100~200 g/只）或小鼠（15~20 g/只）。有条件时可用药物的靶动物，如鸡等。外购动物需饲养1周后才能供试验用。

2．试验周期

根据生产实际用药时间决定试验周期。实际用药期1~3 d时，毒性试验给药期为14 d；实际用药期7 d时，毒性试验给药期为28 d；实际用药期30 d时，毒性试验给药期为90 d；实际用药期30 d以上时，毒性试验给药期为6个月。

3．给药方式

如试验周期短（14 d），应与生产实际应用的给药途径相同。内服时，大鼠、小鼠用灌胃法；鸡用药丸投予。给药周期28 d以上时，则将药物混于饲料中，让其自由摄食（应确保给药量不影响动物正常的营养需要），饮水不限。

4．剂量与分组

至少3个剂量组和1个对照组，大鼠每剂量组至少20只，雌雄各半。高剂量组应有部分动物出现毒性反应或死亡（死亡数不超过20%），低剂量组应高于药物对动物的有效量，原则上应不出现任何毒性反应。

5. 观察指标

(1) 每天观察一般健康状况，包括活动、摄食、饮水、发病和死亡情况。

(2) 每周称体重、饲料消耗量 2 ~3 次，计算增重、平均摄食量及饲料利用率。

(3) 定期作血液学检查，包括血红蛋白含量、红细胞数、白细胞数及其分类计数，血小板数，网织红细胞数等。

(4) 定期有选择地作血液生化检查，包括谷丙转氨酶、谷草转氨酶、碱性磷酸酶、血中尿素氮、非蛋白氮及肌酐含量，血清中白蛋白/球蛋白等。

(5) 试验结束时测定肝、肾及其他脏器的绝对重量和脏器系数。

(6) 试验结束时对所有动物（包括试验过程中死亡的动物）进行剖检，有选择地进行肝、肾、脾、胃肠等器官的组织病理学检查。在试验过程中，根据试验周期的长短，定期处死少量动物进行剖检与组织病理学检查。

6. 结果处理

将试验数据汇总成图表，病理变化拍摄成照片，用方差分析或 X^2 统计处理，$P<0.05$ 及具有剂量－反应关系的，显示毒性较强。根据中毒时首先出现的症状及停药后组织和功能损害的发展和恢复情况，写出评价报告。

二、特殊毒性试验

一般只包括致突变试验和致畸试验。在致突变试验中，考虑到检测终点应有原核细胞和真核细胞、基因突变和染色体畸变、体内试验系统和体外试验系统、体细胞和生殖细胞之分，艾母氏（Ames）试验和微核试验为必做试验。精子畸形、睾丸精原细胞染色体畸变、显性致死三者可以任选一项，若前二者任一项为阳性，均必须做显性致死试验。这样，在致突变试验中必须至少做 3 项试验。在致畸试验中，应做传统致畸试验、喂养致畸试验、喂养繁殖毒性试验。喂养繁殖毒性试验一般只做一代繁殖毒性，一代为阳性时应再做第二代繁殖毒性。

（一）艾母氏试验

艾母氏（Ames）试验又称微生物回复突变试验，是常用的一种筛选致突变物的试验。鼠伤寒沙门菌（*Salmonella typhimurium*）野生型菌株因其自身含有组氨酸合成基因，故它在培养基中不加组氨酸能够生长增殖，而 Ames 教授建立的 TA 菌株是组氨酸合成基因发生突变的组氨酸缺陷型鼠伤寒沙门菌突变株，即培养基内没有组氨酸不能生长增殖的突变株 His^-，Ames 试验的原理是利用该突变株在诱变物作用下可使基因回复突变成野生型 His^+。现在一般都以 TA_{97a}、TA_{98}、TA_{100}、TA_{102} 作为标准测试菌株，通过在不含组氨酸的培养基上加入受试物后，检测所生长出来的回变菌落数目，推断受试物是否具有致突变性。Ames 试验适用于化学纯度高的药物，不适用于天然植物粗制品。

1. 菌种

组氨酸营养缺陷型鼠伤寒沙门菌 TA_{97a}、TA_{98}、TA_{100}、TA_{102}　4 个标准株。

2. 菌种鉴定

以上菌种需分别作抗氨苄、抗四环素、抗紫外线、结晶紫、组氨酸需求、自发回变数的鉴定。

3. 剂量分组

每次试验要求4~5个剂量组，每个剂量做3个平行平皿。高剂量以不抑菌为原则：液态受检物的剂量从0.05~50 μl/皿之间选择，固态受检物从0.1~1000.0 μg/皿之间选择，最高剂量可达5000.0 μg/皿。选定后的剂量应配制成适当浓度，使每皿加入受检物的体积为100 μl或200 μl。

4. 溶剂

一般以水为溶剂，选用其他溶剂需说明理由。

5. 对照物

每次检测要求同时作阳性和阴性对照；用已知的阳性物作阳性对照，用溶剂作阴性对照。加哺乳动物肝脏微粒体酶（S_9）混合液时，要同时作不加S_9混合液的对照。

6. S_9 制备

选体重200 g左右成年雄性大鼠，经诱导剂诱导后宰杀，处死前12 h禁食。在低温条件下，无菌操作取出肝脏，用氯化钾（KCl）溶液淋洗后置匀浆器中制成匀浆。低温离心后分装，保存于液氮或-80 ℃冰箱中。制得的S_9需作活力测定。

7. 试验步骤

将经鉴定合格的TA_{97a}、TA_{98}、TA_{100}和TA_{102}菌株分别接种于增菌培养液中。37 ℃水浴振荡培养，每毫升活菌数不得少于1×10^9~2×10^9个。

受检物，包括对照物，按设计剂量配制。取受检物0.1~0.2 ml，菌液0.1 ml，S_9混合液0.5 ml或磷酸缓冲液0.5 ml，依次加入无菌小试管中，37 ℃水浴振荡培养20 min后（也可采用平板掺入法），加入45 ℃顶层培养基2.0 ml，混匀，倒入含底层培养基的平皿上，37 ℃培养48 h。

8. 结果评价

在计数菌落前先观察背景菌苔的生长情况，正常的背景菌苔应呈均匀的砂粒状。受试组与阴性对照组的背景菌苔应一致，阴性对照组的自发回变数应在正常值之内。受试组的菌落数大于2倍自发回变数，并有剂量反应关系和重现性，即判为诱变阳性。

（二）微核试验

利用计数小鼠骨髓嗜多染红细胞（PCE）中含微核的嗜多染红细胞数（MNPCE），判断受试药物是否具有诱发遗传毒性作用，微核是染色体损伤的表现之一，它是染色体断裂遗落下来的断片，在细胞繁殖过程中被子细胞排除而形成的小核，游离于细胞质中的1个或几个圆形结构，比普通细胞核小得多，直径为红细胞直径的1/20~1/5，在骨髓中PCE为无核幼稚红细胞，数量充足，胞浆中微核容易辨认，自发微核率低。

1．供试动物

选择成年健康小鼠（应注明品系），随机分为受试组和对照组。每组不少于 10 只（雌雄各半）或至少 6 只雄鼠。

2．受试药物

将受试药物溶于适宜的溶剂中，以 0.1～0.2 ml/10 g 体重的给药体积配制成适当的浓度。

3．给药方式

原则上采用与推荐临床使用相同的给药途径，内服时采用灌胃法。给药剂量以 LD_{50}为依据，设 3 个剂量组。高剂量组应出现毒性反应，一般可采用 LD_{50}的 0.5～0.8 倍；低剂量组的给药量为 LD_{50}的 0.05～0.10 倍。每次试验应同时设阴性对照组和阳性对照组，阳性对照物可选用已知能够诱发微核阳性的诱变剂。

4．试验操作

一次给药一般在 24 h、48 h、72 h 取样制片，或二次给药从第二次给药后的 6 h、24 h 取样制片。处死小鼠取骨髓，将骨髓洗入离心管中，离心。常规涂片，姬姆萨染色，镜检。

5．镜检

采用双盲法计数分析，每只小鼠在同一张片子上计数 1000 个 PCE，并计数 PCE 同正染红细胞（NCE）之比。必要时，可采用吖啶橙染色，荧光显微镜分析计数。

6．结果评价

将数据列表，分别列出 PCE 数、微核数及 PCE/NCE 之比，所得结果作 t 检验，经重复试验 $P<0.01$ 并有剂量反应关系时，判为阳性。

（三）哺乳动物培养细胞染色体畸变试验

染色体是基因的载体，每一物种均有其特定的染色体形态、结构和数目，并保持相对稳定。各种有害因素（理化、生物等因素）可使染色体畸变，能够引起染色体断裂的物质叫染色体断裂原。一般认为是诱变剂作用于细胞分裂周期 C_1 期细胞，此时染色体尚未复制而导致染色体损伤产生畸变。

1．细胞

采用中国仓鼠卵巢细胞系 CHO，染色体数目 21；或中国仓鼠肺细胞系 CHL，染色体数目 25。

2．细胞培养

使用 MEM－Eagle's 培养基或1640 培养基，配制完全培养液，加 15 % 灭活的犊牛血清、100 IU/ml 青霉素、100 μg/ml 链霉素，调 pH 7.2～7.4，进行常规单层细胞培养。在细胞处于指数生长期时用胰酶－EDTA 液处理，并自培养瓶表面将细胞洗脱下来，计数每毫升培养液含有的细胞数。在含有 10 ml 培养液的 25 cm^3 的培养瓶中加

$2\times10^5\sim5\times10^5$ 个细胞。在 37 ℃，湿度 95 %，5 % CO_2 培养箱中培养过夜。

3．试验分组与剂量

试验分 3 个受试组，另设阴性对照组、阳性对照组。高剂量组以 50 % 细胞生长抑制浓度为准，否则应说明理由。低剂量组接近于阴性对照细胞成活率。各组均需有加 S_9 和不加 S_9 试验。

4．试验操作

向经过夜培养的培养瓶中依次加入 S_9、受试物或对照物，培养 18～22 h。在细胞收获前 2～4 h，加秋水仙素，使最终浓度为每毫升培养液 0.1 μg，胰酶洗脱后加入含犊牛血清的培养液终止胰蛋白酶的作用。0.075 mol 氯化钾溶液低渗处理，甲醇：冰醋酸液固定，离心，取混匀沉淀物常规制片，姬姆萨染色，镜检分析。

5．结果评价

采用双盲法镜检分析。每个剂量组的 2 个培养物至少各分析 100 个中期相细胞，计算出数目畸变和结构畸变数，所得结果作 t 检验，经重复试验（$P<0.01$）并有剂量反应关系时为染色体畸变阳性。

（四）显性致死试验

显性致死是指动物的生殖细胞受到理化因素作用后使染色体损伤，受损伤的精子或卵子与正常的卵子或精子结合后，该受精卵在整个发育过程中的任何阶段都可以发生死亡，表现为植入子宫（着床）困难、胚胎早期或晚期死亡等。由于精子比卵子对化学诱发的损伤更敏感，故常采用待试药给予雄性小鼠进行试验。将待试药给予性成熟雄性小鼠，1 只雄性小鼠在一定时间间隔依次与未给药、未交配过的雌性小鼠交配，检测待试药对雄性动物不同阶段的生殖细胞的影响，在交配一定时间后处死雌鼠，检查子宫内容物，计数着床数、活胎数、死胎数，比较给药组与对照组的死胎与活胎比率，即可计算受试药对雄性小鼠的显性致死突变率。

1．供试动物

一般用大白鼠，也可用小白鼠。为保证试验结果的重现性，应用近交系或近交系之间杂交的 F_1 代。雌鼠、雄鼠不能来自同一杂交群。所有试验动物都应达到性成熟，雌鼠应未交配过。

2．剂量

应设 3 个剂量组，1 个阳性对照组和 1 个阴性对照组，每组用雄鼠 10 只。高剂量应导致毒性症状，明显降低繁殖率，约为 LD_{50} 的 1/10；低剂量时为 LD_{50} 的 1/100。

3．给药方式

原则上采用与推荐临床使用相同的给药途径，内服时采用灌胃法。连续给药 5 d，每天 1 次。

4．交配方法

在最后一次给药的当天，按雄、雌 1∶2 同笼，第 5 d 取出雌鼠，间隔 2 d 后再放入新的雌鼠。如此需要连续 8～12 周（大鼠）或 6～8 周（小鼠）。查出阴道栓的当天为妊娠第 0 d，未查出者以同笼第 4 d 为妊娠第 0 d。

5．胎仔检查

雌鼠必须在妊娠后第 13 d（大鼠）或第 12 d（小鼠）处死，剖腹，分别检查、记录每只雌鼠两侧子宫角的着床数、早期死胎数、晚期死胎数及活胎数。

6．结果评价

结果以显性致死率 DL（%）表示。

DL（%）＝（试验组妊娠鼠的平均生存胎仔数 ÷ 阴性对照组妊娠鼠的平均生存胎仔数）×100 %

如果死亡胎仔数增加，胚胎着床数减少，未着床胚胎数增加，生存胎仔总数减少，这些结果具有统计学意义，并有剂量反应关系时，记为阳性显性致死反应。

（五）精子畸形试验

某些药物会引起雄性动物的精子发生畸变，导致动物繁殖障碍。本试验首先对雄性小鼠给药，然后取睾丸，在显微镜下观察精子形态，以检查药物是否会引起精子畸变。

1．供试动物

选用 8～10 周龄成年雄性小鼠，标本采集时每组小鼠为 5 只。

2．剂量与分组

试验组至少设高、中、低 3 种剂量，同时设阴性、阳性对照组。高剂量组的总剂量为 2 LD_{50}～4 LD_{50}；低剂量组的总剂量为 0.5 LD_{50}～1 LD_{50}。

3．给药方式

原则上采用与推荐临床使用相同的给药途径，内服时采用灌胃法。每天给药 1 次，连续 5 d。

4．制片、镜检

于第一次给药后 35 d 处死小鼠，取出两侧附睾，在生理盐水中剪碎、搅拌、过滤；常规涂片，甲醇固定，伊红染色。高倍镜下每只小鼠检查完整的精子 200～500 个，每一剂量组至少检查 1000 个精子。查看精子畸形数及畸形类型。

5．结果评价

将试验组的精子畸形百分率与对照组作统计学处理（$P<0.01$），并有剂量反应关系时，判为阳性。

（六）繁殖试验

本试验观察受试药物在受孕前及妊娠早期，即动物生殖细胞形成过程中可能产生的生殖毒性。在雄性动物，给药期应包括动物精子形成所需要的足够时间。通常大鼠、小鼠出生后 30～40 d 睾丸中有精子，而精子形成的时间为大鼠 53 d 左右，小鼠 35 d 左右。故出生后 40 d 以上的雄性动物连续给药 60 d 以上后交配；性成熟的雌性动物至少在2个性周期（大约14 d）连续给药后再交配。

1．供试动物

一般选断乳大鼠，也可用家兔，所用动物应注明品系。

2．剂量与分组

试验设3个剂量组，1个空白对照组。高剂量应使亲代动物出现轻微中毒，但不能有死亡；低剂量应不引起可观察到的毒性作用。也可按亚慢性试验的剂量给予受试动物。大鼠每组雌鼠20只，雄鼠10只。家兔每组24只，雌雄各半。

3．给药方式

混饲或饮水。

4．试验操作

大鼠断乳后开始饲喂含受试物的饲料或饮水，90 d后，各组按雌、雄2∶1同笼2周交配，自然分娩，此间仍饲喂含受试物饲料。每周称饲料和体重各1次，观察母性行为及是否出现中毒症状。亲代动物处死后对其生殖系统进行肉眼或病理组织学检查。

分娩后，应尽快检查每窝活仔数、外观畸形和发育情况，每窝选留8只，雌、雄各半，其余淘汰。于出生后第5 d和第21 d称重，第21 d断乳，此时亲代可全部处死。

仔鼠断乳后，每组随机取雌、雄各10只，雌、雄分养，用基础饲料饲喂60～90 d，观察指标同亲代。建议本试验结合亚慢性试验进行。

5．结果与处理

试验可得出4个繁殖机能指标，试验结果可用X^2检验进行统计处理。

受孕率＝（妊娠雌性大鼠数÷交配雌性大鼠数）×100 %

妊娠率＝（正常分娩雌性大鼠数÷妊娠雌性大鼠数）×100 %

出生存活率＝（出生第5 d活仔数÷出生时活仔数）×100 %

哺育存活率＝（第21 d断奶活仔数÷出生第5 d活仔数）×100 %

6．结果评价

根据统计结果的显著（$P<0.01$）与否以及是否存在剂量反应关系，评价受试物对实验动物繁殖机能的影响。

（七）喂养致畸试验

本试验观察受试药物在受孕前及妊娠早期对雄性、雌性生殖器官的影响，以及对胎儿器官形成的毒性作用。

1．供试动物

一般选择性成熟的大鼠，每组雌鼠20只以上，雄鼠10只以上，注明品系。

2．剂量

采用3个剂量组和1个空白对照组，最高剂量应理想地诱发毒性反应，但在亲代动物中不出现死亡，中剂量应引起最小的毒性反应，而低剂量不应引起任何可以观察到的不良反应。

3．给药时期

交配前，雄性动物连续给药 60 d 以上，雌性动物连续给药 14 d 以上，雌性动物在受孕后继续给药 14 d。

4．给药方式

混饲或饮水。

5．检查

同传统致畸试验，给药的雄鼠及未交配上的雌鼠，均作剖检及病理组织学检查。

6．结果评价

数据汇总列表，用方差分析或 X^2 检验进行分析及评价。

（八）传统致畸试验

本试验检验在胚胎器官形成期，药物对胎儿器官形成的影响。

1．供试动物

健康大白鼠，雌鼠日龄为 70～85 d，未孕、未生育，体重 200～300 g；雄鼠日龄不小于 70 d，体重 250 g 以上。注明品系，每组 12～20 只孕鼠。

2．剂量

高、中、低 3 种剂量，并另设阴性对照组、阳性对照组。高剂量可使母体产生中毒症状但不使母鼠的死亡率高于 10 %，低剂量应不引起母鼠有可以观察到的中毒症状；在高剂量组与低剂量组之间按等比级差设立中剂量组，中剂量可以引起某些母体中毒以及胚胎毒性症状。

3．给药时期

胚胎器官形成期（7～15 d）。

4．给药方式

原则上与推荐临床应用的给药方式相同，内服时用灌胃法。

5．检查

将雌、雄大白鼠同笼交配过夜后，检查交配成功与否，将已受孕的雌鼠取出标明日期，随机分配至各剂量组。各剂量组在给药后每隔 3 d 称体重 1 次，根据体重变化随时调整剂量，并掌握孕鼠的妊娠和胚胎的发育情况。全部大白鼠在分娩前 1～2 d 剖检，观察妊娠的确立，有无死胎和吸收胎，以及子宫内活胎的发育情况。

（1）活胎鼠的外观检查：区别性别，分别称体重，测身长、尾长，用肉眼进行外部畸形检查。分别检查头部、面部、躯干、四肢、尾部等有无畸形。

（2）胎鼠的内脏检查：将每窝 1/2 的胎鼠经鲍音氏液固定后，徒手切片法对胎鼠内脏进行检查。

头部器官观察检查：

①用单面刀片徒手沿口经耳作一水平切面，使上、下腭分开，主要检查有无腭裂，舌缺失或分叉。

②将上述切面切下的颅顶部沿眼球前垂直作额状切面，检查鼻道有无畸形。

③沿眼球正中垂直作第二个额状切面，检查眼球有无畸形。

④沿眼球后缘作第三个额状切面，检查脑的畸形。

胸腔、腹腔和骨盆腔器官的检查：沿胸壁、腹壁中线和肋下缘水平切开胸腔、腹腔，逐步检查各主要脏器的位置、数目、大小及形状等有无异常。

(3) 胎鼠骨骼检查：将剩余的活胎制成骨骼透明染色标本，于放大镜或解剖镜下进行检查。主要观察颅骨、枕骨、颈椎骨、胸骨、肋骨、腰椎、四肢骨、尾椎骨等发育及畸形情况。

6. 结果评价

将数据汇总成表，用方差分析或 X^2 检验进行分析及评价。

(九) 小鼠睾丸精原细胞染色体畸变试验

本试验为一种检验药物对雄性小鼠精原细胞染色体变化的试验。对雄性小鼠给药后，取睾丸在显微镜下观察精原细胞染色体的畸变情况，计算其畸变率。

1. 供试动物

性成熟雄性小鼠，每组 5 只。

2. 剂量与分组

试验至少设 3 个剂量组，同时设阳性对照组、阴性对照组。最大剂量应不使小鼠出现明显毒性反应，各剂量组之间应相差 10 倍。

3. 给药方式

一般采用腹腔注射或与临床应用相同的途径。采用 5 d 给药，于第 11 d、第 12 d 再连续给药 2 d，第 13 d 杀鼠。

4. 制片

腹腔注射秋水仙素，约 6 h 后杀鼠，取一侧睾丸分离曲细精管，低渗固定、软化、离心、制片、染色、镜检。

5. 结果评价

每只小鼠分别计数 50 个精原细胞和初级精母细胞，分析染色体畸变，计算染色体畸变率。用 t 检验作显著性检验，$P<0.01$ 并有剂量反应关系，为染色体畸变阳性。

第七章　天然植物饲料添加剂生产的报批

第一节　国家管理有关法规

我国饲料添加剂管理的主要依据是《饲料和饲料添加剂管理条例》。该条例将饲料添加剂分为营养性饲料添加剂、一般饲料添加剂和药物饲料添加剂三大类，并明确规定：药物饲料添加剂的管理，依照《兽药管理条例》的规定执行。

尽管天然植物饲料添加剂具有广泛的用途，但按照目前的规定仍属于药物饲料添加剂，因此应遵循兽药管理的相关法规。兽药管理的法规主要有《兽药管理条例》、《兽药注册办法》、《中兽药、天然药物分类及注册资料要求》、《兽药产品批准文号管理办法》等。为描述方便、不改变文件原文，本章内出现的“兽药”、“中兽药”、“中药饲料添加剂”均包含“天然植物饲料添加剂”。

一、兽药管理条例涉及的内容

为了加强兽药管理，保证兽药质量，防治动物疾病，促进养殖业的发展，维护人体健康，国务院于 2004 年 4 月 9 日以第 404 号令发布《兽药管理条例》，规定自 2004 年 11 月 1 日起开始施行。《兽药管理条例》分九章七十五条，分别为总则、新兽药研制、兽药生产、兽药经营、兽药进出口、兽药使用、兽药监督管理、法律责任和附则，就包括中药饲料添加剂在内的兽药管理、新兽药研制、兽药生产等做了明确的规定，要求凡在中华人民共和国境内从事兽药的研制、生产、经营、进出口、使用和监督管理等活动，应当遵守本条例。现将有关的规定简介如下。

（一）兽药管理职能部门

《兽药管理条例》明确规定，国务院兽医行政管理部门负责全国的兽药监督管理工作，县级以上地方人民政府兽医行政管理部门负责本行政区域内的兽药监督管理工作。

国家实行兽用处方药和非处方药分类管理制度。兽用处方药和非处方药分类管理的办法和具体实施步骤，由国务院兽医行政管理部门规定。

国家实行兽药储备制度。发生重大动物疫情、灾情或者其他突发事件时，国务院兽医行政管理部门可紧急调用国家储备的兽药；必要时也可调用国家储备以外的兽药。

（二）新兽药研制

国家鼓励新兽药的研制，并依法保护研制者的合法权益。

新兽药的研制单位，应当具有与研制相适应的场所、仪器设备、专业技术人员、安全管理规范和措施。

研制新兽药，应进行安全性评价。从事兽药安全性评价的单位，应当经国务院兽医行政管理部门认定，并遵守兽药非临床研究和兽药临床试验质量管理规范。

新兽药的临床试验，应先向省（自治区、直辖市）人民政府兽医行政管理部门提出申请，并附具该新兽药实验室阶段安全性评价报告及其他临床前研究资料；省（自治区、直辖市）人民政府兽医行政管理部门应当自收到申请之日起60个工作日内将审查结果书面通知申请人。

临床试验完成后，新兽药研制者可向国务院兽医行政管理部门，提出新兽药注册申请，申请时应当提交该新兽药的样品和下列资料：

（1）名称、主要成分、理化性质；

（2）研制方法、生产工艺、质量标准和检测方法；

（3）药理和毒理试验结果、临床试验报告和稳定性试验报告；

（4）环境影响报告和污染防治措施。

国务院兽医行政管理部门应当自收到申请之日起10个工作日内，将决定受理的新兽药资料送其设立的兽药评审机构进行评审，将新兽药样品送其指定的检验机构复核检验，并自收到评审和复核检验结论之日起60个工作日内完成审查。审查合格的，发给新兽药注册证书，并发布该兽药的质量标准；不合格的，应当书面通知申请人。

国家对依法获得注册的、含有新化合物的兽药的申请人提交的其自己所取得且未披露的试验数据和其他数据实施保护。自注册之日起6年内，对其他申请人未经已获得注册兽药的申请人同意，使用前款规定的数据申请兽药注册的，兽药注册机关不予注册；但是，其他申请人提交其自己所取得的数据的除外。

（三）兽药生产

兽药生产企业的设立，应符合国家兽药行业发展规划和产业政策，具备下列条件：

（1）与所生产的兽药相适应的兽医学、药学或者相关专业的技术人员；

（2）与所生产的兽药相适应的厂房、设施；

（3）与所生产的兽药相适应的兽药质量管理和质量检验的机构、人员、仪器设备；

（4）符合安全、卫生要求的生产环境；

（5）兽药生产质量管理规范规定的其他生产条件。

符合以上条件的，申请人可向省（自治区、直辖市）人民政府兽医行政管理部门提出申请，并附具符合前款规定条件的证明材料；省（自治区、直辖市）人民政府兽医行政管理部门应当自收到申请之日起20个工作日内，将审核意见和有关材料报送国务院兽医行政管理部门。国务院兽医行政管理部门，应当自收到审核意见和有关材料之日起40个工作日内完成审查。经审查合格的，发给兽药生产许可证。申请人凭兽药生产许可证办理工商登记手续。

兽药生产许可证应当载明生产范围、生产地点、有效期和法定代表人姓名、住址等事项。兽药生产许可证有效期为5年。有效期届满，需要继续生产兽药的，应当在许可证有效期届满前6个月到原发证机关申请换发兽药生产许可证。兽药生产企业变更生产范围、生产地点的，应当依照本条例第十一条的规定。申请换发兽药生产许可证，申请人凭换发的兽药生产许可证办理工商变更登记手续；变更企业名称、法定代表人的，应当在办理工商变更登记手续后15个工作日内，到原发证机关申请换发兽药生产许可证。

兽药生产企业应当按照国务院兽医行政管理部门制定的兽药生产质量管理规范组织生产。生产的兽药，应当取得国务院兽医行政管理部门核发的产品批准文号，按照兽药国家标准和国务院兽医行政管理部门批准的生产工艺进行生产。应当建立生产记录，生产记录应当完整、准确。生产兽药所需的原料、辅料，应当符合国家标准或者所生产兽药的质量要求。直接接触兽药的包装材料和容器应当符合药用要求。兽药出厂前应当经过质量检验，兽药出厂应当附有产品质量合格证。禁止生产假、劣兽药。

兽药包装应当按照规定印有或者贴有标签，附具说明书，并在显著位置注明“兽用”字样。兽药的标签和说明书经国务院兽医行政管理部门批准并公布后，方可使用。兽药的标签或者说明书，应当以中文注明兽药的通用名称、成分及其含量、规格、生产企业、产品批准文号、产品批号、生产日期、有效期、适应证或者功能主治、用法、用量、休药期、禁忌、不良反应、注意事项、运输贮存保管条件及其他应当说明的内容。有商品名称的，还应当注明商品名称。

国务院兽医行政管理部门，根据保证动物产品质量安全和人体健康的需要，可以对新兽药设立不超过5年的监测期；在监测期内，不得批准其他企业生产或者进口该新兽药。生产企业应当在监测期内收集该新兽药的疗效、不良反应等资料，并及时报送国务院兽医行政管理部门。

二、兽药注册办法

为保证兽药安全、有效和质量可控，规范兽药注册行为，农业部根据《兽药管理条例》制定了《兽药注册办法》，2004年11月24日以第44号令发布，规定自2005年1月1日起施行。

（一）兽药注册职能部门

《兽药注册办法》明确规定，农业部负责全国兽药注册工作，农业部兽药审评委员会负责新兽药资料的评审工作，中国兽医药品监察所和农业部指定的其他兽药检验机构承担兽药注册的复核检验工作。

（二）新兽药注册

申请人应当在完成临床试验后，向农业部提出申请，并按《兽药注册资料要求》提交相关资料。天然植物饲料添加剂的注册按《中兽药、天然药物分类及注册资料要求》（见第二节）提交相关资料。属于联合研制的新兽药，可以由其中一个单位申请注册或联合申请注册，但不得重复申请注册；联合申请注册的，应当共同署名作为该新兽药的申请人。

申请新兽药注册所报送的资料应当完整、规范，数据必须真实、可靠。引用文献资料应当注明著作名称、刊物名称及卷、期、页等；未公开发表的文献资料应当提供资料所有者许可使用的证明文件；外文资料应当按照要求提供中文译本。

申请新兽药注册时，申请人应当提交保证书，承诺对他人的知识产权不构成侵权，并对可能的侵权后果负责，保证自行取得的试验数据的真实性。申报资料含有境外兽药试验研究资料的，应当附具境外研究机构提供的资料项目、页码情况说明和该机构经公证的合法登记证明文件。

有下列情形之一的新兽药注册申请，不予受理：

(1) 农业部已公告在监测期，申请人不能证明数据为自己取得的兽药；

(2) 经基因工程技术获得，未通过生物安全评价的灭活疫苗、诊断制品之外的兽药；

(3) 申请材料不符合要求，在规定期间内未补正的；

(4) 不予受理的其他情形。

农业部自收到申请之日起10个工作日内，将决定受理的新兽药注册申请资料送农业部兽药审评委员会进行技术评审，并通知申请人提交复核检验所需的连续3个生产批号的样品和有关资料。送指定的兽药检验机构进行复核检验。

农业部兽药审评委员会应当自收到资料之日起120个工作日内提出评审意见，报送农业部。评审中需要补充资料的，申请人应当自收到通知之日起6个月内补齐有关数据；逾期未补正的，视为自动撤回注册申请。

兽药检验机构应当在规定时间内完成复核检验，并将检验报告书和复核意见送达申请人，同时报农业部和农业部兽药审评委员会。初次样品检验不合格的，申请人可以再送样复核检验一次。

农业部自收到技术评审和复核检验结论之日起60个工作日内完成审查；必要时，可派员进行现场核查。审查合格的，发给《新兽药注册证书》，并予以公告，同时发布该新兽药的标准、标签和说明书。不合格的，书面通知申请人。

新兽药注册审批期间，新兽药的技术要求由于相同品种在境外获准上市而发生变化的，按原技术要求审批。

（三）兽药变更注册

已经注册的兽药拟改变原批准事项的，应当向农业部申请兽药变更注册。

申请人申请变更注册时，应当填写《兽药变更注册申请表》，报送有关资料和说明。涉及兽药产品权属变化的，应当提供有效证明文件。

农业部对决定受理的不需进行技术审评的兽药变更注册申请，自收到申请之日起30个工作日内完成审查。审查合格的，批准变更注册。

需要进行技术审评的兽药变更注册申请，农业部将受理的材料送农业部兽药评审委员会评审，并通知申请人提交复核检验所需的连续3个生产批号的样品和有关资料，送指定的兽药检验机构进行复核检验。

兽药变更注册申请的评审、检验的程序、时限和要求，适用本办法新兽药注册和进口兽药注册的规定。申请修改兽药标准变更注册的，兽药检验机构应当进行标准复核。农业部自收到技术评审和复核检验结论之日起30个工作日内完成审查，审查合格的，批准变更注册。审查不合格的，书面告知申请人。

三、兽药产品批准文号管理办法相关的内容

为加强兽药产品批准文号的管理，农业部根据《兽药管理条例》制定了《兽药产品批准文号管理办法》，2004 年 11 月 24 日以第 45 号令发布，规定自 2005 年 1 月 1 日起施行。

兽药产品批准文号是农业部根据兽药国家标准、生产工艺和生产条件，批准特定兽药生产企业生产特定兽药产品时核发的兽药批准证明文件。适用于兽药产品批准文号的申请、核发和监督管理。

（一）兽药文号管理职能部门

《兽药产品批准文号管理办法》明确规定，农业部负责全国兽药产品批准文号的核发和监督管理工作。县级以上地方人民政府兽医行政管理部门负责本行政区域内的兽药产品批准文号的监督管理工作。

（二）兽药产品批准文号的申请和核发

申请除生物制品以外的已有兽药国家标准的兽药产品批准文号的，申请人应当向所在地省级人民政府兽医行政管理部门提交自己生产的连续 3 个批次的样品和下列资料：

（1）《兽药产品批准文号申请表》一式二份；

（2）《兽药生产许可证》复印件一式二份；

（3）《兽药 GMP 证书》复印件一式二份；

（4）标签和说明书样本一式二份；

（5）所提交样品的自检报告一式二份。

省级人民政府兽医行政管理部门应当自受理之日起，5 个工作日内将样品送兽药检验机构进行检验，并自收到检验结论之日起 15 个工作日内完成审查，将审查意见和检验机构的检验报告及全部申报材料一式一份报送农业部。农业部自收到省级人民政府兽医行政管理部门审查意见之日起 20 个工作日内完成审查。审查合格的，核发产品批准文号，公布标签和说明书；不合格的，书面通知申请人，并说明理由。

申请自己研制的已获得《新兽药注册证书》的兽药产品批准文号，且该产品样品系申请人自己生产的，申请人应当向农业部提交下列资料：

（1）《兽药产品批准文号申请表》一式一份；

（2）《兽药生产许可证》复印件一式一份；

（3）《兽药 GMP 证书》复印件一式一份；

（4）《新兽药注册证书》复印件一式一份；

（5）标签和说明书样本一式一份。

农业部自受理之日起 20 个工作日内完成审查。审查合格的，核发产品批准文号，公布标签和说明书；不合格的，书面通知申请人，并说明理由。

申请自己研制的已获得《新兽药注册证书》的兽药产品批准文号，但该产品样品并非申请人自己生产的，以及申请他人转让的已获得《新兽药注册证书》的兽药产品

批准文号的，申请人应当向农业部提交自己生产的连续3个批次的样品和下列资料：

(1)《兽药产品批准文号申请表》一式一份；

(2)《兽药生产许可证》复印件一式一份；

(3)《兽药（GMP证书》复印件一式一份；

(4)《新兽药注册证书》复印件一式一份；

(5) 标签和说明书样本一式一份；

(6) 所提交样品的自检报告一式二份；

(7) 转让合同书原件一份。

农业部自受理之日起5个工作日内将样品送兽药检验机构进行检验，并自收到检验结论之日起15个工作日内完成审查。审查合格的，核发产品批准文号，公布标签和说明书；不合格的，书面通知申请人，并说明理由。

申请产品批准文号时，申请人提交的样品数量应当保证检验工作的需要。初次提交的样品经检验不合格的，可以再送样复检一次。复检仍不合格的，不核发产品批准文号，在一年内不得再次提出申请。兽药检验机构应当在收到样品之日起90个工作日内完成检验，对样品应当根据规定留样观察。

农业部在核发新兽药的产品批准文号时，可以确定不超过5年的监测期。在监测期内，不批准其他企业生产或者进口该新兽药。兽药产品批准文号有效期届满后，需继续生产的，兽药生产企业应当在有效期届满6个月前按原批准程序向原审批机关提出产品批准文号的换发申请。

(三) 兽药产品批准文号的编制格式

兽药产品批准文号的编制格式为：兽药类别简称 + 年号 + 企业所在地省份（自治区、直辖市）序号 + 企业序号 + 兽药品种编号。

(1) 兽药类别简称：药物添加剂的类别简称为“兽药添字”；血清制品、疫苗、诊断制品、微生态制品等的类别简称为“兽药生字”；中药材、中成药、化学药品、抗生素、生化药品、放射性药品、外用杀虫剂和消毒剂等的类别简称为“兽药字”。

(2) 年号：用四位数字表示，即核发产品批准文号时的年份。

(3) 企业所在地省份序号：用2位阿拉伯数字表示，由农业部规定并公告。

(4) 企业序号：按省排序，用3位阿拉伯数字表示，由农业部公告。

(5) 兽药品种编号：用4位阿拉伯数字表示，由农业部规定并公告。

第二节　注册分类及资料要求

根据新的《兽药管理条例》和《兽药注册办法》的规定，新天然植物饲料添加剂的研制在完成临床试验后，可以向农业部申报新天然植物饲料添加剂注册证书，为下一步申报生产文号和生产打好基础。天然植物饲料添加剂的注册按照农业部2004年12月22日第442号公告发布的《中兽药、天然药物分类及注册资料要求》提供相关资料，现将该公告摘录如下。

一、注册分类及说明

（一）注册分类

（1）第一类：未在国内上市销售的原药及其制剂。

①从中药、天然药物中提取的有效成分及其制剂；

②来源于植物、动物、矿物等药用物质及其制剂；

③中药材代用品。

（2）第二类：未在国内上市销售的部位及其制剂。

①中药材新的药用部位制成的制剂；

②从中药、天然药物中提取的有效部位制成的制剂。

（3）第三类：未在国内上市销售的制剂。

①传统中兽药复方制剂；

②现代中兽药复方制剂，包括以中药为主的中西兽药复方制剂；

③兽用天然药物复方制剂；

④由中药、天然药物制成的注射剂。

（4）第四类：改变国内已上市销售产品的制剂。

①改变剂型的制剂；

②改变工艺的制剂。

（二）说明

（1）第一类①：是指兽药国家标准中未收载的从中药、天然药物中得到的未经过化学修饰的单一成分及其制剂。

（2）第一类②：是指未被兽药国家标准收载的中药材及天然药物制成的兽用制剂。

（3）第一类③：是指用来代替中药材某些功能的药用物质，包括：a. 已被兽药国家标准收载的中药材；b. 未被兽药国家标准收载的药用物质。

（4）第二类①：是指具有兽药国家标准的中药材原动、植物新的药用部位制成的制剂。

（5）第二类②：是指从中药、天然药物中提取的一类或数类成分制成的制剂。

（6）第三类①：传统中兽药复方制剂是指中兽医理论下组方，功能主治用传统的中医理论表述，由传统工艺制成的复方制剂。

（7）第三类②：现代中兽药复方制剂是指中兽医理论下组方，包括中兽医理论下使用非传统药材，功能主治与中兽医理论相关，工艺不做要求。

（8）第三类③：兽用天然药物复方制剂是指不按中兽医理论组方制成的制剂。

（9）第三类④：包括水针、粉针之间的相互改变及其他剂型改成的注射剂。

（10）第四类①：是指在给药途径不变的情况下改变剂型的制剂。

（11）第四类②：这一类主要包括：a. 工艺有质的改变的制剂；b. 工艺无质的改变的制剂。

工艺有质的改变主要是指在生产过程中改变提取溶媒、纯化工艺或其他制备工艺条件等，使提取物的成分发生较大变化。

二、注册资料项目

（一）综述资料

（1）兽药名称。

（2）证明性文件。

（3）立题目的与依据。

（4）对主要研究结果的总结及评价。

（5）兽药说明书样稿、起草说明及最新参考文献。

（6）包装、标签设计样稿。

（二）药学研究资料

（7）药学研究资料综述。

（8）药材来源及鉴定依据。

（9）药材生态环境、生长特征、形态描述、栽培或培植（培育）技术、产地加工和炮制方法等。

（10）药材性状、组织特征、理化鉴别等研究资料（方法、数据、图片和结论）及文献资料。

（11）提供植、矿物标本，植物标本应当包括花、果实、种子等。

（12）生产工艺的研究资料及文献资料，辅料来源及质量标准。

（13）确证化学结构或组分的试验资料及文献资料。

（14）质量研究工作的试验资料及文献资料。

（15）兽药质量标准草案及起草说明，并提供兽药标准物质的有关资料。

（16）样品及检验报告书。

（17）药物稳定性研究的试验资料及文献资料。

（18）直接接触兽药的包装材料和容器的选择依据及质量标准。

（三）药理毒理研究资料

（19）药理毒理研究资料综述。

（20）主要药效学试验资料及文献资料。

（21）安全药理研究的试验资料及文献资料。

（22）急性毒性试验资料及文献资料。

（23）长期毒性试验资料及文献资料。

（24）致突变试验资料及文献资料。

（25）生殖毒性试验资料及文献资料。

（26）致癌试验资料及文献资料。

（27）过敏性（局部、全身和光敏毒性）、溶血性和局部（血管、皮肤、粘膜、肌肉等）刺激性等主要与局部、全身给药相关的特殊安全性试验资料和文献资料。

（四）临床研究资料

（28）临床研究资料综述。

（29）临床研究计划与研究方案。

（30）临床研究及试验报告。

（31）靶动物药代动力学和残留试验资料及文献资料。

三、注册资料项目说明

（一）资料项目一

兽药名称包括：兽药的中文名、汉语拼音、英文名及命名依据。

（二）资料项目二

证明性文件包括：

（1）申请人合法登记证明文件、《兽药生产许可证》、《兽药 GMP 证书》复印件。申请新兽药注册时应当提供样品制备车间的《兽药 GMP 证书》复印件；

（2）申请的兽药或者使用的处方、工艺等专利情况及其权属状态情况说明，以及对他人的已有专利不构成侵权的保证书；

（3）兽用麻醉药品、精神药品、毒性药品研制立项批复文件复印件；

（4）直接接触兽药的包装材料或容器，应符合药用包装材料的有关规定。

如为进口申请，还应提供：

（1）生产国家（地区）兽药管理机构出具的允许申请的该兽药上市销售及该兽药生产企业符合兽药生产质量管理规范的证明文件、公证文书；出口国物种主管当局同意出口的证明；

（2）由境外生产企业常驻中国代表机构办理注册事务的，应当提供《外国企业常驻中国代表机构登记证》复印件；

境外生产企业委托中国代理机构代理申报的，应当提供委托文书、公证文书以及中国代理机构的《营业执照》复印件；

（3）安全性试验资料应当提供相应的药物非临床研究质量管理规范（GLP）证明文件；临床及其他试验用样品应当提供相应的药品或兽药生产质量管理规范（GMP）证明文件。

（三）资料项目三

立题目的与依据：中药材、天然药物应当提供有关古、现代文献资料综述。

中兽药、天然药物制剂应当提供处方来源和选题依据。有关传统中兽医或中医理论、古籍文献资料、国内外研究现状或生产、使用情况的综述，以及对该品种创新性、可行性等的分析，包括和已有兽药国家标准的同类品种的比较（具体要求另行制定）。

（四）资料项目四

对研究结果的总结及评价：包括申请人对主要研究结果进行的总结，及从安全性、有效性、质量可控性等方面对所申报品种进行的综合评价。

（五）资料项目五

兽药说明书样稿、起草说明及最新参考文献：包括按有关规定起草的兽药说明书样稿、说明书各项内容的起草说明、有关安全性和有效性等方面的最新文献。

（六）资料项目六

样品的检验报告是指对申报样品的自检报告。报送资料时应提供连续3批样品的自检报告及样品。

（七）其他

(1) 进口申请提供的生产国家（地区）政府证明文件及全部技术资料应当是中文本并附原文；其中质量标准的中文本必须按《中国兽药典》标准规定的格式整理报送。

(2) 由于新兽药品种的多样性和复杂性，在申报时，应当结合具体品种的特点进行必要的相应研究。如果申请减免试验，应当充分说明理由。

四、注册资料项目表及说明

（一）注册资料项目表

（二）说明

(1) 申请新兽药注册，按《注册资料项目表》要求报送资料项目1～31的资料。

(2) 中药材的代用品如果未被兽药国家标准收载，除按注册分类第一类②的要求提供申报资料外，还应当与被替代药材进行药效、毒理的对比试验，并通过相关制剂进行临床等效性研究；中药材的代用品如果已被兽药国家标准收载，应当通过相关制剂进行临床等效性研究。中药材的代用品获得批准后，申请使用该代用品的制剂应当按补充申请办理，但应严格限定在被批准的可替代的功能范围内。如果代用品为单一成分，应当提供动物药代动力学试验资料及文献资料，用于食品动物时应当提供残留试验资料，并制定休药期。

(3) 未在国内上市销售的中药、天然药物中提取的有效成分及制剂，其单一成分的含量应当占总提取物的90％以上，固体制剂同时还需提供溶出度的试验资料。

(4) 未在国内上市销售的中药、天然药物中提取的有效部位制成的制剂，其有效部位的含量应占总提取物的50％以上。有效部位的制剂除按要求提供申报资料外，尚需提供以下资料：

①申报资料项目第12项中需提供有效部位筛选的研究资料或文献资料；申报资料项目第13项中需提供有效部位主要化学成分研究资料及文献资料，包括与含量测定有关的对照品的相关资料；

②由数类成分组成的有效部位，应当测定每类成分的含量，并对每类成分中的代表成分进行含量测定且规定下限，对有毒性的成分增加上限控制。

资料分类	资料项目	注册分类及资料项目要求									
		第一类			第二类		第三类				第四类
		①	②	③	①	②	①	②	③	④	
	(1)	+	+	+	+	+	+	+	+	+	+
	(2)	+	+	+	+	+	+	+	+	+	+
(一)综述资料	(3)	+	+	+	+	+	+	+	+	+	+
	(4)	+	+	+	+	+	+	+	+	+	+
	(5)	+	+	+	+	+	+	+	+	+	+
	(6)	+	+	+	+	+	+	+	+	+	+
	(7)	+	+	+	+	+	+	+	+	+	+
	(8)	+	+	+	+	+	+	+	+	+	+
	(9)	−	+	▲	−	▲	−	▲	▲	▲	−
	(10)	−	+	▲	+	▲	−	▲	▲	▲	−
	(11)	−	+	▲	−	▲	−	▲	▲	▲	−
(二)药学研究资料	(12)	+	+	▲	+	+	+	+	+	+	+
	(13)	+	+	±	±	±	−	＊⑥	＊⑦	±	−
	(14)	+	+	±	±	±	±	±	±	±	±
	(15)	+	+	▲	+	+	+	+	+	+	+
	(16)	+	+	+	+	+	+	+	+	+	+
	(17)	+	+	▲	+	+	+	+	+	+	+
	(18)	+	+	+	+	+	+	+	+	+	+
	(19)	+	+	＊②	+	+	＊⑤	+	+	+	＊(11)
	(20)	+	+	＊②	+	+	−	+	+	+	＊(11)
	(21)	+	+	＊②	+	+	−	＊⑥	＊⑦	+	−
	(22)	+	+	＊②	+	+	＊⑤	+	+	+	＊(11)
(三)药理毒理研究资料	(23)	+	+	＊②	+	+	＊⑤	+	+	+	＊(11)
	(24)	+	+	▲	+	▲	−	＊⑥	＊⑦	▲	−
	(25)	+	+	▲	+	▲	−	＊⑥	＊⑦	▲	−
	(26)#	+	+	▲	+	▲	−	＊⑥	＊⑦	▲	−
	(27)	＊⑨	＊⑨	＊⑨	＊⑨	＊⑨	＊⑨	＊⑨	＊⑨	+	＊⑨
	(28)	+	+	+	+	+	+	+	+	+	+
(四)临床研究资料	(29)	+	+	+	+	+	+	+	+	+	＊(11)
	(30)	+	+	+	+	+	+	+	+	+	＊(11)
	(31)	+	−	＊②	−	−	−	＊⑥	＊⑦	−	−

注：1．“＋”指必须报送的资料。2．“±”指可以用文献综述代替试验研究的资料。3．“－”指可以免报的资料。4．“＊”指按照说明的要求报送的资料．如＊⑦，指见说明之第⑦条。5．“（26）#”指与已知致癌物质有关、代谢产物与已知致癌物质相似的新兽药，在长期毒性试验中发现有细胞毒作用或对某些脏器、组织细胞有异常显著促进作用的新兽药，致突变试验阳性的新兽药，均需报送致癌试验资料。6．“▲”指具有兽药国家标准的中药材、天然药物（除“#”所标示的情况外）可以不提供，否则必须提供资料。

申请由同类成分组成的有效部位制成的制剂，如其中含有已上市销售的从中药、天然药物中提取的有效成分，且功能主治相同，则应当与该有效成分进行药效学及其他方面的比较，以证明其优势和特点。

（5）传统中兽药复方制剂，处方中药材必须具有兽药国家标准，并且该制剂的主治病症在国家中成药标准中没有收载。可免做药效、毒理研究。但是，如果有下列情况之一者，需要做毒理试验：①含有兽药国家标准中标示有毒性及现代毒理学证明有毒性的药材；②含有十八反、十九畏的配伍禁忌。

（6）现代中兽药复方制剂，处方中使用的药用物质应当具有兽药国家标准，如果处方中含有无兽药国家标准的药用物质，应当参照注册分类中第一类②的要求提供临床前的相应申报资料；如果处方中含有天然药物、有效成分或化学药品，则应当对上述药用物质在药理、毒理方面的相互作用（增效、减毒或互补作用）进行相应的研究；如处方中含有化学药品并用于食品动物时，应当提供残留试验资料，并制定休药期。

（7）兽用天然药物复方制剂应当提供多组分药效、毒理相互影响的试验资料及文献资料，处方中如果含有无兽药国家标准的药用物质，还应当参照注册分类中第一类②的要求提供临床前的相应申报资料。

（8）进口中兽药、天然药物制剂按注册分类中的相应要求提供申报资料。

（9）局部用药的制剂尚需报送局部用药毒性研究的试验资料及文献资料。

（10）中兽药、天然药物注射剂的主要成分应当基本清楚。鉴于对中兽药、天然药物注射剂安全性和质量控制复杂性的考虑，对其技术要求另行制定。

（11）改变剂型应当说明新制剂的优势和特点。新制剂的适应证原则上应当同原制剂。其中某些适应证疗效不明显或无法通过药效或临床试验证实的，应提供相应的研究资料。

改变剂型或改变生产工艺时，如果生产工艺有质的改变，申报资料应当提供新制剂与原制剂在制备工艺、剂型、质量标准、稳定性、药效学、临床等方面的对比试验及毒理学的研究资料。

改变剂型或改变生产工艺时，如果生产工艺无质的改变。可以减免药理、毒理和临床的申报资料。

改变工艺的制剂。仅限于有该品种批准文号的生产企业申报，其中工艺无质的改变，按照补充申请办理。

（12）按新兽药申请的药物，应按照兽药临床试验指导原则的要求作临床试验。

（13）中药材代用品的功能替代研究，应当从兽药国家标准中选取能够充分反映被代用药材功效特征的中兽药制剂作为对照药进行比较研究，每个功效或适应证需经过两种以上中药制剂进行验证。

（14）改变给药途径、改变剂型或者工艺有质的改变的制剂。

①应当根据兽药的特点，设计不同目的的临床试验；

②进行生物等效性试验的兽药，可以免临床试验；

③缓释、控释制剂，应当进行动物药代动力学研究和临床试验。临床前研究工作应

当包括缓释、控释制剂与其普通制剂在药学和生物学方面的比较研究，以提示此类制剂特殊释放的特点。

第三节　注册证书的申报

一、资料整理

（一）内容编排

根据农业部《中兽药、天然药物分类及注册资料要求》确定新药类别，并准备相关资料。每一份送审材料装订成一册或两册。

如装订成两册，则根据《中兽药、天然药物分类及注册资料要求》资料项目要求，将第一至十八项资料（附与本部分申报资料内容相关的文献资料及详细的中文摘要）装订在第一册；将第十九至三十一项资料（附与本部分申报资料内容相关的文献资料及400字左右的中文摘要）装订在第二册。

对工艺控制条件及某些制剂配方保密部分，可以单独装订成第三册。

（二）封面

应包含如下内容：

(1) 要申报的兽药原料或制剂的名称，中文名采用中国通用名称。

(2) 注明材料是第一册还是第二册。

(3) 注明申报单位。如2家以上申报，依次列出单位的名称，并写明联合申报。

(4) 在扉页注明申报单位的地址、联系人、联系电话。

（三）目录

在每一册的正文前列出本册资料项目的目录，每个项目下按层次顺序划分（如1、1. 1、1.1.1等），注明对应的页码。页码应连续编排，不得出现重复页码。

（四）申报材料正文

(1) 同一药品的原料和制剂。可以先原料、后制剂编成一份材料。

(2) 材料附属的图谱、表格、文献、附件等，需标明相关内容的页码，以便查找。

(3) 文字、表格、数据、图谱、原始文献等要清晰，无数据错误和重要的文字错误；材料不同部分中的相关内容应一致。

(4) 试验（如结构确证与解析、临床试验或验证试验、特殊毒性试验等）报告，要在报告的末尾注明试验负责人、参加者、试验日期、原始资料保存处、联系人、联系电话，并加盖试验单位公章。

(5) 补充材料，归入相关项目的资料中。

（五）送审材料的份数

(1) 首次申报：先提交3份，供农业部兽药审评委员会办公室进行形式审查。审查合格后。审评委员会办公室将会通知申报单位准备初审材料。

（2）初审材料：如无特殊情况。装订成一册的提交20份，装订成两册的第一册和第二册各10份。如有第三册，提供3份。初审完毕，审评委员会办公室将通知申报单位准备复审材料。

（3）复审材料：如无特殊情况。装订成一册的提交30份，装订成两册的第一册和第二册各15份材料。如有第三册。提供3份。

（4）蜂、鱼、蚕药注册：材料的份数根据专业委员人数确定。

（5）进口兽药注册：提供2份完整的英文材料，并按以上要求的份数提供中译全文，其中第二册中的项目应同时提供400字左右的中文摘要。

（六）送审材料纸张规格

（1）不低于50 g的白色纸张。

（2）A4纸型，页面左边距不小于3 cm。

（3）左侧装订，装订后不影响阅读。

二、兽药注册申请表及填表说明

（一）兽药注册申请表

（二）填表说明

（1）申请分类：境内企业申请新兽药注册，填写境内生产兽药申请；属进口兽药或中国香港、澳门和台湾生产的，选填进口兽药申请。

（2）注册分类：按照《兽药注册资料要求》的注册分类填写，未列入上述附件的注册事项，选“其他”，并应当简要填写注册事项。

（3）通用名称：应当使用正式颁布的兽药国家标准或者国家药典委员会《中国药品通用名称》或其增补本收载的药品通用名称。申报复方制剂或者中兽药制剂自拟兽药名称的，应当预先进行兽药名称核查工作。

（4）英文名/拉丁名：中兽药制剂没有英文名的，可以免填；申报中药材的，需提供拉丁名。

（5）汉语拼音：均需填写，注意正确区分字、词。

（6）化学名称：应当以文字正确表达药物活性物质的化学结构，不要采用结构式。

（7）其他名称：系指曾经作为兽药通用名称使用，但经国家规范的兽药通用名称取代者。

（8）商品名称：申请人为方便其兽药上市销售而申请使用的商品名称。进口兽药可同时填写英文商品名称。

（9）兽药名称来源：来源于中国兽药典、部颁标准的，选填兽药国家标准；来源于国家药典委员会的，选填国家药典会；来源于文献的，选填文献；属申请人按有关命名原则自行命名的，选填自拟。

（10）非制剂：根据本品类型进行选择。其中，“有效成分”系指中药或者天然药物的有效成分。不属所列类型，选“其他”。并应当简要填写所属类型。

（11）制剂：在“剂型”后填写所属剂型；剂型属于《中国兽药典》，选《中国兽药典》剂型；属于《中国兽药典》现行版未收载的剂型，选新剂型，进口药品同时填写剂型的英文。

兽药注册申请表　　申请编号：______

申请事项

1. 注册分类：○境内生产兽药 ○进口兽药

2. 申请分类：○预防用兽用生物制品第 类第 项 ○治疗用兽用生物制品第__类第__项 ○化学药品第__类第__项 ○中兽药、天然药物第__类第__项 ○兽医诊断制品第__类第__项 ○兽用消毒剂第__类第__项 ○其他

兽药情况

3. 通用名称：
4. 英文名/拉丁名：
5. 汉语拼音：
6. 化学名称：
7. 其他名称：
8. 商品名称：
9. 兽药名称来源：○兽药国家标准 ○国家药典委员会 ○文献 ○自拟

10. 非制剂：○原料药 ○中药材 ○中药饮片 ○有效成分 ○其他：
11. 制剂：○剂型：　　规格：
　属于：○《中国兽药典》剂型 ○新剂型，英文：
12. 包装规格：
13. 有效期：
14. 处方内药物活性成分或者中药药味（均含处方量）
15. 处方内辅料（含处方量）：
16. 制剂中化学原料药来源：○境内生产　○进口注册　○未注册　○另行申报（原始编号：　）
生产企业名称：
生产企业地址：
17. 制剂中的中药材标准：○全部法定 ○含非法定者，药材名称：

18. 兽药标准依据　○自拟标准　○进口兽药质量标准　○国外药典及版次：

19. 主要适应证或者功能主治：

20. 给药途径及特殊用法：

相关情况

21. 是否特殊管理兽药：□否 ○是：□麻醉药品 □精神药品 □医疗用毒性药品 □放射性药品
22. 专利：□有中国专利：□药物专利 □工艺专利 □其他专利：
　○已公开 ○已授权 专利权人：
专利到期日期：　　本次申请是否得到专利权人的实施许可：○是 ○否
　□有外国专利：　　专利权人：

23. 境外是否获准上市：○否 ○不详 ○是，国家（地区）：

日期：

申请人

24. 机构 1

名　　称：　　　　　　　　　　　　　　　　　　《兽药生产许可证》编号：

法定代表人：　　　　　　　　　　　　　　　　　　　　　职位：

注册地址：　　　　　　　　　　　　　　　　　　　　邮政编码：

生产地址：　　　　　　　　　　　　　　　　　　　　邮政编码：

注册申请负责人：　　　　　　　　　　　签名：　　　　　职位：

电话（含区号及分机号）：　　　　　　　　　　　　　　　传真：

电子信箱：

联系人：　　　　　　　　　　　　　　　电话：

是否持有《兽药 GMP 证书》：

○持有　　未持有，　　原因：○新开办企业 ○新建车间 ○新增剂型

25. 机构 2：○无 ○有

名　　称：

法定代表人：　　　　　　　　　　　　　　　　　　　　　职位：

注册地址：　　　　　　　　　　　　　　　　　　　　邮政编码：

注册申请负责人：　　　　　　　　　　　签名：　　　　　职位：

电话（含区号及分机号）：　　　　　　　　　　　　　　　传真：

电子信箱：

联系人：　　　　　　　　　　　　　　　电话：

26. 机构 3：○无 ○有

名　　称：

法定代表人：　　　　　　　　　　　　　　　　　　　　　职位：

注册地址：　　　　　　　　　　　　　　　　　　　　邮政编码：

注册申请负责人：　　　　　　　　　　　签名：　　　　　职位：

电话（含区号及分机号）：　　　　　　　　　　　　　　　传真：

电子信箱：

联系人：　　　　　　　　　　　　　　　电话：

兽药注册代理机构　　　　　　　　　　　　　　　　　　　○无　○有

27. 机构名称：

法定代表人：　　　　　　　　　　　　　　　　　　　　　职位：

注册地址：　　　　　　　　　　　　　　　　　　　　邮政编码：

联系人：　　　　　　　　　　　　　　　签名：　　　　　职位：

电话（含区号及分机号）：　　　　　　　　　　　　　　传真：

电子信箱：

申　明

28. 我们保证：①本申请遵守《兽药管理条例》、《兽药注册办法》和《兽药注册资料要求》等规定；②申请表内容及所提交资料、样品均真实、来源合法，未侵犯他人的权益，其中试验研究的方法和数据均为本兽药所采用的方法和由本品得到的试验数据。

如查有不实之处，我们承担由此导致的一切法律后果。

29. 其他特别申明事项：

30. 各申请机构名称、公章、法定代表人签名、签名日期：

31. 兽药注册代理机构名称、公章、法定代表人签名、签名日期：

经审查，本表填写符合形式审查要求。　　　　　　　　　　　　官方填写

审查：　　　　　审批：　　　　　日期：　　年　　月　　日

(12) 包装规格：填写本制剂的规格。使用公制单位符号。每一份申请表只能填写一个规格。

包装规格：指一个最小销售单元里包装的完整制剂的个数，如 X 片/瓶，X 支/盒。每一份申请表可填写多个包装规格。

(13) 有效期：本品种的有效期。以月为单位填写。

(14) 处方内药物活性成分或者中药药味：应当使用规范的药物活性成分或者中药材、中药饮片名称，同时应当填写按 1000 个制剂单位计算的处方量。申报复方制剂，应当预先进行处方查阅工作。

(15) 处方内辅料：对处方使用的每种辅料均应填写。包括着色剂、防腐剂、香料、矫味剂等。填写按 1000 个制剂单位计算的处方量。

(16) 制剂中化学原料药来源：使用境内有兽药或药品批准文号的原料药的，选境内生产；使用有进口兽药注册证书的，选填进口注册；原料药同进口兽药制剂一并审批而未独立注册的，选填未注册；原料药同制剂一并申请注册的，选另行申报，同时将原料药申请的申请编号填入括号。

(17) 制剂中的中药材标准：制剂中所含中药材，均有地方、国家药品或兽药标准的，选填全部法定；其中含有没行地方或国家药品标准的中药材，选填含非法定者，并注明药材名称。

(18) 兽药标准依据：指本申请所提交兽药标准的来源。属于申请人自行起草的，选填自拟标准；进口兽药标准来源于进口兽药质量标准的，选填进口兽药质量标准；来源于国外药典的，需注明药典名称及版次。

(19) 主要适应证或者功能主治：简略填写主要适应证或者功能主治。

(20) 给药途径及特殊用法：填写口服、肌内注射、皮下注射、静脉注射等。用法用量有异于使用常规或者另有特殊用法的，应简略描述。

(21) 是否特殊管理兽药：属于兽用麻醉药品、精神药品、医疗用毒性药品、放射性药品管理办法管理的特殊药品，应分别选填。

(22) 专利：所申请兽药的专利情况应经过检索后确定，发现本品已在中国获得保护的有关专利信息均应填写。本项申请实施了其他专利权人专利的，应注明是否得到其实施许可。已知有外国专利的，填写其属于药物专利、工艺专利或者适应证专利等。

(23) 境外是否获准上市：对于申请境内生产的兽药，系指同品种境外上市情况；对于申请进口的兽药，系指该申请人申请的兽药被境外兽药管理机构批准上市情况。境外已经获准上市的，应填写上市国家或地区名称及上市日期。

(24) ~ (26) 申请人：机构 1，对于新兽药申请应当填写兽药的生产企业名称；对于进口兽药申请，应当填写境外制药厂商的名称。机构 2，对于新兽药申请，应当填写申请新兽药证书的机构；对于进口兽药申请，应当填写该兽药的国外生产厂。机构 2 与机构 l 完全相同，也应当逐项填写。机构 3，只能填写其他仅申请新兽药证书的机构。仍有其他申请新兽药证书机构的，可另外附页。对于进口兽药申请，如有国外包装的，则填写在机构 3 位置。每个申请机构第一项为“○无○有”选项的，必须选填一项，不得空填。

对于新兽药申请，农业部批准后，在发给的新兽药证书内，将本申请表内各新兽药证书申请人登记为持有人，排列顺序与各申请人排名次序无关。

各申请机构栏内："名称"，应当填写其经过法定登记机关注册登记的名称，外国的机构名称应当同时填写与其兽药管理机构出具证明文件一致的英文名称。"注册申请负责人"，是指本项兽药注册申请的项目负责人，电话、传真和电子信箱是与该注册负责人的联系方式。"联系人"，应当填写具体办理注册事务的工作人员姓名，以便联系。

(27). 兽药注册代理机构：对于进口兽药申请。应当是进口兽药注册申请人正式书面委托的境内代理机构或其驻中国境内的办事机构。机构名称后的"○无○有"选项必须选填一项，不得空填。

(28) 本项内容是各申请机构对于本项申请符合法律、法规和规章的郑重保证，各申请机构应当一致同意，并由各机构法定代表人在项目的处签名，加盖机构公章。

(29) 其他特别申明事项：需要另行申明或者对项目28有所保留的事项。

(30) 各申请机构名称、公章、法定代表人签名、签名日期：前页已经填入的申请人各机构均应当由其法定代表人在此签名、加盖机构公章。日期的填写格式为××××年××月××日。

(31) 兽药注册代理机构名称、公章、法定代表人签名、签名日期：兽药注册代理机构在此由法定代表人签名、加盖机构公章。

(32) 填表应当使用中文简体字，必要的英文除外。文字陈述应简明、准确。选择性项目中，"○"为单选框，只能选择一项或者全部不选；"□"为复选框，可以选择多项或者全部不选。需要签名处必须亲笔签名。

三、兽药变更注册申请表及填表说明

(一) 兽药变更注册申请表（详见兽药注册申请表）

(二) 填表说明

(1) 注册分类：选择适用本申请的申请事项，可以根据需要选择多项。未列入的申请事项，应在"其他"项中简要填写申请事项。

(2) 本品种属于：按本品种的属性选择相应的选项。

(3) 兽药分类：按本品种属性选择相应选项，属于其他分类的应填写分类名称。

(4) 通用名称：填写原批准证明文件载明的相应内容。

(5) 英文名/拉丁名：填写原批准证明文件及其所附兽药标准载明的相应内容。

(6) 其他名称：系指曾经作为兽药通用名称使用，但已被正式颁布的兽药国家标准或者《中国药品通用名称》及其增补本收载的药品通用名称取代者。

(7) 商品名称：填写原批准证明文件及其所附兽药标准、说明书、标签内载明的相应内容。如果申请使用新的商品名，应填写新的商品名称。进口兽药如有英文商品名则填写在英文项内。

兽药注册申请表 申请编号：______

申请事项

1. 注册分类：不需要进行审评的变更注册事项 □变更进口兽药批准证明文件的登记项目 □变更国内兽药生产企业名称 □变更进口兽药注册代理机构 □变更兽药商品名称 □变更兽药的包装规格 □修改兽药包装标签式样 □补充完善兽药说明书的安全性内容 □改变兽药外观，但不改变兽药标准的 □兽药生产企业内部变更兽药生产场地 □根据国家兽药质量标准或者农业部的要求修改兽药说明书 □其他：
需要进行审评的变更注册事项 □增加靶动物 □增加兽药新的适应证或者功能主治 □变更兽药含量规格 □改变兽药生产工艺 □变更兽药处方中已有药用要求的辅料 □变更兽药制剂的原料药产地 □修改兽药注册标准 □改变进口兽药制剂的原料药产地 □变更兽药有效期 □变更直接接触兽药的包装材料或者容器 □改变进口兽药的产地 □其他：
2. 本品种属于：○境内生产兽药 ○进口兽药
3. 兽药分类：○预防用兽用生物制品 ○治疗用兽用生物制品 ○化学药品 ○中兽药、天然药物 ○兽医诊断制品 ○兽用消毒剂 ○其他

兽药情况

4. 通用名称：
5. 英文名/拉丁名：
6. 其他名称：
7. 商品名称： 英文

8. 非制剂：○原料药 ○有效成分 ○其他：
9. 制剂：
10. 规格：
11. 包装规格：
12. 有效期：
13. 新兽药证书编号： 批准日期：
14. 批准文号/进口兽药注册证书号/兽药注册证书号：
    批准日期： 有效期截止日期：
15. 处方内辅料（含处方量）：
16. 制剂中化学原料药来源：○未变更 ○已批准变更 ○本次申报 ○另行申报（申请编号： ）
    生产企业名称：
    生产企业地址：

17. 兽药标准：○中国兽药典__版 ○进口兽药质量标准
    ○注册标准：
    ○国外药典及版次： ○自拟标准
18. 主要适应证或者功能主治：

19. 原生产企业名称：
    生产地址：

相关情况

20. 是否特殊管理兽药：□否 ○是：□麻醉药品 □精神药品 □医疗用毒性药品 □放射性药品
21. 专利：□有中国专利：□药物专利 □工艺专利 □其他专利：
    ○已公开 ○已授权 专利权人：
    专利到期日期： 本次申请是否得到专利权人的实施许可：○是 ○否
    □有外国专利： 专利权人：
22. 同品种兽药保护：□原新兽药保护 终止日期：
23. 新兽药监测期：□无 □有，终止日期：

申请人
24. 机构1：○无 ○有
名　　称：　　　　　　　　　　　　　　　　　　　《兽药生产许可证》编号：
法定代表人：　　　　　　　　　　　　　　　　　　　　　　　职位：
注册地址：　　　　　　　　　　　　　　　　　　　　　　　邮政编码：
生产地址：　　　　　　　　　　　　　　　　　　　　　　　邮政编码：
注册申请负责人：　　　　　　　　　　　　签名：　　　　　职位：
电话（含区号及分机号）：　　　　　　　　　　　　　　　　传真：
电子信箱：
联系人：　　　　　　　　　　　　　　　　电话：
是否持有《兽药GMP证书》：
○持有　未持有，　原因：○新开办企业 ○新建车间 ○新增剂型

25. 机构2：○无 ○有
名　　称：
法定代表人：　　　　　　　　　　　　　　　　　　　　　　　职位：
注册地址：　　　　　　　　　　　　　　　　　　　　　　　邮政编码：
注册申请负责人：　　　　　　　　　　　　签名：　　　　　职位：
电话（含区号及分机号）：　　　　　　　　　　　　　　　　传真：
电子信箱：
联系人：　　　　　　　　　　　　　　　　电话：

26. 机构3：○无 ○有
法定代表人：　　　　　　　　　　　　　　　　　　　　　　　职位：
注册地址：　　　　　　　　　　　　　　　　　　　　　　　邮政编码：
注册申请负责人：　　　　　　　　　　　　签名：　　　　　职位：
电话（含区号及分机号）：　　　　　　　　　　　　　　　　传真：
电子信箱：
联系人：　　　　　　　　　　　　　　　　电话：

兽药注册代理机构　　　　　　　　　　　　　　　　　　　　　　○无　○有
27. 机构名称：
法定代表人：　　　　　　　　　　　　　　　　　　　　　　　职位：
注册地址：　　　　　　　　　　　　　　　　　　　　　　　邮政编码：
联系人：　　　　　　　　　　　　　　　签名：　　　　　　职位：
电话（含区号及分机号）：　　　　　　　　　　　　　　　　传真：
电子信箱：

28. 变更注册申请的内容：

29. 原批准注册的相应内容：

30. 申请理由：

31. 所报资料目录：

申　明
32. 我们保证：①本申请遵守《兽药管理条例》、《兽药注册办法》和《兽药注册资料要求》等规定；②申请表内容及所提交资料、样品均真实、来源合法，未侵犯他人的权益，其中试验研究的方法和数据均为本兽药所采用的方法和由本品得到的试验数据。

如查有不实之处，我们承担由此导致的一切法律后果。
33. 其他特别申明事项：
34. 各申请机构名称、公章、法定代表人签名、签名日期：
35. 兽药注册代理机构名称、公章、法定代表人签名、签名日期：

经审查，本表填写符合形式审查要求。　　　　　　　　　　　　　　官方填写

审查机关：　　　　　　审批人签名：　　　　　日期：　　　年　月　日

(8) 非制剂：填写原批准证明文件载明的相应内容。

(9) 剂型：填写原批准证明文件载明的相应内容。

(10) 规格：填写原批准证明文件及其所附兽药标准、说明书、标签内载明的相应内容。如果此次申请增加规格，应填写新的规格。(11) 包装规格：填写原兽药批准证明文件及其所附兽药标准、说明书内载明的相应内容。

(12) 有效期：填写原批准证明文件及其所附兽药标准、说明书内载明的相应内容，以月为单位。如果申请变更兽药有效期，应填写新的有效期。

(13) 新兽药证书编号、批准日期：填写原新兽药征书载明的相应内容。

(14) 批准文号/进口兽药注册证书号/兽药注册证书号：填写原批准证明文件载明的相应内容，一份申请表只能填写一个批准文号进口兽药注册证书号/兽药注册证书号。批准日期、有效期截止日期：填写原批准证明文件载明的相应内容。

(15) 处方内辅料（含处方量）：辅料没有变化的，按原批准兽药注册时申报的辅料处方填写。如果申请变更处方中已有药用要求的辅料，应填写新的辅料处方。

(16) 制剂中化学原料药来源：根据此次申请制剂中的化学原料药来源是否发生变更选择相应的选项，并填写原料药生产企业名称及生产地址。未变更的填写现在使用原料药的生产企业及其生产地址，已变更或者已经申报变更的填写新的原料药生产企业及其生产地址。

(17) 兽药标准：填写本品执行的标准。如果此次申请增加兽药规格或者修订注册标准等导致标准变化。应选择“自拟标准”。

(18) 主要适应证或者功能主治：简要填写主要的适应证或者中药功能主治。如果申请增加新的适应证或者功能主治或改变靶动物，应当简要填写新的适应证或者功能主治或新靶动物的适应征或者功能主治。

(19) 原生产企业名称：如果此次申请拟变更国内兽药生产企业或者进口兽药生产厂或其名称，应填写变更前的企业的名称，并填写其生产地址。如果未发生变更，此项不填写。

(20) 是否特殊管理兽药：属于兽用麻醉药品、精神药品、医疗用毒性药品、放射性药品管理办法管理的特殊药品。应分别选填。

(21) 专利：专利情况应当经过检索后确定，发现本品已在中国获得保护的有关专利信息均应填写。本项申请实施了其他专利权人专利的，应当注明是否得到其实施许可。已知有外国专利的，填写其属于药物专利、工艺专利或者适应证专利等情况。

(22) 同品种兽药保护：根据所了解情况选择填写同品种及本品种的保护情况。

(23) 新兽药监测期：选择填写本品种的新兽药监测情况。

(24) ~ (26) 详细填写有关申请人情况。机构 1，对于境内生产的兽药，应当填写兽药生产企业名称；对于进口兽药，应当填写境外制药厂商的名称。机构 2 ~ 3，对于境内生产的兽药，可以免填。对于进口兽药，应当在机构 2 填写该兽药的国外生产厂，如有另外的国外包装厂填写机构 3。如有与机构 1 完全相同的，也应当逐项填写。每个申请机构第一项为“○无 □有”选项的，必须选填一项，不得空填。

各申请机构栏内："名称"，应当填写原批准证明文件载明的名称，发生变更的，填写新的机构名称。"注册申请负责人"，是指本项兽药注册申请的项目负责人。电话、传真和电子信箱是与该注册负责人的联系方式。"联系人"，应当填写具体办理注册事务的工作人员姓名，以便联系。

(27) 兽药注册代理机构：机构名称后的"○无 □有"选项必须选填一项，不得空填。对于进口兽药申请，应当是进口兽药注册申请人正式书面委托的境内代理机构或其驻中国境内的办事机构。批准注册或者上次再注册后发生变化的，应当提出变更注册申请，并填写新机构相应项目。

(28) 变更注册申请内容：应简要填写本次变更注册申请所变更的各项具体内容。

(29) 原批准注册的相应内容：应具体填写与本次变更注册申请所变更各项具体内容相对应的原批准注册内容。

(30) 申报理由：申请人申报本次变更申请的原因。

(31) 所报资料目录：此次申请所报资料的详细目录。

(32) 本项内容是各申请机构对于本项申请符合兽药相关法律、法规和规章的郑重保证，各申请机构应当一致同意，并由各机构法定代表人在项目34处签名，加盖机构公章。

(33) 其他特别申明事项：需要另行申明或者对项目32有所保留的事项。

(34) 各申请机构名称、公章、法定代表人签名、签名日期：前面已经填入的申请人各机构均应当由其法定代表人在此签名、加盖机构公章。日期的填写格式为××××年××月××日。

(35) 兽药注册代理机构名称、公章、法定代表人签名、签名日期：兽药注册代理机构在此由法定代表人签名、加盖机构公章。

(36) 填表应当使用中文简体字，必要的英文除外。文字陈述应简明、准确。选择性项目中，"○"为单选框，只能选择一项或者全部不选；"□"为复选框，可以选择多项或者全部不选。需要签名处必须亲笔签名。

第四节　生产批准文号的申报

新天然植物饲料添加剂研制完成，并取得《新兽药注册证书》后，如果要投入生产，需要申请一个批准该产品生产的文号。生产文号的申报按照《兽药产品批准文号管理办法》进行。

一、申报程序

（一）材料准备

根据《兽药产品批准文号管理办法》，首先填写"兽药产品批准文号申请表"并准备相关资料，如"兽药生产许可证"复印件，"兽药GMP证书"复印件，"新兽药注册证书"复印件，"标签和说明书"样本。材料的份数根据产品的类型决定，一般一式一份，申报已有兽药国家标准的产品须一式二份。还要提交自己生产的连续3个批次的样品和一式二份所提交样品的自检报告。对于接受他人转让的《新兽药注册证书》的产品，要提供一份转让合同书原件。

（二）受理部门

一般由农业部受理，审查合格的，核发产品批准文号，公布标签和说明书。对于申报已有兽药国家标准的产品，可向所在地省级人民政府兽医行政管理部门申报，省级人民政府兽医行政管理部门审查后，将审查意见和检验报告及全部申报材料送农业部。农业部审查合格的，核发产品批准文号，公布标签和说明书。

二、兽药产品批准文号申请表及填表说明

（一）兽药产品批准文号申请表

（二）填表说明

（1）本表须用黑色钢笔或签字笔填写，也可以自制、用A4纸打印，一式二份。字迹不清，项目填写不全者，不予受理。一份表格仅限于一个品种的一个含量规格，不同品种、不同含量规格产品需另行填写。

（2）兽药类别表述为：“兽药添字”、“兽药生字”、“兽药字”。

（3）1～12栏由申请企业填写。检验机构复核检验需要连续生产的3批产品检验结果，提供检验报告一式二份。

（4）13～14栏分别由农业部委托的检验机构和企业所在地省级畜牧兽医行政管理部门填写，并签字、盖章。其中，兽用生物制品不经省级畜牧兽医行政管理部门审核。

（5）15～18栏由农业部填写。

（6）本表签章复印件无效。

兽药产品批准文号申请表　　　　**申请编号：**

1. 企业名称						
2. 生产地址						
	邮编		电话		传真	
3. 法定代表人	姓名					
	地址					
	邮编		电话		传真	
4. 联系人姓名			电话		传真	
5. 兽药名称	通用名称					
	商品名称					
	英文名称					
6. 含量规格			包装规格			
7. 执行标准（附法定兽药标准）			兽药类别			
8. 原文号核发日期						
9. 制剂处方与生产工艺（主药及辅料）						
10. 作用用途						
11. 用法用量						
12. 休药期及依据（必要时附相关试验材料）						
13. 检验机构复核检验结论（附检验报告单）	盖章　　年　月　日					
14. 省级畜牧兽医行政管理部门审核意见	盖章　　年　月　日					
15. 行政审批意见	审核：　　审批人： 盖章　　年　月　日					
16. 批准文号						
17. 有效期	自　年　月　日至　年　月　日					
18. 备注						

第八章 天然植物饲料添加剂常用植物和验方

第一节 天然植物饲料添加剂常用植物

一、防病保健类

（一）增强免疫力植物

白 芍（Radix paeoniae alba）

为毛茛科植物芍药 *Paeonia lactiflora* Pall. 的干燥根。主产于浙江、安徽、四川等地。浙江产者称“杭白芍”，品质最佳；安徽产者称“亳白芍”，产量较大；四川产者名“川白芍”，又名“中江芍”，产量亦大。夏秋采挖，去净泥土和须根，去皮，沸水浸或略煮至受热均匀，晒干。切片生用，酒炒或清炒用。

【性味、归经】苦、酸，微寒。入肝经。

【功效】养血敛阴，柔肝止痛。

【成分】含芍药甙、羟基芍药甙、苯甲酰芍药甙、白芍甙、芍药甙元酮、芍药新甙、胡萝卜甙、苯甲酸，芍药内酯 A、B、C 和儿茶精等。

【药理】具有增强免疫力、抗菌、抗炎、抗肿瘤、镇痛、镇静、抗惊厥、解痉、预防消化道溃疡等作用。

【用量】马、牛 15 ~60 g；猪、羊 10 ~15 g；犬、猫 5 ~8 g。

白 术（Rhizoma atractylodis macrocephalae）

为菊科植物白术 *Atractylodes macrocephala* Koidz. 的干燥根茎。主产于浙江、湖北、湖南、江西、福建、安徽等省。秋季采收，去净泥土及地上部分，晒干或烘干。用时经水或米泔水浸软切片。生用或麸炒、土炒用；炒至黑褐色者叫“焦术”。

【性味、归经】甘、苦，温。入脾、胃经。

【功效】补脾益气，燥湿利水、固表止汗。

【成分】含白术内酯 A 和 B、桉叶醇、茅术醇、棕榈酸等挥发油成分，含苍术内酯Ⅰ、Ⅱ、Ⅲ，β - 乙氧基苍术内酯 - Ⅱ等倍半萜内酯类成分，东莨菪素、14 - 乙酰基 - 12 - 千里光酰基 - 2 E、8 Z、10 E - 白术三醇、果糖、菊糖，天冬氨酸等多种氨基酸，以及具有免疫活性的甘露聚糖 AM - 3。

【药理】具有增强机体免疫力、利尿、抗氧化、抗肿瘤、降血糖、抗凝血、抗菌作用，还具有抗实验性胃溃疡、保肝利胆，扩张血管，镇静，松弛子宫平滑肌的作用。

【用量】马、牛 20 ~60 g；猪、羊 10 ~15 g；犬、猫 5 ~8 g。

党 参（Radix codonopsis pilosulae）

为桔梗科植物党参 *Codonopsis pilosula*（Franch.）Nannf. 的干燥根。主产于辽宁、吉林、黑龙江、山西、陕西、甘肃、宁夏、四川等省（区），在河北、山西、河南等省有栽培。东北产者称东党，西北产者称西党，山西野生者称台党，栽培者称潞党。春秋两季采挖，以秋采者为佳。将根挖出后除去泥沙、茎苗，边晒边搓，使皮部与木质部贴紧，晒干，切段。生用或蜜炙用。

【性味、归经】甘，平。入脾、肺经。

【功效】补中，益气，生津。

【成分】含皂甙、微量生物碱、蔗糖、葡萄糖、菊糖、淀粉、粘液及树脂等。川党参根还含有挥发油、黄芩素、葡萄糖甙等。党参茎叶中粗蛋白占干物质 15.2 %，含有 18 种氨基酸（5.17 %），消化能 7.56 MJ/kg，并含维生素 B 族、钙、磷、铁、锌等。

【药理】具有促进免疫功能、增强应激能力、升高血糖、抗缺氧、促进血凝、抗微生物、抗肿瘤作用。党参水煎液对离体回肠呈抑制和兴奋两种作用，并具有减慢心率和降压等作用。

【用量】马、牛 20 ~60 g；猪、羊 10 ~20 g；犬、猫 5 ~10 g。

茯 苓（Poria）

为多孔菌科植物茯苓菌 *Poria cocos*（Schw.）Wolf. 寄生于松树根部的菌核。其傍附松根而生者称茯苓；抱附松根而生者称茯神。内部色白者称白茯苓，色淡红者称赤茯苓，外皮称茯苓皮，均供药用。主产于云南、湖北、安徽、贵州、四川等地，现在各地均有人工培植。自 7 月下旬至次年 3 月间采挖，刨出后洗净，垫草盖严，使其“发汗”，反复多次，至皮色变褐呈现皱纹，内部水分大部分散失后，阴干。先将外皮削下，即茯苓皮；将棕红色或淡红色部分切成片或小方块，即赤茯苓；切去赤茯苓后的白色部分即白茯苓。生用或朱砂拌用。

【性味、归经】甘、淡，平。入心、肺、肾、脾、胃经。

【功效】渗湿利水，健脾补中，宁心安神。

【成分】菌核含多糖：茯苓聚糖、茯苓次聚糖，β－D－葡聚糖 H_{11}，三萜类：茯苓酸、16 α－羟基齿孔酸、3β－羟基－羊毛甾－7，9（11），24－三烯－21－酸，去氢齿孔酸，茯苓新酸 A、B、C、D、DM、AM，去氢茯苓酸等，还含有辛酸、月桂酸、棕榈酸、十二碳烯酸等脂肪酸及无机元素。

【药理】具有增强免疫功能、抗菌、抗肿瘤、预防胃溃疡和保肝、利尿、镇静安神等作用。

【用量】马、牛 20 ~60 g；猪、羊 6 ~12 g；犬 3 ~6 g；兔、禽 1.5 ~3.0 g。

绞股蓝（Herba gynostemmae）

为葫芦科植物绞股蓝 *Gynostemma pentaphyllum*（Thunb.）Makino 的根茎或全草。分布于陕西南部和长江以南各省区，故称为“南方人参”。茎叶每年可收获两次，6 月中旬及 10 月下旬离地面 10 cm 处收割，切成长 15 cm 小段，阴干。

【性味、归经】苦、寒。入脾、肺经。

【功效】清热解毒，止咳祛痰。

【成分】地上部分含三萜皂甙：绞股蓝糖甙 TN-1、TN-2 等；甾醇类：5，24-葫芦二烯醇、豆甾醇、异岩藻甾醇等；黄酮类：芸香甙、商陆甙，还含天冬氨酸、苏氨酸、丝氨酸、谷氨酸等 17 种氨基酸及铁、锌、铜、锰、镍等 18 种元素。

【药理】具有增强机体免疫功能、抗肿瘤、延缓衰老、抗氧化、降血脂、抑制血小板聚集和抗凝血作用；绞股蓝总皂甙（GPS）小剂量使心功能增强，大剂量则抑制心功能；GPS 可防止地塞米松引起的肾上腺和胸腺萎缩以及血浆皮质醇含量减少，并能使升高的肾上腺 VC 含量降低；GPS 还具有保肝、降血糖、抗炎、抗诱变等作用。

【用量】马、牛 15~60 g；猪、羊 10~20 g；犬、猫 5~8 g。

芦　笋（Ramulus asparagi）

为百合科植物石刁柏 *Asparagus officinalis* L. 的嫩茎。分布于河北、甘肃、新疆等地。每年 4~6 月或 9~10 月采收。

【性味、归经】苦、微甘，平。入肺、脾经。

【功效】润肺止咳，杀虫，抗癌。

【成分】每 100 g 嫩茎含蛋白质 2.5 g、脂肪 0.2 g、碳水化合物 5.0 g、粗纤维 0.7 g、硫胺素 0.18 mg、核黄素 0.20 mg、尼克酸 1.5 mg、钙 22.0 mg、钠 2.0 mg、镁 20 mg、钾 278 mg、铁 1.0 mg。茎含天门冬素、胡萝卜素、谷胱甘肽、芸香甙、VC、糖类（大部分是葡萄糖）和肽酶。叶含芸香甙及四种黄酮类化合物，酸性水解后得槲皮素、葡萄糖和鼠李糖。全草含天冬酰胺、松柏甙、皂甙、白屈菜酸。

【药理】具有增强机体免疫功能、抗肿瘤、降血脂的作用；另外，鲜芦笋对 $^{60}C_o$ 射线照射或皮下注射环磷酰胺引起小鼠白细胞减少者有保护作用，饲以芦笋干粉饲料的大鼠，对四氯化碳引起肝损伤有明显保护作用，芦笋汁还可延长小鼠负重游泳时间，粗皂甙在体外对念珠菌属、隐球菌属、发癣菌属、小孢霉菌属和表皮癣菌属有一定抑制作用。给小鼠灌服复方芦笋提取液 0.8 ml/只，1 次/d，共 7 d，能显著增加正常小鼠胸腺及脾脏的重量。

【用量】马、牛 20~60 g；猪、羊 10~20 g；犬、猫 5~10 g。

罗布麻（Folium Apocyni Veneti）

为夹竹桃科植物罗布麻 *Apocynum venetum* L. 的叶。主产于西北、华北及东北各省区。当年 8 月采收 1 次，第二年 6 月及 9 月各采收 1 次，晒干。

【性味、归经】甘、苦，性凉。归肝经。

【功效】平肝降压，养心安神，清热利水。

【成分】叶含槲皮素、羽扇豆醇、β-谷甾醇、三十烷醇、异秦皮啶、东莨菪素、金丝桃甙、异槲皮素、三叶豆甙、紫云英甙、芸香甙、右旋-儿茶精、蒽醌、二十九烷、羽扇豆醇棕榈酸酯、消旋肌醇以及谷氨酸、丙氨酸、缬氨酸等多种氨基酸。

【药理】罗布麻叶煎剂能够减慢心率，浸膏可在降压的同时伴有心率减慢，心输出量及冠状动脉左回旋支血流量减少，且心肌耗氧量减少。此外，还有降压、降血脂和血小板解聚、抗辐射、抗脂质过氧化等作用。

【用量】马、牛 20~60 g；猪、羊 8~15 g；犬 3~5 g。

螺旋藻（Algae spirulinae）

为颤藻科植物钝顶螺旋藻 *Spirulina platensis*（Notdost.）Geitl 等数种螺旋藻的藻体。生长于淡水或海水中，常浮游生长或附生于其他藻类和附着物上，形成青绿色的被覆物。广泛分布于温暖的盐水水域、淡水水域。现在已人工培养并大面积生产。

【成分】含蛋白质 60 %，主要由异亮氨酸、亮氨酸、赖氨酸、蛋氨酸、苯丙氨酸、苏氨酸、色氨酸、缬氨酸等组成。脂肪酸组成十分合理，不饱和脂肪酸与饱和脂肪酸的比例约为 2: 1，γ-亚麻酸含量丰富，含胆甾醇和 β-谷甾醇，含矿物质元素种类约在 50 种以上，含量高，易吸收，尤其是富含碘、叶绿素、类胡萝卜素、藻青素、VA、VB_1、VB_2、VB_6、VB_{12}、VE、烟酸、肌酸、叶酸及铁、锌、镁等。含有多种酶，含有未知促生长因子和丰富的色素系统，含有提高动物免疫能力和抗病能力的免疫物质及抗热应激因子。

【药理】具有增强机体免疫力、抗辐射损伤、抗癌、抗菌、降低胆固醇、提高铁的生物有效性和调理贫血症、光敏作用；能够帮助建立健康的乳酸杆菌群，抗胃溃疡，减轻汞及药物对肾的毒性，螺旋藻能够使血糖降低，抑制血压上升。

麦门冬（Radix ophiopgonis）

为百合科植物沿阶草 *Ophiopogon japonicus* Ker - Gawl. 或大麦冬 *Liriope spicata* Lour. 的干燥块根。全国许多地区均有分布，主产于四川、浙江、湖北等地。夏季采挖，洗净，除去须根，晒干。生用。

【性味、归经】甘、微苦，微寒。入肺、胃、心经。

【功效】润肺止咳，养胃生津。

【成分】含麦冬皂甙 A、B、B′、C、C′、D、D′，薯蓣皂甙元、麦冬甙元、龙脑的糖甙。还含甲基麦冬黄烷酮 A、B，麦冬黄烷酮 A、B，6-醛基异麦冬黄烷酮 A 和 B 等。

【药理】具有增强免疫功能、提高耐缺氧能力、镇静、抗菌等作用，能够抗心律失常、缩小心肌梗死的梗死范围、增加心肌营养性血流量。水浸液可升高血糖，但其水提取物、醇提取物有降糖作用，此外还可以抑制胃肠蠕动。小鼠腹腔注射麦冬 12.5 g/kg，能够极显著增加脾脏重量，增强巨噬细胞的吞噬作用和对抗由环磷酰胺所引起的小鼠白细胞减少。

【用量】马、牛 30 ~60 g；猪、羊 10 ~15 g；犬 5 ~8 g。

山　药（Rhizoma dioscoreae）

为薯蓣科植物薯蓣 *Dioscorea opposita* Thunb 的根块。以产于河南新乡地区的为佳，称淮山药。河北、山西、山东及中南、西南地区亦有栽培。霜降后采挖，洗净，刮去粗皮，或用硫黄熏过，晒干或风干成为毛山药；或再经浸软，搓压为圆柱状，磨光，成为光山药。润透，切片。生用或炒用。

【性味、归经】甘，平。入脾、肺、肾经。

【功效】补脾胃，益肺肾

【成分】含薯蓣皂甙元 0.012 %、多巴胺、山药碱、尿囊素、止权素；还含糖蛋白，水解得组氨酸、赖氨酸、天冬氨酸、精氨酸、苏氨酸、丝氨酸、亮氨酸、异亮氨酸、苯丙氨酸等；又含多糖和由甘露糖、葡萄糖及半乳糖按物质的量比 6.45∶1∶1.26 构成的山药多糖。粘液中含植物酸和甘露多糖 Ia、Ib、Ic。

【药理】具有增强免疫功能、助消化、降血糖、抗氧化等作用。

【用量】马、牛 30 ~90 g；猪、羊 10 ~30 g；兔、禽 1.5 ~3 g；犬 5 ~15 g。

香　菇（Spora lentini）

为侧耳科豹皮香菇 *Lentinus lepideus*（Fr. Fr.）Fr. 的子实体。分布于四川、长江中下游及其以南地区。在春、秋季选晴天采摘，尤以春菇为佳。鲜用或及时摊晒再烘烤。

【性味、归经】甘，平。入肝、脾经。

【功效】益气，养血，托毒。

【成分】含香菇多糖、葡聚糖、水溶性果杂半乳聚糖、香菇嘌呤、三磷酸腺苷、二磷酸腺苷、麦角甾醇、γ－谷氨酸多肽、非蛋白质氨基酸－酵母氨酸、胱硫醚、鸟氨酸及挥发性物质 1－辛烯－3－醇、2－辛烯－1－醇等。

【药理】具有抗肿瘤、降血脂、增强机体免疫力等作用。香菇菌丝体培养后提取获得的胞内糖及胞外糖，给小鼠每天腹腔注射胞内糖 40 或 80 mg/kg，胞外糖 50 或 100 mg/kg，连续 7 天，可使小鼠脾显著增重。DBF_1 小鼠腹腔注射胞内糖 10 或 20 mg/kg，连续 8 天，于末次给药后半小时取血，测定对照组的 T 淋巴细胞为 54 %，10 mg/kg 组、20 mg/kg 组的 T 淋巴细胞分别升高为 61.60 % 和 64.60 %，差异显著。

【用量】马、牛 30 ~90 g；猪、羊 10 ~30 g；兔、禽 1.5 ~3.0 g；犬 5 ~15 g。

猪　苓（Polyporus）

为多孔菌科植物猪苓 *Polyporus umbellates*（Pers.）Fr 的干燥菌核。寄生于枫树根、槭树根、桦树根、柞树根、槲树根及柳树根。主产于陕西、云南、甘肃、山西、吉林等地。春秋两季采挖，洗净，阴干，润透切片。生用。

【性味、归经】甘、淡，平。入肾、膀胱经。

【功效】利水渗湿。

【成分】含甾类化合物，有孔菌甾酮 A～G、麦角甾 -4，6，8（14），22 - 四烯 -3 - 酮、25 - 去氧罗汉松甾酮 A、25 - 去氧 24（28）- 去氧罗汉松甾酮 A、麦角甾 -7，22 - 二烯 -3 - 醇、麦角甾 -5，7，22 - 三烯 -3 - 醇、5α，8α - 表二氧麦角甾 -6，22 - 二烯 -3 - 醇、α - 羟基二十四碳酸。

【药理】具有利尿、抗肿瘤、抗菌、保肝、增强免疫功能等作用。

【用量】马、牛 25～60 g；猪、羊 10～20 g；犬 3～6 g。

（二）抗菌植物

白花蛇舌草（Herba hedyotidis diffusae）

为茜草科植物白花蛇舌草 *Hedyotis diffusa* Willd 的全草。生于山坡、路边、溪畔草丛中。分布于云南、广东、广西、福建、浙江、江苏、安徽等省区。夏季采收，洗净，鲜用或晒干。

【性味、归经】微苦、微甘，凉。入心、肝经。

【功效】清热利湿，解毒，抗癌。

【成分】含挥发油，分解得 34 种化合物，最主要是对乙烯基苯酚 22 %、对乙烯基愈创木酚 18.6 % 和芳樟醇 13.6 %；提取得 1 种纯净多糖 HD - W - 3 - B，由 6 种单糖组成，鼠李糖、阿拉伯糖、木糖、甘露糖、半乳糖和葡萄糖；还含车叶草甙、车叶草甙酸、去乙酰基车叶草甙酸等，及三十一烷、豆甾醇、齐墩果酸、对香豆酸和熊果酸等。

【药理】具有抗肿瘤、抗溃疡、增强机体免疫力、增强肾上腺皮质功能、抑制生精等作用；另外，本品对离体兔肠有显著抑制作用，对异常功能状态下的肠管可能有一定调整作用。

【用量】马、牛 90～180 g；猪、羊 30～60 g；犬 15～30 g。

白头翁（Radix pulsatillae）

为毛茛科植物白头翁 *Pulsatilla chinensis*（Bge.）Reg 的干燥根或全草。多产于东北、内蒙古及华北等地。春季开花前或秋末叶黄时采收，以春季采收质量较好。采收时，将根挖出，除去叶及残留的花茎和须根，保留根头白绒毛，洗净泥土，晒干生用。

【性味、归经】苦，寒。入大肠、胃经。

【功效】清热解毒，凉血止痢。

【成分】根含白头翁皂甙 A、B、C、D，白桦脂酸，胡萝卜甙和白头翁素等。鲜根含毛茛甙，干后即酶解成原白头翁素。

【药理】具有抗阿米巴原虫、抗菌、抗肿瘤、抗阴道滴虫、增强机体免疫力的作用；另外，白头翁提取物有镇静、镇痛及抗痉挛作用；从白头翁提取的翁因及翁灵具有类似洋地黄的强心作用；体外杀精子研究表明，白头翁皂甙有较强的杀精子作用。

【用量】马、牛 20～45 g；猪、羊 6～12 g；犬、猫 1～5 g；兔、禽 1.5～3.0 g。

白药子（Radix stephaniae cepharanthae

为防己科植物头花千金藤 *Stephania cepharantha* Hayata 的干燥块根。主产于江西、湖南、湖北、广东、浙江、陕西、甘肃等地。全年可采，以秋末冬初采收为好，除去须根，洗净，晒干。切片生用。

【性味、归经】苦，寒。入肺、心、肺经。

【功效】清热解毒，凉血止血，散瘀消肿。

【成分】含生物碱：头花千金藤碱、异粉防己碱、轮环藤宁碱、小檗胺、高阿罗莫灵碱、头花千金藤胺、头花千金藤醇灵碱、木防己碱、粉防己碱、奎宁、罂粟碱、可待因、吗啡、小檗碱、异紫堇定、头花千金藤酮 A 和 B、头花千金藤二酮 A 和 B。

【药理】具有抗病毒、抗病原体、升高白细胞、增强机体免疫力的作用。白药子提取物有中度抑制结核杆菌的作用，可减轻破伤风、白喉、肉毒杆菌的外毒素及河豚毒素对小鼠或豚鼠的致死作用。

【用量】马、牛 20 ~ 60 g；猪、羊 6 ~ 15 g；犬 3 ~ 8 g。

穿心莲（Herba andrographis）

为爵床科植物穿心莲 *Andrographis paniculata*（Burm. f.）Nees 的全草或叶。主产于广东、福建等省，江西、湖南、广西、四川等省（区）亦产。开花前采收，叶内穿心莲总内酯含量最高。采收后洗净，切段，晒干。

【性味、归经】苦、寒。入肺、胃、大肠、膀胱经。

【功效】清热解毒，凉血消肿。

【成分】根含穿心莲黄酮甙 A 和 F、穿心莲黄酮、5 - 羟基 - 7、8 - 二甲氧基黄酮等黄酮类化合物，又含 α - 谷甾醇。叶含穿心莲内酯、新穿心莲内酯、木蝴蝶素 A、汉黄芩素、咖啡酸、绿原酸等。地上部分含穿心莲内酯、新穿心莲内酯、14 - 去氧 - 11，12 - 去氢穿心莲内酯、14 - 去氧穿心莲内酯。全草含对映 - 14β - 羟基 - 8（17），12 - 半日花烯 - 16，15 - 内酯 - 3β，19 - 环氧化物、香荆芥酚、丁香油酚、肉豆蔻酸、三十一烷，三十三烷。

【药理】具有抗炎、解热、保肝利胆、抗心肌缺血、抑制血小板聚集和抗血栓形成、抗动脉粥样硬化、抗肿瘤、抗生育、增强机体免疫力的作用；穿心莲乙醇提取物腹腔注射，能够显著延长眼镜蛇毒中毒所致小鼠呼吸衰竭和死亡时间，穿心莲对烟碱受体活性无影响，显示毒蕈碱样作用，这是其抗毒机制；穿心莲内酯和新穿心莲内酯有抑制大肠杆菌的作用，乙醇提取物对大肠杆菌毒素引起的腹泻有对抗作用。

【用量】马、牛 30 ~ 60 g；猪、羊 15 ~ 30 g；犬、猫 3 ~ 15 g；兔、禽 1 ~ 3 g。

黄　柏（Cortex phellodendri）

为芸香科植物黄檗（关黄柏）*Phellodendron amurense* Rupr. 和黄树皮（川黄柏）

P. chinense Schneid. 的干燥树皮（去栓皮）。主产于四川、云南、贵州、辽宁、吉林等地。4～7 月间将树皮剥下，刮去外面粗皮，晒干，切丝，生用或盐水炒用。

【性味、归经】苦，寒。入肾、膀胱、大肠经。

【功效】清热解毒，清泻肾火，清热解毒。

【成分】黄柏树皮含小檗碱约 1.6 %，并含少量黄柏碱、木兰花碱、药根碱、掌叶防已碱、白栝楼碱、蝙蝠葛壬碱、胍；另含柠檬苦素、黄柏酮及菜油甾酮、豆甾醇、黄柏酮酸、青荧光酸、牛奶树醇、小檗红碱、掌叶防已碱、内酯、甾醇等。

【药理】具有抗菌、降压作用；另外，蝙蝠葛壬碱对大鼠有箭毒样肌肉松弛作用，黄柏能够增强家兔离体肠管的收缩，黄柏酮能够使张力及振幅均增强，而黄柏内酯则使肠管弛缓，并能降低兔血糖等作用。

【用量】马、牛 20～60 g；猪、羊 10～12 g；犬 5～6 g；兔、禽 0.5～2 g。外用适量。鱼每 1 kg 体重 3～6 g，拌饵投喂。

黄　连（Rhizoma coptidis）

为毛茛科植物黄连 *Coptis chinensis* Franch.、三角叶黄连 *C. deltoidea C. Y.* Cheng et Hsiao 及云连 *C. teetoides C. Y.* Cheng 的干燥根茎。主产于我国中部及南部各省，以四川、云南产量较大。秋季采挖 5～7 年的植株，除去苗叶、须根，干燥。生用，姜汁炒或酒炒用。

【性味、归经】苦，寒，入心、肝、胃、大肠经。

【功效】清热燥湿，清心泻火，清热解毒。

【成分】黄连根茎含小檗碱、黄连碱、表小檗碱、小檗红碱、掌叶防已碱、非洲防已碱、药根碱、甲基黄连碱、木兰花碱、阿魏酸、黄柏酮、黄柏内酯。三角叶黄连根茎含表小檗碱、小檗碱、黄连碱、掌叶防已碱、药根碱、甲基黄连碱、木兰花碱。云连根茎含小檗碱、掌叶防已碱、药根碱、甲基黄连碱、木兰花碱、黄连碱、5－羟基小檗碱。

【药理】具有抗微生物和抗原虫、抗血小板聚集及溶栓、对脑损伤的保护、降血糖、抗肿瘤、抗心律失常、抗心肌缺血作用；小檗碱侧脑室注射可以改善东莨菪碱所致小鼠记忆获得障碍及促进正常小鼠的记忆保持，可增强小鼠非特异免疫反应，抑制细胞和体液免疫功能；黄连对乙醇引起的胃损伤有保护作用。

【用量】马、牛 10～30 g；猪、羊 5～15 g；犬 3～8 g；兔、禽 0.5～1 g。外用适量。鱼每 1 kg 体重 2～5 g，拌饵投喂；每 1 m^3 水体 1.5～2 g，鱼池泼洒。

藿　香（Herba agastachis）

为唇形科植物藿香 *Agastache rugosa*（Fisch. et Mey.）O. Ktze 或广藿香 *Pogostemon cablin*（Blanco）Benth 的地上干燥茎叶。全国各地均产。初秋连根拔起，扎成把，晒干切断。鲜用或生用。

【性味、归经】辛，微温。入脾、胃、肺经。

【功效】祛暑解表，化湿和胃。

【成分】广藿香含挥发油约 1.5 %，主要为广藿香醇，占 52 % ~57 %，其他成分有苯甲醛、丁香油酚、桂皮醛等。藿香含挥发油约 0.28 %，主要为甲基胡椒酚，并含茴香醚等。

【药理】具有抗菌作用、钙拮抗作用；藿香的挥发油还可抑制胃肠道的过激蠕动，促进胃液分泌，0.02 mg/ml 水煎液对藤黄八叠球菌、金黄色葡萄球菌、大肠杆菌、沙门氏菌、枯草杆菌、短小芽孢杆菌、痢疾杆菌及绿脓杆菌均有抑制作用。

【用量】马、牛 25 ~45 g；猪、羊 6 ~10 g；犬 3 ~5 g；兔、禽 1 ~2 g。

龙 胆 草（Radix gentianae）

为龙胆科植物龙胆 *Gentiana scabra* Bge.、条叶龙胆 *G. manshurica* Kitag. 和三花龙胆 *G. triflora* Pall 的干燥根和根茎。主产于黑龙江、辽宁、吉林、江苏、浙江等地。春、秋二季采挖，以秋末挖者为佳，挖取根部，除去地上残茎，洗净，晒干，切片。生用。

【性味、归经】苦，寒。入肝、胆、膀胱经。

【功效】清热燥湿，泻肝经火。

【成分】含龙胆苦甙、龙胆碱、龙胆糖、龙胆黄碱、当药苦甙。

【药理】具有健胃、抗菌、抗炎、保肝利胆、镇静降压等作用。

【用量】马、牛 15 ~45 g；猪、羊 6 ~15 g；犬、猫 3 ~8 g；兔、禽 1. 5 ~3 g。

蒲 公 英（Herba taraxaci）

为菊科植物蒲公英 *Taraxacum mongolicum* Hand. - Mazz. 的全草。各地均产。春秋两季采收，洗净晒干。鲜用或生用。

【性味、归经】苦、甘，寒。入肝、胃经。

【功效】清热解毒，消肿散结。

【成分】每 100 g 嫩叶含蛋白质 4.8 g、脂肪 1.1 g、碳水化合物 5 g、能量 204.8 KJ、粗纤维 2.1 g、灰分 3.1 g、钙 216 mg、磷 93 mg、铁 10.2 mg、胡萝卜素 7.35 mg、硫胺素 0.03 mg、核黄素 0.39 mg、尼克酸 1.9 mg、抗坏血酸 47 mg。全草含肌醇、天冬酰胺 0.5 %、苦味质、皂甙、树脂、菊糖、果胶、胆碱等。花含毛茛黄质、VB_2。根含多种三萜醇，如蒲公英甾醇、蒲公英赛醇、蒲公英苦素及咖啡酸。

【药理】具有抗病原微生物、抗肿瘤、抗胃溃疡和利胆、保肝等作用。

【用量】马、牛 20 ~60 g；猪、羊 6 ~12 g；犬 3 ~6 g；兔、禽 1.5 ~3 g。外用鲜品适量。

千 里 光（Herba senecionis scandentis）

为菊科植物千里光 *Senecio scandens* Buch. - Ham 的全草。主要产于江苏、浙江、广西、四川等地。9 ~10 月采收，割取地上部分，洗净，鲜用或晒干。

【性味、归经】苦，寒。入肺、肝、大肠经。

【功效】清热解毒，凉血消肿，清肝明目，杀虫止痛。

【成分】含千里光宁碱、千里光菲林碱、大量毛茛黄素、菊黄质及少量胡萝卜素；还含氢醌、对羟基苯乙酸、香草酸、水杨酸、焦粘酸。

【药理】具有抗菌、抗钩端螺旋体、抗滴虫作用；千里光宁碱对大鼠瓦克癌 W_{256} 有抗肿瘤作用，千里光宁碱及千里光菲林碱对氨甲酰胆碱所致兔和大鼠离体小肠痉挛具有明显的松弛作用。50 % 千里光煎剂，对志贺痢疾杆菌和金黄色葡萄球菌有较强抗菌作用，对伤寒杆菌、副伤寒甲杆菌、副伤寒乙杆菌、痢疾杆菌、大肠杆菌、变形杆菌、腊样炭疽杆菌等有抑制作用。

【用量】鲜品：马、牛 180～300 g；猪、羊 60～90 g；犬 30～40 g。外用适量。

秦皮（Cortex fraxini）

为木犀科植物苦枥白蜡树 *Fraxinus rhynchophylla* Hance、小叶白蜡树 *F. bungeana* DC. 或秦岭白蜡树 *F. paxiana* Lingelsh 的干燥树皮。主要产于陕西、河北、河南、辽宁、吉林等地。春秋两季休整树枝时剥取树皮，晒干。切丝生用。

【性味、归经】苦、涩、寒。入肝、胆、大肠经。

【功效】清热燥湿，清肝名目。

【成分】苦枥白蜡树皮含马栗树皮素、马栗树皮甙、生物碱；白蜡树皮含马栗树皮素、秦皮素。

【药理】具有抗炎、抗菌、抗过敏；镇咳、祛痰和平喘；镇静、抗惊及镇痛；利尿等作用。对多型痢疾杆菌有较强的抑菌作用。

【用量】马、牛 15～45 g；猪、羊 6～12 g；兔、禽 1～1.5 g；犬 3～6 g。外用时适量。

忍冬藤（Caulis Lonicerae）

为忍冬科植物忍冬 *Lonicera japonica* Thunb. 等的茎叶。主产于浙江、四川、江苏、河南、陕西、山东、广西、湖南等地。此外，安徽、甘肃、湖北、江西、福建、陕西、云南、辽宁、河北等地亦产。秋冬割取带叶的茎藤，扎成小捆晒干。

【性味、归经】甘，性凉。归肺、胃经。

【功效】清热、解毒、通络。

【成分】叶含忍冬甙、忍冬素、木犀草素、3’－甲氧基－4’，5，7 三羟基黄酮、忍冬素－6－鼠李葡萄糖甙、咖啡酸、绿原酸、香草酸、喜树次碱等。幼枝含断氧代马钱子甙。茎叶含鞣质、生物碱。

【药理】能抗菌、抗炎、抗癌、解痉。此外，有增高动脉压而降低静脉压，增加冠动脉流量，对动脉粥样硬化有降低血胆固醇的作用。木犀草素 10 mg/ml 对金黄色葡萄球菌、甲型链球菌、卡他球菌、肺炎球菌和绿脓杆菌有抑制作用。

【用量】马、牛 30～60 g；猪、羊 10～15 g；犬 5～8 g。

三颗针（Radix Berberidis）

为小檗科植物拟毫猪刺 *Berberis soulieana* Schneid.、小黄连刺 *Berberis wilsonae* Hemsl.、细叶小檗 *Berberis poiretii* Schneid. 或匙叶小檗 *Berberis vernae* Schneid. 数种植物的干燥根。主产于四川、云南、贵州，湖北等省区。秋、冬两季采挖根部，或剥取根皮及茎皮，除去泥沙及须根，晒干或烘干。生用或熟用。

【性味、归经】苦、寒。入肝、胃、大肠经。

【功效】清热燥湿，泻火解毒。

【成分】4 种植物的根主含小檗碱 1.2 %～3 %，小檗胺 0.46 %～3.84 %，还含少量的掌叶防已碱、药根碱。

【药理】具有抗菌、降压、调节血液循环、抗硅沉着病、抗肿瘤等作用。

【用量】马、牛 15～60 g；猪、羊 10～15 g；犬、猫 3～5 g；兔、禽 1～3 g。

桑叶（Folium mori）

为桑科植物桑 *Morus alba* L 的叶片。我国大部分地区多有生产，以南方养蚕区产量较大。10～11 月间霜后采摘，除去杂质，晒干入药。生用或蜜炙用。

【性味、归经】苦、甘，寒、入肺、肝经。

【功效】疏散风热，清肝明目，清肺润燥。

【成分】含甾体及三萜类：牛膝甾酮、蜕皮甾酮、豆甾醇、菜油甾醇等；黄酮及其甙：芸香甙、槲皮素、异槲皮甙等；香豆精及其甙：香柑内酯、伞形花内酯、东莨菪素等；生物碱：葫芦巴碱、胆碱、腺嘌呤；又含挥发油，内含乙酸、丙酸、丁酸、异丁酸、缬草酸已酸等；含氨基酸，主要为谷氨酸、天冬氨酸、丙氨酸、甘氨酸。还含谷胱甘肽、绿原酸、延胡索酸、棕榈酸、棕榈酸乙酸、叶酸、亚叶酸、VC、精氨酸葡萄糖甙、内消旋肌醇、溶血素等。

【药理】有一定的降血糖作用。对金黄色葡萄球菌、乙型溶血性链球菌、白喉杆菌、炭疽杆菌均有较强抑制作用，对大肠杆菌、伤寒杆菌、痢疾杆菌、绿脓杆菌等也有效。水煎剂 31 mg/ml 浓度在体外具有抗钩端螺旋体作用。

【用量】马、牛 15～30 g；猪、羊 5～10 g；犬 3～5 g；兔、禽 1.5～2.5 g。

鱼腥草（Herba houttuyniae）

为三白草科蕺菜 *Houttuynia cordata* Thunb 的全草。主产于浙江、江苏、湖北。此外，安徽、福建、四川、广东、广西、湖南、贵州、陕西等省区亦产。栽种当年开花时即可收割。翌年可收割 2 次，分别于 6 月和 9 月下旬～10 月上旬收割。割下茎叶，洗净，去根，鲜用或晒干。

【性味、归经】辛，凉。入肺经。

【功效】清热解毒，消痈排脓，利尿痛淋。

【成分】每 100 g 嫩茎叶含蛋白质 2.2 g、脂肪 0.4 g、粗纤维 1.2 g、碳水化合物 6 g、硫胺素 0.013 mg、抗坏血酸 33.7 mg。每 100 g 干品含钙 660 mg、磷 540 mg、铁 40

μg、粗脂肪 2.2 g、蛋白质 2.5 g、碳水化合物 3 g、粗纤维 18.35 g。

【药理】具有抗病原体、增强机体免疫功能、抗肿瘤、利尿作用；煎剂对大鼠甲醛性脚肿有较显著的抗炎作用，腹腔注射对小鼠有止咳作用，皮下注射有轻度镇静、抗惊厥作用，静脉注射可使犬血压下降 5.33 ~ 6.67 KPa，并能抑制离体蟾蜍心脏；还有抑制皮脂分泌的作用。

【用量】马、牛 15 ~ 45 g；猪、羊 6 ~ 12 g；犬、猫 3 ~ 6 g；兔、禽 1 ~ 3 g。

郁　金（Radix curcumae）

为姜科植物郁金 *Curcuma aromatica* Salisb 的块根。主产于四川、广东、广西、云南等地。冬季或早春地上部分枯萎后采挖，取下根端的块根，洗净，用开水煮熟后晒干或烘干。切片生用。

【性味、归经】辛、苦，寒。入心、肝、胆经。

【功效】凉血清心，行气解郁，活血祛瘀，利胆退黄。

【成分】含姜黄素、双去甲氧基姜黄素、去甲氧基姜黄素。

【药理】具有抗肝中毒及抗致突变、利胆、抗炎、镇痛、终止妊娠、抗菌作用。对中枢神经有抑制作用；可使麻醉犬心率加快，有抗凝血活性；可减轻家兔或大鼠主动脉及冠状动脉内膜斑块的形成及脂质沉积；抑制机体的免疫能力；对氰化钾所致小鼠组织缺氧有较好保护作用。

【用量】马、牛 25 ~ 45 g；猪、羊 6 ~ 12 g；犬 3 ~ 6 g；兔、禽 0.3 ~ 0.5 g。

知　母（Rhizoma anemarrhenae）

为百合科植物知母 *Anemarrhena asphodeloides* Bge. 的干燥根茎。主要产于河北、山西及山东等地。春、秋两季采挖，除去茎苗及须根，晒干为知母；剥去外皮晒干者为知母肉。切片，生用，盐炒或酒炒用。

【性味、归经】苦，甘，寒。入肺、胃、肾经。

【功效】清热降火，滋阴润燥。

【成分】含知母皂甙 A－Ⅰ、A－Ⅱ、A－Ⅲ（即知母新皂甙 A_1）、A－Ⅳ、B－Ⅰ、B－Ⅱ，知母新甙 A_1、A_2、B、C、E，伪原知母皂甙 A、Ⅲ，马尔可皂甙元，知母属皂甙Ⅰ、Ⅳ，马尔可皂甙元二糖甙、去半乳 6 糖替告皂甙等，还含知母多糖 A、B、C、D，知母双糖、胡萝卜甾醇、二十九烷醇、二十八烷酸、棕榈酸、硬脂酸、烟酸、泛酸等。

【药理】具有抗病原微生物、解热、降血糖、抑制 Na^+－ATP 和 K^+－ATP 酶活性、抗血小板聚集、利胆等作用。还具有调节肾上腺素能、胆碱能神经系统及激素的作用。

【用量】马、牛 20 ~ 60 g；猪、羊 6 ~ 15 g；兔、禽 1 ~ 2 g；犬 3 ~ 8 g。

栀　子（Fructus gardeniae）

为茜草科植物栀子 *Gardenia jasminoides* Ellis 的成熟干燥果实。主产于浙江、江西、湖南、福建等地。秋季果实成熟时采摘，晒干入药。生用、炒用或炒炭用。

【性味、归经】苦，寒。入心、肝、肺、胃经。

【功效】清热降火，凉血止血，清利湿热，解毒消肿。

【成分】含绿原酸、6″-对香豆酰栀子素龙胆二糖甙、3，4-二-O-咖啡酰奎宁酸、3-O-咖啡酰-4-O-芥子酰奎宁酸、乙酰都桅子甙、栀子甙、栀子酮甙、山栀甙、去乙酰车叶草甘酸、栀子萜酮、藏红花酸、反-藏红花酸-二-龙胆二糖甙、反-藏红花酸-二-葡萄糖甙酯等。

【药理】具有保肝利胆、促进胰腺分泌，对胃功能表现为抗胆碱性的抑制作用、抗炎、抗病原体、抑制诱变剂活性；栀子醇提取物具有镇静、抗惊厥、降温作用；还有降压、降低心肌收缩力、防治动脉粥样硬化等作用。

【用量】马、牛 15～45 g；猪、羊 6～12 g；犬 3～6 g；兔、禽 1～2 g。

紫花地丁（Herba violae）

为堇菜科植物紫花地丁 *Viola yedoensis* Mark 的带根全草。产于长江流域下游至南部各省。5～6 月间果熟时采取全草，洗净。鲜用或干用。

【性味、归经】苦、辛，寒。入心、肝经。

【功效】清热解毒，凉血消肿。

【成分】全草含棕榈酸、琥珀酸、对羟基苯甲酸、反式对羟基桂皮酸、地丁酰胺等，还含有能抑制艾滋病毒活性的磺化聚糖，以及有免疫刺激作用的多糖等。

【药理】具有抗病原微生物、增强免疫功能等作用。100 % 煎剂对绿脓杆菌、大肠杆菌、痢疾杆菌、伤寒杆菌、金黄色葡萄球菌、流感杆菌、白喉杆菌、甲型链球菌、乙型链球菌、肺炎球菌、白色葡萄球菌、结核杆菌、白色念珠球菌等具有抗菌作用。

【用量】马、牛 60～80 g；猪、羊 15～30 g；犬 3～6 g。

（三）抗病毒植物

板蓝根（Radix isatidis）

为十字花科植物菘蓝 *Isatis tinctoria* L 的干燥根。主产于江苏、河北、安徽、河南等地。秋、冬两季采挖，去掉茎杆，洗净，晒干。切薄片生用。

【性味、归经】苦，寒。入心、肺经。

【功效】清热解毒，凉血消斑，利咽消肿。

【成分】含靛蓝、靛玉红、靛甙、黑芥子甙、β-谷甾醇及γ-谷甾醇、精氨酸、谷氨酸、酪氨酸、脯氨酸、缬氨酸、γ-氨基丁酸、色氨酮等。

【药理】具有抗病原微生物、抗癌、增强免疫功能等作用。

【用量】马、牛 30～100 g；猪、羊 15～30 g；犬、猫 2～6 g；鸡、兔 1～2 g。鱼每 1 kg 体重 1～2 g；或每 1 kg 饲料 20 g，拌饵投喂。

薄　荷（Herba menthae）

为唇形科植物薄荷 *Mentha haplocalyx* Briq 或家薄荷 *M. haplocalyx* Briq. *var. piperascens*（Malinvaud.）C. Y. Wu et H. W. Li. 的干燥茎叶。主产于江苏、江西、浙江等地。收割季节因地而异，一般在初花时节割取，每年可采收2~3次，阴干，切段生用。

【性味、归经】辛，凉。入肺、肝经。

【功效】疏散风热，理气消食。

【成分】每100 g嫩茎叶含胡萝卜素1.44 mg、核黄素0.09 mg、抗坏血酸46 mg。每1 g干品含钾31.2 mg、钠0.45 mg、钙10.5 mg、镁4.74 mg、磷2.83 mg、铁156 μg、锰52 μg、锌38 μg、铜12 μg。新鲜叶含挥发油0.8 %~1.0 %，干茎叶含挥发油1.3 %~2.0 %。油的主要成分为薄荷醇，占77 %~78 %，其次为薄荷酮，占8 %~12 %。还含乙酸薄荷酯，约3 %，及樟烯、柠檬烯、异薄荷酮、蒎烯、薄荷烯酮、树脂、少量鞣质、迷迭香酸、咖啡酸、木犀草素-7-葡萄糖甙和苏氨酸、丙氨酸、谷氨酸、天冬酰胺等多种游离氨基酸。

【药理】具有发汗解热作用；薄荷挥发油局部应用时，作用于皮肤或粘膜的神经末梢的冷觉感受器，使其发生冷觉反射，导致皮肤、粘膜的微血管收缩，有促进皮肤渗透作用；对胃肠平滑肌具有解痉作用。薄荷对流感有一定防治作用；有抗炎作用，对皮肤损害有明显保护作用；还具有促进呼吸道腺体分泌、持续性利胆作用。薄荷油具有终止早孕和抗着床作用；薄荷叶石油醚提取物可使小鼠精子数明显下降，睾丸与附睾的重量显著降低，输精管直径减少。还具有健胃、防腐及温和的麻醉作用。10 mg/ml 薄荷煎剂抑制单纯疱疹病毒感染乳兔肾上皮细胞培养，5 %薄荷煎剂对孤儿病毒有抑制作用。

【用量】马、牛15~45 g；猪、羊5~10 g；犬3~5 g；兔、禽0.5~1.5 g。

柴　胡（Radix bupleuri）

为伞形科植物柴胡（北柴胡）*Bupleurum chinense* DC 或狭叶柴胡（南柴胡）*B. scorzonerifolium* Willd. 的干燥根。北柴胡主产于辽宁、甘肃、河北、河南等地。南柴胡主产于湖北、江苏、四川等地。春、秋两季采挖，除去茎叶及泥沙，晒干，切短节。生用、酒炒、醋炒或鳖血拌炒用。

【性味、归经】苦、辛，微寒。入肝、胆、心包、三焦经。

【功效】和解退热，疏肝理气，升举阳气。

【成分】北柴胡含挥发油0.15 %，主要为戊酸、己酸、庚酸、2-庚烯酸、辛酸、2-辛烯酸、壬酸、2-壬烯酸、苯酚、2-甲基环戊酮、柠檬烯、月桂烯等；又含柴胡皂甙A、C、D、S_1，侧金盏花醇、α-菠菜甾醇、柴-Ⅲ-5311酸性多糖。狭叶柴胡含挥发油，主要为β-松油烯、柠檬酸、樟烯、β-小茴香烯、胡薄荷酮等，以及柴胡皂甙A、柴胡皂甙C、柴胡皂甙D。

【药理】具有抗炎、增强免疫、助消化、镇静抗惊厥、降血压减慢心率、抗病原微生物、抗肿瘤等作用。

【用量】马、牛 15 ~45 g；猪、羊 3 ~10 g；犬 2 ~5 g；兔、禽 1 ~3 g。

大　黄（Radix et rhizome rhei）

为蓼科植物掌叶大黄 *Rheum palmatum* L、唐古特大黄（鸡爪大黄）*R.*. *tanguticum* Maxim ex Reg 或药用大黄 *R. officinale* Baill. 的干燥根茎。主产于四川、甘肃、青海、湖北、云南、贵州等地。立冬前后叶枯时采挖，削去外皮，大者对剖，长者横切，阴干或烘干。生用或酒制，蒸熟，炒黑用。

【性味、归经】苦，寒。入脾、胃、大肠、肝、心包经。

【功效】攻积导滞，泻火凉血，活血化瘀，化湿退黄。

【成分】每 100 g 嫩苗含胡萝卜素 4. 05 mg、核黄素 1. 17 mg、抗坏血酸 150 mg。根及根茎含总蒽醌 1. 15 %，其中结合型 1. 05 %、游离型 0. 06 %，从中分解得大黄素、大黄素甲醚、大黄酚、大黄酸、芦荟大黄素、番泻甙 A、食用大黄甙，波叶大黄甙 A、B、C、D 及大量鞣质。

【药理】具有降血脂、抗氧化、抗血小板聚集作用。

【用量】马、牛 20 ~90 g；猪、羊 6 ~12 g；犬、猫 3 ~6 g；兔、禽 1. 5 ~3 g。

大青叶（Folium isatidis）

本品为十字花科植物菘蓝 *Isatis tinctoria* L. 的叶片。主产于河北、陕西、江苏、安徽等省。春、秋两季分 2 ~3 次采收，除去杂质，晒干，生用。

【性味、归经】苦，寒。入心、胃经。

【功效】清热解毒，凉血消斑。

【成分】含靛蓝、菘蓝甙、靛玉红。菘蓝甙水解可变为靛蓝和呋喃木糖酮酸。

【药理】具有抗病原微生物、抗内毒素等作用。

【用量】马、牛 30 ~90 g；猪、羊 15 ~30 g；犬、猫 3 ~6 g；兔、禽 1 ~3 g。

大　蒜（Bulbus allii）

为百合科植物蒜 *Allium sativum* L. 的鳞茎。全国各地均有人工栽培。春、夏季采收，扎把，悬挂通风处，阴干。去皮捣碎用。

【性味、归经】辛，温。入胃、大肠经。

【功效】驱虫，止痢，消疮。

【成分】鲜大蒜每 100 g 中含蛋白质 4. 4 g、脂肪 0. 2 g、碳水化合物 23 g、粗纤维 0. 7 g、灰分 1. 3 g、钙 5 mg、磷 44 mg、铁 0. 4 mg、硫胺素 0. 24 mg、核黄素 0. 03 mg、尼克酸 0. 9 mg、抗坏血酸 3 mg。人工低温脱水干燥的大蒜：水分 9. 04 %、粗蛋白质 15. 4 %、粗脂肪 1. 22 %、粗纤维 4. 48 %、无氮浸出物 64. 04 %、灰分 5. 82 %、钙 0. 43 %、磷 0. 35 %；含挥发油 0. 2 %，为蒜素、大蒜辣素、多种烯丙基、丙基和甲基组成的硫醚化合物；还含有 VA、VB_1、VB_2、铁等。

【药理】有抗菌、抗病毒、抗原虫、降血压、降血脂、抗动脉粥样硬化、抑制血小板聚集及溶栓、抗肿瘤、保肝、增强免疫功能等作用。0.15 mg/ml 大蒜提取物可杀灭流感病毒 B，0.015 mg/ml 大蒜提取物可杀灭疱疹单病毒，对巨细胞病毒亦有抑制作用。

【用量】马、牛 60 ~ 120 g；猪、羊 15 ~ 30 g；犬、猫 8 ~ 15 g；鱼每 1 kg 体重 10 ~ 30 g，拌饵投喂。

甘　草（Radix glycyrrhizae）

为豆科植物甘草 *Glycyrrhiza uralensis* Fisch 的干燥根茎。主产于内蒙古、甘肃、山西、陕西、新疆、东北等省区。秋季采挖，除净须根，截成适当长短的段，晒至半干，打成小捆，再晒至全干。也有将外面栓皮削去者，称为“粉草”。切片生用或蜜炙用。

【性味、归经】甘，平。入心、肺、脾、胃经。

【功效】补脾益气，润肺止咳，清热解毒，调和药性。

【成分】主要含三萜类皂甙，甜味成分甘草甜素主要系甘草酸的钾盐、钠盐，其中甘草次酸是甘草甜素结构中的活性部分；还含有多种黄酮，如甘草黄甙、异甘草黄甙等，以及香豆精类和桂皮酸衍生物、多种氨基酸。

【药理】具有促皮质激素样作用，抗溃疡作用，甘草次酸能抑制胃酸分泌，甘草甜素、甘草次酸有抗炎、抗变态反应、降血脂、抗动脉粥样硬化的作用，镇咳、祛痰作用，对药物、食物和体内代谢产物中毒及细菌毒素所致的中毒均有一定解毒作用，还具有广泛的抗微生物、抗肿瘤等作用。

【用量】马、牛 30 ~ 60 g；猪、羊 10 ~ 15 g；犬、猫 5 ~ 8 g；兔、禽 0.6 ~ 3 g。

贯　众（Rhizoma dryopteris crassirhizomae）

为鳞毛蕨科植物粗茎鳞毛蕨（东北贯众）*Dryopteris crassirhizoma* Nakai 等的干燥根茎及叶柄残基。产于黑龙江、吉林、辽宁、河北等地。春秋采挖，削去叶柄，须根，除净泥土，晒干。切片生用或炒炭用。

【性味、归经】苦，寒。有小毒。入肝、胃经。

【功效】杀虫，清热解毒。

【成分】根茎含绵马酸 BBB、PBB、PBP，黄绵马酸 AB、BB、PB，白绵马素、异戊烯腺甙、里白烯、里白醇、铁线蕨酮、雁齿烯等。全草还含东北贯众素 AB - BA、绵马酸 ABA、白绵马素 AA。

【药理】具有驱虫、抗病毒、抗菌、抗肿瘤、保肝、兴奋子宫平滑肌等作用。水煎剂对流感病毒或亚洲甲型流感病毒均有较强抑制作用。

【用量】马、牛 30 ~ 90 g；猪、羊 6 ~ 15 g；犬 3 ~ 8 g。

黄药子（Rhizoma dioscoreae bulbiferae）

为薯蓣科植物黄独 *Dioscorea bulbifera* L 的干燥块茎。主产于湖北、湖南、江苏、江西、山东、河北等地。冬前采挖，洗净，晒干。切片生用。

【性味、归经】苦，平。有小毒。入心、肺、脾经。

【功效】清热凉血，解毒消肿。

【成分】含黄药子素 A ~ H、8 - 表黄药子素乙酸酯、薯蓣皂甙元、D - 山梨糖醇、2，4，6，7 - 四羟基菲、二氢薯蓣碱、蔗醣、淀粉、皂甙、鞣质等。

【药理】有抗菌、抗病毒、抗甲状腺肿作用，抑制肠管平滑肌的收缩作用，但能够兴奋子宫平滑肌。

【用量】马、牛 15 ~ 60 g；猪、羊 6 ~ 15 g；犬 3 ~ 8 g。

姜　黄（Rhizoma curcumae longae）

为姜科植物姜黄 *Curcuma longa* L. 的根茎。主产于四川、福建、广东、江西等地。此外，广西、湖北、陕西、台湾等地亦产。冬至前后采挖根茎，去净泥土和茎叶。姜黄于锅内煮或蒸透后晒干或微火炕干。

【性味、归经】辛、苦，温。入脾、肝经。

【功效】活血行气，通经止痛。

【成分】含挥发油，主要有姜黄酮、芳 - 姜黄酮、姜黄烯、芳 - 姜黄烯、莪术醇、莪术二酮等；还含姜黄素、去甲氧基姜黄素、双去甲氧基姜黄素、二氢姜黄素、姜黄新酮、姜黄酮醇 A 和 B 等，以及姜黄多糖 A、B、C、D，胆甾醇及脂肪酸等。

【药理】具有抗炎、降血脂、降血压、抑制平滑肌收缩、保肝利胆、抗血凝与抑制血小板聚集、抗胃溃疡、抗肿瘤等作用；另外，姜黄的石油醚、95 % 乙醇和水提取物对实验动物的早期妊娠有明显的终止作用；姜黄挥发油还具有强力的抗真菌作用；姜黄素具有抗人免疫缺陷病毒、抑制病毒复制的相关酶及调节细胞因子的作用。每 1 ml 含生药 1 g、0. 75 g、0. 5 g、0. 25 g 的姜黄水煎剂对肝炎病毒有中度抑制作用。

【用量】马、牛 30 ~ 60 g；猪、羊 6 ~ 12 g；犬 3 ~ 6 g；兔、禽 0. 5 ~ 1. 5 g。

金银花（Flos lonicerae）

为忍冬科植物忍冬 *Lonicera japonica* Thunb 的干燥花蕾。全国大部分地区均产。产于河南者称“南银花”，产于山东者称“东银花”。夏初日出前采收含苞未放的花蕾，置芦席上摊开，当日晒干，不宜翻动，否则花色变黑，影响质量。生用或炙用。

【性味、归经】甘，寒。入肺、胃、大肠经。

【功效】清热解毒。

【成分】含挥发油，主要为芳樟醇，还有顺 - 芳樟醇氧化物、丁香油酚、香荆芥酚等数十种挥发油成分；又含绿原酸、异绿原酸、白果酸、豆甾醇、木犀草素等，还含伞花耳草素、棕榈酸、肉豆蔻酸等。

【药理】具有抗病原体、增强免疫、抗炎、降血脂、抗生育、抗肿瘤等作用。绿原酸可引起大鼠、小鼠等中枢神经系统兴奋，增加胃肠蠕动，促进胃液及胆汁分泌；兴奋大鼠离体子宫，并能轻微增强肾上腺素及去甲肾上腺素对猫与大鼠的升压作用。

【用量】马、牛 30 ~ 60 g；猪、羊 6 ~ 12 g；犬、猫 3 ~ 6 g；兔、禽 1 ~ 3 g。

苦　参（Radix sophorae flavescentis）

为豆科植物苦参 *Sophora flavescens* Ait 的干燥根。主产于山西、河南、河北等地。春、秋两季采挖，除去芦头、须根，洗净，晒干。切片生用。

【性味、归经】苦，寒。入心、肝、小肠、大肠、胃经。

【功效】清热燥湿，祛风杀虫，清热利尿。

【成分】含苦参皂甙Ⅰ~Ⅳ、大豆皂甙Ⅰ、苦参醇、苦参素等黄醇类化合物，还含有苦参碱、氧化苦参碱、金雀花碱等生物碱，以及苦参醌A、砂生槐黄烷酮G。

【药理】具有抗炎、抗过敏、平喘、祛痰、利尿、抗肿瘤、免疫抑制等作用；还有减慢心率、抗实验性心律失常的作用；防治白细胞减少；对葡萄球菌、绿脓杆菌及多种皮肤真菌有抑制作用。

【用量】马、牛 15~45 g；猪、羊 6~15 g；犬 3~8 g；兔、禽 0.3~1.5 g；鱼每 1 kg 体重 1~2 g 拌饵投喂或每 1 m^3 水体 1~1.5 g 鱼池泼洒。

连　翘（Fructus forsythiae）

为木犀科植物连翘 *Forsythia suspense*（Thunb.）Vahl. 的成熟干燥果壳。主产于山西、陕西、河南等地。甘肃、河北、山东、湖北等省亦产。白露前采收初熟果实，色尚青绿，称青翘。寒露前采收熟透果实则为黄翘（老翘）。青翘蒸熟晒干，筛取籽实称连翘心。以青翘为佳，生用。

【性味、归经】苦，微寒。入心、肺、胆经。

【功效】清热解毒，消肿散结。

【成分】果实含连翘甙、连翘甙元，连翘酯甙A、C、D、E，连翘种甙、毛柳甙，连翘环己醇甙A、B、C，连翘环己醇、异连翘环己醇、穗罗汉树脂醇甙、白桦酯醇、齐墩果酸、熊果酸及芸香甙等。

【药理】具有抗菌、抗炎、解热、抗肝损伤、镇吐、利尿、降压等作用；另外，连翘有显著抑制弹性蛋白酶活力的作用，且有剂量依赖性。

【用量】马、牛 15~60 g；猪、羊 6~12 g；犬 3~6 g；兔、禽 1~3 g。

香　薷（Herba elsholtziae）

为唇形科植物香薷 *Elsholtzia splendens Nakai* ex F. Maekawa 的干燥全草。主产于江西、安徽、河南等地。播种当年，果实成熟后，割取全草、晒干。切段生用。

【性味、归经】辛、微温。入肺、胃经。

【功效】祛暑解表，利湿利水。

【成分】含挥发油、香荆芥酚、α－反式香柑油烯、β－丁香烯、百里香酚、葎草烯、β－甜没药烯、γ－松油烯、4－松油烯醇、对聚伞花素、α－水芹烯、β－蒎烯、樟烯、α－蒎烯等。

【药理】具有抗菌、抗病毒、解热、镇痛、镇静、免疫增强等作用，对离体肠有抑制作用。此外，石香薷挥发油尚有利尿、镇咳和祛痰作用。1：20 的香薷煎剂对亚洲甲型流感病毒、京科 68－1 病毒株和孤儿病毒均有显著抑制作用。

【用量】马、牛 15～45 g；猪、羊 3～12 g；犬 2～6 g。

茵 陈（Herba artemisiae scopariae）

为菊科植物茵陈蒿 *Artemisia capillaris* Thunb 或滨蒿（北茵陈）*A. scoparia* Waldst. et Kitaid. 的干燥幼苗。我国各地均产。春季幼苗高 6～7 cm 时采收，去根及粗梗，晒干。生用。

【性味、归经】苦，微寒。入脾、胃、肝、胆经。

【功效】清湿热，利黄疸。

【成分】全草含挥发油，主要为丁香酚，还有 α－蒎烯及 β－蒎烯、月桂烯、桉叶素、对聚伞花素、葛楼酮、侧柏酮、异丁芝麻油酚、荜澄茄烯、欧芹脑、糠醛、α－姜黄素、茵陈二炔、茵陈二炔酮、1，8－桉油精、侧柏醇、牻牛儿醇乙酸酯、环氧丁香烯；还含大黄素。叶、花、果实含 6，7－二甲氧基香豆精、对羟基苯乙酮、绿原酸、水杨酸、东莨菪素。花序含 7－甲基马粟树皮素、泽兰甙元、7－甲基香橙素、鼠李柠檬素、异泽兰素、滨蓟黄素、芸香甙、槲皮素－3，7－芸香糖二半乳糖甙、槲皮素－3，7－芸香糖半乳糖甙、槲皮素 3－O－葡萄糖半乳糖甙、山奈酚－3－O－葡萄糖半乳糖甙等。

【药理】具有利胆、保肝、降压等作用，并有扩张冠状、增加脑血流量、降低血脂、抗凝及促进纤溶等作用。还具有抗病原微生物、抗肿瘤、退热、镇痛、抗炎、利尿、平喘等作用。

【用量】马、牛 15～45 g；猪、羊 6～12 g；犬 3～6 g；兔、禽 1～2 g。

（四）驱虫植物

百 部（Radix stemonae）

为百部科植物直立百部 *Stemona sessilifolia*（Miq.）Franch. et Savat、蔓生百部 *Stemona japonica*（Bl.）Miq. 或对叶百部 *Stemona tuberosa* Lour 的块根。直立百部和蔓生百部主产于安徽、江苏、浙江、湖北、山东等省，称“小百部”；对叶百部主产于湖北、广东、福建、四川、贵州等省，称“大百部”。栽种 2～3 年，秋季地上部分枯萎至翌春出苗前挖掘根部，洗净，除去须根，置沸水中煮到水再开时，立即捞出，晒干。

【性味、归经】苦、微甘，微温。入肺经。

【功效】润肺止咳，灭虱杀虫。

【成分】直立百部含原百部碱、百部定碱、异百部定碱、对叶百部碱、霍多林碱、直立百部碱。蔓生百部含多种生物碱，包括百部碱、原百部碱、蔓生百部碱、异蔓生百部碱、百部定碱、异百部定碱、百部酰胺、异百部酰胺、二去氢原百部碱、异原百部碱、新百部碱、百部二醇碱。对叶百部含滇百部碱、异滇百部碱、对叶百部宁醇碱、百部宁酰胺、新对叶百部碱、对叶百部醇、百部次碱等。另含甲酸、乙酸、苹果酸、枸橼酸、琥珀酸、草酸、3，5－二羟基－4－甲基联苯等。

【药理】具有镇咳祛痰、抗病原微生物、杀虫等作用。百部生物碱提取液对组胺所致离体豚鼠支气管平滑肌痉挛有松弛作用。

【用量】马、牛15～60 g；猪、羊6～12 g；犬、猫3～6 g。

槟　榔（Semen arecae）

为棕榈科植物槟榔 *Areca catechu* L 的成熟种子。主产于福建、台湾、广西、广东、云南等省区。冬、春两季果实成熟时采集，剥去果皮，晒干，浸透切片。生用或炒用。

【性味、归经】辛、苦、温。入胃、大肠经。

【功效】杀虫，消积。

【成分】含总生物碱0.3 %～0.6 %，主要为槟榔碱，并有少量槟榔次碱、去甲基槟榔碱及高槟榔碱等，均与鞣酸结合而存在；含鞣质约15 %、脂肪约14 %、甘露糖、半乳糖、蔗醣无色花青素、槟榔红色素及皂甙等。含脂肪，脂肪酸组成为月桂酸19.5 %、肉豆蔻酸46.2 %、棕榈酸12.7 %、硬脂酸1.6 %、油酸6.2 %等；还含氨基酸，脯氨酸占15 %以上。

【药理】具有驱虫、抗病原微生物、抗高血压等作用；槟榔碱可能为混合型M胆碱受体激动剂。

【用量】马、牛15～60 g；猪、羊6～12 g；犬3～6 g；兔、禽1～3 g；鱼每1 kg体重2～4 g，添加于饲料中投喂。

常　山（Radix Dichroae）

为虎耳草科植物黄常山 *Dichroa febrifuga* Lour 的根。主产于四川、贵州等省，湖南、湖北亦产。冬季挖掘，除去残茎叶，砍成7～10 cm的小段，晒干或烘干。

【性味、归经】苦、辛、寒、有毒。归肝、脾经。

【功效】截疟、退热、涌吐。

【成分】含生物碱，主要有黄常山碱甲、黄常山碱乙、黄常山碱丙和黄常山定碱、常山素等。

【药理】有解热、抗疟、抗阿米巴、抗低血压、兴奋子宫平滑肌等作用。

【用量】马、牛15～45 g；猪、羊10～15 g；犬2～6 g。

川楝子（Fructus toosendan）

为楝科落叶乔木川楝 *Melia toosendan Sieb.* et Zucc 的成熟干燥果实。南方各地均产，以四川产者为佳。冬季采收，洗净，晒干贮存。用时捣破，生用或麸炒用。

【性味、归经】苦，寒，有小毒。入肝、胃、小肠、膀胱经。

【功效】行气止痛，杀虫消积，清热利湿。

【成分】含川楝素，以及多种苦味的三萜成分：苦楝子酮、脂苦楝子醇、乙酰基川楝子三醇，21－O－甲基川楝子五醇。

【药理】驱蛔、抑菌、抗肉毒，是一种选择性的突触前膜的神经肌肉阻断剂，能够阻断神经肌肉间的正常传递。0.8 %～1 %浓度对猪蛔虫、蚯蚓和水蛭有灭杀作用。川楝素为驱虫有效成分，低浓度（1∶5000～9000）对整条蛔虫及其节段有明显的兴奋作用，较高浓度（1∶1000以上）对猪蛔虫特别是头部的神经节有麻痹作用，高浓度（1∶300～600）能够使猪蛔虫自发运动加强，出现间歇性剧烈收缩，使虫体失去附着肠壁的能力而排出体外。

【用量】马、牛15～30 g；猪、羊3～9 g。

鹤　虱（Fructus carpesii）

为菊科植物天名精 *Carpesium abrotanoides* L.（北鹤虱）或伞形科植物野胡萝卜 *Daucus carota* L.（南鹤虱）的成熟干燥果实。前者主产于河南、山西、贵州、陕西、甘肃、湖北等地。晚秋果实成熟时采收，除去杂质，晒干。后者主产于江苏、浙江、安徽、湖北、四川、云南、贵州、山西等地。8～9月果实成熟时采收，除去杂质，晒干。生用或炒用。

【性味、归经】苦，辛，平。有小毒。入肝、大肠经。

【功效】杀虫。

【成分】含挥发油，挥发油中含天名精内酯、天名精酮等内酯化合物；还含有缬草酸、正己酸、油酸、亚麻酸、三十一烷、豆甾醇等。

【药理】驱绦虫、蛔虫，抑制脑组织呼吸，降温，降压，此外有一定的消毒和灭菌作用。1 %鹤虱酊对犬绦虫有较强的杀灭作用；天名精煎剂在体外有杀灭鼠蛲虫作用，给已感染蛔虫的豚鼠灌服鹤虱流浸膏有驱蛔虫作用，水煎剂驱水蛭尤为特效。

【用量】马、牛15～30 g；猪、羊3～6 g；犬1.5～3 g。

苦楝皮（Cortex Meliae）

为楝科植物苦楝 *Melia azedatach* L. 或川楝 *Melia toosendan Sieb.* et Zucc. 的树皮或根皮。主产于四川、云南、贵州、甘肃、湖南、湖北、河南、山东等省。全年可采收，洗净，鲜用或晒干。

【性味、归经】苦，性寒，有毒。归肝、脾、胃经。

【功效】杀虫。

【成分】含苦楝素A、B、C，鹧鸪花胆甾烯缩醛B、D、E，苦楝卡品素，苦楝毒素A2、B1，苦楝酮、苦楝子三醇、水溶性多糖等。

【药理】有驱虫、抑菌、抗炎解热、兴奋平滑肌、抑制中枢神经等作用。

【用量】马、牛15～35 g；猪、羊3～9 g。

雷　丸（Omphalia）

为多孔菌科植物雷丸菌 *Polyporus mylittae Cook* et Mass. 的菌核。生于竹林或棕榈、油桐等树根际，多产于长江流域以南各省，河南、陕西、甘肃等省亦产。栽培者第2年春末夏初采挖，大者入药，小者作种，洗净，晒干，粉碎。不得蒸煮或高温烘烤。

【性味、归经】苦，寒，有小毒。入胃，大肠经。

【功效】杀虫、消积。

【成分】有效成分为雷丸蛋白酶，系一种糖蛋白，具驱虫作用；又含非水溶性的β－D－聚葡糖和由D－葡萄糖、2－乙酰氨基－去氧－D－葡萄糖、D－葡萄糖醛酸氨1.0：1.95：2.0摩尔比组成的杂聚糖。

【药理】雷丸对绦虫，肠道滴虫、蛔虫和钩虫有作用；另外，还具有抗炎和免疫增强的作用。

【用量】马、牛30～60 g；猪、羊10～20 g；犬5～10 g。

南瓜子（Semen Cucurbitae Moschatae）

为葫芦科植物南瓜 *Cucurbita moschata* Duch 的种子。主产我国南方各地。研末生用。

【性味、归经】甘，平。归脾、胃经。

【功效】杀虫。

【成分】含南瓜子氨酸、间羧基苯丙氨酸，脂肪酸主要有亚油酸、油酸、棕榈酸、硬脂酸、亚麻酸、肉豆蔻酸，类脂成分有三酰甘油、二酰甘油、甘油单酯、甾醇等；还含有 VB_1、VB_2、VC 及组氨酸、赖氨酸、精氨酸等氨基酸。

【药理】驱绦虫、抗血吸虫感染。南瓜子氨酸具有使呼吸加深、加快和升压作用，还能抑制肠肌收缩。

【用量】马、牛60～150 g；猪、羊60～90 g；犬、猫5～10 g。

青蒿（Herba artemisiae annuae）

为菊科植物青蒿 *Artemisia apiacea* Hance 和黄花蒿 *A. annua* L 的全草。以黄花蒿最普遍，全国各地均产。夏、秋两季采收，除去老茎，鲜用或阴干。切段生用。

【性味、归经】苦，辛，寒。入肝、胆经。

【功效】清热解暑，退虚热。

【成分】全草含青蒿素、青蒿素Ⅰ～Ⅵ、青蒿素C和G、去氧异青蒿素B、青蒿酸、青蒿烯蒿黄素等，含黄酮类成分：芹菜素、木犀草素、山奈酚、糖甙、异鼠李素、甲醚、2，2－二羟基－6－甲氧基色酮等，含挥发油：主要有樟脑36.91％、γ－荜澄茄烯6.2％、桉叶素等。地上部分还含黄花蒿双环氧化物、聚乙炔、本都山蒿环氧化物等。花芽含挥发油，主要有青蒿酮33％～75％、青蒿醇15％～56％等85种成分。

【药理】具有抗菌、抗肿瘤、退虚热、降血压、抗早孕、增强免疫等作用。

【用量】马、牛15～60 g；猪、羊5～15 g；兔、禽1～2 g；犬3～6 g。

使君子（Fructus quisqualis）

为使君子科植物使君子 *Quisqualis indica* L 的果实。主产于四川、广东、广西、云南等省区，以四川产量最多。9～10月果皮变紫黑色采收，阴干，或用文火烘干，忌晒干。去壳，取种仁生用或炒香用。

【性味、归经】甘，温。入脾、胃经。

【功效】杀虫、消积。

【成分】含脂肪油23.9 %，主要为肉豆蔻酸、棕榈酸、硬脂酸、油酸、亚油酸及植物甾醇。果肉含葫芦巴碱、枸橼酸、琥珀酸、苹果酸、葡萄糖、蔗醣、棕榈酸、油酸及甾醇。种子含使君子酸、使君子酸钾、D－甘露糖。

【药理】具有驱虫、抗皮肤真菌等作用。

【用量】马、牛30～60 g；猪、羊10～20 g；犬5～10 g；兔、禽1.5～3 g。

芜 荑（Pasta Ulmi）

榆科植物大果榆 *Umus macrocarpa* Hance 果实的加工品。主产于山西、河北，东北各地亦产。夏季果实成熟时采收，晒干，搓去膜翅，取出种子。

【性味、归经】辛，苦，性温。归脾、胃经。

【功效】杀虫，消积。

【成分】果实含鞣质和糖类。

【药理】抗真菌、驱虫。芜荑醇提取物在体外对猪蛔虫、蚯蚓和水蛭有显著的杀灭作用。

【用量】马、牛15～60 g；猪、羊10～15 g；犬2～6 g。

仙鹤草（Herba agrimoniae）

为蔷薇科植物龙牙草 *Agrimonia pilosa* Ledeb 的干燥地上部分。全国大部分地区均产。夏秋采收，洗净晒干。切段生用，偶有炒炭用。

【性味、归经】苦、涩，平。入肺、肝、脾经。

【功效】收敛止血，消肿止痢。

【成分】每100 g嫩茎叶含胡萝卜素7.06 mg、核黄素0.63 mg、抗坏血酸175 mg。每1 g干品含钾20.5 mg、钠0.73 mg、钙12.8 mg、镁4.15 mg、磷3.30 mg、铁170 μg、锰28 μg、锌30 μg、铜11 μg。龙牙草地上部分含金丝桃甙、2R，3R－花旗松素－3－葡萄糖甙、2S，3S－花旗松素－3－葡萄糖甙、木樨草素－7－葡萄糖甙、芹菜素－7－葡萄糖甙、槲皮素、并没食子酸、咖啡酸、没食子酸、赛仙鹤草酚A～G、表没食子儿茶精、表没食子儿茶精没食子酸酯、表儿茶精没食子酸酯、鞣酸、1β，2α，19α－三羟基熊果酸、1β，2β，3β，19α－四氢熊果酸。龙牙草根含仙鹤草酚、仙鹤草内酯，仙鹤草素A、B、C。

【药理】具有抗凝血和抗血栓形成、抗肿瘤等作用。仙鹤草嫩茎叶煎剂局部外用，对阴道滴虫有良好杀灭作用。仙鹤草浓缩液灌胃，对小鼠由化学和物理刺激引起的疼痛有明显的镇痛作用。

【用量】马、牛30～60 g；猪、羊10～15 g；犬、猫5～8 g；兔、禽1～1.5 g。

（五）抗应激植物

百　合（Bulbus lilii）

为百合科植物百合 *Lilium brownie F. E. Brown var. colchesteri* Wils 的鳞茎。全国各地均产。秋季茎叶枯萎时采挖，洗净，剥取鳞片，沸水烫过，或略蒸过晒干或烘干。生用或蜜炙用。

【性味、归经】甘，微寒。入心、肺经。

【功效】润肺止咳，清心安神。

【成分】含百合皂甙、去酰百合皂甙、岷江百合甙 A 和 D、1－O－阿魏酰甘油、1－O－对－香豆酰甘油等。

【药理】煎剂对氨水引起的小鼠咳嗽有止咳作用，小鼠肺灌流使流量增加。还有升高外周血白细胞的作用。对强的松所致的肾上腺皮质功能衰竭有显著的保护作用；能显著抑制 2，4－二硝基氯苯所致小白鼠迟发型过敏反应；能明显地延长小鼠的游泳时间，具有抗疲劳效能；能显著地延长小鼠耐常压缺氧时间，对异丙肾上腺素所致心肌耗氧增加，能延长耐缺氧时间。

【用量】马、牛 30～60 g；猪、羊 5～10 g；犬 3～5 g。

葛　根（Radix puerariae）

为豆科植物野葛 *Pueraria lobata*（Willd.）Ohwi 的干燥根。分布于我国南北各地，以浙江、广东、江苏等地较多。春、秋两季采挖，切片，晒干。生用、煨用或磨粉用。

【性味、归经】甘、辛，凉。入脾、胃经。

【功效】发表解肌，生津解渴，止泻治痢。

【成分】含大豆甙元、大豆甙、大豆甙元－7，4′－二葡萄糖甙、刺芒柄花素－7－葡萄糖甙、葛根素、染料木素、刺芒柄花素、葛根甙 A 和 B、尿囊素、大豆皂醇 A 和 B、葛根皂醇 A 和 C、5－甲基海因、胡萝卜甙等。

【药理】具有抗血小板聚集和抗凝血、降血脂、降血糖、抗肿瘤、抗氧化等作用；还有抗心肌缺血、抗心律失常、抗高血压等作用；能提高动物记忆功能；异黄酮对小鼠四氯化碳性肝损害和高脂性肝病有一定保护作用；葛根提取物在体外对脂多糖（LPS）刺激小鼠腹腔巨噬细胞分泌 IL－1 和植物凝集素（PHA）刺激脾细胞分泌 IL－2 均有抑制作用。给小鼠灌喂葛根黄豆甙原固体分散物 1.5 g/kg，有明显抗常压耐缺氧作用。黄豆甙原 4 位的羟基被甲氧基、乙氧羰基次甲氧基取代后，抗缺氧作用增强。

【用量】马、牛 20～60 g；猪、羊 5～15 g；犬 3～8 g；兔、禽 1.5～3 g。

合欢皮（Cortex albiziaeortex）

为豆科植物合欢 *Albizia julibrissin* Durazz 的树皮。全国大部分地区均产，当以华东、华南、西南、辽宁、河北、河南、陕西等省为多。定植 10 年左右，于夏、秋间锯细干，剥皮，切段，晒干或砍树剥取树皮。除去杂质，洗净，浸润，切丝。干燥后用。

【性味、归经】甘，平。归心、肝、肺经。

【功效】安神解郁、活血消肿。

【成分】含21－（4－亚乙基－2－四氢呋喃异丁烯酰）剑叶莎酸、金合欢酸内酯、剑叶莎酸甲酯、α－菠菜甾醇葡萄糖甙、剑叶莎内酯、金合欢皂甙元B等，还含秃毛冬青甲素－4－O－β－D－吡喃葡萄糖甙、右旋－5，5′－二甲氧基－7－氧基落叶松脂醇－4－O－β－D呋喃芹菜糖基（1→2）－β－D－吡喃葡萄糖甙、多种木脂体糖甙等。

【药理】具有抗生育、抗过敏、抗肿瘤等作用。

【用量】马、牛25～60 g；猪、羊10～15 g。

五加皮（Cortex acanthopanacis）

为五加科植物细柱五加 *Acanthopanax gracilistylus* W. W. Smith 的干燥根皮，又叫南五加皮。主产于浙江、河南、湖北、四川等省。夏秋挖出根部，剥取根皮，晒干。切片生用或炒用。

【性味、归经】辛、苦，温。入肝、肾经。

【功效】祛风湿，强筋骨，利水消肿。

【成分】根含刺五加甙 B_1、丁香甙、芝麻素、β－谷甾醇葡萄糖甙、β－谷甾醇、硬脂酸、16α－羟基左旋－19－贝壳松酸、16－贝壳松烯－19－酸及对映－16α，17－二羟基－19－贝壳松酸。

【药理】具有抗疲劳、耐常压缺氧、抗菌、止血以及抑制体外巨噬细胞吞噬等作用。细柱五加总皂甙3 g/kg口服给药5天，能使小鼠有明显的抗高温和抗低温作用，能明显延长小鼠持续游泳时间，还具有抗小鼠常压耐缺氧作用。南五加总糖甙15 g/kg、22.5 g/kg腹腔给药，有提高小鼠耐缺氧能力的作用，使小鼠存活时间分别延长33 %和18.3 %。还有抗“虚证”作用，能延长氢考小鼠及利血平化小鼠的持续游泳时间。

【用量】马、牛15～45 g；猪、羊6～12 g；犬、猫3～6 g；兔、禽1.5～3 g。

（六）抗贫血植物

补骨脂（Fructus psoraleae）

为豆科植物补骨脂 *Psoralea corylifolia* L. 的成熟干燥种子，俗称破骨纸。多为栽培，主产于河南、四川、陕西、山西、江西等地，东北也有栽培。秋季种子成熟时采收，晒干，打下种子。生用，炒或盐水拌炒捣碎用。

【性味、归经】辛、苦，大温。入肾、脾经。

【功效】补肾助阳，温脾止泻。

【成分】含补骨脂素、异补骨脂素、补骨脂定、异补骨脂定、双氢异补骨脂定、补骨脂双氢黄酮、异补骨脂双氢黄酮、异补骨脂双氢查酮、补骨脂醛、花椒毒素、紫云甙等。又含豆甾醇、对羟基苯甲醛、单甘油酯、二甘油酯、三甘油酯等类脂化合物，还含脂肪酸，主要有棕榈酸、油酸、亚油酸、硬脂酸、亚麻酸和二十四酸。

【药理】具有抗菌、增强免疫功能、致光敏、抗着床和雌激素样作用；离体实验表明，异补骨脂双氢查酮能扩张豚鼠、兔、猫和大鼠的冠脉；补骨脂提取物能使离体和在体肠管兴奋，对豚鼠离体子宫则松弛。异补骨脂双氢查酮在体外有抑制 HeLa 细胞和肉瘤 180 的作用。

【用量】马、牛 15 ~ 45 g；猪、羊 3 ~ 10 g；犬 2 ~ 5 g；兔、禽 1 ~ 2 g。

丹　参（Radix salviae miltiorrhizae）

为唇形科植物丹参 *Salvia miltiorrhiza* Bge. 的干燥根。全国大部分地区均产，以河北、安徽、江苏、四川等地产量较大。秋季采挖，除去茎叶，洗净泥土，润透切片，晒干。生用或酒炒用。

【性味、归经】苦，微温。入心、心包、肝经。

【功效】活血化瘀，消肿排脓，养血安神。

【成分】根及根茎含丹参醌Ⅰ、ⅡA、ⅢB，隐丹参醌、异丹参醌Ⅰ和Ⅱ、异隐丹参醌、丹参新酮、丹参酸甲酯、羟基丹参醌ⅡA、二氢丹参醌Ⅰ、二氢异丹参醌Ⅰ、次甲丹参醌，丹参新醌 A、B、C、D，去甲丹参醌，丹参二醇 A、B、C，丹参烯酮、丹参内酯、丹参螺旋缩酮内酯，丹参酸 A、B、C，鼠尾草酚、黄芩甙、原儿茶醛、熊果酸、异阿魏酸、VE 等。

【药理】具有抗微生物、抗肿瘤等作用。还有镇静、镇痛、增强机体免疫力、抗炎，保护肝损伤、抗溃疡等作用；丹参注射液能使豚鼠、活家兔离体心脏或麻醉犬的心率减慢，有一定抗心肌缺血、扩张血管、改善外周血流灌注、抗内外凝血系统和促进纤维蛋白溶解的作用；丹参注射液对犬急性出血坏死性胰腺炎、肺损伤，小鼠放射性和大鼠博莱霉素性损伤肺血管内皮细胞和肺Ⅱ型上皮细胞有明显的保护作用；丹参酮除具有雌激素样活性外，还具有拮抗雄激素样作用。丹参能增加急性缺氧大鼠全血和红细胞 2，3－二磷酸甘油酸的含量，从而有利于红细胞的收缩蛋白对细胞的双凹稳定性、形态可塑性、耐久性和坚韧性的维持。

【用量】马、牛 25 ~ 45 g；猪、羊 6 ~ 10 g；犬、猫 3 ~ 5 g；兔、禽 0.5 ~ 1.5 g。

何首乌（Radix polygoni multiflori）

为蓼科植物何首乌 *Polygonum multiflorum* Thunb 的干燥块根。全国大部分地区均有出产。秋后茎叶枯萎时或次年未萌芽前掘取其块根，洗净，切片，晒干或微烘干，称为生首乌；若以黑豆煮汁拌蒸，晒后变为黑色，称为制首乌。

【性味、归经】甘、苦、涩，微温。入肝、心、肾经。

【功效】制首乌：补肝肾，益精血；生首乌：通便，解毒。

【成分】根和根茎含蒽醌类，主要为大黄酚和大黄素，其次为大黄酸、痕量的大黄素甲醚和大黄酚蒽酮等。还含淀粉 45.2 %、粗脂肪 3.1 %、卵磷脂 3.7 % 等。

【药理】具有延缓衰老、降血脂及抗动脉硬化、抗菌、保肝等作用；何首乌中提取的大黄酚能够促进肠管的运动。

【用量】马、牛 30 ~ 90 g；猪、羊 10 ~ 15 g；犬、猫 5 ~ 8 g；兔、禽 1 ~ 3 g。

鸡血藤（Caulis Spatholobi et Millettiae）

为豆科植物密花豆 *Spatholobus suberectue* Dunn 和香花崖豆藤 *Millettia dielsiana* Harms ex Diels 的藤茎。密花豆主产于广东、广西、云南等省区。香花豆崖藤主产于中南地区及浙江、江西、福建、四川、贵州、云南等地。除去杂质，洗净，浸润至透或蒸软，切碎片，干燥。

【性味、归经】苦、微甘，温。入心、肝、脾经。

【功效】养血活血，舒筋通络。

【成分】含无羁萜醇、胡萝卜甙、刺芒柄花素、芒柄花甙、樱黄素、大豆素、表儿茶精、甘草查耳酮 A、苜蓿酚、木豆异黄酮等。茎含无羁萜、菜油甾醇、豆甾醇。还含低聚糖。

【药理】具有补血、兴奋子宫等作用，鸡血藤煎剂对蟾蜍离体及在体心脏有抑制作用，对大鼠实验性关节炎有显著抗炎作用，鸡血藤有较强的抑制前列腺素生物合成作用，在体外能够抑制金黄色葡萄球菌。

【用量】马、牛 30 ~ 60 g；猪、羊 10 ~ 15 g；犬 5 ~ 8 g。

桑　椹（Fructus Mori）

为菊科植物桑 *Morus alba* L 的果穗。主产于江苏、浙江、安徽等省。4 ~ 6 月待桑椹呈红紫色时采收，晒干或略蒸后晒干。

【性味、归经】甘，性凉。归肝、肾经。

【功效】滋阴养血。生津润肠。

【成分】含芸香甙、花色素葡萄糖甙、糖类、烟酸、鞣酸及 VB_1、VB_2、VC 和胡萝卜素。又含脂肪酸，主要由亚油酸和少量的硬脂酸、油酸等组成。

【药理】对失眠、耳鸣、目花、肠燥便秘、瘰疬、结核等有治疗作用。

【用量】马、牛 30 ~ 45 g；猪、羊 10 ~ 15 g；犬 6 ~ 8 g。

熟　地（Radix rehmanniae preparata）

为玄参科植物地黄 *Rehmannia glutinosa*（Gaertn.）Libosch 或怀庆地黄 *R. glutinosa Libosch. f. hueichingensis*（Chao et Schih）Hsiao 的根茎，经加工炮制而成。将洗净的干地黄加黄酒拌匀，置罐内或适宜的容器内，隔水炖或蒸至酒尽黑润为度，取出晒至稍干切片。

【性味、归经】甘，微温。入心、肝、肾经。

【功效】补血，滋阴。

【成分】根含地黄紫罗兰甙 A、B、C，地黄苦甙，地黄素 A、B、C、D，洋丁香酚甙、梓醇、益母草甙、地黄甙 D、焦地黄甙 A 和 B，含糖类（D－葡萄糖、D－半乳糖、D－果糖、蔗醣、棉子糖、木苏糖、甘露三糖、毛蕊花糖）、氨基酸（赖氨酸、组氨酸、精氨酸等)、酸性多糖（地黄聚糖 SA、SB、FS－Ⅰ和 FS－Ⅱ)、地黄多糖 B、棕榈酸、琥珀酸、胡萝卜碱等。

【药理】具有增强机体免疫力、减少冠脉流量等作用；对内分泌也有一定影响。

【用量】马、牛 30～60 g；猪、羊 10～15 g；犬 5～8 g。

（七）抗氧化植物

肉豆蔻（Semen myristicae)

为肉豆蔻科植物肉豆蔻 *Myristica fragrans* Houtt 的种仁。广东有栽培，国外印度以及西印度群岛、马来半岛等地亦产。4～6 月及 11～12 月各采收 1 次。早晨摘取成熟果实，剖开果皮，剥去假种皮，再敲脱壳状的种皮，取出种仁，用石灰乳浸 1 天后，缓火焙干。用时以面裹煨去油。

【性味、归经】辛，温。入脾、胃、大肠经。

【功效】收敛止泻，温中行气。

【成分】种子含去氢二异丁香油酚、肉豆蔻醚、利卡灵 B 等，还含挥发油、冰片烯、对聚伞花素、芳樟醇、龙脑、榄香脂素、丁香油酚、甲基丁香油酚等。

【药理】具有抗肿瘤、抗炎、中枢抑制等作用。肉豆蔻煎剂对兔离体回肠有轻度兴奋作用，使收缩略有加强；高浓度表现为短时间兴奋，随即转入抑制。

【用量】马、牛 15～30 g，猪、羊 6～10 g，犬 3～5 g。

山　楂（Fructus crataegi)

为蔷薇科植物山里红 *Crataegus pinnatifida* Bge. var. majior N. E. Br、山楂 *C. pinnatifida* Bge 或野山楂 *C. cuneata Sieb.* et Zucc 的成熟果实。前二者为北山楂，主产于东北、山东、河北、河南、辽宁等地；后者为南山楂，主产于江苏、浙江、云南、四川等地。秋季果实成熟时采摘。北山楂采摘后，切片晒干入药，南山楂晒干入药。生用、炒用、炒焦或炒炭用。

【性味、归经】酸、甘、微温、入脾、胃、肝经。

【功效】消食化积、活血化瘀。

【成分】山里红果实含酒石酸、柠檬酸、山楂酸、黄酮类、内酯、糖类及甙类。野山楂果实中含柠檬酸、苹果酸、山楂酸、鞣质、皂甙、果糖、VC、蛋白质及脂肪等。欧洲产山楂的果实中还含有熊果酸、齐墩果酸、金丝桃甙、咖啡酸、乙酰胆碱、胆碱、脂肪油、谷甾醇等。

【药理】具有助消化、降血脂、抗菌、延缓衰老以及强心、减慢心率、扩张血管、降低血粘度等作用。

【用量】马、牛 20～45 g；猪、羊 10～15 g；犬、猫 5～8 g；兔、禽 1～2 g。

五味子（Fructus schisandrae）

为木兰科植物五味子 *Schisandra chinensis*（Turcz.）Baill、华中五味子 *S. sphenanthera* Rehd. et Wils 的成熟果实，俗称前者为“北五味子”、后者为“南五味子”。北五味子为传统使用的正品，主产于东北及华北地区；南五味子主产于西南地区及长江流域以南各省区，其果粒较小，果肉较薄，表面呈棕色至棕红色，一般认为品质较差。秋季果实成熟时采摘，除去杂质，晒干。生用或经醋、蜜拌蒸晒干用。

【性味、归经】酸，温。入肺、肾经。

【功效】敛肺止咳，益肾固精，涩肠止泻，生津敛汗。

【成分】每 100 g 鲜嫩芽含能量 292.88 KJ、蛋白质 3.9 g、脂肪 0.3 g、粗纤维 2.3 g、碳水化合物 13 g、灰分 1.5 g、胡萝卜素 5.08 mg、硫胺素 0.07 mg、核黄素 0.20 mg、尼克酸 1.5 mg、抗坏血酸 23 mg。果实含木脂素戈米辛 A ~ G，五味子醇 A、戈米辛 D 和 H、当归酰戈米辛 H、巴豆酰戈米辛 H、苯甲酰戈米辛 H、戈米辛 J、前戈米辛、二氢愈创木脂酸 N、O、E，表戈米辛 O、五味子素 A、B、C，戈米辛 P、二甲基戈米辛 J、去当归酰 B、去当归酰 F、戈米辛 K_1、K_2、K_3，巴豆酰戈米辛 P、当归酰戈米辛 P 和 Q，戈米辛 M_1、M_2、L_1、L_2，当归酰异戈米辛 O、苯甲酰异戈米辛 O、戈米辛 R、华中五味子酯 D、戈米辛 S、戈米辛 T 及去甲二氢愈创脂酸等。还含挥发油，主要有 α－侧柏烯，α－蒎烯、β－蒎烯，樟烯，α－水芹烯，β－松油烯等30 多种。种仁含五味子素 A、B、C 及五味子醇 A 和 B。

【药理】具有抑菌、抗氧化、抗肿瘤、保肝等作用，还有明显的镇静、兴奋子宫平滑肌、与人参相似的适应原样作用，能增强机体对非特异性刺激的防御能力，直接兴奋呼吸中枢。五味子素有镇痛作用。五味子醇对肠伤寒、副伤寒混合疫苗所致小鼠发热有退热作用。五味子水及稀醇浸液可加强心收缩力，增大血管张力，对犬、兔等有降压作用；而循环衰竭时，则有显著升压作用。五味子醚提取物有镇咳、祛痰作用。五味子酚、五味子丙素、五味子甲素、五味子乙素等 7 种木脂素，对大鼠肝微粒体脂质过氧化反应的丙二醛生成有明显的抑制作用；五味子酚和五味子乙素还可以抑制 H_2O_2 引起的大鼠红细胞溶血反应。

【用量】马、牛 30 ~ 60 g；猪、羊 10 ~ 20 g；犬、猫 5 ~ 10 g；兔、禽 0.5 ~ 1.5 g。

月见草（Radix Oenothera）

为柳叶菜科植物月见草 *Oenothera binennis* L 和红萼月见草 *Oenothera erythrosepala* Borb 等的根。分布于东北等地，各地也有栽培。秋季采挖，去杂质，晒干。

【性味、归经】甘，温。

【功效】疏散风热，除湿止痛。

【成分】油中含有 γ－亚麻酸、γ－亚麻酸酯、月桂酸、肉豆蔻酸、棕榈酸、硬脂酸、油酸、亚油酸、亚麻油酸、花生酸、辛酸、癸酸、山嵛酸。其挥发油中还含有 23 种成分。

【药理】具有抗衰老、抗溃疡、降血脂、抑制血小板聚集、抗动脉硬化、抗炎以及营养等作用。用月见草油给小鼠灌胃给药 2.4 mg/kg，可以明显抑制乙醇诱导的小鼠肝脏脂质氧化作用，显著增强正常小鼠过氧化氢酶的活力。

【用量】马、牛 15 ~30 g；猪、羊 6 ~12 g；犬 3 ~6 g。

（八）抗过敏植物

大　枣 (Fructus jujubae)

为鼠李科植物枣 *Ziziphus jujube* Mill 的干燥成熟果实。秋季果实成熟时采收，晒干。主产于河南的新郑、灵宝，山东的临清、茌平、泰安，河北、山西、四川、贵州等地亦产，以山东产量最大，河南新郑产者质优。栽培 4 ~5 年结果，8 ~9 月果实呈微红色时采摘，去净杂质，晒干或烘至皮软，再行晒干；亦可放沸水烫一下，使果肉变软而皮未皱缩时捞起，晒干。

【性味、归经】甘，温。入脾、胃经。

【功效】补中益气，养血安神。

【成分】含生物碱：光千金藤碱、N－去甲基荷叶碱、巴婆碱；三萜类：白桦酯酮酸（betulonic acid)、齐墩果酸、马斯里酸、山楂酸等；皂甙类：大枣皂甙Ⅰ、Ⅱ、Ⅲ和酸枣皂甙 B。又含果糖、葡萄糖、蔗醣、少量的阿拉伯聚糖、半乳糖醛酸聚糖。果肉中含芸香甙 3.385 %、VC 0.54 % ~0.972 %以及核黄素、硫胺素、胡萝卜素等。

【药理】具有抗变态反应、增强肌力、延缓衰老、镇静、护肝、抗肿瘤等作用。大枣水提取物具有对抗 IgE 刺激所致人外周血嗜碱性白细胞释放白三烯的作用；大枣的乙醇提取成分乙基－α－果糖甙对 IgE 抗体的产生有特异性抑制作用，对 5－羟色胺和组胺还有一定的颉颃作用。

【用量】马、牛 30 ~90 g；猪、羊 10 ~15 g；兔、禽 1.5 ~3 g。

鹅不食草 (Herba Centipedae)

为菊科植物石胡荽 *Centipeda minima*（L.）A. Br. et Aschers 的带花全草。主产于浙江、湖北、江苏、广东等省。夏秋开花时采收，挖掘全草，洗净，鲜用或晒干。

【性味、归经】辛，性温。归肺经。

【功效】驱风散寒，通鼻利窍，明目去翳。

【成分】含蒲公英甾醇、乙酸蒲公英甾醇酯、豆甾醇、堆心菊内酯异丁酸酯、挥发油等，有效成分主要为伪愈创内酯类和黄酮类。

【药理】对风寒感冒、头痛、鼻塞、百日咳、含痰疟疾、痧痛腹症及跌打扭伤肿痛等有治疗作用。全草热水提取物对被动皮肤超敏反应，以及化合物 48/80 或刀豆素 A 诱导的大鼠腹腔肥大细胞组胺释放有显著抑制作用。

【用量】马、牛 30 ~60 g；猪、羊 10 ~15 g；犬 6 ~8 g。

防 风（Radix saposhnikoviae）

为伞形科植物防风 *Saposhnikovia divaricata*（Turcz.）Schischk 的干燥根。主产于黑龙江、吉林、内蒙古、辽宁等地。春、秋两季采挖，去净残根、毛须、泥土等杂质，晒干，切片。生用或炒用。

【性味、归经】辛、甘，微温。入膀胱、肝、脾经。

【功效】发表祛风，胜湿解痉。

【成分】含色酮类成分：防风色酮醇、亥茅酚、31－O－乙酰基亥茅酚、3－O－当归酰基亥茅酚、5－O－甲基齿阿米醇、升麻素等；香豆精类成分：香柑内酯、补骨脂素、欧前胡内酯、珊瑚菜素、花椒毒素、川白芷内酯等；聚乙炔类成分：镰叶芹醇（即人参炔醇）、镰叶芹二醇等；又含防风酸性多糖 A 和 C；含挥发油，有辛醛、β－甜没药烯等数十种成分。

【药理】具有解热、抗炎镇痛、增强免疫、抗惊厥、抗菌作用。

【用量】马、牛 14～45 g；猪、羊 5～15 g；犬 3～8 g；兔、禽 1.5～3 g。

荆 芥（Herba schizonepetae）

为唇形科植物荆芥 *Schizonepeta tenuifolia*（Benth.）Briq 的全草或花穗。主产于江苏、浙江、江西等地。秋季花、穗正绿时割取地上部分，晒干，茎穗同切短段，俗称全荆芥；或单用穗，称荆芥穗。生用、炒用或炒炭用。

【性味、归经】辛，温。入肺、肝经。

【功效】发表祛风，止血，消疮。

【成分】根含蒽醌衍生物：茜草素、异茜草素、大黄素甲醚、去甲虎刺醛、2－甲基－1，3，6－三羟基蒽醌、1，3－二羟基－2－乙氧基甲基蒽醌、1，4－二羟基－2－甲基蒽醌、乌楠醌、1，2－二羟基蒽醌－2－O－β－D－木糖（1→6）－β－D－葡萄糖甙、1，3，6－三羟基－2－甲基蒽醌－3－O－（6′－O－乙酰基）－α－鼠李糖基－（1→2）－β－葡萄糖甙、1，3－二羟基－2－羟甲基蒽醌－3－O－木糖基（1→6）－葡萄糖甙、异茜草素－3－O－β－D－葡萄糖甙等；含萘醌衍生物：大叶茜草素、2－氨基甲酰基－3－甲氧基－1，4－萘醌、二氢大叶茜草素、茜草内酯、2′－甲氧基大叶茜草素等；还含具抗癌作用的茜草环已肽：RA－Ⅰ、RA－Ⅱ、RA－Ⅲ、RA－Ⅳ、RA－Ⅴ、RA－Ⅵ、RA－Ⅶ、RA－VⅧ、RAI－Ⅸ、RA－Ⅹ、RA－Ⅺ、RA－Ⅻ等。

【药理】具有止血、抗血小板聚集、升白细胞、镇咳祛痰、抗菌、抗肿瘤、抗心肌缺血、抑制尿路结石形成等作用。

【用量】马、牛 15～45 g；猪、羊 5～10 g；犬 3～5 g；兔、禽 1.5～3 g。

木 瓜（Fructus chaenomelis）

为蔷薇科植物贴梗海棠 *Chaenomeles lagenaria*（Loisel.）Koidz 的成熟干燥果实。以安徽宣城产者著名，四川、山东、江苏、浙江、湖北等地亦产。7～8 月果实成熟时采收，纵切两半，晒干。生用。

【性味、归经】酸，温。入肝、脾、胃经。

【功效】舒筋活络，和胃化湿。

【成分】果实含苹果酸、枸橼酸、酒石酸、皂甙，还含齐墩果酸。

【药理】具有保肝、抗菌等作用；另外，木瓜提取物对小鼠艾氏腹水癌有抑制作用。木瓜提物液腹腔注射7天，对小鼠腹腔巨噬细胞吞噬功能有抑制作用。

【用量】马、牛15~30 g；猪、羊6~12 g；犬、猫3~6 g；兔、禽1~2 g。

羌 活（Rhizoma et radix notopterygii）

为伞形科植物羌活 *Notopterygium incisum* Ting 和宽叶羌活（川羌活）*N. franchetii* Boiss 的干燥根茎。主产于四川、云南、甘肃等地。秋季采挖，除去茎叶须根，干燥，切片生用。

【性味、归经】辛、苦，温。入膀胱、肾经。

【功效】散寒解表，除湿止痛。

【成分】含香柑内酯、异欧前胡内酯、花椒毒素、孕甾烯醇酮、二氢山芹醇、挥发油、氨基酸（天冬氨酸、精氨酸等19种）、脂肪酸（油酸、十四碳酸、十六碳酸等）、糖类（果糖、葡萄糖等）等。

【药理】有驱痰镇咳、解痉、平喘、抗菌、降压等作用。羌活挥发油1.328 ml/kg小鼠灌胃或0.133 ml/kg腹腔注射，对2，4－二硝基氯苯所致小鼠耳部迟发型超敏反应有抑制作用。

【用量】马、牛25~30 g；猪、羊3~10 g；犬2~5 g。

秦 艽（Radix gentianae macrophyllae）

为龙胆科植物秦艽（大叶秦艽）*Gentiana macrophylla* Pall、麻花秦艽 *G. straminea* Maxim、粗茎秦艽 *G. crassicaulis Duthie* ex Burk. 或小叶秦艽 *G. dahurica* Fisch 的干燥根。前三种按性状不同分别俗称“秦艽”和“麻花艽”，后一种俗称“小秦艽”。秦艽和麻花艽主产于东北、华北、西北及西南等地；小秦艽主产于华北、东北、西北等地及四川、西藏等省区。春、秋两季采挖，除去泥沙。秦艽及麻花艽晒软，堆置“发汗”至表面呈红黄色或灰黄色时，摊开晒干，或不经“发汗”直接晒干；小秦艽趁鲜时搓去黑皮，晒干。切片生用。

【性味、归经】苦、辛，平、入胃、大肠、肝、胆经。

【功效】祛风湿，退虚热。

【成分】含秦艽碱甲（龙胆碱），秦艽碱乙（龙胆次碱），龙胆苦甙，当药苦甙等。

【药理】抗炎、抗过敏、抗菌。小剂量对中枢神经有镇静作用，大剂量则有兴奋作用。此外，还可能有降压、减慢心率、升高血糖等作用。秦艽碱甲对豚鼠的组胺性休克及大鼠的蛋清性过敏性休克均有显著的保护作用，能明显降低大鼠毛细血管的通透性。给豚鼠腹腔注射秦艽碱甲90 mg/kg，能明显减轻组胺喷雾引起的哮喘。

【用量】马、牛15~45 g；猪、羊3~12 g；犬2~6 g。

乌　药（Radix linderae）

为樟科植物乌药 *Lindera strychnifolia*（Sieb. et Zucc.）Vill 的干燥根。主产于安徽、浙江、江西、福建、广东、广西、湖北、陕西、四川、云南等地，以浙江天台所产者品质最佳，故称“天台乌药”或“台乌”。冬、春两季挖取，以初夏采者粉性大，质量好。挖取后除去须根，洗净，趁鲜刮去栓皮，切片，晒干。生用或麸炒用。

【性味、归经】辛，温。入脾、肺、肾、膀胱经。

【功效】行气止痛，温肾缩尿。

【成分】含挥发油，主要有乌药环氧内酯、乌药烯醇、乌药醇、乌药酸、乌药内酯、异乌药内酯、新乌药内酯、乌药烯酮、乌药根内酯、乌药根烯等；还含生物碱：木姜子碱和波尔定碱等。

【药理】具镇痛、抗炎、抗病毒、抗组胺、抗凝、止血等作用；乌药对胃肠平滑肌有兴奋和抑制的双重作用，并能增加消化液的分泌。乌药醇提取物浓度在 0.1 mg 时，对离体豚鼠气管抗组胺的作用快、强而持久。

【用量】马、牛 30 ~60 g；猪、羊 10 ~15 g；犬、猫 5 ~8 g；兔、禽 1.5 ~3 g。

徐长卿（Padik seu Herba Cynanobi Paniculati）

为萝藦科植物徐长卿 *Cymanchum paniculaturn* 的根及根茎或带根全草。主产于江苏、安徽、山东、湖南、湖北、河南。全草：夏秋采挖，扎成小把，除去杂质，晾干或晒干；根及根茎：冬季倒苗后采挖，洗净，晒干。

【性味、归经】辛，性温。归肝、胃、脾经。

【功效】镇痛、镇静，驱风止痒，解蛇虫毒。

【成分】全草含牡丹酚、赤藓醇、三十烷、十六碳烯等，还含甾体化合物：β－谷甾醇、直立白薇甙等。根含新直立白薇甙。

【药理】具有解热、镇痛、抗惊厥、降压、降血脂、抗动脉粥样硬化、抗炎抗变态反应、抑制血小板聚集及血栓形成等多种功效。腹腔注射牡丹酚，能显著抑制大鼠皮肤过敏反应。

【用量】马、牛 30 ~45 g；猪、羊 10 ~15 g；犬 6 ~8 g。

（九）止泻植物

萹　蓄（Herba Polygoni Avicularis）

为蓼科植物萹蓄 *Polygonum aviculare* L 的全草。主产于河南、浙江、四川、山东、吉林、河北等省。7 ~8 月生长旺期，挖取全株，抖净泥沙，去除杂草，鲜用或晒干。

【性味、归经】苦，微寒。入膀胱经。

【功效】清热利水，杀虫止痒。

【成分】含萹蓄甙、胡桃甙、本特米定、木犀草素、东莨菪素等，还含有草酸、咖啡酸、绿原酸、粘液质、葡萄糖、蔗糖、多糖等。

【药理】收敛、抗菌、降压、利尿、利胆，也可作创伤用药。

【用量】马、牛 20～60 g；猪、羊 5～10 g；犬 2～3 g；兔、禽 0.5～1.5 g。

车前子（Semen plantaginis）

为车前草科植物车前 *Plantago asiatica* L 或平车前 *P. depressa* Willd 的成熟干燥种子。各地均产。夏、秋种子成熟时采收，晒干。生用或炒用。

【性味、归经】甘，寒。入肺、膀胱、小肠、肾、肝经。

【功效】利水通淋，清肝明目，化痰止咳。

【成分】含车前聚糖、车前子酸、胆碱、腺嘌呤、琥珀酸、脂肪油、蛋白质、树脂等，又含去羟栀子甙酸等。

【药理】具有祛痰镇咳、预防肾结石形成、抗炎、延缓衰老、缓泻等作用。

【用量】马、牛 15～60 g；猪、羊 6～12 g；犬 3～6 g；兔、禽 1～3 g。

诃　子（Fructus chebulae）

为使君子科植物诃子树 *Terminalia chebula* Retz 的干燥果实。原产印度、马来西亚、缅甸，现我国云南、广东、广西等省区均有栽培。1 年可采收 3 批，分别于 9、10、11 月，将成熟果实采下，晒干。生用或煨用。若用果肉则去核。

【性味、归经】苦、酸、涩，温。入肺、胃、大肠经。

【功效】涩肠止泻，敛肺利咽。

【成分】含鞣质 23.60 %～37.36 %，主要有诃子酸、1，3，6－三没食子酰葡萄糖、原诃子酸、没食子酸等；还含榄仁萜酸、阿江榄仁甙、诃五醇、棕榈酸、胡萝卜甙、番泻甙 A、诃子素、阿拉伯糖、果糖、葡萄糖、氨基酸、阿魏酸、香草酸、咖啡酸、对香豆酸、没食子酚等。种子含棕榈酸、硬脂酸、油酸、亚油酸、亚麻酸、花生酸、糖脂及磷脂等。

【药理】具有抗组胺、抗病原体、抗肿瘤等作用。诃子及其多种炮制品对家兔离体肠管的自发活动，以及乙酰胆碱及氯化钡引起的肠肌收缩均有明显的抑制和拮抗作用；诃子具有收敛鞣质的一般药理作用。

【用量】马、牛 30～60 g；猪、羊 6～10 g；犬、猫 3～5 g；兔、禽 0.5～1.5 g。

马齿苋（Herba Plrtulacae）

为马齿苋科植物马齿苋 *Portulace oleracea* L. 的干燥地上部分。别名马齿菜、马苋菜、生命菜、酱板豆草等，在我国各地田野、沟旁丛生。药用其茎叶或全草。鲜用或晒干粉碎用。

【性味、归经】味酸，性寒。入心、肝、脾经。

【功效】清热解毒，凉血消肿。

【成分】新鲜全草含去甲肾上腺素（约占 0.25 %）和钾盐（氯化钾、硝酸钾、硫酸钾），鲜草含钾盐 1 %，甘草含钾盐 17 %，尚含有二羟基苯乙胺、二羟基苯丙氨酸以及丰富的苹果酸、枸橼酸、氨基酸、VB_1、VB_2、VPP、VC、胡萝卜素等。全草含生物碱、香豆精、黄酮类、强心甙及蒽醌类化合物。

【药理】具有抗菌、收缩子宫、松弛骨骼肌、加强心肌收缩力、降低全血低切表观粘度及血浆中切表观粘度、降血脂等作用。

【用量】牛、马 30 ~120 g；猪、羊 15 ~30 g；兔、禽 1.5 ~6 g；鱼每 1 kg 体重 5 ~10 g，拌饵投喂。

石榴皮（Pericarpium granati）

为石榴科植物石榴 *Punica granatum* L. 的干燥果皮。全国大部分地区均有栽培。秋季果实成熟，顶端开裂时采摘，除去种子及隔瓤取果皮，或收集食用石榴后的果皮，洗净，切瓣，晒干。生用。

【性味、归经】酸、涩，温。入肺、肾、大肠经。

【功效】止泻、驱虫。

【成分】含鞣质、蜡、甘露醇、粘液质、没食子酸、苹果酸、果胶、菊糖，鞣质含石榴皮苦素 A 和 B、石榴皮鞣质等；含反油酸、异槲皮甙、矢车菊素 -3 -葡萄糖甙、蹄纹天竺素 -3 -葡萄糖甙等，还含石榴皮碱、异石榴皮碱、伪石榴皮碱、N -甲基异石榴皮碱等。

【药理】具有抗菌、抗病毒等作用；另外，果皮粉口服可减少雌性大鼠和豚鼠的受孕率；石榴皮阴道栓的生殖毒理学实验表明，其对主要生殖力指数、着床前死亡率、胎存死亡率无明显影响。

【用量】马、牛 30 ~45 g；猪、羊 6 ~12 g；犬、猫 3 ~6 g；兔、禽 1 ~2 g；1 % 的煎液浸洗患病鱼体 20 ~30 min。

乌　梅（Fructus mume）

为蔷薇科植物梅 *Prunus mume Sieb.* et Zucc 的未成熟果实的加工熏制品。主产于四川、浙江、福建、湖南、贵州等省区，广东、湖北、云南、陕西、安徽、江苏、广西、江西、河南等省区亦产。5、6 月果青黄色（青梅）时采收，用火炕焙 2 ~3 昼夜可干，再闷 2 ~3 天，使色变黑即得。去核生用或炒用。

【性味、归经】酸、涩，平。入肝、脾、肺、大肠经。

【功效】敛肺，涩肠，生津，安蛔。

【成分】果实含枸橼酸、苹果酸、草酸、琥珀酸等，以前二种为主；含游离氨基酸，主要为天冬酰胺；含糖，主要为葡萄糖、果糖及蔗糖；还含广藿香醇、5 -羟甲基 -2 -糠醛、苯甲醛、苯甲醇、十六烷酸、乙酸丁酯等。

【药理】具有抗病原微生物、驱蛔虫等作用，还具钙离子样拮抗作用；乌梅煎剂口服对胆囊有轻微收缩作用；小鼠玫瑰花环实验表明，有增强免疫作用。

【用量】马、牛 15 ~30 g；猪、羊 6 ~10 g；犬、猫 3 ~5 g；兔、禽 0.6 ~1.5 g。

泽　泻（Rhizoma alismatis）

为泽泻科植物泽泻 *Alisma plantago - aquatica L. var. orientale* Samuels 的干燥球茎。主产于四川、福建、江西等地，均系栽培。冬季采挖，洗净，除去茎叶和须根，微火烘干，再撞去粗皮。切片生用或麸炒、盐炒用。

【性味、归经】甘、淡，寒。入肾、膀胱经。

【功效】利水渗湿，清泻湿热。

【成分】含泽泻醇 A ~ G、表泽泻醇 A、泽泻醇 B23 - 乙酸酯、泽泻达玛烯醇 A、泽泻甙、大黄素等。还含硬脂酸、甘油醇 - 1 - 硬脂酸酯、三十烷、胆碱、植物凝集素及泽泻多糖 PH、PⅢF 等。

【药理】具有利尿、降血脂、抗脂肪肝、减肥、抗炎、降血压等作用。

【用量】马、牛 15 ~ 45 g；猪、羊 9 ~ 15 g；犬 5 ~ 8 g；兔、禽 0.5 ~ 1 g。

（十）止血植物

旱莲草（Herba ecliptae）

为菊科植物鳢肠 *Eclipta prostrate* L 的全草。产于江苏、浙江、江西、湖北、广东等省。夏、秋季割取全草，鲜用或晒干。除去杂质及残根，清水洗净，稍润切段，干燥。

【性味、归经】甘、酸，凉。入肝、肾经。

【功效】凉血止血，补肾养阴，清热解毒。

【成分】含皂甙 1.32 %、烟碱约 0.08 %、蛋白质约 26.5 %，含 α - 三联噻吩、α - 三联噻吩基甲醇乙酸酯、α - 甲酰三联噻吩等，还含木犀草素 - 7 - 葡萄糖甙、β - 香树脂醇、植物甾醇、鞣质、苦味质及异黄酮甙类等。叶含蟛蜞菊内酯、去甲基蟛蜞菊内酯、去甲基蟛蜞菊内酯 - 7 - 葡萄糖甙。

【药理】具有抗炎、保肝、抗诱变、止血、抑菌、增强免疫等作用，对小鼠有明显镇静、镇痛作用，可使豚鼠离体心脏冠脉流量增加，心电图 T 波改善；旱莲草煎剂对食管癌 109 细胞有中等程度的杀伤作用。

【用量】马、牛 15 ~ 60 g；猪、羊 10 ~ 15 g；犬 5 ~ 5 g。鲜品用量加 2 ~ 3 倍。外用适量。

辣　蓼（Herba polygoni）

为蓼科植物水蓼 *Polygonum Hydropiper* L 或绵毛酸模叶蓼 *Polygonum lapathifolium L. var. salicifolium* Sibth 的全草。前者主产于陕西、内蒙古、河北、云南、四川、江西、浙江等地。后者主产于福建、河南、广东、江苏。夏、秋季采收，洗净，鲜用或晒干。

【性味、归经】辛，温，有小毒。入脾胃、大肠经。

【功效】行气化湿，散瘀止血，祛风止痒。

【成分】叶含槲皮素 - 3 - 硫酸酯、槲皮素、异槲皮素、异水蓼醇醛、水蓼醛酸、水蓼酮、11 - 羟基密叶辛木素、水蓼二醛。茎含多胡椒酸、酰基葡萄糖基甾醇、顺/反

-对香豆酸、顺/反-阿魏酸、香草酸、丁香酸、对-羟基苯甲酸、绿原酸、没食子酸、对羟基苯乙酸、甲酸、乙酸、缬草酸、葡萄糖醛酸、丙酮酸、焦性没食子酸等。全草还含水蓼素、金丝桃甙、槲皮甙、山奈素和姜黄烯等挥发油成分。

【药理】具有止血、抗炎、抗癌、抗氧化、抗微生物等作用；还有镇痛、扩张血管和降压作用，并能降低小肠和子宫平滑肌张力等。

【用量】马、牛 60~120 g；猪、羊 30~60 g；犬 15~30 g；鱼每 1 kg 体重 10~20 g，拌饵投喂。

茜　草（Radix rubiae）

为茜草科植物茜草 *Rubia cordifolia* L 的根及根茎。主产于陕西、江苏、安徽、河南、山东等地，以陕西、河南产量大而质优。培育 2~3 年后，挖掘，晒干。生用或炒炭用。

【性味、归经】苦，寒。入心、肝经。

【功效】凉血止血，活血通经。

【成分】根含茜草素、异茜草素、大黄素甲醚、去甲虎刺醛、2-甲基-1，3，6-三羟基蒽醌、大叶茜草素、2-氨基甲酰基-3-甲氧基-1，4-奈醌、二氢大叶茜草素、茜草内酯等，还含具抗癌作用的茜草环已肽：RA-Ⅰ、RA-Ⅱ、RA-Ⅲ、RA-Ⅳ、RA-Ⅴ、RA-Ⅵ、RA-Ⅶ、RA-Ⅷ、RA-Ⅸ、RA-Ⅹ、RA-Ⅺ、RA-Ⅻ、RA-ⅩⅢ、RA-ⅩⅣ、RA-ⅩⅤ和RA-ⅩⅥ等。

【药理】具有止血、抗血小板聚集、升白细胞、镇咳祛痰、抗菌、抗肿瘤等作用；还能防止实验性肾和膀胱结石的形成，明显增加心肌和脑组织中的 ATP 含量，并增加冠脉流量，对乙酰胆碱引起的离体兔肠痉挛有解痉作用，水提取物对离体豚鼠子宫有兴奋作用。

【用量】马、牛 15~60 g；猪、羊 5~15 g；犬 5~10 g。

紫　草（Radix Arnebiae Seu Lithospermi）

为紫草科植物新疆紫草 *Arnebia euchroma*（Royle）Johnst、内蒙紫草 *Arnebia guttata* Bunge 或紫草 *Lithospermum erythrorehizon* Sieb. -Zucc 的根。分布于辽宁、河北、山西、山东、河南、江西、湖南、广西、贵州、四川、陕西、甘肃等省区。4~5 月或 9~10 月挖根，除去残茎及泥土，切忌水洗，捆成小把，晒干或微火烘干。

【性味、归经】苦，性寒。归心、肝经。

【功效】凉血活血，清热解毒。

【成分】含紫草素、乙酰紫草素、去氧紫草素等，新疆紫草还含有去水紫草素。紫草根含有紫草多糖 A、B、C，紫草呋喃氢醌 A、B、C、D、E 等。

【药理】抗炎、解热、镇静、镇痛、抗病原微生物、抗肿瘤、抗生育，静脉注射可引起血压一过性下降。给小鼠灌胃 6 种紫草水提取物、醇提取物 10 g/kg，连续 3 日，对小鼠断尾出血有不同程度的止血作用，其中软紫草水提取物最强，露蕊滇紫草次之。

【用量】马、牛 30～60 g；猪、羊 6～10 g；犬 3～5 g。

（十一）止咳平喘植物

白　果（Semen ginkgo）

为银杏科植物银杏树 *Ginkgo biloba* L 的成熟种子。为我国特产，均为人工栽培，南至广东，北至辽宁，东起江浙，西达陕甘、西南等地均有栽培。秋季种子成熟时采收，除去肉质的外种皮，洗净晒干。用时去壳取种仁，捣碎，生用、炒用或蒸熟后食用。

【性味、归经】甘、苦、涩，平。有小毒。入肺经。

【功效】敛肺定喘，收涩除湿。

【成分】果实中酚类成分含量较高，有白果酸、氢化白果酸、氢化白果亚酸、白果酚、白果二酚等，还有漆树酸。一般组成为蛋白质 6.4 %、脂肪 2.4 %、碳水化合物 36 % 和少量氰甙。

【药理】具有镇咳祛痰、抑菌的作用；白果二酚 500 mg/kg 对兔有短暂降压、抗过敏作用；白果水提取物对 6－磷酸葡萄糖脱氢酶、苹果酸脱氢酶和柠檬酸脱氢酶有抑制作用。白果乙醇提取物给小鼠腹腔注射可使呼吸道酚红排泌增加，有一定的祛痰作用。

【用量】马、牛 15～30 g；猪、羊 4～8 g；犬 1～2 g。

白芥子（Semen sinapis）

为十字花科植物白芥 *Brassica alba*（L.）Boiss 的种子。全国各地均有栽培，盛产于安徽、河南等地。夏季果实成熟时采收，取种子晒干，炒用。

【性味、归经】辛，温。入肺经。

【功效】温肺化痰，散结止痛。

【成分】含白芥子甙、芥子碱、芥子酶、脂肪、蛋白质及其粘液质。白芥子甙经芥子酶水解产生异硫氰酸对羟苄脂、酸性硫酸芥子碱及其葡萄糖。酸性芥子碱经水解产生芥子酸和胆碱。

【药理】白芥子甙水解物刺激胃粘膜，反射性地引起支气管分泌增加，有祛痰的作用；白芥子甙水解产物白芥子油对皮肤有刺激作用；1∶3 的白芥子水浸液在试管中对堇色毛癣菌、许蓝氏黄癣等真菌有不同的抑制作用。

【用量】马、牛 15～45 g；猪、羊 3～10 g；犬 2～5 g。

白　前（Rhizoma Cynanchi）

为萝藦科植物柳叶白前 *Cynanchum stauntonii*（Decne.）Shltr. ex Lévl. 和芫花白前 *Cynanchum glaucescens*（Decne.）Hand. －Mazz 的根及根茎。分布于江苏、浙江、江西、福建、湖南、广东、广西、四川等省区。栽种翌年 9～10 月，选晴天，割除地上部分，挖掘根部，洗净，切段，晒干。

【性味、归经】辛、甘，性微温。归肺经。

【功效】降气化痰。

【成分】根含白前皂甙A、B、C、D、E、F、G、H、I、J、K，白前皂甙元A和B，另含白前双糖、白前新皂甙。

【药理】对咳嗽痰多、胸满气喘有治疗作用。

【用量】马、牛30~60 g；猪、羊6~10 g；犬3~5 g。

川贝母（Bulbus fritillariae cirrhosae）

为百合科植物川贝母 *Fritillaria cirrhosa* D. Don、暗紫贝母 *Fritillaria unibracteata Hsiao* et K. C. Hsia、甘肃贝母 *Fritillaria Przewalskii* Maxim. 或梭砂贝母 *Fritillaria delavayi* Franch 的干燥鳞茎。前三者按性状不同，分别俗称“松贝”和“青贝”，后者俗称“炉贝”。主产于四川、西藏、云南、青海等省区。栽种2~3年后，于7~8月挖掘鳞茎，按大、小分级，洗净，除去虫斑和病斑的鳞茎，装入筐或麻布袋内，来回撞击3~5 min，置席上曝晒至黄色时，反复几次，稍洗，将大号贝切片，中号贝分瓣，用硫黄熏白。

【性味、归经】苦、甘、微寒。入心、肺经。

【功效】清热润肺，止咳化痰。

【成分】暗紫贝母含生物碱：松贝辛、松贝甲素；还含蔗醣、硬脂酸、棕榈酸、β-谷甾醇。卷叶贝母含生物碱：川贝碱、西贝素等。甘肃贝母含生物碱：岷贝碱甲、岷贝碱乙、川贝酮碱、西贝素。棱砂贝母含生物碱：棱砂贝母碱、棱砂贝母酮碱、西贝母碱等。

【药理】具有镇咳平喘、降压、抗菌、使血糖升高等作用。

【用量】马、牛15~30 g；猪、羊3~10 g；犬、猫1~2 g；兔、禽0.5~1 g。

桔　梗（Radix platycodi）

为桔梗科植物桔梗 *Platycodon grandiflorum*（Jacq.）A. DC 的干燥根。主产于安徽、江苏、浙江、湖北、河南等地。春、秋两季采挖，以秋季采者为佳。除去苗茎，洗净，刮去栓皮，晒干，切片生用。

【性味、归经】苦、辛，平。入肺经。

【功效】宣肺止咳，清咽利喉，祛痰排脓。

【成分】每100 g嫩茎叶含蛋白质0.19 g、粗纤维3.19 g、碳水化合物14 g、胡萝卜素8.4 mg、核黄素0.6 mg、抗坏血酸216 mg。每1 g干品含钾11.0 mg、钠0.13 mg、钙27.7 mg、镁5.59 mg、磷2.25 mg、铁135 μg、锰73 μg、锌35 μg、铜7 μg。根中所含有效成分为皂甙，已经分离到桔梗皂甙A、C、D、D_2、D_3，去芹菜糖基桔梗皂甙D、D_3，2″-O-乙酰基远志皂甙D_2、3″-O-乙酰基桔梗皂甙D_2，远志皂甙D、D_2，2″-O-乙酰基远志皂甙D_2、3″-O-乙酰基远志皂甙D_2、桔梗甙酸A甲酯、2-O-甲基桔梗甙酸A甲酯、桔梗甙酸A内酯等。其中主要成分是桔梗皂甙D和远志皂甙D_2，桔梗皂甙A就是2″-O-乙酰基桔梗皂甙D，桔梗皂甙C就是3″-O-乙酰基远志皂甙D。

多种混和皂甙完全水解后所得到的甙元，有桔梗皂甙元、远志酸和少量的桔梗酸 A、B 及 C，部分水解则得到 8 种次皂甙。根还含白桦酯醇、α－菠菜甾醇及 β－D－其葡萄糖甙和类似菊糖物质。

【药理】具有祛痰镇咳、降低血糖及影响胆固醇的代谢、抑制胃液分泌及抗溃疡、抗炎等作用；粗制桔梗皂甙有镇静、镇痛和解热作用；注射给药时对麻醉犬有扩张冠状血管和后肢血管的作用；体外试验，桔梗煎剂对絮状表皮癣有抑制作用；桔梗口服或腹腔注射对艾氏腹水癌细胞抑制效果为 30 %～60 %。

【用量】马、牛 15～40 g；猪、羊 3～10 g；犬 2～5 g；兔、禽 1～1.5 g。

款冬花（Flos farfarae）

为菊科植物款冬 *Tussilago farfara* L. 的干燥花蕾。主产于河南、陕西、山西、甘肃等地。在冬至前后，当花蕾将出土时采挖，除去花梗及泥土，阴干，生用或蜜炙用。

【性味、归经】辛，温。入肺经。

【功效】润肺化痰，止咳。

【成分】含款冬二醇、蒲公英黄色素、芸香碱、款冬花素、甲基丁酸款冬素酯、款冬酮等；叶含苦味甙、没食子酸、糊精、菊糖、VC 等，从叶中还提取出粗多糖。鲜根茎含挥发油、石蜡、菊糖、鞣质；根含橡胶及鲍尔烯醇等。

【药理】具有镇咳、祛痰作用，略有平喘的作用，能兴奋延脑血管运动中枢、升压、抑制胃肠平滑肌，对未孕兔或经产兔子宫、大鼠及豚鼠离体子宫小剂量兴奋、大剂量抑制或先兴奋后抑制，抑制血小板活化因子。兔灌胃款冬花煎剂 10 g（生药）/kg 1 h 后，有显著的镇咳作用。静脉注射醇提取物和醚提取物，可使兔呼吸显著兴奋，对吗啡所致呼吸抑制有拮抗作用。

【用量】马、牛 15～45 g；猪、羊 3～10 g；犬 2～5 g。

枇杷叶（Folium eriobotryae）

为蔷薇科植物枇杷 *Eriobotrya japonica*（Thunb.）Lindl 的干燥叶片。产于长江流域及华南地区各省。春末夏初采收鲜叶，晒干，刷去绒毛，洗净切碎。生用或蜜炙用。

【性味、归经】苦，平。入肺、胃经。

【功效】化痰止咳，和胃降逆。

【成分】含苦杏仁甙、枇杷呋喃、枇杷佛林 A、金丝桃甙等橙花叔醇的糖甙，以橙花叔醇和金合欢醇为主要成分的挥发油和酒石酸、枸橼酸、苹果酸、齐墩果酸、熊果酸、马斯里酸等。

【药理】具有抗炎、镇咳作用；枇杷叶甲醇提取物中的倍半萜葡萄糖甙和多羟基三萜烯甙，可显著降低遗传性糖尿病小鼠的尿糖，后者还可降低正常小鼠的血糖。枇杷叶所含苦杏仁甙在体内水解产生的氢氰酸有止咳作用。水煎剂或乙酸乙酯提取物有祛痰和平喘作用。所含挥发油有轻度祛痰作用，皂草甙是枇杷叶止咳、祛痰的主要有效成分。

【用量】马、牛 15～30 g；猪、羊 3～10 g；犬 2～5 g；兔、禽 1～2 g。

桑白皮（Cortex mori）

为桑科植物桑树 *Morus alba* L. 的干燥根白皮。主产于安徽、河南、浙江、江苏、湖南等省，其他各地亦产。秋末叶落至翌年春季发芽前采挖根部，刮去黄棕色粗皮，纵向剖开，剥取根白皮，洗净，切丝，晒干。生用或蜜炙用。

【性味、归经】甘，寒。入肺经。

【功效】泻肺平喘，利水消肿。

【成分】根皮含多种桑黄酮、多种桑白皮素、桑葛酮和多种桑色呋喃；还含桑素、环桑色烯、桑根皮素、3，4－二羟基苯甲酸乙酯、5，7－二羟基色酮、桑糖蛋白A。

【药理】具有抗菌、降压、诱生干扰素及影响血小板代谢等作用。

【用量】马、牛15～60 g；猪、羊6～12 g；犬3～6 g；兔、禽1～2 g。

杏　仁（Semen armeniacae amarum）

为蔷薇科植物杏 *Prunus armeniaca* L 及其变种山杏 *P. armeniaca* L. var. ansu Maxim 的成熟干燥种子的核仁，又称苦杏仁。主产于东北、华北、西北及长江流域各省区。夏季果实成熟时，除去果肉，打碎果核，取出核仁晒干，捣碎生用或炒用。

【性味、归经】苦，温。有小毒。入肺、大肠经。

【功效】止咳平喘，润肠通便。

【成分】杏种仁含苦杏仁甙约4 %、脂肪油约50 %，脂肪油主要为亚油酸、油酸、棕榈酸等8 种脂肪酸；还含绿原酸、肌醇、胆甾醇、雌酮、游离氨基酸、蛋白KR－A和蛋白KR－B及挥发油。山杏种仁含苦杏仁甙约4.84 %和挥发油，挥发油主要为正己醛、反式－2－己烯醛、正己醇、反式－2－己烯－1－醇、芳樟醇、顺式－3－己烯－1－醇和十四烷酸等。

【药理】具有镇咳平喘、抗菌、抗肿瘤等作用；苦杏仁油有杀虫、抗凝血、镇痛、增强机体免疫力等作用，苦杏仁甙能够明显提高脑缺血状态下细胞色素氧化酶的活性。

【用量】马、牛25～45 g；猪、羊5～15 g；犬3～8 g。

紫　苏（Folium perillae）

为唇形科植物紫苏 *Perilla frutescens*（L.）Britt 及其变种的叶茎。全国各地均产。7～9 月采收地上部分，倒挂通风处阴干，切段入药。发表散寒多用苏叶；行气宽中、安胎等多用苏梗。

【性味、归经】辛，温。入肺、脾经。

【功效】发表散寒，行气宽中，理气安胎。

【成分】叶含挥发油，主要有紫苏醛、柠檬烯、β－丁香烯、α－香柑油烯、芳樟醇等；还含紫苏醇－β－D－吡喃葡萄糖甙、紫苏甙B、紫苏甙C、1，2－亚甲二氧基－4－甲氧基－5－烯丙基－3－苯基－β－D－吡喃葡萄糖甙。

【药理】苏叶具有镇静、解热、抑制兴奋传导、止咳祛痰平喘、止血、抗凝血、升高血糖、抗微生物、免疫调节等作用；紫苏能促进消化液分泌、增强胃肠蠕动，对腺甙酸环化酶有轻度抑制作用；对放射性皮肤损害有保护作用；苏叶提取物有显著抗氧化作用；苏梗有孕激素样作用、诱生干扰素作用。紫苏中多种成分，如石竹烯，对豚鼠离体气管有松弛作用，对丙烯醛或枸橼酸引起的咳嗽亦有明显的镇咳作用，小鼠酚红试验呈阳性作用，表明紫苏有较好的平喘、镇咳和祛痰作用。

【用量】马、牛 15~45 g；猪、羊 5~15 g；犬 3~8 g；兔、禽 1.5~3 g。

二、增加动物产量类

（一）促进消化吸收植物

佛　手（Furctus citri sarcodactylis）

为芸香科植物佛手 *Citrus medica* L. var. *sarcodactylis*（Noot.）Swingle 的果实。广佛手主产于广东高要；建佛手主产于福建福安、莆田；川佛手主产于四川合江，云南易门、宾川等地。果皮由绿开始变浅黄绿色时，选晴天采收，切成薄片，晒干或烘干。除去杂质后，用水喷润后，切碎，晒干。

【性味、归经】辛、苦，温。入肝、胃经。

【功效】舒肝理气，和胃，化痰。

【成分】含 3，5，8－三羟基－6，7－二甲氧基香豆素、柠檬苦素、闹米林、β－谷甾醇，胡萝卜甙、棕榈酸、琥珀酸，还含香叶木甙、橙皮甙及顺式－头－尾－3，3'，4，4'－柠檬油素二聚体等。

【药理】具有解痉、抗过敏、抗炎、抑制心脏兴奋和降压等作用。

【用量】马、牛 15~45 g；猪、羊 6~15 g；犬 5~10 g。

厚　朴（Cortex magnoliae officinalis）

为木兰科植物厚朴 *Magnolia efficinalis* Rehd. et Wils 或凹叶厚朴 M. biloba（Rehd. et Wils）Cheng. 的干燥树皮。主产于四川、湖北、江苏、安徽、浙江、江西、福建、陕西、甘肃等省。立夏至夏至采取树皮，阴干，蒸熟再卷成筒，或摊开压平后晒干。炮制有 2 种方法：一是蒸透，趁热切成卷厚朴片，晒干；二是以生姜、苏叶与厚朴同煮透，去生姜、苏叶，切成片，阴干，名制厚朴。

【性味、归经】苦、辛，温。入脾、胃、肺、大肠经。

【功效】行气燥湿，降逆平喘。

【成分】厚朴含厚朴酚、厚朴新酚，厚朴醛 *B*、*C*、*D*、*E*，辣薄荷基厚朴酚、辣薄荷基和厚朴酚、龙脑基厚朴酚、厚朴木脂素 *A*~*I*、芥子醛、丁香树脂酚、松脂酚二甲醚、望春花素和木兰箭毒碱、柳叶木兰碱等生物碱，以及 β－桉叶醇、荜澄茄醇、丁香烯等三十多种挥发油。凹叶厚朴含厚朴酚、和厚朴酚、α－及 β－桉叶醇。

【药理】煎剂对兔离体肠管和支气管均呈兴奋作用；对小鼠、豚鼠的离体肠管在较低浓度时呈现兴奋，高浓度时则为抑制；另外，具有肌肉松弛、抗溃疡、抗病原体、抗炎、中枢抑制等作用；对蟾蜍离体心脏有抑制作用，所含生物碱有明显降压作用，厚朴酚具破坏血小板活性作用；能明显降低大鼠肝细胞能荷，对前列腺素合成有抑制作用。

【用量】马、牛 25 ~45 g；猪、羊 6 ~10 g；犬 3 ~5 g；兔、禽 1.5 ~3 g。

莱菔子（Semen raphani）

为十字花科植物莱菔（萝卜）*Raphanus sativus* L. 的种子。我国各地均产。初夏采收成熟种子，晒干。生用或炒用。

【性味、归经】辛、甘，平。入肺、脾经。

【功效】消食导滞，理气化痰。

【成分】含莱菔素、挥发油、脂肪油、芥子碱硫酸氢盐。挥发油含甲硫醇等，脂肪油含多量芥酸、亚油酸、亚麻酸以及芥子酸甘油酯。

【药理】具有抗菌、抗炎、降压等作用；另外，莱菔素在体外可抑制植物种子发芽和兔睾丸组织细胞的生长，对离体蛙心有抑制作用。

【用量】马、牛 15 ~45 g；猪、羊 6 ~12 g；犬 3 ~6 g；兔、禽 1.5 ~2 g。

麦 芽（Fructus hordei germinatus）

为禾本科植物大麦 *Hordeum vulgare* L. 的成熟果实经发芽干燥而成。全国各地均产。以成熟大麦，水浸约 1 日，捞起篓装或布包，经常洒水至发短芽，晒干。生用，炒用或炒焦用。

【性味、归经】甘，平。入脾、胃经。

【功效】消食和中，回乳。

【成分】含淀粉酶、转化糖酶、VB、脂肪、磷脂、糊精、麦芽糖、葡萄糖、蛋白质、麦芽毒素（0.02 % ~0.35 %）；还含有淀粉水解酶、蛋白分解酶、淀粉、α－维生素 E 醌（α－生育酚醌）、α－塔可三分烯醇、碳－葡萄糖基黄酮等成分。

【药理】对胃酸与胃蛋白酶的分泌有轻度抑制作用；生麦芽具有催乳作用，制麦芽则作用减弱，也有报道麦芽具回乳和催乳双向作用；还具有降血糖、抑制血小板聚集、降血脂、保肝等作用。

【用量】马、牛 20 ~60 g；猪、羊 10 ~15 g；犬 5 ~8 g；兔、禽 1.5 ~5 g。

香 附（Rhizoma cyperi）

为莎草科植物莎草 *Cyperus rotundus* L. 的干燥块茎。因其根茎相附连续而生，可以制香料，故名。我国分布极广，产量甚大，主产于广东、河南、四川、浙江、山东等省。9 ~10 月采收，挖取根茎，洗净，晒干，烧去须根。生用、醋炒或炒炭用。另有以黄酒或醋同煮，名制香附；以酒、盐、姜汁、童便分次制炒者，名四制香附。

【性味、归经】辛、微苦、微甘，平。入肝、脾、三焦经。

【功效】理气解郁，散结止痛。

【成分】根茎含广藿香烯酮、丁香烯－α 环氧化物、10，12－过氧菖蒲烯、α－香附酮、香附醇酮、挥发油、葡萄糖、蔗糖、麦芽糖、果糖等。

【药理】具有抗菌、消炎、祛痛、收缩子宫、镇静、抗肿瘤、强心及降压等作用。

【用量】马、牛30~60 g；猪、羊10~15 g；兔、禽1~3 g；犬4~8 g。

枳 壳（Fructus aurantii）

为芸香科植物酸橙 *Citrus aurantium* L. 和香圆 *C. wilsonii* Tanaka. 的接近成熟的果实。9~10月采收，去瓤，压扁，切片。生用或麸炒用。

【性味、归经】苦，微寒。入脾、胃经。

【功效】破气消积。

【成分】酸橙成熟果实含挥发油，主要是α－和β－蒎烯、丁香烯、柠檬烯等；又含橙皮甙、新橙皮甙、柚皮甙、辛弗林、枸橼酸等。未成熟果皮含柚皮甙、野漆树甙、忍冬甙、新橙皮甙、橙皮甙、甜橙素等黄酮类化合物和那可汀、酪胺、喹啉、色胺等。种子含宜昌橙苦素、闹米林、柠檬苦素、黄柏酮、异柠檬尼酸等。香圆果皮含堇黄质、叶黄素环氧化物、新黄质、隐黄素、玉米黄质等。幼果含辛弗林、N－甲基酪胺等。

【药理】具有兴奋肠道平滑肌、强心、抗炎、抗变态反应、抗氧化、抗癌、镇静、解热等作用。

【用量】马、牛30~60 g；猪、羊9~12 g；犬4~6 g。

（二）促生长植物

艾 叶（Folium artemisiae argyi）

为菊科植物艾 *Artemisia argyi* Lévl. et Vant 的干燥叶片。全国各地均产。春夏间花未开时采摘，晒干或阴干。生用或炒炭用。如连枝割下，晒干捣绒，做成艾条供灸用。

【性味、归经】苦、辛，温。入脾、肝、肾经。

【功效】散寒除湿，温经止血，安胎。

【成分】不仅含有蛋白质、脂肪、各种必需氨基酸、矿物质、叶绿素，还含大量VA、VC和硫胺素、核黄素、烟酸、泛酸、胆碱等B族维生素，以及调节精神的龙脑、樟脑挥发油、芳香油和未知生长素等成分。每100 g艾粉含消化能1040 J、粗蛋白16.1 g、粗脂肪1.2 g、糖类1.5 g、灰分11.3 g。

【药理】具有抗菌、平喘、镇咳祛痰、抗过敏性休克、利胆、镇静等作用。煎剂具有抗凝血、兴奋兔离体子宫等作用，艾叶炒炭、醋艾炭或焖煅艾叶炭的煎剂可缩短凝血时间。艾叶油对离体蟾蜍心和兔心的收缩力有抑制作用。

【用量】马、牛15~45 g；猪、羊6~12 g；犬、猫3~6 g；兔、禽1~1.5 g。外用适量。

赤 芍（Radix paeoniae rubra）

为毛茛科植物芍药 *Paeonia lactiflora* Pall.（野生）、草芍药 *P. obovata* Maxim. 或川

赤芍 *P. veitchii* Lynch. 的根。分布于东北、华北及陕西、安徽、江西、河南、湖北、湖南、贵州、四川、西藏等省区。秋季采挖，除去茎秆、芦头、须根，刮去粗皮，晒干。切片生用。

【性味、归经】苦，微寒。入肝、脾经。

【功效】清热凉血，祛瘀止痛。

【成分】赤芍药含芍药甙、苯甲酰芍药甙、花青素、生物碱、蒽酮等。草芍药含挥发油、脂肪油、树油、鞣质、糖、淀粉、粘液质、蛋白质等。另含苯甲酸、氧化芍药甙、牡丹酚原甙。

【药理】改善血液循环、抑制平滑肌、镇痛、镇静、抗惊厥、抗菌、保肝等。

【用量】马、牛 20 ~45 g；猪、羊 9 ~15 g；犬 5 ~8 g；兔、禽 1 ~2 g。

钩 吻（Herba gelsemii）

为马钱科植物胡蔓藤 *Gelsemium elegans* Benth. 的全草。主产于浙江、福建、广东、广西、贵州、云南等地。全年均可采集。

【性味、归经】辛、苦，温。有毒。入心、肺、大肠经。

【功效】祛风、攻毒、消肿止痛、杀虫止痒。

【成分】含生物碱钩吻素子、寅、卯、甲、丙、辰，其中钩吻素子的含量最高，钩吻素寅性最毒，为最重要的有效成分。

【药理】对犬、兔的离体、在体子宫，小剂量使其张力上升，大剂量则抑制，与阿托品、肾上腺素协同，能够对抗乙酰胆碱及氯化钡引起的大鼠离体肠管的痉挛性收缩。水浸剂给家兔点眼引起扩瞳。钩吻碱与阿司匹林合用 15 min 后产生镇痛作用。钩吻碱能够抑制脑和脊髓的运动神经。

【用量】牛 60 ~120 g；猪、羊 30 ~60 g。

枸杞子（Fructus lycii）

为茄科植物宁夏枸杞 *Lycium barbarum* L. 或枸杞 *L. chinense* Mill. 的成熟干燥果实。主产于宁夏、甘肃、河北等地。夏至前后果实成熟时采摘，晾晒干燥。生用。

【性味、归经】甘，平。入肝、肾经。

【功效】养阴补血，益精明目。

【成分】含枸杞多糖、枸杞子糖蛋白、甜菜碱、阿托品、天仙子胺、东莨菪素、胡萝卜素、硫胺素、核黄素、烟酸、抗坏血酸等，以及苏氨酸、缬氨酸等多种氨基酸，还含牛磺酸等。

【药理】具有增强机体免疫力、抗肿瘤、降血脂及保肝、降血糖、抗氧化、降血压、促进造血功能等作用。枸杞多糖对二氨基芐在 TA_{100} 菌株的致突变作用有明显的抑制，对丝裂霉素诱发的人淋巴细胞姐妹染色单位互换也有抑制作用，对体外培养的滋养层细胞具有营养和保护作用。老年人服用枸杞子也有抗丝裂霉素诱发姐妹染色单位互换作用，提高 DNA 损伤后的修复能力。

【用量】马、牛 30~60 g；猪、羊 10~15 g；犬 5~8 g。

鸡冠花（Flos celosiae cristatae）

为苋科植物鸡冠花 *Celosia cristata* L. 的花序。全国各地均有栽培。8~10 月花序充分长大、成熟时，分批剪取，晒干。生用或炒炭用。

【性味、归经】甘，凉。入肝、肾、大肠经。

【功效】凉血止血，止痢止带。

【成分】含山柰甙、苋莱红甙、松醇和多量硝酸钾。

【药理】鸡冠花煎剂对人阴道毛滴虫有良好作用，虫体与药液接触 5~10 min 后即趋消失。10 % 的鸡冠花制剂子宫内注射，对小鼠、豚鼠和家兔均具有明显的中期引产作用。

【用量】马、牛 60~150 g；猪、羊 15~30 g；犬 8~15 g。

泡桐叶（Folium pauplowniae）

为玄参科植物泡桐 *Paulownia fortunei*（seem）Hemsl. 或毛泡桐 *Paulownia tomentosa*（Thunb）Steud. 的叶。产于东北、华北、中南及西南等地。夏、秋采集，鲜用或晒干，粉碎后拌料混饲。

【性味、归经】苦，寒。

【功效】补充营养，清热解毒。

【成分】泡桐叶的干物质中含粗蛋白 19.33 %、粗脂肪 5.82 %、粗纤维 11.11 %、无氮浸出物 54.83 %、钙 1.93 %、磷 0.21 %、硒 0.17 mg/kg、铜 14.17 mg/kg、锌 25.76 mg/kg、锰 108.68 mg/kg、铁 416.80 mg/kg、钴 12.10 mg/kg。毛泡桐叶含熊果酸、糖甙及多酚类。

【药理】泡桐叶与山楂酸之合剂能扩张冠状血管，治疗冠脉循环及心功能不足。也有人报道对冠状血管并无特异作用，而是因其不溶于水，而在静脉注射后在体内形成小颗粒，伤害了肝脏，引起机体的各种反应。

【用量】马、牛 60~120 g；猪、羊 30~60 g。

松　针（Folium pini）

为松科植物马尾松 *Pinus massoniana* Lamb. 或油松 *P. tabulaeformis* Carr. 等的叶。全国大部分地区均产。全年可采，以冬季采者为佳，晒干。

【性味、归经】苦，温。入心、肝、脾经。

【功效】祛风，燥湿，杀虫。

【成分】含挥发油、黄酮类、树脂、维生素等，挥发油中含 α－及 β－蒎烯、3－蒈烯和少量的 β－水芹烯、月桂烯、柠檬烯、乙酸龙脑酯。叶中分解得右旋松脂醇的葡萄糖甙、右旋异落叶松脂酚的葡萄糖甙及鼠李糖甙、左旋断异落叶松脂酚的葡萄糖甙及木糖甙等 17 种皂甙和氨基酸。并含有 VE（>800 mg/kg）、胡萝卜素（>150 mg/kg）、植物激素和植物杀菌素等生物活性物质，以及硒、铜、锰、铁、锌、钴、钼等。

【药理】柠檬烯对小鼠有明显镇咳和祛痰作用，在体外对肺炎链球菌、甲型链球菌、卡他球菌和金黄色葡萄球菌有很强的抑制作用。

【用量】马、牛 250 ~ 500 g；猪 120 ~ 250 g；禽 2 ~ 3 g。

（三）催情植物

巴戟天（Radix morindae officinalis）

为茜科植物巴戟天 *Morinda officinalis* How. 的干燥根。主产于广东、广西、福建、江西、四川等省区。春、冬季都可采挖，除去须根，晒至六七成干，轻轻锤扁，晒干。用时润透或蒸过，除去木质心，切片生用或盐水炒用。

【性味、归经】甘、辛，微温。入肾、肝经。

【功效】补肾阳，强筋骨，祛风湿。

【成分】含蒽醌类化合物：甲基异茜草素、甲基异茜草素 – 1 – 甲醚、1 – 羟基蒽醌、1，6 – 二羟基 – 2 – 甲氧基蒽醌、大黄素甲醚及 2 – 甲基蒽醌等；并含抗郁抑菊淀粉型寡多糖：耐斯糖、O – β – 天 – 呋喃果糖基 – ［（2→1） – O – β – 的 – 呋喃果糖基］3 – α – 天 – 吡喃葡萄糖甙、O – β – 天 – 呋喃果糖基 – ［（2→1） – O – β – 天 – 呋喃果糖基］4 – α – 天 – 吡喃葡萄糖甙等；还含 β – 谷甾醇及 24 – 乙基胆甾醇等。

【药理】具有增强免疫、强壮、抗炎、降压等作用。

【用量】马、牛 15 ~ 30 g；猪、羊 5 ~ 10 g；犬、猫 3 ~ 5 g；兔、禽 0.5 ~ 1.5 g。

韭　菜（Folium allium）

为百合科植物韭 *Allium tuberosum* Rottler 的叶片或种子。全国各地普遍栽培。叶片春夏可收割 3 ~ 4 次，每隔 20 ~ 40 d 收获 1 次，入秋后收割韭菜种子。鲜用或炒用。

【性味、归经】辛，温。入肝、胃经。

【功效】散瘀，行气，止血，消肿。

【成分】叶含大蒜辣素、色氨酸、丙氨酸、天冬氨酸、缬氨酸、β – 胡萝卜素、VK_1 等；还含挥发油，主要为二甲基二硫化物、二甲基四硫化物。地上部分含 36 种挥发性成分，大部分为硫化物，主要有 2 – 丙稀 – 1 – 醇、甲苯等。

【药理】具有兴奋神经系统、降压、降低红细胞及血红素、兴奋子宫平滑肌、抗菌等作用。

【用量】马、牛 120 ~ 250 g；猪、羊 60 ~ 120 g；犬 30 ~ 60 g。

蛇床子（Fructus cnidii）

为伞形科植物蛇床 *Cnidium monnieri*（L.）Cusson. 的成熟干燥果实。全国各地均产，以广东、广西、江苏、安徽等地为多。夏、秋两季果实成熟时割取全株，晒干，打下果实，筛净。生用。

【性味、归经】辛，苦，温。有小毒。入脾、肾经。

【功效】燥湿杀虫，温肾壮阳。

【成分】含挥发油，包括环葑烯、α-和β-蒎烯、樟烯、月桂烯、柠檬烯、α-松油烯和β-松油烯、3，5-二甲基苯乙烯、异龙脑、二戊烯氧化物、反式丁香烯、α-香柑油烯等。从醇提取物中分离到喷嚏木素、蛇床酚A和B、酸橙内酯烯醇、去甲基酸橙内酯烯醇、欧前胡内酯、香叶木素、对香豆酸等。

【药理】具有抗心律失常、抑制心脏、扩张血管、降血压、镇静、祛痰平喘、增强免疫功能、抗诱变、延缓衰老、杀精、抗病原微生物等作用。

【用量】马、牛30~60 g；猪、羊15~30 g；犬3~5 g。外用适量。

小茴香（Fructus foeniculi）

为伞形科植物小茴香 *Foeniculum vulgare* Mill. 的成熟干燥果实。全国各地均有栽培。夏末秋初果实成熟时割取全株，晒干后打下果实，除去杂质。生用或盐水炒用。

【性味、归经】辛，温。入肝、肾、脾、胃经。

【功效】祛寒止痛，理气和胃。

【成分】含挥发油，主要为反式茴香脑占63.4%，其次为柠檬烯、小茴香酮以及爱草脑、月桂烯、樟烯、樟脑、茴香醛等20多种成分；含脂肪油，有10~18碳烯酸、花生酸、棕榈酸、肉豆蔻酸、月桂酸等；还含豆甾醇、伞形花内酯、花椒毒素、欧前胡内酯、补骨脂素、香草醛等。

【药理】具有性激素样、镇痛、抗溃疡等作用；对家兔在体肠蠕动有促进作用，茴香脑对小鼠离体肠管有兴奋作用，浓度增高则出现松弛作用；茴香油对真菌、孢子、鸟型结核杆菌、金黄色葡萄球菌等有抑制作用；挥发油溶于12%乙醇给麻醉豚鼠灌胃，可使气管内液体分泌增加，并对豚鼠气管平滑肌有松弛作用。

【用量】马、牛15~60 g；猪、羊10~15 g；犬、猫5~8 g；兔、禽0.5~3 g。

淫羊藿（Herba epimedii）

为小檗科植物心叶淫羊藿 *Epimedium brevicornum* Maxim.、箭叶淫羊藿 *E. sagittatum*（Sieb. et Zucc.）Maxim. 及大花淫羊藿 *E. macranthum* Morr. et decne. 等的干燥茎叶，又称仙灵脾。主产于陕西、甘肃、山西、山东、湖北、湖南、江苏、浙江、江西、四川、贵州、广东、福建、台湾等地。春、秋两季割收，晒干。切碎生用或酥炒用。

【性味、归经】辛，温。入肾、肝经。

【功效】温肾壮阳，祛风除湿。

【成分】含淫羊藿甙，叶尚含挥发油、蜡醇、三十一烷、植物甾醇、鞣质、油脂、脂肪油的脂肪酸有棕榈酸、硬脂酸、油酸、亚油酸等。

【药理】具有雄性激素样作用，明显的镇静、抗炎、增强机体免疫力、降压、扩冠脉和降血糖等作用；对金黄色葡萄球菌、脊髓灰质炎病毒等有抑制作用；还具有镇咳、祛痰、平喘，耐缺氧，降血脂等作用。

【用量】马、牛 15 ~ 30 g；猪、羊 5 ~ 10 g；犬 3 ~ 5 g；兔、禽 0.5 ~ 1.5 g。

（四）促孕保胎植物

杜　仲（Cortex eucommiae）

为杜仲科植物杜仲 *Eucommia ulmoides* Oliv. 的干燥树皮。主产于四川、云南、贵州、湖北等地。夏、秋两季采收，去外表粗皮，晒干。切丝生用或盐水炒用。

【性味、归经】甘，温。入肝、肾经。

【功效】安胎暖宫，补肝肾，强筋骨。

【成分】含杜仲胶 6 % ~ 10 %，根皮含杜仲胶 10 % ~ 12 %；含木质体类物质：右旋松脂醇二葡萄糖甙、松脂醇葡萄糖甙、环橄榄树脂素、右旋橄榄树脂素、右旋丁香树脂酚葡萄糖甙赤、式二羟基去氢松柏醇等；含去羟栀子甙、去羟栀子甙酸、杜仲醇、桃叶珊瑚甙、绿原酸、卫矛醇、咖啡酸、酒石酸、白桦酯酸、香草酸等；还含赖氨酸、色氨酸等 17 种氨基酸，及抗菌蛋白、杜仲多糖 A 和 B 等。

【药理】具有镇静、镇痛、抗炎、利尿、止血、抗菌、抗病毒等作用；还有降压、扩张血管、降血清胆固醇、兴奋子宫平滑肌、利胆、兴奋中枢等作用。

【用量】马、牛 15 ~ 60 g；猪、羊 5 ~ 10 g；犬 3 ~ 5 g。

黄　精（Rhizoma polygonati）

为百合科植物滇黄精 *P. kingiantum Coll.* et Hemsel.、黄精 *Polygonatum sibiricum* Redoute、囊丝黄精 *P. cyrtonema* Hua. 等的根茎。滇黄精主产于贵州、云南、广西，商品称大黄精；黄精主产于河北、内蒙古、辽宁、吉林、黑龙江、山东、山西、河南等省，商品称鸡头黄精；囊丝黄精主产于贵州、湖南、四川、湖北、安徽、浙江等省，商品称姜形黄精。栽培 3 ~ 4 年，9 ~ 10 月地上部分枯萎后挖掘根茎，洗净，置蒸笼内蒸至透心，边晒或边烘、边揉至全干。用鲜黄精、蒸黄精或酒黄精。

【性味、归经】甘，平。入脾、肺、肾经。

【功效】补中益气，润肺养阴，强筋壮骨。

【成分】含甾体皂甙：黄精甙 A 和 B、14α－羟基黄精甙 A、新巴拉次薯蓣皂甙元 A－3－O－β－石蒜四糖甙；又含黄精多糖 A、B、C，黄精低聚糖 A、B、C。囊丝黄精含天冬氨酸、高丝氨酸、二氨基丁酸、毛地黄糖甙，以及多种蒽醌类化合物，还含黄精凝集素Ⅱ。

【药理】具有降血脂、提高机体免疫力、抗微生物、增加冠脉流量等作用。

【用量】马、牛 15 ~ 60 g；猪、羊 9 ~ 18 g；犬 5 ~ 10 g；兔、禽 1 ~ 3 g。

黄　芩（Radix scutellariae）

为唇形科植物黄芩 *Scutellaria baicalensis* Geoigi. 的干燥根。主产于河北、山西、内蒙古、山东、河南等地。春、秋两季采挖，除去泥土、茎叶、须根及粗皮，晒干切片入药，生用或酒炒用。

【性味、归经】苦，寒。入肺、胆、大肠经。

【功效】安胎止血，清热燥湿，清肺泻火，清热解毒。

【成分】含黄芩素、黄芩新素、黄芩甙、汉黄芩素、木蝴蝶素、二氢木蝴蝶素 A、白杨素、汉黄芩素－5－β－D－葡萄糖甙、5，8－二羟基－6，7－二甲氧基黄酮、去甲汉黄芩素、二氢黄芩素、圣草素、半支莲种素、甘黄芩甙元、黄芩甙甲酯、汉黄芩素－7－葡萄糖甙酸、菜油甾醇、豆甾醇等。

【药理】抗微生物、抗变态反应、降压、镇静、利胆、保肝、解痉、利尿等。

【用量】马、牛 15～45 g；猪、羊 6～10 g；犬 3～5 g；兔、禽 1.5～2.5 g。

女贞子（Fructus ligustri lucidi）

为木犀科植物女贞子 *Ligustrum lucidum* Ait. 的成熟干燥果实。全国各地均有栽培。冬季果实成熟时采收。蒸熟，晒干用。

【性味、归经】甘、微苦，平。入肝、肾经。

【功效】补肾，养肝，明目。

【成分】含齐墩果酸、甘露醇、柳得洛甙、葡萄糖、棕榈酸、硬脂酸、油酸、亚油酸。果皮含齐墩果酸、乙酰齐墩果酸、熊果酸。种子含脂肪油 14.9 %，脂肪油中棕榈酸与硬脂酸为 9.5 %、油酸亚麻酸等 80.5 %。

【药理】具有增强免疫力、抑制变态反应、抗炎、促进造血作用、护肝、降血脂、降血糖、抗脂质过氧化、抗血卟啉衍生物光氧化、抗癌、抗菌等作用。

【用量】马、牛 15～60 g；猪、羊 6～12 g；犬、猫 3～6 g；兔、禽 1.5～3 g。

山茱萸（Fructus corni）

为山茱萸科植物山茱萸 *Cornus officinalis* Sieb. et Zucc. 除去果核的果肉（山萸肉）。主产于浙江、安徽、河南、陕西、山西等地。10～11 月间，果实成熟时采摘，用文火烘焙或置沸水中略烫，及时挤除果核，晒干或烘干。生用或熟用。

【性味、归经】酸、涩，微温。入肝、肾经。

【功效】补益肝肾，固涩敛汗。

【成分】含鞣质、糖甙、挥发油，以及苏氨酸、缬氨酸、亮氨酸、谷氨酸、甘氨酸、丙氨酸、精氨酸、天冬氨酸等 14 种氨基酸。鞣质有山茱萸鞣质 1、2、3，其中山茱萸鞣质 1 即异柯子素（isoterchebin），又名菱属鞣质，山茱萸鞣质 2 即新唢呐草素Ⅱ，山茱萸鞣质 3 即新唢呐草素Ⅰ；梾木鞣质 A、B、C、G；丁香鞣质；路边青鞣质 D；1，2，3－三－O－没食子酰葡萄糖等。糖甙有山茱萸裂甙、莫罗忍冬甙、马钱子甙、当药甙、熊果酸等。挥发油有顺式和反式的芳樟醇氧化物、甲基丁香油酚、榄香脂素、异细辛脑、茴香脑等。

【药理】具有增强免疫力、抗炎、降血糖、抗休克、强心、利尿、降血压等作用。

【用量】马、牛 30～60 g；猪、羊 10～15 g；犬、猫 5～8 g；兔、禽 1.5～3 g。

菟丝子（Semen cuscutae）

为旋花科植物菟丝子 *Cuscuta chinensis Lam* 的种子。主产于山东、河北、山西、陕西、江苏、辽宁、黑龙江、吉林、内蒙古等省区。10 月中旬，菟丝子果壳变黄，大约有 1/3 植株已干枯时，割下寄生，晒干，脱粒，扬净，净菟丝子与大豆分开后贮藏。

【性味、归经】甘，温。入肝、脾、肾经。

【功效】滋补肝肾，固精缩尿，安胎，明目，止泻。

【成分】含槲皮素、紫云英甙、金丝桃甙、槲皮素－3－O－β－D－半乳糖－7－O－β－葡萄糖甙、菟丝子胺、菟丝子甙 A 和 B、熊果酚甙、绿原酸、咖啡酸、对－香豆酸，及钾、钙、磷、硫、铁、铜、锰、硒等微量元素，以及缬氨酸、蛋氨酸、异亮氨酸等必需氨基酸。

【药理】具有强心、降血压、延缓衰老、增强免疫功能、促性腺样等作用。给小鼠灌胃菟丝子水提取物 25 g/kg，每天 1 次，连续 10 天，可以促进阴道上皮细胞角化、子宫重量增加。

【用量】马、牛 15～45 g；猪、羊 5～15 g。

（五）壮阳植物

骨碎补（Rhizoma drynariae）

为水龙骨科植物槲蕨 *Drynaria fortunei*（*Kunze*）*J. Sm*、中华槲 *D. baronii*（*Christ*）*Diels* 的干燥根茎，又称申姜。前者主产于西南、中南及浙江，江西、福建、台湾等省区；后者主产于陕西、甘肃、青海、宁夏、四川、云南及西藏等省区。全年可采，除去叶片及泥沙，晒干，或蒸熟后晒干用火燎去茸毛。

【性味、归经】苦，温。入肝、肾经。

【功效】补肾健骨，活血止痛。

【成分】含柚皮甙、21－柯柏烯、9（11）－羊齿烯、5－豆甾烯－3－醇、5－豆甾烯－3－酮、正－三十二烷醇、25－环木菠萝烯醇、25－环木菠萝烯酮、环鸦片甾醇、环鸦片甾酮、里白烯、里白醇等。

【药理】具有镇静、镇痛、降低血清胆固醇等作用，以及对某些细菌有抑制作用。

【用量】马、牛 30～60 g；猪、羊 10～15 g；犬 5～8 g。

肉苁蓉（Herba cistanches）

为列当科植物肉苁蓉 *Cistanche deserticola* Y. C. Ma 的干燥肉质茎。主产于内蒙古、陕西、甘肃、宁夏、新疆、青海等省区。戈壁滩上甚多。春、秋两季均可采挖，以 3～5 月间采者为好，过时则中空。春季采收后，因其柔软容易折断，通常置沙土中半埋半露，故将肥大者投入盐湖（或盐水）中腌 1～3 年后，取出晒干，称盐苁蓉（盐大芸），用时洗去盐分，切片生用或酒制用。

【性味、归经】甘、咸，温。入肾、大肠经。

【功效】补肾壮阳，润肠通便。

【成分】含D－甘露醇、肉苁蓉多糖、甜菜碱、洋丁香酚甙、三十烷醇、β－谷甾醇、胡萝卜甙、琥珀酸，肉苁蓉甙A、B、C、H，葡萄糖、蔗醣、赖氨酸、苏氨酸、亮氨酸、异亮氨酸、苯丙氨酸。

【药理】具有增强免疫功能、促进创伤愈合、抗心肌缺血、延缓衰老、抗氧化、保肝等作用。

【用量】马、牛15～30 g；猪、羊5～10 g；犬3～5 g；兔、禽1～2 g。

锁 阳（Herba cynomorii）

为锁阳科植物锁阳 *Cynomorium songaricum* Rupr 的全草。主产于内蒙、甘肃、新疆等地，以内蒙古伊克昭盟各旗所产者为佳。宁夏、青海等省亦产。春、秋两季采收，以春季采收为佳。挖出后去花序，置沙滩中半埋半露，晒干即成。亦可成鲜切片。

【性味、归经】甘，性温。归肝、肾、大肠经。

【功效】补肾阳，益精气，强腰膝，润肠道。

【成分】含β－谷甾醇、熊果酸、胡萝卜甙、花色甙、三萜皂甙、原儿茶酸、柑桔素－4－D－吡喃葡萄糖甙、儿茶素、没食子酸鞣质（5％）和钾、钠、铁、锰、锌等15种元素。

【药理】具有通便、促进体液免疫等作用；45～50 g雄性大鼠灌胃锁阳醇提取物2 g/kg，每天1次，连续15 d，可显著增加血浆睾酮含量。

【用量】马、牛20～45 g；猪、羊5～8 g；犬2～3 g。

仙 茅（Rhizzoma curculiginis）

本品为石蒜科植物仙茅 *Curculigo orchioides Gaerten* 的干燥根茎。

【性味、归经】甘、性热；有毒，归肾经。

【功效】补肾阳，强筋骨，祛寒湿。

【成分】含石蒜碱、兰皂甙元、5，7－二甲氧基杨梅酮、仙茅甙A、I，A和B、C以及苔黑酚葡萄糖甙。

【药理】具有雄性激素样作用和抗应激、安神、抗惊厥、抗炎、增强免疫等作用；可提高垂体对促黄体素释放激素（LHRH）的反应性及卵巢对促黄体素（LH）的反应性。给去势7日后的大鼠灌胃仙茅醇浸剂10～20 g/kg，每天1次，连续21 d，可以增加去势大鼠精囊腺重。

续 断（Radxi dipsaci）

为川续断科植物川续断 *Dipsacus asper Wall* 及续断 *D. japonicus Miq* 的干燥根。前者主产于四川、湖北、湖南、云南、西藏等省区；后者主产于华中、华东、华北、东北及陕西、四川、贵州等省区。8～10月间采根，去芦茎细须，切片，晒干。生用、酒炒或盐水炒用。

【性味、归经】苦、辛，微温。入肝、肾经。

【功效】补肝肾，续折伤，安胎。

【成分】川续断含环烯醚萜糖甙：当药甙、马钱子甙等；三萜皂甙；木通皂甙，即3－O－α－L－吡喃阿拉伯糖基常春藤皂甙28－O－β－D－吡喃葡萄糖基（1→6）－β－D－吡喃葡萄糖甙、3－O－α－L－吡喃阿拉伯糖基常春藤皂甙元28－O－β－D－吡喃葡萄糖甙等；挥发油：其成分有41种，已鉴定29种，其中含量较高的有2，4，6－三叔丁基苯酚、3－乙基－5－甲基苯酚、丙酸乙脂等。其他：常春藤皂甙元、β－谷甾醇、胡萝卜甙、蔗糖及较多的微量元素钛。

【药理】具有强心降压、兴奋平滑肌、抗炎、抗氧化、抗菌等作用。

【用量】马、牛15～60 g；猪、羊5～10 g；犬3～5 g；兔、禽1～2 g。

（六）活血增乳植物

川　芎（Rhizoma chuanxiong）

为伞形科植物川芎 *Ligusticum wallichii Franch* 的干燥根茎。为四川特产药物。温暖地区小满后采挖，寒冷地区小暑后采挖。去净泥土，晒干或烘干后去须根，润透切片或趁鲜切片。生用或酒炒、麸炒用。

【性味、归经】辛，温。入肝、胆、心包经。

【功效】活血行气，祛风止痛。

【成分】含川芎嗪、黑麦草碱、藁本内酯、3－亚丁基苯酚、川芎内酯、新川芎内酯、洋川芎内酯、洋川芎醌、4－羟基－3－甲氧基苯乙烯、对羟基苯甲酸、香草酸、咖啡酸、原儿茶酸阿魏酸、大黄酚瑟丹酸、尿嘧啶、三甲胺、胆碱、棕榈酸、香草醛等。

【药理】川芎及川芎嗪对离体大鼠或豚鼠心脏具有显著增加冠脉流量作用。犬静脉注射川芎嗪，可以扩张脑血管、增加脑血流量、降低血压、抗血小板聚集，还具有抗肝纤维化、保护胃粘膜、保护胰脏、抗肿瘤及抗放射、增强免疫等作用。对豚鼠离体气管收缩有一定抑制作用。川芎嗪对豚鼠有强心作用，而对离体豚鼠心脏可使心肌收缩力下降、心率减慢。兔静脉注射川芎嗪，可以明显增加肾血流量，并有利尿作用；静脉注射40 mg/kg，能够明显加速肠系膜微循环血流速度，增加微循环开放数目。

【用量】马、牛20～25 g；猪、羊6～10 g；犬、猫3～5 g；兔、禽0.5～1.5 g。

丹　皮（Cortex moutan）

为毛茛科植物牡丹 *Paeonia suf fruticosa* Andr. 的干燥根皮。主要产于安徽、山东、湖南、四川、贵州等地。栽培者多在秋季收获，除去须根和木心，晒干。切片生用或炒用。

【性味、归经】苦、辛，微寒。入心、肝、肾经。

【功效】清热凉血，活血散瘀。

【成分】含芍药甙、苯甲酰芍药甙、氧化芍药甙、牡丹皮醇、牡丹皮甙、牡丹皮新甙、苯甲酰基氧化芍药甙、2，3－二羟基－4－甲氧基苯乙酮、1，2，3，4，6－五没食子酰葡萄糖、挥发油、植物甾醇和生物碱。

【药理】具有增强免疫功能、抗炎、改善血液循环等作用。

【用量】马、牛 20～45 g；猪、羊 6～12 g；犬 3～6 g；兔、禽 1～2 g。

红　花（Flos carthami）

为菊科植物红花 *Carthamus tinctorius* L. 的花。全国各地多有栽培，主产于四川、陕西、河北、山东、贵州等地。夏季开花，当花色由黄转为鲜红时采摘，阴干。生用或微炒至红褐色用。

【性味、归经】辛，温。入心、肝经。

【功效】活血，祛瘀，止痛。

【成分】含丙三醇－呋喃阿拉伯糖－吡喃葡萄糖甙、绿原酸、咖啡酸、儿茶酚、多巴、红花甙、红花黄色素 A 和 B、红花明甙 A、油酸、亚油酸、胡萝卜甙、还含挥发油，主要为乙酸乙酯、3－己醇、2－己醇等。

【药理】具有抗血凝、降血脂、提高小鼠耐缺氧能力、免疫调节、兴奋子宫平滑肌等作用。另外，小剂量红花煎剂，可使离体蟾蜍心脏和家兔在体心脏呈轻度兴奋作用，而大剂量则有抑制作用；红花水提取物静脉注射，能增加麻醉犬冠脉流量，而醇提取物仅略有增加或无作用。

【用量】马、牛 25～30 g；猪、羊 6～10 g；犬 3～5 g。

桃　仁（Semen persicae）

为蔷薇科植物桃 *Prunus persica*（L.）Batsch. 的种仁。全国大部分地区均产，以四川、陕西、河北、山东、贵州等地为主。7～9 月摘下常熟果实，除去果肉，打碎果核，取出种子，晒干。除去种皮，生用或捣碎用。

【性味、归经】苦、甘，平。入肝、肺、大肠经。

【功效】活血化瘀，润燥滑肠。

【成分】含苦杏仁甙、24－亚甲基环木菠萝烷醇、柠檬甾二烯醇、野樱甙、菜油甾醇、甲基－α－D 呋喃果糖甙、绿原酸、3－咖啡酰奎宁酸、3－对香豆酰奎宁酸、甘油三油酸酯。桃仁油中富含不饱和脂肪酸，主要为油酸和亚油酸等。

【药理】具有抗炎、抗过敏、镇咳、镇痛、润肠缓下等作用；还有增加血管流量、抗凝、促进子宫收缩及子宫止血等作用。苦杏仁甙对肿瘤细胞有一定的选择性。

【用量】马、牛 25～30 g；猪、羊 6～10 g；犬 3～5 g。

通　草（Medulla tetrapanacis）

为五加科植物通脱木 *Tetrapanax papyriferus*（Hook.）K. Koch. 的干燥茎髓。主产

于福建、台湾、湖北、湖南、广西、广东、四川、贵州、云南等省区。中秋后采茎，切段，捅出髓心，晒干。切碎生用。

【性味、归经】甘、淡，寒。入肺、胃经。

【功效】清热利尿。

【成分】含脂肪1.07 %、蛋白质1.11 %、粗纤维48.73 %、戊聚糖5.83 %、糖醛酸28.04 %、灰分5.95 %。其多糖的氢氧化钠提取物经水解得到α－半乳糖醛酸、半乳糖、葡萄糖与木糖；经草酸钙提取的水解物中得到半乳糖醛酸；还含天冬氨酸、谷氨酸、苏氨酸等13 种氨基酸和钙、钡、镁、铁等18 种元素。

【药理】用石踮浮肿法、棉球法、佐剂关节炎实验证明，新鲜通脱木叶的甲醇提取物分离出三萜糖甙通脱木皂甙 L－ⅡA、L－ⅡB、L－ⅡD 具有抗炎作用。

【用量】马、牛15～30 g；猪、羊3～10 g；犬2～5 g；兔、禽0.5～2 g。

王不留行（Semen vaccariae）

为石竹科植物麦蓝菜 *Vaccaria segetalis*（Neck.）Garcke. 的种子。除华南地区外，其余各省区几乎都有分布。芒种前后采收，东北地区秋季采收。割下全株晒干，打下种子，除去杂质。生用或炒用。

【性味、归经】苦，平。入肝、胃经。

【功效】活血，下乳，消肿。

【成分】含王不留行皂甙 A～D，其皂甙元为棉根皂甙元、异肥皂草甙、王不留行黄酮甙、豆甾醇及麦蓝菜环肽 A～E 等。

【药理】具有抗肿瘤、抗着床、抗早孕等作用，对组织缺血和缺氧有保护作用。

【用量】马、牛20～45 g；猪、羊6～12 g；犬、猫3～6 g。

赤小豆（Semen phaseoli）

为豆科植物赤小豆 *Phaseolus calcaratus* Roxb. 或赤豆的种子。主产于浙江、江西、吉林、北京、山东、安徽等省。8～9 月荚果由黄变褐色时，割取地上部分，晒干，脱粒，扬净。

【性味、归经】甘，性凉。归心、脾、小肠经。

【功效】利水消肿，健脾益胃，解毒排脓。

【成分】含蛋白质、脂肪、碳水化合物、钙、磷、铁、硫胺酸、核黄素、烟酸等，并含多种微量元素和维生素。

【药理】20 %赤豆煎剂对金黄色葡萄球菌、福氏痢疾杆菌、伤寒杆菌等有抑制作用。

【用量】马、牛30～60 g；猪、羊8～15 g；犬3～5 g。

葫芦巴（Semen trigonellae）

为豆科植物葫芦巴 *Trigonella foenum－graecum* L. 的成熟干燥种子。主要是人工栽培，主产于安徽、四川、河南等地。夏、秋种子成熟时采收，晒干，搓下或打下种子，除去杂质。生用、炒用或盐水炒用。

【性味、归经】苦，温。入肾经。

【功效】温肾，散寒，止痛。

【成分】含蛋白质27％、脂类7％，脂肪酸主要为豆油酸、油酸、棕榈酸、月桂酸等，还含葫芦巴碱0.13％、胆碱0.05％、薯蓣皂甙元葡萄糖甙、薯蓣皂甙元－葡萄糖－鼠李糖甙、薯蓣皂甙元－葡萄糖－二鼠李糖甙、牡荆素、异牡荆素、牡荆素－7－葡萄糖甙、荭草素、葫芦巴甙Ⅰ和Ⅱ、黄酮甙、槲皮素、β－谷甾醇、胆甾醇、4－羟基异亮氨酸、半乳甘露聚糖等。

【药理】葫芦巴油具有催乳作用，但没有性激素样作用；对雄性动物有抗生育和抗雄激素作用；葫芦巴肽可强心、利尿、降血压与降血糖。

【用量】马、牛30～50 g；猪、羊10～15 g；犬、猫5～8 g。

羊乳参（Radix codonopsis）

本品为桔梗科植物羊乳 *Codonopsis lanceolata*（Sieb. et Zucc）Trautv. 的肉质根。主产于东北、华北、华东等地。秋季采收，洗净，晒干。

【性味、归经】甘、辛，性平。入肝、脾、肺经。

【功效】养血催乳，健脾益肺。

【成分】含甙类化合物，有三萜皂甙，羊乳皂甙A、B、C；含生物碱，为N－9－甲酰基哈尔满、1－甲酯基咔啉、黑麦草碱、去甲基哈尔满；含挥发油，为己醛、反式－2－己烯醛、1－己醇、顺式－和反式的－2－己烯－1－醇；还含α－菠菜甾醇、齐墩果酸、党参甙、多糖、胡萝卜素、核黄素、抗坏血酸，以及钙、磷、铁、锰、锌、铜等矿物质元素。

【药理】具有促进乳腺发育，增强乳腺分泌的作用；可刺激造血系统，提高红细胞及血红蛋白含量；水煎剂对链球菌、葡萄球菌等有抑制作用。

【用量】牛、马60～120 g；猪、羊30～60 g；犬、猫15～30 g。

马鞭草（Herba verbenae）

为马鞭草科植物马鞭草 *Verbena officinialis* L. 的全草或带根全草。全国各地均有分布。花盛期第1次采收，每年收割2～3次，洗净，切断，晒干。

【性味、归经】味苦，性微寒。入肝、脾、膀胱经。

【功效】养血催乳，活血散瘀，清热利水。

【成分】含马鞭草甙、马鞭草异甙、马鞭草新甙、尤可沃甙、桃叶珊瑚甙、艾黄素、熊果酸、羽扇豆醇、β－谷甾醇、腺苷和β－胡萝卜素等。

【药理】可持久地促进乳汁分泌，还具有抗菌、消炎、镇咳、促进血小板生成、止血、兴奋子宫平滑肌等作用。

【用量】牛、马60～120 g；猪、羊15～30 g；犬、猫5～10 g。

蒺　藜（Fructus tribuli）

为蒺藜科植物蒺藜 *Tribulus terrestris* L. 的果实。主产于河南、河北、山西、陕西、山东、安徽、江苏、四川、重庆等地。

【性味、归经】苦、辛，性平。入肝经。

【功效】行血解郁，柔肝催乳，散风明目。

【成分】含蒺藜皂甙、蒺藜酰胺、7－甲基氢化－2，3 二氢－1－茚酮、刺蒺藜甙、山萘酚、山萘酚－3－葡萄糖甙、山萘酚－3－芸香糖甙、槲皮素、薯蓣皂甙原、VC、哈尔满、哈尔明碱、棕榈酸、硬脂酸、油酸、亚油酸和亚麻酸等。

【药理】具有促进乳汁分泌与排泄，增加心肌收缩力和心输出量，利尿，兴奋平滑肌和抑制真菌等作用。

【用量】马、牛 30～50 g；猪、羊 10～15 g；犬、猫 5～8 g。

（七）增蛋植物

火麻仁（Fructus cannabis）

为桑科植物大麻 *Cannabis sativa* L. 的种仁。全国各地均有栽培。10～11 月果实成熟时，割取全株，晒干，打下果实，扬净，碾去果皮取仁。

【性味、归经】味甘，性平。入脾、胃、大肠经。

【功效】养血增蛋，润燥活血。

【成分】100 g 种仁中含脂肪油约 30 g，脂肪酸组成为亚油酸 59.7 %～62.9 %、亚麻酸 14.7 %～17.4 %、油酸 8.4 %～14.8 %；还含丰富的蛋白质、葫芦巴碱、异亮氨酸甜菜碱、VE 和 B 族维生素、卵磷脂、胆碱、甾醇、葡萄糖醛酸、大麻酚等营养与生物活性物质。

【药理】丰富的必需脂肪酸、其他营养和生物活性物质可增强机体代谢，润肤泽毛，提高禽类产蛋率，促进血液循环，增进免疫功能。

【用量】马、牛 100～150 g；猪、羊 30～60 g；犬、猫 15～30 g；家禽 1～3 g。

当　归（Radix angelicae sinensis）

为伞形科植物当归 *Angelica sinensis*（Oliv）Diels. 的干燥根。主产于甘肃省东南部的岷县（秦州），产量多，质量好。其次，陕西、四川、云南、湖北等省也有栽培。秋末采挖，除去须根及泥沙，待水分稍蒸发后，捆成小把，用微火缓缓熏干或用硫磺烟熏干。分头、身、尾，切片生用或酒炒用。

【性味、归经】甘、辛，温。入心、肝、脾经。

【功效】补血养血，活血止痛，润肠通便。

【成分】含挥发油 0.2 %～0.4 %，主要为藁本内酯（约占挥发油的 45 %）、正丁醇烯酸内酯、正－戊酰苯邻羧酸、正十二烷醇、香柠檬内酯；还含有脂肪油、棕榈酸、蔗糖40 %、VB_{12} 2.5～4 μg/kg、烟酸、亚叶酸、VA、VE、铁、铜、锌等。

【药理】具有降血脂、增强免疫、抗炎镇痛、利胆保肝、抗肿瘤、抗微生物等作用；还有抑制血小板聚集及抗血栓形成、促进红细胞生成和造血干细胞增殖、抗心肌缺血缺氧、抗心律失常、扩张血管、降低血压、对子宫平滑肌有双向调节等作用。

【用量】马、牛15～60 g；猪、羊10～15 g；犬、猫5～8 g；兔、禽1～2 g。

黄芪（Radix astragali）

为豆科植物膜荚黄芪 *Astragalus membranaceus*（Fisch.）Bge. 及蒙古黄芪 *A. mongholicus Bge. var. mongholicus*（Bge.）Hsiao. 的根。膜荚黄芪主产于黑龙江、吉林、辽宁、河北、山西、内蒙古、陕西、甘肃、宁夏、青海、山东、四川、西藏等省区；蒙古黄芪主产于内蒙古、黑龙江、吉林、河北、山西、西藏等省区。春、秋两季可采，以秋采质量较好。除去地上部分及须根，晒干。润透切片。生用或蜜炙用。

【性味、归经】甘，微温。入脾、肺经。

【功效】补中益气，固表止汗，利水消肿，托疮排脓。

【成分】膜荚黄芪含2′，4′－二羟基－6，6－二甲氧基异黄酮、胆碱、甜菜碱、氨基酸、蔗糖、葡萄糖醛酸、微量叶酸，丰富的钙、磷及多种必需微量元素，其中铁等含量较高。蒙古黄芪含β－谷固醇、亚油酸及亚麻酸，并含有生物碱、烟酸、烟酰胺等。黄芪是鸡用、肉猪、繁殖哺乳母猪、兔用中草药饲料添加剂的基本成分。

【药理】具有增强机体免疫功能、抗病毒、抗肿瘤、延缓衰老和抗氧化等作用；促进机体造血功能，对犬急性心肌梗死、急性柯萨奇病毒性小鼠心肌炎等有明显的改善作用；对平滑肌的作用，6 %和10 %黄芪煎剂可使在体兔肠管紧张度增加，蠕动变慢，振幅增大，对兔离体肠管及子宫则有抑制作用。

【用量】马、牛20～60 g；猪、羊10～20 g；犬、猫5～10 g。

玄参（Radix scrophulariae）

为玄参科植物玄参 *Scrophularia ningpoensis* Hemsl. 或北玄参 *S. buergeriana* Miq. 的干燥根。前者产于长江流域和贵州、福建等省，在浙江有大量栽培；后者产于东北、华北和华东地区。立冬前后采挖，除去茎叶，反复曝晒，至内部色黑干燥，切片，生用。

【性味、归经】甘、苦、咸，寒。入肺、胃、肾经。

【功效】清热养阴，解毒散结。

【成分】含玄参素和单萜甙类成分，其中哈巴甙占70 %～80 %、8－（邻－甲基－对－豆酰）哈巴素占20 %～30 %；还含挥发油、甾醇、挥发性生物碱、1－天冬酰胺、糖类和脂肪酸，丰富的铁、铜、锌、硒、钴、锰等。

【药理】可以补充营养，刺激造血功能，能够扩张外周血管，增强心肌收缩力；还具有镇静、镇痛、抗炎、抗菌和保护消化道粘膜等作用。

【用量】马、牛30～60 g；猪、羊10～15 g；犬、猫5～8 g；家禽1～3 g。

益母草（Herba leonuri）

为唇形科植物益母草 *Leonurus heterophyllus* Sweet 的全草。全国各地都有分布。通常在5~6月间花期采收，割取全草，晒干。生用。

【性味、归经】辛、苦，微寒。入肝、心、膀胱经。

【功效】活血化瘀，利尿消肿。

【成分】含生物碱，其含量随开花时间而异，初期含微量，7~8月开花期达0.01%~0.03%，最高可达0.04%；还含有木苏碱、益母草定、益母宁等多种生物碱，以及苯甲酸、月桂酸、油酸、亚麻酸、延胡索酸、甾醇、芸香甙等。

【药理】益母草煎剂、乙醇浸膏对兔、猫、犬、豚鼠等多种动物的子宫均呈兴奋作用，对兔离体、在体、未孕、早孕、晚期妊娠或产后子宫，均呈兴奋作用。还具有抗血小板聚集、抗凝血、兴奋呼吸中枢等作用；对缺血性肾功能衰竭模型的尿素氮，以及滤过钠排泄分解均有显著下降作用；能够直接扩张外周血管，促进微动脉血流迅速恢复，对实验性心肌缺血有保护作用，可使豚鼠、麻醉狗心脏冠脉流量增加，心率减少。

【用量】马、牛30~60 g；猪、羊9~20 g；犬5~10 g；兔、禽1.5~2.5 g。

三、提高动物产品品质类

（一）提高鸡蛋品质植物

苍　术（Rhizoma atractylodis）

为菊科植物南苍术 *Atractylodes lancea*（Thunb.）DC.、北苍术 *A. chinensis*（DC.）Koidz. 或关苍术 *A. japonica* Koidz. ex Kitam. 的干燥根茎。南苍术主产于江苏、安徽、浙江、江西；北苍术主产于东北、华北及陕西、甘肃、宁夏、山东、河南、西藏等省区；关苍术主产于东北及河北、内蒙古。春秋采挖，除净泥土，撞去或烧去须根，切片晒干。生用或炒用。

【性味、归经】辛、苦，温。入脾、胃经。

【功效】燥湿健脾，祛风除湿。

【成分】南苍术根茎含挥发油5%~9%，主要为苍术醇、茅术醇、β-桉叶醇等。北苍术含挥发油1.5%，还含有苍术酮等。

【药理】具有抗缺氧、抗实验性胃炎及胃溃疡、调节胃肠运动、保肝利胆、镇静、升高血糖等作用；对烟碱受体有阻断作用，苍术水煎液给大鼠灌胃无利尿作用，但却显著增加钠和钾的排泄。

【用量】马、牛15~60 g；猪、羊9~15 g；犬、猫5~8 g；兔、禽1~3 g。

海　藻（Sargassum）

为马尾藻科植物海蒿子（大叶海藻）*Sargassum pallidum*（Turn.）C. Ag. 和羊栖菜（小叶海藻）*S. fusiforme*（Harv.）Setch. 的全草。产于浙江、福建、广东、山东及辽宁等地。夏、秋采割，除去杂质，用清水洗漂，稍晾，切段，晒干生用。

【性味、归经】苦、咸，寒。入肝、胃、肾经。

【功效】清热消痰，软坚散结。

【成分】含碳水化合物35 %~60 %、蛋白质6 %~8 %、还含有陆生植物不可比拟的碘、钾、钙、镁、锰、铁、锌等矿物质元素以及丰富的维生素、藻胶酸、甘露醇等。羊栖菜含碘0.03 %、钾12.82 %、藻胶酸20.8 %；海蒿子含碘0.017 %、钾5.99 %、藻胶酸19.0 %。

【药理】具有抗凝血、降血脂、降血压、改善微循环、抗溃疡、抗肿瘤、抗感染等作用；海藻硫酸多糖对小鼠淋巴细胞增殖反应有明显促进作用，还能够促进白细胞介素-2的产生；生长于新加坡和马来西亚海域的59种海藻提取物中，有39种能够抑制T淋巴细胞的增殖，具有显著的免疫抑制作用。此外，对甲状腺肿大有治疗作用。

【用量】马、牛15~30 g；猪、羊3~9 g；犬1~3 g。

菊　花（Flos chrysanthemi）

为菊科植物菊 *Chrysanthemum morifolium* Ramat. 的干燥头状花序。主产于安徽、浙江、河南、四川、河北、山东等地。秋末冬初当花正开时割取全株，阴干，摘花，晒干，或直接采摘鲜花，除去枝叶，烘干或蒸后晒干入药。药用分白菊花和黄菊花。

【性味、归经】甘、苦，微寒。入肺、肝经。

【功效】疏散风热，清肝明目，消疮解毒。

【成分】含挥发油，主要为龙脑、樟脑、菊油环酮，还含木犀草素-7-葡萄糖甙、大波斯菊甙、刺槐甙、芹菜素、槲皮甙、木犀草素、百里香酚、二十一烷、二十三烷、二十六烷，以及糖类及氨基酸等。

【药理】具有抗菌、抗病毒、抗疟、延缓衰老、抗诱变等作用；还有能够增加冠脉流量和提高心肌耗氧量，降低血脂等作用。

【用量】马、牛15~60 g；猪、羊5~15 g；犬3~8 g；兔、禽1.5~3 g。

紫　菜（Herba porphyrae）

为红毛菜科边紫菜 *Porphyra marginata Tseng* et T. J. Chang，同属还有圆紫菜 *P. suborbiculata* Kjellm.，甘紫菜 *P. tenera Kjellm.*，条斑紫菜 *P. yezoensis* Ueda。分布于辽宁、山东。冬、春两季采收，洗净，晒干。

【性味、归经】甘、咸，性寒。入肺经。

【功效】化痰软坚，清热利尿。

【成分】每100 g含能量807 KJ、水分12.0 g、蛋白质26.0 g、脂肪0.8 g、膳食纤维21.6 g、碳水化合物20.4 g、灰分19.2 g、硫胺素0.38 mg、核黄素1.07 mg、尼克酸6.4 mg、VC420 mg、VE 2.17 mg［αE 0.16 mg、（β+γ）E 2.01 mg］、钾267 mg、钠112.4 mg、钙183 mg、镁24 mg、锰0.04 mg、锌2.04 mg、铜0.05 mg、磷238 mg、硒11.20 μg。甘紫菜还含总脂约1.7 %（以干重计），其中磷脂占35 %，以及三酰甘油占25 %、二十碳四烯酸占40.8 %、核黄素、烟酸、生物素、硫辛酸、VB_{12}、胆碱，多量

丙氨酸、谷氨酸、天冬氨酸等氨基酸，β－胡萝卜素及少量α－胡萝卜素、叶黄素、玉蜀黍黄素，藻红素、藻青素、叶绿素、α－蒎烯、右旋柠檬烯、异松油烯、牻牛儿醇、葛缕酮、糠醛、缬草酸、甲酸、乙酸、丙酸、甘紫菜酸，并含紫菜多糖。

【药理】具有增强机体的抵抗力、延缓衰老等作用；紫菜多糖对四氯化碳所致的小鼠肝损伤，丙氨酸转移酶升高有明显对抗作用；对肉瘤 S_{180} 有一定抑制作用；大鼠腹腔注射 180 mg/kg，有较明显的抗角叉菜胶所致的炎症；对正常小鼠和四氯嘧啶所致高血糖小鼠腹腔注射有降血糖作用。

【用量】马、牛 15～30 g；猪、羊 3～9 g；犬 1～3 g。

（二）改善动物产品风味植物

陈　皮（Pericarpium citri reticulatae）

为芸香科植物橘 *Citrus reticulate* Blanco. 及其栽培变种的成熟干燥果皮。主产于四川、广东、浙江、福建、江西、湖南、云南等省。秋季果实成熟时采集。生用或麸炒用，以陈久者为佳，故名陈皮。

【性味、归经】辛、苦，温。入脾、肺经。

【功效】理气健脾，燥湿化痰。

【成分】含挥发油 1.9 %～3.5 %，并含橙皮甙、川皮酮、肌醇、VB_1、VC 等。

【药理】具有抗溃疡及助消化、抗菌、抗炎、升高血压等作用；对肠管、气管和子宫平滑肌有松弛作用；陈皮注射液皮下注射，对豚鼠血清溶菌酶含量、血清血凝抗体滴度、心脏血 T 淋巴细胞 E 玫瑰花环形成率均有显著增强作用，但对 T 淋巴细胞转化率却有明显的抑制作用。

【用量】马、牛 30～60 g；猪、羊 6～10 g；犬、猫 3～5 g；兔、禽 1～3 g。

丁　香（Flos caryophylli）

为桃金娘科植物丁香 *Syxygium aromaticum* L.　Merr.　et Perry.　的干燥花蕾。又名公丁香，其果实叫母丁香，均可入药，但多用公丁香。原产南洋群岛及非洲，我国广东省也有栽培。5～9 月当花蕾由绿转红时采收，除去花柄，晒干。捣碎生用。

【性味、归经】辛，温。入脾、胃、肾经。

【功效】温中降逆，暖肾助阳。

【成分】含挥发油 16 %～19 %，主要为丁香油酚 70 %～85 %、乙酰丁香油酚 7 %～17 %；含 2－庚酮、胡椒酚、1，8－桉叶素、香荆芥酚、苯甲醇、苯甲醛水杨酸甲酯等；还含齐墩果酸、鼠李素、番樱桃甙、山柰酚等，以及抗病毒活性成分丁香鞣质。

【药理】具抗微生物、驱虫、诱变抑制、镇痛、抗血栓、抗凝血、抗缺氧等作用；另外，丁香浸出液可以刺激胃酸和胃蛋白酶分泌，促进消化；家兔静脉注射丁香油酚，可以致血压下降，呼吸抑制，并有明显的麻醉和抗惊厥作用，丁香尚可引起子宫收缩。

【用量】马、牛 10～30 g；猪、羊 3～6 g；犬、猫 1～3 g；兔、禽 0.3～0.6 g。

（三）提高乳品质量植物

漏 芦（Radix rhapontici）

为菊科植物祁州漏芦 *Rhaponticum uniflorum*（L.）DC. 或禹州漏芦 *Echinops latifolius* Tausch. 等的根；在蒙药中以花入药。祁州漏芦产于河北、辽宁、山西等省；禹州漏芦主产于山东、河南、内蒙古等省。秋季采挖，洗净泥土，除去残茎及须根，晒干。

【性味、归经】甘、辛，性平。入肝、胃、大肠经。

【功效】活血通乳，清热解毒，消肿排脓。

【成分】祁州漏芦含挥发发油 0.34 %，其中萘醌 1 种、呋喃衍生物 1 种、菲类 1 种、长链脂肪烯烃 2 种、长链脂肪烷烃 4 种、酮类 2 种、酯类 5 种、萜类 18 种；含漏芦蜕皮甾酮、牛蒡子醛、牛蒡子醇 – b、棕榈酸、硬脂酸乙酯及 β – 谷甾醇。禹州漏芦含蓝刺头碱 0.04 %、多种噻吩类化合物、三十一烷、蒲公英萜醇醋酸、混合脂肪醇及胡萝卜甙等。

【药理】具有促进乳腺细胞发育，增强泌乳，改善脂肪代射，抗氧化，预防动脉粥样硬化，延缓衰老，保肝和提高免疫功能等作用。

【用量】牛、马 15 ~ 30 g；猪、羊 10 ~ 15 g；犬、猫 3 ~ 5 g。

落花生（Arachis）

为豆科植物落花生 *Arachis hypogaea* L. 的种子。全国各地均有栽培。秋季采挖果实，剥去果壳，晒干。

【性味、归经】甘，平。入脾、胃、肺经。

【功效】健脾益胃，养血通乳，润肺化痰。

【成分】含有丰富的营养和生物活性物质，其中脂肪油 40 % ~ 50 %、蛋白质 20 % ~ 30 %、淀粉 8 % ~ 21 %、纤维素 2 % ~ 5 %、灰分 2 % ~ 4 %；含 γ – 亚甲基谷氨酸、γ – 氨基 – α – 亚甲丁酸、谷甾醇、胆甾醇、24 – 亚甲基胆甾醇、卵磷脂、嘌呤、花生球蛋白、甜菜碱、胆碱、VB_1、泛酸、生物素、生育酚、木聚糖、葡甘露聚糖及铁、锌、钴、铜、碘、硒等微量元素。

【药理】具有补充营养、促进泌乳、改善代射、提高免疫力与增进皮肤和毛发健康等作用。

【用量】马、牛 150 ~ 200 g；猪、羊 60 ~ 100 g；犬、猫 20 ~ 30 g。

（四）提高毛皮质量植物

向日葵子（Sunflower）

为菊科植物向日葵 *Helianthus annuus* L. 的成熟种子。我国已有数千年的栽培历史，明代引进美洲新品种，种植面积在全国范围内迅速扩大，目前已达数百万公顷。秋季采收成熟花托，打下种子晒干。

【性味、归经】甘，温。入脾、肺经.

【功效】养血润肺，健肤泽毛，利尿消肿，止血止痢。

【成分】含有丰富的营养和生物活性物质，100 g 种仁中含蛋白质 23.9 g、脂肪 49.9 g（其中亚油酸含量高达 70 %）、碳水化合物 13.0 g、膳食纤维 6.1 g、灰分 4.7 g、胡萝卜素 30 μg、视黄醇 5 μg、硫胺素 0.36 mg、核黄素 0.20 mg、尼克酸 0.8 mg、VE 34.53 mg、钙 72 mg、磷 238 mg、镁 264 mg、铁 5.7 mg、锌 6.03 mg、铜 2.5 mg、硒 1.21 μg。

【药理】亚油酸是动物体的必需脂肪酸之一，只能从食物中摄取，其生理功能可以改善皮肤及被毛代射，润肤泽毛，提高毛皮动物产品品质，降低血脂而减肥，清除血管沉积物、促进血液循环而抗动脉粥样硬化和稳定血压，提高骨质密度等。

【用量】马、牛 60 ~ 120 g；猪、羊 30 ~ 60 g；犬、猫 15 ~ 30 g。

脂　麻（Sesame）

胡麻科植物脂麻 *Sesamum indicum* L. 的种子。主产于山东、河南、河北、湖北、四川、安徽、江西等省。秋季果实成熟时采收，割取全草，捆成小把，顶端向上，晾晒，打下种子，除去杂质，再晒干。

【性味、归经】味甘，性平，入肝、肾、肺经。

【功效】养血柔肝，润肺泽毛，补肾益精。

【成分】含有丰富的营养和生物活性物质，100 g 种仁中含蛋白质 19.1 g 、脂肪 46.1 g（重要成分为油酸 48 %、亚油酸 37 %，棕榈酸等）、碳水化合物 10 g、膳食纤维 8.6 g、灰分 5.1 g、硫胺素 0.66 mg、核黄素 0.25 mg、尼克酸 5.9 mg、VE 50.4 mg、钙 780 mg、磷 516 mg、镁 290 mg、铁 22.7 mg、锌 6.13 mg、铜 1.77 mg、硒 407 μg；还含芝麻素、芝麻林素、芝麻醇、卵磷脂、芝麻甙、芝麻糖、细胞色素 C 等。

【药理】丰富的必需脂肪酸、其他营养和生物活性物质可以改善皮肤及被毛代谢，润肤泽毛，提高毛皮动物产品品质，促进血液循环，提高免疫功能等重要作用。

【用量】马、牛 60 ~ 120 g；猪、羊 30 ~ 60 g；犬、猫 15 ~ 30 g。

四、改善饲料品质植物

（一）补充营养植物

黑　豆（Semen glyeine max）

为豆科植物大豆 *Glycine max*（L.）Merr. 的黑色种子。全国各地都有栽培。10 月采收，晒干，脱粒，扬净。

【性味、归经】甘，平。入脾、肾经。

【功效】补脾，益肾，解毒。

【成分】含有丰富的蛋白质、脂肪和碳水化合物，还含胡萝卜素、VB_1、VB_2、烟酸、大豆甙、染料木甙、大豆皂甙醇 A ~ E 等。大豆甙水解后得大豆素和葡萄糖，染料木甙水解后得染料木素和葡萄糖。

【药理】具有雌激素样、解痉等作用。

【用量】马、牛 120 ~ 250 g；猪、羊 60 ~ 120 g；犬 30 ~ 60 g。

胡萝卜（Radix dauci carotae）

为伞形科植物胡萝卜 *Daucus carota* L. var. sativa DC. 的根。各地均有栽培。播后 90 ~ 100 d 收获，一般于 10 月中旬至 11 月上旬采挖根部，洗净，鲜用或加工为成品。

【性味、归经】甘，平。入肺经。

【功效】健脾化滞，养肝明目。

【成分】含 α -、β -、γ - 和 ε - 胡萝卜素、番茄烃、六氢番茄烃、VB_1、VB_2；含糖 3 % ~ 15 %、脂肪油 0.1 % ~ 0.7 %、挥发油 0.014 %、伞形花内酯、咖啡酸、绿原酸、没食子酸等。挥发油为 α - 蒎烯、樟烯、月桂烯、α - 水芹烯、甜没药烯等。

【药理】干胡萝卜素石油醚提取部分，分离出的无定形黄色成分，溶于杏仁油，注射于兔或犬均有明显降血糖作用。

【用量】以料代药喂给，用量不受限制。

胡麻子（Semen lini）

为亚麻科植物亚麻 *Linum usitatissimum* L. 的种子。全国大部分地区均有栽培，主产于东北地区。8 月 ~ 10 月间果实成熟时割取全草，捆成小把，晒干，打取种子，除净杂质，晒干。

【性味、归经】甘，平。入肝、胃经。

【功效】养血祛风，润燥通便。

【成分】含脂肪油 30 % ~ 48 %，主要成分为油酸 15 % ~ 20 %、亚油酸 25 % ~ 59 %、亚麻酸 21 % ~ 45 %，以及棕榈酸、硬脂酸等甘油酯；含蛋白质 18 % ~ 33 %、粘质 5 % ~ 12 %、糖 12 % ~ 26 %、有机酸及 VA。此外，尚含有少量的氰甙即亚麻苦甙。

【药理】具有润滑、缓和刺激、轻泻等作用，亚麻苦甙对小肠的分泌、运动功能有调节作用，亚麻油可用于预防高脂血症或动脉粥样硬化。

【用量】马、牛 120 ~ 250 g；猪、羊 600 ~ 120 g；犬 30 ~ 60 g。

绿　豆（Semen vignae radiatae）

为豆科植物绿豆 *Vigna radiate*（L.）R. Wilczak ［*Phaseolus radiatus* L.］的种子。全国大部分地区均有栽培，主产于河北、山东、安徽、江苏、江西等省。10 月，待有 2/3

以上的荚果变褐或黑色时采收，脱粒，晒干。

【性味、归经】甘，凉。入心、胃经。

【功效】清热解毒，消暑，利水。

【成分】含胡萝卜素、核黄素、蛋白质，蛋白质以球蛋白为主，其组成含蛋氨酸、色氨酸、酪氨酸；含糖类，主要有果糖、葡萄糖、麦芽糖；含磷脂，有磷脂酰胆碱、磷脂酰乙醇胺、磷脂酰肌醇、磷脂酰甘油、磷脂酰丝氨酸、磷脂酸。

【药理】具降脂及抗动脉粥样硬化、抗肿瘤等作用；绿豆含丰富的胰蛋白酶抑制剂，可以保护肝脏、肾脏。

【用量】马、牛 250～500 g；猪、羊 30～90 g；犬 15～45 g。

沙　棘（Fructus hippophae）

为胡颓子科植物中国沙棘 *Hippophae rhamnoides L. subsp. sinensis* Rousi 的果实。主产于四川、青海、内蒙古、河北、山西等省。9 月中旬果实成熟，成熟后不脱落，采收期可延长到 12 月，鲜用或干燥。

【性味、归经】酸、微甘，平。入肺、胃经。

【功效】润肺养胃，生津止渴，消食止泻。

【成分】含油 1.8 %、蛋白质 18.34 %、脂肪 12.36 %、磷 1.14 %、钙 0.2 %、纤维素 12.65 %、灰分 1.96 %、无氮浸出物 64.67 %；含多种维生素，如 VC、VB_1、VB_2 等，其中 VC 80 mg/kg、胡萝卜素 15 mg/kg；类胡萝卜素 70 mg/kg；含 16 种氨基酸，如赖氨酸 0.95 mg/kg、谷氨酸 4.06 mg/kg、精氨酸 2.88 mg/kg、蛋氨酸 0.24 mg/kg、半胱氨酸 520 mg/kg；含多种金属离子，如镁、钙、钛、钠、锰等。油的主要成分为亚油酸、油酸、亚麻酸、棕榈酸、硬脂酸；还含磷脂，主要有磷脂酰乙醇胺、磷脂酰胆碱、磷脂酰肌醇、磷脂酰甘油、磷脂酸。

【药理】具有抗溃疡、降血脂、增强机体免疫力、保肝等作用；沙棘总黄酮具有增加冠脉及心肌血流量，降低心肌氧耗及抑制血小板聚集作用。

【用量】马、牛 50～100 g；猪、羊 30～45 g；犬 15～20 g。

杨树花（Flos populi）

为杨树科植物加拿大杨 *Populus canadansis* Moench 及钻天杨 *Populus nigra* L. var. ltalica Koehne 的雄花序。主产于华北、东北等地。春季花盛开时采集，鲜品自然干燥，粉碎，拌料混饲用。

【性味、归经】苦，微寒。

【功效】清热利湿，健脾养胃。

【成分】加拿大杨的花含水分 6.08 %、粗蛋白质 30.56 %、脂肪 16.60 %、易水解多糖 17.47 %、灰分 8.92 %、粗纤维 13.81 %、磷 0.29 %、木质素 15.75 %、钙 1.21 %；含天门冬氨酸 3.14 %、异亮氨酸 1.05 %、苏氨酸 1.02 %、亮氨酸 1.52 %、丝氨酸 1.18 %、酪氨酸 0.44 %、谷氨酸 11.40 %、苯丙氨酸 0.77 %、甘氨酸 0.72 %、赖

氨酸 1.12 %、胱氨酸 0.46 %、精氨酸 1.72 %、缬氨酸 1.54 %、色氨酸 0.24 %、蛋氨酸 0.55 %、脯氨酸 1.38 %；还含有黄酮、香豆精、酚类及酚酸类、甙类等。

【药理】具有抗菌、止痢等作用。

【用量】马、牛 60 ~ 120 g；猪、羊 30 ~ 60 g；犬、猫 15 ~ 30 g。

紫花苜蓿（Herba medicago）

为豆科植物紫苜蓿 *Medicago sativa* L. 或南苜蓿 *Medicago hispida* Gaertn. 的全草。全国大部分地区有栽培。5 ~ 6 月开花时采收，鲜用或晒干。

【性味、归经】甘、苦，凉。入脾、胃、大肠、小肠经。

【功效】清湿热，利尿排石。

【成分】紫苜蓿含大豆皂甙、南苜蓿三萜皂甙、植物甾醇、植物甾醇酯、卢瑟醇、苜蓿二酚、香豆雌酚、刺芒柄花素、大豆黄素、小麦黄素、瓜氨酸、刀豆酸；叶含 β - 甲基 - D 葡萄糖甙、4 - O - 甲基内消旋肌醇、1 - 半乳庚酮糖、果胶酸；花含飞燕草素 - 3，5 - 二葡萄糖甙、矮牵牛素、锦葵花素。还含挥发性成分，主要有芳樟醇、月桂烯、柠檬烯；种子含高水苏碱、水苏碱、唾液酸。南苜蓿含胡萝卜素。

【药理】具有雌激素样、抗血凝及止血、祛痰、镇咳及松弛支气管平滑肌等作用，但对子宫平滑肌却有兴奋作用；另外，还有抗癌、抗真菌等作用。

【用量】马、牛 60 ~ 120 g；猪、羊 30 ~ 60 g；犬、猫 15 ~ 30 g。

（二）调味诱食植物

八角茴香（Fructus anisi stellati）

为木兰科植物八角茴香 *ILLicium verum* Hook. f. 的干燥成熟果实。分布于福建、台湾、广东、广西、贵州、云南等省区，但以广西主产。秋、冬两季果实由绿变黄时采摘，置沸水中略烫后干燥或直接干燥。

【性味、归经】辛，温。入肝、肾、脾、胃经。

【功效】温中散寒，理气止痛。

【成分】含挥发油 4 % ~9 %（果皮中较多）、脂肪油约 22 %。挥发油主要为反式茴香脑，还有对丙烯基苯基异戊烯醚、α - 及 β - 蒎烯、樟烯、月桂烯、α - 水芹烯、顺式茴香脑、茴香醛、茴香酮等；另含黄酮类，内有槲皮素及其 3 - 鼠李糖甙等；含有机酸类：羟基苯甲酸、咖啡酰奎宁酸等。

【药理】具有抗菌、促进胃肠蠕动、升高白细胞、增进呼吸道分泌等作用。

【用量】马、牛 25 ~ 60 g；猪、羊 10 ~ 15 g。

白芷（Radix angelicae dahuricae）

为伞形科植物兴安心白芷 *Angelica dahurica*（*Fisch. ex Hoffm.*）*Benth. et Hook. f. ex* Franch. et Sav.、川白芷 *A. anomala lallem.* 或杭白芷 *A. taiwaniana* Boiss. 的干燥根。主

产于四川、东北、浙江、江西、河北等地。于夏、秋间叶黄时采挖，除去茎叶、须根及泥土、晒干，切片入药。

【性味、归经】辛、温。入肝、胃经。

【功效】发散风寒，芳香通窍，活血排脓。

【成分】杭白芷含豆香精类成分：欧前胡内酯、异欧前胡内酯、别欧前胡内酯、别异欧前胡内酯、氧化前胡素、异氧化前胡素、白当归素、珊瑚菜素、香柑内酯等；含挥发性成分：榄香烯、芍药醇、甲基环癸烷、别香橙稀、正十四烷醇乙酸酯、软木花椒素等；还含谷甾醇、棕榈酸及钠、镁、钙、铁、磷等多种元素。祁白芷含香豆精类；欧前胡内酯、异欧前胡内酯、白当归素、珊瑚菜素、氧化前胡内醇、紫花前胡甙、东莨菪甙等；还含腺苷。

【药理】具有解热、镇痛、抗炎、光敏、抗病原体、中枢兴奋、抑制离体蛙心收缩、促进脂肪分解和抑制脂肪合成等作用；白芷甲醇提取物腹腔注射对小鼠放射性皮肤损害有保护作用。

【用量】马、牛 15 ~ 30 g；猪、羊 5 ~ 10 g；犬、猫 3 ~ 5 g。

胡　椒（Fructus piperis）

为胡椒科植物胡椒 *Piper nigrum* L. 的果实。原产于东南亚，我国广东、广西、云南、福建和台湾等省有栽培。栽后 3 ~ 4 年收获。海南于 1 ~ 2 月或 6 ~ 7 月果实变黄或稍呈红色时分批采收。果穗直接晒干成黑胡椒；将果穗浸 7 ~ 8 d，使果皮、果肉腐烂，洗净，晒干成白胡椒。

【性味、归经】辛，热。入胃、大肠经。

【功效】温中散寒，健胃止痛，下气消痰。

【成分】含胡椒碱、胡椒亭碱、胡椒油碱 B、胡椒酰胺、二氢胡椒碱、类对香豆酰哌啶等多种酰胺类成分；含挥发油：向日葵素、二氢香苇醇、隐品酮等。

【药理】具有抗炎、促进胆汁分泌，抑制中枢神经系统等作用。

【用量】马、牛 10 ~ 25 g；猪、羊 3 ~ 6 g；犬 2 ~ 5 g。

辣　椒（Fructus capsici）

为茄科植物辣椒 *Copsicum annuum* L. 的果实。我国南北各地普遍栽培。果实变红色时采摘。鲜用或晒干。

【性味、归经】辛、热，有小毒。入胃、大肠经。

【功效】温中止痛，消食和胃。

【成分】含辛辣成分辣椒碱约 69 %、二氢辣椒碱约 22 %、降二氢辣椒碱约 7 %、高辣椒碱约 1 %、高二氢辣椒碱约 1 %、辛酰香草胺、隐黄质、辣椒红素、胡萝卜素、枸橼酸、酒石酸等。种子含辣椒酰胺、辣椒甙、辣椒新甙、棕榈酸、组胺酸、苏氨酸、葡萄糖胺等。种子内胚乳和胚芽含茄碱、茄胺等。

【药理】具有抗菌、杀虫作用；辣椒的轻微刺激对大鼠胃粘膜具有适应性细胞保护作用，辣椒碱还可以促进利血平对大鼠的致溃疡作用；静脉注射辣椒碱可以引起麻醉猫、麻醉犬短暂血压下降，心跳变慢及呼吸困难；辣椒地上部分的水煎剂对离体大鼠子宫有兴奋作用；辣椒碱还有镇痛作用。

【用量】马、牛 15 ~ 30 g；猪、羊 6 ~ 15 g；犬 5 ~ 8 g。

肉　桂（Cortex cinnamomi）

为樟科植物肉桂 *Cinnamomum cassia* Presl. 的干燥树皮。主产于广东、广西、云南、贵州等地。大暑时将树皮割裂，立秋后剥离，刮去栓皮。切片或打碎用。

【性味、归经】辛、甘，大热。入脾、肾、肝经。

【功效】温中补阳，散寒止痛。

【成分】含挥发油 1.98 % ~ 2.06 %，主要为桂皮醛，占 52.92 % ~ 61.20 %，还有乙酸桂皮酯、桂皮酸乙酯、苯甲醛、香豆精、β - 荜澄茄稀、菖蒲烯、原儿茶酸等；还含 3′ - 甲氧基 - 左旋表儿茶精、5，3′ - 二甲氧基左 - 表儿茶精、7，4′ - 二甲氧基 - 右旋儿茶精、左旋表儿茶精 - 3 - O - β - D - 葡萄糖甙、桂皮鞣质 A_2、A_3、A_4，原矢车菊素 A_2、B_1、B_2、B_5、B_7、C_1，锡兰肉桂素以及多种二萜类化合物：肉桂醇 A、C_1、C_3，19 - O - β - D - 葡萄糖甙等。另含肉桂甙、桂皮甙和桂皮多糖 AX 等。

【药理】具有抗菌、镇静、镇痛、解热、抗惊厥、降压、增强心肌收缩力等作用；另外，桂皮醛及桂皮酸有升高家兔白细胞作用；桂皮醛有抗肿瘤作用；桂皮提取物具有抑制体液免疫、抑制抗体形成等作用。

【用量】马、牛 25 ~ 30 g；猪、羊 3 ~ 10 g；犬 2 ~ 5 g；兔、禽 1 ~ 2 g。

生　姜（Rhizoma zingiberis recens）

为姜科植物姜 *Zingiber officinale* Rosc. 的根茎。我国各地均产。9 ~ 11 月间采挖，除去须根，洗净，切片生用或煨熟用。

【性味、归经】辛，微温。入脾、肺、胃经。

【功效】发表散寒，温中止呕，解毒。

【成分】含多种挥发油：α - 姜烯、β - 水芹烯、β - 甜没药烯、α - 姜黄烯、樟烯、β - 罗勒烯、月桂烯、β - 蒎烯姜醇、β - 檀香萜醇、2 - 龙脑、异小茴香醇、紫苏醛、橙花醇、柠檬醛、六氢姜黄烯等；含多种辛辣成分：高良姜萜内酯，3 - 姜辣醇、4 - 姜辣醇、5 - 姜辣醇、6 - 姜辣醇、8 - 姜辣醇、10 - 姜辣醇、12 - 姜辣醇，4 - 姜辣二醇、6 - 姜辣二醇、8 - 姜辣二醇、10 - 姜辣二醇，6 - 姜辣二酮、10 - 姜辣二酮、6 - 去氢姜辣二酮、10 - 去氢姜辣二酮，6 - 乙酰姜辣醇和 6 - 姜辣烯酮等；还含天冬氨酸等多种氨基酸。

【药理】具有镇吐、抗炎、镇痛、中枢神经兴奋与升压、抗病原体、松弛平滑肌、抗凝血、抗氧化等作用；生姜煎剂对胃酸及胃液的分泌先抑制、后兴奋；干姜可以显著使幼鼠胸腺萎缩等。

【用量】牛、马 15 ~ 60 g；猪、羊 5 ~ 15 g；猫、犬 3 ~ 8 g；兔、禽 1 ~ 3 g。

（三）饲料保鲜植物

白鲜皮（Cortex dictamni）

为芸香科植物白鲜 *Dictamnus dasycarpus* Turcz. 的根皮。全国各地均有分布，北方于春、秋两季采收，南方于夏季采收。挖出后，洗净泥土，除去杂根及粗皮，乘鲜时纵向剖开，抽去木心，晒干。

【性味、归经】味苦、咸，性寒。入脾、胃、肝经。

【功效】活血通乳，祛风燥湿，清热解毒。

【成分】含白鲜碱、白鲜内酯、黄柏内酯、吴萸内酯、β－谷甾醇、黄柏酮酸、葫芦巴碱、胆碱、菜油甾醇、茵芋碱、白鲜明碱、柠檬苦素等。

【药理】具有促进乳汁分泌、兴奋心血管系统、增强平滑肌收缩和抗真菌等作用。

【用量】牛、马 15～30 g；猪、羊 10～15 g；犬、猫 3～5 g。

花　椒（Pericarpium zanthoxyli）

为芸香科植物花椒 *Zanthoxylum bungeanum* Maxim. 或青椒（川椒）*Zanthoxylum schinifolium* Sieb. et Zucc. 的果皮。花椒主产于四川、重庆、山西、陕西、河北；青椒则产于江苏、浙江、江西、广东、广西、湖南等地。秋季果熟时趁晴天采摘，晾晒至果实开裂，筛出种子（椒目，另作药用），除去果柄杂质，干燥封存。

【性味、归经】辛，温，有小毒。入脾、胃、肾经。

【功效】温中散寒，除湿止痛，杀虫解毒。

【成分】果皮含有大量挥发油，花椒与青椒挥发油的化学组成及其含量有显著差异。花椒挥发油的主要成分为柠檬烯 25.10 %、1，8－桉叶素 21.79 %、月桂烯 11.99 %。青椒挥发油的主要成分为爱草脑 75.73 %。此外，尚含有香柑内酯、伞形花内酯、茵陈碱、青椒碱、香草木宁碱、香叶木甙及脱肠草素等。

【药理】具有抗菌、防腐、抗溃疡、止泻、镇痛、保肝、抗血栓形成、抗应激性心肌损伤和驱虫等作用。

【用量】马、牛 10～15 g；猪、羊 5～8 g；犬、猫 1～3 g。

儿　茶（Catechu）

为豆科植物儿茶 *Acacia catechu*（L.）Willd. 的枝干或茜草科植物儿茶钩藤 *Uncaria gambier* Roxb. 枝叶加水煎汁浓缩而成的干燥浸膏，又称孩儿茶。主产于云南南部，海南等地有栽培。12 月至翌年 3 月采收，切碎，铜锅煎煮取汁，浓缩干燥而成。

【性味、归经】苦、涩，寒微。入肺经。

【功效】清热化痰，收敛止血。

【成分】含鞣质 26.45 %～57.41 %、儿茶精 32.5 %（云南儿茶含儿茶精 40 %），

儿茶心材含儿茶鞣酸20 % ~50 %、1－，dl－儿茶精2 % ~20 %、1－，dl－表儿茶精、柔红柔质、非瑟素、槲皮素、槲皮万寿菊素、山萘酚、二氢山萘酚等。

【药理】具有较强的抗菌、抗病毒、抗氧化、抗癌、保肝、止泻、保护消化道粘膜、改善血液循环、降血糖、降血脂等作用。

【用量】马、牛15 ~30 g；猪、羊5 ~10 g；犬、猫3 ~5 g；家禽1 ~3 g。

第二节　天然植物饲料添加剂常用验方

一、通用验方

（一）防病保健方

黄连解毒散（中华人民共和国兽药典2000年版二部）

【处方】黄连30 g，黄芩60 g，黄柏60 g，栀子45 g。

【制法】粉碎，过筛，混匀。

【用法用量】在饲料中添加，马、牛150 ~250 g/次，羊、猪30 ~50 g/次，兔、禽1 ~2 g/次。

【功效】泻火解毒。

【用途】防治三焦实热，疮黄肿毒。

【方义简析】方中黄连泻心火，兼泻中焦之火，黄芩泻上焦之火，黄柏泻下焦之火，栀子通邪三焦之火，四药合用，共奏泻火解毒功效。该方抗病原微生物的作用相当广泛，对多种细菌、流感病毒、钩端螺旋体等均有抑制作用，还能增强白细胞及肝脏吞噬细胞的吞噬功能，增强机体抗病力，并有抗炎、解热、利胆和抗肝损伤作用，经常添加有良好的防病效果。夏、秋季在饲料中添加0.5 %，常喂，可预防火热症。

银翘散（中药饲料添加剂）

【处方】金银花，连翘，荆芥，薄荷，桔梗等。

【制法】粉碎，混匀。

【用法用量】在饲料中添加0.5 %，常喂。

【功效】辛凉解表，清热解毒。

【用途】防治风热感冒，咽喉肿痛，疮痈初起。

【方义简析】方中金银花、连翘清热解毒，荆芥、薄荷、桔梗辛凉解表。本方对某些流感病毒有一定的抑制作用，广泛用于感冒、流行性感冒、急性咽喉炎、急性支气管炎、肺炎、流行性乙型脑炎等有良好的防治作用。

清热散（中药饲料添加剂）

【处方】生石膏，地胆草，大青木，玉叶金花，穿心莲，救必应等。

【制法】粉碎，混匀。

【用法用量】在饲料中添加1 %（预防）~2 %（治疗），连用3 d。

【功效】清热泻火，凉血解毒。

【用途】防治胃热食少，暑热尿赤，目赤耳肿，热结便秘。

【方义简析】本方的解热作用较为显著，并有一定的抗毒、抗炎等作用，特别是对病毒性疾病具有防治的双重作用。

白头翁散（中华人民共和国兽药典2000年版二部）

【处方】白头翁60 g，黄连30 g，黄柏45 g，秦皮60 g。

【制法】粉碎，过筛，混匀。

【用法用量】在饲料中添加，马、牛150 ~250 g/次，羊、猪30 ~45 g/次，兔、禽2 ~3 g/次。

【功效】清热解毒，凉血止痢。

【用途】防治温热汇演，下痢脓血。

【方义简析】方中白头翁清热解毒、凉血止痢，对痢疾杆菌、伤寒杆菌、沙门氏菌及阿米巴原虫均有明显的抑制作用。黄连清热燥湿、泻火解毒，对痢疾杆菌、霍乱弧菌、大肠杆菌及阿米巴原虫均有较强的抑制作用。黄柏清湿热，泻火毒，退虚热而固大肠，对痢疾杆菌、霍乱弧菌、大肠杆菌、伤寒杆菌、副伤寒杆菌等均有不同程度的抑制作用。秦皮清热燥湿、涩肠止痢，对痢疾杆菌、大肠杆菌有较强的抑制作用。各药配合，抗炎、抗毒、止泻、镇静、镇痛和缓解肠痉挛。

五味止泻散（中兽医医药杂志）

【处方】白矾10 g，五倍子5 g，青黛10 g，石膏10 g，滑石粉5 g。

【制法】粉碎，过36目筛，混匀，用塑料袋分装，每袋20 g。

【用法用量】在饲料中添加，按1 kg体重，马、牛0.2 ~0.6 g，猪、羊0.3 ~0.8 g；食欲废绝者灌服，1 ~2 次/d。

【功效】清热解毒，收敛止泻。

【用途】防治细菌性或消化不良性腹泻，仔猪白痢。

【方义简析】方中石膏、滑石粉清热除湿；青黛清热解毒，凉血；白矾、五倍子涩肠止泻。诸药合用，清热解毒，收敛止泻。五倍子还有强大的广谱抗菌作用。用此方治疗猪腹泻360 例，治愈259 例；治疗牛腹6 例，治愈5 例，均用药1 ~2 次，总治愈率99.3 %。

畜禽止痢散（中药饲料添加剂）

【处方】捻子叶，火炭母，磺胺脒等。

【制法】粉碎，混匀。

【用法用量】在饲料中添加0.5 %（猪、羊）~1 %（禽）为预防用量，治疗用量加倍。

【功效】抗菌消炎，清热利湿，收敛止泻。

【用途】防治胃肠炎、泻痢。

【方义简析】本方是一个中西药结合的添加剂，方中的火炭母对大肠杆菌、伤寒杆菌、痢疾杆菌、绿脓杆菌等有抑制作用。

TM 畜痢瘦康（中药饲料添加剂）

【处方】白石英，赤石脂等。

【制法】粉碎，混匀。

【用法用量】在饲料中添加，禽类 1 %；家畜按 1 kg 体重，猪、羊 2 g，犊牛 1 g。

【功效】清执燥湿。

【用途】防治幼畜腹泻、禽类泻痢等，并能促进生长和增重。

【方义简析】方中君药为赤石脂，主含水化硅酸铝，内服后能吸附消化道内的毒物，如汞、细菌毒素及食物异常发酵产物等。对发炎的胃肠粘膜有保护作用，一方面减少异物的刺激；另一方面吸附炎性渗出物，缓解炎症，对胃肠出血有止血作用。

洗胃精（中药饲料添加剂）

【处方】木蝴蝶皮，大青木，大黄，陈皮，芒硝，小苏打。

【制法】粉碎，混匀。

【用法用量】在饲料中添加，猪、羊按 0.5 %～1 %，禽按 1 %～1.5 %。

【功效】清利胃肠，泻热散满。

【用途】防治热结便秘、食欲不振。

【方义简析】本方由"大承气汤"加减变化而来，大黄含大黄素，口服到达大肠后，通过局部刺激作用，能增强大肠蠕动而导泻；芒硝的主要成分为结晶硫酸钠，其硫酸根离子易被吸收，形成高渗溶液存留肠内，引起机械性刺激，增强肠管蠕动，将稀释的粪便排出，同时还具有促进胆汁分泌和胆囊收缩等作用。

曲麦散（中华人民共和国兽药典 2000 年版二部）

【处方】六神曲 60 g，麦芽 30 g，山楂 30 g，厚朴 25 g，枳壳 25 g，陈皮 25 g，青皮 25 g，苍术 25 g，甘草 15 g。

【制法】粉碎，过筛，混匀。

【用法用量】在饲料中添加，马、牛 250～500 g/次，羊、猪 40～100 g/次。

【功效】消积破气，化谷宽肠。

【用途】防治胃肠积滞，料伤五攒痛。

【方义简析】神曲、麦芽、山楂消食导滞，健脾胃，富含消化酶及酵母菌而助消化；厚朴、枳壳，陈皮、青皮为芳香健胃药，具有健胃、解痉、抗菌、助消化、驱风作用；苍术燥湿健脾，解郁辟秽，同时能健胃助消化，补充 VA、VD 和 VB；甘草补脾益气，和中缓急，解毒，调和诸药，具有肾上腺皮质样作用，有抗菌、解毒、保肝、解痉、镇痛等作用。

消食平胃散（中华人民共和国兽药典2000年版二部）

【处方】槟榔25 g，山楂60 g，苍术30 g，陈皮30 g，厚朴60 g，甘草15 g。

【制法】粉碎，过筛，混匀。

【用法用量】在饲料中添加，马、牛150～250 g/次，羊、猪30～60 g/次。

【功效】消食开胃。

【用途】防治胃肠积滞，宿食不化。

【方义简析】方中槟榔、山楂消食下气，健脾开胃；山楂富含消化酶助消化；苍术燥湿健脾，解郁辟秽，芳香健胃，补充VA、VD和VB；陈皮、厚朴理气健脾，燥湿导滞，下气消胀；甘草补脾益气，和中缓急，调和诸药，还有肾上腺皮质样作用，及抗菌、解毒、保肝、解痉、镇痛等作用。用本方治疗牛脾虚不磨30例，均获痊愈；机理研究发现，可增强家兔离体肠管的蠕动强度，促进胆汁的分泌，增强肠吸引及瘤胃蠕动。

健胃散（中华人民共和国兽药典2000年版二部）

【处方】山楂15 g，麦芽15 g，神曲15 g，槟榔3 g。

【制法】粉碎，过筛，混匀。

【用法用量】在饲料中添加，马、牛150～250 g/次，羊、猪30～60 g/次。

【功效】消食下气，开胃宽肠。

【用途】防治伤食积滞，消化不良。

【方义简析】方中山楂、麦芽、神曲消食下气，健脾开胃，富含消化酶及酵母菌而助消化。槟榔理气消积，杀虫截疟。

平胃散（中华人民共和国兽药典2000年版二部）

【处方】苍术80 g，厚朴50 g，陈皮50 g，甘草30 g。

【制法】粉碎，过筛，混匀。

【用法用量】在精饲料中添加，马、牛200～250 g/次，羊，猪30～60 g/次。

【功效】燥湿健脾，理气开胃。

【用途】防治脾胃不和，食少，粪稀。

【方义简析】方中苍术为芳香苦味健胃药，燥湿健脾，解郁辟秽，补充VA、VD和VB而促生长；陈皮理气健脾，燥湿开胃，具有健胃、驱风、利胆、溶石，抗溃疡、抗菌等作用；厚朴化湿导滞，下气消胀，具有健胃、助消化、抗溃疡、抗菌、抗真菌及明显的中枢抑制作用；甘草补脾益气，和中缓急，解毒，调和诸药，具有肾上腺皮质样作用，有抗菌、解毒、抗炎、保肝、解痉、镇痛、祛痰等作用。郑动才等（1992）以本方治疗猪胃寒少食（与消化不良、慢性胃肠卡他相似）331例，均获痊愈。

理中散（中华人民共和国兽药典2000年版二部）

【处方】党参60 g，干姜30 g，甘草30 g，白术60 g。

【制法】粉碎，过筛，混匀。

【用法用量】在精饲料中添加，马、牛200～300 g/次，羊、猪30～60 g/次。

【功效】温中散寒，补气健脾。

【用途】防治脾胃虚寒，食少，泄泻，腹痛。

【方义简析】方中干姜辛热，温中焦脾胃而祛里寒；党参甘温，益气健脾，助干姜振脾胃之升降；佐以白术燥湿健脾，甘草益气和中、调和诸药。四药合用，温中焦之阳，补脾胃之虚，复升降之常，升清降浊，共奏"理中"之效。

健脾散（中华人民共和国兽药典2000年版二部）

【处方】当归20 g，白术30 g，青皮20 g，陈皮25 g，厚朴30 g，肉桂30 g，干姜30 g，茯苓30 g，五味子25 g，石菖蒲25 g，砂仁20 g，泽泻30 g，甘草20 g。

【制法】粉碎，过筛，混匀。

【用法用量】在饲料中添加，马、牛250～350 g/次，羊、猪45～60 g/次。

【功效】温中健脾，利水止泻。

【用途】防治胃寒草少，冷肠泄泻。

【方义简析】方中肉桂、干姜、砂仁温中健脾，青皮、陈皮、厚朴理气宽中，当归补血活血，五味子涩肠止泻，白术、石菖蒲燥湿健脾，茯苓、泽泻利水，甘草缓中、调和诸药。诸药合用，共奏温中健脾，利水止泻之效。

保胎无忧散（中华人民共和国兽药典2000年版二部）

【处方】当归50 g，川芎20 g，熟地黄50 g，白芍30 g，党参40 g，白术（炒焦）60 g，枳壳30 g，陈皮30 g，黄芩30 g，紫苏梗30 g，艾叶20 g，甘草20 g。

【制法】粉碎，过筛，混匀。

【用法用量】在饲料中添加，马、牛200～300 g/次，羊、猪30～60 g/次。

【功效】养血，补气，安胎。

【用途】防治胎动不安。

【方义简析】方中当归补血活血、调经，有增强免疫、保肝、抗肿瘤等作用；川芎活血行气、祛风止痛，有镇痛、镇静、抗心肌缺氧等作用；熟地黄补血、滋阴，有强心、利尿、降血糖等作用；白芍养血敛阴、泻肝安脾，有解痉、镇痛、镇静、抗菌等作用；黄芪补气升阳，有强壮、抗肾炎、抗菌等作用；党参补中益气、补血生津，有增强机体抵抗力、助消化等作用；白术补脾益气、澡湿利水、固表止汗，有利尿、镇静、护肝等作用；枳壳破气、行痰、消积，有兴奋子宫、强心、升压、抗休克等作用；陈皮健脾、理气消食，有增加胃液消化酶的分泌、促进消化等作用；黄芩清热燥湿、泻火解毒、止血安胎，有广谱抗菌、解热镇静、降压、利尿等作用；紫苏梗行气宽中、安胎，有发汗解热促进消化腺分泌、健胃等作用；艾叶散寒止痛、温经止血，有强心、止血、镇静、健胃、抑菌等作用；甘草补中益气、清热解毒、润肺止咳、调和诸药，有解毒、解痉、祛痰、镇痛、类肾上腺皮质激素等作用。

泰山盘石散（中华人民共和国兽药典2000年版二部）

【处方】党参30 g，黄芪30 g，当归30 g，川断30 g，黄芩30 g，川芎12 g，白芍30 g，熟地45 g，白术30 g，砂仁15 g，炙甘草12 g。

【制法】粉碎，过筛，混匀。

【用法用量】在饲料中添加，马、牛250～350 g/次，羊、猪60～90 g/次，犬、猫5～15 g/次。

【功效】补气血，安胎。

【用途】防治气血两虚致胎动不安，习惯性流产。

【方义简析】方中党参补中益气、生津，有增强机体抵抗力、助消化等作用；黄芪补气升阳、固表止汗、利水消肿，有强壮、利尿、抗菌等作用；当归补血调经、活血止痛、润肠通便，有降压、保肝、抗菌等作用；川断补肝肾、强筋骨，有使组织再生、镇痛等作用；黄芩清热燥湿、泻火解毒、止血、安胎，有抑菌、抗炎和免疫抑制、抗乙酰胆碱和儿茶酚酶等作用；川芎活血行气、祛风止痛，有镇痛、镇静、抗心肌缺氧等作用；白芍养血敛阴、泻肝安脾，有解痉、镇痛、镇静、抗菌等作用；熟地补血滋阴，有强心、利尿、降血糖、保肝等作用；白术补脾益气、安胎利水，有利尿、镇静、保肝等作用；砂仁化湿行气、温脾止泻、安胎，有增进胃的机能、促进消化液的分泌等作用；炙甘草补中益气、润肺止咳、缓急止痛、调和诸药，有解毒、解痉、祛痰、类肾上腺皮质激素等作用。

防治犬、猫、兔湿疹方（上海畜牧兽医通讯）

【处方】山栀，木通，苡仁，萆薢，黄芩，黄柏，猪苓，茯苓，苍术，陈皮，厚朴，当归，川芎，白芍，泽泻，滑石，防风，甘草等。

【制法】分别研粉，单独存放。

【用法用量】根据病情临组方，急性型以山栀、木通、苡仁、萆薢、黄芩、黄柏等9味药；亚急性型以山栀、木通、猪苓、茯苓、苍术、陈皮、厚朴等11味；慢性型以当归、川芎、白芍、萆薢、茯苓、苡仁、泽泻等9味药组方，药粉拌入少量饲料内，早晚空腹饲喂，食后30 min加日常饲料，再以同方煎汁洗浴患部。

【功效】利湿祛风，消肿止痒。

【用途】防治湿疹。

【方义简析】湿疹是动物常见的一种皮肤病，病因十分复杂，治疗根据病情采用不同的治疗原则和组方。急性型以清热利湿为原则，选山栀清心除躁，木通、黄芩、黄柏等清热利湿、止痛止痒，萆薢去风湿，山栀消肝止痛，苡仁消肿、宁心安神。亚急性型以健脾化湿为原则，选苍术燥湿健脾，厚朴燥湿利气，陈皮健脾，茯苓利水渗湿、宁心安神，与山栀和木通共奏健脾化湿的功效。慢性型以养血祛风为原则，辅以清热利湿，泽泻利湿，选当归补血、活血，白芍补血，茯苓利湿，川芎活血祛风、止痛止痒，苡仁消肝、宁心安神，泽泻利湿，共同达到补血、清心、利湿的目的。根据具体症状和病程采用相应的方剂，内服与洗浴同时进行，治疗患病犬、猫和兔收到了满意疗效。

（二）提高生产性能方

中药生长素复方（饲料添加剂应用技术）

【处方】贯众600 g，神曲750 g，苍术500 g，秦皮500 g，苏子500 g，枳实500 g，桑白皮500 g，人工盐1000 g，畜用生长素1000 g。

【制法】中药烘干，粉碎，过60目筛，混入人工盐、畜用生长素，混匀。

【用法用量】在日粮中添加，猪50～100 g/次；牛、马隔日150 g/次，连续饲喂30 d，间隔5 d再加。

【功效】健脾理气，燥湿杀虫。

【用途】促生长，防疾病。

【方义简析】本方为中西药复方。贯众清热解毒、杀虫去积，有驱虫、抗病毒、抗菌、雌激素样活性和抗肿瘤等作用，用于驱虫、促生长，防治感冒等；神曲健脾和胃，消食调中，内含维生素B族、酶类、酵母菌和蛋白质等，对机体的物质代谢产生积极作用，促进蛋白质的消化和利用；苍术芳香化浊，燥湿健脾，祛风避秽，有解毒、利胆、抗溃疡、镇静和降血糖等作用；秦皮清热燥湿，清肝明目，有抗病原微生物、抗炎、抗过敏、镇静等作用；苏子含有脂肪和VB_1等，具有下气、宽肠、消痰、润肺等作用；枳实破气消积、散结消痞，有兴奋胃肠、调节胃肠蠕动和改善心肌代谢的作用；桑白皮清肺平喘、利水消肿，有利尿、镇静、安定、抗惊厥、镇痛、抗菌等作用；人工盐能够促进胃肠分泌和蠕动、中和胃酸、加强消化功能；畜禽生长素能够促生长。

多效畜禽宝（中药饲料添加剂）

【处方】淫羊藿，何首乌，土黄芪（又名圆叶锦葵），麦芽或神曲等。

【制法】将上药干燥，粉碎，混匀。

【用法用量】在饲料中添加2％～5％；或牛150～200 g/次，猪、羊20～60 g/次，鸡、兔6～10 g/次。

【功效】补肾健脾，养血安神，燥湿止痢。

【用途】促进生长和产蛋，预防畜禽痢疾。

【方义简析】方中淫羊藿补肾阳、强筋骨、祛风湿，有促进性机能、抗衰老、抗菌、抗病毒、增强免疫功能等作用；何首乌补肝肾、益精血，有抗衰老、增加机体免疫功能、促进肾上腺皮质等作用；土黄芪补中益气，有抑菌等作用；神曲健脾和胃、消食，有助消化等作用。在蛋雏鸡饲料中添加，至160日龄时，试验组比对照组平均每天多增重35％；在幼兔饲料中添加，60日龄时试验组比对照组多增重0.3 kg，成活率提高27％，治疗兔泄泻，治愈率达95％。

强壮散（中华人民共和国兽药典2000年版二部）

【处方】党参200 g，六神曲70 g，麦芽70 g，山楂（炒）70 g，黄芪200 g，茯苓150 g，白术100 g，草豆蔻140 g。

【制法】粉碎，过筛，混匀。

【用法用量】在饲料中添加，马、牛250～400 g/次，羊、猪30～50 g/次。

【功效】益气健脾，消积化食。

【用途】增强食欲，增膘强壮。

【方义简析】方中党参、黄芪补中益气，白术、茯苓、草豆蔻渗湿健脾，神曲、麦芽、山楂健胃消食，共同促进摄食，增强消化吸收功能。

速肥壮（四川省仁寿兽药厂）

【处方】青矾，胆矾，微量元素，维生素等。

【制法】共研细末，混合均匀。

【用法用量】精料中添加1％；或马、牛30～50 g/次，小猪5～10 g/次，大猪20～30 g/次。

【功效】补充营养，驱虫，解毒，燥湿。

【用途】催肥复壮，防病保健。

【方义简析】方中青矾补血活血、燥湿退黄、补铁，胆矾驱虫、解毒、补铜，加上微量元素、维生素等使饲料营养更全面，故能发挥促生长作用。注意拌料后忌蒸煮，饲喂本品前先驱虫、健胃，效果更佳。

令牛马壮方（奇方类编）

【处方】牛骨灰200 g，糖糟1500 g，麦芽1500 g，黄豆2250 g。

【制法】共为细末，混合均匀。

【用法用量】在精料中添加，马、牛30 g/次。

【功效】开胃进食，强壮添膘。

【用途】增强食欲，增膘复壮。

【方义简析】牛骨灰能补偿钙、磷等；糖糟和麦芽含有大量的维生素、糖和消化酶等，为消食开胃药，可促进碳水化合物的分解；黄豆富含蛋白质和脂肪等。诸药配合能够补充营养不足，具有促进消化和增进食欲的功效。

牛羊补肾壮膘散（中兽医医药杂志）

【处方】苦参，松针，红藤，骨碎补，金樱子，虎杖，黄荆子，陈皮，柏香子，马钱子等。

【制法】按一定比例混合，粉碎，混匀。

【用法用量】在精料中添加，牛、羊均按1 g/kg；预防，每1～2 d喂1次；治疗，根据病情轻重每天1～2次或每1～2 d一次，共2～6次。

【功效】健脾开胃，滋补肝肾，祛风除湿。

【用途】牛、羊壮膘增重，防病保健。

【方义简析】本方通过健脾开胃、改善胃肠机能、增强消化液分泌、增强反刍、调节血液循环、促进新陈代谢、补充生长所需营养物质等而达到催肥壮膘目的，在使用本品前，如先驱虫可提高效果。通过中药的滋补肝肾、养血活血、祛风除湿、理气止痛等而呈现治疗作用。用本方给黄牛催肥壮膘促长，试验前后日增重平均差为0.49 kg；山羊试验前后日增重平均差0.056 kg；对发育不良、消瘦、老残催肥等的574头黄牛、74只山羊的平均有效率分别为94.4 %与94.6 %；对487头黄牛、50只山羊的急慢性劳伤、风湿、脾胃虚弱、消化不良等的平均治愈率各为94.4 %及92 %。

健长快（天然物中草药饲料添加剂大全）

【处方】苦参，麦芽，首乌，黄芪，白芍等。

【制法】粉碎，混匀。

【用法用量】在饲料中添加，20～50 kg猪40 g/d，50 kg以上猪60～80 g/d，给药7～10 d，停药20 d；鸡、鸭按1 %拌料喂给，每月用10～15 d。

【功效】燥湿健脾，消食开胃。

【用途】促进生长。

【方义简析】方中苦参清热燥湿，麦芽消食和中，首乌补肝肾，益精血；黄芪补气利水；白芍敛阴补血。诸药合用，燥湿健脾，消食开胃，可促进生长。

松针活性物添加剂（草食畜禽饲料添加剂）

【处方】马尾松松针叶。

【制法】以马尾松嫩枝叶制备松针叶绿素－胡萝卜素软膏，再用马尾松或赤松、黑松混合叶粉吸附。

【用法用量】在饲料中添加，牛、羊0.05 %～0.1 %，兔0.2 %～0.3 %，鹅0.3 %～0.4 %。

【功效】促进增重，提高肉质及皮毛色泽，提高产蛋量，增强抗病力。

【用途】提高生产性能，防病保健。

【方义简析】本品含VE、VC、维生素B族和β－胡萝卜素、植物激素、植物杀菌素等生物活性物质，多种氨基酸和铁、铜、锌、锰、钴等。使用后能使奶牛的产奶量提高7.4 %，犊牛及羔羊的增重速度提高9 %～11 %，兔的皮毛质量提高，雏鹅的日增重提高8 %～17 %，蛋鹅的产蛋提高9 %～19 %，节省饲料8 %。

四君子散（中华人民共和国兽药典2000年版二部）

【处方】党参60 g，白术（炒）60 g，茯苓60 g，甘草（炙）30 g。

【制法】粉碎，过筛，混匀。

【用法用量】在饲料中添加，马、牛 200～300 g/次，羊、猪 30～45 g/次。

【功效】益气健脾。

【用途】提高脾胃功能，增强食欲，增膘复壮。

【方义简析】方中党参补中益气为主药；白术苦温，健脾燥湿为辅药；茯苓甘淡，健脾渗湿为佐药，与白术合用，健脾除湿之功更强；炙甘草甘温，益气和中，调和诸药为使药。诸药相合，共奏补中气，健脾胃之功。

补中益气散（中华人民共和国兽药典 2000 年版二部）

【处方】黄芪（炙）75 g，党参 60 g，白术（炒）60 g，炙甘草 30 g，陈皮 20 g，升麻 20 g，柴胡 20 g。

【制法】粉碎，过筛，混匀。

【用法用量】在饲料中添加，马、牛 250～400 g/次，羊、猪 45～60 g/次。

【功效】补中益气，升阳举陷。

【用途】增强脾胃功能，防治垂脱症。

【方义简析】方中炙黄芪、当归补气生血，从阳引阴，益气固脱，具有增强代谢、强心、扩张血管、促进血红蛋白及红细胞的生成、增强免疫功能等作用，对子宫有双向调整作用，具有抗炎、抗菌、利尿作用；党参、白术、炙甘草补中益气、健脾开胃，具有增强免疫及代谢、强壮、强心、利尿、抗炎、抗菌、解毒等作用，对“脾虚”动物模型有调整作用；陈皮理气健脾、燥湿开胃，具有健胃、驱风、利胆、溶石、抗溃疡、抗菌等作用；升麻、柴胡升阳举陷，协助参芪以益气固脱。本方对子宫及其周围组织有选择性的兴奋作用，使子宫收缩增强，并能增强肠道平滑肌张力。升麻、柴胡与其他药物有明显的协同作用，能增强上述作用强度，若去掉升麻、柴胡，则作用明显减弱。

六味地黄散（中华人民共和国兽药典 2000 年版二部）

【处方】熟地黄 70 g，山茱萸（制）35 g，山药 35 g，牡丹皮 30 g，茯苓 30 g，泽泻 30 g。

【制法】粉碎，过筛，混匀。

【用法用量】在饲料中添加，马、牛 100～300 g/次，羊、猪 15～50 g/次。

【功效】滋补肝肾。

【用途】提高生产性能，防治肝肾阴虚。

【方义简析】方中熟地黄补血、滋阴，有强心、利尿、降血糖、保肝等作用；山茱萸滋补肝肾、涩精敛汗，有抑菌、利尿、降压等作用；山药补脾胃、益肺肾，有滋养、助消化、止泻等作用；牡丹皮清热凉血、活血祛瘀，有抑菌、镇静、镇痛、解热、抗痉挛、抗炎、止血等作用；茯苓渗湿利水、健脾补中、宁心安神，有利尿、镇静、抗肿瘤等作用；泽泻利水渗湿、泻肾火，有利尿、降胆固醇、降血糖等作用。

通乳散（中华人民共和国兽药典2000年版二部）

【处方】当归30 g，王不留行30 g，黄芪60 g，路路通30 g，红花25 g，通草20 g，漏芦20 g，瓜蒌25 g，泽兰20 g，丹参20 g。

【制法】粉碎，过筛，混匀。

【用法用量】在饲料中添加，马、牛250～350 g/次，羊、猪60～90 g/次。

【功效】通经下乳。

【用途】产后增乳、通乳。

【方义简析】方中当归、黄芪补气生血，具有增强机体代谢、强心、扩张血管、降低血管阻力、增强血流、促进Hb及红细胞生成、增强免疫功能等作用，还有抗炎、抗菌和利尿的作用；王不留行、路路通、通草、漏芦、瓜蒌清热解毒，通经下乳，具有扩张血管，增强血流，收缩子宫的作用，对子宫复旧及通乳均有明显作用；红花、丹参活血化淤，宁心止痛，具有强心，改善血液循环，提高耐缺氧能力和兴奋子宫、镇静、抗菌及增强免疫等作用；泽兰活血祛淤，行气消肿，具有下乳和强心作用。

催奶灵散（中华人民共和国兽药典2000年版二部）

【处方】王不留行20 g，黄芪10 g，皂角刺10 g，当归20 g，党参10 g，川芎20 g，漏芦5 g，路路通25 g。

【制法】粉碎，过筛，混匀。

【用法用量】在饲料中添加，马、牛300～500 g/次，羊、猪40～60 g/次。

【功效】补气养血，通经下乳。

【用途】产后增乳、通乳。

【方义简析】方中黄芪、党参补中益气、健脾开胃，具有增强代谢功能和强心、利尿及抗炎等作用；当归、川芎养血调血、行血中之气，具有强心、改善微循环和显著促进血红蛋白及红细胞的生成等作用，并有抗炎、抗菌、镇静和镇痛等作用；皂角刺、王不留行、漏芦、路路通，清热下乳，行血通经，具有扩张血管、增强血流、收缩子宫等作用，对子宫复旧和通乳均具有明显的效果。

催奶散（天然物中草药饲料添加剂大全）

【处方】党参、当归、黄芪、白术、王不留行、路路通、扁蓄、瞿麦、山楂、麦芽、神曲、甘草等按一定比例组成。

【制法】各药烘干，粉碎，过60目筛，混匀。

【用法用量】在精饲料中添加，奶牛180 g/次，奶山羊20～30 g/次，连续30d。

【功效】补气活血，通经下乳。

【用途】奶牛、奶山羊增乳。

【方义简析】方中党参、当归、黄芪、白术养血补气，具有强壮、增强免疫功能、健胃、保肝和抗炎、抗菌等作用；王不留行、路路通具有通经下乳和促进子宫恢复的作用；扁蓄、瞿麦利水通淋，有利尿、抑菌和杀虫等作用；山楂、麦芽、神曲消食健脾，有助消化作用；甘草调和诸药，有解毒和类肾上腺皮质样作用。奶牛添加后8个月，平均每头多产奶270.7 kg，泌乳高峰期添加效果更加明显。

生乳散（中华人民共和国兽药典2000年版二部）

【处方】黄芪30 g，党参30 g，当归45 g，通草15 g，川芎15 g，白术30 g，续断25 g，木通15 g，甘草15 g，王不留行30 g，路路通25 g。

【制法】粉碎，过筛，混匀。

【用法用量】在精饲料中添加，马、牛250~350 g/次，羊、猪60~90 g/次。

【功效】补气养血，通经下乳。

【用途】增乳、通乳。

【方义简析】方中黄芪、党参、白术、甘草为补气健脾基础方四君子汤，具有补中益气、健脾开胃以及增强代谢、强心、利尿和抗炎等作用；当归、川芎养血调血、行血中之气，具有强心、降低血管阻力、改善微循环和显著促进Hb及红细胞的生成等作用；通草、木通、王不留行、路路通行血通经、清热下乳，具有扩张血管、增强血流、收缩子宫等作用，对子宫复旧和通乳均具有明显的效果；续断补肝肾、强筋骨、益虚损，可使组织再生，具有镇痛、止血和催乳等作用，并能够补充VE。

黄芪增乳散（天然物中草药饲料添加剂大全）

【处方】黄芪，蒲公英，王不留行，扁蓄，神曲，大茴香，小苏打。

【制法】共研细末，混匀。

【用法用量】在精饲料中添加，马、牛50~80 g/次，猪、羊5~10 g/次。

【功效】健脾消食，活血催乳。

【用途】泌乳期马、牛、猪、羊增乳。

【方义简析】乳乃血液化生，血由水谷精微气化而成，方中黄芪补气，神曲消食，扁蓄、大茴香化湿开胃，小苏打防止酸中毒，王不留行通经下乳，蒲公英解毒散结，从而增加摄食量，提高泌乳量。

壮阳散（中华人民共和国兽药典2000年版二部）

【处方】熟地45 g，补骨脂40 g，阳起石20 g，淫羊藿45 g，锁阳45 g，菟丝子40 g，五味子30 g，肉苁蓉40 g，山药40 g，肉桂25 g，车前子25 g，川断40 g，覆盆子40 g。

【制法】粉碎，过筛，混匀。

【用法用量】在精饲料中添加，马、牛250~300 g/次，羊、猪50~80 g/次。

【功效】温补肾阳。

【用途】提高公畜生产性能，防治性欲减退、阳痿、滑精。

【方义简析】方中熟地补滋阴，具有强心、利尿、降血糖和护肝等作用；补骨脂补肾壮阳、强筋健骨，有兴奋性机能的作用；淫羊藿补肾壮阳、强筋健骨，有催情作用；

锁阳补肾壮阳、养筋、润肠通便，有促进体液免疫和提高血液中糖皮质激素的浓度作用；菟丝子补肝肾、益精髓，有壮阳、抗肿瘤和抑菌等作用；五味子敛肺滋肾、涩精止泻、生津敛汗，有改善血液循环、增强肾上腺皮质功能等作用；肉苁蓉补肾益精、润肠通便，有降血压和增重作用；山药补脾胃、益肺肾，有滋养和助消化、止泻等作用；肉桂温中散寒、温经止痛，有促进血液循环、助消化、镇痛及杀菌等作用；川断补肝肾、强筋骨，有使组织再生和镇痛作用；覆盆子益肾阳、涩精关，缩小便。

金锁固精散（中华人民共和国兽药典2000年版二部）

【处方】沙苑子（炒）60 g，芡实（盐炒）60 g，莲须60 g，龙骨（煅）30 g，牡蛎（煅）30 g，莲子30 g。

【制法】粉碎，过筛，混匀。

【用法用量】在饲料中添加，马、牛250～350 g/次，羊、猪45～60 g/次。

【功效】固肾涩精。

【用途】提高公畜生产性能，防治肾虚滑精。

【方义简析】方中沙苑子温补肝肾、固精缩尿，有降脂、抗炎，增加免疫等作用；芡实为收敛性强壮药，健脾止泻、固肾涩精、祛湿止带；莲须清心、益肾、涩精，对肾虚滑泄、崩带效优；莲子养心、益肾、补脾、涩精，对遗精、淋浊、久痢力著；煅龙骨平肝潜阳、镇静安神、收敛固涩，有镇静、催眠、抗惊厥等作用；煅牡蛎平肝潜阳、软坚散结、收敛固涩，有制酸作用，钙盐吸收后有似龙骨样作用。

二、肉牛用验方

复方肥牛散（当代畜牧）

【处方】黄芪100 g，淫羊藿80 g，炒神曲80 g，炒麦芽80 g，苍术60 g，何首乌60 g，甘草20 g.

【制法】各药烘干，粉碎，混匀。

【用法用量】在精饲料中添加0.8 %～1.2 %，连用60 d。

【功效】肉牛育肥。

【方义简析】方中黄芪补气升阳、固表止汗、利水消肿，有强壮、止汗、利尿、抗肾炎、抗菌等作用；淫羊藿补肾阳、强筋骨、祛风湿，有促进性机能、抗衰老、抗菌、抗病毒、增强免疫等作用；神曲、麦芽健脾和胃，消食调中；苍术燥湿健脾；何首乌补肝肾，益精血，有抗衰老、增强机体免疫功能、促进肾上腺皮质等作用；甘草补中益气，调和诸药；诸药合用，健脾消食，促肥增重。添加本方后肉牛日增重、增重率均明显提高，添加1.2 %时日增重达1272.54 g。

快速育肥散（全国第三次、华北第八次中兽医学术讨论会论文摘要集）

【处方】贯众600 g，神曲750 g，黄芪500 g，山楂500 g，炒扁豆100 g，苍术、桑白皮、枳实、苏子各500 g，人工盐、生长素，混匀。

【用法用量】在精饲料中添加，每次 150 g，隔日 1 次，连用 30 d，隔 5 d 再喂。

【功效】健脾理气，驱虫，促生长。

【用途】促生长，育肥。

【方义简析】本方为中西药复方。方中贯众清热解毒、杀虫去积，有驱虫、抗病毒、抗菌、雌激素样活性和抗肿瘤等作用，用于驱虫促生长，防治感冒等；黄芪补气升阳、固表止汗、利水消肿，有强壮、止汗、利尿、抗肾炎、抗菌等作用；神曲、山楂健脾和胃，消食调中，内含维生素 B 族、酶类、酵母菌和蛋白质等成分，对机体的物质代谢有积极作用，促进蛋白质的消化和利用；苍术芳香化浊、燥湿健脾、祛风避秽，有解毒、利胆、抗溃疡、镇静和降血糖等作用；秦皮清热燥湿、清肝明目，有抗病原微生物、抗炎、抗过敏镇静等作用；苏子含有脂肪和 VB_1 等，具有下气、宽肠、消痰、润肺等作用；枳实破气消积、散结消痞，有兴奋胃肠、调节胃肠蠕动和改善心肌代谢的作用；桑白皮、苏子清肺平喘，利水消肿，有利尿、镇静、安定、抗惊厥、镇痛、抗菌等作用；人工盐能够促进胃肠分泌的蠕动，中和胃酸，加强消化等功能；畜禽生长素能够促生长。用该方饲喂牛能够明显缩短饲养周期，降低饲养成本。

快速育肥复合添加剂（内蒙古农牧学院学报）

【处方】松针粉，黄芪，大蒜，艾蒿，微量元素，小苏打等。

【制法】中药粉碎，加入微量元素、小苏打，混匀。

【用法用量】在精饲料中添加。

【功效】补气健脾，清热泻火。

【用途】促进肉牛生长，快速育肥。

【方义简析】本方由中药、小苏打、微量元素和载体等组成，中药具有来源广、成本低、无污染、无副作用等优点，为该添加剂的“灵魂”。全方具有健胃、泻火、提供钠离子、促进血液循环，加强机体代谢等作用，能加速生长、驱虫杀菌、提高抗病力、促进胃肠蠕动、增进食欲、提高饲料转化率、改善肉质等功效。对育肥幼牛和成年架子牛试验表明，试验组平均日增重为幼牛 1. 32 kg、成年架子牛 1. 26 kg，分别比对照组提高 0. 29 kg、0. 30 kg，饲料消化率、屠宰率也明显提高。

肉牛增重添加剂（饲料研究）

【处方】神曲，麦芽，莱菔子，使君子，贯众，苍术，当归，甘草，铁、铜，硒、锰、碘等微量元素，人工盐，小苏打，沸石粉，糖化酶等。

【制法】中药烘干，粉碎，按配方称重，加入其余成分，混匀。

【用法用量】在基础日粮中添加，每头 100 g/d，连用 40 d。

【功效】健胃助消化，驱虫，补充微量元素。

【用途】促进生长。

【方义简析】方中神曲、麦芽、莱菔子、人工盐、小苏打、沸石粉、糖化酶等健胃消食，苍术健脾燥湿，使君子、贯众驱虫，当归补气活血，辅以 Fe、Cu、Se、Mn、I

等微量元素。刘春龙等（2000）在肉牛饲料中添加40 d，试验组平均日增重1.5 kg，比对照组提高72.41 %。

肥牛散（四川畜牧兽医）

【处方】苍术、柴胡、陈皮、大黄、槟榔（炒）各5 kg，马钱子（制）0.5 kg。

【制法】各药烘干，粉碎，过60目筛，混匀。

【用法用量】在精料中添加，每头100 g/d，连用50 d。

【功效】健脾消食，促生长。

【用途】淘汰耕牛育肥。

【方义简析】方中马钱子为健胃药，临床上常用于治疗反刍兽前胃弛缓，具有健胃和促进瘤胃兴奋、增加蠕动、促进唾液分泌功效；槟榔杀虫、消食、行气；陈皮健脾运气、消食导滞；柴胡疏肝理气解郁，大黄通便泻积、泻热通肠，并能消除粪便里的臭味；苍术燥湿健脾。诸药合用具有健脾、促进消化、促生长、防止消化道细菌的感染、提高饲料利用率和畜产品品质、消除粪便臭味等作用，从而改善饲养环境。用于淘汰耕牛短期育肥，不仅安全、有效、药物残留少、毒副作用小。应用本方对淘汰耕牛育肥，试验组平均每头增重66.67 kg。

耕牛复膘剂（天然物中草药饲料添加剂大全）

【处方】贯众10 g，苍术10 g，厚朴10 g，山楂10 g，麦芽10 g，天花粉10 g，木通10 g，车前草10 g，薄荷10 g，白芍10 g，牛膝10 g，槟榔20 g，香附20 g，防风20 g，生地20 g，五加皮20 g，砂仁24 g，当归24 g，茯苓60 g。

【制法】粉碎，混匀。

【用法用量】开水冲泡，拌入饲料中喂给，每天1剂，连用7剂。

【功效】补益气血，抗病增膘。

【用途】越冬耕牛复膘。

【方义简析】冬季耕牛舍饲，青绿饲料缺乏，精料补给不足，容易掉膘。方中贯众、苍术燥湿健脾；砂仁、厚朴、香附、槟榔温胃理气；山楂、麦芽消食，天花粉养胃生津；茯苓、木通、车前草利湿健脾；五加皮、薄荷，防风祛风解表；当归、生地、白芍、牛膝补血活血。共奏补益气血，抗病增膘功效。本方对越冬耕牛复膘效果明显。

三、奶牛用验方

抗热应激添加剂（兽药与饲料添加剂，动物医学进展）

【处方】石膏，板蓝根，黄岑，苍术，白芍，黄芪，党参，淡竹叶，甘草等。

【制法】按一定比例配制，粉碎，过40目筛，混匀。

【用法用量】在精料中添加，每头280 g/d，分3次饲喂。

【功效】清热解暑，养阴和营。

【用途】抗热应激，提高奶牛产奶量。

【方义简析】根据夏季天气炎热和湿度较大、奶牛散热差、体温高、食欲不振、体质下降、元气不足的征候，属暑湿夹攻、湿热内蕴、卫气不固、营血不足、肾阳肾阴俱虚、肝脾不和所致，故宜采用清热解暑、凉血解毒、益气养阴、补脾保肝、调和营卫、补肾阳兼滋肾阴、扶正祛邪、攻补并用为治则。方中石膏清热泻火，生津止渴；淡竹叶利尿清热泻火；板蓝根能清热解毒，对夏季瘟疫热毒尤有良效；黄岑能泻肺火，解肺热；诸药合用，助奶牛解暑降温。方中黄芪补气固表，党参益气生津，白芍补血滋阴、养肝血、柔肝止痛，甘草补中益气，淡竹叶、石膏均能生津止渴。由于奶、汗、血同源，同为津液，所以诸药配合，使奶牛保持旺盛食欲，为产乳提供了化生的源泉。

抗热应激添加剂（中国奶牛）

【处方】石膏，芦根，夏枯草，甘草等。

【制法】粉碎，过 40 目筛，混匀。

【用法用量】在饲料中添加，每头 190 g/d。

【功效】清热泻火，和中解毒，驱邪扶正。

【用途】抗热应激，提高奶牛产奶量。

【方义简析】泌乳牛对热应激极为明显，当平均环境温度超过临界温度 24 ℃时，泌乳量开始下降。本方所用中药及其配伍协同作用，能驱邪扶正，保护和修复因高温损伤的组织，解除因高温引起的内环境的紊乱和产生的危害，增加机体对外环境的适应能力和调节机能，使受高温危害的机体和生产力得以恢复。本方适口性好，饲喂方便。在超过临界温度环境中，给泌乳牛加喂该添加剂 150～180 g，可减少泌乳损失 20 %以上。

预防隐性乳房炎添加剂（中国奶牛）

【处方】穿心莲 1 份，王不留行 2 份，淫羊藿 1 份。

【制法】干燥，粉碎，混匀。

【用法用量】在精料中添加，每头 100 g/d，连用 20 d。

【功效】清热解毒，活血通经，补肾壮阳。

【用途】预防奶牛隐性乳房炎。

【方义简析】中兽医理论认为，隐性乳房炎多因肝气不好，饮喂失节，胃中积热，或受热毒侵袭而使乳汁淤滞，乳络不畅，邪热蕴蒸，气血凝滞，以至乳管阻塞。防治宜以清热解毒、抗菌消炎、活血化瘀、消肿止痛、活络通乳为原则。方中穿心莲为清热解毒、抗菌消炎、消肿止痛之良药，对金黄色葡萄球菌等有抑制作用，其有效成分穿心莲内酯还能增强白细胞的吞噬能力，并有明显的镇静作用；王不留行有活血通经，下乳消肿之功效；淫羊藿有增强机体免疫功能的作用。在奶牛饲料中添加后，试验组体细胞下降了 75 %，隐性乳房炎的转阴率为 87.81 %，说明该方对隐性乳房炎防治效果显著。

预防隐性乳房炎添加剂（中国兽医科技）

【处方】当归，川芎，芍药，黄芪，蒲公英，丹参，益母草等。

【制法】按一定比例组方，粉碎，混匀。

【用法用量】在精料中添加，每头 100 g/d，连用 28 d。

【用途】预防奶牛隐性乳房炎。

【方义简析】方中黄芪补气；当归，川芎，芍药、丹参、益母草补血活血；蒲公英清热解毒，消毒散结。该添加剂可显著提高患隐性乳房炎乳牛的淋巴细胞刺激指数和中性粒细胞吞噬力，提高隐性乳房炎转阴率，降低乳牛隐性乳房炎的发病率。

防滞灵（张家口农业高等专科学校）

【处方】党参，当归，黄芪，白芍，五味子，苏叶等。

【制法】粉碎，混匀。

【用法用量】在饲料中添加，每头 100 g/d，从预产期前 30 d 开始至分娩。

【功效】益肾固精，调和气血，消除瘀滞，安胎达生。

【用途】预防奶牛产后胎衣不下。

【方义简析】方中党参、黄芪补气，当归、白芍补血，五味子益肾固精，苏叶行气安胎。

增奶保健散（中国奶牛）

【处方】王不留行，路路通，川芎，通草，漏芦，木通，丹参，红花，白芍，甘草等。

【制法】粉碎，混匀，塑料袋分装成每袋 180 g。

【用法用量】在奶牛精料中添加，每次 1 袋，每天中午 1 次，连用 30 d。

【功效】活血通络，补气养血。

【用途】奶牛增乳保健。

【方义简析】方中川芎、丹参、红花、王不留行、路路通、通草、漏芦、木通活血化瘀，通经下乳；白芍补血活血，调经止痛；甘草补中益气，调和诸药，攻秦活血通络，补气养血功效。

增乳防病添加剂（中兽医药研究进展）

【处方】党参，白术，黄芪，当归，川芎，益母草，王不留行，丝瓜络，路路通，木通，甘草等。

【制法】按一定比例混合，粉碎，过筛。

【用法用量】在精料中添加，每头 150 ~ 200 g/d，连用 15 d。

【功效】补气养血，通经下乳。

【用途】奶牛增乳防病。

【方义简析】方中党参、白术、黄芪补益气血；当归、川芎养血，活血；益母草、王不留行、丝瓜络、路路通、木通通经活络，理气行气，通乳下乳；甘草调和脾胃。诸药共奏补气、养血、通经活络、理气行气、通乳下乳功效。现代研究证明，上述中药含有多种营养物质和生物活性物质，能够补充机体营养，提高动物食欲，促进血液循环，增强免疫力，防止疾病的发生。在泌乳牛饲料中添加 15 d，可显著提高产奶量。

TD－2 中草药饲料添加剂（中国草食动物）

【处方】蒲公英，银花，大黄等。

【制法】粉碎，混匀。

【用法用量】在精料中添加 2 %。

【功效】消热解毒、利尿散结。

【用途】提高奶牛泌乳性能。

【方义简析】方中蒲公英能够抗多种细菌，具有利胆和促乳汁分泌作用；银花在体外试验对痢疾杆菌、伤寒杆菌、溶血性链球菌等多种细菌及流感病毒有抑制作用；大黄具有泻实热、破积、解毒、祛疲之功效，常用于治疗实热便秘，实积停滞、化脓性皮肤病与产后血疲经闭等症；抗菌试验表明，大黄煎剂及大黄酸、大黄素对葡萄球菌、肺炎球菌、炭疽杆菌、大肠杆菌以及流感病毒等均有不同程度的抑制作用。全方含有促进泌乳且能有效降低乳房炎发病率的药物成分，能促进胃肠蠕动、增强消化功能，从而在生产上表现为产奶量的提高。

增乳添加剂（中兽医医药杂志）

【处方】党参、当归、黄芪、川芎、王不留行、苍术、通草、益母草、冬葵子各为等量。

【制法】各药粉碎，过 40 目筛，混匀。

【用法用量】在奶牛精饲料中添加 1 %，连用 45 d。

【功效】提高奶牛产奶量，改善乳汁成分。

【用途】提高产奶量。

【方义简析】本方的主要药理作用是补血行气。中兽医认为“无气则乳无以生，无气则乳无以化”。母牛产后多有气亏血虚或气滞血瘀之象，所以先用补气养血的党参、当归、熟地、益母草等和通经活络、理气行气的王不留行、通草、神曲、苍术等组方非常合理。在奶牛精料中添加，能显著提高产奶前期的奶量，改善乳汁成分，对机体无任何毒副作用。

复合增乳添加剂（中兽医学杂志）

【处方】神曲、麦芽、莱菔子、使君子、贯众、当归等，配合少量碳酸氢钠、糖化酶、畜用微量元素（含有铜、铁、锌、硒、碘等）、沸石粉等。

【制法】各药烘干，粉碎，按配方称重，加入微量元素及人工盐、沸石粉，混匀。

【用法用量】在基础日粮中添加，每头 50 g/d，连用 30d。

【功效】健胃消食，理气活血。

【用途】增乳，增膘。

【方义简析】本添加剂大多数是中草药，含有的多种天然营养成分和生物活性物质，既能促进机体糖类代谢、蛋白质合成，又可刺激性腺发育、增膘复壮、促进生长、增强抗病力。添加本方可提高产奶量 20.93 %。

增乳灵（张家口农业高等专科学校）

【处方】党参，当归，黄芪，白芍，阿胶等。

【制法】粉碎，混匀。

【用法用量】在精料中添加，每头 180 g/d，连用 20 d。

【功效】补气养血，理气消食，通经下乳。

【用途】提高奶牛产奶量和受胎率。

【方义简析】方中党参、黄芪补气健脾，益肺固表；当归、白芍补气活血，调经止痛；阿胶补血滋阴，润燥止血。

增乳散（天然物中草药饲料添加剂大全）

【处方】黄芪，党参，鸡血藤，王不留行等。

【制法】粉碎，混匀。

【用法用量】在精料中添加，成年乳牛 180 g/d，连用 21 d。

【功效】益气生血，健脾增乳。

【用途】提高奶牛产奶量，防治隐性乳房炎。

【方义简析】方中黄芪补气固表、利尿排毒，党参补中益气、健脾益肺，鸡血藤补血活血，王不留行通经活络。

四、育肥猪用验方

（一）防病保健方

茅根决明汤（新编中兽医治疗大全）

【处方】茅根 30 g，草决明 90 g，防风 30 g，绿豆 12 g，瞿麦 24 g，蒲公英 24 g，萹蓄 24 g，藿香 24 g，双花 6 g，黄芩 6 g。

【制法】水煎取汁 500 ml 左右。

【用法用量】在饲料中添加，每次 1 剂。

【功效】清热，解毒，祛风，利尿。

【用途】防治猪流行性感冒。

【方义简析】方中蒲公英、双花、黄芩、绿豆清热解毒；防风祛风解表；藿香解表化湿；草决明清热明目；瞿麦、萹蓄、茅根清热利尿。诸药合用，清热，解毒，祛风，利尿。

苏杏散（猪病防治手册）

【处方】紫苏、杏仁、白茅根、桑白皮、地骨皮、双花、薄荷各等份。

【制法】共为细末。

【用法用量】在饲料中添加，小猪3 g/次，大猪10 g/次。

【功效】祛风解表，止咳。

【用途】防治猪流行性感冒。

【方义简析】方中紫苏、薄荷祛风发表；杏仁止咳平喘；双花、白茅根、地骨皮清热凉血，解毒。诸药合用，祛风解表，止咳。

祛炎煎（新编中兽医治疗大全）

【处方】黄连10 g，白芍12 g，白头翁15 g，地榆炭12 g，乌梅15 g，诃子15 g，大黄9 g，甘草12 g，车前子12 g。

【制法】水煎去渣。

【用法用量】在饲料中添加，体重25 kg的猪每次1剂。

【功效】清热解毒，凉血止痢。

【用途】防治猪传染性胃肠炎。

【方义简析】方中白头翁、地榆炭清热解毒、凉血止血；黄连清热燥湿；大黄清血热，下积滞；白芍、乌梅、诃子敛阴涩肠而止泻；车前草渗湿利水。诸药合用，清热解毒，凉血止痢。

鲜草汤（猪病防治手册）

【处方】凤尾草60 g，马齿苋60 g，铁苋60 g，鸡眼草60 g，三白草60 g，刺苋60 g，马鞭草60 g。

【制法】上药鲜草加水1500 ml，煎汁成500 ml。

【用法用量】在饲料中添加，小猪5～15 ml/次。

【功效】清热，解毒，止痢。

【用途】防治猪传染性胃肠炎。

【方义简析】方中凤尾草、马齿苋、铁苋、刺苋、马鞭草清热利湿，凉血解毒；三白草、鸡眼草清热解毒，利湿止痢。诸药合用，清热，解毒，止痢。

加味白虎汤（新编中兽医治疗学）

【处方】石膏18 g，知母12 g，连翘9 g，双花12 g，葛根9 g，柴胡6 g，甘草6 g。

【制法】水煎去渣。

【用法用量】在饲料中添加，每剂分2次喂给。

【功效】清热泻火，解毒。

【用途】防治猪丹毒。

【方义简析】方中石膏、知母清热泻火；连翘、双花清热解毒；柴胡、葛根解表退热，生津止渴；甘草清热解毒，调和药性。诸药合用，清热泻火，解毒。

加味黄连解毒汤（中兽医治疗学）

【处方】黄连 15 g，黄芩 9 g，大黄 20 g，栀子 15 g，连翘 15 g，双花 15 g，黄柏 12 g，牛蒡子 24 g，丹皮 15 g，龙胆草 15 g，大青叶 30 g，菊花 12 g，甘草 6 g。

【制法】水煎去渣。

【用法用量】在饲料中添加，每剂分 2 次喂给。

【功效】清热解毒，凉血散瘀。

【用途】防治猪丹毒。

【方义简析】方中连翘、双花、大青叶清热解毒；黄连、黄芩、黄柏、栀子、龙胆清热燥湿，泻火解毒；大黄、丹皮清热凉血，活血散瘀；牛蒡子、菊花疏散风热，解毒消肿；甘草调和药性。诸药合用，清热解毒，凉血散瘀。

仙栀散（全国中兽医经验选编）

【处方】仙鹤草 100 g，炒栀子 50 g，炒泽泻 50 g，炒蒲黄 40 g，萹蓄 50 g，甘草梢 15 g。

【制法】水煎 2 次，混匀。

【用法用量】在饲料或饮水中添加，15 kg 猪每剂分 2 次喂给。

【功效】清热，凉血，解毒。

【用途】防治猪丹毒。

【方义简析】方中栀子清热泻火，凉血解毒；仙鹤草、蒲黄活血散瘀止血；萹蓄、泽泻渗湿利水；泽泻清热解毒。诸药合用，清热，凉血，解毒。

加减黄芩散（新编中兽医治疗大全）

【处方】黄芩 10 g，川连 4 g，马勃 3 g，山豆根 9 g，银花 9 g，射干 9 g，酒军 9 g，麦冬 9 g，紫草 6 g，丹皮 6 g，薄荷 6 g，石膏 12 g，雄黄 1.5 g。

【制法】煎汁 2 次，混匀。

【用法用量】在饲料中添加，每剂分 2 次喂给。

【功效】清热解毒，泻肺利咽。

【用途】防治猪肺疫。

【方义简析】方中银花、山豆根、射干、马勃清热解毒，利咽喉；石膏、黄芩、川连、大黄、雄黄清热泻火，解毒消肿；丹皮、紫草清热凉血；薄荷疏散风热；麦冬养阴润肺，生津止咳。

银翘清疫散（猪病防治手册）

【处方】金银花 15 g，山豆根 10 g，桔梗 10 g，荆芥 15 g，芦根 6 g，连翘 15 g，知母 10 g，萱草 15 g，野菊花 15 g，栀子 10 g。

【制法】水煎去渣，加蜂蜜 60 g。

【用法用量】在饲料中添加，50 kg 猪每次 1 剂。

【功效】清热解毒，解表。

【用途】防治猪肺疫。

【方义简析】方中金银花、连翘辛凉透表，清热解毒；荆芥、野菊花助金银花、连翘发散表邪；知母、栀子清热泻火；山豆根、桔梗、萱草、芦根清热利咽，生津止渴。诸药合用，清热解毒，解表。

止痢散（吉林畜牧兽医）

【处方】白头翁 50 g，连翘 50 g，苍术 50 g，当归 50 g，鱼腥草 50 g，川芎 50 g，山楂 50 g，麦芽 50 g，黄芪 50 g，蒲公英 50 g。

【制法】各药干燥、粉碎，按比例与增效剂混合均匀。

【用法用量】在饲料中添加，50 g/次，2 次/d。

【功效】清热燥湿，健脾开胃。

【用途】防治仔猪黄白痢。

【方义简析】方中白头翁、连翘、蒲公英、鱼腥草清热止痢；苍术燥湿健脾；黄芪、当归补气养血；川芎活血行气；山楂、麦芽消食健胃。各药相合，清热燥湿，健脾开胃。在母猪饲料中添加，能有效预防仔猪黄、白痢，显著降低仔猪死亡率。

仔猪乐（中兽医资料选编·第三辑）

【处方】甘草 20 g，金银花 15 g。

【制法】粉碎，混匀。

【用法用量】在产仔母猪饲料中添加，35 g/次，或开水冲调后混饲，2 次/d，连用 3 ~ 4 d。

【功效】益气健脾，解毒。

【用途】防治仔猪白痢。

【方义简析】方中甘草补脾益气，清热解毒，缓急定镇；金银花清热解毒，2 种药配伍，益气健脾，解毒。现代药理研究证明，甘草及其制剂具有抗菌、消炎、解毒、抑制肠道平滑肌痉挛等作用；金银花主要成分绿原酸也具有广谱抗病原微生物作用。

白龙散（猪病防治手册）

【处方】白头翁 6 g，龙胆草 3 g，黄连 1 g。

【制法】共为细末。

【用法用量】在仔猪饲料中添加，每次 1 剂。

【功效】清热解毒，凉血止痢。

【用途】防治仔猪白痢。

【方义简析】方中白头翁清热解毒，凉血止痢，龙胆草清热除湿，黄连泻火解毒、清热燥湿，3药合用，清热解毒，凉血止痢。研究证明，白头翁中的白头翁素、龙胆中的龙胆苦甙和黄连中的小檗碱等均对多种病原微生物有较强的抑制作用。

漏芦散（新编中兽医治疗大全）

【处方】漏芦120 g，黄芩60 g，王不留行120 g，连翘60 g。

【制法】共为细末。

【用法用量】在母猪饲料中添加，每次半剂，1次/d。

【功效】清热，解毒。

【用途】防治仔猪白痢。

【方义简析】方中漏芦清热解毒、排脓通乳；连翘清热解毒；黄芩清热燥湿，王不留行活血通经，诸药合用，清热，解毒，对仔猪白痢有效。

常山公英散（中兽医资料选编·第三辑）

【处方】北常山100 g，蒲公英100 g。

【制法】水煎取汁或粉碎成细末。

【用法用量】药汁或药粉拌入饲料，任母猪和仔猪随意摄食。

【功效】清热解毒，燥湿止痢。

【用途】防治仔猪白痢。

【方义简析】冬天应用可加红糖50 g。常山中含生物碱约0.1 %，其对疟原虫、阿米巴原虫、钩端螺旋体、甲型流感病毒均有较强抑制作用；蒲公英对金黄色葡萄球菌耐药菌株、溶血性连球菌有较强杀菌作用，对痢疾杆菌、伤寒杆菌、绿脓杆菌、变形杆菌等亦呈现一定杀菌作用。用本方治疗仔猪白痢300余例，治愈率达到99 %。

香连槟榔煎（新编中兽医治疗大全）

【处方】木香10 g，黄连15 g，槟榔15 g，芍药15 g，茯苓15 g，滑石15 g，甘草10 g。

【制法】水煎去渣。

【用法用量】在饲料中添加，每剂分2次喂给。

【功效】清热，解毒，止痢。

【用途】防治仔猪副伤寒。

【方义简析】方中黄连清热燥湿，解毒；芍药散瘀行血；槟榔、木香调气；茯苓利水健脾；滑石利水通淋；甘草调和药性。诸药合用，清热，解毒，止痢。

定喘汤（新编中兽医治疗大全）

【处方】白果25 g，麻黄20 g，款冬花25 g，桑白皮40 g，黄芩20 g，苏子20 g，杏仁20 g，半夏20 g，甘草15 g。

【制法】水煎去渣。

【用法用量】在饲料中添加，每天每剂分 2 次喂给。

【功效】宣肺清热，止咳平喘。

【用途】防治猪气喘病。

【方义简析】方中白果敛肺定喘；麻黄、杏仁、甘草宣肺平喘；苏子降气平喘；款冬花润肺化痰，止咳平喘；半夏燥湿化痰；黄芩、桑白皮清泻肺热。各药相合，宣肺清热，止咳平喘。

止喘散（猪病治疗手册）

【处方】麻黄 15 g，半夏 15 g，冬花 15 g，桑白皮 15 g，苏子 15 g，黄芩 15 g，百部 15 g，葶苈子 15 g，杏仁 13 g，银花 30 g，甘草 10 g。

【制法】共为细末。

【用法用量】在饲料中添加，小猪 6 ~ 15 g/次、大猪 30 ~ 60 g/次。

【功效】清热解毒，止咳平喘。

【用途】防治猪气喘病。

【方义简析】银花清热解毒；麻黄、杏仁、半夏、百部、苏子、冬花、甘草止咳平喘；黄芩、桑白皮、葶苈子祛痰、定喘，润肺止咳。各药相合，清热解毒，止咳平喘。

猪积散（四川省铜梁县兽药厂）

【处方】石榴皮，玄明粉，小苏打。

【制法】粉碎，混匀。

【用法用量】在饲料中添加 0. 4 %。

【功效】驱虫，消积，健胃。

【用途】防治虫积，食欲不振，生长迟滞。

【方义简析】方中石榴皮驱虫，玄明粉润燥软坚，小苏打调节胃肠道酸碱度，有健胃作用。诸药合用，驱虫，消积，健胃，可用于猪的寄生虫病、食欲不振和生长迟滞。

健猪散（唐山市兽药厂）

【处方】苦参，蛤粉等。

【制法】粉碎，混匀。

【用法用量】在饲料中添加，成猪 10 g/次，小猪减半。

【功效】清热除湿，杀虫。

【用途】防治虫积，湿热泄泻。

【方义简析】方中苦参苦寒，清热利尿，燥湿杀虫；蛤粉咸寒，具有清热功效。现代药理研究表明，苦参中所含的安那吉碱和芒柄花黄素为已知的利尿成分，而苦参碱等具有较强杀虫作用；蛤粉主要成分为碳酸钙、磷酸钙及碳酸镁、贝壳硬蛋白等，具有促生长作用。

大茶药散（广西玉林地区中和兽药厂）

【处方】大茶药（即钩吻）。

【制法】粉碎，混匀。

【用法用量】在饲料中添加，10～30 g/次。

【功效】健胃，杀虫。

【用途】防治胃肠道寄生虫，腹泻，消化不良。

【方义简析】钩吻为马钱科植物常绿藤本胡蔓藤的全草，性味辛、苦、温，有毒，具有祛风消肿、消积止痛和杀虫功效。将钩吻之根叶晒干磨碎掺入饲料中喂猪，可促进猪的生长。《广西中药志》记载，钩吻加入饲料中可以使猪只增加食欲。

猪消食散（广西钦州地区兽药厂）

【处方】钩吻，木蝴蝶皮，山楂，酸果藤，救必应，芒硝等。

【制法】粉碎，混匀。

【用法用量】在饲料中添加1％～2％。

【功效】清热健胃，驱虫祛积。

【用途】防治肠虫食积，胃热不化。

【方义简析】方中钩吻消积杀虫；木蝴蝶皮、山楂宽中和胃，消积化滞；酸果藤、救必应清热解毒，散瘀止痛；芒硝泻热通便，润燥软坚。诸药合用，具有清热健胃，驱虫祛积之效，对胃热不化，肠虫食积有效。

猪旺宝（广西玉林地区中和兽药厂）

【处方】钩吻，苦参，山芝麻，陈皮等。

【制法】粉碎，混匀。

【用法用量】料中添加，小猪5 g/d，中猪10 g/d，大猪15 g/d，屠宰前5 d停药。

【功效】健胃，除虫，促进生长。

【用途】防治虫积，促进生长。

【方义简析】方中钩吻消积杀虫；苦参燥湿杀虫；山芝麻清热解毒；陈皮理气健脾。诸药合用，健胃，除虫，促进生长。

肥猪散（中华人民共和国兽药典2000年版二部）

【处方】绵马贯众30 g，何首乌（制）30 g，麦芽500 g，黄豆（炒）500 g。

【制法】粉碎，过筛，混匀。

【用法用量】在饲料中添加，50～100 g/次，2次/d。

【功效】开胃，驱虫，补养，催肥。

【用途】防治虫积、食少、瘦弱、生长缓慢。

【方义简析】原方出自《卫济余编》，曰："贯众二两，大麦二升，共煮喂之，七日后宰，肥而且重……贯众、何首乌、大麦芽各一斤，共研末，每天用四两拌食内。待出圈之日半月前服起，俟药完日即宰，其肥较倍。”方中绵马贯众主要含有绵马酸类化合物，具有显著驱虫效果；制何首乌补肝肾，益精血；麦芽含淀粉水解酶、蛋白分解酶、VB等，可促进胃液和胃蛋白酶的分泌；黄豆补充营养，炒用增加饲料香味，促进摄食。本品在四川、江苏已有厂家生产，销售量较大，适于个体户应用。

驱虫僵猪散（天然物中草药饲料添加剂大全）

【处方】牡蛎粉10 kg，芒硝10 kg，山楂10 kg，食盐5 kg，麦芽5 kg，莱菔子5 kg，使君子2 kg，雷丸1 kg，鹤虱2 kg，何首乌2. 5 kg。

【制法】粉碎，混匀。

【用法用量】在饲料中添加，10～20 g/次，2次/d。

【功效】开胃，驱虫。

【用途】防治虫积、消化不良型僵猪。

【方义简析】山楂、麦芽、莱菔子消食导滞，芒硝泻热通便，使君子、雷丸、鹤虱驱虫，牡蛎、食盐软坚散结。用此方拌食喂僵猪354头，治愈335头，治愈率95 %。

加味焦三仙僵猪散（中兽医内科学）

【处方】陈皮8 g，贯众8 g，胡黄连5 g，牵牛子5 g，知母5 g，焦三仙各10 g，生大黄4 g。

【制法】共研细末，混匀。

【用法用量】在饲料中添加，每次1剂，1次/d。

【功效】理气健脾，驱虫。

【用途】防治虫积、消化不良型僵猪。

【方义简析】方中陈皮、焦三仙等理气健脾、消食；大黄、胡黄连、知母等清热泻火、润燥滑肠；贯众、牵牛子等下气驱虫。诸药合用，理气健脾，驱虫。

麦芽僵猪方（天然物中草药饲料添加剂大全）

【处方】麦芽200 g，贯众200 g，何首乌1000 g 。

【制法】共研细末，混合均匀。

【用法用量】在精料中添加，按1 kg体重0. 5 g，早晚各1次，连用20～30 d。

【功效】健脾消食，补益肝肾，驱虫。

【用途】防治虫积、消化不良型僵猪。

【方义简析】方中麦芽健脾开胃，行气消食；贯众驱虫，清热解毒；何首乌补肝肾，益精血，润肠通便。3种药合用，健脾消食，补益肝肾，驱虫。在用本方前3天，配合应用加味平胃散，可缩短添加期。

牡蛎僵猪方（天然物中草药饲料添加剂大全）

【处方】生牡蛎10 g，芒硝10 g，生山楂10 g，食盐5 g，麦芽5 g，使君子3 g。

【制法】粉碎，混匀。

【用法用量】在饲料中添加，体重10～20 kg猪每次1剂，体重大者酌情加量，2次/d，连用1～2周。

【功效】健脾消食，驱虫。

【用途】防治消化不良、虫积型僵猪。

【方义简析】方中山楂、麦芽消食，芒硝泻热通便，牡蛎、食盐软坚散结，补充营养，使君子驱虫。诸药合用，健脾消食，驱虫。本方适用于僵猪、异食癖、食欲不振、生长缓慢、发育不良等症。

二芽僵猪方（天然物中草药饲料添加剂大全）

【处方】麦芽5000 g，谷芽5000 g，鸡内金500 g，苦参2000 g。

【制法】共研细末，混合均匀。

【用法用量】在饲料中添加，100 g/次，早晚各1次。7 d为1个添加期，间隔7 d再用，连用3个添加期。

【功效】健脾消食，清热燥湿，驱虫。

【用途】防治消化不良、虫积型僵猪。

【方义简析】方中麦芽、谷芽、鸡内金健脾开胃，消食去积；苦参清热燥湿，驱虫。诸药合用，健脾消食，清热燥湿，驱虫。僵猪以生长发育迟缓、停滞不长为特点。用该方治疗僵猪30头，第1疗程食欲有所增加；第2疗程食欲大增，肥育效果好。

调解剂（饲料添加剂应用技术）

【处方】贯众、苍术、秦皮、枳实、桑白皮、苏子等各1000 g，人工矿泉盐1000 g，酒曲（饼）1500 g。

【制法】中药晒干磨成粉末，加入人工盐和酒曲，充分混合。按1：3比例加入炒熟的黄豆粉。

【用法用量】在饲料中添加，30～60 kg猪每头50 g/d，60～100 kg猪每头70 g/d。

【功效】驱虫，调理脾胃。

【用途】保健，促生长。

【方义简析】方中贯众杀虫，苍术、秦皮燥湿止痢，枳实、桑白皮、苏子等行气宽肠，人工盐轻泻开胃，酒曲助消化，配伍比较全面。

保健散（饲料添加剂应用技术）

【处方】贯众600 g、神曲750 g，苍术500 g、秦皮500 g、苏子500 g，枳实500 g、桑白皮500 g，人工盐1000 g。

【制法】中药晒干粉碎，混入人工盐、畜用生长素。

【用法用量】在饲料中添加，每头50 ～100 g/d，连用30 d，间隔5 d再用。

【功效】杀虫，理气健脾。

【用途】保健，促生长。

【方义简析】方中贯众杀虫，神曲消食化积、健胃和中，苍术燥湿健脾，秦皮、桑白皮清热利湿，枳实、苏子理气消积宽肠。诸药合用，健脾理气，促进生长。毛国盛（1988）用此方饲喂猪，能提早2~4个月出栏。

使君子散（新编中兽医资料大全）

【处方】使君子25 g，槟榔10 g，石榴皮10 g，贯众10 g，辛夷10 g，大黄10 g，二丑20 g，芒硝12 g，甘草3 g。

【制法】水煎去渣。

【用法用量】在饲料中添加，每剂分2次喂给。

【功效】驱虫、导滞、泻下。

【用途】防治蛔虫病。

【方义简析】方中使君子、槟榔、贯众、石榴皮、辛夷、二丑驱虫；大黄、芒硝泻热通便。诸药合用，驱虫、导滞、泻下。

苦槟散（全国中兽医经验选编）

【处方】苦楝皮18 g，槟榔24 g，枳实15 g，朴硝15 g，鹤虱9 g，大黄g，使君子12 g。

【制法】共为细末。

【用法用量】在饲料中添加，每次1剂。

【功效】驱虫、泻下。

【用途】防治蛔虫病。

【方义简析】方中苦楝皮、槟榔、使君子、鹤虱驱虫；枳实、朴硝、大黄攻下通肠。诸药合用，驱虫、泻下。

肥猪粉（四川省仁寿兽药厂）

【处方】苍术等。

【制法】粉碎，混匀。

【用法用量】在饲料中添加1%；或小猪5~10 g/次、大猪15~20 g/次。

【功效】开胃健脾，促长催肥。

【用途】祛病保健，催肥。

【方义简析】苍术为方中的主要药物，具有健脾燥湿，祛风辟秽功效。苍术主要含有挥发油，其主要成分为苍术素、茅术醇、β-桉油醇等，其中茅术醇与β-桉油醇有较强催眠作用。此外，苍术浸膏还有降低心脏搏动及使心率变慢作用。

保健散（中兽医资料选编·第一辑）

【处方】芒硝300 g，神曲400 g，石菖蒲50 g，何首乌50 g，厚朴50 g，陈皮50 g。

【制法】共为细末，混匀。

【用法用量】在饲料中添加，每 100 kg 饲料用 1 剂。

【功效】行气健脾，宽肠消食。

【用途】育肥猪保健、催肥。

【方义简析】方中厚朴、陈皮理气健脾除满；石菖蒲理气活血，散风祛湿；何首乌补肝肾，益精血；芒硝软坚泻下；神曲消食化积。诸药合用，行气健脾，宽肠消食。用此方饲喂育肥猪，日增重可达 800 g，比对照组提高 25 %。

猪健散（四川省铜梁县兽药厂）

【处方】苍术，干姜，龙胆草，小苏打等。

【制法】粉碎，混匀。

【用法用量】在饲料中添加 0. 4 %。

【功效】燥湿健脾。

【用途】防治食欲不振。

【方义简析】方中苍术健脾燥湿，干姜温中健胃，龙胆草清热燥湿。现代药理研究表明，干姜对消化道有轻度刺激作用，可使肠张力、节律及蠕动增加；龙胆草煎剂对多种致病菌有不同程度的抑制作用，其成分龙胆苦甙还能增加胃液和胃酸分泌。故诸药合用，具有健脾胃和促进消化作用。

健胃肥猪散（内蒙古中兽药标准 1988 年版）

【处方】焦神曲，蛤粉，黄芩，槟榔，山大黄，焦山楂，焦麦芽，苍术，陈皮，玄明粉，苦参等。

【制法】粉碎，过筛，混匀。

【用法用量】在饲料中添加，体重 50 kg 以上每次 9 g，25 kg 以上 5 g/次，25 kg 以下 3 g/次。

【功效】健脾开胃，清热润肠。

【用途】防治消化不良。

【方义简析】方中焦神曲、焦山楂、焦麦芽消食导滞；苍术、陈皮理气健脾燥湿；山大黄、玄明粉、槟榔泻热通便；黄芩、苦参清热燥湿，苦参尚有杀虫作用。

苦参苍术散（中兽医医药杂志）

【处方】苦参 3 kg，苍术 7. 5 kg。

【制法】苦参水浸 20 h，煎 3 次，浓缩成 4000 ml，再加苍术粉及适量的混合饲料拌匀晾干，即成，也可按比例制成散剂。

【用法用量】每天下午喂食时在饲料中添加，每头猪 5 g/次。

【功效】清热燥湿，健脾。

【用途】防治仔猪消化不良。

【方义简析】方中苍术燥湿健脾，苦参清热燥湿，2 种药合用，清热燥湿，健脾。用该方预防断奶仔猪消化不良效果较好。

猪健散（中华人民共和国兽药典 2000 年版二部）

【处方】龙胆草 30 g，苍术 30 g，干姜 10 g，柴胡 10 g，碳酸氢钠 20 g。

【制法】粉碎，过筛，混匀。

【用法用量】在饲料中添加，10 ~ 20 g/次。

【功效】消食健胃。

【用途】防治消化不良。

【方义简析】方中苍术燥湿健脾，干姜温中健胃，龙胆草清热除湿、健胃，柴胡和解退热，诸药合用，消食健胃。本品为四川省地方产品，适用于基层养猪户用。

胃肠活（中华人民共和国兽药典 2000 年版二部）

【处方】黄芩 20 g，陈皮 20 g，青皮 15 g，大黄 25 g，白术 15 g，木通 15 g，槟榔 10 g，知母 20 g，玄明粉 30 g，神曲 20 g，石菖蒲 15 g，乌药 15 g，牵牛子 20 g。

【制法】以上 13 味，粉碎成粗粉，过筛，混匀。

【用法用量】在饲料中添加，每头 20 ~ 50 g/次。

【功效】理气消食，清热通便。

【用途】防治消化不良、食欲减退、便秘。

【方义简析】方中陈皮、白术理气健脾；青皮破气消积，化滞散结；乌药、石菖蒲理气散寒，活血止痛；黄芩、知母清热泻火；大黄、槟榔、玄明粉泻热通便；木通清热利尿；牵牛子泻水下气。诸药合用，理气消食，清热通便。

消食僵猪方（天然物中草药饲料添加剂大全）

【处方】神曲 25 g，山楂 25 g，麦芽 30 g，龙胆草 12 g，大黄 6 g。

【制法】共研细末，混合均匀。

【用法用量】在饲料中添加，中等体重猪 30 g/d，分早晚 2 次，连用 3 d。

【功效】消食健胃，清热燥湿。

【用途】防治消化不良型僵猪。

【方义简析】方中神曲、山楂、麦芽消食化积，健胃和中；龙胆草清热燥湿；大黄攻积导滞。诸药合用，消食健胃，清热燥湿。本方在驱虫后喂给效果更好。

神马僵猪方（天然物中草药饲料添加剂大全）

【处方】干马齿苋 100 g，神曲 500 g。

【制法】共研细末，混合均匀。

【用法用量】拌入 100 kg 饲料中饲喂。

【功效】清热止痢，健脾消食。

【用途】防治消化不良型僵猪。

【方义简析】马齿苋对大肠杆菌、痢疾杆菌、伤寒杆菌均有显著抑制作用；神曲为酵母制剂，含有维生素 B 族、酶类、麦角固醇、蛋白质和脂肪等，可促进僵猪食欲，吸收营养能力增强。用药前猪隔离圈养，驱虫后绝食 2 d，第 3 d 开始添加。

蜈蚣僵猪方（天然物中草药饲料添加剂大全）

【处方】蜈蚣 1 条。

【制法】研为细末。

【用法用量】在饲料中添加，每次 1 条，1 次/d，连喂 3 d。

【功效】镇痉解毒，开胃消食。

【用途】防治消化不良型僵猪。

【方义简析】蜈蚣含 2 种类似蜂毒的有毒成分，即组织胺样物质及溶血蛋白质。此外，尚有酪氨酸、亮氨酸、蚁酸、脂肪油、胆固醇等成分，具有镇痉解毒、开胃消食作用，可刺激僵猪生长。该方为山东民间方，较灵验。

胎盘僵猪方（天然物中草药饲料添加剂大全）

【处方】动物胎盘 100 g。

【制法】研成细粉。

【用法用量】在饲料中添加，10 g/d，分 3 次喂给，连用 10 d。

【功效】补气养血，益精。

【用途】防治气虚型僵猪。

【方义简析】胎盘蛋白制品中含有多种抗体，在临床上长期用于被动免疫。胎盘粉具有抗感染作用，可增强机体抵抗力，且具有激素样作用，可促进僵猪生长。

复壮散（中兽医内科学）

【处方】陈皮、枳实、厚朴、大黄、甘草、苍术、碳酸氢纳、干酵母各 500 g，呋喃西林 5 g，磺胺胍 18 g，氯化钴、硫酸亚铁、氯化锌各 2 g，亚硒酸纳 0.1 g，硫酸铜、硫酸镁、碘化钾各 5 g，炙马钱子 4 g。

【制法】共研细末，混匀。

【用法用量】在饲料中添加，1 ~ 2 g/d，2 次/d，连用 5 ~ 10 d。

【功效】理补气血，健胃养胃。

【用途】防治气虚型僵猪。

【方义简析】症见食少或异食，精神短少，弓背吊肚，生长迟缓。方中陈皮、枳实、厚朴理气除满；苍术健脾燥湿；甘草补气，调和药性；马钱子健胃而促进食欲。诸药合用，理补气血，健胃养胃。配合西药以补充矿物元素，可用于气虚型僵猪及矿物元素不足症。

生长粉（中兽医内科学）

【处方】麦芽，谷芽，白芍，沙参，大黄，贯众，黄豆，骨粉。

【制法】中药和黄豆制成粗粉，与骨粉混匀。

【用法用量】在饲料中添加，每头 20 ~ 30 g/d。

【功效】健脾开胃，养阴化滞。

【用途】防治阴虚型僵猪。

【方义简析】方中麦芽、谷芽健脾开胃，和中消食；白芍，沙参养血滋阴；大黄攻积导滞，泻火凉血；贯众驱虫，清热解毒；黄豆和骨粉补充营养。诸药合用，健脾开胃，养阴化滞，主要用于阴虚型僵猪。

散食散（中国兽医秘方大全）

【处方】神曲 30 g，莱菔子 20 g，大青盐 50 g，碱面 50 g。

【制法】研成细末，混匀。

【用法用量】在饲料中添加，每次大猪 50 g、小猪 20 g，1 次/d。

【功效】消食健胃。

【用途】防治消化不良。

【方义简析】方中以神曲和莱菔子为主药。神曲消食化积，健胃和中；莱菔子消食导滞，理气化痰。现代药理研究证明，神曲含有酵母菌、酶类、维生素 B 族、麦角固醇和挥发油等成分，有促进消化、增进食欲作用。莱菔子中的成分莱菔素对葡萄球菌和大肠杆菌有显著抑制作用。

三仙消食汤（中兽医治疗学）

【处方】山楂 30 g，麦芽 30 g，神曲 60 g，莱菔子 30 g，大黄 15 g，陈皮 15 g。

【制法】水煎去渣。

【用法用量】在饲料中添加，每次 1 剂。

【功效】消食，理气，健脾。

【用途】防治消化不良。

【方义简析】方中山楂、麦芽、神曲消食化谷；莱菔子消食下气，宽胸利膈；大黄泻热通便；陈皮理气健脾。诸药合用，具有消食、理气、健脾的功效。

消食通便散（内蒙古中兽药标准 1988 年版）

【处方】石膏，滑石，玄明粉，小苏打等。

【制法】粉碎成粗粉，过筛，混匀。

【用法用量】小猪 10 ~ 30 g；大猪 50 ~ 100 g，在饲料中添加喂服。

【功效】消食化食，清肠健胃。

【用途】防治食积胀满，胃热食少，粪便干燥。

【方义简析】方中石膏清热泻火；滑石清热祛湿，利尿通淋；玄明粉泻热通便，润燥软坚；小苏打调节酸碱度。对食积胀满，胃热食少，粪便干燥有效。

脾乐中药添加剂（四川畜牧兽医学院中兽医研究所）

【处方】苍术，槟榔，陈皮，白头翁等。

【制法】粉碎，混匀。

【用法用量】在仔猪饲料中添加，每头10 g/次，每3天1次，共5次。

【功效】健脾燥湿，清热止泻。

【用途】防治仔猪泻痢。

【方义简析】方中苍术健脾燥湿；槟榔消积驱虫；白头翁清热凉血；陈皮理气燥湿。诸药合用，健脾燥湿，清热止泻。

母仔壮（中兽医医药杂志）

【处方】益母草，老虎爪草，苦参，艾叶，王不留行，苍术等。

【制法】按一定比例混匀，干燥后粉碎，过60目筛，分装。

【用法用量】在饲料中添加，产后母猪50 g/d，连用7 d，停药10 d后再用药7 d；开食仔猪10 g/d，连用7～10 d。

【功效】清热止痢，活血通络。

【用途】防治仔猪下痢，提高断奶窝重。

【方义简析】方中苍术、苦参燥湿健脾，清热止痢，益母草、王不留行、老虎爪草活血通络；艾叶除湿止痛。诸药合用，清热止痢，活血通络。

提气复位汤（新编中兽医治疗大全）

【处方】党参25 g，黄芪15 g，当归12 g，升麻9 g，柴胡18 g，防风12 g，红花12 g，木香9 g，泽泻9 g，大黄12 g，甘草9 g。

【制法】水煎去渣。

【用法用量】在饲料中添加，每月1剂，用1～3剂。

【功效】补中益气，升提。

【用途】防治脱肛。

【方义简析】方中黄芪补中益气，升阳固表；党参、甘草温补脾胃；当归养血；升麻、柴胡升阳举陷；红花、大黄活血化瘀；木香行气止痛；泽泻清泻肾火，利水。诸药合用，补中益气，升阳举陷。

催情散（中华人民共和国兽药典2000年版二部）

【处方】淫羊藿6 g，阳起石6 g，当归4 g，香附5 g，益母草6 g，菟丝子5 g。

【制法】共制粗粉，过筛，混匀。

【用法用量】在饲料中添加，30～60 g/次。

【功效】催情。

【用途】母猪不发情。

【方义简析】母猪不发情，多因脾肾阳虚。方中淫羊藿、阳起石补肾壮阳；当归补血活血；香附、益母草活血理气；菟丝子补肾养肝。诸药合用，补肾壮阳，催情。适用于多卵泡发育及卵泡发育停滞。

归参催情散（猪病防治手册）

【处方】当归 25 g，宫桂 13 g，阳起石 25 g，玄参 15 g，杜仲炭 15 g，茴香 15 g，熟地 15 g，川芎 13 g。

【制法】共为细末

【用法用量】拌入麸皮内饲喂，30 ~ 60 g/次。

【功效】补肾壮阳，养血催情。

【用途】母猪不发情。

【方义简析】方中当归、川芎、熟地、玄参补血滋阴，行气活血；阳起石、杜仲补肝肾，强筋骨；宫桂、茴香散寒助阳。诸药合用，补肾壮阳，养血催情。

催情散（中兽医医药杂志）

【处方】淫羊藿 500 g，阳起石 400 g，菟丝子 300 g，熟地 300 g，益母草 400 g，旱莲草 300 g，当归 300 g，山药 300 g，通草 100 g。

【制法】粉碎，过筛，混匀。

【用法用量】在饲料中添加，按 1 kg 体重 0.5 g，1 次/d，连续 2 ~ 3 d。

【功效】补肾益精，壮阳催情。

【用途】母猪发情迟缓、不孕。

【方义简析】淫羊藿、阳起石、菟丝子、旱莲草、山药补养肝肾，助阳益精；当归、熟地补血滋阴；益母草、通草活血祛瘀，利水消肿。诸药合用益精，壮阳催情。

加减当归散（中兽医方剂学）

【处方】当归 10 g，黄芩 15 g，白术 15 g，芍药 10 g，苏梗 10 g，川断 10 g，木香 6 g，香附 10 g。

【制法】水煎去渣。

【用法用量】在饲料中添加，每次 1 剂。

【功效】理气，养血，安胎。

【用途】保胎。

【方义简析】方中当归、芍药补血养血；白术健脾益气；川断补肝肾，安胎；黄芩、苏梗清热理气，安胎；木香、香附理气止痛。诸药合用，理气，养血，安胎。

固元保胎散（全国中兽医经验选编）

【处方】艾叶 50 g，当归 25 g，香附 25 g，延胡索 25 g，党参 20 g，黄芪 20 g，大枣 50 g。

【制法】水煎去渣。

【用法用量】在饲料中添加，每剂分 2 次喂给。

【功效】补气养血，固元保胎。

【用途】保胎。

【方义简析】方中党参、黄芪、大枣补中益气；当归补血和血；艾叶、香附温经散寒；延胡索行气止痛。诸药合用，补气养血，固元保胎。

养血安胎散（全国中兽医经验选编）

【处方】当归 30 g，黄芩 15 g，芍药 15 g，川芎 10 g，艾叶 30 g，白术 10 g。

【制法】水煎去渣，加酒 60 ml。

【用法用量】在饲料中添加，每次 1 剂。

【功效】养血安胎。

【用途】保胎。

【方义简析】方中当归、芍药、川芎补血调血；白术益气健脾；艾叶温经止痛；黄芪清热泻火，安胎。诸药合用，养血安胎。

化滞散（中兽医治疗学）

【处方】当归 10 g，川芎 10 g，桃仁 10 g，香附 10 g，荆芥炭 10 g，炮姜 10 g，瞿麦 10 g，急性子 10 g，酒军 30 g，芡实叶 16 g，甘草 7 g。

【制法】水煎去渣。

【用法用量】在饲料中添加，每剂分 2 次喂给。

【功效】活血化瘀，理气导滞。

【用途】防治胎衣滞留。

【方义简析】当归补血养血；川芎活血行气；桃仁、酒军、瞿麦、芡实叶活血化瘀，通经；香附、荆芥炭、炮姜理气，温中，止血；急性子软坚消积；甘草调和药性。诸药合用，活血化瘀，理气导滞。

香归散（猪病防治手册）

【处方】当归 15 g，香附 13 g，川芎 10 g，五灵脂 10 g，桃仁、红花和甘草各 6 g。

【制法】共为细末。

【用法用量】在饲料中添加，每剂分 2 次喂给。

【功效】活血化瘀，行气导滞。

【用途】防治胎衣不下。

【方义简析】当归补血活血；川芎活血行气；五灵脂、桃花、红花活血化瘀；香附理气止痛，甘草调和药性。诸药合用，活血化瘀，行气导滞。

加味生化汤（新编中兽医治疗大全）

【处方】桃仁 35 g，当归 30 g，川芎 30 g，炮姜 25 g，红花 25 g，木香 30 g，枳壳 30 g，炙甘草 20 g。

【制法】水煎去渣。

【用法用量】在饲料中添加，每次 1 剂。

【功效】活血行瘀，催生坠胎。

【用途】防治死胎滞留。

【方义简析】方中当归、川芎、桃仁、炮姜、炙甘草为生化汤的组方，具有活血化瘀，温经止痛功效；红花活血通经，祛瘀止痛；木香、枳壳行气止痛。

加味小柴胡汤（中兽医病症诊疗经验）

【处方】柴胡 30 g，党参 30 g，黄芩 30 g，半夏 15 g，大枣 30 g，天冬 30 g，麦冬 30 g，大黄 30 g，白术 30 g，山楂 30 g，生地 20 g，神曲 60 g。

【制法】水煎去渣。

【用法用量】在饲料中添加，每剂分 2 次喂给。

【功效】和解少阳，滋阴清热，健胃消食。

【用途】防治产褥潺热。

【方义简析】方中柴胡、党参、黄芩、半夏、大枣和解少阳，天冬、麦冬、生地滋阴清热，健胃消食。

艾母汤（全国中兽医经验选编）

【处方】艾叶 50 g，益母草 15 g，当归 9 g，川芎 3 g，黄柏 9 g，黄连 3 g，黄芩 6 g。

【制法】水煎去渣。

【用法用量】在饲料中添加，每次 1 剂。

【功效】泻火解毒，活血化瘀。

【用途】防治产褥热。

【方义简析】方中黄柏、黄连、黄芩泻火解毒；益母草、当归、川芎活血化瘀；艾叶、香附、温经理气，止痛；诸药合用，泻火解毒，活血化瘀。

牛膝散（新编中兽医治疗大全）

【处方】川牛膝 15 g，川独活 15 g，川续断 30 g，旋复花 15 g，秦艽 30 g，桂枝 15 g，千年健 18 g，防风 21 g，当归 30 g，杜仲 15 g，川芎 12 g，赤芍 12 g，木瓜 30 g，乳香 98 g，没药 15 g，艾叶 30 g，荆芥 30 g，牛蹄 1 付，黄酒 90 ml。

【制法】混合为末。

【用法用量】40 kg 以上猪，一次混饲喂给。

【功效】补肾壮骨，活血祛风，除湿散寒。

【用途】防治产后瘫痪。

【方义简析】方中杜仲、牛膝、续断补肝肾，强筋骨；当归、川芎、赤芍、乳香、没药活血行气，化瘀止痛；牛蹄消瘀，接骨；独活、秦艽、木瓜、千年健祛风出湿；防风、荆芥、旋复花、艾叶、桂枝祛风胜湿，温经通脉。诸药合用，补肾壮骨，活血祛风，除湿散寒。

鱼芥藤风散（全国中兽医经验选编）

【处方】鱼膘 50 g，荆芥穗 30 g，钩藤 30 g，防风 50 g。

【制法】共为细末。

【用法用量】在饲料中添加，每次 1 剂。

【功效】益精养血，祛风除湿。

【用途】防治产后瘫痪。

【方义简析】方中鱼膘益精养血；荆芥穗、防风祛风胜湿；钩藤清热息风。诸药合用，益精养血，祛风除湿。

愈瘫散（猪病防治手册）

【处方】荆芥 15 g，防风 15 g，红花 15 g，麻黄 15 g，艾叶 15 g，党参 15 g，黄芪 15 g，甘草 15 g。

【制法】共为细末。

【用法用量】在饲料中添加，每次 1 剂。

【功效】祛风散寒，补气活血。

【用途】防治产后瘫痪。

【方义简析】方中荆芥、防风、麻黄祛风散寒，艾叶温经散寒，党参、黄芪、甘草补中益气，红花活血化瘀。诸药合用，祛风散寒，补气活血。

乳消散（全国中兽医经验选编）

【处方】蒲公英 100 g，连翘 100 g，金银花 50 g。

【制法】共为细末。

【用法用量】在饲料中添加，每次 1 剂。

【功效】清热解毒，散瘀通经。

【用途】防治乳房炎。

【方义简析】方中蒲公英、连翘、金银花均具有清热解毒，散结消肿功效。现代药理研究证明，蒲公英对金黄色葡萄球菌耐药菌株、溶血性链球菌有较强的杀菌作用，对绿脓杆菌、变形杆菌、痢疾杆菌、伤寒杆菌等亦有一定杀菌作用；连翘尚具有解热抗炎作用；金银花除有抗菌、抗病毒作用外，还具有一定的免疫增强作用。

生乳散（中兽医临证要览）

【处方】党参，当归，麦冬，通草，黄芪，桔梗。

【制法】共研细末，混合均匀。

【用法用量】在母猪饲料中添加，每头 50 g/d，连用 7 d。

【功效】益气活血，养胃生津，排脓消肿。

【用途】防治乳房炎性缺乳。

【方义简析】方中党参、黄芪补气健脾；当归补血活血；麦冬养胃生津；桔梗排脓消肿；通草通气下乳。本方可用于猪乳房炎性缺乳症。在添加本方时，加喂草料、豆浆、麸皮等效果更佳。

猪催乳添加剂（中兽医资料选编·第三辑）

【处方】黄芪、党参、白术、当归、王不留行、通草等各适量。

【制法】各药干燥、粉碎、混匀。

【用法用量】在母猪日粮中添加 2.5 %，添加时间从产后第 1 天开始，到仔猪 20 日龄时结束。

【功效】补气，活血，通乳。

【用途】母猪产后缺乳。

【方义简析】方中黄芪、党参、白术补中益气，当归补血活血，王不留行、通草活血通乳。诸药合用，补气活血、通乳，适用于气血虚性缺乳症。母猪产后添加，可使泌乳力提高 22.7 %。

母猪增乳散（天然物中草药饲料添加剂大全）

【处方】木通 15 g，连翘 15 g，青皮 10 g，天花粉 15 g，生甘草 15 g，当归 20 g，通草 10 g，升麻 10 g，柴胡 10 g，菊花 10 g，王不留行 30 g。

【制法】共研细末，混合均匀。

【用法用量】在饲料中添加，每剂分 3 天喂给。

【功效】益气活血，通经下乳。

【用途】母猪泌乳不足。

【方义简析】方中当归补血活血，天花粉养胃生津，升麻、柴胡、菊花、生甘草清热解毒，王不留行、木通、通草通经下乳，青皮疏肝止痛、破气消积。诸药合用，益气活血，通经下乳。猪产后乳汁不通，在无它病时，不论体质强弱，本方均有通乳良效。

当归通乳散（中兽医临证要览）

【处方】当归，王不留行，路路通，延胡索，川芎，木香，通草，瓜蒌。

【制法】共研细末，混合均匀。

【用法用量】在母猪饲料中添加，每头 50 g/d，连用 4 d。

【功效】补血活血，通经下乳。

【用途】母猪缺乳。

【方义简析】方中当归、川芎补血活血，延胡索、木香行气止痛，路路通、瓜蒌、通草通经下乳。诸药合用，补血活血，通经下乳。在添加本方期间，热敷乳房，并行轻度按摩效果更佳。

下乳涌泉散（清太医院配方）

【处方】当归 30 g、白芍、生地、柴胡、花粉各 25 g、川芎、漏芦、桔梗、通草、白芷、甘草各 15 g、青皮 20 g、木通 10 g、王不留行 60 g。

【制法】共研细末，混合均匀。

【用法用量】在母猪饲料中添加，每头 50 g/d。

【功效】理气活血，通经下乳。

【用途】母猪缺乳。

【方义简析】方中当归、川芎补血活血，行气；白芍、生地、花粉养阴生津；漏芦、白芷、桔梗排脓消肿，止痛；柴胡、青皮破气消积，疏肝止痛；王不留行、木通、通草通经下乳。诸药合用，具有理气活血，通经下乳的功效。

猪催乳散（天然物中草药饲料添加剂大全）

【处方】王不留行、小米各等份。

【制法】共研细末，混合均匀。

【用法用量】30 g/d，拌料饲喂，连用 4 ~7 d。

【功效】通经下乳，益气养胃。

【用途】母猪缺乳。

【方义简析】方中王不留行活血通经、消肿下乳，小米含有蛋白质、脂肪、碳水化合物、胡萝卜素、VB_1 等多种营养成分。本品适用于泌乳机能低下或营养不良。

地通酒（新编中兽医治疗大全）

【处方】广地龙 50 g，通草 8 g，黄酒 400 ml。

【制法】将地龙、通草加水 1250 ml，煎煮 20 min，然后冲入黄酒。

【用法用量】拌入麸皮 60 g 饲喂，每天 1 剂，连用 2 ~3 d。

【功效】活血化瘀，通经下乳。

【用途】母猪缺乳。

【方义简析】方中地龙活血化瘀，通草通气下乳。对 13 头母猪进行催乳试验，均于喂后次日乳量开始增加，3 ~4 d 后乳量分泌正常。

当归寄生散（中兽医治疗学）

【处方】当归 9 g，独活 6 g，桑寄生 6 g，秦艽 6 g，苍术 6 g，甘草 3 g。

【制法】水煎去渣。

【用法用量】在饲料中添加，小猪每次 1 剂。

【功效】祛风除湿，活血止痛。

【用途】防治风湿症。

【方义简析】方中独活、桑寄生、秦艽祛风除湿；当归补血活血；苍术燥湿健脾；甘草补脾益气，缓急定痛。诸药合用，祛风除湿，活血止痛。

当芪灵仙散（猪病防治手册）

【处方】当归 10 g，木瓜 10 g，桑枝 10 g，白芍 10 g，炙黄芪 6 g，薄荷 6 g，川牛膝 6 g，巴戟 6 g，补骨脂 6 g，威灵仙 6 g。

【制法】水煎去渣。

【用法用量】在饲料中添加，大猪每次 1 剂，小猪酌减。

【功效】祛风除湿，活血散瘀。

【用途】防治风湿症。

【方义简析】方中木瓜、桑枝、威灵仙舒筋活络，祛风湿；巴戟天、补骨脂、牛膝补肝肾，强筋骨；当归补血活血；白芍养血敛阴；黄芪补气利水。诸药合用，祛风除湿，活血散瘀。

健骨散（新编中兽医治疗大全）

【处方】骨粉 70 %，淫羊藿 1.5 %，五加皮 2.5 %，茯苓 2.5 %，白芍 1.5 %，苍术 1.5 %，大黄 2.5 %，小麦麸 18 %。

【制法】中药混合研末，加入骨粉拌匀。

【用法用量】在饲料中添加，30 ~ 50 g/d，分 2 次喂给，连用 1 周。

【功效】补肾，健脾，壮骨。

【用途】防治骨软症。

【方义简析】方中淫羊藿、五加皮补肝肾，强筋骨；茯苓、苍术健脾燥湿；大黄攻积导滞；白芍敛阴养血；骨粉、麸皮补充营养。用本方治疗骨软症 482 例，总治愈率为 96.5 %。

壮骨散（中兽医治疗学）

【处方】首乌 20 g，蛤粉 15 g，石决明 15 g，牛膝 20 g，杜仲 15 g，牡蛎 25 g，龙骨 25 g，续断 15 g，秦艽 10 g，骨碎补 15 g，甘草 10 g。

【制法】共为细末。

【用法用量】在饲料中添加，每次母猪用半剂，小猪用 1/10 剂。

【功效】强筋壮骨。

【用途】防治骨软症。

【方义简析】方中何首乌、牛膝、杜仲、续断、骨碎补、蛤粉补肝肾，强筋骨；牡蛎、龙骨、石决明涩精潜阳；秦艽舒筋止痛；甘草补脾益气，缓急定痛。诸药合用，强筋壮骨。

茵藤煎（猪病防治手册）

【处方】茵陈 60 g，忍冬藤 60 g。

【制法】水煎去渣。

【用法用量】在饲料中添加，每次 1 剂。

【功效】祛湿，解毒。

【用途】防治湿症。

【方义简析】方中茵陈清湿热，利胆退黄；忍冬藤清热解毒，疏风通络。现代研究证明，茵陈所含的蒿属香豆素具有利尿作用；忍冬藤中的木犀草素能抑制多种病原菌的生长，并有轻度利尿作用。

（二）增重催肥方

促长精 919（四川省资中县公民饲料药物添加剂厂）

【处方】何首乌，苍术，白芍，麦芽，青蒿，陈皮，山楂，神曲，大黄等。

【制法】粉碎，混匀。

【用法用量】在饲料中添加 0.3 %。

【功效】健脾开胃。

【用途】促长增重。

【方义简析】方中苍术、陈皮理气燥湿健脾，麦芽、山楂、神曲消食健胃，何首乌补益肝肾，白芍补血养血，大黄攻积导滞。各药相合，健脾开胃，促进增重。

参芪 P－0（饲料研究）

【处方】党参 30 g，黄芪 30 g，淫羊霍 20 g，何首乌 20 g，熟地 10 g。

【制法】粉碎，过 40 目筛，混匀。

【用法用量】在饲料中添加 1 %。

【功效】补气生血，滋阴助阳。

【用途】提高猪的日增重和饲料报酬。

【方义简析】方中党参、黄芪补气健脾；淫羊霍、何首乌补肝肾，益精血；熟地滋阴补血。该方可减少猪的运动消耗，有利于增重。用本方分别于小猪、中猪和育肥阶段添加，均可提高猪的日增重和饲料报酬。

复合添加剂（畜牧与兽医）

【处方】吴茱萸 15 g，大黄 20 g，麦芽 20 g，山楂 20 g，陈皮 10 g，五味子 10 g，酵母粉 10 g。

【制法】粉碎，混合。

【用法用量】在基础日粮中添加0.6 %。

【功效】消食健胃。

【用途】提高猪的日增重和饲料报酬。

【方义简析】方中山楂、麦芽消食，和中化积；大黄、酵母健胃；陈皮理气；五味子敛肺滋阴；吴茱萸温中散寒。各药相合，使生长肥育猪食欲增加，提高饲料报酬，加强抵抗疾病的能力，从而达到促生长目的。

肥猪菜（中华人民共和国兽药典2000年版二部）

【处方】白芍20 g，前胡20 g，陈皮20 g，滑石20 g，碳酸氢钠20 g。

【制法】粉碎，过筛，混匀。

【用法用量】在饲料中添加，25～50 g/次，2次/d。

【功效】健脾开胃。

【用途】增强食欲，促进生长。

【方义简析】白芍煎剂对志贺痢疾杆菌有抑菌作用，其成分芍药甙对胃肠平滑肌运动有抑制作用，并有显著镇痛效果。前胡甙元有抗菌及抗真菌作用。陈皮挥发油对胃肠道有温和的刺激作用，能促进消化液分泌和排除肠内积气，其成分橙皮甙对肠道运动有双向调节作用。滑石有保护粘膜及抗菌作用。应用表明，该方效果良好，安全、无毒副作用。

生长散（中药饲料添加剂学术研讨会论文选编）

【处方】骨粉30 %，神曲或麦芽30 %，秋牡丹10 %，土黄芪10 %，赤首乌10 %，贯众10 %，碘盐（市售含碘食盐）10 %。

【制法】粉碎，混匀。

【用法用量】在饲料中添加，50 kg以上猪30～45 g/次，2次/d。

【功效】补气养血，消食杀虫。

【用途】提高生长速度。

【方义简析】方中赤首乌、土黄芪补血补气，麦芽、神曲、秋牡丹健脾消食，贯众驱虫。

猪肥方（饲料添加剂应用技术）

【处方】神曲，麦芽，当归，黄芪，山楂，使君子，槟榔，党参等。

【制法】各药粉碎，混匀。

【用法用量】在饲料中添加，每头50 g/d。

【功效】补气健胃，消食驱虫。

【用途】提高生长速度。

【方义简析】方中黄芪、党参补气健脾，当归补血养血，神曲、麦芽、山楂消食健胃，使君子、槟榔驱虫。诸药合用，补气健胃，消食驱虫。该方能促进生猪的生长，并增强机体抗病能力。

龙牡催肥散（天然物中草药饲料添加剂大全）

【处方】神曲，麦芽，苍术，厚朴，陈皮，大枣，糯米，龙骨，牡蛎，胆矾，代赭石等。

【制法】共研粉末，混合均匀。

【用法用量】在饲料中添加，每头 6 g/d。

【功效】健脾和胃，镇静安神。

【用途】促进生长。

【方义简析】方中神曲、麦芽消食健胃；苍术燥湿健脾；大枣、糯米补脾和胃，益气生津；厚朴、陈皮理气除满；代赭石、牡蛎、龙骨潜阳安神；胆矾解毒。诸药合用，健脾和胃，镇静安神。

促长灵（浙江畜牧兽医）

【处方】黄芪，白芍，何首乌，贯众，5 种微量元素，双酶蛋白粉等。

【制法】研成细末，混合均匀。

【用法用量】按日粮的 1 % 添加。

【功效】驱虫、增膘。

【用途】促进生长。

【方义简析】方中黄芪补气利水；白芍敛阴养血；何首乌补肝肾，益精血；贯众驱虫；微量元素等可促进猪的生长。

中草药饲料添加剂（中国畜牧杂志）

【处方】黄芪，陈皮，苍术，大黄，甘草等。

【制法】各味药按比例配制，超微粉碎成细末。

【用法用量】在日粮中添加 0.5 %。

【功效】补气健脾。

【用途】促进生长。

【方义简析】方中黄芪、甘草补中益气，苍术燥湿健脾，大黄攻积导滞。

矾蘖散（河北畜牧兽医）

【处方】绿矾，玄明粉，明矾，大青叶，麦芽等。

【制法】明矾、绿矾、麦芽等粉碎，与玄明粉混匀。

【用法用量】在饲料中添加 1 %。

【功效】宽肠开胃，燥湿解毒。

【用途】提高增重率。

【方义简析】方中麦芽消食和中；玄明粉润燥软坚；绿矾、明矾解毒燥湿；大青叶清热解毒。诸药合用，宽肠开胃，燥湿解毒。

中药饲料添加剂Ⅰ（福建农业大学学报）

【处方】鱼腥草，茯苓，黄岑，金银花等。

【制法】经浸泡、水煮、过滤、喷雾干燥制成粉剂。

【用法用量】在日粮中添加0.7 %。

【功效】清热解毒，健脾利湿。

【用途】促进增重。

【方义简析】方中鱼腥草、金银花清热解毒，茯苓利湿健脾，黄岑清热燥湿。

麦饭石散（天然物中草药饲料添加剂大全）

【处方】麦饭石。

【制法】研成细末。

【用法用量】在饲料中添加5 %。

【功效】补充常量元素和微量元素。

【用途】促进增重。

【方义简析】麦饭石含有铜、碘、铁、锰、锌、硒等多种微量元素，能调节新陈代谢，提高饲料转化率，增强抗病力和促进生长发育。

黄荆子散（天然物中草药饲料添加剂大全）

【处方】黄荆子。

【制法】研成细末。

【用法用量】在饲料中添加，每头45 g/d。

【功效】祛风除湿，理气止痛。

【用途】促进增重。

【方义简析】黄荆子中含挥发油、蔓荆子黄素、牡荆内酯、β－谷甾醇及烷烃类化合物，对痢疾杆菌和伤寒杆菌等均有杀灭作用。

仔猪壮（饲料研究）

【处方】党参200 g，山楂200 g，乌贼骨200 g，山药150 g，苍术100 g，神曲100 g，厚朴50 g，枳实50 g，枳壳50 g，白头翁50 g，甘草50 g。

【制法】干燥，粉碎，过筛。

【用法用量】在饲料中添加，先少量，待仔猪习惯后，增至每餐2匙。上方可供1窝8～10头仔猪20 d用。

【功效】健脾理气，消食。

【用途】促进仔猪生长。

【方义简析】方中党参、黄芪、甘草补气健脾；苍术燥湿健脾；山药健脾补肺，固肾益精；厚朴、枳实、枳壳理气除满；山楂、神曲消食开胃；乌贼骨收敛制酸；白头翁清热解毒，凉血止痢。诸药合用，健脾理气，消食，具有促进仔猪生长的作用。朱德星（1986）报道，20 多年试用于母猪饲养户上千例，均使仔猪生长加快，提早出售，且猪发育健壮，后期发育快。

仔猪饲料添加剂（黑龙江畜牧兽医）

【处方】山楂 20 g，麦芽 20 g，陈皮 10 g，苍术 10 g，黄精 10 g，白头翁 10 g，大蒜 5 g，地榆 5 g，板蓝根 10 g，生姜 5 g。

【制法】混合，晒干，粉碎成细末。

【用法用量】在日粮中添加 1 %。

【功效】开胃健脾，理气消滞，涩肠止泻。

【用途】促进仔猪生长。

【方义简析】方中山楂、麦芽消食健胃；大蒜行气消积；陈皮、苍术理气健脾；生姜温胃和中；黄精益气养阴；板蓝根、地榆清热解毒，凉血止痢。诸药合用，开胃健脾，理气消导，涩肠止泻。在基础日粮中添加本品 1 %，仔猪生长明显加快，饲料报酬明显提高。

川育 5 号（四川畜牧兽医）

【处方】苦参，苍术，陈皮，玄明粉等。

【制法】粉碎，混匀。

【用法用量】在基础日粮中添加 1 %。

【功效】健脾燥湿。

【用途】促进仔猪生长。

【方义简析】方中苦参清热燥湿，苍术燥湿健脾，陈皮理气健脾，玄明粉软坚泻下。梁歌等（1994）应用本方按 1 % 添加量，分 3 次添加于 60 日龄仔猪的基础日粮中，在 60 d 的试验期中增重提高 11.70 %，饲料报酬提高 10.90 %。

仔猪健胃酊（饲料添加剂应用技术）

【处方】橙皮酊，龙胆酊，大黄酊等。

【制法】按中药酊剂制法制备，按比例混匀。

【用法用量】在仔猪日粮中添加，1 ~ 60 日龄仔猪 5 ml/d，分 2 次。

【功效】健胃宽肠。

【用途】促进仔猪生长，防治泻痢。

【方义简析】仔猪健胃酊能刺激仔猪舌面味蕾细胞，产生“自然应激”反应，促进消化液分泌，有利于饲料的消化吸收。其中大黄酊含多种游离和结合的蒽醌类，不仅有清热通便、活血散瘀等作用，而且大黄酊和龙胆酊对某些葡萄球菌、链球菌、伤寒杆菌和痢疾杆菌有抑制作用，因此可预防仔猪泻痢。本品能提高增重9.35 %，减少饲料消耗13.8 %。

助长灵（中药饲料添加剂学术讨论会论文选编）

【处方】建曲，陈皮，山楂等。

【制法】共为细末，混匀。

【用法用量】在饲料中添加5 %。

【功效】健脾开胃。

【用途】提高幼猪食欲，促进增重。

【方义简析】方中神曲、山楂消食开胃，陈皮理气健脾。本方能显著增加幼猪的食欲，降低发病率。

松针粉（甘肃畜牧兽医）

【处方】松针叶。

【制法】晒干，研成细末，塑料袋封装保存。

【用法用量】在日粮中添加3 % ~5 %。

【功效】补充营养，增进食欲。

【用途】育肥猪促生长。

【方义简析】松针叶含植物杀菌素、激素、粗蛋白、粗脂肪、维生素、氨基酸、微量元素等40种营养成分。田允波（1995）报道，在育肥猪日粮中添加，平均日增重提高15 % ~30 %，瘦肉率增加，猪肉品质改善，抗病力明显增强；添加5 %松针粉，可取代多种微量元素添加剂，饲料成本下降15 %，增重提高2.4 %。

油菜花粉（饲料研究）

【处方】油菜花粉。

【制法】晒干。

【用法用量】在配合饲料中添加1 % ~2 %。

【功效】补充营养和多种微量元素。

【用途】瘦肉型猪促生长。

【方义简析】油菜花粉含有多种维生素、微量元素、活性酶、氨基酸等。姜水法（1992）在饲料中添加1 % ~2 %的油菜花粉对瘦肉型猪效果显著，以添加2 %增重最为显著。

黄精散（中兽医学杂志）

【处方】黄精，当归，茯苓，黄芪，白术，女贞子，山楂，苍术，郁金，贯众等。

【制法】各药干燥，粉碎，过20目筛，充分混合均匀。

【用法用量】在饲料中添加1 %。仔猪体重10 ~20 kg，5次/d；中猪体重20 ~60

kg，4 次/d；大猪体重在 60 kg 以上，3 次/d。

【功效】滋阴养血，消食健脾。

【用途】增重催肥。

【方义简析】方中黄精、女贞子、当归滋阴养血；黄芪、白术、苍术、茯苓补气健脾，燥湿；山楂消食健胃；郁金行气止痛；贯众杀虫。诸药合用，滋阴养血，消食健脾，促进生长。

催肥散（河北畜牧兽医）

【处方】山楂 10 g，麦芽 20 g，陈皮、槟榔、苍术各 10 g，木通 8 g，干草 6 g。

【制法】诸药干燥、炮制后粉碎，混匀。

【用法用量】在饲料中添加，每次半剂，每周 1 次，连用 4 个月。

【功效】消食理气。

【用途】促进育肥。

【方义简析】方中山楂、麦芽、槟榔消积导滞；苍术、陈皮燥湿健脾，理气；木通清热利水；干草补中益气。诸药合用，理气消食，促进生长。

中西药复方（中兽医医药杂志）

【处方】石膏 100 g，陈皮 100 g，神曲 100 g，柏子仁 50 g，松针粉 475 g，土霉素粉 10 g，硫酸亚铁 40 g，硫酸铜 58 g，硫酸锌 38 g，硫酸锰 10 g，氯化钴 0.2 g，淀粉碘 0.3 g，亚硒酸钠 0.05 g，猪用多维 10 g，合计 1000 g。

【制法】研末，混匀。

【用法用量】在日粮中添加 1 %。

【功效】健胃，镇静，促生长。

【用途】加快肉猪肥育。

【方义简析】方中石膏清热泻火，神曲消食健胃，陈皮理气健脾，柏子仁镇惊安神，松针燥湿杀虫；配合抗菌的西药，并补充矿物元素，具健胃、镇静和促生长作用。

肥特灵（河北畜牧兽医）

【处方】贯众，何首乌，麦芽，黄精等。

【制法】各药粉碎，混匀。

【用法用量】在饲料中添加 3 %。

【功效】驱虫健胃，滋补强壮。

【用途】促进生长猪肥育。

【方义简析】方中贯众驱虫；何首乌补益肝肾；麦芽消食和中；黄精补脾润肺，益气养阴。诸药合用，驱虫健胃，滋补强壮。此方可使猪快速育肥，具有明显经济效益。

肥猪方（饲料添加剂应用技术）

【处方】钩吻 1000 g，买麻藤 500 g，穿山龙 500 g。

【制法】煎汤或研成粉末。

【用法用量】在饲料中添加，药汁：大猪 40～60 ml/次，中猪、小猪 20～30 ml/次，2 次/d；药粉：大猪 120 g/d，中猪、小猪 60 g/d。

【功效】催肥，促生长。

【用途】加快生长猪育肥。

【方义简析】方中钩吻消积杀虫；买麻藤祛风除湿，活血散瘀；穿山龙活血舒筋，消食利水。该方用于生长猪，有镇静、催肥作用，猪摄食后活动减少，加快肥育。本品易潮解，应置于阴凉干燥处。饲喂时要饲料混匀，保证同圈每头猪摄食的药量相等。

肥猪方（全国第三次、华北第八次中兽医学术讨论会论文摘要集）

【处方】马尾松针 18 g，糯谷芽 15 g，木本冬清叶 12 g，山楂 10 g，刺五加皮 10 g，苍术 9 g，秦皮 8 g，贯众 7g，薏苡仁 3 g，枳壳 5 g；碳酸氢钠 36 g，硫酸钠 44 g，氯化钠 12 g，硫酸钾 2 g，芝麻粉适量。

【制法】中药粉碎混匀后 2 份，碳酸氢钠、硫酸钠、氯化钠、硫酸钾研细混匀后取 1 份，再按 1：5 比例加入黑芝麻粉，混匀。

【用法用量】在饲料中添加，25～40 kg 猪 40 g/d，40～60 kg 猪 60 g/d，连用 30～80 d。

【功效】健脾开胃，促生长。

【用途】加快生长猪育肥。

【方义简析】方中谷芽、山楂、木本冬青叶消食健脾开胃，消积化滞；薏苡仁、秦皮健脾清热利湿；苍术、枳壳健脾燥湿理气；贯众、马尾松针杀虫；五加皮、芝麻补肝肾，滋阴润燥；配合矿物质，具有健脾开胃，促生长作用。用该方喂生长猪，提高增重率 15.05 %，经济效益显著。添加时间以每天傍晚为佳。

猪肥散（畜禽饲料添加剂）

【处方】何首乌 30 %，白芍 25 %，陈皮 15 %，神曲 15 %，石菖蒲 10 %，山楂 5 %。

【制法】诸药晒干或烘干，研末，混匀。

【用法用量】在饲料中添加 1.5 %，或 25 kg 以上育肥猪 25 g/d。

【功效】理气健脾，养血活血。

【用途】促进生长和育肥。

【方义简析】方中神曲、山楂消食健胃；陈皮理气健脾；石菖蒲理气活血；白芍敛阴养血；何首乌补肝肾，益精血。诸药合用，促进猪生长和育肥。据介绍，在 25 kg 以上的猪饲料中添加 79 d，平均日增重提高 26.4 %，饲料转化率提高 16.6 %，如 90 kg 出栏，可平均提早 12.6 d。

追肥散（饲料添加剂实用手册）

【处方】赤首乌 20 %，土黄芪 20 %，麦芽或神曲 20 %，秋牡丹 10 %，柏子仁或酸枣仁 20 %，食盐（不含碘）10 %。

【制法】制成细末，混匀。

【用法用量】在饲料中添加，50 kg 以上猪 50 ~ 75 g/次。

【功效】补气养血，消食健胃，安神镇静。

【用途】育肥猪催肥。

【方义简析】方中赤首乌、土黄芪补血补气，麦芽、神曲、秋牡丹消食健胃，柏子仁或酸枣仁养心安神镇静。

猪长散（中药饲料添加剂学术讨论会论文选编）

【处方】一年篷 8 份，陈皮 1 份，女贞子 1 份。

【制法】粉碎成粗粉，过筛，混匀。

【用法用量】在育肥猪日粮中添加 3 %。

【功效】清热解毒，健脾补益。

【用途】促进肥育猪增重。

【方义简析】方中一年篷清热解毒，陈皮理气健脾，女贞子滋补肝肾。3 种药合用，清热解毒，健脾补益。在肥育猪饲料中分别添加 60 天、113 天，增重率分别比对照组提高 8.65 % 和 9.7 %，饲料转化率提高 11.69 %，肉质符合肉品标准。在哺乳母猪日粮中添加 3 % 的一年篷，对仔猪白痢、仔猪下痢有明显的预防效果，成活率提高。

猪育肥散（天然物中草药饲料添加剂大全）

【处方】何首乌 40 g，蒺藜 40 g，贯众 20 g。

【制法】共研细末。

【用法用量】在饲料中添加 2 % ~ 3 %。

【功效】补肝养血。

【用途】增重育肥。

【方义简析】方中何首乌补肝肾，益精血；蒺藜祛风利湿，解毒散瘀；贯众清热解毒，驱虫。试验结果表明，饲喂本方 1 周后猪嗜睡，食欲较好，生长快，肉质佳。若混合料粗蛋白保持在 12 %，能量 25 Mcal/kg，一般 5 个月出栏时体重 120 ~ 150 kg。

猪催肥剂（饲料添加剂应用技术）

【处方】五味子，五加皮，麦芽，黄豆，山楂等。

【制法】诸药晒干后制成粉末，混匀。

【用法用量】在饲料中添加，50 kg 猪每头 50 g/d，连用 2 个月。

【功效】健胃，安神。

【用途】催肥。

【方义简析】方中麦芽、山楂消食健胃；五加皮补肝肾，强筋骨；五味子敛肺滋肾；黄豆健脾宽中，润燥。猪食用该添加剂后，食欲增加，嗜睡，日增重比对照组提高1.56倍。本品易潮解，应置干燥阴凉处保存。防虫蛀，霉变。

猪催肥散（天然物中草药饲料添加剂大全）

【处方】何首乌100 g，山药100 g，贯众100 g，麦芽100 g，黄豆200 g。

【制法】粉碎成粉末，混匀。

【用法用量】在饲料中添加，50 kg猪30 g/次，3次/d，连用3～5 d；以后每隔10～15 d饲喂3～5 d。

【功效】补肝肾，健脾胃。

【用途】催肥。

【方义简析】方中何首乌补肝肾、益精血，山药健脾补肺、固肾益精，贯众清热解毒、驱虫，麦芽消食和中，黄豆健脾宽中、润燥。诸药合用，补肝肾，健脾胃，可用于猪的催肥。

增重抗病添加剂（中草药饲料添加剂学）

【处方】何首乌100 g，建曲200 g，山楂200 g，麦芽200 g，贯众100 g，桐树叶300 g，陈皮100 g，白芍200 g，松针300 g，黄芪200 g，大青叶200 g。

【制法】诸药研成细末，混匀。

【功效】健脾消食，解毒杀虫。

【用途】僵猪或架子猪促长育肥。

【方义简析】方中建曲、山楂、麦芽消食导滞，陈皮理气健脾，黄芪补气利水，白芍敛阴养血，何首乌补肝肾、益精血，大青叶清热解毒，桐树叶、贯众、松针杀虫。诸药合用，健脾消食，解毒杀虫。据介绍，在40头30日龄猪饲料中添加60天，试验组比对照组每天每头多增重35 g。在传染病流行期间，试验组无1头发病，对照组发病率为45 %。

桐花松叶散（中兽医学杂志）

【处方】泡桐花、马尾松叶各等份。

【制法】晒干，研成细末，混匀。

【用法用量】在饲料中添加，僵猪驱虫后50～80 g/次，1次/d，连喂15 d，停60 d再喂15 d；架子猪每100 kg饲料添加5 kg。

【功效】补充营养，促进生长。

【用途】僵猪或架子猪促长肥育。

【方义简析】方中泡桐花含有葡萄糖、淀粉、蛋白质等多种营养成分，以及激素和多种维生素等成分。松针叶含植物杀菌素、激素、粗蛋白、粗脂肪、维生素、氨基酸、微量元素等40多种营养成分。将本方用于1头5个多月龄仅有17.5 kg的僵猪，添加

15 d后毛色开始发亮，皮肤发嫩有光泽，食欲增加，嗜睡，第一个月增重14.3 kg，第二个月增重31 kg，第三个月又喂本方15 d，出栏时体重143 kg。

复方肥猪散（四川省安岳县畜牧食品局）

【处方】麦芽，谷芽，苍术，首乌，贯众；硫酸亚铁，硫酸铜，硫酸钙。

【制法】粉碎，混匀。

【用法用量】每头每天在饲料中添加45 g。

【功效】健脾消食，益精补肾，驱虫。

【用途】增重催肥。

【方义简析】方中麦芽、谷芽消食健胃，苍术燥湿健脾，首乌补肾益精，贯众驱虫。配合硫酸盐类化合物，具有健脾消食、益精补肾、驱虫的功效。

麻盐散（淮南子毕万术）

【处方】火麻仁100 g，食盐5 g。

【制法】共研细末，混合均匀。

【用法用量】在饲料中添加，每头5 g/d。

【功效】润燥滑肠，益气健脾。

【用途】增重催肥。

【方义简析】方中火麻仁含干性脂肪油30 %，具有润燥通便，补虚功能；食盐味咸性寒，具有凉血润燥、滋肾通便功能，食盐的咸味尚能刺激味觉，使唾液分泌增强，增进食欲和提高食物消化率。两药合用，润燥滑肠，益气健脾。

猪宝素（海峡两岸中兽医学术研讨会资料）

【处方】牡蛎、喹乙醇、硫酸锌、绿矾、明矾、硫酸镁、硫酸锰、氯化钴、硼酸各适量。

【制法】诸药制成粉末，混匀，分装成每包100 g。

【用法用量】在饲料中添加，每50 kg配合饲料用1包。每期连喂25 d，停药5 d后再用。屠宰前35 d停药。

【功效】抗菌消炎，促进生长。

【用途】增重育肥。

【方义简析】方中喹乙醇能抗菌和促进蛋白质合成，具有明显促进动物生长的作用，提高瘦肉率；其他药物则具有补充矿物质等作用。本方经10个猪场共378头猪的试验，添加药物组全饲养期日增重提高21.47 %，料肉比降低23.76 %，缩短饲养周期25～30 d。

梓叶催肥散（李当之本草）

【处方】梓叶。

【制法】研成细末。

【用法用量】在饲料中添加 2 %。

【功效】清热解毒，杀虫。

【用途】催肥。

【方义简析】梓叶为紫葳科植物梓叶树的叶。《李当之本草》曰："梓叶饲之，肥大三倍且易养"。《猪经大全》曰："梓叶饲之宜，常采切碎，入糟粕中，不特治病，而且易长"。将梓叶晒干研成粉末混入饲料喂猪，每天每头增重 50 g，试验 177 d，试验组比对照组多增重 29.9 %。

赤小豆散（物类相感志）

【处方】赤小豆。

【制法】将赤小豆煮熟。

【用法用量】在饲料中添加，每头 50 g/d 左右。

【功效】行气健脾，清热和血，宽肠和胃。

【用途】育肥。

【方义简析】赤小豆，性味甘、酸、平，含蛋白质、脂肪、碳水化合物和多种微量元素。《物类相感志》："赤豆煮粥食之，十日后宰，肥大加倍"。在实际生产中，赤小豆宜早添加，每头 50 g/d，添加 30 d 以上显效。

五、蛋鸡用验方

天然植物增蛋剂（吉林省敦化市动物制药厂）

【处方】人参茎叶，黄芪，白术等。

【制法】粉碎，过筛，混匀。

【用法用量】在饲料中添加 0.8 %。

【功效】益气健脾，促进产蛋。

【用途】提高产蛋率，延长产蛋期。

【方义简析】本方为补益强壮之剂。黄芪、白术补气健脾，增强机体抗病力；人参茎叶也有一定的补养作用。

促蛋散（中药饲料添加剂学术讨论会论文选编）

【处方】补骨脂，益母草，罗勒。

【制法】粉碎，过 80 目筛，混匀。

【用法用量】在饲料中添加，每只鸡 1.0 g/d。

【功效】补肾活血，促排卵。

【用途】提高蛋鸡产蛋率和种鸡受精率。

【方义简析】方中补骨脂、罗勒滋阴补肾；益母草活血化瘀，并有激素样作用；因而全方有促产蛋作用。本方有提高种蛋受精率的作用，青年鸡开产时添加，提早开产。

鸡高效麦饭石饲料添加剂（陕西省畜牧兽医研究所饲料添加剂厂）

【处方】麦饭石等。

【制法】粉碎，过筛。

【用法用量】在饲料中添加1 %，或按每只鸡1~1.5 g/d。

【功效】补充营养，调节代谢。

【用途】提高产蛋率。

【方义简析】麦饭石含有赖氨酸、蛋氨酸、色氨酸等12种氨基酸及铜、碘、铁、锰、锌、硒等多种微量元素，能调节新陈代谢，促进生长发育，提高饲料转化率，增强抗病力。

益禽散（陕西省畜牧兽医研究所）

【处方】泡桐花等。

【制法】粉碎，混匀。

【用法用量】在日粮中添加1 %~1.5 %。

【功效】补充营养，清热解毒。

【用途】提高蛋鸡饲料报酬。

【方义简析】泡桐花含熊果酸、糖甙及多酚类。黄诗旦等（1991）用泡桐花及女贞子等组成添加剂，在1000 ml饮水中加中药细粉0.66 g，任其自饮，经50天试验，试验组每只鸡比对照组多增重24.1 %，而耗料降低10 %。

麦沙散（中兽医医药杂志）

【处方】麦饭石1份，沙棘叶3份。

【制法】粉碎，过60目筛，充分混匀。

【用法用量】在蛋鸡饲料中添加4 %。

【功效】强壮保健。

【用途】提高蛋鸡产蛋率。

【方义简析】麦饭石主要成分为硅铝酸盐，结构多空而具有吸附力，可吸附细菌使其繁殖受到抑制。沙棘含多种维生素、黄酮类，其中沙棘叶含槲皮素、异鼠李素、山奈酚、五倍子酸、齐墩果酸、绿原酸等，有抗过敏、抗氧化、保肝和增强免疫力等作用。郭福存等（1992）试验，平均产蛋率和平均产蛋量分别提高9.80 %和24.65 %，饲料转化率提高11.73 %，蛋黄颜色加深。

促卵1号（内蒙古畜牧业）

【处方】炒山楂100 g，炒神曲250 g，炒马钱子150 g，土霉素钠500 g，酵母粉200 g，复合维生素50 g，碘化钾5 g，蛋氨酸1500 g。

【制法】中药粉碎，加入其余成分，混匀。

【用法用量】在饲料中添加，每只鸡0.2 g/d。

【功效】消食健脾，防病保健。

【用途】提高蛋鸡产蛋率。

【方义简析】方中炒山楂、炒神曲、酵母粉健脾消食，炒马钱子有兴奋神经作用，土霉素抗菌消炎。张俊（1987）在蛋鸡饲料中添加48 d，试验组产蛋率提高12.4 %。

高效蛋多素（中兽医资料选编·第一辑）

【处方】神曲，黄芪，马钱子（炒），麦芽，益母草，山楂等。

【制法】中药分别炮制后粉碎，过18目筛，然后加入小麦麸作载体，烘干至含水量低于10 %，混匀。

【用法用量】在基础日粮中添加0.15 % ~2.0 %，同时按每吨混合料加入维生素8000 g、赖氨酸500 g。

【功效】补气消食，活血化瘀。

【用途】提高蛋鸡产蛋率。

【方义简析】方中神曲、麦芽、山楂健脾开胃，黄芪补气，益母草活血，马钱子有兴奋作用，从而使鸡群保持良好的精神状态，摄食增加。本品用于产蛋率60 % ~70 %的鸡群效果最佳，产蛋率较对照组提高15.12 %，饲料报酬提高14.88 %；对产蛋率在70 % ~80 %的鸡群，产蛋率提高4 %。

蛋鸡Ⅰ号（中兽医资料选编）

【处方】女贞子，神曲，黄芪，昆布，党参等。

【制法】各药粉碎，过20目筛，按一定比例混匀。

【用法用量】在饲料中添加0.3 % ~0.5 %。

【功效】益气健脾，滋阴补肾。

【用途】提高蛋鸡产蛋率。

【方义简析】方中女贞子、黄芪、党参等补益充血，增加鸡蛋化生之源；神曲、昆布等健脾开胃。本方对产蛋鸡前期和换羽后期产蛋率55 % ~70 %的母鸡，饲喂效果最明显。添加0.5 %，产蛋率可提高8 % ~20 %；添加0.3 %，产蛋率提高4 % ~8 %。在3个养鸡重点村试验，15个试验户每只鸡每天饲喂1 g，连喂10 d，平均产蛋率比15个对照户高出4.2 %，自然死亡淘汰率比对照户低1.3 %。韩德昌等（1990）在雏鸡日粮中按每天每只0.5 g添加，连喂4 ~5 d，间隔1周左右再喂4 ~5 d，雏鸡的摄食量增加，生长快，平均育雏成活率提高2.5 %。

增蛋散（河南畜牧兽医）

【处方】当归，山药，麦芽，陈皮等。

【制法】干燥粉碎后，按比例混匀，过40目筛。

【用法用量】在蛋鸡饲料中添加1 %。

【功效】补气养血，理气健胃。

【用途】促进蛋鸡产蛋。

【方义简析】蛋为水谷精微之产物，乃气血化生而成，产蛋数量及重量全部依赖于“气化”、“血养”。本方以回阳通脉、温里补气血、健胃消食为组方原则，选用补气养血、理气健胃的中草药组成方剂。用28周龄京白6系商品蛋鸡试验，试验组产蛋率提高10.13％，饲料报酬提高5.6％。

温里散（陕西中兽医学术论文选集）

【处方】小茴香，肉桂，羊红膻等。

【制法】各药干燥粉碎后，过60目筛。

【用法用量】在饲料中添加1.25％，每添加5 d，停药5 d。

【功效】补肾壮阳，温中散寒。

【用途】促进蛋鸡产蛋。

【方义简析】此方药均属温性，适合寒冷地区冬季使用。在蛋鸡日粮中添加，使饲料报酬提高7.75％，产蛋率提高9.55％，对精神、食欲没有明显影响。

增蛋宝（西北农业大学学报）

【处方】黄芪，陈皮，麦芽，补骨脂，芝麻，黄芩，当归，甘草，板蓝根，紫苏，益母草，淫羊藿，熟地，神曲，蜂蜜，芒硝，大蒜素，奶粉等。

【制法】中药晒干，分别粉碎，过60目筛，按比例混匀。

【用法用量】在饲料中添加2％。

【功效】健脾理气，补肾助阳。

【用途】促进蛋鸡产蛋。

【方义简析】方中黄芪、陈皮、补骨脂、淫羊藿等健脾理气、补肾助阳、促进饲料的消化吸收、加快生长发育及提高生殖机能。药理研究表明，全方能提高T淋巴细胞E花环百分率。

鸡儿康（河北省畜牧兽医研究所）

【处方】党参，黄芪，女贞子，神曲，麦芽，昆布等。

【制法】粉碎，过筛，混匀。

【用法用量】在饲料中添加0.5％。

【功效】补气健脾，补肾促产。

【用途】提高蛋鸡产蛋率、育雏存活率、青年鸡抗病力。

【方义简析】方中黄芪、党参、女贞子等补气健脾，补肝肾，从而增加机体代谢，提高生产性能。黄芪、党参等可增加抗疲劳能力，提高抗体效价和免疫机能；神曲，麦芽等可促进消化，提高饲料利用率，可提高育雏存活率，减轻青年鸡应激反应，减少蛋鸡脱肛，强制换羽期缩短休产期。

增重增蛋复方（饲料添加剂应用技术，饲料工业）

【处方】穿心莲2 g，黄柏5 g，苍术2 g，昆布2 g，蒲公英1 g，绿豆3 g，麦芽1 g，硫酸锰12 g，硫酸锌8.8 g，硫酸亚铁13.5 g，硫酸铜1 g，碘化钾0.09 g，氯化钴0.05 g，亚硒酸钠0.022 g，硼酸0.25 g，石粉25 g，鱼粉25 g，麦麸25 g。

【制法】中药制成粉末，加入其余成分，混匀。

【用法用量】在饲料中添加，小于4周龄雏鸡每只0.2 g/d，超过4周龄肉仔鸡或蛋鸡每只0.5 g/d。

【功效】清热解毒，健脾强壮。

【用途】促进仔鸡生长，提高蛋鸡产蛋率。

【方义简析】本方名为中西复合肉鸡方。穿心莲、黄柏、苍术、蒲公英等可清热解毒，昆布、绿豆、麦芽等增进营养，调理肠胃。硫酸锰、硫酸锌、硫酸亚铁、硫酸铜等补充微量元素。蛋鸡每天每只添加0.5 g，产蛋率提高25 %。用本方每天每只0.2 g饲喂肉鸡，成活率提高16.6 %。

鸡宝康（中兽医医药杂志）

【处方】黄芪6份，酸枣仁2份，远志2份。

【制法】各药干燥后粉碎，过60目筛。

【用法用量】在饲料中添加1.5 %，每隔5 d添加1次。

【功效】补气，固本，安神。

【用途】促进雏鸡生长，提高蛋鸡产蛋率。

【方义简析】方中黄芪、酸枣仁、远志含有丰富的铜、锌、铁、锰、钴、硒等元素，粗蛋白含量也较高，具有补气、固本、卫外、安神之功，能够增强免疫功能，调节机体代谢并补充营养。在15日龄雏鸡饲料中添加，雏鸡体重比对照组提高5.7 %，饲料报酬提高5.61 %；在蛋鸡饲料中添加，产蛋率提高5.91 %。

鸡健胃散（中兽医资料选编·第三辑）

【处方】党参，熟地，女贞子，炒麦芽，炒莱菔子，金银花，龙胆草，制半夏，麦饭石等。

【制法】按一定比例混合、粉碎、混匀。

【用法用量】在饲料中添加1 %。

【功效】补益脾胃，消食理气。

【用途】促进雏鸡生长，提高蛋鸡产蛋率。

【方义简析】方中党参，熟地，女贞子等可补益气血，炒麦芽，炒莱菔子等开胃进食，龙胆草、金银花、制半夏等清热化痰，麦饭石吸附毒素，调理肠道。在500只雏鸡日粮中添加30 d，死亡率也明显减少；在蛋鸡日粮中添加30 d，提高产蛋率7 %。

家禽强壮散（中兽医资料选编·第三辑）

【处方】熟地，当归，黄芪，山药，枸杞子，淫羊藿，鹿角胶各适量。

【制法】共为细粉，混匀。

【用法用量】在饲料中添加，每只 0.5 g/d。

【功效】补气养血，滋阴壮阳。

【用途】促进雏鸡生长，提高蛋鸡产蛋率。

【方义简析】本方滋补强壮。熟地，当归，黄芪，山药，枸杞子，淫羊藿，鹿角胶均补益气血。该方对雏鸡可明显促进生长，对蛋鸡能提高产蛋率。

益禽散

（中国兽医杂志）

【处方】黄芪，益母草，当归，淫羊藿，艾叶，神曲，大蒜，苍术等。

【制法】当归单独水浸后煎汁 2 次，浓缩成含 25 % 的当归液。其余中药按比例混合，粉碎，过筛。

【用法用量】药粉料中添加，每只 1.0 g/d，当归液混入饮水中，每只 0.5 ml/d。

【功效】助消化，健脾胃。

【用途】促进雏鸡增重，提高蛋鸡产蛋率。

【方义简析】方中主药（归芪益母汤）能提高试验小鼠的耐缺氧能力，补血和镇痛，增强网状内皮系统的吞噬功能，减慢大鼠的心率和降低大鼠的动脉压，从而提高试验雏鸡的存活率；加入淫羊藿、艾叶后显示出类雌激素样作用，可促进雏鸡的生长发育，使体重增加明显；方中神曲助消化，苍术健脾胃，促进鸡对饲料的消化、吸收和转化，提高饲料的利用率；大蒜抗菌消炎，同时激活免疫功能，又可增进食欲；因此，全方提高鸡生长性能是综合性的。本方可使雏鸡增重率提高 12.52 %，饲料报酬提高 11.51 %；使蛋鸡产蛋率提高 4.9 % ~10.82 %，蛋重提高 5.7 % ~14.64 %，饲料报酬提高 6.54 % ~14.98 %。

家禽天然着色剂（广东省坪石松针生化厂）

【处方】叶黄素，β－胡萝卜素，VE。

【用法用量】在饲料中添加 0.05 % ~ 0.1 %。

【功效】增色。

【用途】加深皮肤、蛋黄、肉质和羽毛的黄色。

【方义简析】本方采用植物色素来增加蛋黄颜色。要增强蛋黄颜色，所添加的植物色素成分应是脂溶性的，才容易进到蛋黄里去。

降胆增蛋灵（中国兽医学报）

【处方】山楂 40 g，陈皮 50 g，刺五加 50 g，神曲 40 g，仙茅 50 g，何首乌 50 g，郁金 50 g，党参 80 g，白术 80 g，艾叶 50 g，当归 50 g，松针粉 200 g。

【制法】粉碎，过 60 目筛。

【用法用量】在蛋鸡饲料中添加 0.5 %。

【功效】降低血脂，利胆退黄。

【用途】降低鸡蛋胆固醇。

【方义简析】方中山楂可降低血脂、改善血液流体学特性、提高红细胞超氧化物歧化酶活性及降低心肌组织中脂质过氧化物含量；郁金性味辛、苦、寒，入肝、心、肺经，具有行气解郁，凉血破瘀，利胆退黄等功效，所含挥发油能促进胆汁的分泌和排泄，从而达到调节脂类代谢的作用。在 180 日龄海兰褐蛋鸡饲料中添加 30 d，鸡蛋中胆固醇和总脂含量分别降低 16 % 和 20 %，蛋白质和钙含量分别提高 15.2 % 和 15 %，产蛋率增加 12.3 %，蛋壳硬度提高，鸡蛋破损率减少，蛋黄色泽加深。

六、肉鸡用验方

味香肥鸡散（饲料研究）

【处方】桂皮 40 %，小茴香 30 %，沙羌 10 %，陈皮 10 %，胡椒 5 %，甘草 5 %。

【制法】粉碎，混匀。

【用法用量】在饲料中添加，每只鸡 1 g/d。

【功效】健脾理气，诱食开胃。

【用途】促进肉鸡生长，改善肉质风味。

【方义简析】本方芳香开胃，桂皮、小茴香、胡椒等均可刺激食欲，故能开胃进食，从而提高增量。方名为味香肥鸡散，含有桂皮、小茴香、胡椒等，对肉品风味有改善作用。

肥鸡散（畜禽饲料添加剂）

【处方】肉桂 50 %，干姜 20 %，甘草 9 %，茴香 7 %，熟黄豆 6 %，$FeSO_4$ 8 %。

【制法】中药研末，与硫酸亚铁混匀。

【用法用量】在饲料中添加 1.5 % ~1 %，或每只鸡 0.5 ~1 g/d。

【功效】温中健脾，开胃进食。

【用途】促进肉鸡生长，改善肉质风味。

【方义简析】方中肉桂、干姜、茴香等均气味芳香，又温暖健胃。肉仔鸡日喂 0.5 ~1 g，平均日增重可达 25 g 以上。在肉鸡出笼前 2 ~3 周日粮中添加 2.5 % ~3 % 脂肪和 0.02 % ~0.03 % 升华硫黄，不但生长迅速，还可改善鸡肉风味。

健鸡散（中华人民共和国兽药典 2000 年版二部）

【处方】党参 20 g，黄芪 20 g，茯苓 20 g，六神曲 10 g，麦芽 10 g，山楂（炒）10 g，甘草 5 g，槟榔（炒）5 g。

【制法】粉碎，过筛，混匀。

【用法用量】在饲料中添加 2 %，连喂 3 ~7 d。

【功效】益气健脾，消食开胃，抗应激。

【用途】增强食欲，促进生长。

【方义简析】本品为健胃强壮之剂，对雏鸡能促进生长发育，提高成活率，对成鸡还可减少死亡淘汰率。

鸡沸石饲料添加剂（广西芩溪县兽药厂）

【处方】沸石。

【制法】粉碎，过筛。

【用法用量】在饲料中添加3 % ~5 %。

【功效】补益强壮。

【用途】防病、促生长。

【方义简析】本品主要成分具有特殊结构，能有效吸收鸡肠道中的氨气，除去饲料中的黄曲霉毒素，减少中毒死亡率，还有促生长作用。在饲料添加5 %，使鸡成活率提高2 % ~3 %，平均体重提高11.5 %。

利禽素（全国中药防治家禽传染病学术讨论会材料）

【处方】穿心莲、辣蓼、大青叶、葫芦茶各适量。

【制法】诸药干燥后粉碎，过筛，混匀。

【用法用量】在饲料中添加1 %。

【功效】清热解毒，防病促长。

【用途】防病、促生长。

【方义简析】方中穿心莲、辣蓼、大青叶等清热解毒，葫芦茶增进食欲。诸药合用，祛邪扶正，促进生长。在雏鸡由出雏至30日龄的饲料中添加，增重率比对照组提高6.04 %。该方对葡萄球菌、鸡白痢杆菌和大肠杆菌均有一定的抑制作用。

禽康灵（四川畜牧兽医学院学报）

【处方】苍术，苦参，常山，秦皮，大黄等。

【制法】60 ℃烘箱中烘干，粉碎，混匀。

【用法用量】在饲料中添加1.5 % ~4 %。

【功效】清热燥湿，健脾杀虫。

【用途】防病、促生长。

【方义简析】方中苍术燥湿、健脾、祛风、除湿；苦参清热、燥湿、杀虫；常山除痰、杀虫、消积、开胃；秦皮清热燥湿、平喘止咳；大黄攻积导滞泻火、凉血、行瘀通经；诸药合用共奏防病助长的作用。全方抑菌效果明显，其中苍术，苦参，秦皮，大黄均有抗菌作用。

肉鸡促长散（饲料工业）

【处方】神曲，干姜，茴香，陈皮。

【制法】混合粉碎。

【用法用量】在饲料中添加0.3 %。

【功效】温中健脾。

【用途】肉鸡促生长。

【方义简析】方中神曲、茴香、干姜等健脾暖胃、增进食欲，陈皮健脾理气化痰。在肉鸡日粮中添加1个月，饲料利用率提高4 % ~5 %。

促长散（黑龙江畜牧兽医）

【处方】麦芽，山药等。

【制法】按比例混合，粉碎成细末。

【用法用量】在饲料中添加2 %。

【功效】补脾养胃，增强食欲。

【用途】肉鸡促生长。

【方义简析】方中麦芽行气消食、健脾开胃，山药补脾养胃、生津益肺、补肾涩精。东彦新等（2004）用肉鸡进行饲养对比试验，结果表明，本方按2.0 %添加促生长效果最好，能明显提高肉鸡生长速度，降低料肉比，血清生长激素（GH）水平低于对照组，三碘甲腺原氨酸（T_3）和四碘甲腺原氨酸（T_4）水平高于对照组。甲状腺激素是畜禽生长所必需的，对DNA和蛋白质的合成具有重要作用，认为本方的促生长作用可能与提高T_3、T_4水平和降低GH水平有关。

禽乐康（北京农业大学兽医学院）

【处方】蜂花粉，麦饭石，杨树类脂等。

【制法】麦饭石粉碎，与蜂花粉、杨树类按一定比例混匀。

【用法用量】在饲料中添加0.15 % ~0.3 %，从7日龄起。

【功效】益气健脾，增重保健。

【用途】肉鸡增重保健。

【方义简析】蜂花粉对细胞免疫和体液免疫有明显增强作用，还可增强肠蠕动，使肠液分泌增加，并有抗菌作用。玉米等蜂花粉提取物对沙门氏菌、大肠杆菌、枯草杆菌、绿脓杆菌等有抑制作用。杨树类脂系杨树皮经过加工处理而得，含有不饱和脂肪酸、VE、磷脂、β - 胡萝卜素、生物活性物质等。

益禽灵（全国第三次、华北第八次中兽医学术讨论会论文摘要集）

【处方】蚕沙，大黄，黄柏，黄芪，甘草，山药，党参，大青叶，当归，麦芽，陈皮，乳香等。

【制法】共为细末，混匀。

【用法用量】在肉鸡饲料中添加1 %。

【功效】补气活血，增进代谢。

【用途】肉鸡增重防病。

【方义简析】方中蚕沙富含蛋白质、脂肪、糖、矿物质、维生素、叶绿素和未知促生长因子，大黄、黄柏、大青叶清热解毒；黄芪、甘草、山药、党参、当归、乳香补气活血，麦芽、陈皮健脾开胃，从而提高鸡的抗病力。此方对肉鸡有明显的促进生长、防治疾病和提高成活率等功效。

增重散（中国饲料）

【处方】白术，昆布，白芍，茯神，黄芪，神曲，麦冬，党参，五味子，钩藤，麦芽，山楂，黄精等。

【制法】各药干燥，称量，粉碎，过60目筛，加适量纯天然植物生长因子，混匀。

【用法用量】在基础日粮中添加1 % ~2 %。

【功效】补气养血，健脾消食。

【用途】肉鸡增重保健。

【方义简析】方中黄芪、党参、白术补气，白芍补血，五味子涩精，麦冬、黄精滋阴，茯神养心安神，神曲、麦芽、山楂消食，钩藤疏散风热，昆布消痰利水，共奏补气养血、健脾消食功效。按1 %和2 %的剂量饲喂AA肉鸡，增重分别提高4.04 %和6.79 %；成活率提高3.7 %和4.6 %，血凝抑制效价（III）提高了1.7，淋巴细胞比例及白细胞吞噬指数增加11.3 %和0.28 %。

保健助长散（中兽医医药杂志）

【处方】山药2 kg，神曲1.5 kg，苍术1.3 kg，陈皮1 kg，蒲公英1.2 kg，黄芩1.5 kg，黄柏1 kg，甘草0.5 kg。

【制法】粉碎，过40目筛，混匀。

【用法用量】在饲料中添加0.75 %。

【功效】补脾健胃，消导理气。

【用途】肉鸡防病、促生长。

【方义简析】根据中兽医学脾主运化、胃主受纳的理论，结合肉仔鸡生长快、营养要求高、消化代谢旺盛的生理特点，制定平补脾胃和消导理气为主，清热解毒、燥湿止泻、镇静和利尿为辅的组方原则。方中山药、苍术、神曲、陈皮等健脾和胃、消导理气、促进消化吸收及生长发育，黄芩、黄柏、蒲公英、甘草等清热解毒、燥湿止泻，抗菌消炎、抗病毒、降压、镇静，诸药配伍，脾胃得健，热毒得解，湿热得除，食消痰化，共奏保健助长之功效。

病毒克（河北畜牧兽医）

【处方】金银花，板蓝根，黄芪，元参，当归，苍术等。

【制法】粉碎，过筛。

【用法用量】在饲料中添加2 %，或按1 kg体重2 g加水捏团喂服。

【功效】清热解毒，凉血散瘀，养血滋阴，益气消食。

【用途】防治鸡新城疫、马立克氏病、减蛋综合症。

【方义简析】免疫学试验结果表明，本品对鸡的细胞免疫和体液免疫功能均有增强作用，既能提高鸡的γ-球蛋白含量及HI效价，又能提高淋巴细胞转化率和玫瑰花环形成率。对鸡的肝肾功能有一定的保护作用，添加30 d后，鸡血清谷草转氨酶、尿液尿素氮、尿酸水平均显著低于对照组，因此对于肝肾功能损害严重的某些病毒病更为适宜。杨玉成（1996）报道，5年中应用本药治疗鸡非典型新城疫病鸡140万只，治愈率91. 12 %；对人工感染新城疫病毒的病鸡治愈率为63. 16 %。

鸡解毒散（江苏省淮海中兽药厂）

【处方】雄黄，甘草，明矾等。

【制法】粉碎，混匀，过筛，分装。

【用法用量】在饲料中添加，成鸡2 g/d，小鸡酌减。

【功效】清热解毒。

【用途】防治瘟疫。

【方义简析】此方出自清代张宗法著《三农纪》曰："若鸡瘟，急有白矾、雄黄、甘草为末，拌食饲之"，认为雄黄可去其胃虫，使其力健。据记载，雄黄属于杀虫药，有一定的毒性，使用当注意。本方治疗禽霍乱等有一定疗效，胡瑞铭（1985）自拟雄明散（雄黄，明矾，甘草，腐殖酸钠），每只鸡2 g，连用3~5 d，防治霍乱病鸡16万只，疗效显著；贾琴堂（1986）用雄黄、明矾、甘草的上清液和混悬液对多杀性巴氏杆菌进行体外抑菌试验，抑菌效价在1：256，其效果与临床报道相吻合。

禽服灵散（广东省兽药暂行质量标准汇编）

【处方】黄柏，黄芩，知母，穿心莲，荆芥，银花藤，栀子，大黄，磺胺嘧啶等。

【制法】中药粉碎成粗粉，过筛，磺胺嘧啶研细，混匀。

【用法用量】在饲料中添加，成鸡、鸭2 g/次，中鸡1. 25 g/次，小鸡0. 5 g/次，鹅加倍，3次/d。

【功效】清热凉血，疏风解毒。

【用途】防治禽霍乱、鸡白痢、小鹅流感等病。

【方义简析】本方为中西复方制剂，中药清热、泻火、解毒，西药抗菌、消炎。

禽安灵散（江苏省徐州淮海中兽药厂）

【处方】藿香，大黄，乌梅，板蓝根，苍术，厚朴，黄连，黄芩，黄柏等。

【制法】粉碎成粗粉，过筛，混匀。

【用法用量】在饲料中添加，预防量0. 5 %~1 %，治疗量加倍，连用3~5 d。

【功效】清热解毒，化湿开胃。

【用途】防治鸡、鸭的霍乱、伤寒等症。

【方义简析】本方以黄连、黄芩、黄柏、板蓝根等清热燥湿解毒，藿香、苍术、厚朴化湿健脾，大黄、乌梅调理胃肠，故防治鸡、鸭泻痢有效。

禽菌散（中药防治家禽传染病学术讨论会材料）

【处方】苏合香，苍术，黄芩，黄柏，厚朴，桔梗，天花粉，甘草，板蓝根，大黄，陈皮，枳壳，白头翁，黄连，雄黄，艾叶。

【制法】粉碎，混匀。

【用法用量】在饲料中添加1 %～2 %，预防量减半，连用2～3 d。

【功效】清热解毒，理气化痰。

【用途】防治禽霍乱、禽呼吸道病。

【方义简析】方中黄芩、黄柏、天花粉、板蓝根、白头翁、黄连、雄黄、大黄等清热解毒，苏合香、苍术、厚朴、桔梗、甘草、陈皮、枳壳等理气化痰，故可用于热毒炽盛兼有咳喘痰多的禽霍乱和禽呼吸道病。

鸡安宁片（广西岑溪县兽药厂）

【处方】穿心莲，金果榄，龙胆草等。

【制法】粉碎，过筛，混匀，制片。

【用法用量】在饲料中添加，预防0.6 %，治疗1.2 %。

【功效】清热燥湿，解毒。

【用途】防治鸡白痢、鸡出败及其他消化道、呼吸道感染性疾病。

【方义简析】方中穿心莲、龙胆草能够抑制多种病原菌生长，龙胆草尚能增进食欲。金果榄能清热解毒，也有一定的抑菌作用。

强力喘咳宁（中兽医资料选编·第三辑）

【处方】板蓝根、荆芥、防风、射干、山豆根、苏叶、甘草、地榆炭、桔梗、炙杏仁、紫菀、川贝母、苍术等各适量。

【制法】炮制后粉碎，过20目筛，混匀。

【用法用量】在饲料中添加，每只鸡1 g/d。症状严重者，药粉用开水冲浸，药汁饮水，药渣拌料。

【功效】止咳平喘，解表化痰。

【用途】防治鸡咳喘症，包括传染性支气管炎、传染性喉气管炎、霉形体病等。

【方义简析】方中荆芥、防风、射干、山豆根、苏叶、板蓝根等发表清热以利咽喉，桔梗、杏仁、紫菀、川贝母等宣肺止咳，苍术健脾燥湿以祛痰，地榆炭凉血以减少呼吸道的出血，甘草调和。诸药相合，共奏止咳平喘，解表利咽功效。本方对传染性支气管炎、传染性喉气管炎和霉形体病等均有显著疗效，治疗13349只自然感染的产蛋鸡，一般5~7 d症状消退，摄食恢复正常，产蛋率回升，治愈率98 %以上。治疗5510只不同日龄的病雏，一般用药5~7 d病雏康复，治愈率97.4 %。对人工致病的雏鸡治愈率100 %，对照组治愈率66.6 %。

速效管支散（敦化市动物药制药厂）

【处方】麻黄，大青叶，石膏，杏仁，黄芩，桔梗等。

【制法】粉碎成粗粉，过筛，混匀。

【用法用量】在饲料中添加，预防按1 kg体重0.3 g，治疗量加倍，2次/d。

【功效】清肺解毒，化痰平喘，利咽喉。

【用途】防治鸡传染性支气管炎和传染性喉气管炎。

【方义简析】鸡传染性支气管炎和传染性喉气管炎是由病毒引起的传染病，目前尚无疗效满意的化学药物。感染后，痰涎阻塞气道，咳嗽气喘，呼吸痰鸣，治疗宜清肺化痰，止咳平喘。方中大青叶、黄芩、石膏等清热，麻黄、杏仁、桔梗等平喘。

鸡乐（中国医学科学院药用植物资源开发研究所）

【处方】金荞麦浸膏。

【制法】专利工艺生产。

【用法用量】在饲料中添加，预防量0.1 %，治疗量0.2 %，重症日服0.2 g，连用5~7 d。

【功效】清热解毒，活血祛瘀，清肺排脓。

【用途】防治鸡葡萄球菌病，呼吸道感染（霉形体病）及菌痢等疾病。

【方义简析】本品的主要有效成分双聚原矢车菊甙元，有抗菌消炎、解热、抑制血小板凝集和增强巨噬细胞吞噬功能等作用。预防鸡葡萄球菌病和白痢的保护率分别为96.12 %和94.38 %，综合预防保护率为93.18 %；治疗鸡葡萄球菌、白痢及霉形体病的有效率分别为82.84 %、86.54 %和85.77 %。

复方四黄消炎止痢水（广东省兽药质量标准汇编）

【处方】大黄，白头翁，穿心莲，大青叶，金银花，三丫苦，辣蓼，黄芩，黄连，黄柏，龙胆草，肉桂，冰片等。

【制法】除冰片外，其余中药粉碎成粗粉，按照酊剂项下的浸渍法，用65 %的乙醇浸渍7 d，收集浸出液，搅匀，静置，滤过，溶入冰片，分装。

【用法用量】在饲料或饮水中添加，按1 kg体重0.3~0.5 ml（混饮时用温开水1：5稀释），3次/d。

【功效】清热解毒，健胃驱风。

【用途】防治呼吸道感染，湿热泻痢。

【方义简析】方中金银花、黄芩等可抑制多种呼吸道病毒，大青叶对流感病毒、乙脑病毒、传染性肝炎等病毒均有抑制作用，白头翁、穿心莲、黄连等有抑制肠道病原微生物的作用。

雄连散（山东省诸城市兽用中药试验厂）

【处方】黄芪，黄连，金银花，大青叶，雄黄等。

【制法】粉碎成粗粉，过筛，混匀。

【用法用量】在饲料中添加，预防按1 kg体重0.5～1.0 g，治疗量加倍。

【功效】清热解毒，提高抗病力。

【用途】防治鸡泻痢症如大肠杆菌病、葡萄球菌病、鸡霍乱、鸡伤寒、鸡白痢。

【方义简析】方中清热解毒药物居多，增进食欲药不足，酌加芳香醒脾消食之类中药效果更好。

泻痢灵（中兽医学杂志）

【处方】白头翁，黄柏，黄芩，秦皮，葛根，甘草，穿心莲，苍术，神曲等。

【制法】混合，粉碎，过40～80目筛，分装。

【用法用量】在饲料中添加，按1 kg体重0.5 g，1次/d，连用3～7 d。

【功效】清热燥湿。

【用途】防治鸡白痢、禽伤寒、禽大肠杆菌病等。

【方义简析】本方为白头翁散和葛根芩连散并适当加减而成。体内、体外抑菌试验证明，白头翁汤对痢疾杆菌；葛根芩连汤对金黄色葡萄球菌、肺炎双球菌和痢疾杆菌均有一定的作用。该方对沙门氏菌、大肠杆菌有较好的抑菌作用，用于7790只患鸡总有效率98 %左右。

菌痢清（中兽医学杂志）

【处方】穿心莲，白头翁，黄芩，蒲公英，黄芪，白芍，秦皮，马齿苋，当归，甘草等。

【制法】粉碎，过筛，混匀。

【用法用量】在饲料中添加，0.1～0.2 g/d。

【功效】清热解毒，燥湿止痢。

【用途】防治鸡沙门氏杆菌病和大肠杆菌病。

【方义简析】鸡白痢系热毒血痢，方中穿心莲、黄芩、白头翁、蒲公英清热解毒、燥湿止痢，共为主药；黄芪、白芍、当归补气养血，增强机体免疫力，为辅药；秦皮、马齿苋燥湿收涩，止泻为佐药；甘草调和诸药为使。诸药相配，标本兼治。

开窍散（中兽医医药杂志）

【处方】白芷、防风、益母草、乌梅、猪苓、诃子、泽泻各100 g，辛荑、桔梗、黄芩、半夏、生姜、葶苈子、甘草各80 g。

【制法】粉碎，过筛。

【用法用量】在饲料中添加，每羽4 g/d，连用9 d。

【功效】解表化痰，通鼻开窍。

【用途】防治鸡传染性鼻炎。

【方义简析】鸡传染性鼻炎按照中兽医辩证属于咳喘症。治疗宜清热宣肺、利咽止咳。黄芩、白芷、防风、辛荑、桔梗、半夏、生姜、葶苈子清热宣肺、化痰利咽，益母草、猪苓、泽泻利水以祛湿，乌梅、诃子收涩肺气以利咽喉，甘草调和，诸药共奏清热宣肺、利咽止咳之功效。

克喘通（广东畜牧兽医科技）

【处方】黄芪，麻黄，桔梗，薄荷，氯化铵等。

【制法】按一定比例，粉碎，过筛，混匀。

【用法用量】在饲料中添加1 % ~1.6 %。

【功效】祛痰，镇咳，平喘。

【用途】防治鸡传染性喉气管炎。

【方义简析】方中黄芪抗菌消炎，能增强机体的非特异性免疫功能；麻黄辛温解表，平喘利尿，松弛支气管平滑肌，抗病毒；桔梗祛痰、止咳，促进呼吸道腺体的分泌；薄荷清热消炎，利咽喉、透疹毒；氯化铵祛痰，促进支气管腺体分泌，使痰液变稀，易于咳出。诸药配伍，标本兼治。本方防治人工诱发鸡传染性喉气管炎，不同用药剂量组的痊愈率分别是36.7 %、50.0 %及56.7 %，死亡率3.3 %；而感染对照组痊愈率为16.7 %，死亡率6.7 %。以添加0.8 %和1.6 %的增重效果显著。

银蓝散（中兽医资料选编·第三辑）

【处方】金银花100 g，板蓝根100 g，连翘50 g，蒲公英45 g，地丁45 g，桔梗30 g，射干30 g，生甘草20 g。

【制法】共研细末，或水煎取汁。

【用法用量】散剂在饲料中添加，成鸡4 ~5 g/次，中雏减半，1次/d，连用1 ~3 d。或煎汁拌入饲料或饮水，病重鸡灌服10 ml。

【功效】清热解毒，宣肺利咽。

【用途】防治鸡传染性喉气管炎。

【方义简析】本方金银花、板蓝根清热解毒为主药，辅以连翘、蒲公英、地丁，增强清热解毒之功，桔便、射干清利咽喉，生甘草调和、解毒。王振英（1992）用本方共治疗传染性喉气管炎病鸡15157只，治愈14959只，治愈率98.7 %，其中用药1日治愈9512只，用药3日治愈4100只。该方用于未病鸡只，有良好的预防作用。

加味麻杏石甘汤（中兽医学杂志）

【处方】麻黄300 g，大青叶300 g，石膏250 g，制半夏200 g，连翘200 g，黄连200 g，金银花200 g，蒲公英150 g，黄芩150 g，杏仁150 g，麦冬150 g，桑白皮150

g，菊花 100 g，桔梗 100 g，甘草 50 g。

【制法】水煎取汁，或制成粗粉。

【用法用量】在饲料中添加，每5000 只雏鸡每天用1 剂，连用3 ~5 d。药粉可按每只鸡0.5 ~0.6 g/d。

【功效】清热化痰，止咳平喘。

【用途】防治鸡传染性支气管炎。

【方义简析】本方名为加味麻杏石甘汤，增加了清热解毒、润肺止咳药，因此功效更强。

强力咳喘灵（山东家禽）

【处方】金银花，连翘，贯众，川贝母，制半夏，桔梗，炒杏仁，紫菀，冬花，苏叶，茯苓，细辛，罂粟壳，甘草。

【制法】制成口服液。

【用法用量】在饮水中添加，每只鸡1 ~2ml/d。

【功效】清热解毒。

【用途】防治鸡传染性支气管炎。

【方义简析】方中重用贯众，既清热解毒，又透邪热，对病毒性支气管炎等病毒性传染病有较强的作用，为君药。金银花、连翘既有辛凉透邪热之功效，又具有芳香辟邪解毒之功，为臣药。紫菀、冬花止咳化痰，并能降气平喘，治咳嗽不分久新，皆可取效；制半夏化痰散结、降逆止呕、燥湿；茯苓健脾渗温，助半夏以化痰；杏仁止咳平喘、宣肺止咳；川贝母清热润肺、止咳化痰；苏叶芳香行气、润肺舒肝；罂粟壳敛肺止咳，与细辛相伍，共为佐药；甘草渗湿、健脾和中，又调和诸药为使药。用本方对鸡传染性支气管炎，预防保护率90 %以上。

禽瘟毒灵（四川家禽）

【处方】杏仁，紫苏，紫菀，板蓝根，射干，薄荷，冰片，硼砂，黄芪，白术，防风等。

【制法】分别提取，按一定比例配成口服液，每毫升含生药1 g。

【用法用量】添加入饮水中，每只鸡1ml。

【功效】宣肺止咳，化痰平喘，清热解毒。

【用途】防治鸡传染性支气管炎。

【方义简析】方中杏仁、紫菀、薄荷、防风、紫苏宣肺止咳、发散表邪，板蓝根、射干清热解毒、利咽，冰片、硼砂消肿止痛，黄芪、白术扶正祛邪。诸药合用，相辅相成，标本兼治，迅速消除咳嗽、气喘、呼吸困难等症状。本方对鸡传染性支气管炎的预防保护率97.5 %，治愈率77.5 %。

镇咳散（全国第三次、华北第八次中兽医学术讨论会论文摘要集）

【处方】百部、双花、连翘、板蓝根、知母、山栀子、黄芩、杏仁、甘草各等份。

【制法】炮制后制成粉末，混匀。

【用法用量】在饲料中添加1 %，连喂3 d。

【功效】清热解毒，止咳平喘。

【用途】防治鸡传染性支气管炎。

【方义简析】本方组方基本上为2 大类：双花、连翘、板蓝根、知母、山栀子、黄芩等清肺热，杏仁、甘草、百部止咳，甘草又和解诸药。用本方治疗传染性支气管炎，病鸡有效率在80 %以上。

肾肿康（中兽医医药杂志）

【处方】苦参，黄芩，黄连，黄柏，知母，桔梗，茯苓，猪苓，甘草等。

【制法】粉碎成粗粉，过筛，混匀。

【用法用量】在饲料中添加0.1% ~0.2 %，连用5 ~7 d。

【功效】清热利湿，健脾益肾，滋阴通便。

【用途】防治肾型传染性支气管炎。

【方义简析】本方有泻肾火、清肺热的作用。方中苦参、黄芩、黄连、黄柏、知母、桔梗清热润肺、偏泻肺热，茯苓、猪苓、知母、黄柏偏泻肾火。经3 万余只的临床应用，对传染性支气管炎病毒（IBV）感染的预防有效率为89.65 %。

百咳宁（中兽医医药杂志）

【处方】柴胡、荆芥、半夏、茯苓、甘草、贝母、桔梗、杏仁、玄参、赤芍、厚朴、陈皮各30 g，细辛6 g。

【制法】制成粗粉，过筛，混匀。

【用法用量】在饲料中添加，按1 kg 体重1 g/d。或加沸水焖半小时，上清液加入饮水，药渣拌料。

【功效】止咳平喘，燥湿化痰。

【用途】防治鸡呼吸道传染病，包括鸡慢性呼吸道病、鸡传染性喉气管炎、鸡传染性支气管炎等。

【方义简析】该方在使用时，饮用比粉剂拌料效果快。对病毒引起的呼吸道疾病，可减荆芥、柴胡，加夏枯草、贯众、白花蛇舌草、金银花、连翘、黄芩各30 g，以增强清热解毒、抗病毒的药力。王连福等（1992）用此方治疗呼吸道疾病患鸡，通过90 个养鸡场的5 万余只病鸡跟踪调查，治愈率92 %以上。

咳喘灵（中兽医医药杂志）

【处方】石决明50 g，草决明50 g，大黄40 g，黄芩40 g，栀子35 g，郁金35 g，鱼腥草100 g，苏叶60 g，紫菀80 g，黄药子45 g，白药子45 g，陈皮40 g，苦参40 g，

龙胆草 30 g，苍术 50 g，三仙各 30，甘草 40 g，桔梗 50 g。

【制法】粉碎，过筛，混匀。

【用法用量】在饲料中添加，按每只鸡 2.5 ~ 3.5 g/d 拌入 1/3 全日饲料中，吃尽后再添加剩余饲料，连用 3 d。

【功效】清热解毒，止咳平喘。

【用途】防治鸡慢性呼吸道病。

【方义简析】方中黄芩、栀子、郁金、鱼腥草、黄药子、白药子、苦参等清泻肺热，苏叶、桔梗、紫菀、陈皮等止咳化痰，龙胆草、石决明、草决明清泻肝火，大黄、苍术、三仙调理胃肠，增进食欲，甘草调和。据报道，用禽喘灵（0.3 %拌料）、泰乐菌素（0.1 %拌料）、链霉素（每只鸡每天 7 万单位饮水中）、土霉素（0.2 %拌料）、红霉素（0.025 %拌料）、支原净（0.05 %拌料）治疗蛋鸡慢性呼吸道病，停药后病又复发，效果不理想；用本方治疗病鸡 46467 只，用药 3 ~ 5 d 后，临床症状基本消失，摄食量增加，8 ~ 10 d 后产蛋率开始回升。

946 中药添加剂（辽宁畜牧兽医）

【处方】大青叶，陈皮，山豆根，黄柏，黄连，花椒等。

【制法】按一定比例混合粉碎，混匀。

【用法用量】添加入饲料中喂服（用量按说明书）。

【功效】清热燥湿，泻火解毒，化痰利咽。

【用途】防治鸡上呼吸道感染。

【方义简析】方中大青叶、黄柏、黄连等清热燥湿、泻火解毒，山豆根解毒消肿、清利咽喉，陈皮理气化痰，花椒散寒除湿、降逆止咳。

克呼散（鸡病中药防治）

【处方】麻黄，杏仁，石膏，桔梗，黄芩，连翘，金银花，金荞麦根，牛蒡子，穿心莲，甘草。

【制法】研粉末，混匀。

【用法用量】在饲料中添加，0.5 ~ 1 g/次。预防，每隔 5 天 1 次，共 5 ~ 8 次；治疗，连续 5 d。

【功效】清热解毒，化痰止咳。

【用途】防治鸡败血支原体病。

【方义简析】鸡败血支原体病是一种慢性呼吸道病，主要特征是流鼻液、咳嗽、眼内有泡性分泌物、眼睑肿胀。治疗宜清热解毒，止咳祛痰。方中金荞麦能提高巨噬细胞吞噬机能，对鸡败血性支原体有较好的抑制效果，抑菌浓度为 1∶ 64。麻黄、杏仁、石膏、甘草宣肺平喘，金银花、黄芩、连翘、穿心莲、鱼腥草、牛蒡子等清热解毒、利咽，以增强其疗效。

速效管囊散（敦化市动物药制药厂）

【处方】大青叶，知母，茅根，甘草等。

【制法】粉碎成粗粉，过筛，混匀。

【用法用量】在饲料中添加，预防按 1 kg 体重 0.3 g，治疗量加倍，2 次/d。

【功效】清热解毒，化瘀消肿，扶正祛邪。

【用途】防治鸡传染性法氏囊病。

【方义简析】服药后供给充足的饮水。本方中以大青叶为主药，清热解毒。现代药理研究表明，大青叶对流感病毒、乙脑病毒、传染性肝炎病毒等均有抑制作用。

攻毒汤（中兽医医药杂志）

【处方】党参 30 g，黄芪 30 g，蒲公英 40 g，金银花 30 g，板蓝根 30 g，大青叶 30 g，甘草（去皮）10 g，蟾蜍 1 只（100 g 以上）。

【制法】先将蟾蜍置于沙罐中，加水 1.5 kg，煎数沸后，加入其他 7 味药，文火继续煎数沸，放冷取汁。

【用法用量】在饲料中或饮水中添加，每 100 只中雏每天用 1 剂，分 3 次。

【功效】清热解毒，扶正祛邪。

【用途】防治鸡传染性法氏囊病。

【方义简析】治疗法氏囊病的方剂很多，应该根据病情阶段的不同采用不同的组方原则，从而选方用药。本方以党参、黄芪扶助正气，提高机体免疫机能，蒲公英、金银花、板蓝根、大青叶、甘草、蟾蜍清热解毒，抗病毒以祛邪，适合于发病早、中期。张厚荣（1992）试用攻毒汤对接种传染性法氏囊病（IBD）疫苗和肌肉注射 IBD 血清等措施进行紧急防治无效的 IBD 病鸡，治疗效果颇为满意。

抗囊病散（中兽医医药杂志）

【处方】红花，黄芪，绞股蓝，何首乌，大青叶，建曲，甘草等。

【制法】粉碎，过 20 目筛，混匀。

【用法用量】在饲料中添加 1 %。

【功效】健脾扶正，活血解毒。

【用途】防治鸡传染性法氏囊病。

【方义简析】本方以扶正为主。黄芪、绞股兰、何首乌补益强壮，提高免疫力。红花活血化瘀以治症状，大青叶清热解毒治病因，建曲开胃增进食欲。

板囊煎（中兽医医药杂志）

【处方】板蓝板 50 g，紫草 50 g，茜草 50 g，绿豆 500 g，甘草 50 g。

【制法】水煎取汁。

【用法用量】料中添加，或一煎液拌料，二煎饮水，对重病鸡灌服，连用 3 d。

【功效】清热解毒。

【用途】防治鸡传染性法氏囊炎。

【方义简析】方中板蓝根、绿豆、甘草清热解毒，紫草、茜草凉血散瘀，缓解症状。用此方治疗鸡传染性法氏囊病 9 群 8664 只，除无效残废 32 只外，其余全部治愈，治愈率达 97. 32 %。

防治法氏囊病方（中兽医资料选编 · 第三辑）

【处方】金银花 100 g，连翘 50 g，地丁 30 g，艾叶 40 g，茵陈 50 g，雄黄 20 g，黄连 20 g，黄柏 30 g，黄芩 30 g，黄药子 20 g，白药子 20 g，党参 50 g，甘草 30 g，茯苓 20 g。

【制法】共研粉末，混匀。

【用法用量】在饲料中添加 6 %～8 %，病重不能采食者可水煎取汁灌服，每只鸡 5～10 ml。

【功效】清热解毒，利湿保肝。

【用途】防治鸡传染性法氏囊病。

【方义简析】本方以金银花、连翘、地丁、雄黄、黄连、黄柏、黄芩、黄药子、白药子清热解毒为主，辅以艾叶、茵陈、党参、甘草、茯苓等扶助肝脾。郭润民（1992）用此方治疗鸡传染性法氏囊病鸡 2882 只，治愈 2774 只，治愈率 94 %，一般用药后 2～3 d 病鸡摄食、饮水恢复，停止死亡，渐而痊愈。

禽毒灵（疫病防治）

【处方】黄芪，蒲公英，大青叶，板蓝根，金银花等。

【制法】按一定比例混合，粉碎，塑料袋分装成 185 g/袋。

【用法用量】在饲料中添加，预防按 60 只大鸡或 120 只小鸡每天用 1 袋，即每天每只大鸡 3 g、小鸡 1. 5 g，每半个月喂 1 次；治疗量加倍，重病鸡可用开水浸泡冲服。

【功效】清热解毒，健脾开胃。

【用途】防治鸡传染性法氏囊病。

【方义简析】方中黄芪扶正固本、益气补虚；蒲公英、大青叶清热，具有广谱抗菌作用；板蓝根有抗病毒作用；金银花清热解毒，抑菌作用较强、抗菌谱较广。对鸡传染性法氏囊病的效果显著，对鸡传染性支气管炎、传染性喉气管炎、鸭肝炎、细菌性下痢等都有一定疗效。

禽瘟灵（中兽医医药杂志）

【处方】地榆，黄连，穿心莲，蟾蜍，雄黄，仙人掌等。

【制法】按一定比例混合，粉碎成细末。

【用法用量】在饲料中添加，每只鸡 1 g/d。

【功效】清热解毒，扶正祛邪。

【用途】防治鸡新城疫或传染性法氏囊病。

【方义简析】方中黄连含小檗碱，可加强白细胞的吞噬能力，对新城疫病毒有一定抑制作用；穿心莲含穿心莲内酯，能增强白细胞吞噬能力，含黄酮类有抗新城疫病毒作用；蟾蜍和雄黄配伍，有升高白细胞和抗炎作用；地榆含鞣质，有止血作用；仙人掌与绿豆配伍，凉血解毒，解热镇痛。张先福等（2001）取未免疫接种的2月龄鸡分为3组，试验组用禽瘟灵饲喂10 d，对照组不喂药，然后感染组以NDV强毒人工感染，将3组鸡同室饲养，造成新城疫自然流行的小环境。结果感染组鸡于感染后4～5 d全部死亡，对照组92 %死亡，试验组25 d后仍有96 %健活，55 %的鸡HI抗体效价达1∶ 8。

瘟毒杀（中兽医医药杂志）

【处方】方1由黄芪、党参、白术、板蓝根、黄连、黄芩等组成；方2由板蓝根、黄连、蒲公英、双花等组成。

【制法】粉碎，混匀。

【用法用量】在饲料中添加1.5 %（预防）～2 %（治疗）。

【功效】益气健脾，清热解毒。

【用途】防治鸡传染性法氏囊病。

【方义简析】黄芪、党参、白术等可以提高血清抗体水平、T细胞百分值及白细胞吞噬机能等，降低感染传染性法氏囊病（IBD）鸡血浆糖皮质激素的浓度，缓解由此引起的免疫抑制。朱连勤等（2002）用20日龄血清传染性法氏囊病病毒（IBDV）抗体阴性的健康罗曼蛋鸡公雏，在攻毒前或出现症状后分别添加低剂量、高剂量的方1、方2。结果方1、方2的低剂量、高剂量保护率分别达到95 %、100 %和95 %、95 %，与IBDV卵黄抗体的治疗效果相仿。方1在日粮中添加1.5 %对人工感染IBD保护率100 %，优于方2；添加2 %对人工感染IBD治愈率95 %，与IBDV卵黄抗体一致。

穿甘散（中兽医医药杂志）

【处方】穿心莲，甘草，吴茱萸，苦参，白芷，板蓝根，大黄。

【制法】研成细末，混匀。

【用法用量】在饲料中添加0.75 %，连喂3～5 d。

【功效】清热解毒，保肝。

【用途】防治鸡传染性法氏囊病。

【方义简析】方中穿心莲、苦参、板蓝根、大黄等清热解毒，吴茱萸温中保肝，白芷发散表邪，使病邪由表而解，甘草调和。

囊病宁（全国中药防治家禽传染病学术讨论会材料）

【处方】黄芪，党参，金银花，冰片等。

【制法】各药适量，粉碎，混匀。

【用法用量】在饲料中添加1 %～2 %。预防，3～6周龄易感期每隔7～10 d或转群、断喙时连用2～3 d。治疗，每天按1 kg体重2 g，病鸡不能摄食者用开水冲调成

10 %的浓度，加5 %的葡萄糖，每次喂服4 ~ 6ml，2 ~ 3 次/d，连用3 ~ 4 d。

【功效】补气固本，清热解毒。

【用途】防治鸡传染性法氏囊病。

【方义简析】方中党参、黄芪健脾补气以固本，金银花、冰片清热解毒以治标，二者配合，标本兼顾。

鸡痘方（兽医经验汇编）

【处方】黄芪60 g，党参60 g，肉桂20 g，槟榔60 g，贯众60 g，何首乌60 g，山楂60 g。

【制法】粉碎，过筛，或水煎取汁。

【用法用量】药粉在饲料中添加1 %，或药汁作饮水用于100 只鸡，3 次/d。重症灌服5 ~ 10 ml。

【功效】消食健脾，排毒外出。

【用途】防治鸡痘。

【方义简析】本方以黄芪、党参、何首乌、肉桂温补强壮，正气足而驱邪外出，槟榔、贯众、山楂发挥行散作用。

鸡痘灵（中兽医医药杂志）

【处方】金银花20 g，连翘20 g，板蓝根20 g，赤芍20 g，蝉蜕10 g，甘草10 g，葛根20 g，竹叶10 g，桔梗10 g。

【制法】水煎取汁。

【用法用量】在饲料中添加或饮服，用于100 只鸡，连用3 d。

【功效】清热解毒，疏风解表。

【用途】防治皮肤与粘膜混合型鸡痘。

【方义简析】方中金银花、连翘、板蓝根清热解毒，赤芍、蝉蜕、葛根、竹叶、桔梗等发散表邪，甘草调和。刘文亮（1984）报道，散户饲养5 月龄星杂288 品种鸡115 只发生混合型鸡痘，用西药治疗1 周后，病鸡共35 只，死亡3 只；用上方治疗3 d后，同群鸡没有出现新病鸡，其他病鸡也逐渐康复，仅1 只眶下窦肿胀严重，造成失明。

鸡痘灵（中兽医学杂志）

【处方】栀子100 g，丹皮50 g，黄芩50 g，金银花80 g，黄柏80 g，板蓝根80 g，山豆根50 g，苦参50 g，白芷50 g，皂角刺50 g，防风50 g，甘草100 g。

【制法】水煎取汁。

【用法用量】在饲料中添加，按每只0.5 ~ 2.0 g/d生药计。

【功效】疏散风热，透疹解毒。

【用途】防治皮肤型鸡痘。

【方义简析】栀子、黄芩、金银花、黄柏、板蓝根、山豆根、苦参等清热解毒以祛邪，白芷、丹皮、皂角刺、防风等行散透疹，甘草调和。黄益新（1987）报道，某鸡场鸡发病，5 d 后用上方治疗，每只每天喂服 2 g，3 周后痊愈。

鸡痘灵（中兽医学杂志）

【处方】板蓝根 75 g，麦冬 50 g，生地 50 g，丹皮 50 g，连翘 50 g，莱菔子 50 g，知母 25 g，甘草 15 g。

【制法】水煎制成 1000 ml。

【用法用量】在饲料中添加或灌服，用于 500 只鸡。

【功效】滋阴清热，凉血解毒，利咽喉。

【用途】防治粘膜型鸡痘。

【方义简析】方中板蓝根、连翘、知母清热，麦冬、生地、丹皮滋阴养血，莱菔子降气治鸡痘之咳喘，甘草调和药性，又能润肺止咳。用本方治疗鸡痘收到良好效果。

鸡痢灵（北京市中兽药厂）

【处方】雄黄，白头翁，诃子，马齿苋，马尾连，黄柏，藿香，滑石等。

【制法】粉碎，过筛，混匀。

【用法用量】在饲料中添加，预防量 1 %，治疗量加倍，连用 1 周。

【功效】清热解毒，燥湿止痢。

【用途】防治鸡白痢及其他泻痢。

【方义简析】方中白头翁、雄黄、马齿苋、马尾连、黄柏等清热解毒止痢，诃子、滑石调理胃肠。体外抑菌试验表明，马齿苋、马尾连等对鸡白痢沙门氏杆菌为高度敏感药物；黄柏、白头翁为中度敏感药物，雄黄对于多种细菌有杀菌作用。用本方防治雏鸡白痢，预防保护率 99 %，治愈率 98 %。

二白茯苓散（全国第三次、华北第八次中兽医学术研讨会论文摘要集）

【处方】白头翁、白术、茯苓各等份。

【制法】共研细末。

【用法用量】在饲料中添加，幼雏 0.1～0.3 g/d、中雏 0.3～0.5 g/d，连喂 10 d。

【功效】健脾利湿，止痢。

【用途】防治鸡白痢。

【方义简析】本方中白头翁清热解毒，凉血止痢，白术、茯苓健脾利水止泻。李小红（1989）用该方预防 1506 只，治疗白痢病雏 82 只，均收到满意效果。

三白散（中兽医医药杂志）

【处方】白术 15 g，白芍 10 g，白头翁 5 g。

【制法】研细，过筛。

【用法用量】在饲料中添加，每只鸡 0.2 g/d，连用 7 d。

【功效】健脾养血，清热止痢。

【用途】防治鸡白痢。

【方义简析】本方能健脾养血，清热止痢。方中白术补气健脾，白芍养血活血，白头翁凉血止痢。从现代中药药理研究看，白术有增强机体免疫功能的作用，白芍对肠道平滑肌有解痉作用，同时可抑制痢疾杆菌等多种肠道病原菌；白头翁对金黄色葡萄球菌、绿脓杆菌、痢疾杆菌、沙门氏菌等有抑制作用，所含皂甙能够抗阿米巴原虫。郭洪峰（1990）用此方饲喂雏鸡 7 d，增重率、雏鸡存活率显著提高。

白痢宁（东北农业大学学报）

【处方】白头翁，苦参，丁香，黄芪等。

【制法】粉碎，过筛，混匀。或加水浸泡 12 h，煎煮 3 次，合并滤液浓缩至每 1 ml 含生药 1 g，高压灭菌，制成口服液。

【用法用量】散剂在饲料中添加 1 %，口服液在饮水中添加 0. 5 %。

【功效】健脾燥湿、清热解毒、涩肠止痢。

【用途】防治鸡白痢。

【方义简析】方中大多数药物对雏鸡白痢沙门氏菌有很好的抑制作用。张秀英等（2001）报道，本方散剂和口服液对人工感染雏鸡白痢的预防保护率分别为 93. 30 % 和 97. 70 %，治愈率分别为 91. 30 % 和 90. 90 %，效果与氟哌酸相当，优于痢特灵。2 种剂型均适合集约化鸡场群养群防和生产绿色食品的要求。

止痢散（中兽医医药杂志）

【处方】黄连、黄芩、苦参、金银花、白头翁、秦皮各等份。

【制法】共研细末，混匀。

【用法用量】在饲料中添加，每只鸡 0. 3 g/d。

【功效】清热解毒，燥湿止痢。

【用途】防治鸡白痢。

【方义简析】方中黄连、黄芩、苦参、白头翁、秦皮等清热燥湿，凉血止痢；金银花清热解毒，以增强方剂的功效。刘廷玉（1992）用上方做预防试验，中药组保护率为 100 %，敌菌净组 85 %，痢特灵组 50 %；治疗人工诱病的雏鸡（每只雏鸡接种 1 亿个细菌），治愈率 93. 18 %，防治效果优于抗生素。取上方煎液做体外抑菌试验，鸡白痢沙门菌高度敏感，24 h 抑菌圈直径为 33. 5 mm。

公甘散（中兽医资料选编·第三辑）

【处方】蒲公英 10 份，甘草 3 份。

【制法】粉碎，混匀。

【用法用量】在饲料中添加 2 %，出雏后连喂 3 周。

【功效】清热解毒。

【用途】防治鸡白痢。

【方义简析】本方组方精练，蒲公英清热解毒，甘草和中。用本方饲喂雏鸡至21日龄，成活率比对照组提高4.0 %~4.2 %，对支原体病也有较好的疗效，尤其适用于对痢特灵、土霉素产生耐药性的鸡群。试验观察，鸡白痢发病鸡群产蛋率由75 %降到30 %，经用药3 d观察，鸡群症状减轻，饮食欲增加；至第6 d，则基本控制了病情，产蛋量开始回升，至第15 d产蛋率回升到60 %。

白头翁散（中药饲料添加剂学术讨论会论文选编）

【处方】白头翁，苦参，龙胆草等。

【制法】粉碎，混匀。

【用法用量】在饲料中添加3 %或5 %，从出雏第2天开始。

【功效】清热燥湿，止痢。

【用途】防治鸡白痢。

【方义简析】方中白头翁清热解毒，凉血止痢，为治疗热毒血痢之主药；苦参、龙胆草燥湿解毒，为辅药。现代研究表明，上述3药对于痢疾杆菌、沙门氏菌、大肠杆菌等有不同程度的抑制作用。张占恒等（1992）用于自然发病的预防，白头翁散组雏鸡成活率96 %，痢特灵组96.7 %，2种药效果相当。人工发病试验（每只鸡接种病原菌1.647亿），白头翁散（第1周加2 %，第2周加5 %）保护率为100 %，痢特灵（按2%添加）保护率为90.6 %。

白头翁止痢散（中药饲料添加剂学术讨论会论文选编）

【处方】白头翁、蒲公英、葛根、乌梅各为40 g，黄芩、金银花、黄柏、甘草各为30 g。

【制法】将各药粉碎混匀。

【用法用量】在饲料中添加1.5 %。

【功效】清热解毒，燥湿止痢。

【用途】防治鸡白痢。

【方义简析】方中白头翁、蒲公英、黄芩、金银花、黄柏等清热解毒、止痢，葛根升阳止泻，乌梅涩肠止泻，甘草调和药性。本方防治白痢的效果优于土霉素。

加味四君子散（中药饲料添加剂学术讨论会论文选编）

【处方】党参，茯苓，白术，甘草，知母，神曲，淫羊藿，白头翁，麦芽等。

【制法】粉碎混匀，过20目筛。

【用法用量】在饲料中添加0.8 %~1.0 %。

【功效】补气健脾，燥湿止痢。

【用途】防治鸡白痢。

【方义简析】本方以滋补强壮，提高正气为主，通过补气健脾以止痢。本方对雏鸡有保护作用。

三黄白（中国畜禽传染病）

【处方】三颗针，黄芩，白头翁等。

【制法】共研粉末，混匀。

【用法用量】在饲料中添加0.1 %。

【功效】清热燥湿。

【用途】防治鸡白痢。

【方义简析】方中三颗针含小檗碱，对痢疾杆菌等多种杆菌及球菌有抑制作用；黄芩含黄芩甙、黄芩素，白头翁含原白头翁素，对痢疾杆菌、绿脓杆菌、金色葡萄球菌有抑制作用。本方对鸡传染性法氏囊病的治愈率达95 %，优于氯霉素和呋喃唑酮。

雏鸡宝（全国第三次、华北第八次中兽医学术讨论会论文摘要集）

【处方】马齿苋，淫羊藿，白术等。

【制法】粉碎，过20目筛，混匀。

【用法用量】在饲料中添加0.6 % ~1.0 %，从出雏第1天起，连喂10 d。

【功效】健脾补肾，燥湿止痢。

【用途】防治鸡白痢。

【方义简析】方中马齿苋清热燥湿止痢，为主药；白术健脾以燥湿，淫羊藿滋补强壮，增强病鸡抗病力。陆钢等（1989）从出雏第1天起分别用本方按0.6 %、0.8 %、1.0 %拌料连续饲喂10 d，西药组用痢特灵（0.4 %）、氯霉素（0.2 %）拌料，对照组不给药，结果中药组保护率91.95 %西药组保护率89.27 %。按1 %拌料饲喂16日龄的京白 II、京白 III 系雏40只，用沙门氏菌（含菌量90万，每天1次，连续8 d）攻毒前、后各喂药10 d，结果发现中药组比对照组雏鸡增重明显，免疫器官发育良好，脾重增加，清蛋白增加，同时，清蛋白/球蛋白比例增高，提示有促生长和提高免疫功能的功效。

加味白头翁散（全国第三次、华北第八次中兽医学术讨论会论文摘要集）

【处方】白头翁50 g，黄柏20 g，黄连10 g，秦皮20 g，乌梅15 g，大青叶208，白芍20 g。

【制法】共研细末，混匀备用。

【用法用量】在饲料中添加，前3天1.5 g/d，后4天1 g/d，连续用药7 d。病重不能摄食者，可人工投喂。

【功效】清热解毒，燥湿止痢。

【用途】防治鸡伤寒。

【方义简析】本方以白头翁汤为主方，加乌梅、大青叶、白芍等3味药，增强了止痢、解毒、养阴功效。崔海山（1989）试用此方治疗伤寒病鸡185只，治愈165只。

禽霍康（中国兽药杂志）

【处方】黄连，黄柏，黄芩，栀子，白头翁，地榆等。

【制法】加水浸泡24 h后煮沸1.5 h，过滤，滤渣再加水重复提取2次（分别煮沸1 h、0.5 h），合并滤液，浓缩，0±2 ℃放置24 h，离心去沉淀，加防腐剂适量，加注射用水至每1 ml含生药1 g，搅匀，分装，灭菌。

【用法用量】在饲料中或饮水中添加，0.4 ml/次，2次/d，连用5/d。

【功效】清热解毒。

【用途】防治禽霍乱。

【方义简析】方中黄连、黄柏、黄芩、栀子、白头翁等清热解毒，地榆凉血散瘀。本方对人工感染发病鸡的鸡霍乱具有良好的疗效。

银黄散（中兽医医药杂志）

【处方】金银花，连翘，黄连，黄柏，雄黄等。

【制法】粉碎，混匀。

【用法用量】在饲料中添加，按1 kg体重4 g，2次/d，连续6 d。

【功效】清热泻火，解毒保肝。

【用途】防治禽霍乱。

【方义简析】方中金银花、连翘、黄连、黄柏等均清热解毒；雄黄可解毒，还对金黄色葡萄球菌、变形杆菌、绿脓杆菌等有杀菌作用，但有一定毒性，应当注意。王立印等（1991）按0.4 %拌料喂鸡1个月后，攻毒保护率为100 %，每天按1 kg体重4 g治疗攻毒的霍乱病鸡，2次/d，连用6 d，治愈率100 %，而对照组全部死亡。

霍乱宁（中药添加剂学术讨论会论文摘要集）

【处方】黄芩，蒲公英，野菊花，藿香，金银花，雄黄等。

【制法】雄黄另研过筛，余药粉碎后与雄黄混匀。

【用法用量】在饲料中添加1.5 %，4次/d，给药7 d。

【功效】清热解毒，燥湿上痢。

【用途】防治禽霍乱。

【方义简析】方中黄芩、蒲公英、野菊花、雄黄、金银花等清热解毒；藿香解表化湿、芳香醒脾，能够增进食欲；故适合于温热病和热毒症。孙颐龄（1990）对禽霍乱的治愈率98.3 %，死亡率1.7 %；而对照组治愈率69 %，死亡率31 %。

藿香四黄散（中药饲料添加剂学术讨论会论文选编）

【处方】藿香30 g，黄连30 g，大黄30 g，苍术60 g，黄芩30 g，乌梅60 g，厚朴60 g，黄柏30 g，板蓝根80 g。

【制法】大黄、乌梅研细另包，余药共为细末、混匀。

【用法用量】在饲料中添加。预防，成鸡每次0.5～0.75 g，同时用大黄、乌梅；

治疗，剂量加倍，病初用大黄而不用乌梅，拉稀 3 日后用乌梅而不用大黄；每天 2 次。

【功效】清热解毒，化湿止泻。

【用途】防治禽霍乱。

【方义简析】方中药物分清热燥湿解毒和化湿 2 大类，黄芩、黄连、黄柏、板蓝根等清热燥湿解毒，苍术、藿香、厚朴等化湿，大黄、乌梅等调理胃肠，共治霍乱泄泻。刘子玉等（1990）用本方治疗禽霍乱（包括鸡、鸭）343 只，治愈 328 只，治愈率 95.6 %；同时给未发病的鸡添加预防，有效控制了疫情。

茵陈藿香汤（中兽医学杂志）

【处方】茵陈 100 g，藿香 50 g，白花蛇舌草 200 g，半枝莲 100 g，大青叶 100 g，车前子 50 g，当归 50 g，生地 150 g，赤芍 50 g，甘草 50 g。

【制法】水煎取汁。

【用法用量】在饲料中或饮水中添加，用于 100 只鸡，分 3 ~ 6 次 3 d 内用完。病重不能摄食者，灌服。

【功效】清热解毒，凉血保肝。

【用途】防治急性禽霍乱。

【方义简析】方中茵陈、藿香、白花蛇舌草、半枝莲、大青叶等清泻肝热，当归、生地、赤芍等凉血养肝，车前子利水以泻湿热甘草调和药性、解毒。毛承元（1986）报道，自养的 100 余只母鸡开始零星突然死亡，剖检可见肝稍肿胀、质脆、表面有灰白色点，肺有出血点；另有少量活鸡鸡冠和肉髯暗紫、肿胀；用上方治疗，1 剂后症状得到控制，几天后大群痊愈。

三黄汤（中兽医医药杂志）

【处方】黄连 100 g，黄柏 100 g，大黄 50 g。

【制法】水煎成 1000 ml。

【用法用量】添入饮水中喂服 100 只雏鸡，1 剂/d，连用 5 d。

【功效】清热解毒。

【用途】防治雏鸡大肠杆菌病。

【方义简析】本方能清热燥湿，解毒止痢。薛南山（1985）报道，当地暴发雏鸡大肠埃希杆菌病，35 个专业户 38769 只发病，死亡率达 47 %，用上方控制了病情。

黄连止痢散（中兽医医药杂志）

【处方】黄连，黄芩，栀子，当归，赤芍，丹皮，木通，知母，肉桂，甘草，地榆炭等。

【制法】按一定比例混匀，粉碎成粗粉。

【用法用量】在饲料中添加，成鸡 1 ~ 2 g/次，2 次/d，连喂 3 d；症状严重者，喂服 2 ~ 3 g/d，连喂 3 d。

【功效】清热活血，燥湿止痢。

【用途】防治鸡大肠杆菌病。

【方义简析】方中黄连、黄芩清热燥湿，栀子清热泻火，丹皮、知母清热凉血，当归补血活血，赤芍、地榆炭活血止血，肉桂、木通温中利湿，甘草调和诸药。抑菌试验表明，全方及部分单味药对大肠杆菌有抑制作用，全方的抑菌直径 16. 67 mm，黄连高度敏感；地榆、黄芩、赤芍中度敏感。

加味三黄汤（中兽医医学杂志）

【处方】黄芩、黄连叶、焦大黄、黄柏、板蓝根、茜草、车前子、神曲、甘草各为等份。

【制法】加水煎汤，取汁。

【用法用量】在饲料中添加，每只鸡 2 g/d，连用 3 d。

【功效】清热泻火，凉血解毒。

【用途】防治急性鸡葡萄球菌病。

【方义简析】方中黄芩、黄连叶、焦大黄、黄柏、板蓝根等清热解毒，茜草、大蓟、车前子等凉血，神曲健胃以助消化，甘草调和药性。某鸡群 50 日龄左右雏鸡 175 只患急性败血性葡萄球菌病，给上方 1 剂后病鸡精神食欲恢复，摄食量增加 2/3，灌 2 剂痊愈。

金葡散（中兽医医药杂志）

【处方】蒲公英、野菊花、黄芩、紫花地丁、板蓝根、当归各等份。

【制法】各药干燥后粉碎，混匀。

【用法用量】在饲料中添加 1. 5 %。

【功效】清热解毒。

【用途】防治鸡葡萄球菌病。

【方义简析】方中蒲公英、野菊花、黄芩、紫花地丁、板蓝根等均清热解毒，当归和血养血。于永杰等（1990）用金葡散按 1 % 添加，从 22 日龄开始观察到 120 日龄止，预防鸡葡萄球菌病 11000 只，发病 233 只，发病率 2. 12 %；对照组发病率 23. 69 %。

凉血解毒汤（中兽医医药杂志）

【处方】鱼腥草 90 g，连翘 45 g，大黄 40 g，黄柏 50 g，白及 45 g，地榆 45 g，知母 30 g，菊花 80 g，当归 40 g，茜草 45 g，麦芽 90 g。

【制法】粉碎混匀。

【用法用量】在饲料中添加，每只鸡 3. 5 g/d，连用 4 d 为 1 个疗程。

【功效】清热解毒，凉血止血。

【用途】防治鸡葡萄球菌病。

【方义简析】方中鱼腥草、连翘、大黄、菊花、黄柏等清热解毒，白及、地榆、知母、当归、茜草等凉血，麦芽健脾助消化。郭胜祥等（1992）用本方治疗病鸡22255只，服药后6 d控制病情，第8 d症状完全消失。对用氯霉素等治疗效果不明显的病鸡也有较好的疗效。

鸡曲霉宁（中兽医医学杂志）

【处方】金银花10 g，连翘30 g，莱菔子（炒）30 g，丹皮15 g，黄芩15 g，柴胡18 g，桑白皮12 g，枇杷叶12 g，甘草12 g。

【制法】水煎成1000 ml。

【用法用量】在饲料中添加，按每只鸡0.3～0.5 g/d生药计，连用4 d。

【功效】清热解毒，宣肺定喘。

【用途】防治鸡曲霉菌病。

【方义简析】鸡曲霉菌病是由烟曲霉引起的以呼吸道和肺部病变为主的真菌病。中兽医学认为属于肺热症，治疗宜清热解毒，泻肺定喘。可选金银花、连翘、鱼腥草、蒲公英等清热解毒，黄芩、知母、桑白皮、枇杷叶、葶苈子等泻肺定喘，临证可以灵活选方用药。何静荣（1987）用此方治疗曲霉菌病鸡680只，均获痊愈。

鸡曲霉宁（畜牧与兽医）

【处方】桔梗250 g，蒲公英500 g，鱼腥草500 g，苏叶500 g。

【制法】水煎取汁。

【用法用量】在饲料中添加，用于1000只鸡，2次/d，连用1周，同时在饮水中加0.1％高锰酸钾。

【功效】清热解毒，宣肺定喘。

【用途】防治鸡曲霉菌病。

【方义简析】方中蒲公英、鱼腥草清泻肺热，桔梗、苏叶宣肺平喘，以治症状，全方清热解毒，宣肺定喘。颜明（1988）用本方治疗曲霉菌病鸡1000只，用药3 d后，病鸡群停止死亡，用药1周后痊愈。

鸡曲霉宁（中兽医医药杂志）

【处方】鱼腥草300 g，蒲公英180 g，葶苈子、黄芩、桔梗、苦参各90 g。

【制法】粉碎成粗粉，过筛，混匀。

【用法用量】在饲料中添加，用于200只雏鸡，3次/d，连用3 d。

【功效】清热解毒，宣肺定喘。

【用途】防治鸡曲霉菌病。

【方义简析】本方以鱼腥草、蒲公英、黄芩、苦参清泻肺热解毒，葶苈子、桔梗宣肺定喘。沈建业（1989）报道，某鸡场进雏鸡250只，12日龄发病，用多种抗生素治疗无效，改用上方，服药后除8只死亡外，其余病鸡均获痊愈。

鸡痢感净散（广东省兽药暂行质量标准汇编）

【处方】生石膏，皂角刺，穿心莲，雄黄，山香菜，洋片，寒水石等。

【制法】粉碎成粗粉，过筛，混匀。

【用法用量】在饲料中添加，成鸡 2 g/d，小鸡酌减。

【功效】清热解毒，杀虫止痢。

【用途】防治鸡球虫和卡氏白细胞虫。

【方义简析】方中生石膏、穿心莲、雄黄、冰片等具有清热解毒、燥湿等作用。现代研究表明，石膏的 Hanks 液能增强家兔肺泡巨噬细胞对白色葡萄球菌及胶体金的吞噬能力，促进吞噬细胞的成熟。冰片对大肠杆菌、葡萄球菌等有抑制作用。雄黄对变形杆菌、葡萄球菌、绿脓杆菌等多种病原菌有抑制作用，对疟原虫有抗虫作用。穿心莲善于治疗泻痢，对于肠道病原菌有抑制作用。

蛇床子保健散（畜牧饲料添加剂）

【处方】蛇床子 30 %，吴茱萸 10 %，硫磺 5 %，玉米粉（或细米糠）55 %。

【制法】诸药制成细粉，与玉米粉充分混匀。

【用法用量】在饲料中添加 1 %，连用 6 d，在用药的同时饮用 1 % 明矾水 3 d。

【功效】驱虫，止痢。

【用途】防治鸡球虫病、鸡白痢，也可用于禽霍乱、禽伤寒等。

【方义简析】本方蛇床子、硫磺有一定的杀虫作用，吴茱萸能温中保肝。使用本品饲喂 1 天后，病雏血粪（球虫病）逐渐消失，食欲增加。健康鸡可长期服用，既能预防雏鸡白痢、球虫病、禽霍乱、禽伤寒等传染病，效果显著，又无任何毒副作用，使用方便，药价便宜，适于广大农村养鸡户使用。

百球威克冲剂（中兽医医药杂志）

【处方】常山，地榆，仙鹤草，苦参等。

【制法】经提取、精制、制粒、干燥等工艺制成颗粒剂。

【用法用量】添加入饮水中，2 ~ 4 g/L。

【功效】杀虫，止血。

【用途】防治鸡球虫病。

【方义简析】方中常山、苦参抗球虫作用确实，地榆、仙鹤草有止血作用，苦参尚有广谱抗菌作用。诸药相合抗球虫、抗菌、止血。胡功政（2000）报道，对人工感染鸡球虫病有较高的抗球虫效果，抗球虫指数分别为 186. 8 和 190. 8。

白头翁苦参散（中兽医医药杂志）

【处方】白头翁、苦参、鸭胆子各等份。

【制法】共为细末，混匀。

【用法用量】在饲料中添加，0. 5 ~ 1. 0 g/次，3 次/d，病重者煎汤或开水冲调后灌服。一般用药3~5 d。

【功效】清热燥湿，杀虫止痢。

【用途】防治鸡球虫病。

【方义简析】方中白头翁、苦参、鸭胆子等均有一定的抗球虫作用。王恒恭（1992）用该方治疗鸡血痢（球虫病）202例，治愈率93.07 %。

球宁（中兽医医药杂志）

【处方】青蒿，仙鹤草，硫磺，穿心莲，白芍，金银花，甘草等。

【制法】粉碎，混匀。

【用法用量】在饲料中添加1 %。

【功效】杀虫，解毒，止痢。

【用途】防治鸡球虫病。

【方义简析】方中青蒿、仙鹤草、硫磺等杀虫，穿心莲、白芍、金银花等清热解毒，甘草调和。张铁等（2003）报道，对人工接种诱发的球虫病，存活率100 %，对照组存活率为64.5 %。

驱球散（中国兽医杂志）

【处方】常山2500 g，柴胡900 g，苦参1850 g，青蒿1000 g，地榆炭900 g，白茅根900 g。

【制法】粉碎成粗粉，过筛，混匀。或加水煎煮3次，浓缩至2800 ml。

【用法用量】在饲料中添加0.5 %，连用5 d。治疗时将原药液配成25 %浓度，每15 kg饲料拌入4000 ml，连用8 d。

【功效】驱虫，止痢。

【用途】防治鸡球虫病。

【方义简析】方中常山、青蒿、柴胡等清热、杀虫为主药，地榆炭、白茅根等凉血、止血为辅药，苦参清热燥湿为使药。六药合用，共起杀虫、凉血、止血、清热燥湿之功。现代药理研究表明，柴胡含柴胡醇，有解表、清热作用，对原虫有抑制作用；白茅根主要含葡萄糖、果糖、蔗糖，能增强机体抵抗力，降低血管通透性，缩短凝血时间及出血时间；苦参含苦参碱，有清热燥湿之功；青蒿含青蒿酮、樟脑、青蒿素等，对鸡艾美耳球虫有一定的抑制作用；地榆炭含有大量鞣质、地榆皂甙、糖及维生素A等，有止血作用；常山含有多种生物碱，有杀球虫作用。唐世鹏等（1992）用本方治疗病鸡1200只，治愈率93.52 %，疗效均高于磺胺二甲基嘧啶。

禽球灵（中国兽医科技）

【处方】常山，柴胡，地榆，绞股蓝。

【制法】粉碎成粗粉，过筛，混匀。

【用法用量】在饲料中添加，按1 kg体重10 g，连用3 d。

【功效】杀虫，补益。

【用途】防治鸡球虫病。

【方义简析】方中常山为主药，其主要有效成分常山酮的驱杀球虫功效，已被大量的临床试验证实；地榆能凉血、止血，可明显改善球虫病鸡的血便数；绞股蓝滋补强壮。史万玉（2004）报道，禽球灵对试验性球虫病有较好的预防效果，抗球虫指数（ACI）达151.48；常山的剂量变化对全方抗球虫指数有极显著的影响。

球虫净（湖北畜牧兽医）

【处方】常山200 g，柴胡60 g。

【制法】加水400 ml煎至250 ml。

【用法用量】在饲料中添加，5 ml/次，1次/d，连用3～4 d，治疗量加倍。

【功效】驱虫，止泻。

【用途】防治鸡球虫病。

【方义简析】方中常山截疟杀虫为主药，柴胡升阳止泻为辅药。从现代研究结果看，2种药均有一定的抑制球虫作用。刘玉良（1984）报道，对没有临床症状的雏鸡，预防投药5 d，粪便检查未发现球虫卵囊。将病鸡分为2组，治疗组50只治愈47只，治愈率94 %；未给药组31只，全部死亡。

净球散（中兽医医药杂志）

【处方】常山，苦参，黄芪等。

【制法】各药粉碎，过45目筛，按一定比例混匀。

【用法用量】在饲料中添加1 %。

【功效】清热燥湿，杀虫止痢。

【用途】防治鸡球虫病。

【方义简析】方中常山、苦参清热燥湿、杀虫止痢，黄芪补中益气、扶正驱邪，合用既可抑制球虫生长，又可调节机体免疫功能，标本兼治，是较理想的抗球虫制剂。王新等（2000）在饲料中添加1 %，抗球虫指数（ACI）达到187。鸡柔嫩艾美耳球虫卵囊用50 %、100 %的净球散煎剂浸泡7 d后，再用2.5 %的重铬酸钾培养3 d，卵囊孢子化率分别为65.42 %、66.23 %，抑制作用明显。

加减香连丸（中兽医医药杂志）

【处方】白头翁20 g，苦参12 g，秦皮10 g，黄连104，白芍15 g，郁金15 g，乌梅20 g，金银花12 g，甘草15 g。

【制法】加水2500 ml，煎成1250 ml，也可做成粉末。

【用法用量】在饲料中或饮水中添加，用于50只雏火鸡。

【功效】清热燥湿，凉血止痢。

【用途】防治火鸡黑头病（又名盲肠肝炎）。

【方义简析】香连丸出自《证治准绳》（黄连、木香、诃子皮、肉豆蔻、黄芩）。本方定名为加味香连丸并不合适，一因本方无木香，体现不出“加味”；二因剂型不是丸剂。方名为加味白头翁似乎更合理。方中白头翁为主药，清热燥湿、凉血止痢，苦参、秦皮、黄连、金银花等清热燥湿解毒，白芍、郁金凉血以止痛，乌梅涩肠，甘草调和。雍宝山等（1989）用此方治疗火鸡黑头病52例，一般用药4剂，治愈50例。

止泻灵（中兽医学杂志）

【处方】苍术2份，厚朴、白术、干姜、肉桂、柴胡、白芍、龙胆草、黄芩各1份，木炭末适量。

【制法】前9味按要求炮制后制成粗粉，加入木炭末混匀。

【用法用量】在饲料中添加，大鸡5 g/次、小鸡2～3 g，2次/d。

【功效】燥湿健脾，升阳止泻。

【用途】防治各种原因引起的腹泻。

【方义简析】方中苍术、白术、厚朴健脾燥湿，干姜、肉桂温暖脾胃，柴胡升举清阳，白芍柔肝养血，龙胆草、黄芩泄肝热防克脾土，木炭末收敛涩肠，故可用于治疗泄泻。林光杰（1991）用本方治疗各种腹泻症14500只，治愈率91.2 %。一般4～6剂即愈，重症连用4 d。

泻痢宁（中兽医资料选编·第三辑）

【处方】黄连30 g，葛根30 g，黄芩15 g，白头翁20 g，藿香10 g，木香10 g，厚朴20 g，茯苓20 g，炒白芍20 g，炒山药30 g，焦三仙30 g，党参10 g，黄芪10 g，甘草15 g。

【制法】炮制后粉碎，混匀，分装，每袋500 g。

【用法用量】加沸水浸泡30～60 min后兑水搅拌，上清液饮水，药渣拌料。30日龄内雏鸡每只0.5 g/d、30～60日龄中雏每只1 g/d、60日龄以上鸡每只1.5 g/d，每天上午用药1次，连用3～5 d。不能摄食者可用滴管灌服。

【功效】清热燥湿，消食化积，行气止痢。

【用途】防治鸡泻痢症。

【方义简析】方中黄连、葛根、黄芩、白头翁、藿香清热燥湿，藿香、木香、厚朴、茯苓行气化湿，炒白芍、炒山药、焦三仙、党参、黄芪补气健脾开胃，甘草调和。适合于湿热痢疾或者消化不良、过量使用抗生素引起的泄泻。据王连福（1992）用本方治疗病鸡18万只，有效率98 %，治愈率84 %。

健脾散（中兽医医药杂志）

【处方】党参，白术，陈皮，麦芽，山楂，枳实。

【制法】粉碎成粗粉，过筛，混匀。

【用法用量】在饲料中添加，大鸡1.5 g/次，小鸡减半，2次/d。

【功效】补气理气，健脾消食。

【用途】防治腹泻。

【方义简析】方中党参、白术、陈皮健脾补气，麦芽、山楂消导促消化，枳实理气消食，故可增进食欲，防治脾虚泄泻，从而提高生产性能。

健脾止痢散（中兽医学杂志）

【处方】党参、黄芪各 60 g，白术、炒地榆、黄芩、黄柏、白头翁、苦参、秦皮、焦三仙各 500 g。

【制法】共为细末，混匀。

【用法用量】在饲料中添加，每只鸡 1.5 g/d。

【功效】补气健脾，燥湿止痢。

【用途】防治泻痢。

【方义简析】本方可视为补气的四君子汤和治痢的白头翁汤加减而成。党参、黄芪、白术皆为补气药，有增强机体免疫功能的作用；黄芪、白术、党参均提高小鼠和家兔巨噬细胞的功能，对 cAMP 也有调整作用；黄芩，黄柏、秦皮、苦参、白头翁、地榆等清热燥湿，凉血止痢。全方补气以扶正，燥湿以祛邪，故对各种原因引起的拉稀有效。颜廷法（1989）介绍，4200 只肉鸡发生拉稀，症见粪稀带有绿水，或白痢，或血便，混有肠粘膜。交替使用喹乙醇、痢特灵、敌菌净、庆大霉素等治疗 10 d 无效，死亡 250 只；后改用本方治疗 3 d 后，痊愈率达 97 %。

黄白汤（中兽医学杂志）

【处方】黄连、白头翁各适量。

【制法】水煎取汁，或共研细末。

【用法用量】在饲料中添加，每只鸡 2.5 ~ 3.0 g/d。

【功效】清热燥湿，凉血止痢。

【用途】防治蛋鸡下痢。

【方义简析】本方组方精简。黄连清热燥湿解毒，白头翁凉血止痢。2 种药相合，共奏清热燥湿止痢之功。本方酌定用量也可用于肉仔鸡或生长鸡。曲直（1991）试验，某养鸡户 100 余只蛋鸡下痢，经用土霉素、新诺明等治疗近 20 d 不见好转，产蛋基本停止，并死亡 20 只；改用中药黄白汤煎剂拌料，1 剂/d，连用 4 d，余 70 多只拉稀渐止，产蛋回升，半个月后康复。

复方当归芍药散（养殖门诊）

【处方】当归 30 g，川芎 30 g，泽泻 30 g，白芍 30 g，茯苓 30 g，白术 20 g，木香 20 g，槟榔 30 g，生姜 20 g，陈皮 20 g，黄芩 20 g，龙胆草 20 g，生麦芽 10 g。

【制法】混合，粉碎，过 100 目筛。

【用法用量】在饲料中添加，用于 100 ~ 150 只 7 ~ 35 日龄肉仔鸡，连用 3 d 为 1 个疗程。

【功效】调和脾胃，活血利水，补脾健胃，清热利湿，缓急止痛。

【用途】防治肉鸡腹水综合症。

【方义简析】本方是根据张仲景的《金匮要略》中的当归芍药散加味而成。具有调和脾胃，活血利水，补脾健胃，清热利湿，缓急止痛的功效。马金忠（2003）用本方共治疗2500只病鸡，治愈率达97.5 %。

腹水消（中国农业大学学报）

【处方】丹参5份，川芎3份，茯苓2份。

【制法】混合，粉碎，过筛。或水煎煮沸30 min，然后在热水中浸泡20 min，制成每毫升含生药1 g的口服液。

【用法用量】粉剂在饲料中添加0.4 %，煎剂在饮水中添加0.15 %~0.25 %。

【功效】活血，化瘀，利水。

【用途】防治肉鸡腹水综合征。

【方义简析】方中川芎和丹参是常用的活血化瘀药，现代药理学研究表明，川芎可舒张肺血管，降低肺动脉压；丹参和川芎还可扩张冠状血管，增加心脏的供血量，从而显著改善心脏功能。乔健等（1998）报道，在用环境低温和高能量饲料处理的商品代肉仔鸡饲料中添加，可使其腹水检出率由17.2 %下降至6.9 %；在用高钴处理的商品代肉仔鸡饲料中添加，仔鸡腹水检出率由15.7 %下降至7.1 %，在自然条件下的野外扩大试验中，本方能大幅度降低腹水综合症的发生率（由18.5 %降至7.4 %）。

防腹散（吉林农业大学学报）

【处方】当归，白芍，川芎，党参，黄芪，陈皮，白术，茯苓，泽泻，术通，车前子，红药，甘草等。

【制法】按一定比例混合，粉碎，过筛。

【用法用量】在饲料中添加0.3 %。

【功效】补气健脾、渗湿利水。

【用途】防治肉鸡腹水综合征。

【方义简析】祖国医学认为腹水综合症属虚证，主要由于心阳不足、气衰力弱、脾虚不运、水湿停滞、流注体腔所致。方中当归活血养阴、补气止痛，白芍养血敛阴、平肝止痛，白术、陈皮健脾补气，党参、黄芪补心气，固肺，茯苓、泽泻利湿消肿。各药相合，补气、健脾、渗湿利尿、宣降肺气，故能预防肉鸡腹水症。

运饮灵（河南畜牧兽医）

【处方】猪苓，茯苓，苍术，黄芪，苦参，连翘，甘草等。

【制法】按一定比例混合，粉碎，过100目筛。

【用法用量】在饲料中添加0.5 %。

【功效】益气健脾，渗湿利水。

【用途】预防肉鸡腹水综合征。

【方义简析】腹水综合征主要是脾不运化水湿，肺失通调水道，肾不主水而发病。本方选用有健脾渗湿、益气壮阳、理气活血的中草药配伍组方，以增强心肺功能，健脾而祛湿，肺气正常宣降而水液下输，肾气充足而水有所主。方中猪苓、茯苓、白术、苍术等健脾渗湿、益气利水，辅以黄芪、当归、木香等补中益气，活血通经，增强心肺功能，佐以苦参、连翘、甘草等补中益气、养血活血，故对腹水综合征有显著预防效果。

禽解热消炎水（广东省兽药质量标准汇编）

【处方】大黄，黄芩，了哥王，土大黄，黄柏，干姜，龙胆，桂皮，穿心莲，山苍子，辣蓼，樟脑，薄荷脑，冰片等。

【制法】前 11 味药加白酒 1600 ml 密闭浸渍 7 d，过滤；药渣再加入 95 % 的乙醇 1000 ml，浸渍 4 d，过滤；合并 2 次滤液，静置澄清，除去沉淀物，加樟脑、薄荷脑、冰片搅匀。

【用法用量】在饲料中或饮水中添加，按 1 kg 体重 0. 5 ~1. 0 ml，3 次/d。

【功效】清热解毒，健胃驱风。

【用途】防治感冒发热、中暑、水泻、痢疾等。

【方义简析】方中大黄、黄芩、了哥王、土大黄、黄柏、穿心莲、山苍子、辣蓼等清热燥湿解毒，干姜、龙胆、桂皮、薄荷脑等健胃，樟脑、冰片等醒神，以调节病鸡的精神。

雏感灵（鸡病中药防治）

【处方】柴胡 50 g，知母 50 g，金银花 50 g，连翘 50 g，枇杷叶 50 g，莱菔子 50 g。

【制法】加水煎汤为 300 ml。

【用法用量】在饲料中添加，用于 1000 只鸡分早晚 2 次。

【功效】辛凉解表，化痰止咳。

【用途】防治雏鸡感冒。

【方义简析】雏鸡乃稚阴稚阳之体，御寒能力差，风寒侵袭，致使肺气部宣，咳嗽流涕。方中柴胡、金银花、连翘清热解毒，透热达表，知母、枇杷叶清肺化痰止咳，莱菔子降气止咳。何静荣（1979）用本品治疗雏鸡感冒近万只，均取得良好效果。如某鸡场因夜间炉火熄灭，500 多只 4 日龄雏鸡患感冒，按以上半量喂服，次日痊愈。

苍术地丁汤（河北畜牧兽医）

【处方】苍术 30 g，熟地 40 g，地丁 60 g，薄荷 10 g，茯苓 30 g，车前 40 g，板蓝根 60 g，酸枣仁 30 g 等。

【制法】水煎成 3000 ml，过滤后分装。

【用法用量】在饮水中添加，供 100 只鸡用 3 d，每天早晚各 1 次。对饮欲较差的病鸡，可用注射器或滴管喂服。

【功效】补益安神，清热利湿。

【用途】防治鸡猝死综合征。

【方义简析】方中熟地、茯苓、苍术补脾肾，酸枣仁、茯苓安神，板蓝根、地丁、薄荷等清热，车前、茯苓利湿。孙荣华等（1997）多次试验结果表明，试验组治愈率达96.5％，与对照组相比差异显著。

JD－三征肝泰（动物医学进展）

【处方】丹参，青皮等。

【制法】按比例混匀，粉碎。

【用法用量】在饲料中添加，每只鸡0.5 g/d。

【功效】舒肝理气，活血化瘀。

【用途】预防脂肪肝。

【方义简析】方中丹参活血化瘀，青皮疏肝理气。现代研究表明，丹参注射液及丹参素能够加快肝细胞内甘油三酯（TG）的氧化分解，抑制细胞内源性胆固醇的合成；青皮注射液能够增加胆汁及胆汁内固体物质的排泄量。李坤武等（2003）的研究表明，本方能显著降低肝脏脂肪含量和血清中TG、胆固醇含量，减轻肝细胞水肿、坏死的病变程度，降低血清谷丙转氨酶、谷草转氨酶活性，对高脂肪饲料导致的鸡血脂升高和肝脏脂肪变性有明显抑制作用，并对肝细胞损伤有一定保护作用。

强肾宝（中兽医资料选编·第一辑）

【处方】地榆30 g，连翘30 g，海金沙20 g，泽泻50 g，槐花30 g，乌梅50 g，苍术50 g，诃子50 g，金银花30 g，猪苓50 g，甘草20 g。

【制法】粉碎，混匀。

【用法用量】在饲料中添加，每只鸡1 g/次，1次/d，连喂5 d。对食欲废绝者，可填服。

【功效】清热利尿，通淋。

【用途】防治鸡尿酸盐沉积。

【方义简析】尿酸盐沉积为一种代谢病，与肾功能障碍有关。治疗时应增加补肾药物，还应加强饲养管理。沈建业（1989）用此方治疗尿酸盐沉积3383例，治愈3352例，治愈99％。

补中益气散（中药饲料添加剂学术讨论会讨论文选编）

【处方】党参，黄芪，柴胡，当归，陈皮，白术，升麻，甘草。

【制法】共研粉末，混匀。

【用法用量】在饲料中添加3％～5％。预防，连用3 d，停药1周，再用3 d；治疗，连续用药1周（可添加穿心莲）。

【功效】补气升提。

【用途】防治产蛋疲劳引起的脱肛。

【方义简析】黄芪补中益气、升阳固表，为主药；党参、白术、甘草补脾胃，助主药益气补中，为辅药；当归养血，陈皮理气行滞，与补气养血药物同用，使补而不滞，配升麻、柴胡升阳举陷，助主药、辅药升提正气之效，均为佐药；炙甘草调和诸药，兼有使药之用。诸药相合，升阳益气，调补脾胃。本方对蛋鸡脱肛有一定预防作用。

七、水产动物用验方

鱼宝（中药饲料添加剂）

【处方】枳实、当归、丹参（或党参）各30~40 g，辣蓼、艾叶、茵陈、苍术、石菖蒲各40~50 g，麦芽200 g，谷芽100 g，蒲公英、神曲、贯众各120 g，附子、石斛各30~40 g，地龙、蛇各50~100 g，蜈蚣（或全蝎）7~10 g，雄黄、朱砂、滑石、硼砂各5~10 g，炉甘石、蜂房灰各50 g，代赭石40~50 g。

【制法】各药分别粉碎，过筛，单独存放，用前按比例混匀。

【用法用量】在粉状配合饲料中添加0.4％（临用前加少量水浸泡1~2 h后，再连水一同混入饲料更好），加工成软颗粒饲料投喂，日投喂2~3次。发现有鱼病征兆时，添加量加大到2倍以上，连用1周。对鲤鱼和不投喂青料的草鱼，每1 kg饲料补充20~30 mg。

【功效】理气活血，化湿解毒。

【用途】预防疾病，促进生长。

【方义简析】方中枳实、麦芽、谷芽、神曲、石斛等理气消食，当归、丹参、地龙、蛇、蜈蚣等补血活血，附子、艾叶、苍术、茵陈等温中化湿，辣蓼、贯众、雄黄、朱砂、滑石、炉甘石、蜂房灰、代赭石等解毒，并能补充矿物质元素，故能促进生长，预防疾病。本方能加速网箱中草鱼、鲤鱼的生长，还可提高饲料利用率，节约饲料25％左右，提高产量20％~30％，并能预防鱼病。

鱼类促长剂（水利渔业）

【处方】沸石、沙棘果渣各等量。

【制法】沸石粉碎，与沙棘果渣拌匀。

【用法用量】在鱼饲料中添加10％。

【功效】消食化滞，促长添膘。

【用途】促进生长。

【方义简析】方中沸石含有多种元素，并能吸附毒素、净化水质；沙棘果渣含有脂肪、蛋白质、多种维生素、氨基酸和金属离子，具有较高的营养价值。2种药合用，有较好的促生长作用。童岩等（1990）添加试验，每亩放养14000尾建鲤，试验期为117天，结果试验组比对照组平均体重增加16.1％，亩产量增加10.6％，添加后对水体pH及水的硬度无影响，但鱼肉中游离氨基酸含量增高20％~30％。

鱼病灵（成都彭州鱼药厂）

【处方】麦饭石，磺胺甲噁唑（SMZ）等。

【用法用量】在饲料中添加，每 50 kg 鱼每天 100 g，发病季节每周预防用药 1 ~ 2 次，治疗连用 5 ~ 7 d。

【功效】消炎杀菌，促进增重。

【用途】防治鱼类赤鳍病、弧菌病、烂尾病、烂鳃病、立鳞病、肠炎病，促生长。

【方义简析】方中麦饭石含 20 多种微量元素，并有很强的吸附能力，能吸附水中的杂质、色素、有机物，能通过吸附结合细菌蛋白质中的氮使细菌繁殖受到抑制。SMZ 为广谱抗菌药。2 种药合用，有较好的防病、促生长作用。

三黄粉（天然物中草药饲料添加剂大全）

【处方】大黄 5 份，黄柏 3 份，黄芩 2 份。

【制法】粉碎，混匀。

【用法用量】每 0.5 ~ 1 kg 药粉加入食盐 0.5 kg，用水和匀，拌入面粉 2 kg，制成半干状药饵。每 100 kg 鱼喂 0.5 ~ 1 kg，1 次/d，3 d 为 1 个疗程。

【功效】清热燥湿，泻火凉血。

【用途】防治草鱼出血症、烂鳃病、赤皮病和肠炎病。

【方义简析】方中黄柏和黄芩清热燥湿、泻火解毒，大黄泻火凉血、活血祛瘀。黄柏的有效成分小檗碱和黄芩的有效成分黄芩素、黄芩甙等具有较广的抗菌谱，对金黄色葡萄球菌、肺炎球菌、大肠杆菌、伤寒杆菌等均有不同程度的抗菌作用。

车马磺合剂（天然物中草药饲料添加剂大全）

【处方】车前草、马鞭草、辣蓼各 4000 g（鲜草），磺胺噻唑 5 g（首次加倍）。

【制法】中药加水煎煮 1 h，药液冷却后加入磺胺噻唑，拌匀，加入面粉调成糊状。

【用法用量】药糊拌入切碎的优质青草 5 ~ 7.5 kg，晾干后投喂，每 100 kg 鱼每天用 1 剂，连用 3 ~ 5 d。

【功效】清热解毒。

【用途】防治草鱼烂鳃病，肠炎病，赤皮病。

【方义简析】本方为中西药复方制剂，方中车前草清热利尿、凉血解毒，马鞭草活血散瘀、利水消肿，辣蓼散瘀止痛，磺胺噻唑抗菌消炎。

穿苦散（天然物中草药饲料添加剂研究方法）

【处方】穿心莲 150 g，苦参 150 g，黄柏 75 g，板蓝根 125 g。

【制法】粉碎，混匀。

【用法用量】每 100 kg 鱼用上述药拌饵投喂，连喂 3 d。

【功效】清热解毒。

【用途】防治鱼类烂鳃病、肠炎病等。

【方义简析】方中穿心莲、板蓝根清热解毒，苦参和黄柏清热燥湿。药理学研究表明，穿心莲、板蓝根和黄柏对枯草杆菌、金黄色葡萄球菌、大肠杆菌、痢疾杆菌等均有抑菌作用，苦参对一些真菌有抑菌作用。

仙珠磺合剂（天然中草药饲料添加剂大全）

【处方】仙鹤草 250 g，紫珠草 100 g，大青叶 250 g，海金沙 100 g，大黄、板蓝根各 400～500 g，磺胺嘧啶 5 g。

【制法】前 4 味中药煎汁，大黄、板蓝根、磺胺嘧啶粉碎，混匀。

【用法用量】大黄、板蓝根、磺胺嘧啶粉拌入精饲料或面粉，药汁洒在青饲料上，待水汽蒸干后撒上药料或药粉，每 50 kg 鱼用 1 剂，连喂 4～5 d。

【功效】清热解毒。

【用途】防治鱼出血症。

【方义简析】鱼出血症是由病毒引起的传染病，方中板蓝根、大青叶和大黄清热解毒，有抗病毒作用；仙鹤草、紫珠草凉血止血，海金沙利水通淋，磺胺嘧啶具有抗菌、消炎作用。

苦杖合剂（天然物中草药饲料添加剂研究方法）

【处方】苦参、虎杖、金银花藤各 250 g。

【制法】水煎成 2000～2500 ml。

【用法用量】拌入 500 g 面粉或米粉搅匀成糊状，再拌入青草投喂，每 50 kg 鱼或 1 万尾 4～5 寸鱼种用 1 剂，1 次/d，连用 3 d。

【功效】清热解毒。

【用途】防治鱼出血症。

【方义简析】原无方名。方中苦参清热燥湿，杀虫利尿；虎杖祛风利湿，散瘀止痛，含大黄素、大黄素甲醚和大黄酚等有很强的抗菌和抗病毒作用；金银花藤清热解毒，疏风通络，含氯原酸对金黄色葡萄球菌、溶血性链球菌、大肠杆菌、痢疾杆菌、伤寒杆菌和霍乱弧菌等有一定抑制作用。

黄粉（天然物中草药饲料添加剂大全）

【处方】大黄、黄柏各 250 g。

【制法】粉碎，混匀。

【用法用量】拌入麸皮 4～5 kg、菜籽饼 2～3 kg、食盐 250 g，制成药饵投喂，每 50 kg 鱼每天用 1 剂，连用 7 d。

【功效】清热燥湿。

【用途】防治鱼类出血症。

【方义简析】方中大黄泻热毒、破积滞、行瘀血，其主要成分蒽醌类衍生物对多数革兰阳性菌及某些革兰阴性菌有抗菌作用。黄柏主要有效成分小檗碱对金黄色葡萄菌、肺炎球菌、痢疾杆菌等多种细菌有抑制作用，且有一定的抗病毒作用。

黄蒜散（天然物中草药饲料添加剂研究方法）

【处方】大黄500 g，大蒜250 g，食盐250 g，水花生10 kg。

【制法】大黄粉碎，大蒜捣烂，水花生打浆或捣烂，混匀。

【用法用量】拌入10～20 kg浮萍、鹅菜、麦麸或米粉中，制成药饵，每100 kg鱼每天用1剂，连喂1周。

【功效】清热凉血。

【用途】防治鱼类出血症。

【方义简析】方中大黄具有泻热毒、破积滞、行瘀血等作用，食盐具有清火凉血、解毒等功效，大蒜的主要成分挥发油能有效地杀死鱼害粘球菌、鳗弧菌、爱德华氏菌、气单胞菌等淡水鱼类主要致病菌。

清瘟败毒饮（中兽医学杂志）

【处方】生石膏2000 g，知母750 g，黄连750 g，黄芩750 g，赤芍750 g，板蓝根2000 g，大青叶1500 g，生地500 g，丹皮750 g，元参750 g，蚤休750 g。

【制法】共为细末。

【用法用量】按鱼体重的0.3 %在饲料中添加，做成药饵饲喂，连用3～5 d。

【功效】清热解毒，活血止血。

【用途】防治草鱼出血症。

【方义简析】草鱼出血证的发病原因是外感温热毒之邪。病理变化虽不外卫、气、营、血的传遍范围，但以营、血分为病机重点，病初虽有卫分见症，但为时甚短，往往不治即解，而迅速传入气分，陷入营、血，出现气、营、血具燔的病理变化。本方由白虎汤、黄连解毒汤、犀角地黄汤等加减组合而成，具有大清气血、清热解毒的作用。方中石膏、知母清气泄热；黄连、黄芩清火解毒；生地、元参清心凉营，并能养阴；赤芍、丹皮凉血活血；加之蚤休、板蓝根、大青叶以助清热解毒之效，故药证相符，达到满意的治疗效果。某15亩鱼塘4000尾草鱼出现发病征兆，用本方3天后，仅死亡3～4尾，用药5天后未见死亡，至出塘未复发。

仙珠呋喃合剂（天然物中草药饲料添加剂大全）

【处方】仙鹤草250 g，紫珠草100 g，板蓝根500～700 g，呋喃唑酮5 g。

【制法】中药水煎取汁，呋喃唑酮研细。

【用法用量】呋喃唑酮拌入精饲料，中药汁洒在青饲料上，待水汽蒸干后，与药饵混匀，每50 kg鱼用1剂量，连喂5～7 d。

【功效】清热解毒，止血，消炎。

【用途】防治草鱼出血症。

【方义简析】草鱼出血症是病毒性传染病，表现为各器官、组织充血、出血。方中仙鹤草收敛止血，板蓝根、紫珠草清热解毒，呋喃唑酮抗菌止痢且防继发性感染。

板莲合剂（渔业致富指南）

【处方】板蓝根500 g，穿心莲150～500 g，食盐500 g。

【制法】将2味水煎取汁，混入食盐。

【用法用量】拌入40 kg饲料中投喂，每100 kg鱼每天用1剂，第2天药渣复煎1次，同法投喂，2次为1个疗程。预防：发病季节到来前1个月开始，每半个月投喂1个疗程；治疗：连用5～7 d。

【功效】清热解毒。

【用途】防治草鱼出血症。

【方义简析】板蓝根、穿心莲为清热解毒药，对枯草杆菌、金黄色葡萄球菌、大肠杆菌、伤寒杆菌、痢疾杆菌等多种细菌有抑制作用，其有效成分有抗病毒作用。姜峰（2003）用本法防治草鱼病毒性出血症效果较好。

虹鳟鱼添加剂（淡水渔业）

【处方】大黄55 g，黄芩15 g，黄柏15 g，郁金3 g，黄连2 g，板蓝根2 g，连翘2 g，甘草2 g。

【制法】粉碎，混匀。

【用法用量】在饲料中添加5 %，制成药饵饲喂，连用7 d。

【功效】清热解毒。

【用途】防治虹鳟鱼链球菌病。

【方义简析】链球菌病是虹鳟鱼养殖中的一种常见病，也是虹鳟鱼死亡的主要疾病之一，俗称“营养性肝病”。常用的抗菌药物不敏感，临床上较难治愈。本方以中药“三黄汤”为基础进行加减，对链球菌病具有明显的疗效。郭建坤等（1999）报道，某虹鳟鱼养殖场发生此病，选取症状明显、体重100～150 g的病鱼50尾随机均分成中药组和对照组进行治疗试验，结果中药组仅死亡4条，存活21条，且全部康复；而对照组死亡17条，余下的8条鱼仍处于病态；随后对池内2900多尾鱼投药饵治疗，第3天死鱼明显减少，第7天停止死亡，基本恢复正常。对其他4个养殖场进行预防性投药，也取得了明显的效果。

黄苦合剂（天然物中草药饲料添加剂大全）

【处方】苦参、大黄、板蓝根各100 g。

【制法】粉碎，混匀。

【用法用量】料中添加，每50 kg鱼每天用1剂，分上午、下午2次，连用6 d。

【功效】清热解毒。

【用途】防治细菌性肠炎病。

【方义简析】方中苦参清热燥湿，对一些真菌、杆菌有一定的抑制作用；大黄泻热毒，破积滞，其主要成分蒽醌类衍生物对多数革兰阳性菌及某些革兰阴性菌有抗菌作用；板蓝根清热解毒，对枯草杆菌、金黄色葡萄球菌、大肠杆菌、痢疾杆菌等均有抑菌作用。

鱼痢灵（广西北流县第二兽药厂）

【处方】青蕨，凤尾草等。

【制法】加1.5倍木薯粉煮成稠糊状。

【用法用量】按1 kg体重1~1.5 g拌入7~8倍青饲料中，连用3 d，治疗量加倍。

【功效】清热解毒，杀菌消炎，收敛止泻。

【用途】防治草鱼肠炎病。

雷贯散（天然物中草药饲料添加剂研究方法）

【处方】雷丸、贯众、鹤虱、槟榔各150 g，甘草、大黄各100 g。

【制法】粉碎，混匀。

【用法用量】与面粉混合制成颗粒状饲料，每100 kg鱼或1万尾鱼种每天用1剂，连用7 d。

【功效】驱虫解毒。

【用途】防治鱼绦虫病、毛细线虫病。

【方义简析】方中鹤虱、雷丸、贯众和槟榔均是驱虫要药，大黄有效成分大黄素有抗寄生虫作用，甘草的有效成分可提高鱼类抗病能力，提高鱼类成活率。

贯楝合剂（天然物中草药饲料添加剂大全）

【处方】贯众320 g，土荆芥1004，苦楝根皮100 g，苏梗60 g。

【制法】水煎药3次，取汁。

【用法用量】拌入豆饼内，每100 kg鱼每天用1剂，连用6 d。

【功效】杀虫，清热解毒。

【用途】防治鱼毛细线虫病。

【方义简析】方中贯众含绵马素类物质，对各种寄生虫有麻痹、抑制作用；土荆芥含土荆芥油，能杀肠内寄生虫；苦楝皮含苦楝素，有很强的驱虫作用。

欧鳗添加剂（福建农业大学学报）

【处方】黄芪，党参，白术，茯苓，甘草，神曲，山楂，当归，大黄，元参，板蓝根，黄芩等。

【制法】混合，晒干，粉碎，过50目筛。

【用法用量】在饲料中添加2 %，连用90天。

【功效】健脾消食，清热解毒。

【用途】防病、增重。

【方义简析】本方以补中益气汤为基础方，补脾益气且消化，再配合清瘟败毒饮加减而成。方中黄芪补气、固表，党参补中益气，为主药；白术、茯苓补脾渗湿，当归养血固本，甘草理肺和中，调理欧鳗脾胃脏腑功能；神曲、山楂消食和胃，元参凉血，大黄、黄芩、板蓝根清热解毒，全方诸药相辅相成，共奏补脾益气、消食导滞、清热解毒之功，所以能旺盛脾胃功能，促进消化吸收，达到催肥增重目的。

彭泽鲫添加剂（水利渔业）

【处方】黄芪，党参，黄芩等。

【制法】混合，粉碎为末。

【用法用量】在基础日粮中添加 1 %，拌匀制成药饵，制粒，晒干投喂，3 次/d，连用 35 d。

【功效】补中益气，清热解毒。

【用途】促生长。

【方义简析】方中黄芪、党参补中益气，黄芩清热解毒。刘华忠等（2004）以 0.5 %、1.0 %和 1.5 %等 3 种剂量添加于彭泽鲫的基础日粮中，结果，1.0 %和 1.5 %添加组能显著增强生长性能，相对增重率分别比对照组提高 18.87 %和 15.19 %，饲料利用率分别比对照组提高 13.66 %和 12.33 %；1.0 %为最佳添加量。

虾蟹脱壳促长散（中华人民共和国兽药典 2000 年版二部）

【处方】露水草 50 g，龙胆 150 g，泽泻 100 g，沸石 350 g，夏枯草 100 g，筋骨草 150 g，酵母 50 g，稀土 50 g。

【制法】粉碎，混匀。

【用法用量】在饲料中添加 0.1 %。

【功效】促蜕壳，促生长。

【用途】防治虾蟹蜕壳迟缓，生长缓慢。

【方义简析】方中露水草、龙胆、泽泻及筋骨草清热解毒，酵母助消化，沸石及稀土补充微量元素，共奏促蜕壳、促生长功效。

罗氏沼虾复方添加剂（饲料工业）

【处方】黄芪、党参、白术、大黄、板蓝根、黄芩、野菊花等。

【制法】粉碎，过筛，混匀。

【用法用量】在基础饲料中添加 2 %，制成颗粒药饵投喂。

【功效】提高虾的免疫力。

【用途】预防疾病。

【方义简析】本方以黄芪、党参、白术等补益类中药和板蓝根、黄连、黄芩、野菊花等清热解毒药为主组成，这些补益药均是具有免疫增强作用或双向免疫调节作用的药物，大部分富含多糖、生物碱、氨基酸、微量元素等成分，能显著地增强罗氏沼虾的免疫功能。清热解毒药具有抗菌、抗病毒作用。在罗氏沼虾基础饲料中添加，血细胞吞噬百分比和吞噬指数、血清溶菌酶活力及酚氧化酶活力均显著提高。经嗜水气单胞菌攻毒后，各试验组的免疫保护率也明显提高，证明该添加剂可显著地提高罗氏沼虾的免疫功能，有效地预防嗜水气单胞菌的感染。

对虾添加剂（天然物中草药饲料添加剂大全）

【处方】方1：益智仁，贯众，韭菜籽，大黄，艾叶等；

方2：银花，连翘，蒲公英，野菊花，佩兰等；

方3：白头翁，白豆蔻，黄连，山楂，麦芽，木香，甘草等。

【制法】按一定比例混合，粉碎，过60目筛，混匀，方1加一定量的新诺明，方2加一定量的卡那霉素，方3加一定量的北里霉素。

【用法用量】在对虾预混料中添加0.2％，制成药饵，每天投喂4次。

【功效】清热解毒。

【用途】对虾防病、促生长。

【方义简析】方1由温脾暖肾、清热解毒、泻热通肠药组成，方2由清热解毒、化湿醒脾药组成，方3由清热燥湿、健脾消食药组成，均有抗菌消炎，促进摄食作用，故能防病、促生长。对虾添加18天后，具有较好的提高对虾成活率、提高增重作用，并极大地提高对虾对恶劣环境的抵抗力，中西药配伍可消除西药的毒副作用。

河蟹复方添加剂（水利渔业）

【处方】海藻多糖，大黄，黄芪，连翘等。

【制法】粉碎，混匀。

【用法用量】在饲料中添加0.5％～1.0％，每天投喂2次，投饲率4％左右。

【功效】提高河蟹免疫力。

【用途】预防疾病，提高成活率。

【方义简析】方中海藻多糖是海藻中的重要组成部分，具有多种免疫功能及抗肿瘤、抗病毒作用；大黄为广谱菌药，并有较好的抗病毒效果；黄芪具有调节免疫的功能；连翘有清热解毒之功效。崔青曼等（2001）在体重92～135 g的河蟹饲料中添加，能显著提高河蟹的血细胞吞噬活性、血清杀菌活力、血清凝集效价及抗感染能力，对河蟹成活率，0.5％添加组最高，为100％；1％添加组为91.7％；对照组为83.3％。

河蟹诱食剂（淡水渔业）

【处方】复方氨基酸，甜菜碱，风味素等。

【制法】混匀。

【用法用量】在饲料中添加，分别按复方氨基酸0.6％、甜菜碱0.15％、风味素0.5％，制成颗粒饲料，每天投喂2次，投喂量为5％～7％，连续45 d。

【功效】改善饲料的品质，提高饲料的适口性。

【用途】河蟹诱食，提高饲料效率，增加鱼、虾产量。

【方义简析】方中风味素是诱食作用的主要因子，其次是复合氨基酸和甜菜碱。复合氨基酸具有补充营养的作用。徐增洪等（1997）在体重 7～10 g 的中华绒螯蟹饲料中添加，河蟹的增重率提高 120.5 %，蜕壳率高达 70.8 %，而饵料系数为 5.1，与对照组差异显著，具有显著的经济效益。

鳖凉血解毒散（兽医本草拾遗）

【处方】水辣蓼，板蓝根，山豆根，地骨皮，龙胆草，筋骨草，金银花，五倍子，大黄，黄芩，连翘，甘草等。

【制法】粉碎，过 30 目筛，混匀。

【用法用量】用前加水煎成每 1 ml 含生药 1 g，在饲料中添加 3 %。

【功效】清热凉血，清热解毒。

【用途】防治鳖红脖子病。

【方义简析】方中水辣蓼、板蓝根、山豆根、金银花和连翘清热解毒，地骨皮、龙胆草清热凉血和清热燥湿。板蓝根、金银花和连翘对多数革兰氏阴性菌和革兰氏阳性菌均有一定的抑制作用，且抗病毒作用较强。

鳖催肥防病添加剂（莱阳农学院学报）

【处方】黄芪，党参，白术，茯苓，甘草，神曲，山楂，当归，大黄，元参，板蓝根，黄芩等。

【制法】混合晒干，粉碎，过 50 目筛，混匀。

【用法用量】在日粮中添加 2 %～3 %。

【功效】补脾健胃，消食导滞，镇静安神。

【用途】鳖催肥增重。

【方义简析】鳖生性孤僻，喜静易惊，又喜温怕热，夜里活动，但脾胃功能运化较差，易患热性病。而脾为后天之本，“实则阳明，虚则太阴”，故以补脾健胃、消食导滞兼镇静安神为组方原则。选用以补中益气汤为基础方补脾益气助消化，再配合清瘟败毒饮加减结合而成。方中黄芪补气固表，党参补中益气，为主药；白术、茯苓补脾渗湿；当归养血固本；甘草理肺和中，调理鳖的脾胃脏腑功能；神曲、山楂消食和胃；元参凉血；大黄、黄芩、板蓝根清热解毒。诸药相辅相成，共奏补脾益气、消食导滞、清热解毒之功，所以能旺盛脾胃功能，促进消化吸收，达到催肥增重目的。吴德峰等（2000）报道，在平均个体重 0.9 kg 的中华鳖日粮中添加 90 天，试验组比对照组增重明显，对于几种常见传染性疾病也有不同程度的抵抗能力。

甲鱼防病促长添加剂（台湾海峡）

【处方】大青叶 24 g，鱼腥草 10 g，连翘 8 g，车前籽 8 g，红花 5 g，玄参 5 g，麦芽 4 g。

【制法】粉碎，过40目筛，混匀。

【用法用量】在配合饲料中添加，按每100 kg甲鱼60 g/d，连用5~7 d为1个疗程。由初始投苗后每隔30天逐渐缩短至即将出售时每隔15天用1个疗程。

【功效】清热解毒，开胃健脾。

【用途】甲鱼防病、促生长。

【方义简析】本方根据中医学理论扶正祛邪、清热解毒、开胃健脾、消除病因、保持脏腑正常生理功能的原理，结合甲鱼生活习性和集约化养殖易患疾病的特点，以清热解毒、补气凉血、开胃健脾、提高机体免疫能力和抗应激能力为主，这些药物具有抗菌素菌、消炎、保胆、利胆、祛湿等功能，能达到促长防病的效果。

蚌毒灵散（中华人民共和国兽药典2000年版二部）

【处方】黄芩60 g，黄柏20 g，大青叶10 g，大黄10 g。

【制法】粉碎，过筛，混匀。

【用法用量】每1立方水体泼洒1 g。

【功效】清热解毒。

【用途】防治三角帆蚌瘟病。

【方义简析】方中黄芩、黄柏清热燥湿、泻火解毒，大青叶清热解毒、凉血消斑，大黄泻热通肠、凉血解毒、逐瘀通经。

鱼虾其他单味添加方

（1）大蒜：捣碎，在饲料中添加1 %，用于鱼类防病、促生长（饲料研究）。

（2）千里光：300 g，粉碎，拌料投喂50 kg鱼，用于鱼类防治肠炎病（兽医本草拾遗）。

（3）火炭母：1000 g，切碎煎汁拌料，每天每亩水面用1剂，连用3 d，用于鱼类防治肠炎病（天然物中草药饲料添加剂研究方法）。

（3）地锦草：250~500 g，粉碎拌料，每100 kg鱼每天用1剂，连用6~8 d，用于鱼类防治烂鳃病（兽医本草拾遗）。

（4）陈皮：粉碎，料中添加0.2 %~0.5 %，用于鱼类防病（云南农业大学学报）。

（5）艾叶：粉碎，料中添加0.5 %~1 %，用于鱼类防病、增重（金华职业技术学院学报）。

（6）甘草：粉碎，料中添加1.25 %，用于鱼类防病（佛山科学技术学院学报）。

（7）使君子：2500 g，捣烂，水煎成5~10 kg，拌入7~9 kg米糠投喂，第1天用1剂，第2~4天剂量减半，用于防治鱼类九江头槽绦虫病（天然物中草药饲料添加剂研究方法）。

（8）海藻：粉碎，在饲料中添加2 %，用于虾类促生长（水产养殖）。

（9）沸石：粉碎，在饲料中添加3 %~6 %，用于水产动物促生长（水产养殖）。

（10）松针叶：粉碎，在饲料中添加 4 %，用于鱼类促生长（水产养殖）。

（11）稀土：粉碎，在饲料中添加 1.2 % ~1.7 %，用于鱼类促生长（水利渔业）。

（12）麦饭石：粉碎，料中添加 1 % ~5 %，用于鱼、虾促生长（建材工业信息）。

（13）甜菜碱：在饲料中添加 0.5 % ~1.5 %，用于鱼类（包括鲑、鳟、鳗等珍贵鱼类）及甲壳类诱食、促生长（世界农业）。

（14）花粉：在饲料中添加 0.5 % ~1.55，用于鱼类（包括鲑、鳟、鳗等珍贵鱼类）及甲壳类诱食、促生长（资源开发与利用）。

（15）虫草菌粉：在饲料中添加 0.5 %，用于鱼类、虾类防病（水利渔业）。

（16）杜仲：粉碎，在饲料中添加 2 % ~4 %，用于改善鱼肉风味（饲料博览）。

八、经济动物用验方

（一）羊用添加方

免疫增强散（畜禽业）

【处方】熟地，川芎，党参，黄芪，何首乌，丹参，补骨脂等。

【制法】干燥后粉碎，过 60 目筛，拌匀装袋。

【用法用量】在饲料中添加，每只母羊 10 g/d，从产前 5 ~7 d 开始，连喂 15 d。

【功效】补气养血，滋阴助阳。

【用途】预防羔羊腹泻。

【方义简析】方中党参、黄芪补气，熟地、何首乌补血，补骨脂助阳，川芎、党参活血，诸药合用，补气养血，滋阴助阳，增强抗病力。

当归芍药散（中西兽药结合研究与临床）

【处方】当归 160 g，白芍 150 g，茯苓 150 g，白术 150 g，泽泻 100 g，川芎 130 g。

【制法】共为末。

【用法用量】在饲料中添加，每头每天 60 g 拌入 0.2 kg 精料中投喂，连喂 2 周。

【功效】补血活血，健脾利湿，催情促孕。

【用途】防治滩羊血虚不孕。

【方义简析】方中当归补血活血，白芍养血敛阴，川芎活血行气，白术、茯苓健脾止泻，泽泻利水渗湿、泻肾火。共奏补血活血，健脾利湿，催情促孕之功效。

驱虫助长添加剂（中兽医医药杂志）

【处方】黄芪，苍术，首乌，小茴香，丙硫咪唑等。

【制法】中药粉碎，混匀。

【用法用量】中药在复合饲料中添加 10 %，每次喂 0.2 kg 药料，3 天 1 次。同时用丙硫咪唑驱虫，按 8 mg/kg 体重，每隔 45 天 1 次，共 3 次。

【功效】补气血，健脾胃。

【用途】越冬保膘。

【方义简析】方中黄芪补气，首乌补血，苍术燥湿健脾，小茴香温胃理气。诸中药合用，促进摄食，增强消化吸收；配合西药驱虫，起到保健保膘、促进生长的作用。

益羊灵（中国养羊）

【处方】黄芪，神曲，麦芽，山楂，陈皮等。

【制法】粉碎，过筛，混匀后装袋。

【用法用量】每天傍晚添加于精料中，20 g/次，连用 60 d。

【功效】补气理气，健胃消食。

【用途】增重、防病。

【方义简析】方中黄芪甘温益气、健脾补虚，可增强机体对非特异性刺激的适应能力，提高肾上腺皮质系统的机能活动，增加血液中红细胞、白细胞及 T 淋巴细胞的数量，使免疫功能增强；神曲、麦芽、山楂等消食化积、健胃行气，可提高羊对食物的消化吸收作用，增强食欲，促进增重。刘月琴等（1997）用该添加剂喂羊可显著提高增重速度，且该添加剂有促进羊的血液有形成分的生成及激活免疫活性细胞的作用，从而提高机体的免疫功能。

催乳保健 2 号（四川畜禽）

【处方】王不留行，红花，川芎，漏芦，通草，木通、丹参等。

【制法】按一定比例混合，粉碎，过 60 目筛，混匀。

【用法用量】在精料中添加，在生产母羊产羔高峰期前 7 ~ 10 d 开始，10 g/d，连用 20 d。

【功效】通经下乳，防病保健。

【用途】促进母羊泌乳和羔羊生长。

【方义简析】方中不留行、漏芦、木通、通草通经下乳，红花、川芎、丹参活血养血，减少乳房炎和其他疾病的发生。

山羊增乳灵（中兽医药杂志）

【处方】王不留行 3 份，冬葵子 3 份，苍术 2.5 份，通草 1.5 份。

【制法】各药分别粉碎，过 60 目筛，按比例混合均匀，用塑料袋分装成 100 g/袋。

【用法用量】在日粮中添加 1 %。

【功效】通经下乳，燥湿健脾。

【用途】提高山羊产奶量。

【方义简析】王不留行、通草通经下乳，冬葵子利水、滑肠、下乳，苍术燥湿健脾、使乳汁化生有源，共同促进乳汁分泌。

山羊增乳添加剂（畜牧兽医学报）

【处方】黄芪，当归，川芎，王不留行等。

【制法】粉碎，混匀。

【用法用量】在精料中添加，每头 75 g/d，分上午、下午 2 次，连续 15 d。

【功效】补气养血，通经下乳。

【用途】提高山羊泌乳机能。

【方义简析】方中黄芪、当归、川芎补气养血，王不留行通经下乳。作用机理研究表明，本方能增强泌乳的调节，并能提高机体细胞免疫功能，降低隐性乳房炎的发生率，有利于奶畜泌乳性能的充分发挥，方中黄芪、川芎、当归、黄不留行等主药通过不同途径发挥作用。王秋芳等（1993）在产后 50 天左右的健康萨能奶山羊饲料中添加，产乳量显著增加，每只羊每天平均增乳 0. 38 kg，增长率达 9. 6 %；停止添加后 12 天内增长率为 9. 37 %，乳质正常。

增毛散（中国养羊）

【处方】黄芪，何首乌，熟地，补骨脂，蛇床子，紫菀，桑白皮等。

【制法】干燥，粉碎，过 60 目筛，混匀。

【用法用量】在饲料中添加，每只羊 5 g/d，连喂 30 d。

【功效】补肝肾，益精血。

【用途】促进羊毛生长，提高羊毛品质。

【方义简析】方中黄芪补气，何首乌，熟地补血，补骨脂温肾壮阳，紫菀、桑白泻肺行水，何首乌含有卵磷脂、蒽醌衍生物、淀粉，脂肪和丰富的微量元素，熟地含多种糖类、氨基酸、VA，共奏补肝肾、益精血功能，促进毛发生长。

其他羊用方

（1）海藻粉：夏季采收，除去杂质，用海水漂洗，晒干，粉碎，在饲料中添加 2 % ~5 %，能促进畜禽生产性能和繁殖能力，预防羊羔白肌病，提高羊羔成活率，促进生长（饲料添加剂开发加工新工艺与应用新技术实务全书）。

（2）苍术：拌料混饲，功效为燥湿健脾、驱风散寒、明目，用于奶山羊增奶（中药饲料添加剂）。

（3）沙棘果渣：羔羊补饲，按每天每 1 kg 体重 7 g，能增强消化能力，防治羔羊的消化不良及肠胃疾病，提高其成活率，增加日增重（中药饲料添加剂）。

（4）羊食钩吻易壮，食仙茅易肪，食仙灵脾而淫；常煮熟豆，入盐与草饲之，不数日而壮。凡有疫疠流行，山岚瘴气，当用芒硝、大黄、甘草、苍术、管仲、桑皮、黄连、当归、槟榔、青果、青皮捣煎极浓，洒拌草上，常与饲之。羊不产羔，多由食草木而闭塞内窍所致，当以甲珠末、甘草末、胡麻油和童便调匀，常与饲之，即孕（活兽慈舟）。

（二）兔用添加方

磺胺常山克球灵（兽医经验汇编）

【处方】常山 15 g，柴胡 15 g，白术 15 g，茯苓 15 g，陈皮 5 g，磺胺二甲基嘧啶 1.5 g，三甲氧苄氨嘧啶 0.4 g。

【制法】中药粉碎，西药研细，混匀。

【用法用量】拌入 1 kg 饲料中饲喂。

【功效】健脾理气，利湿杀虫。

【用途】防治球虫病。

【方义简析】本方为中西药复方制剂，常山、柴胡、磺胺二甲基嘧啶、三甲氧苄氨嘧啶均有杀虫作用，白术、茯苓、陈皮健脾利湿理气，驱虫效果确实。杨柏永等用该方治疗家兔球虫病，有很好的疗效，试验组 19 只，投药前每克粪中平均虫卵数 14258 个；对照组 19 只，每克粪中平均虫卵数 16432 个。投药后试验组 19 只家兔中有 14 只未见卵囊，转阴率为 73.7 %；对照组仅有 6 只未见卵囊，转阴率为 31.6 %。

球虫九味散（中兽医医药杂志）

【处方】白僵蚕 10 份，生大黄 5 份，土鳖虫 5 份，生白术 3 份，川桂枝 3 份，白茯苓 3 份，泽泻 3 份，猪苓 3 份，桃仁泥 5 份。

【制法】各药干燥，粉碎，与桃仁泥混匀。

【用法用量】在饲料中添加，每只兔 6 g/d，连喂 5 d。

【功效】活血化瘀，通便利尿。

【用途】防治球虫病。

【方义简析】本方并无特异性驱虫药，主要选用僵蚕、鳖虫、桃仁等活血化瘀药，生大黄泻下通便和猪苓、茯苓、泽泻等利尿药组方。用本方防治家兔球虫病，减虫率达 91.6 %，疗效显著，而且家兔肠粘膜充血消失，肠粘膜涂片卵囊转阴，结膜黄染减轻，胆汁涂片仅见少量球虫卵囊，说明该方对肠型和肝型球虫均有抑制作用。

健兔灵（中兽医医药杂志）

【处方】贯众、苦楝皮各 50 g，白头翁、苦参、黄芪各 40 g，百部 15 g，麦芽、神曲各 10 g。

【制法】共为细末。

【用法用量】在饲料中添加，5 g/d，连用 10 d。

【功效】驱虫止痢。

【用途】防治球虫病。

【方义简析】方中贯众杀虫消积，清热解毒，苦参、苦楝皮清热燥湿、杀虫，以白头翁清热凉血、止痢，百部润肺止咳、杀虫，辅以黄芪健脾益气，麦芽、神曲消食。故对兔球虫病防治效果较好。

常柴散（中国兽医杂志）

【处方】常山、柴胡、甘草各等份。

【制法】共为细末。

【用法用量】在饲料中添加，6 g/d，分 2 次饲喂。

【功效】截疟杀虫。

【用途】防治球虫病。

【方义简析】方中常山截疟、杀虫、解热，所含生物碱对疟原虫有较强的抑制作用；柴胡和解退热，对疟原虫、结核杆菌、流感病毒有抑制作用；甘草补中益气，缓和药性。余炉善等（1991）试验，试验组球虫卵囊减少率为 94.75 %，未发现不良反应。

食英子液（中国兽医杂志）

【处方】食盐、蒲公英各 150 g，蛇床子 100 g。

【制法】后 2 味加水煎成 1500 ml，加入食盐。

【用法用量】拌入饲料中饲喂，5 ~ 10 ml/次，1 次/d，连用 7 d。

【功效】燥湿杀虫，清热解毒。

【用途】防治球虫病。

【方义简析】方中蛇床子燥湿杀虫，蒲公英清热解毒、利湿，加入食盐形成高渗溶液，轻泻、健胃，共奏抗球虫功效。本方抗兔球虫效果优于磺胺二甲基嘧啶，不亚于氯苯胍，治愈率达到 90 %。

加味食英子液（中兽医医药杂志）

【处方】食盐 150 g，蒲公英 150 g，蛇床子 100 g，青蒿 150 g，白头翁 150 g。

【制法】中药煎汁 1500 ml，加入食盐，混匀；或粉碎成细粉。

【用法用量】在精料中添加，药汁每兔 8 ml，粉剂每兔 4 g，1 次/d，连用 5 d。

【功效】燥湿杀虫，凉血止痢。

【用途】防治球虫病。

【方义简析】本方为食英子液加青蒿、白头翁而成，增加了杀虫、凉血止痢功效。用本方治疗家兔球虫病，能减轻粪便中的隐血和肠粘膜充血，减少肠粘膜涂片中球虫卵囊数，减虫率达 72.2 %，且增重效果明显。

四黄散（中兽医学杂志）

【处方】黄芩 240 g，黄连、黄柏各 100 g，大黄 80 g，甘草 120 g。

【制法】共为细末。

【用法用量】在精料中添加，4 g/次，2 次/d，连服 5 d。

【功效】清热燥湿，驱虫。

【用途】防治球虫病。

【方义简析】方中黄芩、黄连、黄柏清热燥湿，大黄泻火通肠，甘草调和诸药。对治疗兔球虫病有较好的效果，优于磺胺二甲基嘧啶。

中药贯众散（四川畜牧兽医）

【处方】贯众，苍术，陈皮，槟榔，黄芪，黄连，党参等。

【制法】60 ℃烘烤 4 h 后，按《兽药规范》粉碎成粉，混匀。

【用法用量】在饲料中添加 0.5 % ~1 %。

【功效】清热燥湿，健脾理气。

【用途】驱虫防病，促生长。

【方义简析】方中贯众、槟榔杀虫、清热解毒，黄连、苍术清热燥湿，黄芪、党参补气，陈皮理气。诸药合用，防病促生长。本方可使断奶仔兔生长发育加快，增重明显，仔兔腹泻的发病率降低。

兔健散（中兽医医药杂志）

【处方】黄芪 200 g，枸杞 150 g，艾叶 100 g，苦参 100 g，女贞子 100 g，补骨脂 100 g，党参 100 g，当归 100 g，淫羊藿 100 g，黄芩 100 g，白芍 50 g，山楂 50 g，粗制免疫球蛋白 0.5 %。

【制法】中药烘干后粉碎，加入粗制免疫球蛋白，混匀。粗制免疫球蛋白制备：正常健康肉兔颈静脉放血，常规分离血清，加 3 倍体积 0 ℃蒸馏水调 pH 至 7.7，加入 50 %冷乙醇（－20 ℃）至最后质量分数的 20 %，－5 ℃下静置 1 h，2000 转/min 离心 10 min，沉淀物低温干燥，即得。

【用法用量】在基础日粮中添加 1 %，压制成颗粒饲料投喂，连用 30 d。

【功效】补虚强壮，燥湿消食。

【用途】防病、促生长。

【方义简析】本方为配伍较全的中西复方制剂。方中党参、黄芪补气，当归、白芍补血，枸杞、女贞子、黄精滋阴，淫羊藿、补骨脂助阳，艾叶温中，黄芩、苦参清热燥湿，山楂消食，免疫球蛋白提高抗病力。诸药合用，补气、血、阴、阳之虚，祛寒、热、湿、食积之邪，从而发挥防病、促生长功效。

复方黄芪散（中国兽医杂志）

【处方】黄芪，党参，黄连，苍术，山楂，陈皮，甘草等。

【制法】60 ℃干燥 3 h 后，研碎成粉，混匀。

【用法用量】在饲料中添加 0.5 % ~2 %。

【功效】补气健脾，燥湿消食。

【用途】防病，促生长。

【方义简析】方中黄芪、党参、陈皮补气、理气，黄连、苍术清热燥湿、健脾，山楂消食。诸药合用，防病促生长。

疏风散（中国养兔杂志）

【处方】荆芥、防风各 6 g，柴胡、前胡、茯苓、桔梗、党参、川芎各 5 g，羌活、独活、枳壳各 3 g，甘草 2 g，生姜、薄荷为引。

【制法】煎汤取汁。

【用法用量】拌料饲喂或灌服，成年兔 20 ~ 40 ml/次，小兔减半，1 ~ 2 次/d，连用 2 ~ 3 d。

【功效】辛温解表，疏风散寒。

【用途】防治感冒及流感。

【方义简析】原无方名。方中荆芥、防风辛温解表，常与前胡、羌活、独活、薄荷等配伍，用于治疗感冒；柴胡和解退热。本方用于春季防治兔感冒及流感效果较好。

催情散（中兽医医药杂志）

【处方】肉苁蓉、阳起石、巴戟天、狗脊各 40 g，党参、黄芪、白术各 30 g，当归、淫羊藿、炙甘草各 20 g。

【制法】共为细末，混匀。

【用法用量】在饲料中添加，每兔 4 g/d。

【功效】补肾壮阳，催情益清。

【用途】促进母兔发情，提高受胎率。

【方义简析】方中肉苁蓉、淫羊藿、阳起石、巴戟天、狗脊补肾壮阳，党参、黄芪、白术补气健脾，当归补血活血，甘草调和诸药，诸药合用，催情促孕。本方对严冬季节卵泡处于相对静止期的长毛兔具有明显的催情作用，母兔催情率达 58 %，交配后受胎率达 100 %，公兔的催情率可达 75 %。

通乳灵（兔病防治手册）

【处方】王不留行 20 g，白芍、山楂、陈皮、党参各 10 g，通草、穿山甲、白术各 7g。

【制法】粉碎，混匀。

【用法用量】在饲料中添加，每兔每次 20 g。

【功效】补气健脾，通经下乳。

【用途】产后缺乳或无乳。

【方义简析】本方主要由补气理气、活血通络药组成。方中党参、白术补中益气，山楂、陈皮消食、理气，白芍养血敛阴，王不留行、通草、穿山甲活血行气、通经下乳，诸药合用，促进乳汁分泌。用此方治疗母兔产后缺乳或无乳症，效果良好。

黄芪益兔散（中药饲料添加剂学术讨论会论文选编）

【处方】黄芪 60 %，五味子 20 %，甘草 20 %。

【制法】粉碎，混匀。

【用法用量】在饲料中添加，每只兔 5 g/d。

【功效】补气健脾。

【用途】促生长。

【方义简析】方中黄芪、甘草补中益气，五味子健脾开胃，共奏促生长功效。

中药催长剂（中国养兔杂志）

【处方】麦芽 200 g，山楂、神曲、厚朴、草果、槟榔、苍术各 100 g，木通 80 g，川芎 60 g，陈皮、甘草各 30 g，蚯蚓粉、糖各 1000 g，糖精 1 g。

【制法】共为细末，混匀。

【用法用量】在饲料中添加，每兔 0. 6 g/d，每隔 3 天 1 次。

【功效】理气健胃，消食。

【用途】促生长。

【方义简析】方中麦芽、山楂、神曲健胃消食，槟榔、厚朴、陈皮、草果、甘草健脾理气，苍术、川芎、木通燥湿通肠，再加蚯蚓粉、糖补充营养，诸药合用，促生长。

土黄芪散（农业知识）

【处方】土黄芪（棉花根）25 %，神曲、陈皮、枳壳、厚朴、五味子各 15 %。

【制法】粉碎，混匀。

【用法用量】在饲料中添加 2 %，3 次/d。

【功效】健脾理气，补气养血。

【用途】促生长。

【方义简析】方中土黄芪具有强壮作用，能补气血、增强机体的生理功能，有一定的抑菌、抗病毒等作用，还能改善和增强机体对疾病的抵抗力；陈皮、枳壳、厚朴，尤其对兔巴氏杆菌病有重要的防治作用；五味子具有滋补强壮作用，能增强肉兔抗病能力。综合全方，具有芳香健脾益胃、增进食欲、滋补强壮、补气养血、增强机体生理功能、提高机体抗病能力等作用，从而促进肉兔生长和增重。本方尤其在植棉地区开发利用，有着广阔的前景。

肉兔添加剂（山东畜牧兽医）

【处方】苍术，何首乌，黄芪，松针粉，陈皮，大麦芽，贯众，五味子，甘草，麦饭石。

【制法】按一定比例混合，粉碎，过 40 目筛，拌匀。

【用法用量】在饲料中添加 1 % ~2 %。

【功效】健脾消食，补益，杀虫止痢。

【用途】肉兔防病、促生长。

【方义简析】本方具有抗菌、抗病毒、预防疾病、营养保健及增强畜禽免疫力的作用，同时还有饲料调味、促生长、改善肉质以及饲料防腐抗氧化作用。麦饭石含微量元素57种，以锌、铁、铜、硒、锰为主，可补充微量元素；同时，麦饭石属于空洞性大分子矿物质，能够吸附毒素、降低肠道食糜浓度，因而具有保健缓泻作用。

育肥兔添加剂（山东畜牧兽医）

【处方】山楂、麦芽各20 g，鸡内金、陈皮、苍术、石膏、板蓝根各10 g，大蒜、生姜各5 g。

【制法】粉碎，混匀。

【用法用量】在饲料中添加1 %。

【功效】理气燥湿，健脾消食。

【用途】促进育肥兔生长。

【方义简析】方中山楂、麦芽、鸡内金健胃消食，陈皮、苍术理气燥湿健脾，石膏、板蓝根、大蒜清热解毒，生姜和药性之寒凉。诸药配合全价饲料，能有效提高肉兔的育肥效果。

幼兔促生长添加剂（吉林畜牧兽医）

【处方】黄柏10 %，苍术、昆布、蒲公英、麦芽、党参各12 %，绿豆30 %。

【制法】粉碎，混匀。

【用法用量】在精料中添加2 %，2次/d。

【功效】燥湿解毒，健脾消食。

【用途】促进幼兔生长。

【方义简析】方中黄柏、苍术清热燥湿，蒲公英、昆布、绿豆清热解毒，麦芽消食和中，党参补中益气，昆布、绿豆还可补充营养，诸药合用，燥湿解毒，健脾消食。

幼兔增重添加剂（经济动物学报）

【处方】麦芽5份，鸡内金2份，赤小豆2份，芒硝1份。

【制法】晒干后粉碎，混匀。

【用法用量】在精料中添加5 %。

【功效】健脾消食、润肠通便。

【用途】促进幼兔生长。

【方义简析】方中麦芽、鸡内金健脾消食，赤小豆、芒硝通气健脾、润肠通便，配合在一起具有健脾消食作用。现代医学研究证明，以上几味中药内含蛋白质、维生素和微量元素，能够补充幼兔生长发育所必需的营养物质，达到增重和节约饲料的效果。

幼兔增重抗病添加剂（中国养兔杂志）

【处方】党参、黄芪、白术、陈皮、苍术、山楂各1.5份，车前草、大青叶、白头翁、甘草各1份。

【制法】分别晒干或炒干后共研细末。

【用法用量】在精料中添加4 %。

【功效】健胃消食，强壮保健。

【用途】促进幼兔生长、防病。

【方义简析】方中党参、黄芪、苍术等中药含有蛋白质、维生素和微量元素，车前草、大青叶、白头翁、黄芪等对致病性大肠杆菌、金黄色葡萄球菌、绿脓杆菌有较强的抑制和杀灭作用。一方面提供幼兔生长发育所必需的营养物质，另一方面减少了消化道发病率，提高了消化吸收机能，从而产生增重、抗病作用。

幼兔增重防腹泻添加剂（经济动物学报）

【处方】麦芽25 %，白头翁20 %，鸡内金、赤小豆、黄柏、黄连、秦皮各10 %，芒硝5 %。

【制法】晒干，粉碎，混匀。

【用法用量】在精料中添加5 %。

【功效】健脾消食，燥湿止痢。

【用途】促进幼兔生长、防腹泻。

【方义简析】方中麦芽、鸡内金、淡小豆、芒硝具有健脾消食、通气健脾、润肠通便等功效，而白头翁、黄柏、黄连、秦皮具有清热解毒、凉血止痢等功效。因此，既能增强机体免疫力，显著提高日增重，又能减少腹泻病的发生，降低死亡率。

毛兔增产添加剂（中国养兔杂志）

【处方】苍术、陈皮、大青叶、白头翁各30 g，黄芪、马齿苋、车前草各20 g，五味子、甘草各10 g。

【制法】粉碎，混匀。

【用法用量】在饲料中添加，断奶幼兔3 g/d，成年兔5 g/d，发情期母兔7g/d。

【功效】清热燥湿，益气健脾。

【用途】提高成年兔产毛量和产仔率，促进幼兔生长。

【方义简析】方中苍术、白头翁、马齿苋清热燥湿，大青叶清热解毒，车前草清热利尿，陈皮、五味子理气开胃，黄芪、甘草补中益气，诸药合用，增进食欲，促进生长，增强抗病力。

毛兔增重增毛添加剂（当代畜牧）

【处方】鸡内金，神曲，麦芽，山楂，黄芪，甘草，陈皮，党参，石膏。

【制法】干燥、粉碎、过筛，按一定比例混合。

【用法用量】在基础日粮中添加1 %，制成颗粒料饲喂。

【功效】健胃消食，补中益气。

【用途】毛兔促生长、提高产毛量。

【方义简析】方中鸡内金、神曲、麦芽、山楂健胃消食，陈皮理气开胃，黄芪、党参、甘草补中益气，共同促进营养的消化吸收，提高增重和产毛量。

獭兔促长防病添加剂（河北畜牧兽医）

【处方】陈皮，大蒜，板蓝根，神曲。

【制法】粉碎，混匀。

【用法用量】在日粮中添加2％。

【功效】诱食消食，防病保健。

【用途】促进獭兔生长，防病。

【方义简析】方中陈皮、大蒜、神曲等具有健脾、行气、化滞、促进消化等功效，还可增强机体体质，加强免疫器官功能，提高机体免疫力；陈皮、大蒜集调味、营养和保健于一身，常用作畜禽的香辛料，是天然的“香”和“味”的结合体，通过“香”产生诱食作用，刺激兔的嗅觉，通过神经反射使消化液的分泌增加和胃肠蠕动加快，提高食欲；各药还富含维生素及其他生物活性因子，故可以发挥促进机体生长的功效。

獭兔促长添加剂（湖北农学院学报）

【处方】神曲、陈皮、姜、茴香。

【制法】按一定比例混合，粉碎。

【用法用量】在饲料中添加1％~1.5％。

【功效】消食理气，诱食开胃。

【用途】促进獭兔生长。

【方义简析】方中神曲、陈皮消食理气，促进消化；姜、茴香温脾开胃；陈皮、姜、茴香还具有辛香味，产生诱食作用，刺激獭兔食欲，从而发挥其促生长作用。李云格（2002）在45日龄断奶獭兔基础日粮中添加30天，增重率显著提高。

九、宠物用验方

（一）犬用添加方

复方多糖添加剂（林业科技）

【处方】黄芪多糖1000 g，香菇多糖1000 g，黄芩甙粗粉2000 g，白细胞核糖600单位，白细胞多肽6000单位。

【制法】黄芪、香菇多糖、黄芩甙分别加入10000 ml蒸馏水中溶解，再加入核糖、多肽（2单位/ml）3000 ml，混匀，除菌滤板过滤，分装于灭菌中性瓶中。

【用法与用量】在饲料中添加，每只10 ml/d，治疗量加倍，连用3 d。

【功效】清热解毒，补气强壮。

【用途】防治细小病毒病、犬瘟热。

【方义简析】方中黄芪多糖具有增强吞噬细胞的吞噬功能，诱发动物机体自身产生干扰素，并提高细胞对干扰素的敏感性，提高体液免疫和细胞免疫功能。香菇多糖和黄芩甙均可增强动物的免疫功能，特别是细胞免疫功能。动物白细胞提取的核糖、多肽具有将供体的免疫信息传递给受体的 T 淋巴细胞，调解淋巴细胞特异 RNA 的合成，促进免疫细胞特定基因转录，和增强机体的免疫功能。临床试验证明，对犬、貂、貉、狐狸的细小病毒（CPV）治愈率达 95 % ~100 %，对 CPV、瘟热病毒强毒人工感染治愈率为 70 % ~100 %，对新城疫强毒人工感染治愈率为为 60 %，并能提高动物的成活率。该添加剂具有广谱性、实用性、用药剂量小、饲喂方便等优点，易于推广应用。

健美添加剂（中兽医医药杂志）

【处方】鸡胚，黄芪，山楂等。

【制法】按一定方法加工而成。

【用法用量】在饲料中添加，每只 5 ~10 g/d，连用 2 周。

【功效】补气消食，强壮保健。

【用途】观赏犬提神健美。

【方义简析】本方有恢复脏腑功能、促进弱质犬恢复健康的作用，能提高神态，促进消化吸收，增强被毛光泽度，保持观赏犬健康、漂亮、活泼。高昆（1994）对比试验发现，给药组长势良好，未发生任何疾病；而对照组在观察期内有 2 条犬拉稀并带有粘膜和血液，2 周后，全组 7 条犬全部拉血痢。

健胃散（中兽医学杂志）

【处方】焦神曲、焦麦芽、焦山楂各 50 g、胃蛋白酶、胰酶各 15 g、淀粉酶 20 g。

【制法】粉碎，混匀。

【用法用量】在日粮中添加，30 kg 以上大犬 30 g/次、中犬 25 g/次、小犬 15 g/次，1 次/d。

【功效】消食开胃。

【用途】防治消化不良。

【方义简析】本方由消导药和消化酶组成，共奏健脾开胃、消积导滞功效。临床应用时可随证加减，便秘者加郁李仁 10 ~15 g，脾胃虚寒者加炒白术 10 ~12 g。聂成富（1991）用此方治疗犬消化不良症 100 余例，疗效显著。

平胃散（犬病中西医综合防治和保健手册）

【处方】苍术 8 份，厚朴、陈皮各 5 份，甘草 3 份，生姜、大枣适量。

【制法】共为细末，加清油 50 ml，混匀。

【用法用量】拌入日粮中投喂，1 次/d。

【功效】燥湿健脾，消胀散满，调整肠胃。

【用途】健胃、防病。

【方义简析】本方由平胃散加减而成。方中苍术燥湿健脾，为主药；辅以厚朴除湿行气，宽中散满；佐以陈皮理气健胃；使以甘草、生姜、大枣调和脾胃。诸药合用，祛湿健脾，消胀散满。

硝黄蜜调散（犬猫疾病防治）

【处方】芒硝、大黄各 5 ~ 15 g。

【制法】共为末，加蜂蜜适量调匀。

【用法用量】拌入日粮中饲喂。

【功效】泻下通肠。

【用途】防治便秘。

【方义简析】方中芒硝润燥软坚、泻下清热，为里热燥结实证之要药。与大黄相须为用，防治实热积滞、粪便燥结、肚腹胀满等症。

观赏犬保胎方（经济动物学报）

【处方】白术，人参，当归，黄芩，乌梅，白芍，艾叶，甘草等。

【制法】各药用前分别以蜜炙、中火煨、酒炒和炒熟，粉碎成粉末状。

【用法用量】拌入少量平时喜食的食物内喂服 6 ~ 9 g，30 min 后再补足食物，连喂 7 ~ 10 d 后减半，一直喂到产仔前约 7 d 时停药。

【功效】活血化瘀，宽肠理气。

【用途】预防术后肠粘连。

【方义简析】本方结合家传保胎秘方改进。白术是主药，除含少量的挥发油外，主要为苍术醇和苍术酮，并含一定量的 VA，具有安胎作用，缓和与抑制子宫肌收缩，并有一定的镇静作用，与黄芩共之，加强了安胎调气效果。当归能直接调节子宫平滑肌，使弛缓与收缩处于平衡状态，从而加强和保证了安胎、保胎的效果。乌梅和白术具有减少和抑制子宫平滑肌的收缩，使上述药物作用得以加强。人参可改变中枢神经系统的兴奋，使之处于抑制状态，对保胎十分有利。艾叶能够促进血液凝固，降低毛细血管的通透性，起到止血作用。李泽鸿等（2002）对玩赏母犬进行保胎试验，结果出现流产征兆的 6 只母犬，均按预产期产仔。

通乳液（犬病中西医综合防治和保健手册）

【处方】王不留行 20 g，白芍、当归、黄芪、党参、山楂各 10 g，通草、白术各 7 g。

【制法】水煎取汁，或共研细末。

【用法用量】混于日粮中饲喂，1 剂/d，连用 2 ~ 3 d。

【功效】通经下乳。

【用途】防治产后无乳或少乳。

【方义简析】方中黄芪、党参、白术、当归、白芍双补气血以培其本，为主药；通草、王不留行通经下乳，山楂消食健胃、活血化瘀，治其标，共为辅佐药。诸药合用，补气活血，通经下乳。

预防术后肠粘连方（中国中西医结合外科杂志）

【处方】丹参25 g，当归、木香、积壳、厚朴、桃仁、莱服子各15 g。

【制法】加水浸泡1 h，煎煮30 min，倾出药液后再加水煎煮30 min，2种煎药液混合煎煮浓缩至100 ml。

【用法用量】混入犬食中饲喂，每只1剂/d。

【功效】活血化瘀，宽肠理气。

【用途】预防术后肠粘连。

【方义简析】手术的刺激一方面导致纤维蛋白原释放增加，大量纤维蛋白沉积；另一方面，纤维蛋白溶解酶原激活物活性降低，致使平衡失调，导致腹膜、网膜、肠壁浆膜的相互粘连。方中丹参、当归、桃仁活血化瘀、通经消肿，改善微循环，使损伤部位的细胞缺血得到改善，充血、水肿减轻，纤维蛋白渗出减少，纤维蛋白溶解酶被激活，阻断了粘连形成的因素，促进胃肠道功能的恢复；厚朴、山楂、莱服子、枳壳宽肠理气，加之当归、桃仁润肠通便，莱服子消食化积，解除胀满，促进胃肠功能及早恢复，使全身的应激能力、继发性细胞损害、组织胺的释放、纤维蛋白溶解酶原的激活、溶酶体系统的稳定均得到调节，使纤维蛋白原的释放和纤维蛋白溶解保持相对平衡，从而减轻或抑制了腹腔粘连的形成。

二仙汤（活兽慈舟）

【处方】仙人掌，仙茅。

【制法】煎汤。

【用法用量】合粥饲喂。

【功效】清热除湿。

【用途】防治皮肤瘙痒。

【方义简析】方中仙人掌能清热解毒，仙茅具祛寒除湿作用。

除臭煎（活兽慈舟）

【处方】苍术、甘松、白芷各5 g，皂角、细辛各3 g，密陀僧1 g。

【制法】煎肠取汁。

【用法用量】混入粥内饲喂。

【功效】除湿通窍，避秽除臭。

【用途】防治周身臭不可闻。

【方义简析】方中苍术可燥湿健脾、祛风胜湿，白芷善除湿止带，二者合用，健脾燥湿作用增强。白芷与细辛合用，有较强的散寒除湿止痛作用，同时其通窍作用增强。

（二）猫用添加方

防治猫绦虫方（中兽医学杂志）

【处方】槟榔、大黄、大蒜各 20 g，南瓜籽仁 30 g。

【制法】槟榔、大黄加水煎成 50 ~ 100 ml，大蒜捣烂榨汁再后混入药液，南瓜籽仁捣烂后使用。

【用法用量】先空腹投服药汁 20 ml，南瓜籽仁拌鱼自食。

【功效】杀虫攻积。

【用途】防治绦虫。

【方义简析】方中槟榔、南瓜籽杀虫，配合大黄泻下，促进虫体排出。犬、猫的味觉比较灵敏，宜将药物拌于爱吃的食品之中诱服，或用水剂人工灌服。唐余海（1995）用本方治疗犬、猫绦虫病百余例，治愈率达 100 %。

砂仁鱼（活兽慈舟）

【处方】砂仁 3 g，鲫鱼 1 条。

【制法】砂仁为细末，入鱼肚蒸熟。

【用法用量】分 2 次服。

【功效】温中止呕。

【用途】防治胃寒呕吐。

【方义简析】方中砂仁地气和中、温脾止泻，有健胃作用，能促进胃液分泌，排除消化道内的积气。配陈皮、半夏，效果更好。

砂仁乌药散（中国兽医秘方大全）

【处方】甘草、砂仁、乌药各 10 g。

【制法】共研细末，混匀。

【用法用量】拌入剁细的鲜猪肝或鲜猪肉内饲喂，成猫每次 1 ~ 2 g，早晚各 1 次，重症可适当加量，仔猫减量。

【功效】温中行气。

【用途】防治胃寒呕吐。

【方义简析】本方系古籍《活兽慈舟》经验方，由温胃理气药组成，对寄生虫引起的呕吐无效。范寿顺（1992）用此方治疗猫胃寒呕吐 34 例，治愈 25 例。

附录一　畜禽用中草药添加剂生物学综合评定技术规程

Regulation for Biological Evaluation of Chinese Herb Additives for Domestic Animals

1　主题内容与适用范围

本规程规定了生长肥育猪、肉用仔鸡、肉用仔鸭中草药添加剂的生物学综合评定技术规程。

本规程适用于未添加任何化学合成药物、抗生素的纯中草药添加剂的生物学综合评定。

2　参评添加剂

2.1　由评定主持单位在参评厂家或其代销点随机抽取。

2.2　必须符合生产厂家使用的饲料标志及国家有关法规。

2.3　必须标明该中草药添加剂的主要成分。

2.4　必须标明产品登记号或批准文号、产品名称、适用动物及生长阶段（或龄期）、使用方法、生产日期、有效期限、厂名、厂址、价格等。

3　基础日粮

3.1　根据试验动物的国家饲养标准或品种标准配制基础日粮，其混合均匀度的变异系数不大于10 %，所用原料的质量必须达到国标二级以上。

3.2　基础日粮的理化指标必须符合国家有关规定。

3.3　基础日粮的类型为玉米 - 豆粕型，或玉米 - 豆粕 - 鱼粉型，料型为粉料。

3.4　基础日粮中添加药物的种类和剂量依常规及试验要求而定。

4　评定现场

4.1　符合兽医卫生要求。

4.2　应为技术水平较高、经济效益较好、具一定规模的饲养场。

4.3　应有严格的饲养管理和防疫措施。

4.4　试验动物应由技术熟练的工人饲养管理，并由具有一定经验的技术人员现场指导。

4.5　应接近常规生产条件。

5　试验动物

5.1　根据参评产品的使用对象选择试验动物。

5.2　试验猪。

5.2.1　试验用猪遗传基础相同，即其父本为同一公猪，母本为相同的杂交组合。胎次为2~4胎，公母各半。体重在25±1.5 kg范围内，健康无病，发育正常。

5.2.2　应来源于饲养管理规范和防疫措施严格的猪群。

5.2.3　在季节产仔的猪场，试验猪应一次供齐。在全年均衡产仔的猪场可分2~4批提供。

5.3　试验鸡。

5.3.1　应为现代品种（系）商品代肉用仔鸡。

5.3.2　应来源于饲养管理规范和防疫措施严格的种鸡群。

5.3.3　应选用发育良好、活泼健康的1日龄公母混合雏鸡或公母鉴别雏鸡。

5.4　试验鸭

5.4.1　应为现代品种（系）商品代肉用仔鸭。

5.4.2　应来源于饲养管理规范和防疫措施严格的种鸭群。

5.4.3　应选用发育良好、活泼健康的1日龄公母混合雏鸭或公母鉴别雏鸭。

6　试验设计

6.1　总 则

6.1.1　采用完全随机的单因子设计或配对试验设计。

6.1.2　设基础日粮为对照组，试验日粮为试验组。在基础日粮中按产品说明加入一定量的参评中草药添加剂构成试验日粮，除此之外，各组间其他条件保持一致。以对照组的各项生产指标为参比值，综合评定参评中草药添加剂的使用效果。

6.1.3　以每种日粮为一个处理。每个处理组的重复数，以误差自由度不小于12为原则。

6.2　生长肥育猪用中草药添加剂评定试验设计。

6.2.1　采用配对试验设计。

6.2.2　以误差自由度不小于12为原则确定重复数，每个处理组不少于7个重复组，每个重复不少于8头猪，公母各半。

6.2.3　试验猪平均体重在25 kg时进行随机分组，开始试验。要求分组后各组猪的体重差异不显著。

6.2.4　试验从平均体重25 kg开始，到60 kg结束。

6.3　肉仔鸡用中草药添加剂评定试验设计。

6.3.1　每个处理组不少于2000只公母混合雏鸡或1000只公母鉴别雏鸡，即1000只公雏或母雏，或已知公母比例的混合雏，每个处理不少于7个重复组，即以误差自由度不小于12为原则确定重复数，受条件限制时，重复数不少于4。

6.3.2　试验从1日龄雏鸡开始，达上市体重时结束。

6.4　肉仔鸭用中草药添加剂评定试验设计。

6.4.1　每个处理组不少于7个重复组，即以误差自由度不小于12为原则确定重复数。每个处理组不少于500只公母鉴别雏鸭或1000只公母混合雏鸭。

6.4.2　试验从1日龄雏鸭开始，达上市体重时结束。

7　饲养管理方式

7.1　试验猪的饲养管理。

7.1.1　试验猪60日龄进入育肥猪舍，公仔猪60日龄前去势。60日龄至25 kg体重，各组均采食60日龄前的饲料，在此期间驱除体内外寄生虫。

7.1.2　舍饲，水泥地面，每重复组一圈，饲养密度依常规确定。

7.1.3　按免疫程序进行防疫注射。

7.1.4　采食干粉料，自由采食，自由饮水。

7.1.5　试验中猪只发病，应在不影响评定结果的条件下，依常规进行处理。

7.2　试验鸡（鸭）的饲养管理。

7.2.1　人工投料、自由采食、自由饮水。

7.2.2　饲养密度参照试验动物品种的饲养管理要求。

7.2.3　试验鸡（鸭）舍的温度、湿度和光照依常规确定。

7.2.4　试验鸡（鸭）按常规进行免疫防治。

7.2.5　试验中试鸡（鸭）发病，在不影响评定结果的条件下，依照常规处理。

8　测试指标及测定方法

8.1　试验开始和结束时，以重复组为单位对试验猪进行个体称重，称重前12 h停食；对鸡、鸭进行全群称重，称重前停食8 h。1日龄雏鸡（鸭）在开食前称重。

8.2　在称重日的早8：00开始分批称重，第一批称量各处理组的第一重复组，第二批称量各处理组的第二重复组，依此类推，直至称完。

8.3　试验结束时按重复组结料。耗料量＝投料量－剩料量。

8.4　以重复组为单位测定体重、耗料量等，并计算其日增重、耗料比、成活率等指标及各项指标的平均值和标准差。

8.5　生长速度计算公式：

$$\text{日增重（g/d）}=\frac{\text{平均末重（g/只）}-\text{平均始重（g/只）}}{\text{饲养日}}$$

计算结果猪保留到整数，鸡、鸭保留到小数点后二位。

8.6　耗料比计算公式：

$$\text{耗料比}=\frac{\text{试验期内总耗料量（kg）}}{\text{试验期末动物总重（kg）}-\text{试验期初动物总重（kg）}}$$

结果保留小数点后二位。

8.7　成活率计算公式：

$$成活率=\frac{试验初头（只）数-试验期间死亡淘汰（只）数}{试验初头（只）数}$$

结果保留小数点后一位。

注：死亡淘汰数包括试验期间死亡和因不能正常采食而淘汰的鸡（鸭）只数。

8.8　数据处理

对所有数据进行 t 检验或协方差分析及多重比较，以 $\alpha=0.05$ 作为显著水准。若成活率大于 70 %，须经反正弦转换后，再进行显著性检验。

据下列公式计算试验组和对照组间各项测值的最小显著差值（$LSD_{0.05}$）

$$LSD_{0.05}=t_{0.05}\ (dfe)\cdot\sqrt{\frac{2S^2}{n}}$$

式中：$LSD_{0.05}$为两平均数绝对相差的最小显著差数，其单位与相应测定值一致；

df_e 为误差自由度；

n 为每个处理内的重复组数；

S^2 为误差均方；

S 为标准差，当试验设置 k 个处理时：

$$S=\frac{S_2^1+S_2^2+\cdots+S_k^2}{k}$$

9　生物学综合评定

9.1　生物学综合评定指标包括日增重、耗料比、成活率。

9.2　以试验日粮组的日增重、耗料比和成活率测定值（A）同对照日粮组相应指标测定值（B）之比计算生物学综合评定值，公式为：

$$生物学综合评定值(\%)=\frac{\frac{日增生（A）}{日增重（B）}\times b_1+\frac{耗料比（B）}{耗料比（A）}\times b_2\times\frac{成活率（A）}{成活率（B）}\times b_3}{3}\times 100$$

式中：b_1、b_2、b_3 为对应指标的权重值，$b_1+b_2+b_3=3$。各项指标的权重值，由评定工作主持单位根据其相对重要性来确定；若不考虑各项指标间重要性的差别，则权重值均取“1”。

计算时，试验组某项测试指标的测定值（A）与对照组相应指标的测定值（B）相比，差异不显著（$P>0.05$）时，其比值按“1”计算，反之（$P\leqslant 0.05$）以其实际比值计算。结果保留整数。

9.3　以参评中草药添加剂的生物学综合评定值判定评定结果。此值大于 100 时，表示参评添加剂为正效应；等于 100 时，为无效应；小于 100 时，为负效应。

10　经济效益评定

以增重饲料成本为指标，评定经济效益，按重复计算，公式为：

$$\text{增重饲料成本（元/kg）}=\frac{\text{全期平均耗料量（kg/只）}\times\text{饲料单价（元/kg）}}{\text{全期平均增重（kg/只）}}$$

然后，计算各处理组该指标的平均值及标准差。结果保留小数点后二位。

11 生物学综合评定结果的报告格式

生长肥育猪中草药添加剂生物学综合评定报告（一）

编号　　　　　　　　　　　　　　　　　　　　　　　　　年　月　日

评定主持单位及主持人		
饲养试验日期		年　月　日至　年　月　日共　天
饲养试验场所		
参评中草药添加剂	生产厂家	
	产品名称	
	产品登记号或批准文号	
	剂型	
	价格（元/kg）	
	适用对象	
	生产日期	
	有效成分含量	
	用法用量	

评定主持单位（盖章）　　　　　　　　　　　　　　负责人（签字）

生长肥育猪中草药添加剂生物学综合评定报告（二）

编号　　　　　　　　　　　　　　　　　　　　　　　　　　　年　　月　　日

<table>
<tr><td colspan="2">畜禽品种</td><td></td></tr>
<tr><td colspan="2">饲养圈舍类型</td><td></td></tr>
<tr><td colspan="2">试验期</td><td></td></tr>
<tr><td rowspan="4">试验组</td><td>动物总数</td><td></td></tr>
<tr><td>重复组数</td><td></td></tr>
<tr><td>平均始重（g）</td><td></td></tr>
<tr><td>平均末重（g）</td><td></td></tr>
<tr><td rowspan="4">对照组</td><td>动物总数</td><td></td></tr>
<tr><td>重复组数</td><td></td></tr>
<tr><td>平均始重（g）</td><td></td></tr>
<tr><td>平均末重（g）</td><td></td></tr>
</table>

评定主持单位（盖章）　　　　　　　　　　　　　　　　负责人（签字）

生长肥育猪中草药添加剂生物学综合评定报告（三）

编号　　　　　　　　　　　　　　　　　　　　年　　月　　日

生物学综合评定结果			
指　　标	日增重（g/d）	耗料比	发病率（%）
试验组（A）			
对照组（B）			
$LSD_{0.05}$			
权重值（b）			
生物学综合评定值（%）			

经济效益评定结果		
增重饲料成本（元/kg）	试验组	
	对照组	
评　　语		

评定主持单位（盖章）　　　　　　　　　　　　负责人（签字）

肉用仔鸡（鸭）中草药添加剂生物学综合评定报告（一）

编号　　　　　　　　　　　　　　　　　　　　　　　　　年　月　日

<table>
<tr><td colspan="2">评定主持单位及主持人</td><td></td></tr>
<tr><td colspan="2">饲养试验日期</td><td>年　月　日　至　年　月　日　共　天</td></tr>
<tr><td colspan="2">饲养试验场所</td><td></td></tr>
<tr><td rowspan="8">参评中草药添加剂</td><td>生产厂家</td><td></td></tr>
<tr><td>产品名称</td><td></td></tr>
<tr><td>产品登记号或批准文号</td><td></td></tr>
<tr><td>剂型</td><td></td></tr>
<tr><td>适用阶段（日龄）</td><td></td></tr>
<tr><td>用法用量</td><td></td></tr>
<tr><td>生产日期</td><td></td></tr>
<tr><td>价格（元/kg）</td><td></td></tr>
<tr><td rowspan="9">试验动物</td><td>品种（系）</td><td></td></tr>
<tr><td>试验鸡（鸭）来源</td><td></td></tr>
<tr><td>鸡（鸭）舍类型</td><td></td></tr>
<tr><td>饲养方式</td><td></td></tr>
<tr><td>试验处理数</td><td></td></tr>
<tr><td>重复组数/每个处理组</td><td></td></tr>
<tr><td>鸡（鸭）只数/每个处理组</td><td></td></tr>
<tr><td>平均始重（g）</td><td></td></tr>
<tr><td>平均末重（g）</td><td></td></tr>
</table>

评定主持单位（盖章）　　　　　　　　　　　　　　　负责人（签字）

肉用仔鸡（鸭）中草药添加剂生物学综合评定报告（二）

编号　　　　　　　　　　　　　　　　　　　　　　　　　　年　　月　　日

<table>
<tr><td colspan="4">生物学综合评定结果</td></tr>
<tr><td>指　　标</td><td>日增重（g/d）</td><td>耗料比</td><td>发病率（%）</td></tr>
<tr><td>试验组（A）</td><td></td><td></td><td></td></tr>
<tr><td>对照组（B）</td><td></td><td></td><td></td></tr>
<tr><td>$LSD_{0.05}$</td><td></td><td></td><td></td></tr>
<tr><td>生物学综合评定值（%）</td><td></td><td></td><td></td></tr>
<tr><td colspan="4">经济效益评定结果</td></tr>
<tr><td rowspan="2">增重饲料成本（元/kg）</td><td>试验组</td><td colspan="2"></td></tr>
<tr><td>对照组</td><td colspan="2"></td></tr>
<tr><td>评　　语</td><td colspan="3"></td></tr>
</table>

评定主持单位（盖章）　　　　　　　　　　　　　　负责人（签字）

附加说明：

本规程由中华人民共和国农业部全国饲料工业办公室提出。

本规程由中国农业科学院饲料研究所负责起草。

本规程主要起草人：曾虹、霍启光。

附录二　鱼虾用中草药添加剂生物学综合评定技术规程

Regulation for Biological Evaluation of Chinese Herb Additives for Fish and Prawns

1　主题内容与适用范围

本规程规定了鱼、虾用中草药添加剂的生物学综合评定技术规程。

本规程适用于未添加任何化学合成药物、抗生素的纯中草药添加剂的生物学综合评定。

本规程以鲤鱼、中国对虾为试验动物，其它鱼种、虾种可参照执行。

2　参评添加剂

2.1　由评定主持单位在参评厂家或其代销点随机抽取。

2.2　必须符合生产厂家使用的饲料标志及国家有关法规。

2.3　必须标明该中草药添加剂的主要成分。

2.4　必须标明产品登记号或批准文号、产品名称、适用生长阶段、使用方法、生产日期、有效期限、厂名、厂址、价格等。

3　基础日粮

3.1　基础饲料由评定主持单位确定，按照试验动物的营养需要配制，内含 1 % 的褐藻酸钠做粘合剂。

3.2　基础饲料为玉米－豆饼（粕）型，各种原料的质量均应达到国标二级以上的水平。

3.3　基础饲料混合均匀度的变异系数应小于 10 %。用电动绞肉机制成直径 2 mm 的颗粒料，风干备用。

3.4　试验饲料由基础饲料中按产品说明加入一定比例的参评添加剂制成，同样制成颗粒料。

4　评定现场

4.1　应有严格的饲养管理措施。

4.2　试验动物应由技术熟练的工人饲养管理，并由有经验的技术人员现场指导。

4.3　养鱼试验在水族箱或塑料槽中进行，容积 0.1 m^3 左右。

4.4　养虾试验在室内水泥池或玻璃钢槽中进行。水泥池要求 1 ~ 6 m^3，水深 60 ~

80 cm；玻璃钢槽要求直径 0.8 m，高 1 m。

4.5 应有增氧、控温等设施及测定溶氧、pH 值等水质指标的仪器。

5 试验动物

5.1 试验鱼为体重 30 g 左右的杂交鲤鱼鱼种，规格整齐，健康无病。

5.2 试验虾为中国对虾，体长 3 ~5 cm，雌雄混合，规格整齐，健康无病。

6 试验设计

6.1 总 则

6.1.1 采用完全随机的单因子设计。

6.1.2 设基础饲料组为对照组，试验日粮为试验组，在基础饲料中加入参评中草药添加剂构成试验组日粮。各组间其它条件保持一致。以对照组的各项生产指标为参比值，综合评定参评中草药添加剂的使用效果。

6.2 养鱼试验设计

6.2.1 每种饲料为一个处理组，每处理组 6 个重复，每个重复组一只水族箱，每箱放入体重 30 g 左右的鲤鱼种 20 尾。要求放苗时各处理间鱼的体重差异不显著。

6.2.2 试验期为 60 d，试验开始前驯养 7 d。

6.3 养虾试验设计

6.3.1 以每种饲料为一个处理，每处理皆为 6 个重复，每重复组一池（槽）。各重复组的虾数相等。放苗时各处理间体重差异不显著。

6.3.2 放虾密度为 50 ~80 尾/m^3 水体。

6.3.3 试验期为 40 d，试验前暂养 5 d，在暂养期间如发现死虾应及时捞出。

7 饲养管理方式

7.1 试验鱼的饲养管理

7.1.1 养鱼用水应为曝气除氯的自来水。

7.1.2 每日投喂 3 次，时间为每天 8：00，13：00，18：00。日投饲量为鱼体重的 2.5 %左右，并根据摄食情况调整。

7.1.3 每天上午 8：00 吸粪排污，加换部分新水，中午和晚上充气增氧（循环水除外）。

7.1.4 测试期间要求水质指标：水温：25 ±3.9 ℃，溶氧：4 mg/L，pH：7 ~8，氨氮：0.1 mg/L

7.1.5 试验期间发现死鱼应及时捞出并称重记录。发生鱼病时应在不影响评定结果的前提下，依常规处理。

7.2 试验虾的饲养管理

7.2.1 养虾用水必须经过 24 h 沉淀，再用 180 目筛绢过滤。

7.2.2 每重复组设一个直径 40 cm 的圆形投料盘，投料盘用 40 目的尼龙筛绢制成，所投饵料放在投料盘中，每天投喂3次，投饵量根据饵率表和盘中残饵情况确定，以每次盘中尚有少量残饵为宜。

7.2.3　饲料的规格为直径2 mm。

7.2.4　每天换水两次，每次换30 %～50 %。

7.2.5　测试期间水质指标应符合中国对虾正常生长发育条件要求。

7.2.6　残料的收集与处理：每次投料前用塑料管将残料吸出，用180目以上筛绢网袋收集残余饲料。摄食量的计算公式如下：

摄食量（g）= 投喂量（g）－残饲量（g）×饲料浸泡系数

$$饲料浸泡系数=\frac{浸泡前饲料重量（g）}{浸泡后饲料重量（g）}$$

浸泡后饲料重量为饲料在海水中浸泡6 h的湿重。

7.2.7　每天测一次水温、溶氧、pH、盐度，氨氮每3天测一次。详细记录结果。

7.2.8　试验期间如发现虾病，应在不影响评定结果的前提下依常规处理。

7.2.9　试验期间如发现死虾，应及时捞出并做好记录。

8　测试指标及测定方法

8.1　放苗时和评定结束时，分别以重复组为单位集体称重。

8.2　称重方法：分别于各称重日的8：00进行称重。方法为停食8 h后，用网将鱼（虾）捞起，控水10秒后称重。

8.3　试验结束时按重复组结料，计算全期摄食量。

8.4　以重复组为单位测定体重、全期摄食量、死亡数，并计算其平均增重、饲料系数、成活率等指标。以各重复组增重（长）率、饲料系数、成活率等测值计算各处理组相应指标的平均值和标准差。

8.5　增重（长）率计算公式：

$$增重（长）率（\%）=\frac{平均末重（长）－平均始重（长）}{平均始量（长）}\times 100$$

保留小数点后一位。

8.6　饲料系数计算公式：

$$饲料系数=\frac{全期摄食量（g）}{总末重（g）+死亡鱼（虾）重（g）－总初重（g）}$$

结果保留小数点后二位。

8.7　成活率计算公式：

$$成活率（\%）=\frac{试验末鱼或虾数（尾）}{试验初鱼或虾数（尾）}\times 100$$

结果保留小数点后一位。

8.8　数据处理

对所有数据进行t检验或协方差分析，以$\alpha=0.05$作为显著水平。若成活率大于70 %时，须经过反正弦转换后，再进行显著性检验。

据下列公式计算试验组和对照组间各项测值的最小显著差值（$LSD_{0.05}$）

$$LSD_{0.05}=t_{0.05}\ (dfe)\ \cdot\sqrt{\frac{2S^2}{n}}$$

式中：$LSD_{0.05}$为两个平均数绝对相差的最小显著差数，其单位与相应测定值一致；

df_e 为误差自由度；

n 为每个处理内的重复组组；

S^2 为误差均方；

S 为标准差，当试验设置 k 个处理时：

$$S=\frac{S_2^1+\cdots\cdots+S_k^2}{k}$$

9 生物学综合评定

9.1 生物学综合评定指标包括增重（长）率、饲料系数、成活率。

9.2 试验组的增重率、饲料系数和成活率测定值（A）同对照组相应测定值（B）之比，计算中草药添加剂的生物学综合评定值，公式为：

$$生物学综合评定值(\%)=\frac{\frac{增增率(A)}{增重率(B)}\times b_1+\frac{饲料系数(B)}{饲料系数(A)}\times b_2\times\frac{成活率(A)}{成活率(B)}\times b_3}{3}\times 100$$

式中：b_1、b_2、b_3 为对应指标的权重值，$b_1+b_2+b_3=3$。各项指标的权重值，由评定工作主持单位根据其相对重要性来确定；若不考虑各项指标间重要性的差别，则权重值均取“1”。

计算时，试验组某项测试指标的测定值与对照组相应指标的测定值相比，差异不显著（$P>0.05$）时，其比值按“1”计算，反之（$P\leqslant 0.05$）以其实际比值计算。

结果保留整数。

9.3 以参评中草药添加剂的生物学综合评定值判定评定结果。此值大于 100 时，表示参评添加剂为正效应；等于 100 时，表示参评添加剂为无效应；小于 100 时，表示参评添加剂为负效应。

10 经济效益评定

以增重饲料成本为经济效益评定指标，按重复组计算，公式为：

$$增重饲料成本（元/kg）=\frac{全期平均摄食量（g/尾）\times 饲料单价（元/kg）}{全期平均增重（g/尾）}$$

然后，计算各处理组该指际的平均值及标准差。

结果保留小数点后二位。

注：试验组增重饲料成本中还应加上中草药添加剂成本。

11　生物学综合评定结果的报告格式

鱼虾用中草药添加剂生物学综合评定报告（一）

编号　　　　　　　　　　　　　　　　　　　　年　月　日

<table>
<tr><td colspan="2">评定主持单位及主持人</td><td></td></tr>
<tr><td colspan="2">饲养试验日期</td><td>年　月　日至　年　月　日　共　天</td></tr>
<tr><td colspan="2">饲养试验场所</td><td></td></tr>
<tr><td rowspan="8">参评饲料</td><td>生产厂家</td><td></td></tr>
<tr><td>饲料名称</td><td></td></tr>
<tr><td>登记号或批准文号</td><td></td></tr>
<tr><td>价格（元/kg）</td><td></td></tr>
<tr><td>适用对象</td><td></td></tr>
<tr><td>生产日期</td><td></td></tr>
<tr><td>有效成分标示量</td><td></td></tr>
<tr><td>用法用量</td><td></td></tr>
</table>

评定主持单位（盖章）　　　　　　　　　　负责人（签字）

鱼虾用中草药添加剂生物学综合评定报告（二）

编号　　　　　　　　　　　　　　　　　　　　　　　　　　年　月　日

<table>
<tr><td colspan="2">鱼虾品种</td><td></td></tr>
<tr><td colspan="2">评定类型</td><td></td></tr>
<tr><td colspan="2">饲养方式</td><td></td></tr>
<tr><td colspan="2">试验期</td><td></td></tr>
<tr><td rowspan="4">试验组</td><td>鱼虾总属数</td><td></td></tr>
<tr><td>重复组数</td><td></td></tr>
<tr><td>平均始重（g/尾）</td><td></td></tr>
<tr><td>平均末重（g/尾）</td><td></td></tr>
<tr><td rowspan="4">对照组</td><td>鱼虾总尾数</td><td></td></tr>
<tr><td>重复级数</td><td></td></tr>
<tr><td>平均始重（g/尾）</td><td></td></tr>
<tr><td>平均末重（g/尾）</td><td></td></tr>
</table>

评定主持单位（盖章）　　　　　　　　　　　　　　　　负责人（签字）

鱼虾用中草药添加剂生物学综合评定报告（三）

编号　　　　　　　　　　　　　　　　　　　　　　　　年　　月　　日

生物学综合评定结果				
指　　标	增重率（%）	饲料系数	成活率（%）	增长率（%）
试验组（A）				
对照组（B）				
$LSD_{0.05}$				
权重值（b）				
生物学综合评定值（%）				

经济效益评定结果		
增重饲料成本（元/kg）	试验组	
	对照组	
评　　语		

评定主持单位（盖章）　　　　　　　　　　　　　　负责人（签字）

附加说明：

本规程由中华人民共和国农业部全国饲料工业办公室提出。

本规程由中国农业科学院饲料研究所负责起草。

本规程主要起草人曾虹、霍启光。

附录三　饲料添加剂安全评价规程

1　范围

本规程规定了饲料添加剂安全评价的基本要求、评价内容和程序、评价方法、评价的技术指标、检验规则、判定规则、标签、包装、贮存和运输。

2　规范性引用文件

下列文件中的条款通过本标准的引用而成为本标准的条款。凡是注日期的引用文件，其随后所有的修改单（不包括勘误的内容）或修订版均不适用于本标准，然而，鼓励根据本标准达成协议的各方研究可使用这些文件的最新版本。凡是不注日期的引用文件，其最新版本适用于本标准。

GB 4285 农药安全使用标准

GB 10648 饲料标签

GB 13078 饲料卫生标准

GB/T 6432 饲料中粗蛋白测定方法

GB/T 6435 饲料中水分测定方法

GB/T 6436 饲料中钙的测定方法

GB/T 6437 饲料中总磷的测定方法 光度法

GB/T 10647 饲料工业通用术语

GB/T 13079 饲料中总砷的测定

GB/T 13080 饲料中铅的测定方法

GB/T 13081 饲料中汞的测定方法

GB/T 13082 饲料中镉的测定方法

GB/T 13083 饲料中氟的测定方法

GB/T 13084 饲料中氰化物的测定方法

GB/T 13085 饲料中亚硝酸盐的测定方法

GB/T 13086 饲料中游离棉酚的测定方法

GB/T 13087 饲料中异硫氰酸酯的测定方法

GB/T 13088 饲料中铬的测定方法

GB/T 13090 饲料中六六六、滴滴涕的测定

GB/T 13091 饲料中沙门氏菌的检验方法

GB/T 13092 饲料中霉菌检验方法

GB/T 14699 饲料采样方法

GB/T 16764 配合饲料企业卫生规范
GB/T 16765 颗粒饲料通用技术条件
GB/T 17480 饲料中黄曲霉毒素 B_1 的测定 酶联免疫吸附法
GB 15193.1－94 食品安全性毒理学评价程序和方法
GB 15193.2－94 食品毒理学实验室操作规范
GB 15193.3－94 急性毒性试验
GB 15193.4－94 鼠伤寒沙门氏菌/哺乳动物微粒体酶试验（Ames 试验）
GB 15193.5－94 骨髓微核试验
GB 15193.6－94 骨髓细胞染色体畸变试验
GB 15193.7－94 小鼠精子畸形试验
GB 15193.8－94 小鼠睾丸染色体畸变试验
GB 15193.9－94 显性致死试验
GB 15193.10－94 非程序性 DNA 合成试验
GB 15193.11－94 果蝇伴性隐性致死试验
GB 15193.12－94 体外哺乳类细胞（V79/HGPRT）基因突变试验
GB 15193.13－94 30 天和 90 天喂养试验
GB 15193.14－94 致畸试验
GB 15193.15－94 繁殖试验
GB 15193.16－94 代谢试验
GB 15193.17－94 慢性毒性和致癌试验
GB/T 17243－1998 饲料用螺旋藻粉
GB/T 1940－1994 饲料酵母
《饲料和饲料添加剂管理条例》
《允许使用的饲料添加剂品种目录》（农业部公告第 105 号）
《饲料药物添加剂使用规范》（农业部公告第 168 号）
《禁止在饲料和动物饮水中使用的药物品种目录》（农业部公告第 176 号）
《农业转基因生物安全管理条例》

3　术语

3.1 饲料添加剂

在饲料加工、制作、使用过程中添加的少量或者微量物质，包括营养性饲料添加剂和一般饲料添加剂。

3.2　营养性饲料添加剂

用于补充饲料营养成分的少量或微量物质，包括饲料级氨基酸、维生素、矿物质微量元素、酶制剂、非蛋白氮等。

3.3 一般性饲料添加剂

为保证或者改善饲料品质、提高饲料利用率而掺入饲料中的少量或者微量物质。

4 基本要求

4.1 饲料添加剂

4.1.1 感官指标 具有该品种应有的色、嗅、味和形态特征，无发霉、变质、结块。

4.1.2 饲料中使用的营养性饲料添加剂和一般饲料添加剂产品应是《允许使用的饲料添加剂品种目录》所规定的品种，和取得产品批准文号的新饲料添加剂品种。

4.1.3 饲料中使用的饲料添加剂产品应是取得饲料添加剂产品生产许可证企业生产的、具有产品批准文号的产品。

4.2 药物饲料添加剂

4.2.1 药物饲料添加剂的使用应按照中华人民共和国农业部发布的《饲料药物添加剂使用规范》执行。

4.2.2 使用药物饲料添加剂应严格执行休药期规定。

4.2.3 添加剂中不得添加违禁药物。

5 饲料添加剂安全评价的内容和程序

5.1 基本内容

对饲料添加剂的安全性评价主要包括物理性评价、化学性评价和毒理学评价三个方面。物理性评价主要借助人的感觉器官和物理性手段评价饲料添加剂的感官性状、霉变情况和杂质异物混杂度等，化学性评价主要通过实验室化学分析方法检测饲料添加剂中有毒有害元素和化合物的累积残留情况；毒理学评价主要是检验饲料添加剂对动物的致死、致畸和致癌毒性。

5.2 评价程序

5.2.1 按 GB/T 14699 采样和制备饲料样品。

5.2.2 感官评价

主要是借助人体的感觉器官眼、鼻、舌、手等对待检饲料的感官特性 – 外形、色泽、气味、手感、杂质异物和霉变情况等进行评价，同时也可借助放大镜、体视显微镜、显微摄影等辅助手段进行评价。要求待检饲料产品达到色泽一致，无发酵、霉变、结块、异味和异物等现象发生。

5.2.3 化学性评价

通过化学方法检测待检饲料中可能包含的各种有毒有害物质，最重要的检测指标是铅、汞、镉、铬、砷、氟等有毒有害污染元素，其次黄曲霉毒素、亚硝酸盐、六六六、滴滴涕等有毒化合物也为必测指标，其他卫生指标则可根据具体情况需要进行测定。

5.2.4 毒理学评价及选择原则

创新型和国外已批准生产、销售但未列入法规的新饲料和新饲料添加剂，一般要求进行四个阶段的试验。特别是对其中化学结构提示有慢性毒性、遗传毒性或致癌性可能者或产量大、使用范围广、摄入机会多者，必须进行全部四个阶段的毒性试验。

凡属于国外已列入法规或国内医药和食品行业已批准的物质（指经过安全性评价

并允许使用者）的化学结构基本相同的衍生物或类似物，则根据第一、二、三阶段毒性试验结果判断是否需进行第四阶段的毒性试验。

凡属国外已列入法规或国内医药和食品行业已批准的物质，世界卫生组织已公布每人每日容许摄入量（ADI，以下简称日许量）者，同时申请单位又有资料证明我国产品的质量规格与国外产品一致，则可先进行第一、二阶段毒性试验，若试验结果与国外产品的结果一致，一般不要求进行进一步的毒性试验，否则应进行第三阶段毒性试验。

对新饲料及新饲料添加剂（香料、抗氧剂、防腐剂、着色剂、调味剂、粘结剂、抗结块剂和稳定剂）的安全性毒理学评价试验的评价时可参考国际组织和国外的资料和规定，分别决定需要进行的试验。

凡属世界卫生组织食品法典委员会（CAC）已批准使用或已制定日许量者，以及饲料添加剂联合专家委员会（JECFA）、欧洲理事会（COE）等国际组织中的两个或两个以上允许使用的，在进行急性毒性试验后，参照国外资料或规定进行评价。

凡属毒理学资料比较完整，世界卫生组织已公布日许量或不需规定日许量者，要求进行急性毒性试验和一项致突变试验，首选 Ames 试验或小鼠骨髓微核试验。

凡属资料不全或只有一个国际组织批准的，先进行急性毒性试验和本程序所规定的致突变试验中的一项，经初步评价后，再决定是否需进行进一步试验。凡属有一个国际组织或国家批准使用，但世界卫生组织未公布日许量，或资料不完整者，在进行第一、二阶段毒性试验后作初步评价，以决定是否需进行进一步的毒性试验。

凡属尚无资料可查，国际组织未允许使用的，先进行第一、二阶段毒性试验，经初步评价后，决定是否需进行进一步试验。

从食用动植物可食部分提取的单一天然成分，如其化学结构及相关资料并未提示具有不安全性的，一般不要求进行毒性试验。

对于由天然植物制取的单一组分，高纯度的添加剂，需先进行第一、二、三阶段毒性试验，凡属国外已批准使用的，则进行第一、二阶段毒性试验。

进口饲料及饲料添加剂，要求申请单位提供毒理学资料及出口国批准使用的资料，由全国饲料评审委员会进行资料审查后决定是否需要进行毒性试验。

6　饲料添加剂安全评价的方法

6.1 感官评价方法

主要是借助人体的感觉器官眼、鼻、舌、手等对待检饲料的感官特性 - 外形、色泽、气味、手感、杂质异物和霉变情况等进行评价，同时也可借助放大镜、体视显微镜、显微摄影等辅助手段进行评价。要求待检饲料产品达到色泽一致，无发酵、霉变、结块、异味和异物等现象发生。

6.2 化学性评价方法

GB/T 13079 饲料中总砷的测定

GB/T 13080 饲料中铅的测定方法

GB/T 13081 饲料中汞的测定方法

GB/T 13082 饲料中镉的测定方法

GB/T 13083 饲料中氟的测定方法

GB/T 13085 饲料中亚硝酸盐的测定方法

GB/T 13088 饲料中铬的测定方法

GB/T 13090 饲料中六六六、滴滴涕的测定

GB/T 17480 饲料中黄曲霉毒素 B1 的测定 酶联免疫吸附法

6.3 毒理学评价方法

饲料添加剂产品安全性的毒理学评价试验按照 GB 15193.1 规定的程序进行执行，包括下列四个阶段的毒性试验。

6.3.1 第一阶段：急性毒性试验。

经口急性毒性：LD_{50}，联合急性毒性。

6.3.2 第二阶段：遗传毒性试验，传统致畸试验，短期喂养试验。

遗传毒性试验的组合必须考虑原核细胞和真核细胞、生殖细胞与体细胞、体内和体外试验相结合的原则。

细菌致突变试验：鼠伤寒沙门氏菌/哺乳动物微粒体酶试验（Ames 试验）为首选项目，必要时可另选和加选其他试验。

小鼠骨髓微核率测定和骨髓细胞染色体畸变分析。

小鼠精子畸形分析和睾丸染色体畸变分析。

其他备选遗传毒性试验：包括 V79/HGPRT 基因突变试验、显性致死试验、果蝇伴性隐性致死试验、非程序性 DNA 修复合成试验。

传统致畸试验。

短期喂养试验：30 天喂养试验。

6.3.3 第三阶段：亚慢性毒性试验－90 天喂养试验、繁殖试验和代谢试验。

6.3.4 第四阶段：慢性毒性试验（包括致癌试验）。

7 饲料添加剂安全评价的技术指标

7.1 感官评价指标

具有该品种应有的色、嗅、味和形态特征，无发霉、变质、结块。

7.2 化学性评价指标

见表 1。

表 1

序号	安全卫生指标项目	原料名称	指标限量	备注
1	砷（以总砷计）的允许量（每千克产品中），mg	磷酸盐	≤20.0	
		沸石粉、膨润土、麦饭石、氧化锌	≤10.0	
		硫酸铜、硫酸锰、硫酸锌、碘化钾、碘酸钙、氯化钴	≤5.0	
		硫酸亚铁、硫酸镁、石粉	≤2.0	备注
2	铅（以 Pb 计）的允许量（每千克产品中），mg	磷酸盐	≤30.0	
		石粉	≤10.0	
3	氟（以 F 计）的允许量（每千克产品中），mg	石粉	≤2000	
		磷酸盐	≤1800	
4	汞（以 Hg 计）的允许量（每千克产品中），mg	石粉	≤0.1	
5	镉（以 Cd 计）的允许量（每千克产品中），mg	石粉	≤0.75	
6	沙门氏杆菌	饲料	不得检出	

除上表外，被评价的饲料添加剂产品所含的有毒有害等卫生指标应符合《GB 13078 饲料卫生标准》的规定。

8　毒理学试验结果的判定

8.1 急性毒性试验

如果 LD_{50} 剂量小于动物可能摄入量的 10 倍，则放弃该受试物用作饲料添加剂（不安全），不再继续其他毒理学试验。如果 LD_{50} 剂量大于动物可能摄入量的 10 倍，则可进入下一阶段毒理学试验。

8.2　遗传毒性试验

在 6.3.2.1、6.3.2.2 和 6.3.2.3 中所列的遗传毒性试验中选择四项试验，根据以下原则对结果进行判断。

如果其中三项试验为阳性，则表示该受试物很可能有遗传毒性作用和致癌作用，一般应放弃该受试物用作饲料添加剂（不安全），毋需进行其他项目的毒理学试验。

如果其中两项试验为阳性，且短期饲喂试验具有显著毒性作用，一般应放弃该受试物用作饲料添加剂（不安全）：如短期饲喂试验显示有可疑的毒性作用，则经初步评价后，根据受试物的重要性和可能摄入量等综合权衡利弊后再作决定。

如果其中一项试验为阳性，再选择 6.3.2.4 中的两项遗传毒性试验，如果此两项均为阳性，则应放弃；如果一项试验为阳性，且短期试验和传统致畸试验中未见明显毒性与致畸作用，则可进入第三阶段试验。

如果四项试验均为阴性，则可进入第三阶段毒性试验。

8.3 90 d喂养试验、繁殖试验和代谢试验

根据这三项试验中所采用的最敏感指标所得的最大无作用剂量进行评价，原则是：

最大无作用剂量小于或等于动物的可能摄入量的100倍者表示毒性较强，应放弃该受试物用作饲料添加剂。

最大无作用剂量大于100倍而小于300倍者，应进行慢性毒性试验。

大于或等于300倍者，则不必进行慢性毒性试验，表示该受试物能安全，用作饲料添加剂。

8.4 慢性毒性（包括致癌）试验

根据慢性毒性试验所得的最大无作用剂量进行评价，原则是：

最大无作用剂量小于或等于动物的可能摄入量的50倍者，表示毒性较强，应放弃该受试物用作饲料添加剂。

最大无作用剂量大于50倍而小于100倍者，经安全性评价后，决定该受试物可否用作饲料添加剂。

大于或等于100倍者，表示该受试物能安全，用作饲料添加剂。

9 检验规则

在保证产品质量的前提下，生产厂可根据工艺、设备、配方、原料等的变化情况，自行确定出厂检验的批量。

饲料添加剂产品应符合该产品有关标准的规定，并附有产品质量检验合格证，标签应符合GB 10648的规定。

试验测定值的双试验相对偏差按相应标准规定执行。

检测与仲裁判定各项指标合格与否时，应考虑允许误差。

10 判定规则

感官指标、化学性指标和毒理学指标为饲料添加剂产品的判定合格指标。如检验中有一项指标不符合标准，应重新取样复验，复验结果中有一项不合格即判定为不合格。

11 标签、包装、贮存和运输

11.1 商品饲料应在包装物上附有饲料标签，标签应符合GB 10648中的有关规定。

11.2 包装

11.2.1 饲料包装应完整，无漏洞，无污染和异味。

11.2.2 包装材料应符合GB/T 16764的要求。

11.2.3 包装印刷油墨无毒，不应向内容物渗漏。

11.2.4 包装物的重复使用应遵守《饲料和饲料添加剂管理条例》的有关规定。

11.3 贮存

11.3.1 饲料的贮存应符合 GB/T 16764 的要求。

11.3.2　不合格和变质饲料应做无害化处理，不应存放在饲料贮存场所内。

11.3.3 饲料贮存场地不应使用化学灭鼠药和杀鸟剂。

11.4 运输

11.4.1 运输工具应符合 GB/T 16764 的要求。

11.4.2　运输作业应防止污染，保持包装的完整。

11.4.3 不应使用运输畜禽等动物的车辆运输饲料产品。

11.4.4 饲料运输工具和装卸场地应定期清洗和消毒。

12　其他有关使用饲料和饲料添加剂的原则和规定

12.1 严格执行《农业转基因生物安全管理条例》有关规定。

12.2　严格执行《饲料和饲料添加剂管理条例》有关规定。

附录四 《天然植物饲料添加剂通则》国家标准(GB/T19424—2003)

前 言

本标准是根据天然植物特性和天然植物饲料添加剂的生产应用情况，在相关试验和广泛的调研资料基础上，结合目前国内外的生产现状而制定。

本标准的附录 A 和附录 B 为规范性附录。

本标准由全国饲料工业标准化技术委员会提出并归口。

本标准负责起草单位：北京市饲料工业协会天然物添加剂委员会。

本标准参加起草单位：中国农业科学院饲料所、国家饲料质量监督检验测试中心(北京)、农业部饲料工业中心、中国农业大学动物医学院。

本标准主要起草人：谢仲权、牛树琦、王清兰、汪鲲、董焕程、谯仕彦。

引 言

化学合成物添加剂（包括药物）的超量使用和违禁药物的非法使用造成的畜禽死亡事故，以及畜产品的毒副残留所造成的重大中毒事件不断发生，已引起全世界对畜禽产品安全问题的担心，也是我国饲料行业能否健康发展的关键所在。天然植物饲料添加剂也因此被国内外企业所关注。我国市场上已大量出现相关产品，但由于产品生产无标准可依，所以产品良莠并存，真伪难辨，市场处于无序状态，急需制定天然植物饲料添加剂标准。

本标准给出了天然植物饲料添加剂的定义、各种具体技术要求和规定通则。它为指导当前我国各种天然植物饲料添加剂产品标准的制定和生产，以及产品市场的规范和有序发展等具有深远的意义。

中华人民共和国国家标准

天然植物饲料添加剂通则 GB/T19424—2003

General rules of natural plant additives for feed

1 范围

本标准给出了天然植物饲料添加剂的定义，规定了天然植物饲料添加剂产品的组方原则、分类、技术要求、试验方法、验收规则及标志、包装、标签、运输和储存的通用规则。

本标准适用于天然植物（或天然植物有效成分提取物）饲料添加剂及其预混合饲料。该标准可作为天然植物饲料添加剂及其预混合饲料产品标准制定的依据。

2 规范性引用文件

下列文件中的条款通过本标准的引用而成为本标准的条款。凡是注日期的引用文件，其随后所有的修改单（不包括勘误的内容）或修订版均不适用于本标准。然而，鼓励根据本标准达成协议的各方研究是否可使用这些文件的最新版本。凡是不注日期的引用文件，其最新版本适用于本标准。

GB/T 5917 配合饲料粉碎粒度测定方法

GB/T 6435 饲料水分的测定方法

GB/T 8381 饲料中黄曲霉素 B_1 的测定方法

GB/T 10647 饲料工业通用术语

GB 10648 饲料标签

GB/T 13079 饲料中总砷的测定

GB/T 13080 饲料中铅的测定方法

GB/T 13081 饲料中汞的测定方法

GB/T 13082 饲料中镉的测定方法

GB/T 13090 饲料中六六六、滴滴涕的测定

GB 13093 饲料中细菌总数的测定方法

GB/T 14699.1 饲料采样方法

GB/T 16764 配合饲料企业卫生规范

GB/T 17480 饲料中黄曲霉毒素 B_1 的测定 酶联免疫吸附法

定量包装商品计量监督规定（国家质量技术监督局1995年第43号令）。

国家质量监督检验检疫总局 2003－12－11 批准 2004－06－01 实施

3 术语和定义

GB/T 10647 确立的以及下列术语和定义适用于本标准。

3.1 天然植物

自然生成或栽培的植物。

3.2 天然植物饲料添加剂

以一种或多种天然植物全株或其部分为原料，经物理提取或生物发酵法加工，具有营养、促生长、提高饲料利用率和改善动物产品品质等功效的饲料添加剂。

3.3 天然植物饲料添加剂组方

按照天然植物的功效特性（见附录A），根据应用对象、目的而组成的具有天然植物饲料添加剂功效整体的组方。

3.4 天然有毒植物

含有毒性成分，取用其少量未经炮制品即可引起动物体不良反应或发生中毒的天然植物。

4 天然植物饲料添加剂的剂型

4.1 固体剂型

将天然植物饲料组方中原料或其提取物干燥体，用机械粉碎成一定粒度的粉状物。

4.2 液体剂型

将天然植物或组方原料，经提取所得的含有功效成分的液体。

5 天然植物饲料添加剂的分类

5.1 营养强化剂

能提供动物生长生产必需的，而在饲料加工储存中易于损失或在动物生长及生产中需要强化补充的营养物质的天然植物饲料添加剂。

5.2 调味剂

用于改善饲料适口性，增进饲养动物食欲的添加剂。在天然植物饲料添加剂中包括增味剂和增香剂两类。

5.2.1 增味剂

能赋予饲料甜、酸、咸、清凉等特殊味感的天然植物饲料添加剂。

5.2.2 增香剂

能赋予饲料香味以改善饲料气味的天然植物饲料添加剂。

5.3 免疫增强剂

具有增强动物免疫功能或适应性的天然植物饲料添加剂。

5.4 促生长剂

能促进和改善动物生长或性能的天然植物饲料添加剂。

5.5 防腐剂

能防止饲料变质腐败，延长保鲜时间的天然植物饲料添加剂。

5.6 抗氧化剂

能延缓和防止饲料中营养成分被氧化变质的天然植物饲料添加剂。

5.7 动物产品品质改良剂

能改善动物性产品色泽、风味，或提高胴体品质、延长产品货架寿命的天然植物饲料添加剂。

6 要求

6.1 安全性

6.1.1 禁止使用天然有毒植物作为天然植物饲料添加剂原料。

6.1.2 天然植物饲料添加剂产品中，不得添加抗生素类和化学合成类药物。

6.1.3 天然植物饲料添加剂的生产企业应符合和遵守 GB/T 16764 的规定。

6.2 感官理化指标

6.2.1 固体剂型

6.2.1.1 粒度和混合均匀，色泽一致，无结块，不粘潮，无发酵、发霉、变质，无异味异臭，无虫体、杂质，无热度感。

6.2.1.2 粉碎粒度：一般粉剂全部通过孔径为2.5 mm 的圆孔筛，孔径为1.5 mm 的圆孔筛，筛上物不大于15 %；微粉剂碎粉粒度≤100 μm。

表1 卫生指标

序号	项目	指标	试验方法
1	砷(以总砷计)的允许量,mg/kg	≤10.0	GB/T 13079
2	铅(以 Pb 计)的允许量,mg/kg	≤40.0	GB/T 13080
3	霉菌的允许量,霉菌总数 $\times 10^6$ 个/kg	<40	GB/T 13092
4	黄曲霉毒素 B_1 允许量,μg/kg	≤50	GB/T 17480、GB/T 8381
5	汞(以 Hg 计)的允许量,mg/kg	≤0.1	GB/T 13081
6	镉(以 Cd 计)的允许量,mg/kg	≤1.0	GB/T 13082
7	六六六的允许量,mg/kg	≤0.05	GB/T 13090
8	滴滴涕的允许量,mg/kg	≤0.02	GB/T 13090
9	细菌总数允许量,细菌总数 $\times 10^9$ 个/kg	<2	GB/T 13093

注1. 根据具体产品和供求双方需要，可增加卫生指标检测项目；

注2. 固体剂型所列允许量以干物质含量为88 %计算；

注3. 液体添加剂以每升产品中含量计。

6.2.1.3 水分：≤12 %。

6.2.2 液体剂型

色泽均匀和具有特定气味，无腐败异味。

6.2.3 pH 值、成分含量与产品标准、标签标示值相符。

6.3 生理活性成分指标

应给出在产品中发挥主要生理活性功效的天然植物成分及其成分的含量。

6.4 卫生指标

天然植物饲料添加剂卫生指标应符合表 1 的要求。

7 试验方法

7.1 感官指标

通过观察、嗅、闻和触摸的方法。

7.2 粒度测定

按 GB/T 5917 执行。

7.3 水分测定

按 GB/T6435 执行。

7.4 pH 值测定

用石蕊试纸或酸度计测定。

7.5 卫生指标的测定

按表 1 中规定的实验方法执行。

7.6 天然植物生理活性成分测定

按产品标准中规定的方法进行检测。

8 检验规则

8.1 组批

生产厂以同一批原料用一班次生产且包装的，具有同样工艺条件、同一产品名称、批号、规格和同样质量证明证书的产品为一个批次。

8.2 取样

从每批产品的包装中随机抽取。取样后，贴好标签，注明生产厂名称、产品名称、批号、取样日期和取样人签名等。每批产品抽样 2 份，一份送化验室用于检验，另一份密封避光保存，作留样观察或备仲裁分析之用。

8.3 出厂检验

8.3.1 出厂检验项目

固体剂型：感官指标、水分、粒度和生理活性成分指标；

液体剂型：感官指标、pH、沉淀物和生理活性成分指标。

8.3.2 判定规则

样品检验结果有任何一项不合格时，应重新取样进行复检，取样范围或样品数量是第一次的两倍。复检结果仍有指标不合格，则整批产品判为不合格。

8.3.3 每批产品应由生产厂质量检验部门进行出厂检验，只有检验合格后，方可签发合格证出厂。

8.4 型式检验

8.4.1 型式检验项目

本标准规定之各项指标为型式检验项目。

8.4.2 有下列情况之一时，应进行型式检验：

a）审发生产许可证、产品批准文号时；

b）法定质检部门提出要求时；

c）原辅材料、工艺过程及主要设备有较大变化时；

d）停产三个月以上，恢复生产时。

9 包装、标志、标签、运输和贮存

9.1 产品的外包装，除注明品名、生产厂家、规格外，应注有“天然植物饲料添加剂”字样。

9.2 产品应附有说明书。说明书的内容见附录 B。

9.3 标签按 GB 10648 执行。

9.4 产品包装需具备：密封、防水、避光、一定强度要求，并属环保型材料，以及一定的包装规格等，允许误差按《定量包装商品计量监督规定》。

9.5 产品需于阴凉、干燥、避光处贮存。贮存仓库应保持清洁、干燥、通风，防受潮，不得露天堆放，不得与有毒有害物混贮存放，并要防虫蛀、鼠害、霉变和污染。

9.6 包装产品保质期在规定的贮存条件下：

固体剂型：至少 10 个月；

液体剂型：至少 5 个月。

附　录　A
（规范性附录）
天然植物饲料添加剂功效特性和组方原则

A. 1　天然植物饲料添加剂功效特性

中国传统物性理论将天然物分为温热和寒凉性两大类，且具有五味之分。凡具有温热感和促进机体功能作用的物质，称温热性物；凡具有寒凉感和改善或影响或降低机体功能作用的物质，称寒凉性物。根据这个理论和人类的经验，天然植物饲料添加剂就有温热性和寒凉性之分。

A. 1. 1　温热性类

如蒜、杜仲叶、紫苏、辣椒、肉桂、小茴香、山楂、胡椒、高良姜等。

A. 1. 2　寒凉性类

如野菊花、海藻、车前草、马齿苋、生地黄、紫花地丁、薄荷等。

A. 1. 3　物质的五味及功效

物质的五味（物味）分为辛、甘、酸、苦、咸。

a）辛味：即辛辣味。其功效在适量时具有增进食欲健胃作用，发散、抗菌和增重增产等作用。如辣椒、花椒、胡椒、大蒜、姜、葱、艾叶、陈皮、松针、紫苏、荆芥、香薷等。

b）甘味：即甜味。其功效在适量时具有营养作用、增进食欲作用，以及解毒作用等。如甘草、甜茶（土常山）、甜味菊、罗汉果、大枣、蜜橘皮等。

c）酸味：其功效在适量时具有提高食物适口性、增进食欲和防腐作用等。如山楂、乌梅、酸枣等。

d）苦味：其功效在适量时具有泻燥作用和抗菌作用等。如苦菜、苦参、苦胆草、苦瓜、苦丁香、苦地丁、苦楝子、苦杏仁、苦豆根等。

e）咸味：其功效在适量时具有泻下肠胃秘结作用以及软坚散结作用等。如海藻类等。

A. 2　天然植物饲料添加剂的组方原则

根据中国传统物性理论，物间有相生（滋生和协同）、相克（制约和颉颃）关系，即两物相配之后，其间会发生配合后的相互作用。其作用概而言之，有两种类型：一类是两种物性相同物味相似物相配，则产生性味和作用增强效果，如辣椒和蒜相配，其味辛、温热感等均比单用有所增强；另一类是两种物性相反物味不同物相配，则产生性味和作用降低或抵消，甚至产生副作用。

A. 2. 1　组方的整体性原则

应按中国创立的物性理论（寒、凉、温、热）和物间生克配伍关系理论，并根据应用对象和目的，选配成一个天然植物功效整体。而不能进行机械组合或提取成分的简单相加，而应做到组方有“合群之妙”或增效特点。

天然植物饲料添加剂的完整组方应包含主要作用物和次要作用物及辅助作用物（包括辅料、赋型物），并在组方功效说明中加以明确说明。

A.2.2 增效原则

增效组方，是指选用物性相同或相似，又具有相似功效或某些协同功效的天然植物及其提取物组方，以增强组方的功效作用。如莱菔子（性温）与山楂（性微温）均为助消化物，两者相配组方可增食欲，帮助消化和吸收。

A.2.3 组方禁忌

是指禁用有毒植物和两物相配组方后将产生毒性物或不良反应的组方，以及原为有效者而失去功效的组方。如莱菔子（萝卜子）可降减人参、党参的补益和增强免疫的功效；生姜能减黄岑的作用；有毒植物相配可增毒性；甘草和甘遂植物均无毒性，各均为常用物，但它们相配组方，则可产生毒副作用和反应。

A.2.4 天然植物提取物组方

目前，对某一天然植物中的某一成分（如黄连碱）或某些同类（如总生物碱）成分（天然植物复方中的大类化合物），进行提取后，以该成分作“功效成分”和“功效成分的组方”添加于饲料中，作为天然植物饲料添加剂（固体或液体剂型剂）。这种“单行”（单一成分也是天然物间关系之一）和按中国物性、物间理论指导的天然植物提取物（成分）配方的饲料添加剂，原则上可作一类方剂使用。但本标准要求必须用天然植物作原料，其成分结构明确，功效实验数据可靠，并有适合的提取方法工艺流程，产品应纯洁无污染、残留，有定性和定量的产品说明书（见附录B），检测方法和标准、毒理试验资料齐全等。

附　录 B
（规范性附录）
天然植物饲料添加剂产品说明书

B.1　天然植物饲料添加剂的组方产品说明书应按中国植物特性和植物间相配并保持其活性的原则进行组方，并列出：

a）中文方名：按在方中作用功效主次顺序列出全方组方各植物或提取物名称，并在各植物右下角标明加工法和用量或比例；

b）天然植物提取物组方：均以浸提的混合物为准（尽量不作除杂精制），列出功效成分或大类化合物（总成分）的量或比例；

c）剂型及工艺要求：固体和液体剂型，用粉碎和浸提或萃取工艺；

d）功效及用途：准确而不夸张，禁用预防治疗动物疾病的词语；

e）主要成分：功效成分或大类化合物成分；

f）添加用量及用法：准确写明；

g）组方解释，组方各物的标准（含检测指标以及方法）资料作存档备用，应完善齐全；

h）保密处方和专利处方，应向国家有关部门申报取得证书后，可列出主要组成物及用量等；

i）处方中不列辅料及附加剂，但要在制剂制法中说明。

B.2　天然单一植物饲料添加剂产品用单一种天然植物原料及其提取物作饲料添加剂说明书，还应列出相关成分含量。余者同 B.1。

B.3　天然植物饲料添加剂产品的说明书应列出：

a）组方名称、组成的天然植物名称［用括号注明原料初加工方法（生、熟）］；

b）成分及功效说明；

c）质量标准（含卫生标准，单体或总同类成分及含量，检测标准）；

d）用量及用法；

e）出厂日期及保质期；

B.4　天然植物原料产品说明书应列出：

a）中文名称和别名；

b）产地（省、市、地区）；

c）采收季节时间；

d）应用部位（根、茎、叶、花、果皮、全草）以及产地粗加工（去杂、干燥、贮存法）；

e）应用前加工；

f）所含成分及功效资料；

g）鉴别要点（外观鉴别、显微鉴别、理化指标、有效成分指标）。

主要参考文献

胡元亮．中草药饲料添加剂的开发与应用［M］．北京：化学工业出版社，2005

季宇彬．中药多糖的化学与药理［M］．北京：人民卫生出版社，2005

李德发．猪的营养（第二版）［M］．北京：中国农业科技出版社，2003

凌关庭．天然食品添加剂手册［M］．北京：化学工业出版社，2000

农业部畜牧兽医局，全国饲料工业办公室等．饲料工业标准汇编［M］．北京：中国标准出版社，2002

（明）李时珍．本草纲目［M］．北京：人民卫生出版社，1982

（明）姚可成．食物本草［M］．北京：人民卫生出版社，1994

全国饲料工业办公室．饲料法规文件与标准［M］．北京：中国农业科学技术出版社，2003

谢仲权，牛树琦．天然物中草药饲料添加剂大全［M］．北京：学苑出版社，1996

谢仲权，牛树琦．中草药防治鱼病［M］．北京：中国农业出版社，1999

谢仲权，牛树琦．天然物中草药饲料添加剂研究方法［M］．北京：中国农业科技出版社，2001

谢仲权，牛树琦．天然植物饲料添加剂生产技术与质量标准［M］．北京：中国农业科技出版社，2004

杨洁彬，王晶，王柏琴，等．食品安全性［M］．北京：中国轻工业出版社，1999

杨曙明．饲料安全性检测与评价［M］．北京：中国农业科技出版社，2005

张仲葛．中国畜牧史料集［M］．北京：科学出版社，1986

中华人民共和国国家质量监督检验检疫总局发布．中华人民共和国国家标准天然植物饲料添加剂通则（GB/T 19424—2003）［M］．北京：中国标准出版社，2004

郑建仙．植物活性成分开发［M］．北京：中国轻工业出版社，2005

张槐椿，王志耕，蔡克周．中草药添加剂的研究进展［J］．安徽农业科学，2004，32（5）：1028～1030

张维睿，杨桂芹，龙雷．中草药饲料添加剂的研究进展［J］．兽药与饲料添加剂，2004，9，（5）：20～22

朴香淑，李德发．中草药饲料添加剂促进畜禽生产性能研究现状及展望［J］．饲料研究，2002，（2）：12～14

吴德峰．中草药饲料添加剂现状及前景（Ⅰ）［J］．中国中医药信息杂志，2001，（1）：31～33

吴德峰．中草药饲料添加剂现状及前景（Ⅱ）［J］．中国中医药信息杂志，2001，（2）：33～34

吴德峰. 中草药饲料添加剂现状及前景（Ⅲ）[J]. 中国中医药信息杂志，2001，(3)：38～39

吴德峰. 中草药饲料添加剂现状及前景（Ⅳ）[J]. 中国中医药信息杂志，2001，(4)：31

武瑞，康世良. 中草药饲料添加剂与绿色生态畜牧业 [J]. 饲料博览，2001，(2)：19～20

董红霞. 中草药添加剂 [J]. 饲料研究，2001，(12)：32

冯强，陈强. 中草药添加剂有效成分和免疫机理及应用与前景的探讨 [J]. 饲料工业，1996，(12)：1～5

李呈敏. 中草药饲料添加剂 [M]. 北京：北京农业大学出版社，1992

张君涛，王建华，常文环. 中草药饲料添加剂的开发与利用 [J]. 畜禽业，2003，(2)：40～41

高振川. 加强中草药饲料添加剂的研发 [J]. 饲料广角，2003，(11)：1～4

王颖，周明. 中草药饲料添加剂的研究和应用 [J]. 安徽农业科学. 2005，33 (4)：701～702

刘建国，张克英. 中草药饲料添加剂的研究进展 [J]. 南方猪·添加剂与预混料. 2006，(11)：36～38

张铁英，杨林楠，曹志红，等. 不同背景在紫外检视薄层色谱中应用的探讨 [J]. 中医杂志（增刊），2002，43 (3)：109～110

张铁英. 中草药饲料添加剂制备工艺及有效成分分析的研究 [D]. 云南农业大学硕士学位论文，2003

董欣炜，王友国，玉永雄. 中草药饲料添加剂的研究进展 [J]. 吉林畜牧兽医，2005，(12)：28～30

吴石金，万常吉. 天然植物饲料添加剂的研究与应用 [J]. 畜禽业，2001，(9)：21～23

万芳，张铁英. 天然植物饲料添加剂现代化的探讨 [J]. 上海畜牧兽医通讯，2002，(5)：28～29

张树森，吴志强，刘玉雄. 中草药在饲料添加剂中的研究应用 [J]. 内蒙古草业，1997，(4)：9～11

杨胜. 饲料分析及饲料质量检测技术 [M]. 北京：北京农业大学出版社，1993

田允波，葛长荣，高士争. 天然中草药提取物对肥育猪生长性能和生长激素相关指标的影响 [J]. 仲恺农业技术学院学报，2007，20 (1)：1～4

刘容珍，田允波. 天然植物提取物对仔猪生长性能的影响及其作用机理研究 [J]. 安徽农业科学，2007，35 (16)：4866～4868

田允波，葛长荣，高士争. 天然植物提取物对生长猪的促生长作用及其内分泌机制 [J]. 粮食与饲料工业，2006，(7)：40～42

田允波，葛长荣，高士争. 天然植物中草药有效成分对生长育肥猪生长性能、胴体

品质和肉质特性的影响［J］．中国畜牧杂志，2003，39（1）：22～23

田允波，李青，葛长荣，等 添加中草药有效成分对生长育肥猪生长性能的影响［J］．黑龙江畜牧兽医，2002，(3)：11～12

田允波，高士争，张曦，等．中草药添加剂对生长育肥猪内分泌的影响［J］．云南农业大学学报，2002，17（2）：170～175

田允波，葛长荣，高士争．天然植物提取物促仔猪生长的内分泌机制［J］．广西科学，2003，10（3）：228～231

曾书琴，田允波，李青，等．复方中草药提取物的毒理学和安全性研究［J］．佛山科学技术学院学报（自然科学版），2002，20（4）：63～66

葛长荣，韩剑众，田允波，等．作为饲料添加剂的猪用天然植物中草药组方研究［J］．云南农业大学学报，2002，17（1）：45～50

葛长荣，韩剑众，田允波，等．以天然植物有效成分为主体的饲料添加剂的制备工艺研究［J］．云南农业大学学报，2002，17（1）：51～55

韩剑众，胡永金，田允波，等．中药有效成分抽提物体外抑菌试验及对仔猪生长和肠道微生物区系的影响［J］．云南农业大学学报，2002，(1)：56～58

李志强，葛长荣，田允波，等．中草药添加剂对哺乳仔猪生长性能的影响（Ⅰ）［J］．云南农业大学学报，2002，17（1）：59～62

李青，葛长荣，田允波．中草药添加剂对哺乳仔猪生长性能的影响（Ⅱ）［J］．云南农业大学学报，2002，17（1）：63～66

朱仁俊，程志斌，田允波，等．中草药添加剂对断奶仔猪消化道酶活性的影响研究［J］．云南农业大学学报，2002，17（1）：67～71

韩剑众，葛长荣，高士争，田允波．中草药添加剂对仔猪 cAMP/cGMP 及免疫功能的影响研究［J］．云南农业大学学报，2002，17（1）：72～74

和绍禹，田允波，张静兴，等．中草药添加剂对生长育肥猪生长性能的影响［J］．云南农业大学学报，2002，17（1）：75～80

张先勤，葛长荣，田允波，等．中草药添加剂对生长育肥猪胴体特性和肉质的影响［J］．云南农业大学学报，2002，17（1）：86～90

高士争，葛长荣，田允波，等．中草药添加剂对生长育肥猪血液生理生化指标的影响［J］．云南农业大学学报，2002，17（2）：164～169

陈小波，田允波，葛长荣，等．中草药添加剂对生长育肥猪免疫功能的影响研究［J］．云南农业大学学报，2002，17（2）：176～179

谭丽琴，黄启超，田允波，等．中草药添加剂对生长育肥猪横纹肌肌纤维特性及肉质的影响［J］．云南农业大学学报，2002，17（2）：180～183

[illegible] [J]. [illegible], 2003, 39 (6): 20-23.

[illegible] [J]. [illegible], 2002, (6): 11-12.

[illegible] [J]. [illegible]大学学报, 2002, 16 (2): 170-173.

[illegible] [J]. [illegible], 2003, 10 (3): 228-231.

[illegible] [J]. [illegible], 2002, 20 (3): 64-66.

[illegible] [J]. 云南农业大学学报, 2002, 17 (4): 45-50.

[illegible] [J]. 云南农业大学学报, 2002, 17 (4): 51-55.

[illegible] [J]. 云南农业大学学报, 2002, (4): 56-58.

[illegible] [J]. 云南农业大学学报, 2002, 17 (4): 59-62.

[illegible] [J]. 云南农业大学学报, 2002, 17 (4): [illegible].

[illegible] [J]. 云南农业大学学报, 2002, 17 (4): [illegible].

[illegible] [J]. 云南农业大学学报, 2002, 17 (1): 72-74.

[illegible] [J]. 云南农业大学学报, 2002, 17 (1): 75-80.

[illegible] [J]. 云南农业大学学报, 2002, 17 (1): 86-90.

[illegible] [J]. 云南农业大学学报, 2002, 17 (2): 154-159.

[illegible] [J]. 云南农业大学学报, 2002, 17 (2): 176-179.

[illegible] [J]. 云南农业大学学报, 2002, 17 (2): 180-183.